Broyage et abrasion au Néolithique ancien

Caractérisation technique et fonctionnelle des outillages en grès du Bassin parisien

Caroline Hamon

BAR International Series 1551
2006

Published in 2016 by
BAR Publishing, Oxford

BAR International Series 1551

Broyage et abrasion au Néolithique ancien

ISBN 978 1 84171 980 1

BAR Publishing is the trading name of British Archaeological Reports (Oxford) Ltd. British Archaeological Reports was first incorporated in 1974 to publish the BAR Series, International and British. In 1992 Hadrian Books Ltd became part of the BAR group. This volume was originally published by Archaeopress in conjunction with British Archaeological Reports (Oxford) Ltd / Hadrian Books Ltd, the Series principal publisher, in 2006. This present volume is published by BAR Publishing, 2016.

Printed in England

BAR
PUBLISHING

BAR titles are available from:

BAR Publishing
122 Banbury Rd, Oxford, OX2 7BP, UK
EMAIL info@barpublishing.com
PHONE +44 (0)1865 310431
FAX +44 (0)1865 316916
www.barpublishing.com

AVANT-PROPOS

Ce travail est le fruit d'une recherche effectuée dans le cadre d'une thèse de doctorat, soutenue en juin 2004 à l'Université de Paris I. Je remercie P. Anderson, M. Lichardus-Itten, H. Procopiou, S. Thiébault et J. Vaquer d'avoir accepté de juger ce travail universitaire.

Que toutes les personnes que j'ai croisées sur la route sinueuse mais non moins enrichissante de la thèse soient ici remerciées…

Je tiens en premier lieu à exprimer mes sincères remerciements à Marion Lichardus-Itten, pour la disponibilité dont elle a toujours fait preuve à mon égard, et ce jusqu'au bout de ce travail, et pour la confiance qu'elle a, à travers moi, accordé à ce sujet en acceptant de le diriger.
L'intérêt constant qu'a témoigné Hara Procopiou dans l'avancée de mes recherches n'est pas étranger à la concrétisation de ce travail. Par la vivacité de ses remarques, elle a su me guider, je l'espère, dans la bonne voie. Je dois beaucoup à sa passion communicative des meules, et à l'énergie déployée pour me transmettre son expérience.
Je remercie l'équipe de Protohistoire européenne de l'UMR 7041 ArScan du CNRS pour son soutien scientifique et logistique. Chacune des personnalités du laboratoire de Nanterre, où j'ai posé mes bagages le temps de la rédaction, a contribué à enrichir à sa façon cette étude. Merci à J-P. Farruggia pour son regard toujours tourner en direction du Danube et à M. Ilett pour ses corrections et la traduction du résumé en anglais qu'il a bien voulu assurer. Merci à F. Giligny qui a toujours suivi l'avancée d'un travail auquel il a cru dés le début.

Une telle aventure scientifique n'aurait pu voir le jour sans la confiance que m'ont accordé de nombreux archéologues dans l'étude du mobilier en grès des sites néolithiques du Bassin parisien.

A l'origine de ma rencontre avec ce matériel, F. Bostyn (INRAP Nord-Pas-de-Calais) m'a confié l'étude des grès de Poses et de Trosly-Breuil. Elle a également mis à ma disposition les grès de Pontpoint à la base archéologique de Thourotte (Oise), où F. Joseph m'a accueilli. Qu'elle soit remerciée pour l'intérêt qu'elle porte à tous les aspects de la matière minérale.

Les sites de la vallée de l'Aisne constituent une des bases documentaires de ce travail. Je suis gré à toute l'équipe du Centre archéologique de Soissons de m'avoir laissé carte blanche. Je remercie M. Ilett qui a accepté de m'attribuer (la lourde !) tâche d'étudier le mobilier de Cuiry-lès-Chaudardes. L. Hachem a également toujours répondu avec patience à mes questions concernant les sites de la vallée, et a partagé mon enthousiasme sur les résultats finalement obtenus. Je lui dois l'étude du mobilier de Tinqueux. Merci à P. Allard pour les indices sur la technologie lithique distillés au fil des conversations, à M. Baillieu pour son aide et à C. Thévenet qui a su me dénicher quelques fragments de grès dans les tombes de la vallée. J'ai enfin une pensée toute particulière pour C. Pommepuy, dont la curiosité partagée pour les techniques de meunerie protohistoriques a compté, à n'en point douter, dans le bon départ pris par ce travail. Elle aurait, je pense, apprécié de le voir achevé.

Y. Lanchon (INRAP Ile-de-France) m'a permis de travailler sur le mobilier de Jablines et Vignely, dans les locaux de la S.H.A.L.E. J'espère qu'il trouvera en guise de remerciements matière à satisfaction à travers les résultats obtenus.

Je remercie D. Mordant (Conservateur territorial du patrimoine, Seine-et-Marne) qui a su m'aiguiller pour l'étude du mobilier de Balloy et a mis à ma disposition, avec l'aide de P. Gouge, celui de Noyen-sur-Seine au Centre archéologique départemental de Bassée.
Je remercie Mme Decargouet et l'équipe du CEREP du Musée de Sens qui m'a offert tout le confort nécessaire au bon déroulement de l'étude des sites de Villeneuve-la-Guyard et Passy.
L'éclairage original apporté par l'étude des sites de l'Yonne n'aurait pu se faire sans l'aimable autorisation d'A. Augereau (INRAP) et de K. Meunier (UMR 7041) ; je leur en suis reconnaissante.

En Champagne, c'est E. Tapprêt (conservateur régional Champagne–Ardennes) qui a répondu à mon appel pour l'étude des sites du Rubané récent et moyen champenois. Les maigres données recueillies ne remettent pas en cause la qualité de son accueil.

En Normandie, C. Marcigny et D. Giazzon (INRAP Basse-Normandie) m'ont confié du mobilier issu des fouilles des ateliers de production de bracelets de la Sarthe. N. Fromont (UMR 7041) a promptement répondu à mes sollicitations sur les techniques de façonnage des bracelets en schiste. C. Billard (conservateur régional de Basse Normandie) m'a donné l'occasion de m'atteler à l'étude du mobilier fraîchement sortis de terre de Colombelles. Merci à eux.

Merci également à A. Samzun (INRAP Ile-de-France) qui m'a proposé l'étude du dépôt de meules au sein de l'Unité archéologique de Saint-Denis, et que j'ai reçu comme un cadeau inattendu à la fin de ce travail.

En Hainaut, c'est grâce à C. Constantin que L. Demarez m'a ouvert les portes de l'Archéosite et de son musée personnel, où dorment encore paisiblement les meules des dépôts de Blicquy, Aubechies et Irchonwelz. Je le remercie sincèrement pour toute la documentation et les relevés originaux qu'il m'a confié par ailleurs. Je remercie L. Burnez-Lanotte (Université de Namur) qui a accepté de me recevoir chez elle, à Namur, pour étudier l'outillage en grès de Vaux et Borset. Merci enfin à I. Jadin et D. Bosquet qui m'ont permis d'examiner les meules des sites de Darion, Oleye et Rémicourt à l'Institut royal des Sciences Naturelles de Belgique.

Merci à M. Hees et E. Gelliot pour m'avoir transmis des documents introuvables ou inédits, et à L. Martin et C. Schaal qui ont contribué à ce travail par leur connaissance de la carpologie. Merci à F. Boyer, géologue (Université de Paris VI, Pierre et Marie Curie), qui a accepté d'entamer avec moi un travail de dépouillement des cartes géologiques et de prospections préliminaires sur les sources d'approvisionnement. L'étude pétrographique n'aurait pu se faire sans la collaboration et l'aide apportée par A. Milleville (UMR 6565), au sein du laboratoire « Archéométrie et archéologie » de D. Santallier (UMR 5138), Université Claude Bernard Lyon I. Elle m'a beaucoup apporté pour l'analyse des lames minces et l'approche géologique des ressources minérales. Merci à toi, Nabelle, pour tes corrections et pour les discussions passées et à venir sur La meule.

Un pan important des expérimentations a été réalisé au Paléoscope des Mureaux (Yvelines), au sein de l'association l'Homme Retrouvé. Je remercie à cet égard J. Pelegrin (UMR 7055) qui m'a fourni matière à expérimenter, N. Cayol que la perspective de longues heures passées à traiter une peau n'a pas découragé, A. Lo Carmine pour son port de la caméra et l'énergie mise dans le polissage fastidieux de la hache. J'espère que S. Bonnardin aura le courage un jour d'assembler les nombreux coquillages préparés lors de ces quelques séances d'expérimentation. Au Musée des Tumulus de Bougon, dont je remercie l'équipe, F. Médard (UMR 7041) a élargi mon champs de connaissance des techniques de traitement des fibres végétales.
Les séances d'expérimentation sur la mouture, menées en collaboration avec A. Milleville et C. Schaal (UMR 6565 Chronologie et écologie), m'ont donné l'occasion d'une pratique collective de la mouture ! Merci à A-M et P. Pétrequin pour leur accueil au Centre de recherche archéologique de la vallée de l'Ain du Frasnois.
Merci à S. Beyries (CEPAM) d'avoir pris le temps de me montrer quelques exemples de molettes de corroyage ethnographiques. Merci à H. Plisson (CEPAM) pour l'enthousiasme qu'il a témoigné sur les potentialités d'une telle recherche, et à Y. Maigrot (UMR 7055) de m'avoir fait partager de manière inconditionnelle sa connaissance des matières dures animales.

Chacun des visages familiers croisés à Nanterre a apporté tour à tour sa pierre à cette construction scientifique...un clin d'œil chaleureux à Sandrine Bonnardin, Tinaïg Clodoré, Claire Letourneux, Katia Meunier, Théophane Nicolas, Bénédicte Quilliec, Vanessa Richard et Cécile Riquier... vous avez su égayer de votre présence ces quelques années de thèse. Je n'oublierais bien sûr pas Claire Tardieu, qui par son soutien sans faille aucune et son amitié inaltérable, a «ponctué » de sa logique « organisationnelle » le cheminement de mes travaux... Elle sait, je l'espère, à quel point ce travail est empreint de son énergie et de sa soif de plonger dans les profondeurs de la connaissance archéologique.

Merci à tous, amis, de m'avoir encouragé jusqu'à la fin du parcour : merci à Heloïse et Kem-Sellah pour tout et plus encore, à Cécilia pour sa détermination farouche à éradiquer toutes les fautes de syntaxe, à Nathalie qui a épisodiquement allégé ma tâche expérimentale. Merci, enfin et surtout, à mes parents qui ont vu passer dans leur jardin des objets quelque peu improbables : à Jacques pour sa contribution musclée, et à Marie-France qui a mis la main à la pâte pour la dernière mouture !

INTRODUCTION

Quels outils symbolisent mieux que les meules et les polissoirs les transformations économiques et techniques liées à l'avènement du Néolithique ? Les productions en grès s'inscrivent en effet dans un renouveau des modes de transformation alimentaire et des modes de productions « artisanaux » des débuts du Néolithique.

La mouture, à la charnière entre le traitement des céréales et la préparation alimentaire proprement dite, s'inscrit dans une nouvelle dynamique de subsistance. Dans cette économie de production agricole, la part de l'alimentation végétale est distillée de manière plus constante grâce au stockage, elle est savamment dosée en regard de l'alimentation carnée.
L'entrée de la meule dans la maisonnée induit une nouvelle organisation du déroulement des activités domestiques, qui doit composer avec un espace partiellement réservé à la préparation des céréales. Mobilier à part entière, sa massivité et sa longévité lui confèrent une place établie dans la sphère de l'habitat, que l'ancrage de la sédentarité au cœur de l'économie néolithique autorise désormais. Symbole de l'établissement d'un foyer ou de la fondation d'une maison, la meule fait partie intégrante de l'héritage familial et reste la propriété d'une personne ou d'un noyau familial restreint. Elle cristallise en partie les liens sociaux dans les régions du monde où elle est encore utilisée. Elle fait l'objet d'échanges et de dons, rassemble les habitants d'un village pratiquant la mouture de manière collective ou réunie les femmes d'une même maison lors de la préparation des repas.
Loin de l'image de l'utilisation opportuniste d'un morceau de pierre plate et d'un galet pour réduire à leur plus petite fraction les éléments végétaux, la pratique de la mouture des céréales est assurée par des outils efficaces et élaborés dès l'avènement du Néolithique en Bassin parisien. La meule et sa molette fonctionnent à l'image de deux mâchoires l'une sur l'autre, dans un lent processus d'écrasement des aliments. Le geste de va-et-vient unidirectionnel qui leur est associé s'inscrit dans une évolution des techniques de broyage, depuis les gestes de concassage des premiers hominidés jusqu'à l'apparition des moulins rotatifs vers le IVe siècle av. J.C.. Du point de vue fonctionnel, cette technique du va-et-vient sur table de pierre est connue depuis le Paléolithique pour le broyage de diverses substances organiques et minérales (noix, ocre) : une multiplicité d'usages caractérisait à l'origine ces outils. Nous envisagerons à travers cette étude comment la diversification des outils de broyage en pierre a compensé la -relative- spécialisation des meules dans le domaine de la transformation des céréales. Le broyage des autres matières végétales, de même que le concassage des matières minérales et animales, représente en effet un pan majeur des activités quotidiennes de transformation au Néolithique.

Les polissoirs et les abraseurs sont les témoins de l'adaptation technique d'un outillage déjà présent dans l'univers technique des groupes du Mésolithique voire du Paléolithique supérieur. L'abrasion devient une alternative au débitage pour la confection de certains types d'objets. Le polissage permet d'afficher la dimension esthétique et symbolique d'un outil ou d'une parure, et de pousser le souci du détail technique toujours plus loin. L'ampleur de cette activité n'aura de cesse de croître durant tout le Néolithique, pour culminer au Néolithique final avec la production de lames de haches polies. Ces techniques sortent du cadre proprement domestique et intègrent la sphère de production des objets de la vie quotidienne. Leur dimension socio-économique semble par là même plus difficile à appréhender dans notre contexte.

Les gestes de broyage et d'abrasion restent cependant fortement apparentés. Par conséquent, les outils à la morphologie intermédiaire ou plurifonctionnels sont nombreux. Les significations techniques et archéologiques de ces grandes familles d'outils ne peuvent donc être totalement dissociées, sous peine de perdre l'essence même de leurs particularités respectives. La complexité de l'usage et du fonctionnement des outils en pierre rend ardue la manipulation de la terminologie associée. Les désignations traditionnelles par familles d'activités, telles que la mouture, la percussion ou le polissage, préjugent de la fonction ou du mode d'action de chaque outil. Elles trahissent une perméabilité évidente entre chaque catégorie d'outils.

Un réexamen des caractères morphologiques et métriques intrinsèques aux outils ne peut que favoriser une lecture plus claire des assemblages en grès. Le croisement des approches morphologiques et métriques doit permettre de proposer une classification raisonnée des outils en grès en tenant compte de leurs modes d'action respectifs et de la localisation des plages d'utilisation.

La caractérisation pétrographique des grès utilisés en contexte archéologique s'avère nécessaire pour une bonne compréhension du choix des supports dans un environnement géologique donné. Elle devra être orientée vers la caractérisation des qualités mécaniques propres à chaque type de grès archéologiques identifiés et à leurs implications fonctionnelles.
Une reconstitution des cycles de vie des outils en grès ne pourra faire l'économie d'une compréhension de l'enchaînement des étapes de leur fabrication. Nous nous pencherons sur l'interaction entre les modes de façonnage, la conception des outils et leur fonctionnement. A travers le prisme des cycles d'entretien et d'utilisation des meules et molettes, la question du recyclage des supports pourra être approchée. Nous espérons ainsi dégager les modalités de gestion et d'économie des supports gréseux au Néolithique ancien du Bassin parisien.

La participation des outils en pierre à diverses chaînes opératoires de transformation mérite d'être abordée. Pour ce faire, une approche fonctionnelle est mise en place dans le cadre de cette étude. Si la méthodologie d'analyse des traces d'utilisation sur grès reste à construire, ses applications directes nous semblent essentielles. Nous espérons par ce biais éprouver la classification et les hypothèses fonctionnelles proposées à la suite de l'analyse des critères typo-technologiques. L'articulation des différents traitements appliqués aux céréales, qu'il s'agisse du décorticage ou de la mouture, pourra être précisée dans cette optique. Mais plus encore, ce sont les activités secondaires effectuées par ces mêmes outils qu'il nous incombe d'identifier.
Les modalités de transformation par broyage et abrasion

des matières minérales et animales doivent être détaillées, affinées. Doit-on en effet considérer que chaque type d'outil est figé et dévoué hermétiquement à une fonction unique ? Les outils sont-ils déjà si spécialisés qu'aucune passerelle fonctionnelle entre les supports passifs de broyage, de mouture et de percussion ne puisse être déterminée ? Par ailleurs, le foisonnement des hypothèses fonctionnelles relatives aux outils d'abrasion et de polissage doit être réévalué à la lumière de notre propre contexte technique et socio-économique.

Bien que cette étude porte sur le Néolithique le plus ancien du Bassin parisien, traiter ici des questions d'apparition des techniques de mouture à proprement parler ne serait pourtant pas justifié. Il ne s'agit pas d'une innovation locale mais d'un bagage technique porté jusque dans cette région par les populations déjà néolithisées. Certes, cette étude porte sur les cultures rubanées et Villeneuve-Saint-Germain du VI ème millénaire avant J.C., soit le Néolithique le plus ancien du Bassin parisien. Mais il nous faut surtout envisager comment la tradition technique danubienne s'est adaptée et affirmée sur son aire d'extension la plus occidentale. La question majeure qui sous-tend en filigrane cette vision culturelle reste celle d'un outillage en pierre indirectement témoin des évolutions culturelles et chronologiques. Peut-on considérer au même titre que les autres artefacts que les outils de mouture, bien que plus invariants dans le temps, puissent être porteur de variations typologiques ou fonctionnelles significatives à l'échelle du Néolithique ancien ?

L'objectif principal d'une telle démarche est de contribuer à l'étude des systèmes techniques et des modes de vie des populations néolithiques. Ainsi, le choix de sites aux structures d'habitat bien définies répond à une volonté de replacer ces outils dans leur dynamique spatiale. La répartition des activités au niveau de la maisonnée et du village doit compléter notre vision des fondements sociaux-économiques propres à chacune des communautés envisagées. La combinaison des points énoncés doit permettre d'apporter un éclairage nouveau sur le statut technique et fonctionnel des outils en pierre.

PARTIE I -

CADRE CULTUREL, TECHNIQUE ET GEOLOGIQUE D'UNE ETUDE DES OUTILS EN GRES

La définition du cadre chronologique, du contexte environnemental et de la culture matérielle des Rubané et Villeneuve-Saint-Germain nous semble nécessaire à une bonne compréhension de la problématique d'insertion des outils en grès dans les chaines opératoires de transformation en Bassin parisien.

CHAPITRE 1 -

L'IMPLANTATION DES PREMIERS AGRICULTEURS EN BASSIN PARISIEN : CADRE CHRONOLOGIQUE, CULTUREL ET TERMINOLOGIQUE

L'intérêt du choix du Néolithique ancien du Bassin parisien pour notre problématique est double. L'apparition et le développement d'une économie agricole en partie fondée sur la culture des céréales et des légumineuses impliquent le recours à des techniques de transformation de ces plantes à des fins alimentaires. Par ailleurs, l'implantation sédentaire en villages structurés, dans le cadre d'une tradition culturelle forte à l'échelle européenne, permet le recours à un outillage plus massif et mieux ancré dans l'espace domestique proprement dit.

1-1 Le Néolithique ancien du Bassin parisien, cadre chronologique

Apparu à la charnière des Néolithique ancien et moyen de la chronologie européenne (Lichardus *et al.* 1985), le complexe dit de la Céramique Linéaire prend son essor en Europe centrale au milieu du VIème millénaire avant notre ère (Meier-Arendt 1966). L'expansion occidentale de cette culture atteint la Moselle et l'Alsace (étape II), et s'etend ensuite vers l'ouest jusqu'à atteindre le Bassin parisien (étape III). En Hesbaye, le Néolithique ancien débute à la fin de l'étape III de la Céramique Linéaire, tandis que le Hainaut ne livre pas d'indices avant la phase IV.

L'articulation de la chronologie interne au Bassin parisien s'est construite au fur et à mesure de la découverte de sites d'habitat venant enrichir de leurs effectifs, particularités et occurrences stylistiques, la sériation des décors de la céramique des ensembles du Rubané et du Villeneuve-Saint-Germain (fig. 1).
Le Néolithique ancien du Bassin parisien correspond aux étapes III à V de la Céramique Linéaire, qui incluent les Rubané moyen et récent champenois, le Rubané récent du Bassin parisien et son étape finale, ainsi que le groupe de Villeneuve-Saint-Germain (Constantin 1985, Constantin *et al.* 1995, Constantin *et al.* 1997, Ilett *et al.* 1995, Lanchon 1984 et Lanchon 1992, Tapprêt *et al.* 1996). cette terminologie régionale se distingue des Rubanés moyen, récent et final alsaciens.

L'implantation rubanée la plus anciennement reconnue à ce jour à l'est du Bassin parisien apparaît dans la plaine champenoise du Perthois à l'étape III de la Céramique Linéaire. L'affiliation de cette entité avec le Rubané moyen du Haut-Rhin a permis de définir l'existence d'un Rubané moyen champenois (Chertier *et al.* 1982). L'occupation rubanée de la Marne se poursuit à l'étape IV de la Céramique Linéaire avec l'apparition du Rubané récent champenois (fig. 1). Les vallées de l'Aisne et de l'Yonne n'ont révélé pour le moment aucun indice antérieur à l'étape ré-

Datation absolue en B.C. cal	Terminologie européenne	Terminologie française	Etapes de la Céramique Linéaire	Bassin parisien					Belgique	
				Marne	Aisne	Oise	Seine-Yonne	Basse-Haute Normandie	Hesbaye	Hainaut
		Néolithique moyen I	-	Cerny					?	
4500	Néolithique récent								Blicquy	
4800		Néolithique ancien	V	Villeneuve-Saint-Germain						
5000	Néolithique moyen		IV	RRBP ét. finale	RRBP ét. finale	RRBP ét. finale	RRBP ét. finale	RRBP ét. finale	Rubané	
				RRBP* ét. ancienne	RRBP ét. ancienne					
				Rubané récent champenois						
5200			III	Rubané moyen champenois						
5500										

Fig. 1. Tableau de correspondance chronologique entre les cultures et groupes étudiés
*RRBP = Rubané récent du Bassin Parisien

cente (IV) de la Céramique Linéaire, avec l'apparition du Rubané récent du Bassin parisien (Lichardus *et al.* 1985). Si toutes les étapes du Rubané récent du Bassin parisien sont présentes sur le site de Cuiry-lès-Chaudardes «les Fontinettes» (Ilett *et al.* 1984), son étape la plus ancienne a été identifiée sur le site de Berry-au-Bac «le Chemin de la Pêcherie» dans l'Aisne (Ilett *et al.* 1995, p 86). L'étape finale du Rubané récent du Bassin parisien (Constantin *et al.* 1997) s'étend à ce jour jusque dans la moyenne vallée de l'Oise et en Normandie (Arbogast *et al.* 1998, Billard 2003).

La culture de Villeneuve-Saint-Germain-Blicquy succède à la fin du Rubané dans ces régions, au cours de la phase V de la Céramique linéaire (Bosquet *et al.*1997, Burnez-Lanotte *et al.* 2001, Cahen *et al.* 1990, Caspar *et al.* 1993, Constantin *et al.* 1991 et 1993). Le groupe de Villeneuve-Saint-Germain, identifié sur la base de ses analogies avec le groupe de Blicquy, a pu être périodisé en trois étapes (Constantin *et al.* 1982, Constantin 1985, Lanchon 1992).

Afin d'inscrire notre étude dans une perspective diachronique, l'amplitude chronologique couverte par notre corpus inclut la culture Cerny (Constantin 1997) pour le début du Néolithique moyen en Bassin parisien ; elle correspond à la toute fin du Néolithique récent de la terminologie européenne (Lichardus *et al.* 1985). Le Cerny se diviserait en deux faciès plus ou moins significatifs chronologiquement : le Cerny «Videlles» et le Cerny «Barbuise» plus tardif (Constantin 1997, Louboutin *et al.* 1997). L'avènement de la culture Cerny au début du Néolithique moyen I marque une nette rupture, tant au niveau de la nature et des modes d'implantations que des traits stylistiques du décor céramique.

Bien que l'articulation des séquences de la Champagne, de la Picardie et du sud-est du Bassin parisien mériterait d'être affinée, nous utiliserons cette séquence définie et encore récemment confirmée par les chercheurs du Bassin parisien (Allard 2005, Constantin 2002).

1–2
Synchronisation et parentés chrono-culturelles au sein de la sphère danubienne

Les particularismes régionaux semblent tenir une part importante dans la compréhension des mécanismes de diffusion de la culture de la Céramique Linéaire.

L'établissement de la chronologie relative entre le Rubané récent du Bassin parisien et le Villeneuve-Saint-Germain repose initialement sur une sériation des décors et des formes céramiques (Constantin 1985, Constantin et a1. 1995, 1997 et 1998, Lanchon 1984 et 1992). Selon la séquence chronologique définie par les chercheurs du Bassin parisien, une tendance évolutive directe se dessine entre le Rubané récent du Bassin parisien, l'étape finale du Rubané récent du Bassin parisien et le Villeneuve-Saint-Germain sur la base d'une évolution du style céramique, de l'architecture et des caractéristiques économiques et techniques (Constantin 1985, Lanchon 1992). Par comparaison du Bassin parisien avec les régions belges directement frontalières, le Rubané du Bassin parisien a pu être dissocié du Rubané du Hainaut et de Hesbaye. Les premières affinités entre les deux régions ne se dessinent qu'à partir de la fin du Rubané du Hainaut et du Rubané récent du Bassin parisien (Constantin 1985). L'affiliation des groupes de Villeneuve-Saint-Germain et de Blicquy a quant à elle été confirmée par l'étude de plusieurs sites de part et d'autre de la frontière (Burnez-Lanotte *et al.* 2001). Ceci a récemment abouti à la reconnaissance d'une culture à part entière dite de Villeneuve-Saint-Germain / Blicquy (Constantin *et al.* 1998). La proximité culturelle de ces deux ensembles régionaux a ainsi contribué à leur synchronisation avec les chronologies rhénanes. Dans ce cadre évolutif, l'avènement de chaque nouvelle étape de la culture de la céramique rubanée et du Villeneuve-Saint-Germain-Blicquy semble s'accompagner d'une expansion géographique vers l'ouest.

La séquence établie en Bassin parisien a néanmoins fait l'objet de plusieurs remises en cause sur la base de difficultés de calage et de synchronisation des différents groupes culturels au sein de la Céramique Linéaire nord-occidentale. Sur la base d'une incohérence des dates C14, une possible contemporanéité partielle entre les deux entités Rubanées et Villeneuve-Saint-Germain-Blicquy a été suggérée (Cahen *et al.* 1983, Cahen *et al.* 1985, Cahen *et al.* 1990), et une inversion de la séquence initiale proposée (Cahen *et al.* 1986). Plus récemment, des associations ponctuelles de vestiges, l'absence de réelle stratigraphie et un décalage entre dates C14 ont été mis en avant pour souligner une synchronisation imparfaite de la séquence du Bassin parisien avec les chronologies alsaciennes et allemandes (Jeunesse 1998, 2001 et 2003).

Les points de discordance entre les chronologies parisiennes et rhénanes se cristallisent autour des relations avec le groupe de Hinkelstein. Dans un premier temps, la charnière entre la fin du Rubané du Bassin Parisien et le Villeneuve-Saint-Germain / Blicquy avait été située en concordance approximative avec le Hinkelstein (Constantin 1985). Le groupe de Grossgartach strictement consécutif débutait à une date correspondant à l'étape moyenne voire récente du Villeneuve-Saint-Germain / Blicquy pour se poursuivre bien au delà dans le Néolithique moyen I du Bassin parisien (Lanchon 1992). Une seconde proposition situait le Hinkelstein plus en amont à l'étape finale du Rubané récent, la culture de Villeneuve-Saint-Germain / Blicquy devenant synchrone à la fois du Hinkelstein, du Grossgartach et du début du Roessen (Constantin *et al.* 1998). Le Cerny venait se caler sur les étapes I et II du Roessen de la chronologie allemande (Dubouloz *et al.* 1997). Plusieurs travaux allemands sont venus alimenter la réflexion. Le Rubané récent du Bassin parisien semble correspondre aux étapes IVb à Vb du Rubané de la Moselle allemande (Schmidgen-Hagen 1993). H. Spatz confirme la succession entre le Rubané récent du Bassin parisien et le Villeneuve-Saint-Germain tout en érigeant ce dernier en parallèle du Grossgartach récent, soit assez tardivement par rapport au schéma initialement proposé, et le Cerny ancien en parallèle du Rossen I (Spatz 1998). Sur le Rhin supérieur et dans la région du Sud-ouest allemand, H.C. Strien affirme la correspondance entre le Rubané récent du Bassin parisien et le début du Rubané moyen de la chronologie allemande, et envisage un chevauchement partiel du Rubané récent du Bassin parisien et du Villeneuve-Saint-Germain (Strien 2000).

Le réexamen détaillé des dates radiocarbones à disposition et de leur distribution permet cependant de confirmer la succession sinon stricte du moins partielle de l'étape finale du Rubané récent du Bassin parisien avec le Villeneuve-Saint-Germain. Une correspondance de ces deux cultures avec respectivement les groupes de Hinkelstein et de Grossgartach semble également se confirmer (Dubouloz 2003).

1-3
La néolithisation du Bassin parisien à la lumière des relations interculturelles

La position excentrée du Bassin parisien, à l'ouest de l'aire d'extension de la Céramique Linéaire, a un temps été envisagée en terme de dynamisme, d'innovation culturelle et de perméabilité des marges aux influences extérieures. La question de la genèse du Rubané en Bassin parisien renvoie ainsi à plusieurs voies de circulation et donc à plusieurs filiations géographiques potentielles.

L'examen des parentés du Rubané moyen des sites du Perthois renvoie ainsi sans conteste à une origine haut-rhinoise pour la colonisation la plus ancienne du Bassin parisien. Le Rubané récent champenois du site de Juvigny évoque quant à lui une évolution réellement locale du Rubané moyen, d'affinités à la fois orientales, occidentales et septentrionales (Tappret *et al.* 1996). L'analyse des ensembles céramiques du Rubané récent du Bassin parisien se tourne également vers la zone rhénane via l'Alsace, le bassin de la Moselle ou le Hainaut (Bailloud 1964, Blouet *et al.* 1986, Ilett *et al.* 1986, Jadin 1996, Tapprêt *et al.* 1996). Sur la base des affinités entre les Rubané moyen champenois et haut-rhinois, une voie de colonisation méridionale via la trouée de Belfort a également été envisagée (Lanchon 1984, Jeunesse 1993 et 1995). Les relations entre ces régions évoluent de toute façon tout au long du Rubané : la parenté initiale de l'industrie lithique du Rubané récent du Bassin parisien avec le Haut-Rhin et la Champagne se détourne vers le Hainaut et la Hesbaye à son étape finale (Allard 2005).

Quelques traits exogènes à la tradition culturelle rubanée nous amènent à envisager brièvement les différentes théories relatives aux contacts éventuels d'une part avec les populations néolithiques méridionales et d'autres part avec les populations mésolithiques dites « autochtones ».
L'occurrence de tessons de céramique du Limbourg sur les sites d'habitat depuis la Hollande jusqu'au Bassin parisien à l'étape récente du Rubané, a un temps cristallisé les réflexions concernant le rapport entre les populations rubanées « colonisatrices » et les populations mésolithiques « autochtones » (Cahen *et al.* 1990, Constantin 1985, Jeunesse 1987 et 1995, Modderman 1970, Thévenin 1991, Van Berg 1990, Van Berg *et al.* 1993). Les similitudes morphologiques entre les armatures de flèches asymétriques danubiennes et tardenoisiennes ne sont pas confirmées par l'étude technique : elles semblent surtout non spécifiques au Rubané récent du Bassin parisien (Allard 2005). Si, aujourd'hui, les liens entretenus entre ces entités ne sont toujours pas précisément définis (assimilation de population, emprunts techniques, …), une éventuelle filiation entre les outils en pierre mésolithiques et néolithiques ne doit pas être écartée de prime abord face à la présence ubiquiste de certaines catégories d'outils abrasifs aussi bien au Mésolithique qu'au Néolithique (Rozoy 1978).

Si des contacts ont réellement pu avoir lieu entre les deux entités néolithiques méridionales et septentrionales de la France, les preuves sont aujourd'hui encore très lacunaires. Des traits stylistiques des décors céramiques semblent en effet partagés par des exemplaires à la fois méridionaux et Villeneuve-Saint-Germain (Lichardus-Itten 1986, Roussot-Larroque 1990 et 1993). La présence de céramique de la Hoguette dans les assemblages rubanés, depuis le Neckar jusqu'en Alsace et dans le Limbourg Hollandais, et ce pour les phases les plus anciennes de la Céramique Linéaire, a pu être interprétée comme le résultat de contacts avec les populations cardiales (Lüning *et al.* 1989 ; Roussot-Larroque 1990 et 1993). De même, l'apparition occidentale de l'orge polystique nue dans la sphère rubanée a pu être assimilée à un héritage d'origine méditerranéenne (Bakels 1997 ; Heim *et al.* 1998). Néanmoins, la nature des relations entre les premières cultures néolithiques de la moitié nord de la France et les cultures néolithiques méridionales demeurent aujourd'hui encore mal connues (Binder 1995, Vaquer 1999).

Bien que souvent perçu comme un témoin peu révélateur des variations chronologiques et culturelles, le mobilier en grès pourrait cependant livré des indices de compréhension des relations entre le Néolithique ancien du Bassin parisien, le cultures mésolithiques autochtones et le courant méridional de néolithisation.

CHAPITRE 2 -

Un mode de vie néolithique : habitat, milieu et mode de subsistance

2-1 –
Nature et implantation des sites d'habitat

Le choix de contextes d'habitats bien définis pour notre étude est guidé par deux impératifs : se laisser la possibilité d'une lecture spatiale des vestiges en pierre et s'assurer une appréhension aussi large que possible des implications techniques de l'outillage en pierre depuis l'extraction de la matière première jusqu'à son utilisation.
Au Néolithique ancien, la grande majorité des sites reconnus est implantée en fond de vallée alluviale, sur les terrasses non inondables à moins d'un kilomètre du cours d'eau le plus proche. Les villages sont ainsi généralement implantés sur des substrats sablo-limoneux ou des alluvions, et plus rarement des colluvions anciennes.Même s'il peut ne s'agir que d'un état documentaire contraint par la dynamique des fouilles, les populations néolithiques semblent bien avoir choisi de s'installer à proximité de zones pro-

pices à l'agriculture tels les limons de débordement ou les placages de lœss. De par la nature même des opérations souvent effectuées dans un cadre préventif, rares sont les sites dont l'extension maximale est connue. La préservation intégrale ou partielle du plan des maisons danubiennes et des fosses latérales qui leurs sont associées induit une préservation différentielle des vestiges d'un site à l'autre. Les maisons, orientées Est-Ouest, sont constituées de trois parties délimitées par des tierces de poteaux. Leur longueur est généralement comprise entre vingt et quarante mètres, leur largeur entre six et huit mètres. Le plan rectangulaire du Rubané moyen champenois et du Rubané récent du Bassin parisien évolue vers la trapézoïdalité à partir de l'étape finale du Rubané récent du Bassin parisien. Au Villeneuve-Saint-Germain / Blicquy, ce phénomène est associé à un décalage de la tierce centrale (Coudart 1998). Au Cerny, l'implantation des sites se diversifie notamment au profit des zones en hauteur ; enceintes et structures sur poteaux mal identifiées constituent l'essentiel de l'habitat des plaines (Mordant *et al.* 1997).
Nous ne développerons pas ici les données relatives aux pratiques funéraires : l'absence de tout mobilier en pierre dans les sépultures du Bassin parisien nous prive en effet d'une source d'information connue par ailleurs dans le reste de la sphère danubienne.

2-2 – Milieu et mode de subsistance

Les analyses paléobotaniques ont permis une reconstitution du cortège des végétaux présents au Néolithique dans le Bassin parisien et ses marges. Outre l'apport de la palynologie dans la reconstitution de l'environnement néolithique, ce sont les macrorestes de céréales identifiés à partir des études paléocarpologiques qui nous intéressent plus particulièrement. Avec les ligneux et les légumineuses, ces espèces sont en effet les plus susceptibles d'avoir eu recours à l'outillage de pierre dans le cadre d'action de broyage et de mouture.

2-2-1 - La reconstitution du milieu : les données palynologiques

A l'Atlantique, le taux de boisement encore important du début de l'implantation rubanée fourni une forte part de noisetier (50 %) et d'aulne (32 %), accompagnés du tilleul, du chêne et du pin. Noisettes et glands pouvaient donc être ramassés à proximité des sites.
Dans la vallée de l'Aisne, les analyses polliniques ont été effectuées sur des prélèvements issus de contextes détritiques. Le site du Rubané récent du Bassin parisien de Menneville «Derrière le Village» semble ainsi implanté dans des zones largement ouvertes où les secteurs cultivés empiètent sur une forêt encore présente à proximité. Le taux de pollen arboréen est peu élevé (20 % environ) et dominé par le tilleul. Les pollens de céréales sont bien présents (5 %) : le Triticum spelta, le Triticum dicoccum, l'Hordeum vulgare var. nudum, tout comme le pois et la noisette ont été identifiés. L'étude malacologique réalisée à Cuiry-lès-Chaudardes confirme un degré faible de déforestation, limitée au voisinage des habitations. L'impact anthropique semble donc se développer de façon assez lente au Néolithique ancien (Bakels 1995 b, Chartier 1991, Firmin 1982 et 1986).
L'exploitation du milieu, bien qu'encore largement méconnue, laisse donc une place importante à la pratique agricole même si la cueillette des ressources arboricoles joue encore un rôle non négligeable.

2-2-2 - Les macrorestes végétaux

Sur le site du Rubané récent du Bassin parisien de Menneville «Derrière le Village», l'étude carpologique de C. Bakels atteste de la présence de deux sortes de blés vêtus : l'engrain (*T. monococcum*) et l'amidonnier (*T. dicoccum*) (Bakels, 1984) (fig. 2). L'engrain et l'amidonnier semblent cultivés ensemble dans des champs clairsemés et ombragés une partie de la journée, permettant ainsi l'expansion de plantes adventices telles que Bromus sterilis, Galium aparine, *Lapsana communis* ou encore *Polygonum convolvulus* (Bakels *et al.* 1985, 1991 et 1995 b).

L'orge polystique nue (Hordeum vulgare var. nudum) est présente dans le Rubané de la vallée de l'Aisne bien qu'en proportions moindres que les blés (fig. 2). Cette variété d'orge est ainsi attestée sur le site de l'étape finale du Rubané récent du Bassin parisien de Berry-au-Bac «le Chemin de la Pêcherie» de même que sur les sites Villeneuve-Saint-Germain de Bucy-le-Long «la Fosse Tounise» et Bucy-le-Long «le Fond du Petit Marais» (Bakels 1995 a et b). La présence d'orge polystique nue est une spécificité occidentale de la sphère danubienne puisque seule la variété vêtue se retrouve en Europe centrale. Au Rubané, seul le Neckar avait jusque là livré de l'orge nue (Bakels 1999). D'après les résultats obtenus sur une quantité certes réduite de macrorestes des régions rhénanes, belges et néerlandaises, la frontière entre la répartition des deux variétés de l'orge polystique semble bien matérialisée par le Rhin (Heim *et al.* 1998, p 193).

L'apparition du blé tendre-compact (*Triticum aestivo-compactum*) prête à discussion pour l'ouest de la sphère rubanée (fig.2). Pour C. Bakels, le blé tendre-compact inconnu dans les assemblages rhénans avant le Roessen, n'apparaîtrait pas avant le Cerny en Bassin parisien (Bakels 1997). Mais de récentes études attestent de l'apparition du blé tendre dés le Villeneuve-Saint-Germain-Blicquy, et soulignent une probable origine méditerranéenne (Dietsch-Sellami 2002, Heim *et al.* 2002).

Les lentilles (fig. 2) et les pois viennent compléter le spectre des espèces végétales identifiées pour le Rubané (Bakels 1984, 1995 a et 1999). Le lin (Linum usitatissium) et le pavot « sauvage » (*Papaver somniferum subsp. setigerum*) connus depuis la Rhénanie jusque dans le Limbourg néerlandais et en Hesbaye (Heim *et al.* 1998) semblent absents des assemblages du Bassin parisien (fig. 2). Le caractère cultivé de ces deux plantes est par ailleurs loin d'être confirmé.

Pour le Rubané de Belgique et de la moitié nord de la France, les coquilles de noisettes sont attestées (Bakels 1999). Pépins de pommes et semences de gui complètent cette vision partielle des espèces issues de la cueillette du Rubané de Belgique (Bakels *et al.* 1985). Tout comme les espèces

Fig. 2. Céréales et légumineuses connues dés le Néolithique ancien a. *Triticum Beoticum* et b. *Triticum monococcum*, d'après Zohary *et al.* 1993 ; c. *Triticum diccocum*, d'après Schieman 1948 ; d. *Triticum aestivo-compactum*, d'après Zohary *et al.*1993 ; e. *Panicum miliaceum*, d'après Heigi 1935 et Kroll 1983 ; f. *Linum usitatissimum*, d'après Zohary 1972 et Van Zeit *et al.* 1975 ; g. *Pisum sativum*, d'après Zohary 1972 et Kroll 1979 .

cultivées, les espèces végétales issues de la cueillette ont pu nécessiter un broyage.

Dans l'état actuel des recherches effectuées sur les macrorestes paléobotaniques, les premières populations rubanées en Bassin parisien cultivaient l'engrain, l'amidonnier et l'orge polystique nue. L'apparition du blé tendre–compact se situerait quelque part entre la fin du Villeneuve-Saint-Germain et le Cerny. Les légumineuses sont représentées par le petit pois et la lentille dès le début de la séquence en Bassin parisien (fig. 2). Les spectres polliniques montrent une continuité dans l'exploitation de l'environnement direct des sites entre le Rubané et le Villeneuve-Saint-Germain. Par ailleurs, le cortège des espèces cultivées au Villeneuve-Saint-Germain est très proches de celui identifié au Rubané. Les pratiques agricoles semblent donc similaires entre les deux cultures. L'identification des espèces de céréales du Néolithique ancien du Bassin parisien nous permet de préciser le cadre technique dans lequel les étapes finales de transformation des céréales s'inscrivent. La culture largement majoritaire des céréales vêtues nous oblige à considérer sérieusement l'éventualité d'un décorticage des grains de céréales préalablement à leur mouture.

2-2-3 - Faune domestique et faune chassée

La part de l'élevage est déjà fortement ancrée dans la tradition agro pastorale en Bassin parisien puisqu'elle atteint un taux proche des 80 % dès le début de la séquence. Cet élevage se base principalement sur le bœuf, le mouton et le porc. La place de la chasse qui représente environ 15 % des espèces au Rubané récent diminue progressivement tout au long de la séquence rubanée du Bassin parisien : elle n'atteint jamais plus de 10% des espèces consommées sur les sites les plus tardifs. Dans la vallée de l'Aisne, elle est surtout centrée sur l'aurochs, le sanglier et le cerf mais évolue vers une chasse de gibiers plus petits avec le temps (Hachem 1999).
Au Rubané, l'élevage du bœuf tourné vers l'exploitation bouchère domine, tandis qu'au Villeneuve-Saint-Germain la place des espèces domestiquées dépasse les 90 % et s'accompagne d'un essor progressif de la consommation de suidés (Hachem 1995 b et 1998, Sidéra 2000). Dans le sud du Bassin parisien, la décroissance significative de la consommation des caprinés entamée au Villeneuve-Saint-Germain ancien s'accompagne à partir du Cerny d'un recentrage de l'élevage autour du bœuf et d'une résurgence significative de la chasse (Tresset 1997).

Il s'avèrera intéressant de comprendre comment l'évolution et l'augmentation de la consommation des espèces domestiques tout au long de la séquence s'articulent avec la part des activités de mouture au sein de l'outillage en pierre. L'éventuelle corrélation entre les modes de consommation alimentaire carnée et végétale nous semble un point important à dégager dans le cadre de notre étude. Rares sont les données et les études permettant de préciser quel était réellement le régime alimentaire des populations néolithiques en Bassin parisien. Il paraît difficile de quantifier les parts respectives de l'alimentation végétale et carnée. L'aspect très élimé de la dentition des néolithiques défunts démontre souvent une forte abrasion de la surface des dents : cette dernière est couramment attribuée à une consommation forte d'aliments au caractère abrasif prononcé. La consommation de céréales, riches en particules siliceuses, pourrait-elle être à l'origine de cette altération significative de la dentition ? Doit-on y voir le témoin de la contamination des farines consommées par des particules minérales issues des outils de mouture ? L'analyse fonctionnelle des outillages en pierre doit permettre d'envisager la pertinence de ces questions.

CHAPITRE 3 -

CONTEXTE TECHNIQUE ET CULTURE MATÉRIELLE

Le contexte matériel général présenté ici vise à mieux cerner l'intervention d'un éventuel outillage en grès dans chacune des chaînes opératoires de fabrication des artefacts. Plusieurs travaux de synthèse, effectués dans un cadre universitaire, permettent de dresser un panorama assez complet de la culture matérielle et du contexte technique propre au Néolithique ancien en Bassin parisien (Augereau 2004, Allard 2005, Bostyn 1994, Hachem 1995 b, Sidéra 1993).

3-1 – La céramique

Au sein des cultures rubanées et Villeneuve-Saint-Germain / Blicquy, deux grands types d'inclusions ajoutées ont pu être identifiées dans les pâtes, en plus de la chamotte et du sable calcaire récurrents dans le sud du Bassin parisien. Le sable grossier et la coquille pilée prédominent ainsi au Rubané (Allard *et al.* 1997 ; Ilett *et al.* 1995 b), tandis que l'os calciné et pilé sous forme de petits nodules est majoritaire au Villeneuve-Saint-Germain dans le nord du Bassin parisien. Il se retrouve à près de 90 % dans les vases Cerny à l'exception des vallées de l'Aisne et de l'Oise qui emploient préférentiellement de la coquille pilée (Constantin 1997). La céramique du Limbourg retrouvée le plus généralement en contexte rubané se distingue par une technologie et des traitements de surfaces spécifiques et par un dégraissant à l'os pilé. La nature des dégraissants utilisés porte à conséquence quant aux outils et aux gestes nécessaires à leur obtention. Concassage, broyage et pilage peuvent ainsi être sollicités tour à tour pour la réduction des particules de dégraissant, en fonction de la nature de ce dernier, de sa dureté et de la dimension des fractions recherchées.

Par ailleurs, si la technique du montage au colombin semble très largement dominante, le recours à la technique du montage à la motte pour les plus petits vases n'est pas à exclure. En ce qui concerne les finitions, la technique du polissage des surfaces sèches semble bien attestée (Constantin *et al.* 1985). L'emploi de galets pour ces deux opérations reste une hypothèse technique et fonctionnelle plausible puisque connue à travers des exemples ethnographiques. Il conviendra d'identifier et d'isoler les outils susceptibles de participer à ces schémas techniques.

3-2 –
L'industrie lithique taillée

Existe-t-il des points communs dans les modes d'exploitation du silex et du grès au cours du Néolithique ancien dans le Bassin parisien ?
L'exploitation du silex qui repose au Rubané sur un approvisionnement régional voire extra-régional de bonne qualité, se tourne plutôt vers des ressources proprement locales à partir du Villeneuve-Saint-Germain (Allard 1996 et 2002, Bostyn 1994).
Les modifications dans le mode d'approvisionnement en silex entre les deux cultures s'accompagne d'une modification profonde des productions associées. La production lithique rubanée se caractérise, excepté pour la confluence Seine-Yonne, par un débitage laminaire largement majoritaire, obtenu à la percussion lancée indirecte. Une certaine unité typologique se dégage de productions assez stéréotypées ; un faible investissement dans l'aménagement des outils est visible au Rubané. L'ensemble des sites livre une majorité de six classes d'outils comme les grattoirs, lames retouchées, armatures de flèches et de faucille, perçoirs et troncatures, généralement associés à trois types d'outils supplémentaires soit les pièces esquillées, les burins et les denticulés.
L'augmentation significative de la production sur éclats initiée à l'étape finale du Rubané récent du Bassin parisien se poursuit au Villeneuve-Saint-Germain. Elle s'accompagne d'un recours à la percussion lancée directe et s'effectue en parallèle d'un accroissement des dimensions des produits laminaires. Le Villeneuve-Saint-Germain se caractérise par une inversion non pas dans les types d'outils mais dans la composition des assemblages avec une nette augmentation des burins notamment dans la vallée de l'Aisne.
La transition Villeneuve-Saint-Germain / Cerny est marquée par l'abandon des réseaux d'échanges en silex tertiaire et du débitage laminaire élaboré (Augereau *et al.* 1997). Cette tendance confirmée au Cerny voit l'utilisation de silex strictement locaux, et d'un outillage retouché sur éclats obtenu en percussion directe dure à hauteur de 80 voire 95 %. Les éclats sont utilisés pour la confection de grattoirs, denticulés et éclats retouchés avec une présence récurrente de tranchets alors que grattoirs et bords abattus se partagent les supports laminaires (Augereau 1997).
Dans la même optique que celle de l'exploitation des matériaux, nous examinerons les éventuelles différences techniques dans les modes de fabrication et les types d'outils en grès rencontrés entre le Rubané et le Villeneuve-Saint-Germain, afin de dégager une éventuelle évolution des productions lithiques considérées dans leur globalité. Par ailleurs, le recours privilégié à une percussion directe au Rubané et une percussion indirecte au Villeneuve-Saint-Germain peut être à l'origine de la présence de percuteurs ou de stigmates de percussion spécifiques dans les outillages en grès.

L'industrie lithique taillée permet de déterminer des degrés de spécialisation des sites. Au Rubané, les modes d'exploitation et d'approvisionnement en silex permettent de distinguer des sites surproducteurs, consommateurs et redistributeurs de matériaux de bonne qualité à une échelle régionale (Allard 2005, Plateaux 1993). L'exploitation de silex tertiaires locaux ou régionaux proches au Villeneuve-Saint-Germain explique leur circulation sous forme de nucléus ou de produits semi-finis à cette période. Une spécialisation d'une partie des activités de taille se distingue néanmoins à l'étape moyenne du Villeneuve-Saint-Germain : on voit apparaître des villages « producteurs » de grands supports comme à Trosly-Breuil «les Obeaux» et à Jablines «la Pente de Croupeton» (Bostyn 1994). La notion de spécialisation des sites dans un type d'exploitation ou de production lithique devra également être envisagée à travers l'outillage en grès.

Enfin, la présence régulière bien qu'en faible quantité de fragments de herminettes en roches vertes doit également être signalée puisque leur façonnage requiert un polissage de finition.

3-3 –
L'industrie osseuse

Au Rubané, l'utilisation plurielle des supports issus des bovinés (42%) contraste avec une spécialisation des supports sur caprinés (22%) et une utilisation restreinte des suidés par rapport à la proportion des restes alimentaires (5%). Au sein des espèces chassées, le cerf est diversement exploité tandis que les métapodes de chevreuil sont utilisés pour la seule confection des poinçons (Sidéra 2000).
Le Villeneuve-Saint-Germain est marqué lui par une plus grande exploitation du bois de cerf, au détriment de l'os et de l'ivoire, et par un élargissement de la variété des supports aussi bien anatomiques que spécifiques. A un débitage approximatif par fracturation au Rubané, l'apparition du débitage par abrasion au Rubané récent du Bassin parisien et la progression du sciage jusqu'à la fin du Villeneuve-Saint-Germain vont apporter un perfectionnement assurant la forme quasi définitive de l'objet dès cette étape (Sidéra 2000). L'emploi de l'abrasion à des fins de débitage et de façonnage n'est reconnu que pour deux types d'outils : les outils perforants et les pendeloques. Réalisés sur métapodes de chevreuil, moutons ou chèvres, les outils perforants offrent une section rectangulaire typique d'un débitage par abrasion. De longueur comprise entre cinq et dix centimètres, ils présentent quelques rectifications par abrasion des saillies de la poignée conservée. Les pendeloques, confectionnées sur métapodes de petits ruminants de quatre à cinq centimètres de long, sont, elles aussi, débitées par abrasion et façonnées de la même manière que les outils perforants dont ils peuvent constituer des recyclages (Sidéra 1993). Toujours selon I. Sidéra, « les poinçons abrasés sont de bons marqueurs chrono-culturels » : « ils sont absents du Rubané d'Alsace, même le plus récent, et apparaissent dans le Bassin parisien, non pas au stade initial de la néolithisation de l'Aisne, tel qu'à Berry-au-Bac «le Chemin de la Pêcherie», mais immédiatement après» (Sidéra 2000, p. 146).
Pour le Cerny, l'industrie osseuse retrouvée en contexte funéraire témoigne d'une faible variabilité et d'une forte fréquence des canines de suidés. Les supports sont globalement obtenus sur des animaux chassés, notamment le bois de cerf (Sidéra 1997).

L'apparition du débitage par abrasion au Villeneuve-Saint-Germain devra être confrontée aux attributions fonctionnelles des différents types de polissoirs et d'abraseurs rencontrés dans notre corpus. Il serait intéressant de déterminer dans quelle mesure cette technique de façonnage a pu avoir recours à un outillage lithique bien déterminé voire spécialisé, plutôt qu'à des procédés d'abrasion sur support organique (bois, peaux) avec ajout d'adjuvant par exemple. De même, la qualité des grès employés, leur granulométrie et leurs qualités mécaniques devraient permettre de dissocier un façonnage par abrasion d'étapes d'entretien ou de réâffutage.

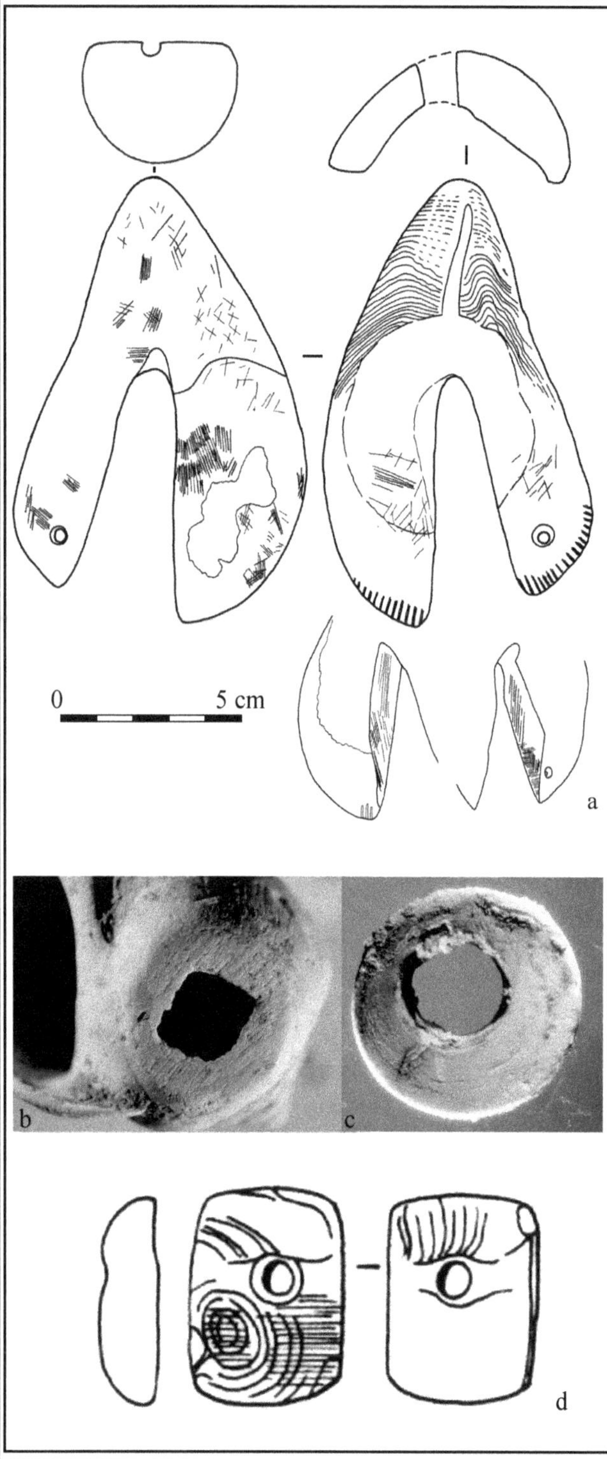

Fig. 3. Objets de parure fabriqués par abrasion durant le Néolithique ancien du Bassin parisien (échelles non conformes) a. Applique entaillée en Spondyle, Adlerberg (dessin S. Bonnardin) ; b. Perforation d'une perle en *Natica* de Cuiry-lès-Chaudardes «les Fontinettes», tombe 145 (photo S. Bonnardin) ; c. Perle circulaire en calcaire de Menneville «Derrière le Village» (photo S. Bonnardin) d. Perle trapézoïdale en *Cardita* de Berry-au-Bac «le Vieux Tordoir» (dessin S. Bonnardin)

3-4 - Les objets de parure

3-4-1 - La parure en matière osseuse, coquillage et roches

Les objets de parure rubanés en Bassin parisien sont constitués par divers types d'objets : perles en coquillages (bivalves et gastéropodes), en calcaire ou en os, anneaux en coquillages ou en roches (calcaires) (Bonnardin 2004). Les formes de perles varient de trapézoïdales pour les coquilles de *Cardita* (fig. 3), de carrées pour les calcaires (fig. 3), et en bobine ou en huit pour les matières osseuses. Elles coexistent avec des perles circulaires en *Cardita* dont la tranche plane a certainement été obtenue par abrasion à plat et des perles tubulaires en spondyle et calcaire à facettes d'abrasion.
Les rares anneaux en *Spondylus, Venericardia* et calcaires gris primaire ou blanc secondaire ont certainement été perforés et façonnés en partie par abrasion (fig. 3).
La parure en calcaire voit l'avènement d'une nouvelle forme au cours de l'étape finale du Rubané Récent du Bassin parisien : le bracelet en calcaire blanc est peu à peu supplanté par les bracelets en calcaire primaire gris à la transition avec le Villeneuve-Saint-Germain (Constantin *et al.* 2001). Au Villeneuve-Saint-Germain, on note un net appauvrissement dans l'approvisionnement en matériaux et dans la diversité des formes. On retrouve entre autres les perles circulaires à tranches planes abrasées en calcaire et *Cardita* et les perles sur *Nucella* et *Natica* (fig. 3), perforées par abrasion. Les coquillages sont abandonnés pour la confection des anneaux, qui se multiplient tout en offrant une forte variété de sections et de formes.
Les pans des perles circulaires et tubulaires ont subi un façonnage par abrasion, les perles sur gastéropodes une perforation par abrasion. Pour les anneaux, des étapes de mise en forme ont également pu être effectuées par abrasion afin d'égaliser la surface brute des coquillages et de régulariser l'ouverture interne. Seule l'analyse fonctionnelle permettra d'identifier l'éventuelle contribution des abraseurs ou polissoirs à ces étapes de fabrication.

3-4-2 - La parure en schiste

Au sein des étapes de la chaîne opératoire de fabrication des bracelets en schiste, marqueurs chrono-culturels forts du Villeneuve-Saint-Germain, nombreuses sont les phases où une abrasion ou un polissage a pu être requis (Auxiette 1989, Burnez-Lanotte *et al.* 2005, Cahen 1980, Caspar *et al.* 1993, Constantin 1985, Fromont 2001, Praud 2002). Les techniques de confection de chacun de ces types de parure renvoient d'une part à l'emploi d'outils en percussion lancée dans les étapes de préformage et de régularisation des ébauches et à des techniques d'abrasion voire de polissage pour les étapes de perforation, de mise en forme et de finition (fig. 4).
Les anneaux et bracelets en schiste présentent des dimensions et des sections variables, allant de l'ovale au triangulaire. Ils présentent la particularité d'être polis sur leurs faces et leurs bords. La fabrication des bracelets en schiste semble se répartir entre des sites « producteurs » d'ébauches à proximité des gisements de matières premières, des

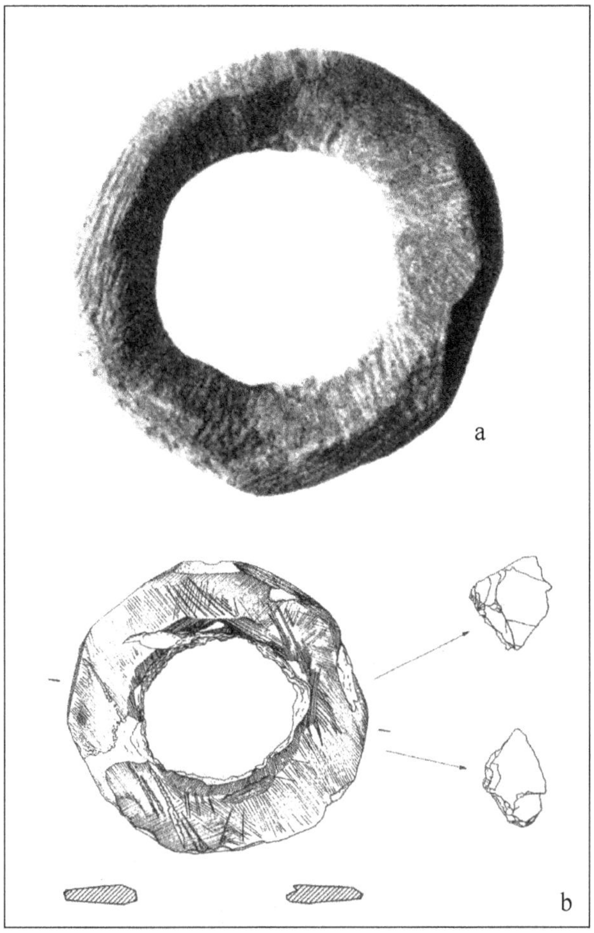

Fig. 4. Objets fabriqués par abrasion durant le Néolithique ancien du Bassin parisien (échelles non conformes) a. Ebauche de bracelets en schiste (d'après Caspar *et al.* 1994) ; b. Ebauche de bracelet (d'après Praud 2002).

sites « receveurs ou redistributeurs » et enfin des sites uniquement « consommateurs » (Fromont 2001). La totalité de la chaîne opératoire de fabrication n'est pas présente sur tous les sites. Les outils liés à la finition des bracelets, pouvant être reconnus sur les sites d'habitat « receveurs » d'ébauches, ne se retrouveraient donc pas associés aux outils de mise en forme des plaquettes et disques sur les sites « producteurs ». Une hiérarchisation des sites se fait ainsi jour relativement à leur position dans la chaîne de production et de distribution des bracelets.
Comme pour l'outillage osseux, l'interaction entre les propriétés techniques des matériaux et des supports en grès sélectionnés et la finalité technique de chaque étape de fabrication des objets de parure devra être envisagée.

Le contexte technique duquel participe l'outillage en grès nous apparaît ainsi très riche du point de vue de ses potentialités d'usage au sein des différentes chaînes opératoires techniques pour le Néolithique ancien en Bassin parisien.

CHAPITRE 4 –

LE BASSIN PARISIEN : UN CADRE GÉOGRAPHIQUE ET GÉOLOGIQUE PROPICE À L'EXPLOITATION DES GRÈS

Le Bassin sédimentaire de Paris est « un Bassin intracratonique de 600 km de diamètre qui s'appuie à l'ouest sur le Massif armoricain, au sud sur le Massif central, à l'est et au nord-est sur les Vosges et le massif ardennais tandis qu'il s'ouvre au nord et nord-ouest vers le bassin belge » (Pomerol 1980, p. 48). Malgré de fortes variabilités régionales, notre terrain d'étude compris entre l'Oise, l'Aisne et l'Yonne du Nord au Sud et entre l'Eure et la Marne d'Ouest en Est, offre ainsi un éventail de ressources minérales secondaires et tertiaires comparables. Afin de disposer d'une échelle de réflexion et de comparaison plus large, nous nous intéresserons ponctuellement à des régions situées sur les marges géographiques ou culturelles de l'entité Bassin parisien, entre autre la Normandie, le Hainaut ou la Hesbaye.

4-1 – Quelles sources d'approvisionnement potentielles par vallées ?

Les assemblages archéologiques du Bassin parisien rassemblent plusieurs roches siliceuses telles que les chailles, les silex et les quartzites récoltés sous forme de galets pour être utilisés dans un second temps comme percuteurs. Quelques granites sont utilisés pour la confection des meules et molettes sur les marges méridionales et occidentales de notre cadre d'étude (Yonne, Normandie). Enfin, plusieurs types de calcaires sont présents de manière épisodique dans toutes les catégories d'outils : craie, calcaires tendres et calcaires coquilliers. La présence de calcaires et de granites restant cependant très anecdotique dans les assemblages archéologiques, notre approche des matières premières se limite aux seuls grès.

Plusieurs qualités de grès sont présents dans les assemblages archéologiques et constituent la matière première de prédilection des néolithiques pour la confection des outils de broyage et abrasion. Les formations gréseuses se présentent sous la forme de bancs ou de lentilles (Foucault *et al.* 1988), mais «l'analyse pétrographique des roches siliceuses ne permet pas facilement d'identifier l'appartenance d'un échantillon archéologique à une formation géologique » (Blanchet *et al.* 1989, p. 32). En effet, les variabilités de granulométrie, de cimentation et de compaction au sein d'un même banc ou sur un même bloc introduisent des biais analytiques non négligeables et ce d'autant plus dans le cas de roches sédimentaires comme les grès. Les variabilités et spécificités locales de faciès de chaque étage grésifié sont ainsi rarement documentées par les relevés et descriptions des cartes géologiques. Afin de cerner les grès exploitables localement (moins de 5 km) par les néolithiques, seuls des reconnaissances de terrain se révèlent réellement efficaces.
Eu égard à l'implantation majoritaire des villages néoli-

thiques sur les terrasses alluviales, deux modes d'approvisionnement en grès sont envisageables. Le ramassage de blocs et fragments de roches pré-triés au sein des nappes alluviales et colluviales superficielles du Néolithique semble avoir été privilégié à la lecture des surfaces naturelles encore visibles sur les outils archéologiques. L'extraction ou la récolte de blocs au niveau des affleurements gréseux constitue un second mode d'approvisionnement en grès de bonne qualité.
Les principales grésifications se sont développées au Paléogène, « au sommet des formations sableuses émergées (Thanétien, Cuisien, Auversien, Stampien) » (Pomerol 1986, p. 28). Les grésifications ferrugineuses sont assez fréquentes dans les sables éocènes de la région. Leur localisation (Pomerol *et al.* 1986) et leurs caractéristiques (Cayeux 1906) sont discutées en fonction de l'étage géologique auquel ils appartiennent. Les affleurements de grès issus des étages principalement tertiaires et la composition des alluvions de chacune des vallées font l'objet de mentions plus ou moins exhaustives au travers des cartes géologiques.

Les alluvions des vallées de l'Aisne et de l'Oise sont attribuables au Sparnacien et au Bartonien (Cartes géologiques Attichy, Soissons et Craonne au 1 / 50 000e). La vallée de l'Aisne livre une grande variété d'affleurements de grès Cuisiens majoritairement siliceux. Les grès de l'Yprésien supérieur -ou Cuisien- sont connus pour leur faciès dit « de Belleu », quartzitiques à nombreuses inclusions macroscopiques de feldspaths, fragments de silex noirs et traces de débris végétaux. Ils présentent de gros grains de quartz (près de 1 mm), marqués par un fort nourrissage ainsi que des minéraux tels que la tourmaline et la glauconie. Leur extension méridionale ne dépasse pas le cours de la Seine. Des grès Sparnaciens renferment de nombreux fragments de silex et de feldspaths détritiques, et excluent les minéraux lourds et les microorganismes. Ils livrent des formations ferrugineuses et quartzitiques et des grès Thanétiens de moindre compacité pouvant, comme pour les grès de Bracheux, livrer des passées ferrugineuses. Les grès Thanétiens très glauconieux, riches en minéraux lourds et pourvus ou non d'organismes ont toujours un ciment siliceux. Leur limite sud correspond au département de l'Aisne. Une variante désignée sous le terme de « grès landéniens », et identifiée dans le nord de la France et en Belgique, livre toujours quelques minéraux lourds tels que zircon ou tourmaline. La place réservée au « ciment primordial » est restreinte ; ce dernier est souvent siliceux et jamais calcaire.

Dans son secteur archéologiquement le mieux exploré, la moyenne vallée de la Marne offre des blocs résiduels du Stampien. D'après la carte géologique de Lagny, de gros blocs démantelés de grès Bartonien fortement silicifiés se retrouvent sur le plateau, à environ deux kilomètres des implantations néolithiques de Jablines et de Vignely sur le cours de la Marne. Ces grès Bartoniens se caractérisent par une fréquence des corps oolithiques, de rares minéraux lourds et feldspaths, une absence de fragments de silex ou de glauconies, et la présence de débris organiques dans beaucoup d'échantillons. Des blocs de grès Stampien résiduels se retrouvent également à cinq kilomètres au sud-est de Jablines (Carte géologique Lagny au 1 / 50 000e) ; ils sont identifiables par de fréquents agrégats de quartz, une rareté voire une absence totale de feldspaths, des fragments de silex, de glauconie, de débris organiques et de corps oolithiques. Ils sont essentiellement développés dans la partie sud-est du Bassin parisien où on trouve entre autre le faciès dit de Fontainebleau.

Ainsi, la Bassée livre des grès résiduels moyennement compacts, datables du Stampien inférieur. Ils se retrouvent dans les environs de Montereau-fault-Yonne, sous forme démantelée, à environ cinq kilomètres de Villeneuve-la-Guyard, et donc éloignés d'une quinzaine de kilomètres du secteur de la Bassée. En se dirigeant vers le sud, les formations d'épandage livrent des résidus de grès, et la vallée de l'Yonne des blocs issus du démantèlement de grès quartzites de compacité très variable (Cartes géologiques Montereau et Sens au 1 / 50 000e).

Qu'en est-il des secteurs localisés sur les marges géologiques du Bassin parisien ?
Sur les marges orientales, le plateau crayeux de la Marne ne semble *a priori* pas propice à l'emploi du grès dans l'outillage courant (Carte géologique de Reims au 1 / 50 000e). Ceci expliquerait l'aspect médiocre des matériaux utilisés pour la confection de l'outillage en pierre du site de Reims-Tinqueux «la Haubette ».
Des grès quartzitiques Sparnaciens, à passées parfois ferrugineuses, sont présents à un kilomètre à l'est de Passy et à une quinzaine de kilomètres à l'est d'Etigny (Cartes géologiques Auxerre au 1 / 50 000e). Les assemblages de la vallée de l'Yonne rendent compte d'une grande variété de matériaux utilisés et exploitables à proximité même des sites à l'instar des granites et des conglomérats.
Sur la feuille des Andelys, les alluvions anciennes recèlent des fragments de roches cristallines en provenance du Morvan, de meulières de la Beauce et de grès de Fontainebleau (carte géologique Les Andelys au 1 / 50 000e). La présence de fragments de granite dans les fosses néolithiques atteste d'une exploitation certaine de ressources alluviales sur le site de Poses « Sur la Mare ». En effet, les « sables moyens » de l'Auversien ne livrent des galets et blocs de grès isolés sur les plateaux de calcaire grossier, qu'à une vingtaine de kilomètres de là.
Pour les sites normands, l'implantation de Colombelles « le Lazarro » dans un contexte jurassique calcaire contraste avec le type de mobilier en grès, granite et schiste recueilli (Carte géologique 1 / 50 000e de Caen). Ces roches affleurent certes à quelques kilomètres au sud de manière abondante. Mais là encore, l'exploitation de la nappe alluviale de l'Orne apparaît évidente. Les sites de Champfleur et Arçonnay se situent eux aussi sur un terrain de calcaires et marnes du Jurassique, même si grès et schistes affleurent localement en abondance (Giazzon 2002).
Notons enfin que le Hainaut et la Hesbaye livrent des grès Thanétiens (Landéniens) à fossiles végétaux de bonne qualité. Dans le Bassin de Mons, les dépôts se singularisent par leur caractère glauconieux notamment au sein du gisement de Grandglise.

Le grès se retrouvent partout, en abondance au centre du Bassin Parisien et de manière plus anecdotique sur ses marges. La variété et les limites inhérentes à l'identification des étages géologiques gréseux nous ont freiné dans la reconnaissance des gîtes d'approvisionnement. L'homogénéité d'aspect et de structure des matériaux employés et la distribution « homogène » des sources de matières premières ne nous permettent en tous cas pas de raisonner pour le moment en terme de circulation et encore moins d'échange de matériaux. Cependant, et à défaut de s'être réellement attelé à ce travail d'ampleur considérable, une lecture orientée des pièces archéologiques et une première approche macroscopique peuvent déjà nous guider vers une meilleure connaissance des stratégies d'acquisition en grès dans le Bassin parisien.

La confrontation du classement typologique avec les types macroscopiques de matière première nous renseigne déjà sur la gestion des supports gréseux. Peut-on ainsi interpréter certaines spécificités régionales par un approvisionnement distinct en matières premières, quelle qu'en soit l'origine : distance au site, accessibilité des affleurements, qualités des matières premières ? Comment cette gestion se traduit-elle en périphérie du Bassin parisien, à la limite de l'exploitation de deux types de formation géologique ?

4-2 – Approche macroscopique des matières premières

Le choix d'une matière première répond à des besoins fonctionnels précis, chaque utilisation requérant des qualités mécaniques propres (fig. 10 et 11).

Les qualités de chaque type de roche renvoient à des comportements spécifiques lors de leur utilisation, en percussion lancée ou posée. Une modélisation des caractéristiques pétrographiques des roches avec leurs qualités mécaniques intrinsèques a déjà été proposée par A. Schoumacker (Schoumacker 1993). Elle concluait alors sur la nécessité de discuter son modèle, établit à propos des mécanismes de la mouture, à l'épreuve de l'expérimentation. L'utilisation de supports variés constituant un des axes majeurs de notre expérimentation, nous proposons ici quelques remarques d'ordre technique et fonctionnel concernant chacun des groupes de grès macroscopiques reconnus. Plusieurs types de roche sont cependant susceptibles d'offrir des propriétés identiques et donc d'être employés pour un usage similaire. La combinaison de ces différentes propriétés mécaniques guide le choix d'une roche. Mais ce choix a surtout des conséquences sur l'articulation des différentes économies de la matière première au sein d'une même aire chrono-culturelle et géologique.

Notre approche des matériaux vise à conforter la détermination macroscopique des types de grès issus des assemblages archéologiques à l'aide d'une approche pétrographique en lames minces sur des échantillons géologiques correspondant. Le but est d'attribuer à chaque famille macroscopique sa définition pétrographique en terme de nature des grains, de texture et de mode de cimentation (fig. 5).

A terme, la détermination pétrographique doit nous permettre de remonter aux qualités mécaniques de chacun des groupes définis. A l'épreuve de l'expérimentation, la transposition du comportement des matériaux et des traces d'utilisation entre différents types de roche ne peut reposer que sur une caractérisation fine de leur composition. Comment en effet prétendre définir des mécanismes d'usure à partir des travaux expérimentaux sans s'affranchir un minimum des contraintes inhérentes au support et à chaque outil pris individuellement ? De la même manière, comment comparer des traces obtenues sur pièces archéologiques et expérimentales sans définir un dénominateur pétrographique commun au sein de chaque groupe de grès.

4-2-1 - Les grès, structure et qualités

Les grès sont des « roches sédimentaires détritiques terrigènes composées à 85 % au moins de grains de quartz

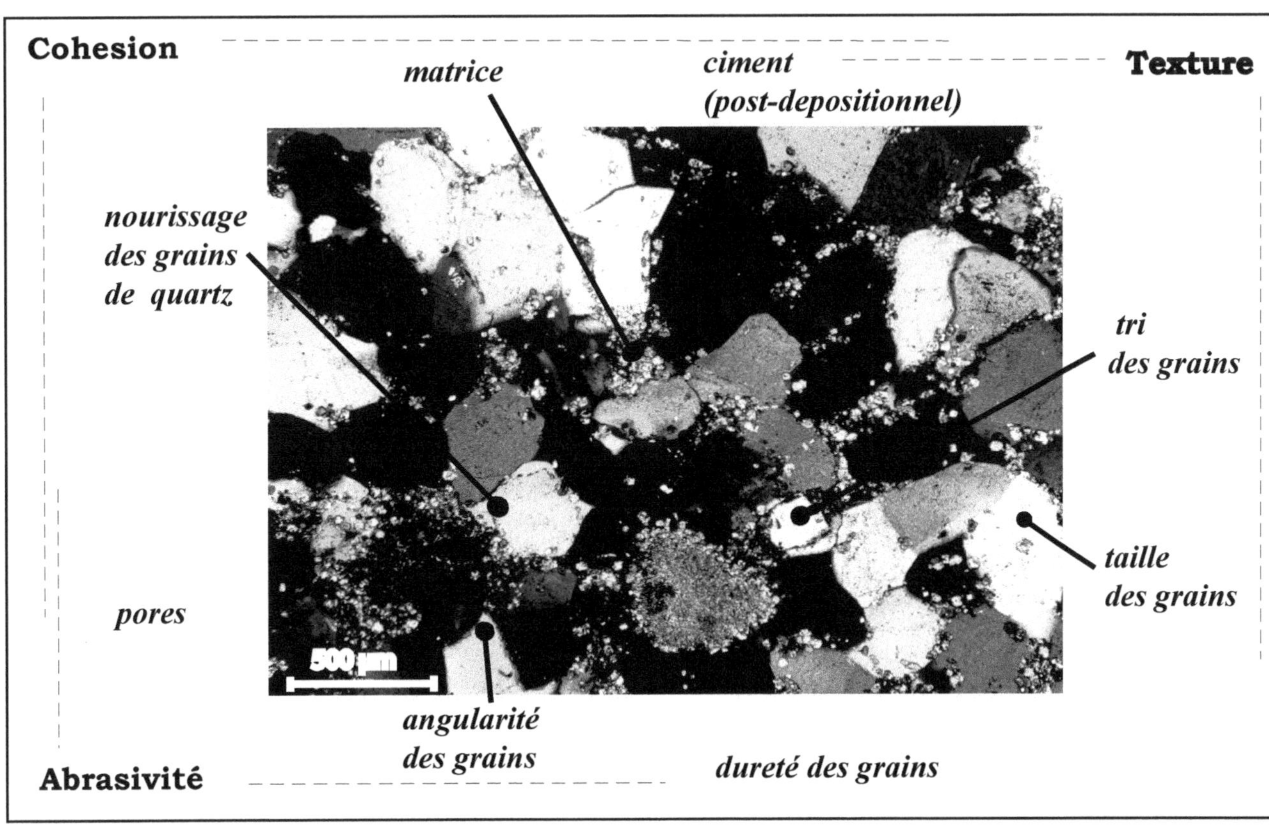

Fig. 5. Structure pétrographique d'un grès : exemple de critères d'analyse d'une lame mince

groupe	designation	couleur / texture	cimentation	variantes	lames minces
I	Grès quartzitiques	blancs à gris, fins	part de ciment siliceux très importante	à inclusions coquillières ou fossiles, parfois litage horizontal	lames 7, 10, 13, 14
II	Grès à ciment siliceux ou calcaire	jaunes à gris, denses et compacts	part de ciment siliceux ou calcaire équivaut plus ou moins celle des grains de quartz	coquillières ou litées	lames 1, 2, 8, 12
III	Grès à forte porosité	jaune, orangés, violets ou brun	friables sous l'ongle (forte porosité)	probable présence d'oxydes métalliques	lames 3, 6, 9, 11

Fig. 6. Tableau récapitulatif des principales caractéristiques macroscopiques des trois groupes de grès différenciés

plus ou moins arrondis, de 1/ 16 mm à 2 mm » (Foucault *et al.* 1988). La morphologie d'un grain se définit par sa forme, sa sphéricité et la courbure de ses angles et arêtes (fig. 5). Elle est conditionnée par un climat, une origine géologique, une distance de transport et par des processus diagénétiques (Tucker 1991). Ils apparaissent donc plus ou moins roulés et plus ou moins bien « triés » selon leur degré de maturité. Au sein d'un même banc voire d'un même bloc, leur granulométrie peut fortement varier (Pettijohn *et al.* 1973).

« Ces roches sont blanchâtres à gris clair, ou diversement colorées, selon la nature du ciment » (Foucault *et al.* 1988). Un liant riche en oxyde de fer, en glauconie, en carbonate ou encore en particules argileuses vient ainsi souder les grains les uns aux autres. La matrice à grains fins se dépose entre les principales particules détritiques au moment de la formation de la roche. Elle se distingue en cela du ciment proprement dit, matériau précipité qui cristallise dans les espaces intergranulaires, et dont l'apparition est postérieure à la sédimentation (Adams *et al.* 1994). « La cimentation est le principal processus aboutissant à la diminution de la porosité des grès » puisqu'elle conditionne la cohésion générale de la roche et qu'elle augmente sa résistance mécanique (Adams *et al.* 1994). Elle peut se traduire par un phénomène de nourrissage des grains de quartz, qualifié de complet lorsque les grains sont engrenés les uns dans les autres.

« Les variétés sont distinguées d'après le grain, la nature du ciment et / ou la présence d'éléments particuliers » (Foucault *et al.* 1988). Selon la classification de Folk (Folk 1974), la part des feldspaths détermine l'appartenance des grès à la famille des arkoses. Si une forte présence de fragments de roche rappelle les litharénites, on entre dans le domaine des arénites quartzeuses dès lors que les 95 % de quartz sont atteints. On parle de grès « quartzite » lorsque la roche est composée à 90 % de grains de quartz, ou que le nourrissage et la matrice siliceuse sont dominants. Il est ensuite possible de différencier les grès d'après la nature des éléments détritiques « traceurs » qu'ils contiennent : micas, glauconies, débris coquilliers ou végétaux.

4-2-2 - Critères de description macroscopique

Face aux pièces archéologiques, il reste parfois difficile de caractériser les roches sélectionnées sans l'apport de déterminations pétrographiques. Un certain nombre de critères de caractérisation macroscopiques nous semblent cependant pertinents afin de coller au plus près aux préoccupations des prospecteurs néolithiques sur le terrain. Les caractéristiques visuelles permettent de cerner le degré de cohésion et la porosité d'un grès et les propriétés sonores d'identifier d'éventuels plans de fractures et inclusions (Agapain 2002, Pétrequin *et al.* 1993, Procopiou 1998).

L'implantation des sites d'habitat en contexte généralement alluvial donne accès à une large variété de morphologie des blocs et de texture des grès. La diversité des qualités de grès sélectionnées compense en effet l'emploi quasi exclusif de ce type de roche. Nous avons distingué un certain nombre de groupes et de sous-groupes macroscopiques de grès sur la base de la définition à l'œil nu de leur couleur, cohésion, granulométrie, texture et liant. Les inclusions visibles à l'œil nu, les litages et les réactions d'altération sont notifiés le cas échéant.

La cohésion dépend essentiellement de la nature du liant et du degré de porosité de la roche ; la couleur donne également une indication sur le degré de cimentation. La texture d'un grès se définit par l'agencement des différentes granulométries entre elles. L'angularité des grains, la texture et la cohésion d'un grès conditionnent son comportement lors du travail et notamment le renouvellement naturel de sa surface par arrachage des grains.

« La dureté d'une roche traduit la résistance à l'usure qui se fait surtout par arrachement des grains » (Foucault *et al.* 1988). La résistance relative de chaque qualité de grès diffère de la dureté absolue de ses minéraux constitutifs, soit pour les grès les grains de quartz d'une dureté de 7 sur l'échelle de Mohs (Santallier 2002, p. 16). Le terme de résistance, qui combine la dureté et la cohésion des grains, est plus approprié pour cerner les phénomènes et les vitesses d'apparition des usures comme dans le cas d'un lissage. Ils interviennent directement dans l'évaluation de la durée de vie d'un outil.

A ces critères, il nous a été très utile d'associer l'aspect de la cassure, tel que défini par L. Cayeux à une échelle macroscopique (Cayeux 1906). Les modalités de fracture des grès sont fonction de leur composition et de leur structure, et fournissent une mesure de la ténacité des roches. Cinq types de cassures sont définis d'après l'action du plan de rupture sur les grains de quartz. Une cassure grenue offre un plan de séparation qui contourne les grains sans les trancher ; les grains entiers en saillie et les éléments détachés à l'origine des creux sont caractéristiques de grès de faible cohésion. Une cassure semi-grenue contourne les grains en plan et en sectionne d'autres. A une cassure tranchante est plutôt associé un plan de rupture qui coupe

tous les minéraux soit à des grès au ciment siliceux bien développé. Une cassure écailleuse est un type de cassure tranchante applicable à des grains engrenés les uns dans les autres et qui s'apparentent aux grès quartzitiques. Enfin, une cassure dite lustrée se crée lorsque le nourrissage des grains est très développé ; elle caractérise les quartzites. Le type de cassure fournit donc les éléments nécessaires à l'identification du mode de cimentation des multiples qualités de grès.

Ces critères de reconnaissance et d'appréhension majoritairement visuels nous ont permis de distinguer au moins trois grands « groupes » de grès au sein des assemblages archéologiques (fig. 6) : les grès quartzitiques, les grès à ciment siliceux ou calcaires et les grès à forte porosité, qui incluent tour à tour un faciès coquillier ou fossilifère.
La constitution de ces « groupes » repose sur des critères macroscopiques intégrant tour à tour la présence de certains minéraux ou de certains traceurs fossiles, des critères de porosité et de cimentation, *etc.* (fig. 6). Le toucher des pièces donne une bonne idée de la texture et de la cohésion, la couleur une idée du type de ciment et de la porosité, les traces de façonnage une évaluation du comportement de la roche durant les opérations de taille. De plus, l'aspect macroscopique des roches peut être faussé par des phénomènes d'altération taphonomique (coloration des pièces par le sédiment encaissant) ou thermique (altération de la cohésion d'une roche, de son liant, teinte rouge à noir, voire gris pulvérulent). Ces « groupes » illustrent partiellement la gamme des grès archéologiques, mais ne préjugent ni de leur mode de formation, ni de leur étage géologique originel.

4-2-3 – Définir des groupes de grès au sein des outillages archéologiques : les apports de la pétrographie

Afin de bien cerner les qualités mécaniques des matériaux utilisés en contexte archéologique, et de s'assurer que les blocs sélectionnés pour l'expérimentation offriraient des comportements similaires, une analyse pétrographique en lames minces a été menée en collaboration avec A. Milleville (Milleville 2003)[1], avec l'aide de D. Santallier et d'E. Jautée (Santallier 2002)[2]. L'analyse pétrographique visait, outre l'identification de la composition de la roche, à mettre en valeur les propriétés mécaniques des roches utilisées, par la confrontation d'un échantillon archéologique (lames 1 à 8) et d'un échantillon géologique (lames 9 à 14) (annexe 14 ; fig. 7 à 9). L'échantillon archéologique provient des sites de Cuiry-lès-Chaudardes «les Fontinettes» et de Trosly-Breuil «les Obeaux», localisés à une centaine de kilomètres l'un de l'autre dans la vallée de l'Aisne. L'échantillonnage géologique s'est limité délibérément à la récolte de blocs en contexte alluvial dans les différentes vallées d'implantation des sites de notre corpus (Aisne, Marne, Seine), et ce afin de coller au plus près des qualités des blocs utilisés au cours de nos expérimentations.
L'analyse a porté sur trois grandes familles de grès macroscopiquement reconnues : des grès quartzitiques (Groupe I - lames 7, 10, 13 et 14), des grès compacts (Groupe II - lames 1, 2, 8, 12), et des grès à forte porosité (Groupe III - lames 3, 6, 9 et 11). Les échantillons 4 et 5 n'ont finalement pas été retenus pour réaliser des lames minces. Le détail des déterminations est joint en annexe (annexe 14).

Si globalement, moudre et polir requièrent des roches aux qualités abrasives partagées par tous les grès, l'examen détaillé du lien entre type de matériau et catégorie d'outil démontre une dichotomie très nette entre les meules et molettes et les outils dévoués aux activités d'abrasion. Ils sont en effet respectivement confectionnés sur des grès compacts à quartzitiques et sur des grès préférentiellement tendres, assez grossiers de cohésion faible. Nous l'avons vu le premier montre une forte résistance, le second une rugosité et un renouvellement automatique de ses grains.

Meules, molettes et grès « quartiztiques »

La corrélation entre type d'outil et choix des matières premières varie peu d'un site à un autre à l'échelle du Bassin parisien (fig. 10 et 11).
Si l'on considère l'ensemble des sites archéologiques étudiés, les trois quarts des grès quartzitiques sont utilisés pour la confection des meules et molettes tout comme 48,1 % des grès compacts. Les meules sont réalisées à 12,9 % dans des grès quartzitiques et à 84,6 % dans des grès compacts. Les proportions sont similaires pour les molettes, réalisées à 23,2 % dans des grès quartzitiques et à 71,8 % dans des grès compacts. La légère différence de distribution entre ces deux catégories d'outils reste difficile à interpréter.
Les échantillons archéologiques et géologiques de grès quartzitiques (groupe I) livrent en lames minces des grains déjà émoussés. La cimentation syntaxiale des grains de quartz se traduit par une faible porosité de la roche. Ce nourrissage, quasi complet sur la lame n° 2, est caractéristique des formations gréseuses du Bassin parisien. Le large nourrissage des grains de quartz induit une imbrication optimale des grains les uns avec les autres. Il engendre par voie de conséquence une porosité nulle et une cohésion très prononcée.

Fig. 7. Analyse pétrographique lame mince n° 7 : grès quartzitique

Lors du contact entre deux surfaces, le mode d'altération des grains et de déformation de la microtopographie dépend largement de la résistance et de l'homogénéité importante de la roche. Ceci induit tout d'abord un comportement de la roche propice aux opérations de taille et de façonnage : les grès assureront d'autant mieux la propagation de la fracture conchoïdale que leur cimentation de préférence siliceuse sera homogène. L'absence de prise sur les arêtes des grains au moment du frottement conduit au

lissage de la surface plus qu'à l'arrachement des grains superficiels dans les grès quartzitiques. Les surfaces actives ainsi sollicitées auront dès lors une « durée de vie » plus longue que leurs homologues. Cette propriété est recherchée plus particulièrement lors de la confection de meules et de molettes, ou encore lors du polissage de matières minérales dures. Le groupe des grès compacts (groupe II) offre une matrice calcaire, par définition plus tendre qu'un liant siliceux, mais de cohésion néanmoins marquée. Notre expérience tend à montrer que ce type de roche, bien qu'un peu moins résistant que les grès quartzitiques, présente l'avantage de se lisser moins rapidement au cours d'une action répétée de frottement. Dans ce type de grès, le ciment calcaire plus tendre sera moins résistant aux contraintes mécaniques et aux déformations plastiques consécutives aux phénomènes d'adhérence et de contact entre les surfaces. Ce type de grès se lissera ainsi d'autant moins facilement que le ciment altéré libérera les grains de quartz de leur gangue au fur et à mesure du frottement. L'équilibre entre l'apparition de l'usure et le renouvellement des grains se révèle ainsi adapté à la majorité des actions de broyage. Ce type de grès s'avère sous cet angle particulièrement polyvalent.
Quelques exemplaires de meules et molettes en calcaire sont à signaler. Les granites ne sont utilisées que pour la confection des molettes et jamais pour les meules dans notre contexte. En Bassin parisien, il ne semble pas qu'une variété réellement plus grande de matériaux ou que de grès plus tendres soient utilisée pour la confection des molettes contrairement à certains exemples ethnographiques (Gast *et al.*1968, Roux 1985, Schön *et al.* 1988).

Les molettes à main et les grès « compacts »

Une plus grande diversité de matériaux est utilisée pour l'obtention de percuteurs, avec des quartzites, des chailles et des silex. Les molettes à main sont confectionnées à 93,2 % dans des grès compacts, adaptés aussi bien aux actions d'assouplissement que de broyage.

Fig. 8 Analyse pétrographique lame mince n° 1 : grès à ciment siliceux

marquent par une part relativement importante (autour de 5%) de matrice calcaire, signe d'une assez faible résistance mécanique. La lame 12 témoigne pour sa part d'une compacité différentielle de la roche : les grains très serrés à cœur offrent une coloration blanchâtre au contraire de la partie externe du bloc, dont les grains plus lâchement espacés confèrent une coloration foncée pouvant aller jusqu'au rouille. La porosité superficielle plus importante du bloc laisse en effet de l'espace libre à l'insertion d'une matrice d'oxydation secondaire, comparable à une chauffe, distincte de la matrice calcaire originelle. Au sein des grès « compacts », les plagioclases sont rares, voire absents, et quelques minéraux ferreux opaques apparaissent ; de la tourmaline est recensée dans les lames 2 et 12.
Notre expérience tend à montrer que ce type de roche, bien qu'un peu moins résistant que les grès quartzitiques, présente l'avantage de se lisser moins rapidement au cours d'une action répétée de frottement. Dans ce type de grès, le ciment calcaire plus tendre sera moins résistant aux contraintes mécaniques et aux déformations plastiques consécutives aux phénomènes d'adhérence et de contact entre les surfaces. Ce type de grès se lissera ainsi d'autant moins facilement que le ciment altéré libérera les grains de quartz de leur gangue au fur et à mesure du frottement. L'équilibre entre l'apparition de l'usure et le renouvellement des grains se révèlera ainsi adapté à la majorité des actions de broyage et d'assouplissement. Ce type de grès s'avère sous cet angle particulièrement polyvalent, et donc adapté à la multiplicité des usages des molettes à main.

Grès à forte porosité et activités d'abrasion

Les grès à forte porosité (groupe III) ont servi à 33,3 % de supports aux abraseurs à rainures et entre 15,8 et 28,1 % aux polissoirs à plages et abraseurs à main. Ce type de grès constitue 45 % des polissoirs à plages, 50 % des abraseurs à main et 31,1 % des abraseurs à rainures. Les abraseurs à main utilisent des grès plus diversifiés que les autres outils d'abrasion et de polissage avec près de 50 % de grès compacts. Les grès « ferrugineux » ne sont utilisés que pour la confection des abraseurs à rainures.

Fig. 9. Analyse pétrographique lame mince n° 3 : grès à forte porosité

La désignation « ferrugineuse » initialement proposée pour une partie des grès du groupe III ne résiste pas à l'étude pétrographique qui révèle une présence importante de glauconies. Les lames 3, 9 et 11 doivent ainsi être classées dans la catégorie des grès glauconieux. Elles se caractérisent par des grains de quartz anguleux et bien triés. Un enrobage des grains par des glauconies ferrifères en cours d'altération se matérialise par un liseré plus ou moins épais de couleur jaune à rouille en périphérie des grains ; il offre parfois une structure oolithique (lame 3).
La lame 9 recèle un grand nombre de fragments de schistes

	grès I	grès II	grès III	quartzite	calcaire	chaille	silex	granite	indéterminés	Total
meule	21	138	1		2				1	163
molette	61	189	7	2	2		1	1		263
percussion	10	85	2	7		6	29	2	5	146
polissoir à plages	3	7	9						1	20
abraseur à main	2	12	16		2					32
abraseur à rainures	1	41	19							61
molette à main	11	200	3						1	215
	109	672	57	9	6	6	30	3	8	900

Fig. 10. Corrélation des matières premières sélectionnées et de leur usages : décompte des matières premières utilisées par type d'outils

	grès I	grès II	grès III	quartzite	calcaire	chaille	silex	granite	indéterminés
meule	12,9%	84,66%	0,6%		1,2%				0,6%
molette	23,2%	71,86%	2,7%	0,8%	0,8%		0,4%	0,4%	
percussion	6,8%	58,22%	1,4%	4,8%		4,1%	19,9%	1,4%	3,4%
polissoir à plages	15,0%	35,00%	45,0%						5,0%
abraseurà main	6,3%	37,50%	50,0%		6,3%				
abraseur à rainures	1,6%	67,21%	31,1%						
molette à main	5,1%	93,02%	1,4%						0,5%

a

	grès I	grès II	grès III	quartzite	calcaire	chaille	silex	granite	indéterminés
meule	19,3%	20,5%	1,8%		33,3%				12,5%
molette	56,0%	28,1%	12,3%	22,2%	33,3%		3,3%	33,3%	
percussion	9,2%	12,6%	3,5%	77,8%		100%	96,7%	66,7%	62,5%
polissoir à plages	2,8%	1,0%	15,8%						12,5%
abraseurà main	1,8%	1,8%	28,1%		33,3%				
abraseur à rainures	0,9%	6,1%	33,3%						
molette à main	10,1%	29,8%	5,3%						12,5%

b

Fig. 11. Corrélation des matières premières sélectionnées et de leur usages : a. choix des matières premières pour les principales catégories d'outils ; b. dévolution fonctionnelle de chaque matière première

et bivalves silicifiés dans le ciment. La lame 11 présente un ciment siliceux en auréoles de nourrissage, qui engendre de nombreux points de contact entre des grains plus ou moins engrenés. Ainsi, malgré une très forte porosité, la structure du grès conserve une certaine cohérence et résistance mécanique. La lame 6 (type III) offre des caractéristiques similaires aux grès ferrugineux, si ce n'est des grains plus émoussés et la présence beaucoup plus éparse du ciment ferrugineux orangé.
La structure des grès à ciment ferrugineux induit une rugosité très marquée des surfaces au prix d'une altération très rapide. Les grains peu solidaires sont soumis à des mécanismes de dislocation et d'arrachage, et ce beaucoup plus que pour les autres types de grès. Ceci amène la création d'un corps intercalaire issu du mélange de particules de matière transformée avec des grains de quartz arrachés au support. Ce qui peut être perçu comme un désagrément dans les opérations de mouture par exemple est en réalité bienvenu dans le cadre d'activités d'abrasion.

La dichotomie que nous venons de souligner induit deux modes de gestion distincts de la matière première. Un parallèle quasi caricatural entre les propriétés des matériaux et leurs qualités fonctionnelles semble pouvoir être esquissé. Cependant de nombreuses roches aux qualités intrinsèques intermédiaires existent : leur attribution fonctionnelle requiert alors une attention toute particulière notamment pour la reconnaissance des modes de formation des traces de fabrication et d'usage. L'analyse des échantillons géologiques nous a ainsi permis de fonder les choix des blocs sur des arguments structuraux tout au long de l'expérimentation.

4-3 – Un cas d'étude des matières premières : la vallée de l'Aisne

Les nombreux travaux menés depuis de nombreuses années sur les ressources minérales de la vallée de l'Aisne, notamment par C. Pommepuy et dans le cadre d'une Action thématique programmée, ont constitué une mine d'information pour une première appréhension des gîtes de matière première locaux (Blanchet *et al.* 1989, Pommepuy 1999).

4-3-1 - Dépouillement des cartes et prospections géologiques

D'après la carte géologique de Craonne, des niveaux lenticulaires du Thanétien affleurent à moins d'un kilomètre du site de Cuiry-lès-Chaudardes, de part et d'autre de la vallée. Les grès fossilifères du Sparnacien inférieur sont également cités. L'accessibilité à des gisements gréseux semble plus complexe sur le site de Berry-au-Bac, implanté dans un environnement déjà crayeux. Si les étages thanétiens affleurent anecdotiquement à moins de deux kilomètres, il faut déjà parcourir cinq kilomètres pour atteindre les premières formations cuisiennes. La variabilité des grès retrouvés sur le site ne peut donc trouver de réponse dans les gîtes de matières à proximité. En aval, la carte de Soissons souligne la variété des gisements gréseux. Les grès dits de « Bracheux » fins, quartzitiques et légèrement glauconieux peuvent parfois prendre une forme mamelonnée et livrer des passées ferrugineuses. Les grès cuisiens de Belleu quartzitiques très durs, à part feldspathique remarquable, renferment des empreintes et des restes végétaux ; ils affleurent à moins de cinq cent mètres à l'est de Bucy (Carte géologique de Soissons). A ceux ci s'ajoutent des grès fossilifères du Sparnacien, et des bancs de grès ferrugineux discontinus dans la partie supérieure des affleurements de sables de Beauchamps attribuables au Bartonien inférieur. Enfin, la carte d'Attichy ne mentionne que des grès fossilifères lacustres du Sparnacien situés à plus de six kilomètres au nord et au sud du site de Trosly-Breuil, alors l'assemblage en pierre du site est constitué d'une variété évidente de roches.

4-3-2 - Résultats de l'Action thématique programmée

La détermination de la provenance des grès à partir d'analyses pétrographiques reste « une méthode très intuitive et il faut beaucoup d'échantillons et une très bonne connaissance des ressources locales pour identifier les types de grès » (Blanchet *et al.* 1989). C'est pourquoi dans le cadre d'une Action Thématique Programmée sur le thème « Matières et sociétés protohistoriques dans le nord de la France » (Blanchet *et al.* 1989), une lithothèque de référence a été constituée après dépouillement de cartes géologiques au 1 / 50 000ème. Les groupes visuels définis par les prospecteurs ont fait l'objet d'analyses pétrographiques, notamment dans les secteurs secondaires et tertiaires de la vallée de l'Aisne. L'analyse des lames minces sur grès, alors effectuée par H. Guérin, géologue à l'université de Reims, avait permis de distinguer plusieurs faciès. Ces lames minces n'ont pas été restituées à l'équipe archéologique de la vallée de l'Aisne ; en conséquence, leur comparaison avec nos propres échantillons repose uniquement sur leur description.

Les grès « ferrugineux » extraits des formations sableuses du Cuisien et du Thanétien coexistent avec des grès rouges « colorants », inconnus dans les formations géologiques locales. Un échantillon de grès Thanétien récolté au « Bois des couleuvres » à Pontavert semble comparable aux grès dits « à polissoirs » de Cuiry-lès-Chaudardes (lame 6). Cohésion faible, teinte marron à brune, éléments anguleux séparés par de larges pores caractérisent cet échantillon. Des oxydes de fer jaunes à rouges viennent enduire les grains de quartz et cimenter ainsi la roche. L'origine exacte des grès « à polissoirs » attribués aux formations thanétiennes locales n'a pu être désignée avec certitude. Les grès dits « saccharoides » blancs du Thanétien sont fortement friables sous la pression des doigts, se rapprochent par ailleurs de certains types de grès Cuisiens reconnus à Bucy-le-Long.

Les grès à empreintes de Cyrènes, reconnus sur la commune de Missy-sur-Aisne et de Venizel, semblent provenir de formations démantelées. Les grains de quartz anguleux et homométriques montrent des auréoles de recristallisation. Les grès à empreintes de Cyrènes, les grès jaunes à verdâtre et ceux à ciment calcédonieux s'apparenteraient aux grès de Belleu.
Les grès de Belleu à nombreuses inclusions feldpathiques sont issus de l'Yprésien supérieur. Ils se caractérisent par

des empreintes de végétaux très abondantes et une structure nettement quartzitique. Certains des échantillons contiennent des oxydes de fer jaunes et noirs.
Il est à noter qu'un certain nombre de faciès locaux de type grès de Belleu ou grès à Cyrènes n'existent plus en place dans la vallée mais sous forme résiduelle dans les colluvions et alluvions.

4-3-3 - Reconnaissance des terrains et discussion archéologique

L'abondance et la diversité des types de grès disponibles dans la vallée de l'Aisne se prêtait particulièrement à une reconnaissance de terrain des différents faciès, menée notamment avec le concours de Mr F. Boyer, géologue à l'université de Paris VI Pierre et Marie Curie. Il convenait en effet de préciser les conditions d'accessibilité aux affleurements de grès particuliers, de type fossilifères ou coquilliers par exemple. Les résultats mitigés nous permettent de souligner que les modifications du paysage depuis le Néolithique faussent très certainement notre vision de l'accessibilité aux ressources (affleurement et nappes alluviales). Les grès coquilliers Yprésiens qui affleuraient à Missy-sur-Aisne se présentent sous la forme de blocs, parfois de petite taille, visibles aujourd'hui encore dans les murs de construction du village. Leur utilisation semble restreinte à la zone archéologique du méandre de Bucy-le-Long. Entre Maizy et Concevreux, il nous a été possible de repérer deux types de formations affleurantes significatives. Les grès fossilifères de l'Yprésien supérieur ne semblent pas affleurer et se présentent sous la forme de blocs résiduels démantelés. Par contre, les affleurements de grès du Thanétien supérieur, bien que très altérés en surface, présentent toutes les caractéristiques visuelles et tactiles du matériau choisi pour la confection de la plupart des abraseurs à rainure du site de Cuiry-lès-Chaudardes «les Fontinettes», situé à deux kilomètres de là. L'abondance de ce type d'outil exclusivement à Cuiry-lès-Chaudardes peut être mise en relation avec les ressources locales à disposition. Plus en aval, l'extraction actuelle des gravières nous a permis de récolter des blocs naturels. Ceci nous a permis de nous rendre compte de la diversité des modules et des qualités de grès disponibles dans la nappe alluviale. Entre Vailly-sur-Aisne et Beaurieux, on remarque un type de grès mamelonné à forte teneur en silice. L'examen des ensembles archéologiques complète notre vision de l'exploitation des matériaux locaux : les grès de Belleu à forte teneur en feldspaths identifiables à l'œil nu se rencontrent sur tous les sites de la vallée.

Si la variabilité des faciès de grès à disposition est grande, c'est l'ubiquité du matériau gréseux que nous voudrions surtout souligner ici. La notion de choix privilégié de grès de bonne qualité prévaut cependant sur la distance des sources d'approvisionnement aux sites. La forte variabilité au sein même des formations gréseuses explique que cette roche ait été l'objet d'un usage intense et quasi exclusif pour la confection des outils en pierre depuis la Préhistoire.
La représentativité de chaque groupe de grès, si elle apparaît globalement homogène, n'est pas identique d'un site à un autre. L'emploi des grès quartzitiques pour la confection des meules et molettes est omniprésent à Cuiry-lès-Chaudardes « les Fontinettes » et à Jablines « la Porte aux Bergers », Vignely « la Porte aux Bergers », Passy « Sablonnière » ou encore Trosly-Breuil « les Obeaux » : ce type de grès se partage ainsi les outils de broyage à part équivalente avec les grès compacts. Les grès granuleux absents des sites de Gurgy « les Grands Champs », Balloy « les Réaudins », Jablines « la Pente de Croupeton » ou encore Poses « Sur la Mare » sont par contre très présents dans les sites de la vallée de l'Aisne, Trosly-Breuil « les Obeaux » compris. Ces disparités intersites ne biaisent cependant pas les corrélations globalement valables entre les différentes qualités de grès et leur dévolution fonctionnelle ou technique. La stricte correspondance entre un type d'outil et un type de grès doit donc être nuancée en fonction des ressources disponibles localement et de l'environnement géologique direct de chaque site.
Même si la détermination stricte des gisements exploités n'a pu être définie, plusieurs indices convergent vers un approvisionnement à forte part locale. Les ressources locales semblent intensivement exploitées de manière à répondre au mieux aux besoins en grès. Une faible circulation des matériaux prévaut même sur de courtes distances. Sur des sites espacés d'à peine quelques kilomètres dans la vallée de l'Aisne par exemple, les affleurement strictement locaux seront exploités de manière privilégiée, comme les grès thanétiens à Cuiry-les-Chaudardes. Ceci participe de la même logique que le choix de matériaux de piètre qualité à Reims-Tinqueux, que l'importance du ramassage alluvial ou que la prédilection pour les granites sur les marges du Bassin parisien. Il semble néanmoins que cette adaptation à l'environnement géologique local exclut délibérément l'emploi de calcaires : les qualités abrasives des calcaires coquilliers sélectionnés pour la fabrication des meules rotatives gauloises dans la vallée de l'Aisne sont par exemple sous-représentés dans les assemblages néolithiques en regard de leur abondance dans le paysage de l'Aisne. La suite de notre étude s'attachera à comprendre l'articulation entre ce mode d'exploitation des ressources minérales et la gestion de l'outillage proprement dit.

CHAPITRE 5 -

Problématique et corpus d'étude

A la lumière du contexte culturel, technique et géologique du Néolithique ancien du Bassin parisien, sous quel angle doit-on envisager l'outillage en grès et que peut nous apporter ce dernier à la compréhension de l'organisation socio-économique de ces populations ?

L'examen des artefacts et des domaines techniques connus pour le Néolithique ancien du Bassin parisien démontre une méconnaissance flagrante des modalités d'insertion de l'outillage en pierre dans les chaînes opératoires de transformation techniques et alimentaires.
Nous proposons d'utiliser une approche combinant les données typo-métriques et techniques pour établir une classification de ces outillages en pierre. Les contraintes liées au support lithique pourront ainsi être mieux soulignées en regard des possibilités techniques. Dans quelle mesure les outils en pierre sont-ils des vecteurs indirects de la variabilité géographique et chronologique au même titre que les autres vestiges archéologiques ? La limita-

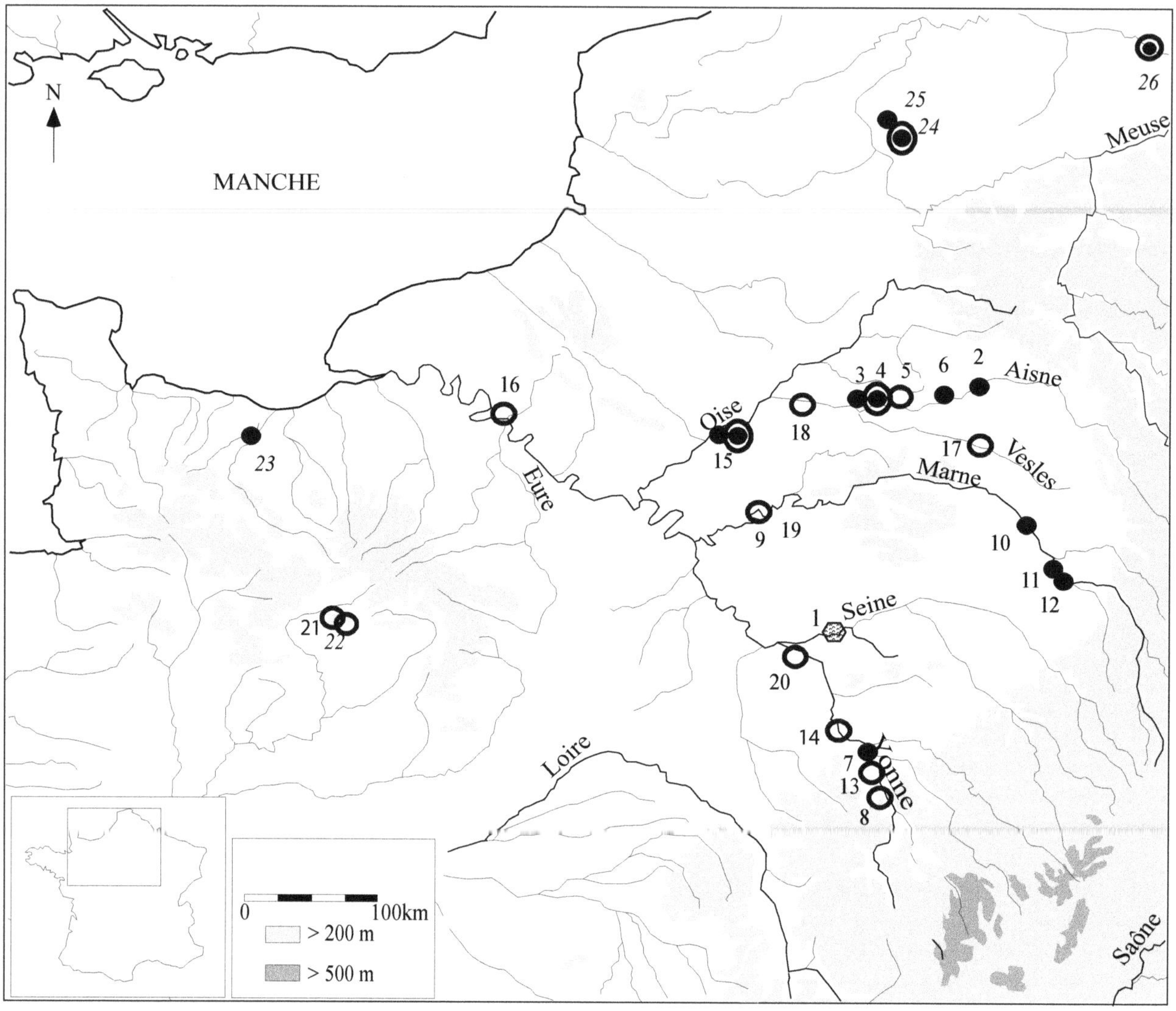

1. BLRE Balloy "les Réaudins"
2. BVT Berry-au-Bac "le Vieux Tordoir"
3. BFM Bucy-le-Long "le Fond du Petit Marais"
4. BLF Bucy-le-long "la Fosselle"
5. BFT Bucy-le-Long "la Fosse Tounise"
6. CCF Cuiry-lès-Chaudardes "les Fontinettes"
7. ELBE Etigny "le Brassot-est"
8. GLGC Gurgy "les Grands Champs"
9. JPC Jablines "la Pente de Croupeton"
10. - Juvigny "les Grands Traquiers"
11. - Larzicourt "Ribeaupré"
12. - Larzicourt "Champ Buchotte"
13. MSM Monéteau "Sur Macherin"
14. Passy sabl. Passy "Sablonnière"
15. PFR Pontpoint "le Fond de Rambourg"
16. PSM Poses "Sur la Mare"
17. RTH Tinqueux "la Haubette"
18. TBO Trosly-Breuil "les Obeaux"
19. VPB Vignely "la Porte aux Bergers"
20. VLG Villeneuve-la-Guyard "les Falaises de Prépoux"
21. - Arçonnay "le Parc Saint-Gilles"
22. - Champfleur "le Bois de la Barrée"
23. COL LAZ Colombelles "le Lazarro"
24. ACM Aubechies "Coron Maton"
25. IBF Irchonwelz "la Bonne Fortune"
26. VBT Vaux-et-Borset "Gibour"

Légende :

Rubané ●

Villeneuve-Saint-Germain/ Blicquy ○

Double occupation Rubané et Villeneuve-Saint-Germain/ Blicquy ◉

Cerny

Fig. 12. Localisation des sites étudiés et attribution culturelle (Rubané, Villeneuve-Saint-Germain – Blicquy ou Cerny)

Période	Culture /groupe	Etapes	Eure	Oise	Aisne	Marne	vallée Marne	Bassée	Yonne
Néolithique ancien	Rubané	moyen				*Larzicourt "Ribeaupré" "Champ Buchotte" Juvigny "les Grands Traquiers*			
		récent							
	Rubané récent du Bassin parisien	étape ancienne			*Berry-au-Bac "le Vieux Tordoir" Cuiry-lès-Chaudardes "les Fontinettes" Bucy-le-Long "la Fosselle" "la Fosse Tounise"*		*Vignely "la Porte aux Bergers'*		*Etigny "le Brassot-est"*
		étape finale		*Pontpoint "le Fond de Rambourg"*					
	VSG	ancien				*Reims-Tinqueux " la Haubette" M70*			*Villeneuve-la-Guyard "les Falaises de Prépoux"*
		moyen	*Poses 'Sur la Mare"*	*Trosly-Breuil "les Obeaux"*	*Bucy-le-long le Fond du Petit Marais' "la Fosse Tounise"*		*Vignely "la Porte aux Bergers'*		*Passy "Sablonnière"*
		récent / final				*Reims-Tinqueux " la Haubette" M60*	*Jablines "la Pente de Croupeton'*		*Monéteau "Sur Macherin" Gurgy "les Grands Champ*
Néolithique moyen I	Cerny	"Barbuise"							
		"Videlles"						*Balloy "les Réaudins"*	

Fig. 13. Attribution chronologique des sites choisis dans chacune des vallées

tion de la vision diachronique au Néolithique ancien et au début du Néolithique moyen se justifie à nos yeux par la volonté de dégager les caractéristiques partagées par les outillages des différents sites avant d'en souligner la variabilité interne. Il est ainsi possible d'établir une traçabilité de certains types présents depuis le Mésolithique et de mieux cerner l'impact réel de la tradition danubienne dans les outillages du Bassin parisien. Le cas échéant nous nous pencherons sur la part de l'évolution locale et sur le poids des contraintes liées à l'approvisionnement en matériau en l'occurrence gréseux. Cette approche constitue en quelque sorte un prétexte à la mise à plat des terminologies couramment utilisées, et à l'établissement d'une méthode d'étude spécifiquement adaptée au mobilier en pierre dans son sens le plus générique. Il s'agit là de dégager un mode de classement combinant les approches typologiques et technologiques pour ce type particulier d'outillage en regroupant des domaines techniques et fonctionnels plus que diversifiés.

Un deuxième axe vise à comprendre l'insertion des ces pièces dans les différentes activités régissant la vie des hommes du Néolithique. Compris dans l'espace domestique, cet outillage semble découler directement de l'amélioration des modes de subsistance. Inséré dans la sphère technique, il intervient dans les opérations de transformation primaire ou secondaire des produits et des matériaux. Quelle place tient le mobilier en pierre dans la boîte à outil néolithique ? Comment s'effectue l'articulation avec les autres supports, qu'ils soient lithiques taillés ou osseux ? Existe-t-il une tendance à la stricte spécialisation de l'outillage ou au contraire des phénomènes d'interchangeabilité entre les outils sont-ils visibles ? Une telle approche ne peut être complète que si elle reconstitue en parallèle les cycles de vie des outils soit les fonctions auxquelles les outils étaient initialement destinés, et ce à quoi ils-ont réellement servis. Ceci doit permettre de déterminer dans quelles chaînes opératoires de transformation primaires ou secondaires étaient intégrés les outils en grès.

Les réponses apportées alimenteront la discussion du statut de ces outils tant dans les modes de gestion de l'intégralité de l'outillage de pierre que dans la signification de son exploitation s'agissant des multiples cycles d'utilisation des matières premières. Analyser la répartition spatiale des vestiges et des activités attenantes devrait nous amener à replacer cet outillage au cœur de l'organisation villageoise. Ainsi jusqu'à quel point l'outillage en pierre permet-il de compléter voire d'affiner notre compréhension du fonctionnement et du statut des villages néolithiques ? Nous espérons contribuer ainsi à la réhabilitation de l'étude des outillages en pierre, et ce à hauteur de son implication dans le quotidien des premiers paysans de l'Europe nord-occidentale.

En conséquence, il nous a fallu sélectionner un certain nombre de sites (fig. 12), susceptibles de livrer un éclairage particulier sur le mobilier en grès dans notre aire d'étude (Annexe 1).

Ils ont été retenus selon les critères suivants :
- recenser les séries recueillies dans leur intégralité selon une méthode d'enregistrement aussi rigoureuse que possible
- privilégier les séries abondantes, plus adaptées à une analyse statistique, dans des contextes d'habitat bien étudiés pour assurer la possibilité d'une analyse spatiale des vestiges. Les corpus déjà étudiés de deux sites d'habitat, Pontpoint «le Fond de Rambourg» (Lorin 1998), et Bucy-le-Long «la Fosselle» (Monchablon 1997), ont à cet effet été pris en compte.
- sélectionner plusieurs sites représentatifs de chacune des vallées ou « microrégions » et compléter la couverture géographique par des sites majeurs (Poses «Sur la Mare», Tinqueux «la Haubette») ou périphériques (Colombelles «le Lazzaro», Gurgy «les Grands Champs», Irchonwelz «la Bonne Fortune», Aubechies «Coron Maton», Vaux et Borset «Gibour»)
- évaluer les variations à la fois diachroniques ou régionales par le choix de sites représentatifs de toute la séquence dans la mesure du possible pour chacune de ces « microrégions » (fig. 13)
- intégrer des sites implantés dans des contextes géologiques particuliers (Gurgy «les Grands Champs», Tinqueux «la Haubette», Colombelles «le Lazarro»), présentant des spécificités dans les domaines techniques (travail du schiste (Arçonnay «Parc Saint-Gilles, Champfleur «le Bois de Barrée»), travail du coquillage (Marolles-sur-Seine «le Chemin de Sens»), débitage de grès (Missy-sur-Aisne «le Culot») ou révélant une configuration spatiale particulière (Villeneuve-la-Guyard «les Falaises de Prépoux», Berry-au-Bac «le Vieux Tordoir», Irchonwelz «le Champ de la

Bonne Fortune», Aubechies «Coron Maton», Cuiry-lès-Chaudardes «les Fontinettes», Balloy «les Réaudins», Poses «Sur la Mare»).

Suivant ces critères, vingt neuf sites ont été retenus : vingt et un constituent le noyau de notre corpus et huits autres sont envisagés à titre comparatif (Annexe 1).
En limite occidentale, dans la basse vallée de la Seine, seul le site majeur de Poses «Sur la Mare» daté du Villeneuve-Saint-Germain a été retenu : l'extension du complexe de la Céramique Linéaire jusqu'à la Normandie reste une donnée relativement récente.
Dans la vallée de l'Aisne, deux sites rubanés (Cuiry-lès-Chaudardes «les Fontinettes», Berry-au-Bac «le Vieux Tordoir») et deux sites Villeneuve-Saint-Germain (Bucy-le-Long « le Fond du Petit Marais », Bucy-le-Long «la Fosse Tounise» / Bucy-le-Long «la Heronnière») ont été retenus. Le site rubané majeur de Cuiry-lès-Chaudardes «les Fontinettes», aux limites connues et à l'étude spatiale approfondie, a donc été complété par une sélection de sites localisés tout le long de la vallée depuis le méandre de Bucy-le-Long jusqu'à Berry-au-Bac, où un dépôt de meule a été découvert. La densité d'occupation du méandre de Bucy-le-Long où sont représentés à la fois le Rubané et le Villeneuve-Saint-Germain a fait l'objet d'une attention particulière.
Afin de mieux cerner les articulations chronologiques en Champagne, le Rubané moyen, illustré par les deux sites de Larzicourt «Ribeaupré» et «Champ Buchotte», a été complété par les sites rubanés récents de Juvigny «les Grands Traquiers» et Villeneuve-Saint-Germain de Tinqueux «la Haubette», en limite orientale de notre corpus.
Dans la moyenne vallée de la Marne, la configuration des deux sites majeurs Villeneuve-Saint-Germain de Vignely «la Porte aux Bergers» et de Jablines «la Pente de Croupeton» ayant livré un véritable niveau d'occupation en place, nous paraissait disposer d'un potentiel d'interprétation riche.
Le seul site Cerny disposant de structures archéologiques bien identifiées est l'enceinte de Balloy «les Réaudins» en Bassée, localisée dans la vallée de la Seine. Un peu plus au sud, le site Villeneuve-Saint-Germain ancien de Villeneuve-la-Guyard «les Falaises de Prépoux» a livré un autre dépôt de meule.
Dans la vallée de l'Yonne, des fouilles plus récentes sont venues s'ajouter aux fouilles anciennes du site de Passy «Sablonnière». Ainsi, le noyau méridional de notre corpus se compose des sites d'Etigny «le Brassot-est», qui atteste de la présence du Rubané récent dans la région, de Monéteau «Sur Macherin» et de Gurgy «les Grands Champs».

La représentativité de l'outillage en pierre montre de grandes disparités d'un site à un autre. Ceci est en effet conditionné par les effectifs absolus par sites. On distingue bien évidemment ceux qui sont totalement dépourvus (Champagne) ou très pauvres (Yonne) en vestiges en pierre de ceux qui sont au contraire quantitativement très riches (Cuiry-lès-Chaudardes «les Fontinettes», Trosly-Breuil «les Obeaux», Pontpoint «le Fond de Rambourg», Bucy-le-Long «la Fosselle»). De même, la configuration archéologique particulière du niveau de sol conservé à Jablines «la Pente de Croupeton» ou de l'enceinte de Balloy «les Réaudins» méritent une attention toute particulière.

La description de chaque site insiste d'une part sur la nature des structures mises au jour, en vue d'une analyse spatiale ultérieure, et d'autre part sur les grandes orientations de l'économie de subsistance révélées par les études archéobotaniques et fauniques (annexe 1). Les caractéristiques technologiques de la culture matérielle potentiellement associées au mobilier en grès sont indiquées : type de dégraissant céramique, types et modes de fabrication de l'industrie osseuse ou des éléments de parure, spécificités d'exploitation, de gestion et d'utilisation de l'outillage en silex.

Notre étude repose donc sur près d'une trentaine de sites, vingt et un constituant la base de notre corpus. Nous allons tenter de dégager dans un premier temps les caractéristiques morphologiques et techniques des outillages en pierre avant d'envisager leur fonction dans le contexte technique propre au Néolithique ancien du Bassin parisien.

PARTIE II

CARACTERISATION ET VARIABILITE DES ASSEMBLAGES EN GRES

CHAPITRE 1 -

TERMINOLOGIE ET MÉTHODOLOGIE DE L'ETUDE DE L'OUTILLAGE EN PIERRE

Avant de nous lancer au cœur de l'étude, il convient de discuter des problèmes de terminologie et de méthodologie inhérents aux outils en pierre. L'imprécision et la confusion qui les caractérisent souvent rendent compte des contraintes propres à l'étude de ce mobilier composite.

1-1 - Quelles méthodologies appliquer à l'outillage de pierre ?

Tour à tour désigné comme outillage en pierre, outillage de mouture, « gros » outillage lithique, outillage lithique pondéreux, ou encore outillage lithique non taillé, cet ensemble semble avoir du mal à trouver son identité dans la recherche sur le Néolithique du Bassin parisien. A l'instar de S. de Beaune, il nous paraît important « que la terminologie fixant le cadre de la recherche ne préjuge pas de la nature de l'activité réalisée » (De Beaune 2000, p. 21), en cela que la morphologie et le fonctionnement de l'outil prévalent sur l'association à une matière transformée. Dès lors, plusieurs modes classificatoires de l'outillage en pierre peuvent être envisagés, chacun d'eux faisant référence à un niveau de lecture et à une approche de l'outillage particuliers.

Parfois compris dans l'étude de l'outillage lithique, parfois rejeté à la catégorie « études diverses », les outils de mouture, broyage, percussion ou polissage sont souvent désignés par la roche dans laquelle ils sont confectionnés (outils en grès, en granite, ...). La recherche sur les meules et polissoirs du Néolithique en Bassin parisien, longtemps cantonnée à des notes de correspondance dans les bulletins d'archéologie locale du début du siècle, débute tardivement par une série de recensements et d'inventaires des meules et molettes d'une part (Benard 1983, Cordier 1991, Nouel 1968) et des polissoirs dormants d'autre part (Glaizal 1993). Si quelques débats autour de la fonction rituelle de certaines meules armoricaines ont un temps alimenté les colonnes du Bulletin de la Société préhistorique française (Bénard 1983, Bétirac 1956, Nelissen 1954), un réel intérêt pour ces outils se fait jour au travers de trop rares études typologiques.

Parallèlement à un classement typologique sur la base de la distinction percutant et répercutant, dans un premier temps essentiel, plusieurs niveaux analytiques de la morphométrie des pièces se succèdent. La répartition des individus par classes et modules dimensionnels peut être conjuguée avec une sériation des formes et sections des outils. Cette première approche classificatoire appliquée également aux surfaces de travail permet d'assurer la construction d'une typologie pertinente, adaptée à divers domaines d'étude (Hürlimann 1965, Leuvrey 1999, Pavlů *et al.* 1991, Pavlů 2000, Ribaux 1986, Wright 1992, Zimmermann 1988). C. Constantin et J-P. Farruggia envisagent ainsi dans leurs thèses respectives l'évolution morphologique et technique des meules et polissoirs selon une problématique chronoculturelle en contexte rubané (Constantin 1985 ; Farruggia 1992). La question de la distribution des molettes de type « débordant » ou de type « court » y est posée en termes de marqueur chronologique.

Afin d'atteindre un niveau de compréhension plus technique de cet outillage, des critères intrinsèques de caractérisation des roches doivent être intégrés (Milleville 2003, Santallier *et al.* 2002, Schneider 2002). En Bassin parisien, les premières études technologiques réelles reviennent à C. Pommepuy, qui examine les ensembles protohistoriques sous l'angle à la fois de la nature et de la provenance du matériau lithique et de ses implications techniques (Pommepuy 1995). Malgré une réelle volonté de caractérisation des matériaux employés, la majorité des études s'appuient sur une caractérisation macroscopique des grès. Les difficultés de localisation de gisements précis grâce aux relevés géologiques locaux et l'obligation de documenter les faciès dans chacune des vallées étudiées expliquent en partie ce choix. Une telle approche met en exergue les qualités mécaniques des grès employés et permet leur corrélation avec un type d'outil voire une fonction spécifique. Une dichotomie dans l'emploi de grès de textures différentes semble se dessiner, de « compact très quartzitique » pour les meules et molettes à « tendre friable » pour certains polissoirs (Hamon 1999).
Les critères liés aux roches conditionnent pour partie les modes et techniques de façonnage en terme de réaction du matériau (Barboff *et al.* 2003, Hayden 1987), et une éventuelle plurifonctionnalité voire réutilisation en terme de qualités mécaniques (Schoumacker 1993). De manière à interpréter le fonctionnement de ces outils, la nature et la localisation des traces d'usure doivent être corrélés au sens d'utilisation, au mode de manipulation et à la position des outils les uns par rapport aux autres (Adams 1996, Nierlé 1982, Procopiou 1998). L'adoption d'une description de l'« action sur la matière » se référant au « mode de fonctionnement » de l'outil se fonde sur le type de percussion appliqué aux outils, soit selon « une orientation, un mode et un type d'impacts » (Leroi-Gourhan 1945). Intégrant cette nouvelle lecture de l'outillage en grès, plusieurs études sur des ensembles du Néolithique ancien et moyen sont réalisées (Giligny 1996, Lorin 1998, Monchablon 1996, 1999 et 2002). Causes de nombreux biais interprétatifs, l'état de fragmentation, le degré d'intégrité et l'origine des altérations observées sur les pièces, y sont souvent précisés. Deux angles d'approche sont rencontrés au travers des différents travaux : celui de l'étude globale de la composition des outillages et celui de la description de chaque individu inscrit dans un cadre de comparaison encore peu

solide. Plus récemment, un point de vue technique attaché aux modes de façonnage des meules et molettes et à la gestion des ensembles en grès sous-tend les études (Pommepuy 1999, Monchablon 1997 et 2002, Hamon 2003 b). La présence récurrente d'éclats d'entame et de réavivage des blocs atteste de toutes les étapes du façonnage des meules et molettes sur les sites d'habitat proprement dit. Concernant l'outillage, une sous-représentation des meules par rapport au nombre de molettes semble attestée. Les meules de profil plan à concave sont associées à des molettes de type « court », à section plano-convexe, avec distinction d'au moins deux modules de longueur / largeur (Hamon 2003, Monchablon 1997).

Si l'on s'attache strictement à la dimension fonctionnelle, l'identification des matières travaillées sollicite de nouvelles techniques en microscopie optique englobant l'ensemble des domaines d'activités de l'outillage en pierre (Adams 1988, Dubreuil 2002, Hamon 2000 et 2003 a). Les méthodes de détermination chimique s'adaptent au type d'outil analysé, à l'instar des analyses de résidus (Anderson-Gerfaud 1985, Formenti *et al.* 1998, Fullagar 1998, Procopiou 1998, Procopiou *et al.* 2002) et des méthodes de déterminations chimiques élémentaires (Christensen 1999). La compréhension des mécanismes d'usure et de déformation des surfaces des outils a bénéficié de l'apport de disciplines comme la tribologie (Adams 1993 et 2002, Procopiou *et al.* 1996). Les informations issues de nombreux travaux expérimentaux ont été d'un grand secours pour toutes ces méthodes, notamment pour renseigner la finalité des opérations ou l'état et la qualité des matériaux obtenus (Procopiou 2003). Dans la moitié nord de la France, les fonctions « énigmatiques » de certains outils, à l'instar des « polissoirs à rainures », sont discutées. L'insertion des outils en grès dans les chaînes opératoires techniques de fabrication de parures minérales ou animales ont plus particulièrement été l'objet de discussions, suite à la découverte d'ateliers de fabrication de perles en coquillage (Augereau *et al.* 1998) et de bracelets en schiste (Marcigny *et al.* 1999 a, Giazzon *et al.* 2002). Ces études renouvellent l'intérêt autour des outils en grès, classés jusqu'alors dans la catégorie des indéterminés, et essentiellement voués à des opérations d'abrasion ou de polissage.

Tous ces niveaux d'approche permettent de dégager les implications socio-économiques liées à l'origine et la circulation des matériaux, de même qu'à l'environnement géologique local (Schneider 1996, Stone 1994). Ces dernières conditionnent partiellement les modalités de fabrication et de gestion de ces outillages (Hayden 1987, Nelson *et al.* 1993). La caractérisation des modes de subsistance à partir de l'étude de cet outillage semble délicate bien qu'intéressante à conduire dans des contextes bien documentés, notamment concernant les processus d'adoption de l'agriculture. Les techniques de broyage sont envisagées dans une optique d'adaptation à un type de plante, comme par exemple les légumineuses au Natoufien (Dubreuil 2002), le maïs sur le continent américain (Mauldin 1993) ou le millet au Népal (Lundström-Baudais 2002). Les adaptations du mode de subsistance dans des milieux « extrêmes » peuvent aussi être discutées, comme en milieu aride australien (Fullagar *et al.* 1997). La reconstitution du déroulement de la pratique de la mouture dans le temps et l'espace permet de remonter aux modes de structuration des liens socio-économiques y afférant (Roux 1985, Smith 1986, Wright 1994 et 2000). Spatialement, il a pu être mis en évidence des phénomènes de concentration d'outils en grès, localisés dans les fosses latérales des maisons danubiennes (Simonin 1996, Hamon 2003 b), ou dans des fosses isolées sous la forme de véritables dépôts organisés, par empilement ou rangement (Allard *et al.* 1995, Constantin *et al.* 1978, Prestreau 1992). Ces localisations préférentielles ont été alternativement interprétées en terme de réserve de matière première, de rangement du mobilier, de vidange de déchets et par la localisation des ouvertures de la maison. Si la récupération de blocs en pierre de chauffe s'avère finalement peu évidente, la très forte proportion de pièces brûlées au sein des ensembles en grès du Néolithique ancien du Bassin parisien n'est pas anodine (Monchablon 1997). Il en va de même du fort taux de fragmentation des pièces, qui outre les phénomènes taphonomiques, semble imputable à une part importante de fracturations volontaires des outils (Bénard 1983, Bétirac 1956, Hamon 1999, Nélissen 1954). A ceci s'ajoute très certainement des modalités spécifiques d'abandon et de rejet sans doute volontaires.

L'articulation de ces approches complémentaires s'inscrit aujourd'hui plutôt dans une dynamique fonctionnelle. La synthèse de ces informations permet de replacer l'outil dans ses conditions techniques, sociales et domestiques d'utilisation (Procopiou *et al.* 2002). C'est cette approche à plusieurs niveaux de lecture que nous tenterons de suivre tout au long de notre étude. Ainsi, l'analyse morphologique classique est conservée dans une optique de définition nette de chaque groupe d'outils. Une lecture des traces techniques de fabrication des meules et molettes s'appuie sur la caractérisation macroscopique des différentes qualités de grès. En fonction des qualités mécaniques « présumées » de ces dernières, il est possible de déterminer des modes de gestion et des cycles de réutilisation des supports. Sur la base de cette approche morphologique et technique, a été construite une méthode d'identification fonctionnelle. La détermination des traces d'usure diagnostiques nous laissait présager une possible reconstitution des activités nécessitant l'emploi des outils en grès. L'uniformisation de ces différentes approches à partir d'une étude globale du matériel dans tout le Bassin parisien devrait permettre de définir un véritable cadre classificatoire. Il s'agit à terme de replacer l'outillage de pierre au centre de la sphère technique quotidienne des villageois du Néolithique.

1-2 - Terminologie

1-2-1 - Un enchevêtrement de terminologies

Si un certain consensus délimite les grandes catégories d'outillage et d'activités techniques, il nous semble néanmoins pertinent de discuter des principales différences de vocabulaire rencontrées – essentiellement d'un point de vue technologique - afin de justifier nos propres choix. Les options ici développées ne conditionnent que pour partie notre mode de classification, et sont plus réalisées dans un souci de compréhension mutuelle entre les multiples domaines géographiques, les différentes périodes (paléolithique et protohistoire), les domaines techniques de l'artisanat de la pierre (« boucharde ») et du métal (« enclume, aiguisoir »). Ceci s'applique également aux conventions inhérentes au domaine de la technologie lithique, dont sont héritières les méthodes d'étude de l'outillage en pierre, et ce à des fins de formalisation d'une terminologie générique applicable dans la pratique à l'ensemble des corpus que nous étudions.

De surcroît, la plurifonctionnalité de l'outillage tend à brouiller les velléités de classement typologique systématique, reposant sur une simple association forme/fonction. La complexité de la terminologie est à mettre au compte de la perméabilité évidente entre les modes d'actions et les catégories d'outils entre elles. D'un point de vue strictement typologique, des supports identiques peuvent servir à deux utilisations techniquement distinctes comme une meule et un polissoir. Les techniques de façonnage des pièces, souvent restreintes à un ou deux procédés (aménagement par enlèvements, piquetage), sont partagées entre de nombreuses catégories d'outils. Enfin, les multiples traces d'utilisation juxtaposées rendent le plus souvent compte d'utilisations mixtes. Ceci se manifeste par la juxtaposition de terminologies fonctionnelles, morphologiques et morpho-fonctionnelles parfois inadaptées à la composition des ensembles (absence de mortiers par exemple). Notons que face à l'hétérogénéité des formes et des modes classificatoires rencontrés au travers des divers espaces chronoculturels, il nous paraît complètement inadapté et illusoire de vouloir calquer notre méthode d'étude sur celles déjà existantes. L'homogénéisation indispensable, à terme, de la terminologie ne doit en effet en aucun cas être une entrave à l'étude de la diversité des assemblages. Nous ne prétendons pas par cette étude résoudre ces questions mais espérons offrir à terme un cadre terminologique pertinent pour notre contexte. Il faut donc préciser plus finement les catégories et sous-catégories typologiques par l'établissement d'un classement morpho-fonctionnel solide d'après notre référentiel archéologique.

1-2-2- Terminologie morphologique descriptive

Nous employons indistinctement les termes de passifs, répercutants et dormants d'une part et actifs ou percutants d'autre part pour caractériser le mode de manipulation des outils, selon s'ils consituent la partie mobile ou immobile du système. Nous opposons dans nos descriptions la face supérieure au dos de la pièce, et distinguons les bords ou flancs de l'outil de ses extrémités, chacune de ces entités faisant l'objet d'une description de son mode de traitement spécifique.

Les termes de face et de surface sont utilisés à des fins différentes, soit les faces d'un outil et la surface de travail. Les dimensions de la surface de travail peuvent parfois correspondre à celles de la face de l'outil surtout dans le cas des meules et molettes. La surface de travail peut être désignée par les termes de surface utile ou de surface active. La surface active correspond à la surface préalablement délimitée et potentiellement utilisable, dans la limite des dimensions de l'outil. Dans ce cas, l'ensemble de la surface active n'est pas sollicité à chaque contact avec l'outil actif, et ce au contraire de la surface utile. La surface utile correspond globalement à la zone en contact avec la molette à chacun de ces passages et ne présente pas de délinéation matérielle, autre que la répartition de l'usure. Dans le cas des meules et molettes par exemple, la surface utile se surimpose et correspond même parfois à la surface active dans son intégralité.

Lorsqu'un bord est vertical, il est qualifié de tranche ; de même certains outils employés pour percuter ou broyer peuvent offrir des facettes résultant d'un façonnage (et non d'une utilisation) et qui seront alors qualifiées de pans. Nous distinguons les deux extrémités distale et proximale d'une meule, soit respectivement la plus éloignée et la plus proche de l'opérateur lors de son utilisation.

La description morphologique des outils repose sur leur forme en plan, leur section transversale et les courbures longitudinales et transversales de leur surface active. La nomenclature géométrique utilisée est complétée le cas échéant par une évaluation de la symétrie des caractères décrits.

1-2-3 - Terminologie technologique : étapes, produits et techniques

En partie inspirées de la terminologie employée par J. Tixier, plusieurs étapes dans la fabrication des outils en pierre peuvent être distinguées (Tixier *et al.* 1995). Le découpage en étapes techniques proposé se justifie en cela qu'elles correspondent à des stades bien précis d'abandon de pièces (fig. 14). De même, comme nous le verrons au travers de cette étude, il semble que mise en forme et façonnage se déroulent de manière séparée dans le temps et l'espace ; elles constituent donc des étapes à part entière de la chaîne opératoire de fabrication. Enfin, découper de cette manière les étapes de fabrication doit nous permettre de définir des degrés d'élaboration et de finition des outils, voire des qualités distinctes de façonnage.

Nous qualifierons de mise en forme la première étape de dégrossissage du bloc, en décalage par rapport au sens couramment employé en technologie lithique et qui désigne « la dernière opération visant à donner sa morphologie définitive au nucléus ». Le détachement d'éclats par percussion lancée directe ou indirecte, encore appelé épannelage, assure généralement la mise en forme du bloc brut. Nous qualifierons d'ébauche l'objet résultant de ces opérations de mise en forme. Cette étape de mise en forme ne s'avère pas forcément nécessaire dans le cas d'outils obtenus sur supports bruts ou galets.

Les opérations de façonnage incluent une étape d'ébauchage et une étape de finition. Elles ont pour finalité la « fabrication d'un seul objet en sculptant la masse de la matière première choisie selon sa forme désirée ». A chaque stade correspond un produit spécifique, la préforme correspondant au produit de la première étape du façonnage. Elle se distingue de la préforme par une volonté de pousser dans le détail la rectification du profil de la pièce, par le recours alterné à un détachement de petits éclats et à un martelage de régularisation des arêtes. Un consensus semble se dessiner parmi les spécialistes de l'outillage de mouture et de broyage concernant l'emploi du terme de bouchardage, traditionnellement employé pour désigner une technique de préparation de la surface active par percussion lancée directe ou indirecte punctiforme. Ce dernier est en réalité

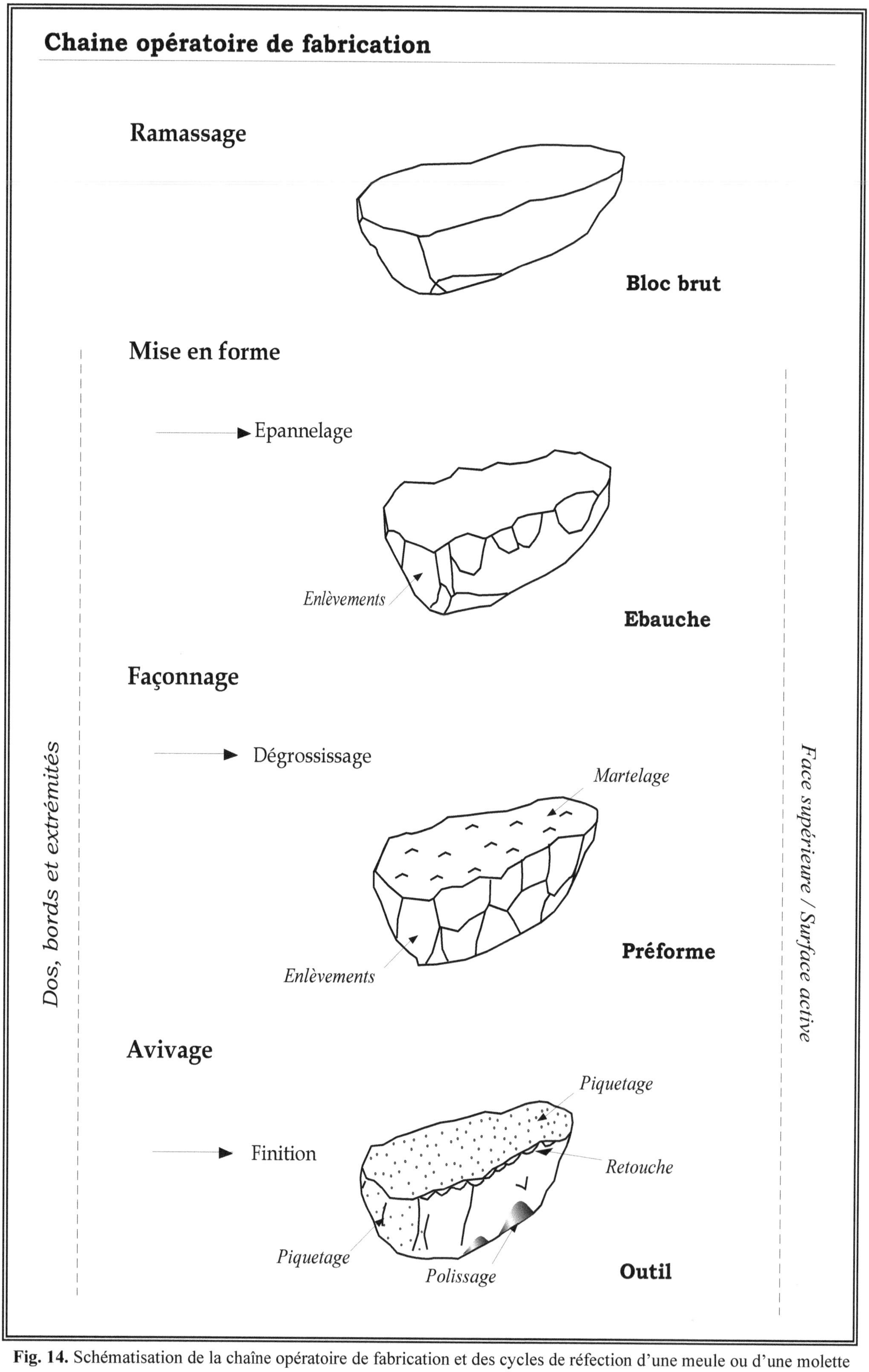

Fig. 14. Schématisation de la chaîne opératoire de fabrication et des cycles de réfection d'une meule ou d'une molette

emprunté au vocabulaire du tailleur de pierre, la boucharde désignant un outil métallique à pointes (Bessac 1982, p. 121). On lui préfèrera le terme de martelage, qui désigne un geste de percussion lancée diffuse. Comme l'indiquent de nombreux auteurs, c'est la dimension des impacts de percussion qui permet de décider si nous avons à faire à du martelage ou à du piquetage. Le piquetage en effet est un geste opéré en percussion lancée punctiforme, réalisé à l'aide d'un outil plus contondant avec éventuellement une extrémité appointée. Le type de percussion, diffuse pour le martelage, et punctiforme pour le piquetage, influe sur les stigmates engendrés (Nierlé 82). Le martelage crée des impacts d'écrasement assez grossiers mal délimités de forme souvent ovoïde à oblongue, tandis que le piquetage induit des impacts de petites dimensions bien délimités de forme circulaire ou triangulaire.
La finition du bloc fait appel à un piquetage, associé ou masqué par un polissage visant à la régularisation des surfaces externes. La toute dernière opération vise la retouche des bords en limite de la surface active, intervenant avant ou après préparation de cette dernière. Enfin, la préparation d'une surface active assure la délimitation d'une réelle surface de la zone de travail dans le cadre des meules et molettes et est réalisée par piquetage.

Tout au long de leur utilisation, les meules et molettes nécessitent de fréquents ravivages (réavivages), qui se résument à un piquetage de la surface active usée. En cours ou en fin d'utilisation, les outils peuvent subir divers traitements afin de modifier leur morphologie et ce en vue d'une utilisation secondaire. Une réfection de l'outil vise dans un premier temps au remodelage de la morphologie générale par abattage des extrémités et au réaménagement par façonnage partiel des autres parties de la pièce.

1-2-4 - Terminologie fonctionnelle

1-2-4-1 - Nomenclature et niveaux de lecture fonctionnelle

Traiter de la fonction d'un outil revient dès lors à définir les liens de causalité entre la notion de transformation des matières et les différentes étapes y conduisant.

Le terme de " fonction " au sens strict se distingue de celui de " fonctionnement", en cela que « le fonctionnement d'un objet, c'est son mode d'action. Sa fonction, c'est l'ensemble des finalités pour lesquelles il est mis en œuvre " (Sigaut 1991, p. 21). La distinction entre le but d'une opération technique et ses modes d'application permet de définir l'articulation de chacun des facteurs participatifs ou constitutifs du système technique à l'œuvre (Bril 1984, Leroi-Gourhan 1945).

Le terme d'outil désigne un support présentant des zones de manipulation et au moins une surface active, servant de médium entre la main de l'homme et la substance à transformer (fig. 15). Toute démarche fonctionnelle se heurte à " l'impossibilité de remonter de la structure à la fonction sans avoir recours à l'analogie, et ne fait probablement que traduire l'impossibilité de comprendre l'élément hors du système dont il fait partie " (Sigaut 1991, p. 23). Le statut de l'outil passe alternativement tout au long de sa " durée de vie" par une phase de finalité, en tant qu'outil à façonner et à entretenir, et par une phase de média pour la transformation d'une autre matière. « A la fois but d'une action et moyen d'une autre, l'outil porte dans ses formes et sa matière les empreintes non seulement de la dynamique opératoire dont il est la résultante mais aussi à travers elle , de toutes où il s'est trouvé impliqué » (Anderson *et al.* 1987, p. 226). Certains outils participent de surcroît à de multiples chaînes opératoires de transformation de la matière, et ce à différents niveaux, allant de l'ébauche à la finition. La transformation effectuée par l'outil peut être

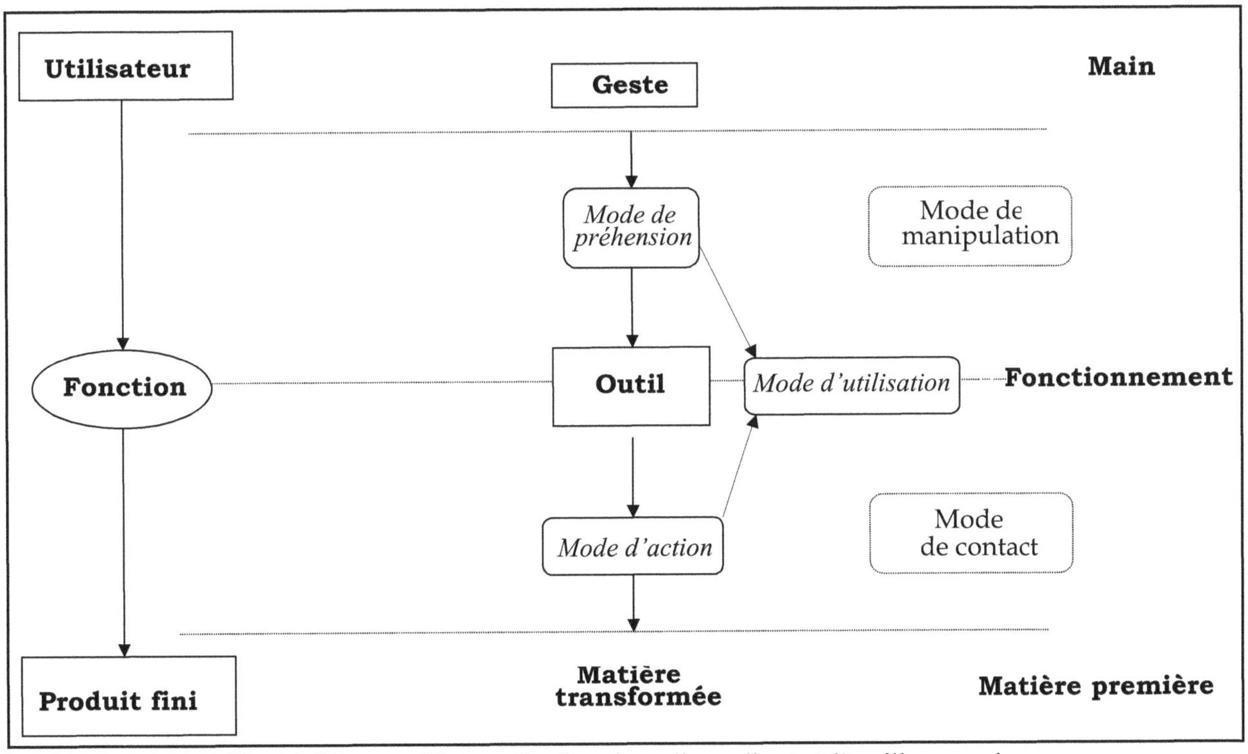

Fig. 15. Niveaux d'interaction fonctionnelle appliqués à l'outillage en pierre

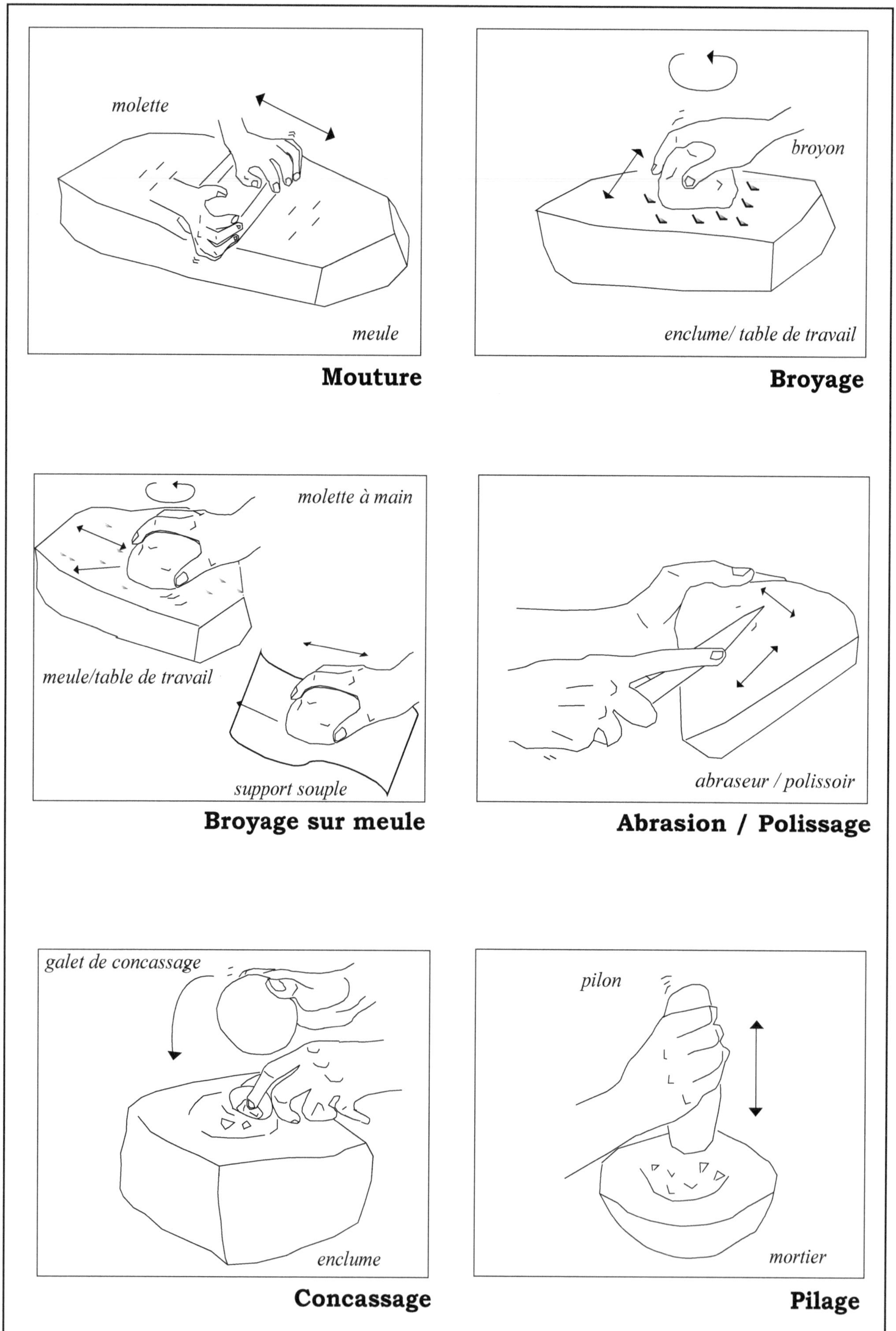

Fig. 16. Schématisation des actions et gestes techniques réalisés par de l'outillage en pierre

au cœur de la chaîne opératoire, comme pour la mouture, mais peut aussi être ponctuelle à l'instar des molettes à main.

Le geste rend compte de l'action motrice que le bras ou la main applique à l'outil, tandis que la posture évoque la position adoptée par l'ensemble du corps lors du travail. Si le mode de manipulation renvoie à la manière dont le corps se positionne par rapport à l'outil, le déplace et le met en mouvement, elle inclut entre autre les modes de préhension relatifs à la prise en main de l'outil actif et de stabilisation des outils passifs. Le mode de contact traduit de quelle manière les outils et la substance travaillée sont mis en présence l'un par rapport à l'autre. Le mode d'action correspond à la manière dont est appliquée l'outil sur la substance à transformer. Le mode d'utilisation rassemble à la fois le mode de contact et le mode d'action. Le mode d'utilisation se réfère à la combinaison des modes d'action et de préhension tandis que le fonctionnement d'un outil englobe à la fois ses mode d'utilisation et de contact.

1-2-4-2 - Domaines d'activités et actions techniques

Si l'activité « regroupe l'ensemble des gestes accomplis pour exécuter une tâche donnée » (De Beaune 2000), nous distinguons les gestes techniques, « modes d'action exercés sur la matière » qui sont autant de maillons d'une chaîne opératoire telle que définie par A. Leroi-Gourhan, des actions techniques, définissables comme une interaction entre les outils, le type de percussion et la qualité du produit recherché (Leroi-Gourhan 1945).

Nous nous rallions d'ores et déjà à la distinction nette opérée par H. Procopiou dans sa thèse entre les termes de broyage, défini par l'action de réduire en fragments de taille variable une substance, et de mouture, réservé à la transformation spécifique des grains de céréales en gruau ou farine de granulométrie variable (Procopiou 1998). Au cours du broyage, la substance est écrasée et déchirée selon une percussion posée circulaire ou aléatoire (fig. 16). La mouture s'effectue elle plutôt en percussion posée oblique longitudinale à l'aide d'une molette actionnée en va-et-vient sur une meule, mais un broyage en percussion circulaire peut lui être adjoint (Grégoire 1992). Bien que nous réservions le terme de mouture aux seules céréales, meules et molettes ne lui sont pas strictement dévoués.

Un broyage sur meule selon le même fonctionnement peut ainsi permettre de réduire les légumineuses ou toutes autres substances végétales de même que certaines matières minérales (argile, colorant, ...). Le broyage de ces substances semble néanmoins plus fréquemment associé à un geste en percussion posée circulaire ou aléatoire sur divers supports de type enclume ou table de travail, associés à des molettes à main ou des « broyons ». Cet outillage fruste se caractérise par une certaine plurifonctionnalité et par une très faible préparation des surfaces actives. Le broyage est le plus souvent associé à des opérations de concassage, effectuées en percussion lancée punctiforme ou diffuse, un même outil pouvant assurer alternativement les deux opérations. Cette alternance concassage / broyage se traduit le plus souvent par une première fragmentation en morceaux de taille variable, dont la granulométrie est ensuite homogénéisée par des opérations de broyage.

Le traitement des fibres végétales et animales nécessite l'emploi d'outils en pierre pour les opérations d'assouplissement. A l'aide d'un outil tenu à une ou deux mains, une friction est appliquée selon une percussion posée linéaire diffuse ou multidirectionnelle. Cette opération peut nécessiter le recours à un répercutant en pierre faisant office de support rigide, les peaux et liens pouvant aussi être suspendus, étirés sur un cadre ou travaillé sur un support souple. Dans le cas des peaux animales, on parle de palissonnage ou de corroyage selon si l'on travaille sur peau simplement sèche ou déjà tannée.

Au sein de l'activité de polissage, définie comme l'action de « frotter de façon prolongée la surface d'un objet en matière minérale ou dure animale afin d'en modifier ou d'en régulariser la surface », S. de Beaune distingue deux techniques : l'abrasion et « l'émeulage ». L'abrasion y est définie comme un « polissage avec abrasif intermédiaire» s'opposant ainsi à l'émeulage. Bien que cette option technique (polir sur une meule) ne soit pas exclue, associer le terme d'émeulage à des opérations de polissage et d'abrasion nous semble participer d'une certaine confusion terminologique, et nous préférons parler d'abrasion et de polissage. A notre sens, la distinction entre abrasion et polissage tient plus du choix d'une technique en relation directe avec le résultat escompté.

Ainsi, nous définissons par abrasion l'action d'enlever de la matière à des fins de façonnage voire de régularisation grossière de la matière, dans le cadre d'opérations de mise en forme et de façonnage. Le polissage désigne quant à lui l'action de rendre la surface unie, lisse et luisante à des fins de régularisation et de finition des surfaces, qu'elle soit techniquement ou esthétiquement motivée. Ces deux opérations techniques trouvent leur point commun dans l'emploi de la percussion posée diffuse à linéaire et dans l'ajout possible - voire indispensable - d'adjuvants de type eau ou sable par exemple. Notons que ce choix amène à une autre confusion, le polissage désignant à la fois un domaine d'activité et une action technique, lorsque opposé à l'abrasion...

1-2-4-3 - Cycles de vie et utilisation

La plurifonctionnalité d'un seul et même outil doit être évaluée en fonction de la nature de son usage et de son déroulement dans le temps. Selon la fréquence à laquelle un outil est utilisé pour une même opération, son usage est qualifié d'occasionnel, de courant ou de répété. Pour l'emploi diachrone d'un même bloc polyvalent, on parle de réemploi ou de réutilisation, selon s'il s'agit ou non d'un même usage. Pour deux usages distincts d'une même pièce, simultanés ou proches dans le temps, on parlera d'outil composite. D'après les seuls contextes archéologiques, il est délicat de pousser plus loin la réflexion en termes de simultanéité et de rythmes d'usage. L'enchaînement de ces cycles d'utilisation multiples et complexes n'est pas toujours identifiable, la nature exacte de leurs relations non plus.

1-2-5 - Outillage

Les définitions de chaque catégorie d'outils ne le sont qu'à titre indicatif et il s'agit plus ici de clarifier l'emploi provisoire d'une classification parmi toutes celles existantes. Nous avons opté pour une classification d'après le mode d'action et la position de percutant ou de répercutant de l'outil. La connotation fonctionnelle de chaque terme est discutée le cas échéant afin de valider l'existence de sous-catégories d'outils.

1-2-5-1 Meules et molettes

Dans le langage courant, la « meule » est employée aussi bien pour désigner la meule à broyer (meule de moulin surtout) que la meule du rémouleur employée pour aiguiser et affûter les pièces en métal. Cette dichotomie se retrouve parfois dans la littérature archéologique concernant les outils de façonnage des pièces de parure notamment (schiste, calcaire). Nous emploierons le terme de meule pour désigner un outil répercutant ayant subi ou non un façonnage, de forme généralement ovoïde à rectangulaire, et dont la surface active a été préparée par piquetage.

Si la mouture des céréales est le plus souvent réalisée sur une meule, cet outil n'est à l'origine pas strictement réservé à cet usage : la majorité des meules paléolithiques portent des traces de colorants (De Beaune 2000, p. 87). Ainsi, dans la publication de sa thèse, V. Roux distingue dans le village actuel de Tichitt deux grands types de meules d'après leurs dimensions et leur fonction (Roux 1985). Les meules larges et massives dites « à grains » semblent réservées spécifiquement à la mouture des céréales tandis que celles de dimensions plus réduites, et de ce fait déplaçables, désignées sous le terme de meules « à végétaux », assureraient le broyage de l'ensemble des autres plantes (Roux 1985). Si la question d'une spécialisation éventuelle des meules reste à éclaircir, nous voudrions simplement souligner qu'un façonnage plus poussé des outils, notamment concernant la préparation des surfaces actives, peut constituer un indice de dévouement à un usage unique.

Une meule se différencie souvent des autres outils dormants par une morphologie mieux soignée, obtenue éventuellement par façonnage, et une surface active de courbure parfaitement régulière, soigneusement préparée par piquetage. La molette se distingue d'une meule par ses dimensions, l'aspect de son dos gage d'un certain confort de manipulation et par sa section transversale inverse à celle de la meule sous-jacente ; une distinction basée sur la qualité de la matière première doit aussi être envisagée. Au cours de notre étude, nous réservons strictement le terme de molettes aux outils utilisés en percussion posée linéaire oblique, et attribuerons le terme de molette à main ou de broyons à d'autres gestes de broyage plus aléatoires. Leur façonnage moins poussé correspond entre autre à une manipulation à une seule ou deux mains, selon un mouvement en percussion posée linéaire, circulaire ou multidirectionnel. Le terme de broyeur, abondamment employé dans la littérature pour désigner tout outil actif servant à écraser, n'est pas utilisé ici car trop général.

1-2-5-2 - Broyons, pilons et mortiers

A notre sens les broyons, et dans une moindre mesure les galets et molettes de concassage, méritent un traitement à part du fait de l'association de stigmates de percussion posée et lancée dans les opérations de broyage et de concassage. Les broyons, outils sphéroïdes à une ou deux faces aplanies opposées, présentent une tranche convexe à l'aspect dissymétrique et irrégulièrement facettée. Cette dernière revêt de petits impacts de percussion couvrants tandis que les faces aplanies polies évoquent une action en percussion posée, très certainement circulaire ou aléatoire. Leur similitude avec les molettes de concassage réside dans la présence d'une face pseudo-plane polie, même si entamée dans le second cas par une cupule de percussion.

Dans ce grand ensemble, le pilon se reconnaît lui aussi aisément par sa forme oblongue voire longiligne, facilement préhensible à une main et par une circonscription des impacts de percussion à une ou deux de ses extrémités ; ces extrémités pourront occasionnellement revêtir un poli d'usage consécutif d'un geste en percussion posée circulaire. Nous adhérons à la définition du terme de mortier qui évoque traditionnellement un outil à très forte concavité centrale supérieure à 5 cm au moins (Roux 1985, De Beaune 2000). Dans notre contexte, ce terme couvrira également des pièces à impacts de percussion circonscrits sur une zone présentant une concavité parfois plus légère. Dans tous ces cas, l'alternance de la percussion lancée et posée à l'aide d'un seul outil lors des opérations d'écrasement de la matière est avérée.

1-2-5-3 - Percuteurs, galets de concassage et enclumes

Au terme de bloc-enclume parfois rencontré (Monnier *et al.* 1997 a), nous substituons deux autres termes à savoir l'enclume proprement dite et la table de travail. Sous le terme d'enclume sont désignés des blocs massifs et relativement stables présentant des traces de percussion lancée et donc employés en tant que répercutants, dans les opérations de concassage, fracturation, taille de matière minérale, ... Les traces de martelage ou de percussion lancée anecdotiques sont le plus souvent grossières, aléatoirement réparties, parfois circonscrites à des plages aux limites diffuses. Les tables de travail englobent des outils aux usages et stigmates plus variés, notamment les « billots », reconnaissables aux impacts de fractures et aux « fines stries désordonnées » de découpe présentes sur leur face supérieure (De Beaune 2000). La polyvalence de l'usage peu marqué de ces pièces explique le choix de cette désignation.

La complémentarité fonctionnelle des opérations de concassage et de broyage d'une part, et la similarité de manipulation de tous les outils employés en percussion lancée d'autre part, nous amène à examiner d'un seul tenant l'ensemble de ces pièces actives. Ces deux actions peuvent correspondre à deux outils bien distincts, l'un à extrémité contondante et l'autre avec une face assez plane, ou aux deux faces d'un même outil, une extrémité employée en concassage et une face utilisée en broyage. Une même face peut servir à deux emplois successifs à savoir un concassage puis un broyage, comme dans le cas des galets dont la cupule de concassage livre une périphérie polie.

Si le percuteur ne désigne selon la terminologie d'A. Leroi-Gourhan que l'outil servant à la taille du silex (Leroi-Gourhan 1945), la variabilité fonctionnelle des galets classés sous cet ensemble est riche, faute de critères réellement discriminants. Ainsi les galets sont rarement dissociés, qu'ils soient utilisés comme broyons, préparateurs de nu-

cléus, retouchoirs, pour le piquetage des surfaces actives des meules et molettes, ou pour le concassage de diverses substances minérales ou végétales en association avec un mortier. Les différents types de galets employés en percussion lancée se distinguent par leur poids, les éventuels indices de leur manipulation, la nature des traces d'utilisation et une localisation diagnostique de ces stigmates sur leurs extrémités, angles, arêtes et plus rarement faces.
Ainsi dans les opérations de concassage, les « percuteurs de concassage massifs » ne peuvent logiquement être confondus avec des retouchoirs, en forme de petits percuteurs plats (De Beaune 2000), et il en va de même des galets de concassage, sphéroïdes à oblongs, se distinguant d'une molette de concassage, ronde à une face plane dont l'usage répété peut parfois aboutir à la création de véritables cupules centrales. Des cupules présentes sur plusieurs facettes des percuteurs peuvent être envisagées aussi bien comme des aménagements pour une meilleure préhension que comme des usages complémentaires des surfaces. La localisation des impacts de percussion sur les faces des galets et molettes de concassage les distingue des percuteurs et molettes à grains employés occasionnellement en concassage sur leurs extrémités. Les outils de piquetage, souvent désignés sous le terme de boucharde, et dont les aspérités originelles tendent à s'aplanir en cours d'usage ne devraient pas selon ce schéma être assimilés à des préparateurs de nucléus, associant traces de percussion et stries d'abrasion consécutives d'un « doucissage du plan de frappe » (Pelegrin 1995).

La nature, forme et profondeur des stigmates d'utilisation peuvent également être discriminants, à condition de garder en tête les particularismes propres à chaque qualité de grès. Selon qu'il s'agit de petits impacts d'écrasement répétés ou d'esquillements importants, la violence de l'action de percussion pourra être évaluée. Les désaccords terminologiques au sein de cette catégorie sous-tendent des problèmes de classification plus profonds liés au caractère souvent occasionnel et par extension aléatoire des usages des outils ralliés à tort au terme de « percuteur ». Les quelques critères distinctifs évoqués ici s'avèrent souvent trop ténus sur le mobilier archéologique pour constituer la base d'un véritable classement. Le caractère aléatoirement ou alternativement percutant ou répercutant de ces outils s'ajoute aux difficultés de catégorisation.

1-2-5-4 - Polissoirs et abraseurs

Si nous avons décidé de dissocier techniquement les actions d'abrasion, de polissage, voire d'aiguisage ou d'affûtage relativement à leur finalité respective, il reste difficile de les identifier d'après l'analyse des outils archéologiques englobés sous le terme de « polissoirs » (Monnier *et al.* 1997 b). La morphologie de certains outils dits « à plage, à main ou à rainure » permet d'appréhender leur fonctionnement et de corréler leur surface active avec la morphologie du support transformé, même si elle ne livre finalement que peu d'indices de leurs implications techniques.
Face à la petite taille des outils de polissage, excepté le cas des grands polissoirs à plage, le caractère passif ou actif de leur utilisation n'apparaît en rien discriminant. Le geste et le fonctionnement de l'outil diffèrent peu entre les deux options, et l'effet sur la déformation des surfaces est quasi nul. Il faut alors se pencher sur la nature des matériaux pour entrevoir une réponse satisfaisante à un classement morpho-technique. Ainsi, J. Adams associe aux opérations de polissage un grès de texture fine, qui s'avère inadapté pour les opérations d'abrasion (Adams 1996). Les polissoirs dits à plages offrent des surfaces concaves homogénéisées tandis que les abraseurs « à main » livrent des surfaces actives planes et réduites mais néanmoins marquées. Les abraseurs « à rainures » ou « à gorges » livrent une à plusieurs dépressions linéaires régulières parfois préformées par piquetage. Ils sont préférentiellement classés en fonction de leur longueur ou de leur largeur, et de leur épaisseur. Des sections en « u » ou « v », correspondent respectivement selon S. De Beaune, au travail des hampes de flèches en bois ou bois de cerf, des épingles en bois pour le filage ou à des drilles, aiguilles et perles en pierre, au travail du fil ou de la vannerie ou au façonnage des aiguilles et à l'abrasion des arêtes en technologie lithique (De Beaune 2000).
Notre étude s'attachera à démêler la confusion entre les différents types d'outils de façonnage par abrasion et polissage.

1-2-5-5 - Outils de traitement des surfaces

Dans le cadre des opérations d'assouplissement, peu d'outils font l'objet de désignations spécifiques : ils doivent être réunis sous la catégorie des molettes à main. Ce type d'objet rassemble des outils manipulables à une main et dont le mouvement plus ou moins aléatoire peut correspondre tout aussi bien à une action de broyage (toutes catégories de matières confondues) que d'assouplissement de matières variées (matières végétales, peaux, *etc*…).

Outil du chamoiseur par excellence pour les périodes historiques, le palisson se distingue de la molette de corroyage par l'étape à laquelle il intervient dans le traitement des peaux. Si le premier est utilisé afin d'adoucir et d'assouplir les peaux sèches avant ou après tannage, la seconde entre en jeu dans les opérations visant à rendre les cuirs souples et résistants par foulage, raclage et imprégnation de corps gras après tannage (Gassin 1996). Les palissons en pierre se présentent sous la forme d'outils mousses quadrangulaires aux arêtes adoucies à polies et à l'usure homogène couvrante, tandis que le second type d'outil livre un lustre particulier et nécessite des arêtes complètement adoucies dès le début de l'opération (Adams 1988, Gonzalez *et al.* 2002). Ces opérations techniques non obligatoires pour le traitement des peaux, peuvent être réalisées à l'aide d'outils en os ou par grattage au silex (Maigrot 2003). La présence de ces outils dans nos assemblages, loin d'être reconnue, méritera néanmoins d'être soulignée le cas échéant.

La fabrication des vases céramiques peut faire appel à deux types de galets appelés respectivement lissoir, galet de polissage ou « brunissoir », selon s'ils sont employés sur pâte fraîche pour lisser les colombins lors du montage, ou s'ils assurent le polissage sur pâte après séchage afin de faire disparaître les inclusions ou d'engendrer un aspect lustré (lustrage).

Les précédents termes sont définis sur la base d'un usage unique pour chaque outil et des désignations composites se justifient dès qu'un usage plurifonctionel peut être mis en évidence sur plusieurs de ses faces. Lorsqu'aucune attribution ne peut être définie avec certitude, on parlera d'objet à surface polie sans autre précision.

1-3– Méthodologie

Avant d'entamer l'étude des ensembles proprement dits, nous voudrions préciser quelques aspects relatifs aux conditions de conservation du mobilier et aux raisons ayant motivées certains choix méthodologiques.

1-3-1 - Conditions de conservation du mobilier

La nature minérale de ce mobilier induit théoriquement une forte résistance aux phénomènes taphonomiques en regard d'autres types d'artefacts plus fragiles. Cependant, ce mobilier est particulièrement sensible aux altérations liées à une chauffe, au gel ou à un ruissellement répété qu'ils soient antérieurs ou postérieurs à son abandon.

Chaque site étudié révèle sa part de vestiges ayant subis une chauffe partielle, non consécutive d'une destruction par incendie. Plusieurs indices peuvent témoigner d'un passage plus ou moins prolongé au feu. Les cas de désagrégation de la roche s'expliquent par une disparition de la cohésion entre les grains, qui ne sont plus maintenus par un ciment. L'aspect friable de la roche s'accompagne d'une modification de la coloration initiale. Un bref passage dans les flammes à assez haute température confère une couleur rouge vif à noire, tandis qu'un séjour prolongé donne un aspect gris poudreux au grès. L'absence de cohésion de ces matériaux peut empêcher leur récolte au cours de la fouille, au même titre que les effets du gel et du ruissellement dans le sol qui dissolvent progressivement le ciment de la roche.
Face à une fragmentation élevée des vestiges, il est parfois délicat d'identifier les pièces ayant fait l'objet d'un façonnage fruste ou ayant servi occasionnellement. De ce fait, la sélection se traduit dans les cas extrêmes soit par une récupération systématique de tous les fragments minéraux, soit par une récupération des seules pièces entières aisément reconnaissables de type meule et molette.
Le stockage de ces pièces particulièrement lourdes et encombrantes se fait dans des conditions parfois peu propices à une analyse tracéologique (empilement). La préservation des surfaces actives (lorsque reconnue) et le prélèvement d'échantillons sédimentologiques constituent enfin un « réflexe » relativement récent.
Nous soulignons cependant que hormis quelques fouilles anciennes, les sites majeurs du Bassin parisien ont fait l'objet d'une bonne conservation générale de ces matériaux qui ont quasi systématiquement été prélevés en vue d'une étude ultérieure.

1-3-2 - Méthodes d'étude et enregistrement

Afin d'étudier la composition des ensembles en grès, nous avons retenu aussi bien les fragments et les éclats que les pièces entières. Ceci nous laissait la possibilité d'appréhender l'ensemble des étapes techniques et les modalités de fracturation et de rejet des pièces.
Des remontages systématiques intra et inter fosses ont été tentés dès le début de notre analyse du matériel en grès. *La priorit*é a été donnée aux outils fragmentés puis aux remontages entre éclats afin de tenter de reconstituer les schémas de façonnage et les cycles de réfection des outils. Nous nous sommes rapidement heurtés à l'inefficacité déroutante de ce mode d'investigation. L'investissement en temps s'est révélé disproportionné par rapport aux rares remontages avérés des outils. Le façonnage des blocs se résumant à un aménagement de la forme initiale, les quelques remontages d'éclats effectués nous ont essentiellement renseignés sur la mise en forme et les étapes de débitage des blocs. La compréhension du comportement de chaque type de vestiges dans l'espace ne constituant pas notre priorité immédiate, nous avons donc réduit progressivement nos tentatives. Certaines pièces pourront néanmoins être « rapprochées » suivant des critères de matériaux, de forme et d'aspect des surfaces.

Les critères de description retenus permettent tout d'abord de documenter l'aspect de la matière première, les dimensions, le poids et la morphologie des pièces ainsi que les stigmates de façonnage de chacune des parties de l'outil. Les stigmates liés à la préparation des surfaces actives et les stigmates d'utilisation de la pièce sont renseignés dans un second temps. Chaque pièce a fait l'objet d'un enregistrement typologique provisoire par grande famille d'outils et les remarques relatives à un degré dans le « cycle de vie » de la pièce sont annotées. Pour certaines catégories non purement descriptives, une échelle d'intensité des stigmates a été mise en place. Nous ne détaillerons pas ici chacun des critères et renvoyons pour ce faire aux chapitres suivants. A ce niveau de l'analyse, seuls les caractères macroscopiques de la matière première sont discutés. La morphologie prend en compte aussi bien la forme en plan que la forme et la symétrie des sections des pièces, qui sont souvent révélées par des cassures transversales. Chacun des stigmates de préparation et d'utilisation est décrit selon sa répartition, son aspect et son intensité. Sur la base de la même trame d'enregistrement, les fragments et éclats ont été distingués, de même que leur appartenance à une étape précise de la chaîne opératoire, selon qu'il s'agit d'éclats d'entame, de façonnage ou de réfection. La catégorie «conservation » permet d'envisager quelles surfaces ont été préservées soit la face, le bord ou le dos de la pièce initiale de même que l'épaisseur du bloc initial.

Nous avons opté pour une analyse synthétique des données. Notre étude prend en compte tout d'abord la composition globale des outillages, avant de s'attacher aux indices morphométriques et technologiques par catégorie d'outil. Pour chaque mode d'action et chaque catégorie d'outils, ces critères d'analyse sont utilisés de manière à définir les bases d'une typologie fiable.
L'analyse détaillée des caractéristiques propres à chaque site est envisagée dans la partie IV de ce travail (fig. 103), les décomptes du mobilier en grès des principaux sites sont joints en annexes (annexes 2 à 13).
Les différentes modalités de conservation et d'enregistrement sur les sites induisent cependant plusieurs biais dans l'étude des assemblages en pierre. Les ensembles de Monéteau «Sur Macherin» et de Gurgy «les Grands Champs»

n'ont pu faire l'objet d'un pesage systématique. De même, nous n'avons pas rectifié les pesées non réalisées ou incomplètes des sites de Pontpoint «le Fond de Rambourg» et de Bucy-le-Long «la Fosselle». Enfin, les fragments et les blocs bruts ont été décomptés ensembles sur les sites de Poses «Sur la Mare» et Etigny «le Brassot-est».
Réaliser un tel enregistrement nous laissait la possibilité de raisonner sur des échelles complémentaires, soit l'échelle du site, de la vallée ou le Bassin parisien dans son ensemble. Nous renvoyons pour l'étude de chaque site pris individuellement au tableau synthétique (fig. 103), ainsi qu'aux différentes contributions effectuées dans le cadre de rapports de fouilles et autres « documents finaux de synthèse » (Hamon 2001a, 2001 b, 2003 c).

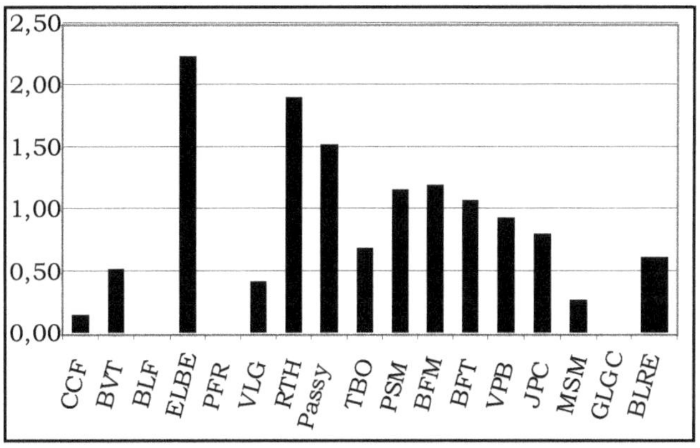

Fig. 18. Indice de fragmentation des outils par sites

CHAPITRE 2 –

Composition des assemblages en grès

Une classification sur la base de critères morphologiques et techniques doit aboutir à des propositions fonctionnelles que nous testerons ultérieurement. Dans un premier temps, l'ensemble du corpus doit être envisagé afin de disposer d'un effectif statistiquement significatif.

«les Falaises de Prépoux» et secondairement à Jablines «la Pente de Croupeton» et Trosly-Breuil «les Obeaux». Les éclats semblent de grandes dimensions à Berry-au-Bac «le Vieux Tordoir», Jablines «la Pente de Croupeton» et Vignely «la Porte aux Bergers». Considérant la faible représentativité des éclats sur ces sites, on peut en déduire que seule l'étape de mise en forme grossière ou un abattage grossier des bords y est pratiqué. Ceci corrobore les observations faites sur les meules bien façonnées de ces sites, qui présentent de grands pans d'enlèvement. Enfin, les fragments sont en général de très petites dimensions sauf sur le site de Vignely «la Porte aux Bergers».

On dénombre tout de même plus de trois cents outils entiers, soit plus du tiers du corpus d'outils. Un indice de fragmentation appliqué aux pièces entières rend compte de leur module moyen par sites. Cet indice apparaît assez constant d'un site à l'autre et ce surtout pour l'outillage de mouture (fig. 18).

	CCF	BVT	BLF	ELBE	PFR	VLG	RTH	Passy sabl	TBO	PSM	BFM	BFT	VPB	JPC	MSM	GLGC	BLRE
outils	0,13	0,50	0,00	2,22	0,00	0,40	1,89	1,51	0,67	1,14	1,18	1,05	0,92	0,79	0,25	0,00	0,60
éclats	4,10	0,45	0,00	18,83	0,00	1,13	2,36	3,69	2,47	5,44	2,49	3,71	0,90	0,78	0,00	0,00	1,36
fragm	24,49	0,00	0,00	9,37	0,00	35,32	18,48	23,83	20,75	18,10	16,81	12,32	3,38	24,25	2,53	0,00	48,57
bruts	5,93	8,00	0,00	0,00	0,00	2,77	6,55	0,00	4,41	3,87	3,51	5,62	3,37	5,32	3,65	0,00	1,45

Fig. 17. Indice de fragmentation par types de vestiges et sites (nb / poids x 1000)

2-1 – Conservation du mobilier en grès

Les sites des Rubané moyen et récent de Champagne n'ont livré respectivement que quelques fragments de grès, ce qui explique que nous ne les ayons pas pris en compte dans la suite de notre étude. La conservation et la fragmentation des grès sont peut-être une des causes de ce net déficit, mais il semble plutôt imputable à une absence de matières premières gréseuses disponibles à proximité de ces sites.

Le calcul d'un indice de fragmentation (If) sur la base If = nombre/poids x 1000 permet de rendre compte de l'état de conservation moyen des pièces (fig. 17).
Cet indice moyen révèle une très mauvaise conservation, toutes catégories de vestiges confondues, à Etigny «le Brassot-est», Reims-Tinqueux «la Haubette» et Passy «Sablonnière» au contraire de Balloy «les Réaudins», Cuiry-lès-Chaudardes «les Fontinettes», Villeneuve-la-Guyard «les Falaises de Prépoux» ou encore Vignely «la Porte aux Bergers». Appliqué aux outils, cet indice révèle la présence de pièces de grand gabarit à Balloy «les Réaudins», Berry-au-Bac «le Vieux Tordoir» et Villeneuve-la-Guyard

Au sein des quatre domaines d'activités, les meules et molettes sont de loin les plus fragmentées : près d'un tiers des meules et moins de la moitié des molettes sont entières. Le quatuor des sites à dépôts de meule se démarque par une plus forte part d'outils entiers, à Berry-au-Bac «le Vieux Tordoir», Balloy «les Réaudins» et Villeneuve-la-Guyard

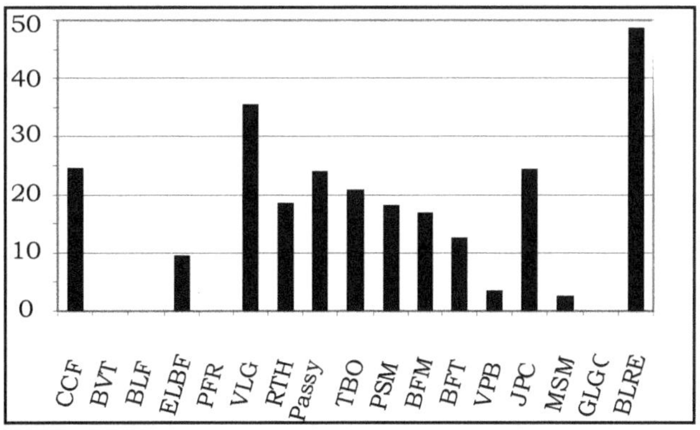

Fig. 19. Indice de fragmentation du mobilier inclus dans le groupe des « fragments » par site (nb / poids x 1000)

«les Falaises de Prépoux» et dans une moindre mesure Cuiry-lès-Chaudardes «les Fontinettes». A Jablines «la Pente de Croupeton», la conservation du niveau de sol produit les mêmes effets.
Bucy-le-Long «la Fosse Tounise», Trosly-Breuil «les Obeaux» et dans une moindre mesure Berry- au-Bac «le Vieux Tordoir» et Bucy-le-Long «le Fond du petit Marais» livrent également des molettes bien conservées. Malgré un faible effectif, les meules et molettes semblent bien préservées à Bucy-le-Long «la Fosse Tounise» (Planches VII-IX). Meules et molette sont globalement assez fractionnées à Passy «Sablonnière» et Cuiry-lès-Chaudardes «les Fontinettes» (Planches XXIX-XXX), les molettes sont elles assez mal conservées à Poses «Sur la Mare» (Planches LVII) et Vignely «la Porte aux Bergers» (Planche LXXVI).
Les modes de fracturation essentiellement longitudinaux et transversaux des meules, peuvent être mieux détaillés pour les molettes.
Elles sont fracturées aux deux tiers, à la moitié ou au tiers de leur longueur initiale. Dans le cas d'une fracturation longitudinale, un bord sur le tiers de la largeur de l'outil est souvent conservé ou encore un quart de la molette de départ. Sur les 237 outils fragmentés, 10 correspondent au quart de l'outil de départ, 18 au tiers, 33 à la moitié, 7 aux deux tiers et enfin 2 aux trois quarts : il reste donc difficile de déterminer dans la majorité des cas la proportion préservée de l'outil. Sur ces outils fragmentés, près de 47 ont conservé un bord et 16 les deux. 39 livrent encore une des extrémités de l'outil et 40 des restes du dos de la pièce. Dans l'ensemble, il reste donc possible d'orienter les fragments d'outils à partir des surfaces préservées. L'étude des modes et des raisons de ces fracturations est examinée à la lumière des conditions de rejet des outils en grès dans la partie IV.

La forte fragmentation des grès reste cependant difficilement explicable par des causes uniquement taphonomiques ; la question des modes de rejet des grès sera discutée à la fin de ce travail.

POUR RESUMER

Etigny «le Brassot-est» et Reims-Tinqueux «la Haubette» sont de loin les ensembles les plus fragmentés.
Les éclats sont de particulièrement grandes dimensions sur les sites de Berry-au-Bac «le Vieux Tordoir», Jablines «la Pente de Croupeton» et Vignely «la Porte aux Bergers» où ils sont par ailleurs très peu nombreux : on assiste sur ces sites à un mode de gestion des supports et de façonnage original.
Près de la moitié des outils identifiés ont été retrouvés entiers. On ne note aucune proportionnalité réelle entre la fragmentation des meules et molettes et la part de cet outillage dans la composition générale des assemblages.
La présence de dépôts de meule transparaît au niveau de l'indice de fragmentation général des sites concernés.

2-2 – Composition générale du mobilier en grès

Seize sites ont fait l'objet d'une étude exhaustive. Près de dix milles pièces ont ainsi été examinées, fragments et éclats compris, pour un poids total de 3 233 kg. Les 871 outils représentent près de la moitié du poids total et les 2 408 éclats en constituent un cinquième (fig. 20). Face à la variabilité des effectifs sur chaque site, allant de 50 à plus de 1500 pièces, la comparaison des ensembles repose sur les proportions relatives de chaque catégorie de vestiges.
Si l'on considère toutes les catégories de vestiges recueillies (outils, fragments, éclats et vestiges bruts), la part moyenne d'outils correspond à 6,5 % du nombre de pièces totales, et leurs effectifs oscillent entre 7 et 220 pièces. Lorsqu'on examine la composition globale des assemblages sur les différents sites, on note que la proportion d'outils ne dépasse jamais 15 %, excepté à Bucy-le-Long «la Fosselle» où elle atteint 26,9 %.

On dénombre en moyenne près d'un quart d'éclats et autant de blocs bruts. Nénamoins, lorsque la barre des 50 % de pièces brutes est dépassée, la part des éclats chute significativement à moins de 7 %, comme à Balloy «les Réaudins», Jablines «la Pente de Croupeton», Vignely «la Porte aux Bergers». Sur ces sites, il semble donc que le déficit en éclats soit imputable à une absence d'étapes de dégrossissage des blocs bruts sur les sites eux-mêmes. Sans réellement pouvoir interpréter le lien entre la part des blocs bruts et celle des éclats, on peut affirmer qu'une gestion différentielle des supports en grès se profile sur ces sites. Le site de Berry-au-Bac «le Vieux Tordoir» se distingue lui par une proportion d'éclats quasi nulle (1,3 %), qu'il reste difficile à interpréter autrement que par l'absence de toute étape de façonnage sur ce site. L'étude de la nature des éclats et des modes de façonnage des meules et molettes sur ce site doit venir préciser cet aspect.

Il reste néanmoins délicat dans la majorité des cas d'imputer la présence de blocs bruts sur les sites à une origine anthropique plutôt que naturelle : c'est pourquoi il nous paraît judicieux d'exclure dans un second temps les blocs bruts de l'analyse de la composition des assemblages (fig. 20).

La proportion moyenne de fragments est alors comprise entre 50 et 65 %. Une proportion d'éclats entre 30 et 40 % semble caractériser les sites datés du Villeneuve-Saint-Germain moyen de Passy «Sablonnière», Trosly-Breuil «les Obeaux», Poses «Sur la Mare», ainsi que Reims-Tinqueux «la Haubette». La proportion moyenne d'outils autour de 8,8 % est plus élevée sur les sites de Bucy-le-Long «le Fond du Petit Marais» et Bucy-le-Long «la Fosse Tounise», avec près de 17 %, malgré une composition générale similaire. Quantitativement, les modes de gestion des supports semblent donc assez homogènes sur des sites appartenant à unmême groupe culturel.

L'examen des proportions non plus en nombre mais en poids de vestiges vient préciser ces observations. La composition des sites du Villeneuve-Saint-Germain moyen de Trosly-Breuil «les Obeaux», Bucy-le-Long «le Fond du

	outils	éclats	fragments	bruts	Total
CCF	131	498	765	179	1573
BVT	41	5	41	297	384
BLF	220	221	377		818
ELBE	10	242	1045		1297
PFR	299	115	1207	29	1650
VLG	31	46	158	24	259
RTH	12	70	106	50	238
Passy sabl.	28	242	391	9	670
TBO	76	474	633	884	2067
PSM	105	600	738	11	1454
BFM	36	65	123	148	372
BFT	42	95	91	339	567
VPB	32	12	32	92	168
JPC	53	26	117	259	455
MSM	7	0	16	23	46
GLGC	7	4	36	1	48
BLRE	40	17	107	244	408
Total	1170	2732	5983	2589	12474

a

	outils	éclats	fragments	bruts	Total
CCF	999 999	121 611	31 237	30 201	1 183 048
BVT	81 248	11 157	313	37 105	129 823
BLF	-	-	-	-	0
ELBE	4 513	12 849	111 579	0	128 941
PFR	-	-	-	-	0
VLG	77 875	40 561	4 474	8 662	131 572
RTH	6 333	29 617	5 736	7 635	49 321
Passy sabl.	18 546	65 546	16 411	0	100 503
TBO	112 931	192 111	30 502	200 422	535 966
PSM	91 739	110 202	40 771	2 843	245 555
BFM	30 613	26 137	7 317	42 158	106 225
BFT	39 858	25 597	7 384	60 364	133 203
VPB	34 706	13 398	9 459	27 338	84 901
JPC	67 437	33 521	4 825	48 694	154 477
MSM	28465	0	6314	6300	41 079
GLGC	-	-	-	-	0
BLRE	66 682	12 514	2 203	168 755	250 154
Total	1 660 945	694 821	278 525	640 477	3 274 768

b

Fig. 20. Décomptes des vestiges par sites a. en nombre de pièces ; b. en poids (en grammes)

Petit Marais» et Bucy-le-Long «la Fosse Tounise» semble des plus homogènes tant en nombre qu'en poids. Raisonnant toujours en poids, la part d'outils sur les deux sites marnais de Vignely «la Porte aux Bergers» et de Jablines «la Pente de Croupeton» s'avèrent très proches.

Grâce au calcul d'un simple indice, il est possible de pondérer la représentativité des vestiges en pierre et des outils de chaque site. Lorsqu'on divise le nombre d'outils recueillis par le nombre d'unités d'habitation reconnues sur chaque site, on s'aperçoit que les sites Villeneuve-Saint-Germain de Jablines «la Pente de Croupeton», Poses «Sur la Mare», Trosly-Breuil «les Obeaux», Bucy-le-Long «la Fosselle» et surtout Pontpoint «le Fond de Rambourg» sont extrêmement bien dotés. Concernant l'ensemble des vestiges en pierre, on peut ajouter le site de Passy «Sablonnière» à cette liste. A titre indicatif, la moyenne semble donc osciller entre 5 et 10 outils et 40 pièces (toutes catégories confondues) par unités d'habitation.

POUR RESUMER

Malgré des ensembles aux effectifs disparates, plusieurs compositions « type » en vestiges en grès (outils, éclats, fragments) semblent avérées sur les sites. Il semble que distinctement de la fragmentation, l'appartenance chronologique et le statut des sites jouent un grand rôle dans la représentativité de chaque catégorie d'outils. Une gestion particulière des supports se dégage de sites où la proportion d'éclats est quasi nulle ; sur ces sites, il faut envisager que les opérations de façonnage se soient déroulées à l'extérieur du site.

2-3-
Composition de l'outillage

Les outils, bien que représentant moins de 10 % des assemblages, sont la source d'information la plus riche pour remonter aux activités qui se sont déroulées sur les différents sites. La composition par type d'activité rend compte de la part respective de chaque mode d'action, incluant les outils actifs et passifs correspondants. Chaque mode d'action rassemble ainsi des outils aux fonctions variées mais spécifiques. Neuf ébauches d'outils ont été incluses dans les décomptes par types, dont trois meules, trois molettes, un percuteur et deux outils indéterminés.

Les sites les plus fournis livrent des compositions équilibrées et diversifiées, à l'instar de Cuiry-lès-Chaudardes «les Fontinettes» et Poses «Sur la Mare». Néanmoins, la présence lacunaire de certains types et la représentation excessive de certains autres sont à souligner. Bucy-le-Long «le Fond du Petit Marais» livre ainsi une part assez faible de molettes mais une bonne représentation d'abraseurs et de polissoirs. Les compositions déséquilibrées de plusieurs sites sont en lien direct avec la faible diversification de l'outillage : tel est le cas de la forte représentativité des abraseurs à main de Reims-Tinqueux «la Haubette», des meules et molettes de Gurgy «les Grands Champs», et plus encore de Monéteau «Sur Macherin», ou encore du véritable dépôt de meules et molettes de Berry-au-Bac «le Vieux Tordoir». Outillages spécialisés et panoplie outillée de base semblent donc se décliner différemment selon les sites (fig. 21 a).

Deux grands groupes de sites se structurent autour de la proportion des meules : le faible taux observé à Cuiry-lès-Chaudardes «les Fontinettes», Reims-Tinqueux «la Haubette», Poses «Sur la Mare» et Passy «Sablonnière» atteint entre 20 et 30 % à Villeneuve-la-Guyard «les Falaises de Prépoux», Vignely «la Porte aux Bergers», Trosly-Breuil «les Obeaux», Etigny «le Brassot-est» ou encore Gurgy «les Grands Champs» (fig. 21 b). Berry-au-Bac «le Vieux Tordoir» et Jablines «la Pente de Croupeton» se positionnent comme des sites intermédiaires avec 12 à 13 % de meules. Mais ces variations restent difficiles à interpréter puisque l'on ne dénombre qu'entre une à quinze meules entières ou fragmentées par sites. De plus, la part des meules hors contexte reste importante et le déplacement des « grands » blocs dans le cadre de l'exploitation agricole moderne demeure une réalité.

Concernant les molettes, les effectifs sont généralement mieux fournis, compris entre 3 et 39 exemplaires, avec une moyenne de quinze pièces par site. De fait, la part moyenne de molettes comprise entre 20 et 30 % semble plus stable. Seuls les sites de Jablines «la Pente de Croupeton», Passy «Sablonnière», Etigny «le Brassot-est» et Monéteau « Sur Macherin » dépassent ces proportions avec plus de 40 %. A l'inverse, les sites de Reims-Tinqueux «la Haubette» mais surtout de Bucy-le-Long «le Fond du Petit Marais» et Bucy-le-Long «la Fosse Tounise» en sont étonnamment mal dotés. Sur le site de Villeneuve-la-Guyard «les Falaises de Prépoux», on dénombre même plus de meules que de molettes. La part des molettes semble néanmoins plus ou moins proportionnelle à la part des meules sur les différents sites étudiés.

Les sites rubanés de Cuiry-lès-Chaudardes «les Fontinettes», Berry-au-Bac «le Vieux Tordoir» et Bucy-le-Long «la Fosselle» livrent ainsi une part de meules et molettes cumulées avoisinant les 35 % du nombre total, tandis que les sites plus récents de Passy «Sablonnière», Vignely «la Porte aux Bergers», Jablines «la Pente de Croupeton» et Trosly-Breuil «les Obeaux» sont plus proches des 50 %. Cette distinction évoque une augmentation de la part des meules et molettes dans le temps. Il nous faudra dégager les modalités d'un accroissement éventuel de la part des céréales et des matières végétales dans l'alimentation quotidienne entre le Rubané et le Villeneuve-Saint-Germain (augmentation du nombre de meules et molettes par exemple).

La proportion des percuteurs varie très fortement d'un site à l'autre et d'une vallée à une autre. Présents à seulement 3 % sur les sites de la moyenne vallée de la Marne, ils constituent près de 15 % à Berry-au-Bac «le Vieux Tordoir», Bucy-le-Long «le Fond du Petit Marais», Poses «Sur la Mare», Villeneuve-la-Guyard «les Falaises de Prépoux» ou encore Passy «Sablonnière». A l'inverse, les percuteurs sont très nombreux à Cuiry-lès-Chaudardes «les Fontinettes» et à Bucy-le-Long «la Fosse Tounise». La fluctuation de la part des outils de percussion en grès peut être imputable à différents facteurs : ces outils ont pu être confectionnés dans des silex, les activités auxquelles ils se réfèrent ont pu se dérouler à l'extérieur du village, *etc*...

Chaque catégorie d'outils de polissage et d'abrasion est représentée par moins d'une dizaine de pièces par site (fig. 21 a). Les polissoirs à plage restent très rares sur les sites du Néolithique ancien, et réservés aux sites Villeneuve-Saint-Germain de Vignely «la Porte aux Bergers», Trosly-Breuil «les Obeaux», Poses «Sur la Mare» et Pontpoint «le Fond de Rambourg». Les abraseurs à plages courtes sont présents à hauteur de 10 % sur les sites, à l'exception de Reims-Tinqueux «la Haubette» qui se démarque avec près de 70 % de ceux-ci. Les abraseurs à rainures sont présents de manière récurrente bien qu'en faible quantité sur quasiment tous les sites et sont particulièrement bien représentés sur les sites de Cuiry-lès-Chaudardes «les Fontinettes», Bucy-le-Long «la Fosse Tounise», Bucy-le-Long «le Fond du petit Marais», Trosly-Breuil «les Obeaux», Reims-Tinqueux «la Haubette» et Etigny «le Brassot-est» où ils constituent près de 10 % de l'effectif. Les « molettes à main », qui constituent au maximum 10 % de l'outillage, ne se retrouvent pas sur tous les sites, à l'instar de Berry-au-Bac «le Vieux Tordoir», Etigny «le Brassot-est», Reims-Tinqueux «la Haubette», Bucy-le-Long «la Fosse Tounise» et Bucy-le-Long «le Fond du Petit Marais». Au sein de l'activité de polissage, les abraseurs à plages courtes et à rainures semblent liés ; leurs parts respectives sont similaires sur tous les sites. Une exclusion partielle se dessine entre les abraseurs à plages et la présence de molettes à main.

Peut-on envisager qu'une panoplie minimale d'outils soit partagée par toutes les maisonnées, et donc tous les sites quelque soit leur statut, leur appartenance chronologique ou régionale ? Les proportions de chaque catégorie d'outils varient donc assez fortement d'un site à un autre, même si

	CCF	BVT	BLF	ELBE	PFR	VLG	RTH	PASSY	TBO	PSM	BFM	BFT	VPB	JPC	MSM	GLGC	BLRE	Total
meule	8	5	2	2	79	9	1	2	15	8	3	1	8	7	1	2	8	**161**
molette	39	10	21	5	64	7	2	12	21	28	7	6	9	21	5	3		**260**
broyon	1		20					1	1			1					2	**26**
enclume	1		6		1					4		1						**13**
percuteur	27	5	43	1		4		4		15	6	13	1	2			12	**133**
abraseur à plage	6		1						1	2	1	1	6	1	1			**20**
abraseur à main	7			1			8	3	3		4	1		5				**32**
abraseur à rainure	7		31	1		1	1		8		3	4	2	1		2		**61**
molette à main	10		4		159	3		1	6	23			1	3				**210**
OSP			47						1	25								**73**
indét	9	16	45		84	7		5	16		12	14	5	13			16	**242**
molette-percuteur	3																	**3**
broyon-percuteur	8								2								2	**12**
broyon-percuteur	1																	**1**
meule-enclume	1																	**1**
meule-indét	1																	**1**
mortier-indét									1									**1**
mol main indét		5																**5**
abraseur plage / rainures	1																	**1**
abraseur plage/ mol main	1																	**1**
Total	131	41	220	10	387	31	12	28	75	105	36	42	32	53	7	7	40	1257

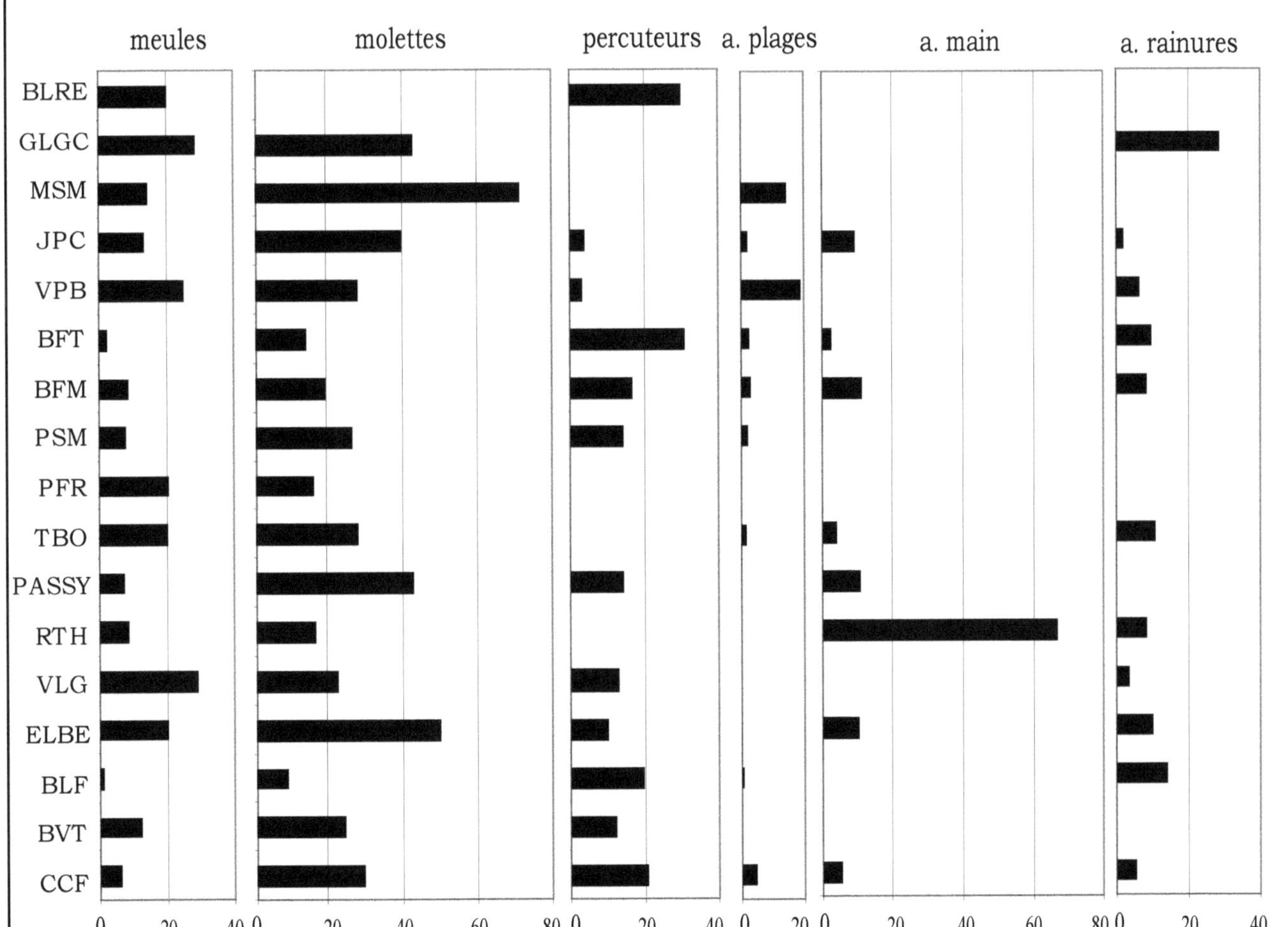

Fig. 21. Composition de l'outillage par sites

a- décompte de l'outillage par sites *OSP = objets à surface polie ; b - part de chaque type d'outils par sites (en %)

leur composition reste globalement la même. Il est ainsi possible de définir une panoplie standard d'outils partagés par l'ensemble des sites (fig. 104 et 105). Les proportions de meules sont variables et s'accompagnent de 20 à 30 % de molettes. Les abraseurs à plages étendues représentent moins de 5 % tandis que ceux à plages courtes et à rainures sont compris entre 5 et 10 %. Des proportions identiques caractérisent les molettes à main et atteignent environ 15 % pour les percuteurs.

La variabilité de la composition des outillages semble refléter des réalités régionales diverses. Dans la vallée de l'Aisne, la percussion occupe une place importante et l'outillage apparaît très diversifié. Les sites de la moyenne vallée de la Marne à forte part de meules et molettes se rapprochent plutôt de sites comme Trosly-Breuil «les Obeaux», Poses «Sur la Mare» ou Pontpoint «le Fond de Rambourg». Sur ces deux derniers sites, la part importante de molettes à main s'explique peut-être tout simplement par une méthode de reconnaissance et d'enregistrement légèrement différente. Les assemblages des sites de la confluence Seine-Yonne et de la Bassée sont assez similaires à ceux de la vallée de l'Aisne malgré une moindre diversité. Un faible taux, voire une absence totale d'outils de percussion lancée, caractérise les sites de l'Yonne. Une corrélation semble ainsi se dessiner entre les zones aux ressources géologiques variées et une certaine diversité dans les outillages représentés sur les sites.

POUR RESUMER

L'outillage représente quasi systématiquement moins de 10 % des assemblages. Les sites les plus riches en vestiges en grès présentent aussi une panoplie d'outils plus diversifiée. Lorsque de bonnes qualités de grès abondent à proximité des sites, l'éventail des outils est également plus grand. Au contraire, l'outillage de sites comme Gurgy «les Grands Champs» ou Monéteau «Sur Macherin» semble orienté vers une activité en particulier, en l'occurrence la mouture. La variabilité de composition des sites permet néanmoins de dégager une panoplie d'outils « standard » : la part des molettes assez constante est comprise entre 20 et 30%, les abraseurs à rainures sont présents sur tous les sites bien qu'en faible quantité, les différentes catégories de polissoirs et de molettes à main sont présentes à hauteur de 5 % chacune. La part des percuteurs est très aléatoire en fonction des sites : si elle est de loin beaucoup plus importante en vallée de l'Aisne, elle peut être en partie conditionnée par le type de classement des artefacts d'une région à une autre.

CHAPITRE 3–

ANALYSE MORPHOLOGIQUE ET TECHNIQUE PAR TYPE D'OUTIL

Les modalités de classification des outils en pierre reposent sur des critères morphologiques, techniques et dans un second temps fonctionnels. Cette triple approche permet de croiser les critères de description et de diagnose propres à chaque mode d'action. Il nous parait vain de vouloir appliquer l'intégralité de la démarche d'analyse à chacune des catégories d'outils. L'outillage de mouture se prête tout particulièrement à une analyse quantitative du fait d'effectifs de loin les plus importants. Les critères de morphométrie sont adaptés aux meules, molettes et outils de percussion : ils permettent de définir des modules et un lien entre le poids et le mode de préhension. Concernant les outils de percussion lancée, la nature et la localisation des stigmates d'utilisation seront primordiales. Ces critères apparaîssent par contre moins pertinents pour les outils liés à l'abrasion, qui se définissent essentiellement d'après des qualités techniques et de fonctionnement, matière première comprise. La modulation de la contribution respective de chacun de ces critères permet de mieux comprendre sur quelle base se définit l'efficacité d'un outil, chaque individu pris à part.

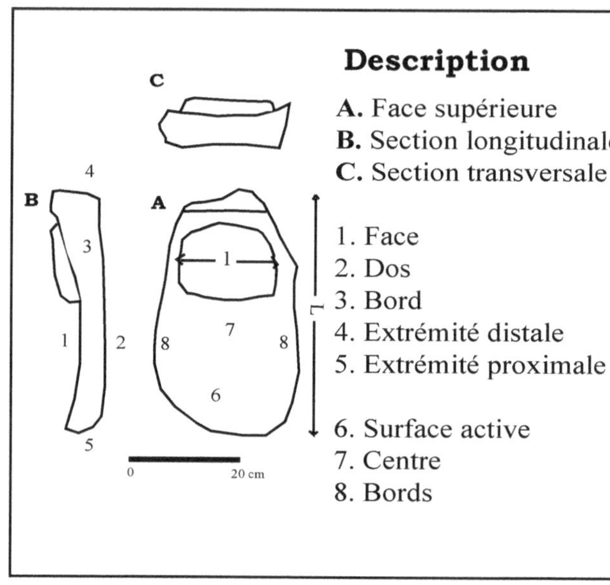

Fig. 22. Schéma de description morpho-dimensionnelle d'une meule, d'après Constantin *et al.* 1978

La description de la morphologie des outils s'attache à leur forme, leur section et à la courbure de leur surface active. Ils sont complétés par une analyse dite métrique qui porte sur les dimensions, le poids et le module des pièces. Ceci permet de dégager des sous-types d'outils et de définir les constantes à travers l'outillage. La description de la préparation du dos et des bords, ainsi que le piquetage de la surface active, nous donnent des indications concernant les schémas opératoires de fabrication, les techniques employées et leur enchaînement. Ces données sont couplées avec la matière première afin de comprendre le choix de tel ou tel bloc de matière première. Croisés avec le degré d'utilisation des surfaces, ces critères nous renseignent sur les étapes de la vie de l'outil et l'usure de l'outil lors de sa dernière utilisation. L'ensemble de ces critères est croisé afin de déterminer les liens éventuels entre la morphologie des outils et leur préparation, soit l'interaction entre le bloc brut sélectionné et les moyens utilisés pour en faire un outil. Ils nous renseignent également sur le lien entre la forme et la fonction présumée des outils, ou tout du moins sur leur mode de fonctionnement.

3-1
Percussion posée linéaire diffuse en couple d'outils : les meules et les molettes

Afin de considérer le couple d'outils de broyage, nous examinerons en parallèle les caractéristiques des meules, soit les parties répercutantes et des molettes, soit les parties percutantes. Un fonctionnement optimal des deux outils appariés en percussion posée linéaire nécessite l'adéquation entre autre des courbures des surfaces actives.
Les analyses morphologiques et métriques sont effectuées en deux temps d'abord sur l'ensemble des individus meules et molettes, puis sur les seules pièces entières. Les modes de préparation et les états d'usure seront détectés aussi bien sur des outils entiers que sur des fragments d'outils. Les critères de description utilisés sont déterminés sur des bases géométriques (fig. 22).
Cet ensemble d'outils se prête parfaitement à une analyse point par point des spécificités morphologiques puis techniques afin de formuler quelques hypothèses fonctionnelles.
Au total, notre analyse porte sur 80 meules et 175 molettes entières ou fragmentées recueillies sur seize sites.

3-1-1 - Morphométrie

3-1-1-1 - Morphologie

Meules

La forme basique de toute meule repose sur la présence de deux extrémités qui constituent les deux points de rupture dans le mouvement de broyage en percussion posée linéaire. L'extrémité distale, la plus éloignée, n'est ainsi que très rarement utilisée sur toute sa largeur. Au contraire, l'extrémité proximale, proche de l'opérant, permet d'évacuer la farine. Les contraintes inhérentes au geste pourraient induire des meules totalement standardisées dans leurs formes et leurs dimensions. Or, une variabilité évidente peut être observée : l'approvisionnement en blocs naturels peut

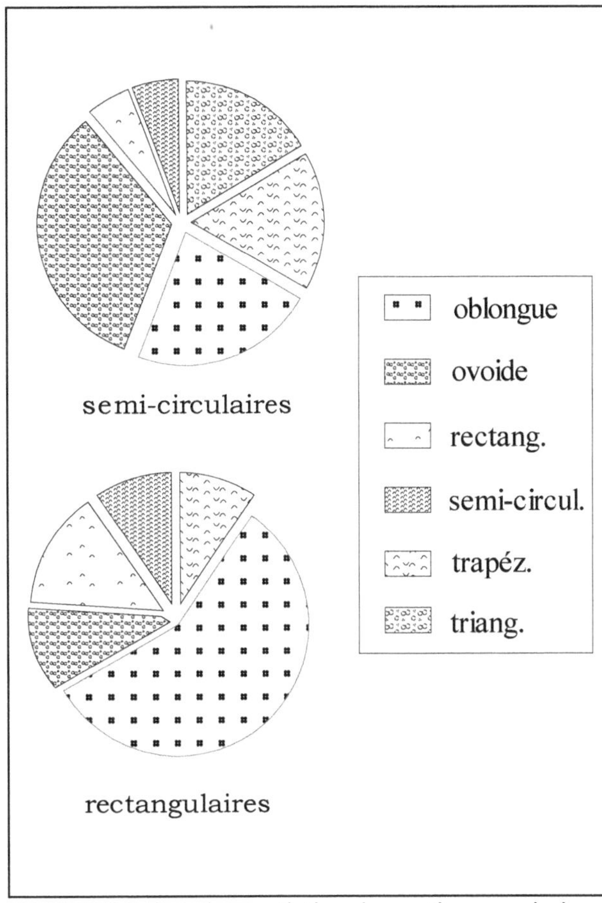

Fig. 24. Détail de la corrélation des sections semi-circulaires et rectangulaires des meules (en % de formes)

en être en partie à l'origine. Des supports de dimensions assez variées doivent certes offrir une certaine stabilité, une surface de broyage suffisante et régulière. Mais les blocs massifs offrant toutes ces caractéristiques ne sont pas disponibles en abondance dans les alluvions.
Une forte variabilité de forme est constatée à Trosly-Breuil «les Obeaux» et également à Cuiry-lès-Chaudardes «les Fontinettes» où sont exclues les formes ovoïdes (fig. 23).
La forme rectangulaire est la plus fréquemment rencontrée (planche XXIII b et XXVIII a), suivie par les formes ovoïdes pour les meules entières (planche VII). Un certain nombre de pièces se caractérise par la présence d'un ou deux rebords aux extrémités, avec plus généralement une butée à l'extrémité distale comme sur l'une des meules de Jablines «la Pente de Croupeton». Elles se caractérisent par la présence d'une zone plane, le plus souvent très fortement lissée, en avant de l'amorce de la courbure longitudinale de l'ultime surface active de l'outil. Cette spécificité morphologique en lien direct avec le cycle d'utilisation reste néanmoins rare, soit que les outils soient peu utilisés, soit qu'ils soient l'objet d'un entretien régulier visant

	section						
forme	**ovoide**	**semi-circul.**	**rect.**	**trapéz.**	**triang. assym.**	**triang. sym.**	**Total**
circul.	1						1
oblongue		**3**					3
ovoide		3	2			2	7
semi-circul.		**6**	2	1		1	10
rectang.		4	**12**	2	1	2	21
trapéz.		1	**3**				4
trapéz. triang.					1		1
triang.		1	2	1			4
Total	1	18	21	4	2	5	51

Fig. 23. Correspondance entre formes et sections des meules en nombre d'individus (effectifs renseignés)

	concave	convexe	plane	plano-concave	plano-convexe	Total
CCF	**3**		2	**4**		9
BVT	3					3
BLF						-
ELBE						1
PFR						-
VLG	**6**					6
RTH					1	1
Passy "sabl"			1	1		2
TBO	**6**		**5**	2	1	14
PSM	**2**		**2**		1	5
BFM	1					1
BFT	1					1
VPB	**3**	**1**	**2**	1		7
JPC	**6**					6
MSM	1					1
GLGC	1					1
BAL LRE	**5**			1	2	8
Total	38	1	12	9	5	65

Fig. 25. Répartition des types de courbures longitudinales des surfaces actives des meules par sites en nombre d'individus (effectifs renseignés ; - : données non disponibles)

la rectification constante de la courbure et l'abattage systématique des butées venant réduire significativement les dimensions de la surface active.

Les outils se partagent schématiquement entre des sections transversales rectangulaires et semi-circulaires (fig. 24). Les sections trapézoïdales et triangulaires semblent plus associées aux sites rubanés (Berry-au-Bac «le Vieux Tordoir» et Cuiry-lès-Chaudardes «les Fontinettes») tandis que les sections rectangulaires prédominent à Jablines «la Pente de Croupeton» et Balloy «les Réaudins» (Planches XIV ; XXIII-XXIV). Les sites de Villeneuve-la-Guyard «les Falaises de Prépoux» et Trosly-Breuil «les Obeaux» (planches LXIX et LX) montrent une majorité de sections semi-circulaires. On note une stricte corrélation entre les sections plates aux trois quarts rectangulaires et les sections bombées à 90 % semi-circulaires.

Les courbures des surfaces actives longitudinales et transversales correspondent parfaitement tant en forme qu'en dimensions. La très grande majorité des meules est concave, ce qui démontre un degré moyen d'utilisation des meules assez prononcé (fig. 25). Deux sites se démarquent particulièrement par la présence exclusive de meules concaves : Villeneuve-la-Guyard «les Falaises de Prépoux» et Jablines «la Pente de Croupeton» (planches LXIX et LXX), suivis de Berry-au-Bac «le Vieux Tordoir», Bucy-le-Long «le Fond du Petit Marais», Bucy-le-Long «la Fosse Tounise», Gurgy «les Grands Champs» et Monéteau «Sur Macherin». A Cuiry-lès-Chaudardes «les Fontinettes», Trosly-Breuil «les Obeaux» et Poses «Sur la Mare», les surfaces sont majoritairement planes mais se répartissent ensuite plutôt entre des pièces plano-concaves ou plano-convexes à Cuiry-lès-Chaudardes «les Fontinettes», et concaves ou convexes sur les deux autres sites. A Jablines «la Pente de Croupeton», Villeneuve-la-Guyard «les Falaises de Prépoux» et Passy «Sablonnière», les surfaces plano-convexes dominent. Le type de meule dit « en berceau » se définit par une forte concavité longitudinale et par un poids relativement important. Il a été reconnu à

	carré	circul.	oblongue	ovoide	rectang.	trapéz.	Total
CCF	1	1			**4**		6
BVT				**4**	3		7
BLF							-
ELBE							0
PFR							-
VLG				1	1		2
RTH							0
Passy "sabl"			1	2	1		4
TBO	1			**6**	3		10
PSM				1			1
BFM				2			2
BFT				1	1		2
VPB					1		1
JPC		1		**8**	3	2	14
MSM				2		1	3
GLGC		1		1	1		3
BLRE				3			3
Total	2	3	1	31	18	3	58

Fig. 26. Répartition des formes de molettes par sites en nombre d'individus (effectifs renseignés ; - : données non disponibles)

seulement deux exemplaires dans le Néolithique ancien du Bassin parisien, à Cuiry-lès-Chaudardes «les Fontinettes» et Villeneuve-la-Guyard «les Falaises de Prépoux», dans des contextes assimilables à des dépôts.
Une correspondance certaine entre formes et sections apparaît : toutes les meules oblongues (lorsque leur longueur dépasse deux fois leur largeur) disposent d'une section semi-circulaire tandis que les sections triangulaires renvoient à des meules de forme ovoïde, rectangulaire ou semi-circulaire (fig. 22 et 24). Par ailleurs, les formes ovoïdes et semi-circulaires livrent des surfaces actives concaves tandis que les meules rectangulaires sont concaves à plano-concaves. Les sections semi-circulaires sont associées à des courbures planes. Les sections bombées sont liées à des courbures concaves et les sections plates à des courbures planes. Esthétisme ou équilibre technique, l'origine réelle de ces correspondances ne nous semble aucunement imputable à la seule morphologie initiale du bloc brut : elle est très certainement liée à la manipulation de l'objet ou à l'utilisation différentielle des objets.

circulaires (fig. 27). Les molettes de Cuiry-lès-Chaudardes «les Fontinettes» apparaissent quasi systématiquement plates au contraire de celles de Poses «Sur la Mare» exclusivement bombées. Près de la moitié des effectifs des sites se partage entre des sections rectangulaires et semi-circulaires, surtout à Berry-au-Bac «le Vieux Tordoir», Cuiry-lès-Chaudardes «les Fontinettes», Passy «Sablonnière» et Trosly-Breuil «les Obeaux». Ces spécificités s'expliquent-elles par une morphologie particulière des blocs bruts à disposition ?
Comme pour les meules, un certain équilibre entre forme et section est recherché pour obtenir des pièces à profil anguleux ou adouci. Une très bonne corrélation entre les courbures longitudinales et transversales des surfaces actives se dessine (fig. 28). La courbure « type » des surfaces actives des molettes oscille en fonction des sites. Les molettes de Cuiry-lès-Chaudardes «les Fontinettes» sont majoritairement planes et celles de Jablines «la Pente de Croupeton» et Trosly-Breuil «les Obeaux» sont plus spécifiquement convexes à plano-convexes. Les courbures

	circul.	semi-circul.	rect.	trapéz.	triang. assym.	triang. sym.	Total
CCF		2	**4**				6
BVT		**5**			1	1	7
BLF							-
ELBE							0
PFR							-
VLG				1	1		2
RTH							0
Passy "sabl"		2	1		1		4
TBO	1	**6**	3				10
PSM		2				1	3
BFM			1				1
BFT			1			1	2
VPB		1					1
JPC		**7**	**6**		2		15
MSM		2				1	3
GLGC		1	1				2
BLRE		2			1		3
Total	1	30	17	1	6	4	59

Fig. 27. Répartition des molettes par sections et par sites en nombre d'individus (effectifs renseignés ; - : données non disponibles)

Molettes

A l'évidence, les blocs roulés récoltés pour la confection des molettes sont plus abondants que les grands blocs bruts et présentent une plus grande variété de formes. Ceci se retrouve à l'examen des caractères morphologiques des molettes. Les formes rectangulaires constituent en moyenne 25 à 30 % des assemblages (fig. 26). Les sites de Trosly-Breuil «les Obeaux» et Cuiry-lès-Chaudardes «les Fontinettes» livrent une grande variété de formes de molettes, au contraire des sites de Berry-au-Bac «le Vieux Tordoir», Jablines «la Pente de Croupeton» et Villeneuve-la-Guyard «les Falaises de Prépoux» qui livrent près de 40 % d'outils ovoïdes ou semi-circulaires (Planches XXIX-XXX, XLIII-XLV, LXI-LXIV, LXXI-LXXII). Cette variété se retrouve pour les sections des molettes de Cuiry-lès-Chaudardes «les Fontinettes», Trosly-Breuil «les Obeaux» et Poses «Sur la Mare» et ne semble pas strictement liée à la richesse des ensembles.
Les sections se partagent bien entre rectangulaires et semi-

des molettes sont finalement assez peu convexes sauf pour celles de forme ovoïde. Les molettes sont généralement planes à plano-convexes. Cela ne signifie par pour autant que ces outils soient peu utilisés, mais il est vrai qu'ethnographiquement la durée de vie d'une molette est trois à quatre fois moins longue que celle d'une meule (David 1998 ; Schön *et al.* 1990). De même, la faible épaisseur de ces pièces empêche des réavivages trop prononcés et trop nombreux.
Si l'on ne considère que les molettes entières, les formes sont majoritairement ovoïdes, et secondairement rectangulaires. Ceci se remarque plus spécifiquement sur les sites de Trosly-Breuil «les Obeaux», Jablines «la Pente de Croupeton» et Berry-au-Bac «le Vieux Tordoir» à plus forte proportion de molettes ovoïdes. Les sections semi-circulaires se retrouvent sur tous les sites à l'exception de Bucy-le-Long «le Fond du Petit Marais», Bucy-le-Long «la Fosse Tounise» et Villeneuve-la-Guyard «les Falaises de Prépoux» et sont prépondérantes à Berry-au-Bac «le Vieux Tordoir», Jablines «la Pente de Croupeton» et Trosly-Breuil «les Obeaux». Une bonne répartition entre les

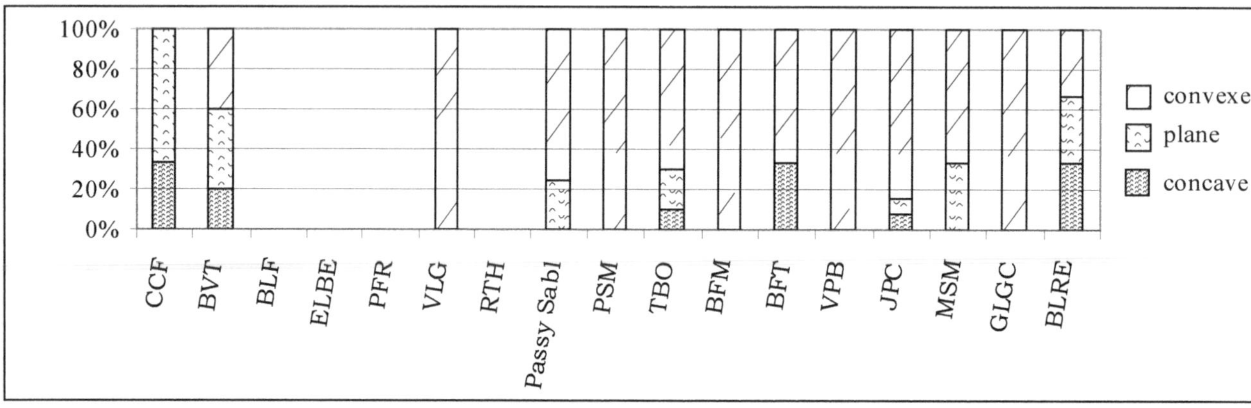

Fig. 28. Répartition des molettes entières par types de courbure des surfaces actives et par sites (en %)

sections rectangulaires et semi-circulaires se dessine toujours à Cuiry-lès-Chaudardes «les Fontinettes», Jablines «la Pente de Croupeton» et Trosly-Breuil «les Obeaux». Une réelle exclusion entre sites à sections plates et bombées est lisible. A l'instar des meules, les sections rectangulaires sont toutes plates, les sections semi-circulaires se partagent entre plates et bombées. Les molettes de forme ovoïde et rectangulaire sont majoritairement plates. Une nette concordance entre molettes de forme ovoïde et de section semi-circulaire est à noter. Si les deux tiers des molettes sont convexes à plano-convexes, quelques individus livrent des surfaces planes. La prépondérance des molettes planes à Cuiry-lès-Chaudardes «les Fontinettes» et convexes à plano-convexes à Jablines «la Pente de Croupeton» et Trosly-Breuil «les Obeaux» est confirmée.

Dans le détail, et hors les questions de dimensions, les molettes sont en réalité très standardisées et les différences morphologiques observées tiennent plus de variations délibérées que de l'aspect initial du support brut. Le volume général de la molette est mieux maîtrisé que celui des meules : il est donc possible à partir de supports bruts relativement hétérogènes de rectifier la silhouette du bloc afin de lui conférer les caractéristiques fonctionnelles nécessaires. Une face relativement plane à convexe, un dos assurant une bonne préhension et une forme grossièrement en « pain » (Pavlů 2000), font partie des critères que doivent offrir les galets destinés à l'élaboration des molettes. Les phases de façonnage viennent dans un second temps modifier et corriger à dessein le profil du bloc d'origine. Il en ressort des formes et sections délibérément obtenues par façonnage. Les formes anguleuses sont consécutives d'une mise en forme « primaire » tandis que les formes arrondies font l'objet le plus souvent d'une véritable finition des surfaces.

Appariement

Les modes d'appariement et la forme générale du moulin néolithique se déclinent différemment en fonction des sites. D'après nos observations et la morphologie générale des outils, le profil des molettes retrouvées n'est que peu modelé par l'utilisation elle-même : une molette plane ne reflète pas forcément une usure prononcée d'une molette convexe au départ. A Cuiry-lès-Chaudardes «les Fontinettes», la diversité de profil des surfaces actives touche aussi bien les meules que les molettes, et il est possible d'envisager à ce stade de l'analyse plusieurs sous-groupes internes. On retrouve ainsi côte à côte des molettes planes de sections variées et des meules dont la courbure de la surface active est peu marquée. Le mode d'appariement des outils actifs et passifs sur ce site trahit par conséquent un nombre élevé de possibilités et une interchangeabilité évidente entre les profils des molettes. Une très bonne corrélation générale entre courbures longitudinales et transversales de la surface active se dégage de cette analyse. A Villeneuve-la-Guyard «les Falaises de Prépoux» et Jablines «la Pente de Croupeton», les surfaces actives des meules sont concaves et des molettes sont plano-convexes : elles s'avèrent ainsi particulièrement adaptées les unes aux autres. De même, Poses «Sur la Mare» et Trosly-Breuil «les Obeaux» livrent des meules planes ou concaves et de manière complémentaire des molettes planes ou convexes. Considérant que l'abondance et la variété des matériaux sélectionnés sont similaires d'une région à une autre, on ne peut imputer cette différence de conception du moulin néolithique à une économie particulière de la matière première. Il faut peut-être voir là une distinction d'ordre chrono-culturel : l'adéquation entre les surfaces actives des meules et molettes est peut-être moins marquée au Rubané qu'au Villeneuve-Saint-Germain.

3-1-1-2 - Dimensions

Meules

L'échantillonnage des meules rubanées entières s'avère trop faible pour constituer une population statistique fiable, et ce, d'autant plus si l'on écarte les outils issus du dépôt de Berry-au-Bac «le Vieux Tordoir». En conséquence, la relative différence dans les moyennes de longueur des meules rubanées et Villeneuve-Saint-Germain dissimule une diversité interne à chaque groupe culturel. Une moyenne indicative peut être établie autour de 29,7 cm de longueur, 18, 4 cm de largeur et 10,3 cm d'épaisseur ; leur poids moyen est de 8 644 g. D'après l'analyse croisée des longueurs et largeurs des meules, trois ensembles se dégagent : le premier avec des longueurs inférieures à 30 cm, le second autour de 35 cm de long et le dernier de longueurs supérieures à 40 cm (fig. 29). Le croisement des longueurs et épaisseurs des meules entières permet de mettre en évidence les meules des dépôts d'une part et des outils en limite de la classe des molettes de l'autre. Quelques meules constituent un groupe intermédiaire incluant des pièces issues des sites de Jablines «la Pente de Croupeton», Vignely «la Porte aux Bergers», Cuiry-lès-Chaudardes «les Fontinettes», Poses «Sur la Mare» et Gurgy «les Grands Champs». Dans le même sens, une certaine proportionnalité entre largeur et épaisseur des meules se remarque d'un site à un autre. Une bipartition se dessine autour de 10 cm d'épaisseur et 18 cm de largeur. Le poids

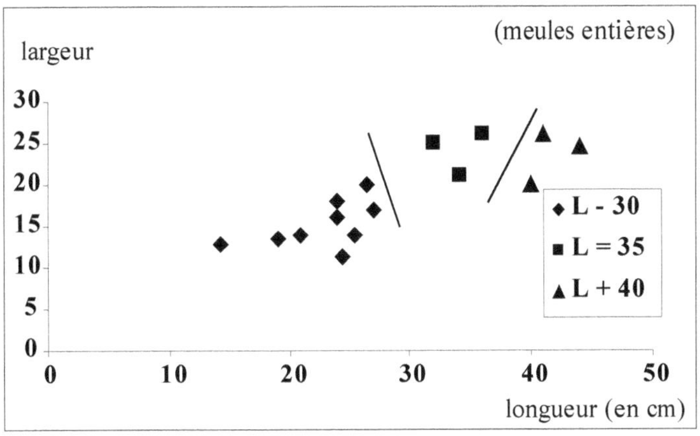

A-Tripartition des meules sur la base longueur/largeur

B -Proportionnalité entre la largeur et l'épaisseur des meules

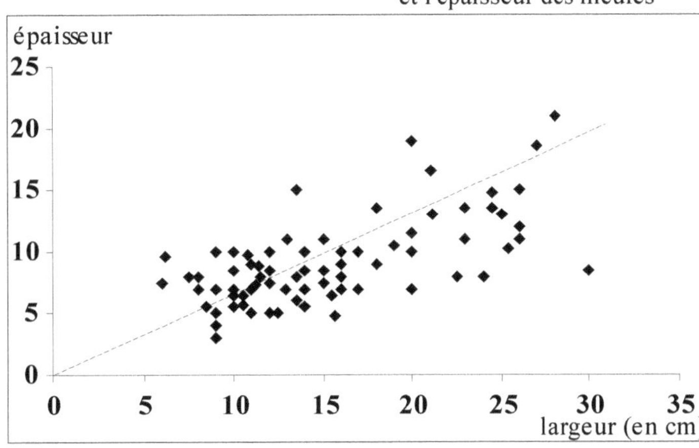

	moyenne
longueur	29,7
largeur	18,4
épaiseur	10,3
poids	8644 g

C-Dimensions moyenne des meules

a

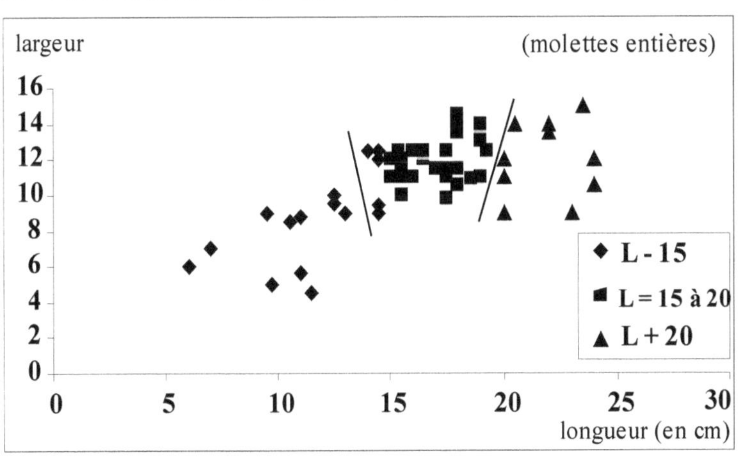

A - Tripartition des molettes sur la base longueur/largeur

B - Proportionnalité entre la largeur et le poids des molettes

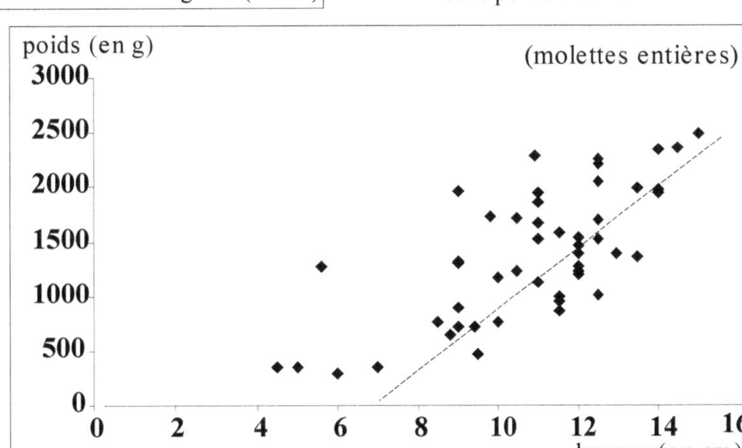

	moyenne
longueur	16,3
largeur	11,2
épaiseur	5,3
poids	1377,9 g

C- Dimensions moyennes des molettes

b

Fig. 29. Analyse dimensionnelle a. meule b. molettes

des meules permet de souligner les pièces de plus grandes dimensions issues de dépôts qui apparaissent également les plus massives. L'épaisseur de ces meules est assez importante compte tenu de leur degré d'utilisation poussé : la perte de poids liée au creusement de la surface active lors de l'utilisation n'interfère donc pas directement dans l'établissement de ces classes dimensionnelles. Le poids plus important de ces outils rend donc compte d'une longueur mais également d'une épaisseur plus élevée que la moyenne des outils reconnus par ailleurs.

Les meules rectangulaires semblent en moyenne plus longues de 15 à 20 cm, plus épaisses et également légèrement plus allongées que pour les autres formes (cf rapport largeur / longueur). Elles semblent de loin les plus lourdes, supérieures à 15 kg, au contraire de la moyenne des autres pièces qui approche les 5 kg. Les pièces les plus massives sont donc de forme et de section rectangulaire. La longueur des meules ovoïdes est assez constante, autour de 25 cm, à l'instar de leur largeur tandis que les dimensions des autres formes et sections sont plus variables. Les sections triangulaires et rectangulaires correspondent à des pièces globalement plus lourdes et larges. Les formes et sections anguleuses correspondent plus à une mise en forme succincte qu'à un façonnage poussé de la meule.

D'après ce que nous avons pu observer, aucune correspondance n'apparaît entre les dimensions et la forme des blocs bruts. L'aménagement des blocs bruts tend donc à l'obtention d'une forme ou d'un volume plus ou moins prédéfinis mais qui s'inscrivent néanmoins dans leur morphologie initiale. De fait, la rectification de la forme du bloc d'origine est moins poussée sur les formes anguleuses que pour une section semi-circulaire, la quantité de matière éliminée est donc moins importante.

Molettes

Malgré un effectif plus étoffé que pour les meules, l'ensemble des molettes ne livre pas de distinction de modules entre Rubané et Villeneuve-Saint-Germain. Le calcul des dimensions moyennes des molettes entières donne 16,3 cm de longueur, 11,2 cm de largeur et de 5,3 cm d'épaisseur. Leur poids moyen tourne autour de 1377,9 g. Une tripartition de l'ensemble des molettes entières se dessine entre des valeurs inférieures à 15 cm, comprises entre 15 et 20 et supérieures à 22 cm (fig. 29). L'indice d'allongement des molettes est compris entre 0,6 et 1 pour la très grande majorité des individus. Les largeurs assez homogènes sont globalement comprises entre 8 et 15 cm. L'épaisseur est comprise entre 3 et 8 cm avec un poids maximum de 2 500 g ; l'épaisseur assez faible des molettes de Jablines «la Pente de Croupeton» est au contraire assez forte à Trosly-Breuil «les Obeaux». Cette relative homogénéité n'empêche pas certains individus de livrer des dimensions atypiques, comme quelques molettes particulièrement étroites et allongées à Passy «Sablonnière» (Planche LXIII), Villeneuve-la-Guyard «les Falaises de Prépoux» ou encore Balloy «les Réaudins». De même, une des quatre molettes du dépôt de Berry-au-Bac «le Vieux Tordoir» paraît de taille très réduite à côté de ses consœurs de la même structure (Planche XXI-XXIV).

Un rapide calcul des surfaces actives montre que la moitié d'entre elles sont comprises entre 150 et 250 cm², et un tiers entre 150 et 200 cm². Aucune correspondance réelle entre le calcul des surfaces actives et le poids ne peut être cependant dégagé. Nous voudrions introduire ici la notion de seuil d'efficacité. L'efficacité d'un outil, somme toute très relative, se trouve à la croisée entre d'une part un confort minimum de manipulation, une surface de contact pleinement utilisée, un poids suffisant pour écraser les grains, et un état de la surface active encore assez rugueux pour obtenir un produit fini de qualité. Cette qualité qui nous est bien sûr inconnue peut varier dans le temps et dans l'espace. Dans la notion d'efficacité relative des molettes, rentre donc en ligne de compte la surface au contact. Elle est exprimée entre autre ici par les dimensions et le poids, dont le rôle dans les questions de maniement, de préhension et de force d'écrasement n'est pas négligeable.

Appariement

Si la tripartition de l'ensemble des meules se structure plutôt autour de l'épaisseur, les distinctions entre groupes de molettes se fondent quant à elles sur leur poids (Hamon *à paraître*). Ceci s'explique fonctionnellement par la recherche d'une grande résistance et d'une durée de vie assez longue pour les meules. L'efficacité d'une molette tient plus à sa propre inertie, en grande partie conditionnée par son poids, qu'à la force délivrée par l'opérant. Concernant toujours les molettes, l'étonnante homogénéité pondérale traduit un seuil d'efficacité maximum aux alentours de 2 500 g.

On peut mettre en évidence trois modules « types » à la fois de meules et de molettes. Les meules se répartissent en trois groupes : celles de longueur inférieures à 30 cm et de largeur de 15 cm environ, celles de longueurs autour de 35 cm et enfin celles supérieures à 40 cm, toutes deux de largeurs proches des 22 cm. Les molettes offrent des modules moyens de 12 x 8 cm, de 18 x 12 cm, auxquels on peut ajouter un « grand modèle » de 23 x 12 cm. La comparaison de ces classes de dimensions souligne une proportion intéressante : les modules des molettes correspondent grossièrement à la moitié de ceux des meules et le rapport entre les deux types d'outils est d'environ un demi.

Eu égard à la proportionnalité évidente des dimensions entre elles, nous a été possible d'établir un rapport dimensionnel « idéal ». Pour les molettes, ce rapport est fondé sur le poids (fig. 29). Il est ainsi possible de calculer des coefficients de rapport moyen entre chaque mesure effectuée en millimètres ou en grammes, comme suit :

[longueur sur poids] = 1,7
[largeur sur poids] = 1
[épaisseur sur poids] = 0,5

Pour un poids moyen de 1500 g par exemple, les dimensions « idéales » d'une molette seront de 25,5 x 15 x 7,5 cm.

Un calcul similaire a pu être effectué sur la base de l'épaisseur des meules :

[longueur sur épaisseur] = 2,9
[largeur sur épaisseur] = 1,9
[poids sur épaisseur] = 613,6

On obtient donc un couple d'outil « idéal » en associant une meule de 30 x 18 x 10 cm pesant 7 820 g à une molette de 15 x 10 x 5 pesant 1 378 g.

L'établissement de normes pour les dimensions de ces outils semble donc s'appliquer selon une logique d'efficacité. La proportionnalité observée entre les dimensions de chaque catégorie d'outil, puis entre les dimensions des outils actifs et passifs se traduit à notre sens par un seuil d'efficacité. Ce dernier sert de matrice à la réduction ou à l'agrandissement selon la configuration du bloc d'origine des cotes d'un outil. Ce seuil d'efficacité reste difficile à définir car résultant des processus cognitifs à l'œuvre (Schlanger 1994). Nous ne pouvons qu'en constater les manifestations à travers la chaîne opératoire de productions des outils lithiques.

Néanmoins, les deux types d'outils étant régis par des règles de proportionnalités similaires, il reste parfois problématique d'attribuer certaines pièces à la catégorie des meules ou à celle des molettes. Si ces individus ne sont pas les plus nombreux, leur présence régulière dans les assemblages en grès pose la question d'une part, de leur statut (pièce active ou passive) et d'autre part, de l'existence d'une classe « hybride » située à la jonction des deux intervalles de dimensions. Dans ces quelques cas de figures, les critères technologiques peuvent venir éclairer la détermination.

POUR RESUMER

La morphologie des meules et molettes montre un équilibre net entre forme et section. Certains sites se démarque par la production d'outils de morphologie spécifique, malgré une diversité d'ensemble des types rencontrés. On distingue trois modules de meule et de molettes qui renvoient à une normalisation de la production des outils. Les modules semblent identiques entre le Rubané et le Villeneuve-Saint-Germain. Un lien entre la morphologie des outils et leurs dimensions est esquissé. Une corrélation entre les courbures des surfaces actives des meules et molettes d'un même site s'observe épisodiquement.

3-1-2 - Modes de fabrication des outils

3-1-2-1 - Mise en forme et façonnage

Les modes de mise en forme et de façonnage des meules et des molettes diffèrent pour deux raisons. D'une part la rectification des blocs d'origine ne répond pas des mêmes exigences techniques pour les meules et molettes. La meule doit être stable et bien calée, doit offrir une forme dissymétrique et une table de travail régulière plane. Pour les molettes, préhension et équilibre de la silhouette de l'outil présideront aux opérations de façonnage dans la mesure où la manipulation de l'objet est primordiale. D'autre part les blocs à disposition diffèrent tant dans leur abondance relative que dans leur morphologie. Les dimensions des molettes font que les blocs à disposition sont plus nombreux : on peut donc choisir des supports proche de la forme définitive de l'outil. Au contraire pour les meules, les blocs sont moins abondants et plus volumineux : leur rectification s'avèrera plus problématique du fait d'une manipulation plus délicate. Voyons comment se traduit cette dichotomie dans le traitement des surfaces et dans les modes de façonnage mis à contribution.

Concernant les meules, la préservation de surfaces externes brutes et un aménagement fruste par détachement d'éclats sont les états de surface majoritairement rencontrés (planche VII, XXIII, LXIX). L'entame des blocs vise à corriger certaines excroissances ou irrégularités formelles gênantes en terme de tenue de l'outil voire d'esthétisme. L'ébauchage peut entamer aussi bien les bords en limite de surface active ou les extrémités parfois proéminentes que le dos. Dans le cas d'un ramassage de blocs alluviaux, la surface externe des blocs est peu accidentée : le choix de l'éliminer malgré tout peut correspondre à une volonté de façonner l'outil complètement, d'y imprimer une marque technique. La grande variabilité de formes des blocs bruts à disposition nous empêche de définir un mode opératoire unique et de remonter le plus souvent à la forme initiale de ces mêmes blocs bruts.

L'ensemble de la chaîne opératoire de mise en forme est rarement visible sur une seule pièce. L'entame d'un bloc dépend de la morphologie du bloc brut et de la nécessité à le rectifier. Le façonnage du dos et des bords ne semble pas suivre les mêmes règles. Aucune corrélation systématique entre la préparation des bords gauches et droits ne se remarque ; le bord droit fait de surcroît l'objet d'une plus grande variété de techniques de façonnage. Les liens entre le type de matière première et le mode de préparation ne sont pas non plus évidents, excepté dans un cas : les bords des meules en grès quartzitique présentent des vestiges de surface brute associés à des négatifs d'enlèvements, les bords des meules en grès compact montre des surfaces uniformes, soient complètement brutes soient totalement couvertes de négatifs d'enlèvements. Malgré la diversité évidente des méthodes de préparation, une bonne correspondance des traitements du dos et du bord se dessine néanmoins.

Les meules ayant demandées l'investissement le moins important pour la préparation du dos et des bords sont celles de Balloy «les Réaudins», dont le dos est toujours brut. A l'inverse celles de Cuiry-lès-Chaudardes «les Fontinettes», Jablines «la Pente de Croupeton» et Poses «Sur la Mare» livrent un dos et des bords façonnés exclusivement par enlèvements. L'emploi du piquetage et du polissage de finition s'il est présent de manière épisodique dans toutes les vallées se retrouve surtout à Poses «Sur la Mare» et Trosly-Breuil «les Obeaux» (planches LVI a). Hormis peut-être à Balloy-les-Réaudins dont l'environnement géologique nous est mal connu, la forme du bloc d'origine n'influe finalement que de manière limitée dans le choix d'un mode de finition de la surface externe.

La préparation des molettes est sensiblement différente et ne semble pas dépendre du grès utilisé. Seules onze molettes n'ont subi aucune opération de façonnage de la surface externe, tandis que près de 71 pièces soit un peu moins de la moitié de l'effectif total, n'ont été façonnées que sur les bords. Leurs dos sont donc laissés bruts dans la moitié des cas, l'autre moitié offrant un façonnage simple par détachement d'éclats. Les modes de préparation du dos des pièces sont beaucoup moins variés que sur les bords. De plus, la transformation du dos ne semble avoir aucune incidence sur celle des bords de la molette. Un bord brut peut être associé à un dos façonné tout comme le piquetage du bord peut être associé indistinctement à un dos brut ou façonné par détachement d'éclats.

Les bords sont eux plutôt façonnés par détachement d'éclats, une absence totale de mise en forme des bords apparaissant en effet assez rare. Aucune symétrie dans le façonnage des bords n'est recherchée, tant dans leur morphologie que dans le choix de techniques de façonnage pour chacun d'eux. Seuls quelques sites montrent une finition plus poussée, tels que Cuiry-lès-Chaudardes «les Fontinettes» et Berry-au-Bac «le Vieux Tordoir» (piquetage + polissage), Poses «Sur la Mare» (piquetage) et Jablines «la Pente de Croupeton» (piquetage + polissage). Ces mêmes sites montrent une bonne diversité de préparation générale des pièces. Le façonnage par détachement d'éclats sur le dos des outils, exclusifs à Bucy-le-Long «la Fosse Tounise» et Bucy-le-Long «le Fond du Petit Marais», est réalisé de manière incomplète à Passy «Sablonnière» et Trosly-Breuil «les Obeaux», où des vestiges de la surface brute sont encore visibles.

Ainsi, la bonne corrélation des modes de préparation entre les bords et le dos des meules s'avère bien plus inégale sur les molettes. Hors la préparation des bords de meules, aucun lien direct entre le type de matière première et la préparation des surfaces ne semble se dessiner.
A Jablines «la Pente de Croupeton» et Poses «Sur la Mare», le dos des meules n'est façonné que par le détachement d'éclats alors que les molettes révèlent une bonne diversité dans le traitement des surfaces. Le mode et le degré de façonnage ne sont donc pas propres à chaque site. Par contre, l'usage de techniques de préparation variées sur les bords se reporte alternativement sur les meules ou sur les molettes en fonction des sites. A Trosly-Breuil «les Obeaux», la finition des surfaces caractérise les meules alors que les molettes sont mieux soignées à Cuiry-lès-Chaudardes «les Fontinettes», Berry-au-Bac «le Vieux Tordoir» ou Jablines «la Pente de Croupeton». Seuls les habitants de Poses «Sur la Mare» ont porté un soin identique aux meules et aux molettes. Il existe donc un souci de finition et d'esthétisme appliqué à ces outils, même s'ils sont loin d'être la règle. Aucun sens chronologique ou géographique ne se dégage de ces résultats. Piquetage et polissage sont de toute façon plus ou moins présents dans toute l'aire géographique étudiée. Le choix de procéder à une finition des bords et du dos des outils relève donc d'un choix *a priori* individuel.
Dans le détail, le traitement des dos et bords est légèrement plus poussé sur les molettes et semble réalisé dans une conception plus globalisante de la surface externe que pour les meules. La préparation individualisée de chacune des parties (dos, bord droit et bord gauche) trouve son articulation réfléchie dans les modes de manipulation. Le dos d'une molette doit épouser aussi précisément la paume de la main de l'opérant que les bords doivent répondre aux impératifs du déplacement en va-et-vient sur la meule. Ceci justifie par ailleurs la dissymétrie dans le traitement des bords gauches et droits. La préparation de la courbure générale externe tend à atteindre un équilibre entre le geste, l'outil et l'efficacité de l'action.

3-1-2-2 - Préparation des surfaces actives

La dernière étape de préparation des meules et molettes consiste en l'avivage de la surface active, obtenu par un piquetage plus ou moins fin et régulier.

Meules

Le piquetage lâche des surfaces actives ne concerne que 10 % des meules et apparaît plutôt sur des grès compacts ou « grumeleux ». Un tiers des surfaces actives porte les impacts d'un piquetage grossier. Ce dernier est associé à tous les types de grès au contraire des surfaces à impacts fins, serrés et réguliers, lisibles sur des grès le plus souvent quartzitiques. Le site de Cuiry-lès-Chaudardes «les Fontinettes» livre une majorité d'impacts grossiers. La moitié des meules de Trosly-Breuil «les Obeaux» est finement piquetée, l'autre moitié étant grossièrement préparée. Les meules de Villeneuve-la-Guyard «les Falaises de Prépoux» et Vignely «la Porte aux Bergers» sont en majorité finement piquetées.
Au fil de notre étude, un piquetage orienté s'est peu à peu affirmé comme le mode le plus précis de préparation des surfaces actives. De véritables « sillons » ou « chapelets » d'impacts de piquetage sont lisibles en surface des meules, notamment lors des stades de réavivage (fig. 57). Ces sillons sont orientés parallèlement et sont quasi systématiquement pratiqués à la perpendiculaire de l'axe longitudinal qui est également l'axe de déplacement de la molette sur la surface. Cette technique de piquetage « trainé » ne semble pas propre à une qualité de grès spécifique. Nous donnerons de plus amples détails dans la partie III de ce travail, notamment concernant le recours plausible à une percussion lancée indirecte.
Une faible préparation des surfaces et un piquetage peu soigné tendent à être associés : le piquetage lâche de la surface active des ébauches au dos brut correspond à une étape spécifique dans la vie de l'outil. A l'inverse, aucun lien entre la finesse de piquetage de la surface externe et de la surface active n'est à souligner ; ceci nous amène à dissocier d'abord dans le temps puis techniquement ces deux étapes de préparation.

Molettes

Sur la surface active des molettes, les impacts fins restent très largement majoritaires, quel que soit le type de grès. Par contre les impacts irréguliers et les impacts grossiers sont systématiquement associés à des grès compacts. L'exemple des meules démontre que les impacts lâches se forment plutôt sur des grès compacts. Il nous faut ici confirmer la parenté entre une forte dispersion, une irrégularité certaine et une forte variation des modes de piquetage. La nature du matériau, peut-être plus apte à amortir le choc par un effet d'écrasement de la matière, joue ici un grand rôle. Les paramètres liés au type de percuteur choisi, de même qu'au mode de piquetage employé, sont envisagés dans le cadre de l'expérimentation. La part des surfaces grossièrement piquetées varie du tiers (Bucy-le-Long «le Fond du petit Marais», Passy «Sablonnière») à la moitié (Jablines «la Pente de Croupeton», Bucy-le-Long «la Fosse Tounise» et Poses «Sur la Mare») ; ce mode de préparation est quasi absent des outils de Cuiry-lès-Chaudardes «les Fontinettes» apparemment plus finement préparés.
Les surfaces actives des molettes finement piquetées renvoient plus spécifiquement à des bords bruts entamés par éclatement ou associés à un poli de frottement. Lorsque le bord est resté totalement brut ou a subi un piquetage grossier, la moitié des surfaces actives revêt alors des impacts grossiers. Contrairement aux meules, on remarque sinon une corrélation évidente, ou du moins une tendance significative, entre le soin apporté à la mise en forme de l'outil et le soin mis dans la préparation de la surface active. Plus

l'investissement dans la préparation de la surface externe sera important, plus fine sera la préparation de la surface active.

Appariemment

Les molettes sont plus finement piquetées que les meules. A Cuiry-lès-Chaudardes «les Fontinettes», les meules grossièrement préparées semblent fonctionner avec des molettes toujours finement piquetées. Ceci doit-il être compris comme un perfectionnement technique venant combler les défauts de la matière première ou au contraire comme le signe d'une maîtrise imparfaite des mécanismes d'interaction entre les modes de piquetage et les qualités structurelles des grès utilisés ?
Une certaine corrélation entre impacts lâches et surfaces externes peu transformées se fait jour tant sur les meules que sur les molettes. Pour ces dernières, on distingue même un lien entre l'augmentation de la qualité de finition des surfaces externes et la finesse du piquetage de la surface active. Même si les deux étapes de mise en forme et de préparation des surfaces actives semblent bien distinctes, une logique intégrant toutes les parties de l'outil sous-tend les modes de fabrication. On doit même envisager que plusieurs « qualités » d'outils puissent être perçues d'après les modes de fabrication et de préparation des surfaces actives : elles peuvent être aussi bien envisagées en terme de perfectionnement technique qu'en terme d'adaptation de chaque type de molette à une fonction en particulier.

POUR RESUMER

Les surfaces brutes conservées évoquent une récolte de blocs alluviaux. Le façonnage des meules et molettes se traduit plus par un aménagement des différentes faces du bloc brut, dont le choix est par conséquent essentiel. L'entame des blocs confère sa morphologie définitive à l'outil. Les modes d'ébauchage des outils actifs et passifs sont similaires : il convient surtout de rectifier la courbure dorsale et les bords des outils. Une variabilité plus grande s'observe lors de la finition des outils, opération qui reste assez rare et plutôt visible sur les surfaces externes des molettes. L'aspect du piquetage de préparation de la surface active dépend en grande partie de la nature du grès employé.

3-1-3 - Etat des surfaces actives

3-1-3-1 - Usure

Concernant l'usure, les intensité d'usure sont exprimées selon un gradient allant d'une usure diffuse, puis forte à un poli voire un lissage ; le terme lustré est réservé aux surfaces particulièrement brillantes. Un tiers des surfaces des meules est lissé et les deux autres tiers polis. Pour les molettes, la part de surfaces lissées est identique, la part de poli atteint la moitié de l'effectif : il semble donc que les usures de molettes soient globalement moins prononcées que celles des meules. La répartition de l'usure atteint plutôt le pourtour de la surface active, souvent marqué par un liseré lissé et également une zone circulaire centrale. La variabilité des intensités d'usure ne semble pas le fruit de qualités de matières premières distinctes.
Grès quartzitiques et compacts engendrent en effet strictement les mêmes proportions d'apparition d'un lissage et d'un poli sur les surfaces : les vitesses de leur formation propres à chaque qualité de grès n'en sont pas pour autant forcément identiques, leur comportement au cours du travail non plus. Seuls les stades d'usure sont similaires tandis que leur comportement aux chocs, lors du façonnage et de l'utilisation, sont bien distincts.
Un poli caractérise la majorité des surfaces actives du corpus ce qui rend les exceptions d'autant plus remarquables. Les meules de Jablines «la Pente de Croupeton» sont de loin beaucoup plus lissées que leurs consœurs des autres sites, et notamment Poses «Sur la Mare» qui livre des pièces à l'usure forte majoritaire. Un bon équilibre entre les deux intensités d'usure se retrouve à Cuiry-lès-Chaudardes «les Fontinettes» et Trosly-Breuil «les Obeaux» où elle se développe principalement de manière couvrante. Une usure des aspérités caractérise plutôt les sites de Balloy «les Réaudins», Villeneuve-la-Guyard «les Falaises de Prépoux», Berry-au-Bac «le Vieux Tordoir» et Vignely «la Porte aux Bergers». Il semble que les surfaces actives des meules présentent des degrés d'usure maximums propres à chaque site : l'appréciation de l'efficacité d'une surface et de l'entretien de sa rugosité semble donc propre à chaque site.
Face à l'impossibilité de déterminer une intensité, un rythme ou une durée d'utilisation, il reste difficile à l'échelle macroscopique de lier le type d'usure observé à sa signification en terme de comportement de la surface lors du broyage.

3-1-3-2 - Degré d'utilisation

Meules

Pour les quelques meules dont le degré d'utilisation a pu être précisé, aucune corrélation avec le façonnage des bords n'est visible. Il reste très délicat de déterminer d'après les épaisseurs des outils ou le degré de concavité des meules leur degré d'emploi réel. L'épaisseur très faible des exemplaires des sites Villeneuve-Saint-Germain de Longueuil-Sainte-Marie «le Barrage» (Maréchal *et al. à paraître*) et de Passy «Sablonnière» n'est pas nécessairement due à une utilisation intensive du support initial. Certains types peu épais, obtenus très certainement sur plaquettes de grès, se rencontrent également. Réavivages et réutilisations sont effectués sur des outils dont le dos est préparé par éclatement et dont la surface active est délimitée par de petites retouches. Le piquetage grossier des ébauches évolue vers un piquetage serré pour les réavivages et les réutilisations. Le cycle de reprise des outils pour un nouveau façonnage semble donc bien distinct d'un nouveau façonnage complet de la pièce. La finesse du piquetage initial est entretenue, le modelage de la pièce emprunte la ligne de fabrication jusque là choisie. Une économie technique est donc doublement réalisée par ces opérations.

Molettes

Les réavivages et réutilisations touchent plus les molettes en grès compacts que celles en grès quartzitiques, typiquement associées aux ébauches et aux utilisations primaires. Le premier type de grès semble donc par nature plus polyvalent que les grès quartzitiques. Les réavivages de surface touchent plutôt les outils dont un bord est resté brut et dont l'autre a été aménagé par enlèvements, c'est à dire des outils relativement peu investis et connotés techniquement. Les réutilisations excluent par ailleurs les modes de préparation aléatoires ou linéaires et montrent fréquemment un piquetage lâche mais régulier. Les outils en cours de réavivage présentent des impacts aussi bien fins que grossiers. Il ne semble donc pas que la reprise des meules et molettes en vue d'une utilisation secondaire réponde à une codification ou à des schémas préétablis. La reprise d'une molette renvoie à une économie minimale de la matière première et du recyclage.

Appariement

Les réavivages sont avérés en réalité sur les meules comme sur les molettes et ce indistinctement des critères de forme et de préparation. Le seul indice probant reste une courbure de la surface active prononcée, gage d'une durée d'utilisation forte et d'un entretien poussé. Aucun schéma opératoire précis ne vient donc souligner les étapes du réavivage tandis que toutes les classes de meules et molettes sont concernées. Toutes les formes de meules et molettes peuvent donc rentrer dans un cycle de reprise et d'entretien, à l'exception peut-être des outils ayant reçus un façonnage plus élaboré. La relative codification dans l'obtention de formes et de dimensions spécifiques au cours de l'utilisation primaire ne s'applique donc pas selon les mêmes règles aux outils en position secondaire d'utilisation.

3-1-4 - Morphologie, préparation des surfaces et degré d'utilisation

A la lumière de la caractérisation des spécificités de morphologie et de fabrication des outils, il est possible de dégager des comportements récurrents dans l'utilisation de l'outil.

Meules

Les bords des meules plano-concaves ou plano-convexes présentent de nombreux enlèvements au contraire des meules strictement planes, aux bords le plus souvent intacts. Les finitions des bords concernent surtout les meules planes et concaves. Tout se passe donc comme si la transformation des bords était liée à la durée d'utilisation des pièces. Les meules planes voire concaves, les plus « usagées » puisque leurs surfaces actives ont déjà commencé à se creuser, sont également les mieux « finies ». On assisterait ici à une relation entre la durée de vie présumée de l'outil et son façonnage : lorsque la durée d'utilisation présumée d'une surface active est plus importante, le façonnage de son support est mieux soigné. Par ailleurs, si l'on considère que les retouches le long de la surface active concernent essentiellement les meules concaves, un lien de cause à effet apparaît entre les phases d'entretien répétées des surfaces actives et une modification indirecte des bords des outils. Les retouches périphériques semblent intentionnelles et liées à une volonté d'éliminer tout émoussé des bords qui pourrait venir réduire la surface active et les possibilités de récupération des produits finis.
Les meules planes sont plus finement et plus densément piquetées que les meules plano-concaves qui sont associées à des impacts assez grossiers, épars mais réguliers. Un lien entre la finesse du piquetage et la place de l'outil dans le cycle d'utilisation est envisageable : le piquetage lâche des meules à tendance concave peut ainsi être interprété comme un stade d'entretien de la surface active.
En section, les surfaces actives des meules au dos bombé, par ailleurs mieux façonnées, sont systématiquement lissées ; il s'agit d'un des rares cas de correspondance entre le soin apporté à la préparation des surfaces et l'intensité de l'utilisation.
Il semble que le mode de préparation des surfaces actives n'ait aucune conséquence sur l'intensité d'utilisation. Le piquetage fin des surfaces, qui demande un investissement plus important en termes de préparation, n'induit pas pour autant que l'utilisation soit plus prononcée. L'investissement mis dans le dressage d'une surface active n'est donc pas fonction de la finalité et de la fonction de l'objet. Le lien entre finesse du piquetage et qualité du produit fini, s'il existe, ne peut donc être appréhender par ce biais.
Un lien évident entre la déformation de la courbure de la surface active (consécutive de la durée d'utilisation) et l'intensité de l'usure s'observe. La part des pièces lissées augmente proportionnellement au creusement des surfaces actives et s'accompagne d'une expansion de la répartition de l'usure à l'ensemble de la surface. Plus la « morphologie résiduelle » (Stordeur 1988, p. 129) des meules et molettes s'affirmera, plus leur efficacité augmentera et plus l'usure s'avèrera prononcée tant en intensité qu'en expansion sur la surface.

Molettes

La meilleure finition de la surface externe se retrouve sur les deux seuls exemplaires de section semi-circulaire bombée. Ce type de section semble ainsi découler en réalité d'une volonté ou d'une incapacité à réduire plus avant l'épaisseur de ces molettes. Plus généralement, les sections semi-circulaires excluent les surfaces brutes et sont associées à un martelage ou un piquetage de leurs bords, tandis que les sections rectangulaires présentent des flancs bruts. L'entame des arêtes trop anguleuses traduit la recherche d'une courbure générale adoucie, qui ne peut être obtenue que par de meilleures finitions des surfaces. Les sections anguleuses sont donc plus proches du module du bloc d'origine que les sections semi-circulaires qui résultent d'un façonnage mieux fini.
Les molettes en grès compact offrent des profils en majorité plans et secondairement plano-convexes, tandis que celles en grès quartzitique demeurent majoritairement plano-convexes. Ces dernières sont susceptibles de s'user moins rapidement, du fait d'une résistance du matériau. Ceci pourrait confirmer que l'aspect plan d'une surface de molette constitue un état d'utilisation et d'usure d'une section plano-convexe originelle.
Il semble bien que le façonnage des bords soit lié à la fonctionnalité des molettes, même si le détachement d'éclats constitue le mode de façonnage majoritaire. Les molettes concaves, qui répondent à priori d'un mode de fonctionnement à part, présentent des bords très peu façonnés. Au contraire, une finition plus poussée des bords est lisible sur les molettes planes et plano-convexes, qui se démarquent par un piquetage grossier très présent. Enfin, les surfaces actives lissées sont plutôt associées à des bords façonnés par éclatement et celles polies renvoient à des surfaces brutes présentant un poli de frottement. Si l'on considère que le façonnage poussé s'applique à des outils de plus grande « valeur » technique ou personnelle, les molettes

plus ou moins planes correspondraient donc à un meilleur équilibre et à une meilleure efficacité.

Appariemment

Les pièces planes, qu'il s'agisse de meules ou de molettes, font systématiquement l'objet d'une bonne préparation : elles livrent des stigmates diversifiés essentiellement sur les bords. Le profil de ces pièces les rend aptes à s'adapter à plus de modes d'appariement.

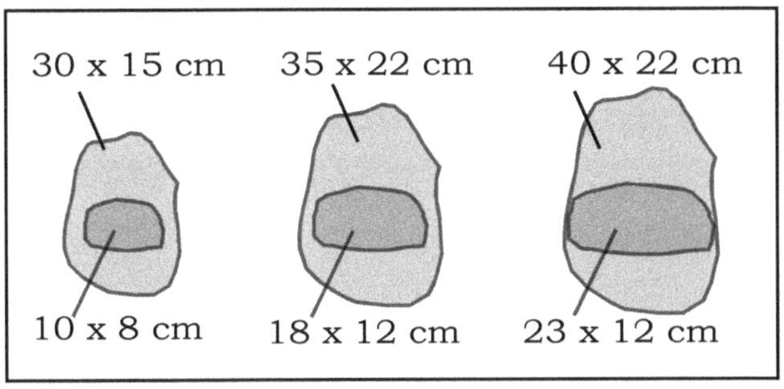

Fig. 30. Propositions d'appariement des modules moyens de meules et molettes, d'après la tripartition de leurs dimensions respectives

Les surfaces planes au piquetage serré renvoient à des meules concaves et des molettes convexes. Un soin tout particulier est apporté à la préparation de la surface active des outils aux profils de fonctionnement les plus marqués. Dans le même ordre d'idée, on note une correspondance entre les meules planes à plano-concaves, piquetées grossièrement pour le tiers voire la moitié des effectifs, et les molettes convexes à plano-convexes qui rassemblent la quasi totalité des surfaces grossièrement piquetées. Cette nouvelle correspondance dans la préparation de surfaces actives montre que le façonnage des pièces appréhende l'ensemble du système de meunerie et non les outils dormants à part des outils percutants.
Si les meules en cours de réavivage sont plus fréquemment concaves, les molettes dans le même état sont planes ou plano-convexes. Les courbures des surfaces actives les plus proches de l'« optimum d'efficacité » témoignent donc plus directement d'un entretien.

POUR RESUMER

Une partition morphométrique évidente a pu être dégagée des ensembles de meules et de molettes. Le découpage en trois catégories de meules se fonde sur le critère d'épaisseur tandis que les trois groupes de molettes ont été mis en évidence sur la base essentiellement du critère de poids. Il est possible de proposer plusieurs modèles d'appariement « type », plus en terme de modules voire de gabarits que selon des dimensions strictes (fig. 30). Un rapport d'efficacité des molettes est par ailleurs proposé.
Malgré la quasi absence de découverte d'appariements originaux en place, une bonne complémentarité des courbures des surfaces actives des meules et des molettes se fait jour sur les sites aux effectifs et à la conservation suffisants.
La variété des modes de préparation des surfaces externes, exacerbée sur les molettes, est commune à tous les sites. Autant que faire se peut, le façonnage se résume volontairement à un aménagement de la morphologie du bloc initial.
La confection des meules et des molettes semble régie par les mêmes principes d'ensemble que sont l'obtention d'un profil d'équilibre général et le respect du cadre normatif tant morphologique que dimensionnel. Ceci correspond, en réalité, à une volonté d'optimisation de l'efficacité de l'opération technique, consécutive de la coordination des deux parties du couple d'outil.
Aucun schéma de recyclage et de réutilisation des meules et molettes ne se dégage. On note par contre un lien entre la finition de la surface externe et le creusement de la surface active, comme si les outils à la durée de vie présumée plus longue avaient été l'objet d'un soin particulier. Les stades d'entretien successifs sont parfois visibles. La déformation de la courbure de la surface active est liée à des usures plus intenses sur les surface actives des outils : la corrélation entre l'intensité de l'utilisation et une durée de vie longue est probable.

3-2 - Percussion lancée et posée alternative par couple d'outils : broyage et concassage

Nous associons les activités de concassage et de broyage pour deux raisons principales. D'une part, ces deux modes d'action apparaissent fortement complémentaires dans les opérations de transformation et de réduction des matériaux, et ce quelle que soit leur texture. D'autre part, cette interaction se matérialise par la présence combinée de traces à la fois de percussion lancée et de percussion posée sur des parties distinctes ou au contraire multi-fonctionnelles des outils.
Les outils actifs sont morphologiquement les plus diagnostiques et l'association avec un répercutant ne s'effectue pas selon les mêmes modalités que pour les meules et molettes par exemple. On ne cherche pas à créer une réelle symbiose des zones de contact entre les pièces actives et les supports passifs. La table de travail remplit en réalité un rôle de support, et n'agit qu'indirectement, en fonction de la qualité de la matière première dans laquelle elle est confectionnée. De ce fait, notre approche des actions de concassage et de broyage repose essentiellement sur les outils actifs. La plurifonctionnalité des enclumes rend souvent délicate l'association d'un stigmate peut marqué avec une action de percussion ou de concassage significative. De plus, leur morphologie se prête indistinctement à toutes sortes d'actions ce qui rend difficile une approche du fonctionnement de l'outil à partir de critères morphologiques. Par conséquent, nous n'intégrerons ici que le cas des mortiers strictement associés à ces actions et relèguerons le cas des « enclumes » multifonctionnelles au chapitre suivant.
Dans un premier temps, la nature et la localisation des impacts est examinée afin d'être combinée dans un second temps aux caractéristiques morphologiques et techniques (préformage et aménagement). Le faible effectif général de ces types d'outils limite grandement une approche aussi détaillée que pour les catégories précédentes.

3-2-1 - Mortiers

Dans le cadre des actions de broyage, la présence de mortiers devrait s'avérer des plus courantes et ubiquistes sur les sites. Cependant, tel n'est pas le cas. Un seul individu

	longueur	largeur	épaisseur	poids
broyons	6,4	6,2	4,7	287,3
enclumes	23,6	15,2	10	6127,1
percuteurs	5,8	4,2	3,2	342,4
polissoir manuel à plages	14,8	11,7	6,5	1790,8
abraseurs plage étendue	7,2	6	2,6	129,3
abraseurs plage courte	9	6,6	4,4	434,2
abraseurs à rainure	6,9	4,9	3,5	167,3
molettes à main	7,2	5,2	3,7	291

Fig. 31. Dimensions moyennes des outils de broyage, percussion lancée et polissage entiers (en cm et g)

assimilable à un mortier a en effet été reconnu à Trosly-Breuil «les Obeaux» sous la forme d'un fragment rectangulaire de petites dimensions. La légère concavité qui le caractérise a été façonnée par piquetage. Il s'agit d'une réutilisation comme en témoigne la reprise du façonnage effectuée juste avant la dernière utilisation, marquée par un émoussé certain des arêtes. Quelques exemplaires sur le site de Bucy-le-Long «la Fosselle» avaient été identifiés (Monchablon 1997), mais face à la morphologie peu marquée de ces pièces, nous préférons pour notre part ne pas les intégrer sous cette catégorie

La présence plus qu'anecdotique de quelques pièces techniquement peu connotées induit plusieurs adaptations des modes d'action. L'absence de blocs à cavité prononcée, supérieure à deux centimètres de profondeur et à bords verticaux, induit des gestes plus linéaires que circulaires pour des opérations de broyage utilisant des surfaces étendues plus que circonscrites. Dans le cas d'une réduction en petites fractions, le geste procèdera plus par étalement du matériau selon un mouvement elliptique étiré que d'une action punctiforme bien circonscrite.

L'absence de mortiers *stricto sensu* doit donc trouver son pendant dans d'autres modes de broyage des substances, ayant recours cette fois à d'autres types d'outils (mortiers en bois, meules en pierre).

3-2-2 - Concasseurs

On ne dénombre pas de molettes de concassage, outils à faces polies présentant des cupules de concassage centrées. Un outil a cependant été classé à part des deux catégories précédentes sous la dénomination de concasseur, face à l'impossibilité de trancher spontanément sur son caractère passif ou actif. Ce bloc ovoïde de près de trois kilos livre sur sa face active des impacts de percussion lâches et grossiers, en partie concentrés dans une dépression centrale cupuliforme. Fortement brûlée, nous pensons que cette pièce a été utilisée plutôt comme enclume même si sa morphologie globale n'exclue pas une manipulation à deux mains. Une molette à main ovoïde de Poses « sur la Mare » pose également problème : elle offre une extrémité densément percutée et une face lisse légèrement entamée par des impacts de percussion lancée concentrés en son centre (Planche LVIII d). Mais les stigmates assez ténus de cette utilisation secondaire ne nous ont pas semblé suffisants pour classer l'outil dans cette catégorie.

3-2-3 - Pilons

Quatre pièces semblent disposer des qualités requises à une utilisation en pilon. Nous retenons comme critère distinctif une morphologie allongée et une extrémité portant des traces fines de percussion bien circonscrites. L'aménagement de zones de préhension rentre aussi en ligne de compte. L'une de ces pièces recueillie sur le site de Berry-au-Bac «le Vieux Tordoir» offre une morphologie allongée, obtenue par façonnage de pans droits à l'entame du bloc brut ; son extrémité fortement arrondie par l'utilisation livre des traces de percussion fines associées à un travail en friction. Aucune préparation par piquetage de l'extrémité du pilon par piquetage n'est visible. La seconde pièce malheureusement fracturée retrouvée sur le site de Trosly-Breuil «les Obeaux» offre une morphologie particulière, à l'image d'un « pouce ». Deux plages d'abrasion convexes séparées par un bourrelet occupent la surface d'un cylindre de grès granuleux. L'extrémité de cette pièce montre des traces de percussion assez précisément circonscrites, délimitant une zone circulaire, qui aurait pu servir de pilon. A titre indicatif, notons qu'une pièce similaire a été recensée sur le site Néolithique final du Pinacle à Jersey (Patton 1993).

Ces exemples sont rares et finalement assez éloignés morphologiquement, de sorte que cette catégorie est peu représentée et que ce mode de broyage est quasiment inexistant sur les sites de cette période. Ceci corrobore de toutes façons l'absence de mortiers évoquée précédemment. Par ailleurs, les dimensions de ces pilons les dissocient de fait d'une éventuelle action de transformation des céréales comme dans le cas des pilons de bois africains.

3-2-4 - Broyons

Nous englobons sous le terme de broyons des pièces manipulables à une main, façonnées par des enlèvements multidirectionnels couvrants, à l'origine de la création de véritables facettes. Leurs faces utilisées présentent les qualités requises pour une action en percussion posée diffuse multidirectionnelle, propre aux opérations d'écrasement et de réduction. La conjonction de traces de percussion lancée et posée sur des faces distinctes et sur des zones où ces deux modes d'actions semblent simultanés, est significative en l'absence de chronologie entre les utilisations. Elle rend compte de l'alternance des modes d'applications de ces outils sur la matière d'œuvre.

Ces outils sont loin d'être ubiquistes puisqu'on les retrouve surtout à Cuiry-lès-Chaudardes «les Fontinettes», Passy «Sablonnière», Trosly-Breuil «les Obeaux» et Balloy «les Réaudins» (Planche XXXIII, LV, LVII). Présents dans toute la séquence et dans les différentes aires d'approvisionnement en matière première, ils sont confectionnés dans des grès très durs mais non quartzitiques. Dix-neuf individus peuvent ainsi être attribués à la classe des broyons même si près de 68,4 % ont également servi comme percuteurs et qu'un exemplaire porte les traces d'un concassage associé. Onze d'entre eux livrent une unique face active, tandis que cinq pièces montrent une utilisation sur deux pans opposés.

Plus de la moitié des broyons sont de forme sphérique, tandis que trois individus sont circulaires et deux ovoïdes. A ces formes correspondent des sections circulaires, rectangulaires et ovoïdes. On ne note aucune corrélation directe entre la morphologie et les courbures des faces actives, même si les faces opposées sont le plus souvent présentes sur des outils circulaires d'épaisseur assez régulière.

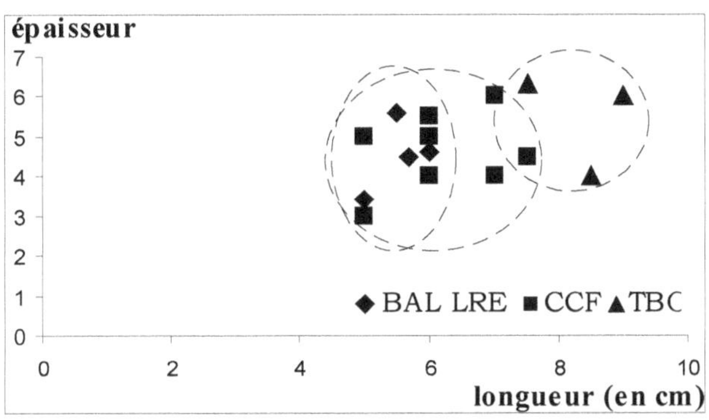

Fig. 32. Dimensions des broyons entiers de Cuiry-lès-Chaudardes «les Fontinettes», Balloy «les Réaudins» et Trosly-Breuil «les Obeaux»

Leur diamètre est compris entre 5 et 9 cm, tandis que leur poids oscille entre 150 et 500 g. Les épaisseurs systématiquement comprises entre 4 et 6 cm sont très certainement liées à des facilités de manipulation (fig. 31 et 32). Les modules s'avèrent différents mais homogènes d'un site à l'autre. Les gabarits des broyons de Trosly-Breuil «les Obeaux», compris entre 7,5 et 9 cm, et de poids supérieur à 300 g, se distinguent ainsi des petits broyons de Balloy «les Réaudins» de poids inférieur à 300 g. Doit-on y voir le choix de modules plus petits, éventuellement destinés à des actions distinctes ? S'agit-il d'une différence d'intensité d'utilisation des outils entre les deux sites, qui induirait un stade d'usure identique sur tous les outils ? Les outils intermédiaires de Cuiry-lès-Chaudardes «les Fontinettes», de diamètre de 5 à 6 cm et de poids compris entre 150 et 400 g, reflèteraient-ils dans la même logique plusieurs stades d'utilisation ou plusieurs fonctions ? Cela ne semble pas pour le moment confirmé, et il nous faut plutôt chercher dans la direction d'un approvisionnement différentiel en matières premières brutes, les dimensions des galets disponibles sur place pouvant être déjà « calibrés ».

Leur façonnage, qui se traduit par une série d'enlèvements couvrants ou partiels, confère un aspect facetté à cinq pièces. Ils se présentent sous la forme de véritables polyèdres, dont le façonnage est réfléchi. Les faces actives elles-mêmes sont préparées par des enlèvements superficiels et successifs qu'on distingue parfois sous les traces d'utilisation.

Les faces sont globalement fortement utilisées, avec sept cas de lissage et six de poli. Si l'usure se répartit surtout sur les aspérités, elle est couvrante pour près d'un tiers des pièces. Plusieurs cas d'entame des faces polies par des impacts de percussion assez fins et bien centrés semblent témoigner d'une ultime utilisation bien dissociée. Les tranches associent généralement de fins impacts de percussion lancée, denses et réguliers, avec une utilisation en percussion posée matérialisée par des plages d'abrasion. La courbure des tranches apparaît régulière aussi bien transversalement que longitudinalement. Les impacts entament d'abord les arêtes des négatifs d'enlèvements avant de s'étendre aux surfaces comprises entre ces derniers. Dans le cas des broyons, l'utilisation très prononcée des supports aboutit à une déformation de la morphologie directement héritée du façonnage. Les arêtes s'émoussent pour disparaître complètement sous les impacts de percussion, les facettes ne sont plus visibles : la densité des impacts de percussion rend le plus souvent méconnaissable les outils issus de la mise en forme. La déformation et la perte de poids sur ces outils sont d'autant plus importantes que ces derniers ont pu subir plusieurs phases successives de façonnage.

Ces outils que l'on pourrait qualifier de plurifonctionnels sur la seule base des stigmates différenciés lisibles à leur surface semblent en réalité refléter la complémentarité des modes d'actions intégrés à l'activité de broyage de matériaux de texture et de dureté très variables.

Les outils dévoués strictement au broyage en percussion lancée et posée alternative ne semblent donc représentés que par la catégorie des broyons. Il reste difficile de les associer pour le moment à un type de répercutant en particulier, pouvant avoir servi à la fois pour le broyage et le concassage. Les enclumes pourraient à ce titre être de bons candidats mais leur rareté et le peu de plages de broyage qu'elles présentent ne plaident pas en ce sens. Ceci apparaît d'autant plus étonnant que l'homogénéité relative de l'ensemble de broyons plaide pour une utilisation bien marquée et non aléatoire, au moins au sein de chacun des sites. La première option serait d'envisager une association avec des supports en matériaux autres que lithiques (de type bois par exemple) et la seconde de rechercher les indices éventuels de l'utilisation de supports passifs à l'extérieur de l'espace villageois (utilisation de blocs erratiques).

L'association des stigmates d'utilisation et leur localisation plaident pour une double séquence de concassage puis de broyage. L'association de ces deux actions renvoie à la réduction de matières relativement dures.

POUR RESUMER

Les outils de broyage et de concassage se limitent aux broyons. Ces outils témoignent du lien étroit entre les actions de percussion lancée et posée, ou encore des opérations de concassage et de broyage dans notre contexte. La morphologie de ces broyons résulte d'un façonnage poussé. L'utilisation intense de ces outils est visible à travers l'extension et la densité des stigmates d'utilisation, sur les tranches et les faces. L'association de ces broyons avec des tables de travail reste difficile du fait d'une faible représentation des stigmates sur ces dernières.

3-3 – Percussion lancée : enclumes et percuteurs

Sont intégrés à cette catégorie les outils percutants et répercutants portant des traces de percussion lancée majoritaires. Le classement s'effectue plus sur la base de l'aspect et de la localisation des traces que sur la morphologie quasi aléatoire des supports.

3-3-1 - Enclumes

Seules huit pièces ont pu être déterminées comme des enclumes (Planche LVI). Comme déjà défini précédemment, nous intégrons dans les enclumes tous les types de supports passifs revêtant des traces de percussion lancée sinon exclusives du moins majoritaires. En effet, rares sont les pièces strictement dévouées à ce type d'action ; les enclumes sont en effet le plus souvent des tables de travail à usages multiples revêtant des traces à la fois de friction, de découpe ou de chocs. Aucun agencement dans les stigmates n'est réellement lisible, aucune zone utile ne peut être délimitée réellement. Les intensités des traces sont très variables. La fréquence de l'utilisation se mesure proportionnellement à la juxtaposition de traces de nature différente, témoins d'actions techniques dissociées.
Elles sont systématiquement entières et assez dures, en grès tendre ou quartzitique. Les pièces de forme triangulaire et de section rectangulaire livrent un dos brut. On distingue deux modules de support avec des longueurs comprises soit entre 15 et 20 cm, soit entre 30 et 35 cm. Les épaisseurs comprises entre 6 et 13 cm sont aussi aléatoires que le poids des pièces qui peut atteindre plus de 10 kg. Ces outils se caractérisent par une relative étroitesse de la face de travail, en regard des surfaces utiles des meules et autres polissoirs.
Les enclumes de forme et de section trapézoïdales sont légèrement épannelées sur leurs pans et dos, de même que leurs surfaces actives sont grossièrement préparées.
Lorsqu'une usure accompagne les impacts de percussion lancée, elle revêt l'aspect d'un poli ou d'un lissage. Les impacts de percussion lancée sont plutôt répartis de manière lâche, aléatoirement sur toute la surface ou concentrés sur une partie réduite de la face active. Les arêtes, angles et faces planes des blocs sont tour à tour sollicités.
Il s'agit donc d'outils assez rares, dont la distribution et la superposition des stigmates d'utilisation rend difficile la compréhension de l'enchaînement des différentes actions correspondantes. Les supports utilisés rassemblent les caractéristiques d'une utilisation plus opportuniste que pour la moyenne des outillages en grès, expliquant par la même leur faible effectif. Enfin, notons que peu d'utilisations secondaires des autres catégories d'outils passifs comme répercutants ont été détectées dans notre corpus. La polyvalence même de l'usage des enclumes empêche de formuler une hypothèse fonctionnelle unique.

3-3-2 - Percuteurs

La catégorie des percuteurs rassemble un large panel de matières premières, empruntées tant aux chailles et silex qu'à certains faciès de grès voire de quartzites. On dénombre près de 106 outils utilisés en percuteur, dont 90 strictement voués à cet unique usage, 15 outils à utilisations multiples et un exemplaire à utilisation secondaire. Plusieurs groupes fonctionnels de percuteurs se distinguent d'après la nature et la localisation des impacts d'utilisation (Planche X, XIX, XXV, XXXIV, LXXIV, LXXVIII).
Ces pièces sont rarement fracturées ou fragmentées, à l'exception du site de Cuiry-lès-Chaudardes «les Fontinettes» qui ne livre parfois que des extrémités ou des fragments. Les percuteurs sont le plus souvent des galets utilisés sur leurs extrémités (plus d'un tiers), même si des fragments de grès peuvent être également utilisés comme tels. Leurs formes, assez variées, sont tantôt sphériques ou circulaires (60,3 %), tantôt oblongues (29,3 %). Tous les percuteurs utilisés conjointement en tant que broyons sont de type sphérique.
Les longueurs des outils sont comprises entre 5 et 10 cm, tandis que leur poids moyen est très largement inférieur à 500 g. Les épaisseurs sont comprises entre 2 et 6 cm (fig. 33).

	longueur	épaisseur	poids
CCF	5 à 10 cm	2 à 6 cm	0 à 500 g
VLG	6 à 8 cm	4 à 6 cm	150 à 250 g
BFT	7 à 8 cm	divers	100 à 300 g
PSM	4 à 12 cm	3 à 7 cm	200 à 400 g 600 à 800 g
BLRE	5 à 7 cm	2 à 6 cm	inf à 300 g

Fig 33. Dimensions des percuteurs entiers de Cuiry-lès-Chaudardes «les Fontinettes» (38 ex.), Villeneuve-la-Guyard «les Falaises de Prépoux» (4 ex.), Bucy-le-long «la Fosse Tounise» (6 ex.), Poses «Sur la Mare» (13 ex.) et Balloy «les Réaudins» (4 ex.)

Seuls quelques exemplaires se placent au dessus de ce seuil. Les dimensions des percuteurs apparaissent particulièrement homogènes sur chacun des sites. Le poids des percuteurs du site de Villeneuve-la-Guyard «les Falaises de Prépoux» est ainsi concentré entre 150 et 250 g et celui des pièces de Bucy-le-Long «la Fosse Tounise» entre 100 et 300 g. Les percuteurs présents à Cuiry-lès-Chaudardes «les Fontinettes» et Poses «Sur la Mare» sont plus variés.

Au sein des percuteurs, 17 pièces ont servies sur une de leurs extrémités et 10 sur les deux. Huit pièces ont été utilisées sur un bord tandis que neuf l'ont été sur les angles. Dans tous les cas, on note une concentration d'impacts de percussion qui viennent entamer la surface externe brute. De par leur forte densité, les impacts se chevauchent fréquemment. Le seul cas d'utilisation secondaire est identifié à Bucy-le-Long «la Fosse Tounise», où l'extrémité d'une molette à traces d'ocre a été réutilisée en percuteur. Une concordance évidente apparaît entre la morphologie des supports et les zones entamées : les extrémités d'un percuteur oblong sont par exemple plus sollicitées.
L'examen des traces d'utilisation doit permettre de mieux déterminer les catégories fonctionnelles sous-jacentes à cette première classification. Les formes d'outils ne semblent ni spécifiques à une étape de la séquence chronologique ni soumises à des règles régionales. Une bonne prise en main et un poids adapté restent des critères présidant au choix d'un galet. Les supports en très grande majorité bruts montrent que les modules assez proches des percuteurs résultent d'un choix. Les modules assez proches de

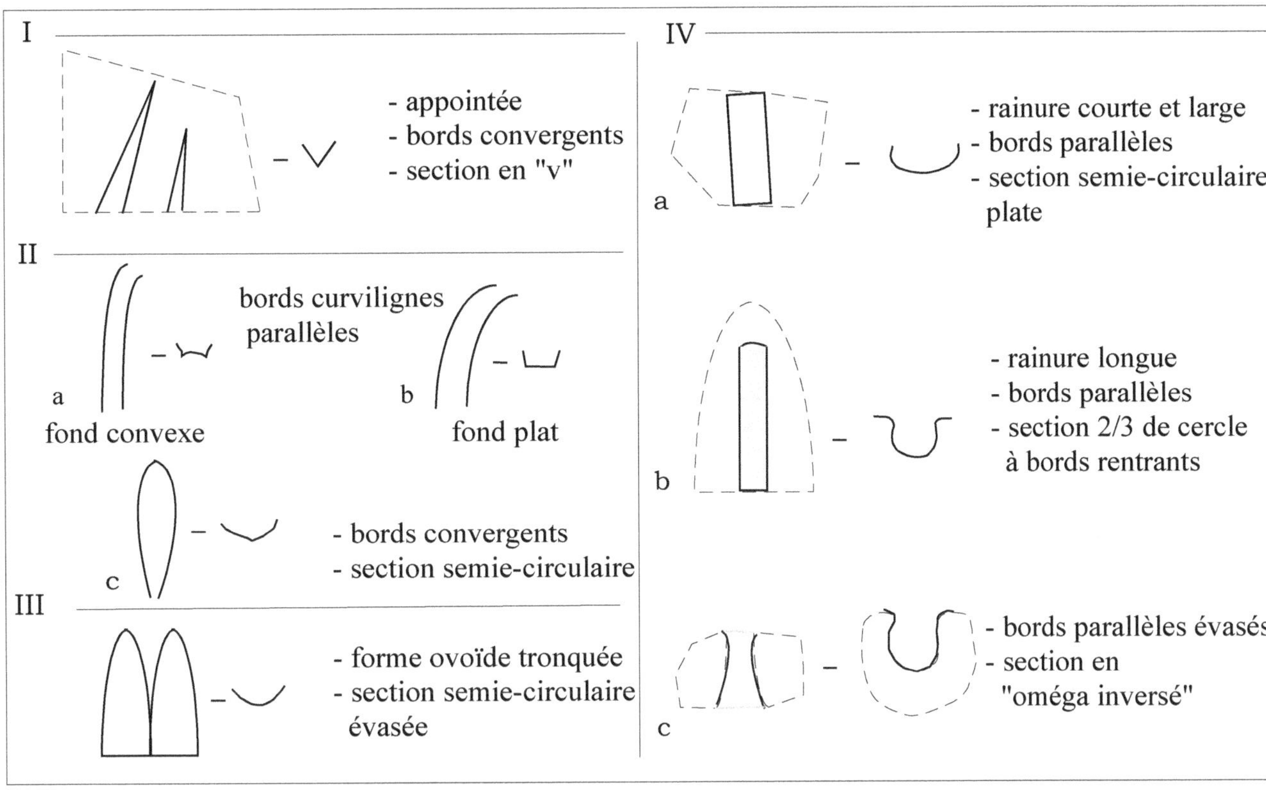

Fig. 34. Schématisation des différents types de rainures, définis d'après la forme en plan, la section et la disposition des bords

tous les percuteurs rendent compte d'une certaine homogénéité technique dans l'association geste – poids de l'outil. Les variations internes peuvent être partiellement la conséquence de la perte de matière lors de l'utilisation mais ces dernières ne sont en général pas si prononcées. Leur bonne représentativité à Poses «Sur la Mare» correspond à l'utilisation épisodique de galets bruts tandis que leur nombre à Cuiry-lès-Chaudardes «les Fontinettes» découle directement du nombre d'unités d'habitation relevées sur le site.

Les supports passifs de type enclume s'avèrent trop rares pour correspondre strictement à la diversité fonctionnelle pressentie pour la catégorie des percuteurs mais aussi de broyage et concassage. Les enclumes et les percuteurs ne sont donc pas strictement associés. Le fonctionnement de ces outils hors du champ du débitage lithique s'avère donc complexe à articuler avec des activités de broyage et de concassage. Hors l'analyse typo-technologique, il nous faut donc dans un second temps nous tourner vers des indices de statut ou de fonction des outils pour résoudre ce problème.

POUR RESUMER

Les rares enclumes identifiées témoignent d'une pluri-fonctionnalité évidente. Plusieurs sous-types de percuteurs peuvent être définis en fonction de leur poids, de leur morphologie et de la localisation de stigmates de natures différentes.

3-4 – Percussion posée par outil unique : abraseurs, polissoirs et outils de friction

De même que dans notre classification typo-technologique le terme de meules ne présuppose aucunement d'une insertion dans la chaîne opératoire des céréales, nous utilisons ici le terme d'outils de polissage sous sa forme la plus générique. Toute surface utilisée de manière individuelle à des fins de façonnage d'un objet est intégrée sous cette dénomination. Nous distinguons néanmoins quatre grands types de polissoirs et abraseurs sur la base de la nature du matériau, de la morphologie du support, de celle de la plage de travail et enfin des qualités techniques intrinsèques (fig. 34).
Nous rassemblerons donc sous le terme de polissoir des outils visant la finition et la régularisation de la surface d'un objet ; une telle action ne peut être assurée que par un grès très fin, de préférence quartzitique. Nous ne cautionnons pas la désignation de « grès à polissoir », qui désigne des matériaux plutôt adaptés aux opérations d'abrasion. Les polissoirs à plages livrent une zone de travail étendue, plane à plano-convexe, utilisée de manière passive (fig. 34). Les dimensions de ces pièces ne rentrent pas en compte dans leur définition, si ce n'est dans leur justification technique : entier, un polissoir à plage doit offrir des dimensions suffisantes à un mouvement longitudinal ou transversal d'amplitude techniquement significative. En d'autres termes, le croisement des facteurs ergonomiques et dimensionnels doit rendre compte d'une aptitude à façonner un objet. Dans le cas des polissoirs à haches, des blocs erratiques de plusieurs dizaines de kilos pourront être utilisés à côté de polissoirs à plages de dimensions beaucoup plus modestes, parfois même portatifs. Suivant

les mêmes critères techniques, on pourra également parler de polissoir à rainures quelles que soient les dimensions et la massivité du support. Les critères techniques sont donc majoritairement utilisés pour la diagnose des outillages.
Les polissoirs se distinguent, tant par la nature du matériau que par leur fonction, des abraseurs : les premiers servent à la finition et la régularisation des surfaces tandis que les seconds servent plutôt au façonnage voire au réâffutage des surfaces. On parlera d'abraseurs manuels à plages étendues ou courtes en fonction des dimensions des zones de travail. Dans le cas des abraseurs à plage étendue, un maintien de l'outil en position passive semble avéré. La surface active est généralement légèrement concave et dessine une zone d'abrasion. Dans le cas des abraseurs à plage réduite, le mode avéré de préhension à une seule main induit d'une part l'impossibilité de déterminer le caractère actif ou passif de l'application et d'autre part une multitude de modes de contacts potentiels, tant en terme d'orientation que d'angle. Ces outils sont généralement de dimensions trop réduites, d'une stabilité insuffisante ou d'une ergonomie inadaptée à un emploi spécifiquement passif. On peut donc envisager, par delà les contraintes morphologiques évidentes, plusieurs modes d'action successifs et complémentaires pour un seul outil. Ces pièces se distinguent à leur tour des « objets à surface polie » pour lesquels il est impossible de définir une réelle face (et non surface) active. Leur morphologie n'est pas vraiment définie et apparaît très variable. Enfin, les abraseurs à rainures englobent la majorité des grès rainurés, en très large majorité confectionnés sur des grès granuleux.
Notre classification des abraseurs et polissoirs repose donc clairement sur les potentialités mécaniques de chaque outil (fig. 34). L'examen de l'ensemble des outils dits de polissage permet sur les seuls critères de dimensions d'isoler d'ores et déjà trois groupes d'outils (fig. 31).

3-4-1 - Polissoirs à plages

Les polissoirs à plages réduites sont représentés par quatre individus, confectionnés dans des grès compacts à quartzitiques toujours durs. Toutes les formes se retrouvent alors que les sections rectangulaires dominent très largement. Leurs dimensions moyennes sont de 14,8 cm de longueur, 11,7 cm de largeur et 6,5 cm d'épaisseur pour un poids moyen de 1790,8 g. Les longueurs sont toujours supérieures à 10 cm. Toujours très plats, ces outils n'offrent que très rarement des dimensions supérieures à 4 cm. Un façonnage par enlèvements se remarque sur une grande majorité des pièces, et on note même un cas de piquetage du bord. Cette caractéristique les distingue des autres polissoirs à plages. Les surfaces actives concaves ou convexes portent toutes les intensités de l'usure. Près de la moitié des pièces porte un minimum de deux faces travaillées. Un exemplaire à Pontpoint «le Fond de Rambourg» a été obtenu sur la face inverse d'une meule de type tout à fait classique.
La nature de la matière première employée de même que la morphologie offerte par la surface active évoque plutôt le polissage de matières dures, peut-être d'origines minérales.

3-4-2 - Abraseurs manuels à plage

Ce groupe peut se scinder en deux catégories correspondant essentiellement aux dimensions de la plage de travail initiale, soit les abraseurs manuels à plages étendues et à plages courtes (Planches VI, XIII, XXVII, XXXVII, XLVI, LXVIII, LXXIX).
Le groupe des abraseurs manuels à plage étendue est représenté par quatorze individus, essentiellement présents sur les sites de Cuiry-lès-Chaudardes «les Fontinettes» et de Vignely «la Porte aux Bergers». Seulement 5 pièces de cette catégorie sont entières alors que la majorité des fragments retrouvés montrent une cassure transversale. Ils sont confectionnés dans des grès granuleux, bruns fortement friables. A Cuiry-lès-Chaudardes «les Fontinettes», un faciès gréseux spécifique, longtemps désigné sous le terme générique de « grès à polissoir », constitue l'unique matière première utilisée. Aux formes variées correspondent des sections plates, plutôt rectangulaires (3/4 des pièces) et de toute façon anguleuses. A Cuiry-lès-Chaudardes «les Fontinettes», les formes sont trapézoïdales ou triangulaires tandis qu'elles sont plus quadrangulaires à Vignely «la Porte aux Bergers» par exemple. Le façonnage par enlèvements concerne près de 40 % des outils.
Les quatre pièces entières livrent des dimensions similaires, de 6 à 7 cm de long par 5 de large. Les dimensions moyennes conservées sont de 7,2 x 6 x 2,6 cm pour un poids indicatif de 129,3 g. Les longueurs sont beaucoup plus homogènes que les largeurs, les épaisseurs sont toujours comprises entre 1 et 3 cm (sauf un exemplaire), et le poids oscille entre 80 et 220 g. On note donc une évidente homogénéité dans les modules de ces pièces, même fragmentaires, et ce même entre les sites. Le choix des supports d'après leurs dimensions semble donc avoir été effectué. Les surfaces actives ont toutes un profil concave.
Plus de la moitié des pièces ne présente qu'une seule surface active alors que certains outils peuvent porter jusqu'à cinq faces travaillées. Elles se localisent d'abord sur les faces opposées, puis sur les faces actives adjacentes dont les bords se juxtaposent. Si tous les faciès d'usure caractérisent les outils de Vignely «la Porte aux Bergers», un poli domine sur les pièces de Cuiry-lès-Chaudardes «les Fontinettes». Elles revêtent des stries fortement lisibles, orientées parallèlement selon un axe longitudinal oblique ou transversal. Un fort taux de réutilisation voire d'utilisations multiples apparaît (38,8 %), en particulier à Cuiry-lès-Chaudardes «les Fontinettes».
Techniquement, les profils légèrement concaves des plages d'utilisation évoquent plutôt un mouvement en percussion posée latéral, orienté parallèlement au bord le plus long de l'outil. L'arc de cercle délimitant l'extrémité distale de la surface active a pu être engendré par un mouvement légèrement pivotant du poignet de l'ordre de 120°. Ceci implique également que ce type d'outil est utilisé de manière passive, maintenu ou tenu à une main.
L'abrasion d'une surface relativement plane selon un mouvement transversal peut être appliquée à différents types d'outils en matières osseuses ou à différents objets de parures en matières animales ou minérales.

Les trente pièces identifiées comme des abraseurs manuels à plages courtes sont confectionnées sur des grès de qualités très variées : les grès granuleux sont ubiquistes à Cuiry-lès-Chaudardes «les Fontinettes» et représentés par 50 % des pièces de Reims-Tinqueux «la Haubette». Ils coexistent généralement avec des grès plus compacts. Les pièces entières qui constituent la moitié de l'effectif sont proportionnellement moins représentées à Cuiry-lès-Chaudardes

«les Fontinettes» et Passy «Sablonnière». Les formes et les sections sont très variées, les surfaces actives concaves à plano-concaves. Les supports sont extérieurement conservés bruts sauf sur le site de Cuiry-lès-Chaudardes «les Fontinettes» où l'on dénombre une majorité de cassures et d'enlèvements. Les longueurs sont comprises entre 5 à 10 cm et les largeurs entre 2 et 8 cm. Seul un petit groupe dépasse les 15 cm de long et les 8 à 10 cm de large.
Les deux tiers des pièces ne portent qu'une surface active au contraire d'un sixième d'entre elles qui portent jusqu'à trois surfaces travaillées. Les degrés d'usure variables se répartissent de manière couvrante sur les surfaces peu utilisées à Cuiry-lès-Chaudardes «les Fontinettes» et majoritairement polies ou lissées à Reims-Tinqueux «la Haubette». Les deux seuls cas de réutilisations ont été retrouvés à Cuiry-lès-Chaudardes «les Fontinettes».
La variabilité des formes et des supports accueillant ces plages elles-mêmes irrégulières rend difficile une approche fine des types. Tout au plus peut-on définir un mouvement en percussion posée linéaire, plutôt transversale, d'un objet en matière assez dur à face plane, puisque aucune concavité ne semble se dessiner sur ces surfaces.
Néanmoins, la localisation des plages actives sur les supports évoque la possibilité d'une utilisation tout aussi passive qu'active. Elles pourraient être employées pour la rectification ou le réaffûtage des surfaces des mêmes objets en matières animales ou minérales.

3-4-3 - Abraseurs manuels à rainures

Les « polissoirs à rainures » et autres « grès rainurés » sont connus depuis le Paléolithique supérieur et sont présents en nombre non négligeable à partir du Mésolithique et ce jusqu'au Néolithique ancien. L'ubiquité chronologique de ces types d'outils ne semble pas se limiter géographiquement et de nombreux exemples typologiquement similaires se retrouvent tant au Proche et Moyen Orient (Aurenche *et al.* 1999, Balkan-Atli 1994, Christensen *et al.* 1999) qu'en Afrique sub-saharienne (Gaussen *et al.* 1988, Huard 1966), en Amérique du Nord (Flenniken *et al.* 1988) ou encore en Europe nord-occidentale (Rozoy 1978). Il reste difficile d'interpréter la raison de la persistance étonnante des spécificités morphologiques et technologiques d'un contexte culturel à un autre, si ce n'est par le statut ou la fonctionnalité même de cet outillage.

La trentaine d'abraseurs à rainures se distribue sur la quasi totalité des sites étudiés mais dans des proportions très variables (Planche XXXVIII, XXXIX, XLI, LXXX). Une variété des types d'abraseur apparaît surtout sur les sites de Cuiry-lès-Chaudardes «les Fontinettes», suivi de Trosly-Breuil «les Obeaux», Bucy-le-Long «le Fond du Petit Marais» et Bucy-le-Long «la Fosse Tounise», où ils sont les plus nombreux. Sur les sites de Reims-Tinqueux «la Haubette», et du sud-est du Bassin parisien tel que Gurgy «les Grands Champs», Etigny « le Brassot-est » ou Villeneuve-la-Guyard «les Falaises de Prépoux», un seul exemplaire d'abraseur à rainure est à chaque fois présent.
Les abraseurs à rainures sont obtenus sur des grès de faible cohésion, de texture granuleuse dans 23,3 % des cas. Il s'agit de grès assez grossiers qui entament en profondeur la surface de l'objet abrasé. Deux tiers des pièces sont entières, les autres étant fracturées transversalement.

Ces pièces sont entières pour deux tiers de l'effectif, et fracturées transversalement pour le reste.
Les supports les plus courants sont des plaquettes triangulaires, puis rectangulaires et ovoïdes. A Trosly-Breuil «les Obeaux», les outils sont de section rectangulaire, ce qui correspond à l'emploi de blocs plus résistants, et sont ailleurs plutôt semi-circulaires, comme à Cuiry-lès-Chaudardes «les Fontinettes» ou Etigny «le Brassot-est». Aucune corrélation réelle entre les formes et sections de ces outils n'est à relever. Les formes triangulaires correspondent le plus souvent à des surfaces actives planes, elles-même associées à tous les types de section.
Les supports ont des dimensions moyennes très réduites, autour de 6,9 par 4,9 par 3,5 cm. Le façonnage rare de la surface externe procède par enlèvements dans deux cas et on dénombre 2 à 3 cas de poli du dos. On dénombre de une à cinq rainures par outil, excepté la pièce exceptionnelle de Cuiry-lès-Chaudardes «les Fontinettes» qui porte à elle seule 23 sillons ! La moitié de l'effectif livre une rainure unique, type quasi exclusif à Trosly-Breuil «les Obeaux», tandis que les autres pièces se partagent équitablement des dépressions multiples.
Une usure prononcée (poli) est lisible sur un peu moins de la moitié des outils. La grande majorité des abraseurs à rainures offrent des plages d'abrasion associées, soit directement sur la même face, soit complémentairement sur les faces adjacentes. Dans le premier cas, la plage d'abrasion peut être considérée comme un premier état d'utilisation indépendant ou comme la conséquence d'une abrasion longitudinale diffuse au début de l'action. Par ailleurs, on retrouve quelques impacts de percussion le plus souvent lâches, couvrants, sur les bords ou le pourtour des pièces.

Les rainures sont en moyenne longues de 3 cm, larges de 7 mm et profondes d'environ 4 mm. Tous les types de rainures rencontrés dans notre contexte sont consécutifs d'un creusement progressif et de la seule intensité de l'usure. Aucune d'elle ne présente de quelconques traces d'un préformage ou d'une préparation par piquetage. Toutes les gammes de profondeurs et de formes plus ou moins achevées se retrouvant sur les différents sites, nous confirmons que la formation des rainures résulte donc de leur seule utilisation. Les types de rainures à section en « u » majoritaires correspondent plutôt au type d'outil à rainure unique, de plus de 2 cm de long et assez large. On distingue plusieurs types de rainures à partir des seuls critères morphologiques. La morphologie et les particularités du support, la forme et les dimensions de la rainure de même que leur localisation relative sont tour à tour examinées (fig. 34).

La première catégorie présente des rainures fines appointées à bords plus ou moins convergents et à section en « v » (Planche XXXVIII m). Généralement assez peu profondes, ces rainures prennent naissance sur l'un des bords du support. Elles livrent des variantes sans extrémité appointée visible, très courtes, peu marquées. Une telle morphologie induit une application non strictement posée sur toute la longueur de la pièce mais avec un angle de 30° et une pression assez importante sur l'extrémité de l'objet à façonner. La faible largeur de ces rainures nous amène à penser que c'est plutôt la tranche de l'objet qu'on cherchait à façonner ; cette caractéristique a longtemps constituée un argument en faveur d'une fonction de façonnage et de réavivage d'aiguilles en os. La naissance de la rainure en parfaite adéquation avec l'arête latérale du support nous conforte dans l'idée d'une action en percussion posée longitudinale. Face aux qualités avérées du matériau et en regard des expérimentations réalisées, ce type de rainure se formerait rapidement et lors d'une seule utilisation. Plusieurs rainures généralement contiguës occupent une même face plus ou moins plane, parfois assimilable à une plaquette. Leur orientation est souvent oblique par rapport à l'amorce des bords sur lesquels elles prennent naissance.

La seconde catégorie englobe des rainures de largeur moyenne, d'un centimètre de large environ, dont les bords sont parallèles sur tout ou partie de leur longueur (Planche XXXVIII b). Il s'agit de fragments d'assez petites dimensions, de 2 à 4 cm de côté, et de forme quadrangulaire. Le premier sous-type rend compte de rainures de dimensions moyennes, obtenues sur faces planes, et dont le fond est lui même relativement plat. L'aspect curviligne mais néanmoins parallèle de certains bords de rainure caractérise le second sous-type. Les dépressions ainsi créées épousent parfaitement les circonvolutions du support. Une variante applicable indistinctement aux deux premiers sous-types montre des formes de rainures à bords convergents vers les extrémités. Dans tous les cas, il semble que les supports aient été choisis pour leurs particularités morphologiques en lien avec l'objet à façonner. Les dimensions modestes des outils considérés et les formes mal assurées des supports plaident en faveur d'une application de ces outils sur les objets à transformer, qui exclurait une utilisation de caractère passif. Pour le premier cas, on peut donc imaginer un abraseur se déplaçant linéairement sur toute la longueur d'un objet à façonner ou encore une rotation de l'abraseur sur les parties de l'objet à modifier ; à moins que ces outils n'aient servi à transformer une portion réduite des objets, à la manière de la régularisation d'une zone de préhension, à façonner une extrémité ou encore à réaffûter une partie circonscrite correspondant à la surface active.

La troisième catégorie de rainure est de forme ovoïde tronquée à section semi-circulaire évasée (Planche XXXIX f). L'extrémité distale présente une profondeur plus marquée que dans le reste de la rainure que je justifierais également par une pression plus importante à cet endroit sur l'objet associé. Souvent multiples, ces dépressions se partagent soit une même face soit les tranches d'un même support. Leur contour, partie basale y compris, est bien délimité. Cela élimine d'emblée une abrasion longitudinale. Une abrasion linéaire par basculement de l'objet semble à l'origine de la création de la légère cavité visible sur ce type d'outil.

La quatrième catégorie se définit par l'existence d'une rainure unique, disposée suivant l'axe de symétrie longitudinal du support (Planche XLI d). Les bords en sont rectilignes, parfaitement parallèles et la section en forme de deux tiers de cercle peut prendre un aspect parfois plus anguleux. Cette section présente des bords parfois très légèrement rentrants. La longueur de ces rainures correspond à la longueur du support et montre une forte variabilité. L'extrémité proximale ouverte traduit un mouvement en percussion posée longitudinale. Des exemplaires ethnographiques et mésolithiques similaires semblent avoir fonctionnés en couple, une fonction de régularisation de hampes de flèches étant parfois avancée. Dans notre cas, il semble que la morphologie du support empêche un tel fonctionnement. Les supports dans tous les cas fortement épais offrent des morphologies plus ou moins abouties. La forme triangulaire arrondie des deux exemplaires de Trosly-Breuil «les Obeaux» et Etigny «le Brassot-est» est marquée par une relative standardisation des dimensions et par un façonnage par polissage du dos dont la courbure s'avère très régulière. Si la face d'abrasion est intégralement marquée, la rainure ne traverse pas le support de part en part et offre une butée à l'extrémité distale. Une variante courte de ce type existe également avec des bords plus ou moins curvilignes et une section à bords rentrants (de type oméga inversé).

Les dimensions et l'aspect fruste des fragments sur lesquels les rainures sont obtenues impliquent une utilisation intense de supports plus recherchés pour la qualité de leur matière première que pour leur morphologie propre. La rareté de ce matériau apparaît donc évidente tant dans sa faible représentativité que dans son exploitation optimale. Il semble évident que ces matériaux disposent des qualités structurelles rares de renouvellement et de résistance requises pour les opérations d'abrasion. Ils apparaissent sous forme lenticulaire à travers le Bassin parisien, leurs affleurements sont donc très localisés, ce qui en fait des matériaux assez rares. Le fait que ces types d'abraseurs soient très bien représentés à Cuiry-lès-Chaudardes «les Fontinettes», site implanté à proximité immédiate des sources de grès Thanétien, ne semble pas anodine. Les qualités de ces grès sont en effet particulièrement adaptées aux opérations d'abrasion. La présence épisodique de grès rainurés sur les autres sites doit-elle ainsi s'expliquer par l'utilisation d'un autre matériau, à priori périssable, pour effectuer les mêmes tâches techniques ? Nous entrevoyons ces outils non pas comme le fruit d'une récolte pour une utilisation opportuniste mais plutôt dans un esprit de conservation de l'outil par exemple sur soi ou dans la panoplie outillée de base pour une finalité technique bien précise.
Les rainures se partagent rarement seules les supports et sont accompagnées d'autres dépressions soit sur les faces et une tranche soit sur une seule et même face pour les rainures les moins larges. Dans le dernier cas de figure, on remarque que plusieurs types de rainures peuvent se juxtaposer ou que plusieurs stades d'usures et de creusement se complètent. Nombreuses sont ainsi les « amorces » de rainures et les dépressions incomplètement formées.
La morphologie des rainures est donc en lien étroit non seulement avec le type de matériau sélectionné mais également avec la morphologie du support. Le type à rainure appointé est confectionné dans une variante de grès à grains légèrement plus fins que dans les autres cas. Notons que ce type d'outil procède à notre sens plutôt par application sur l'objet à transformer que de manière passive. Il est en outre possible de distinguer un mouvement en percussion posée longitudinale d'un mouvement appliqué « par basculement » (fig. 34), et qui entame le support sans en altérer les bords.
Enfin, peut-on associer ces abraseurs à rainures à une chaîne opératoire voire à une étape particulière de la chaîne opératoire de façonnage d'objets spécifiques ? Tel est le sujet de la troisième partie de notre étude, mais nous pouvons d'ores et déjà souligner que la morphologie contraignante des rainures engendrées ne peut être adaptée qu'à

un type d'utilisation à un moment précis du façonnage.

3-4-4 - Outils de polissage à utilisation multiple

Quatre individus présentent deux faces d'utilisation successives suivant les combinaisons suivantes : abraseurs à plages étendues ou courtes et molette à main, abraseurs à plages étendues ou courtes et à rainures. Dans le premier cas, il s'agit de grès compacts et dans le second de grès granuleux. Leurs dimensions restent très réduites, de 5 à 7 cm, de 3,5 à 4,5 cm et de 2 à 4 cm d'épaisseur ; les poids ne dépassent en effet jamais 160 g. On trouve toutes les formes et toutes les sections, les surfaces actives sont planes. L'intensité de l'usure est rarement plus que « forte » et se répartit toujours de manière couvrante. Les faces de travail sont opposées quand il s'agit de polissoirs à rainures et adjacentes dans le cas d'une association avec une surface de molette à main. Ces quelques cas demeurent toutefois anecdotiques en regard des associations courantes de surfaces abrasives planes et rainurées.

Les outils de polissage et d'abrasion semblent donc présents dans quasiment toute l'aire du Bassin parisien malgré une représentativité différentielle entre les sites. Cette dernière est imputable pour partie à la connaissance de gisement de grès granuleux adaptés mais très certainement aussi à la nature des activités pratiquées sur chaque site.
Au final, il semble que les opérations d'abrasion et donc de façonnage des objets soient de loin les plus représentées, les actions de polissage apparaissant anecdotiques sur la très grande majorité des sites. Ceci induit très certainement une part forte de la technique d'abrasion dans les chaînes opératoires de confection et de gestion des autres types d'artefacts.

POUR RESUMER

On distingue les polissoirs des abraseurs sur la base de la nature du matériau qu'ils utilisent et de la fonction auxquels ils sont par conséquent destinés. Les polissoirs à plages sont très peu nombreux tandis que les abraseurs sont fréquents et présents sur une majorité de sites. Leur façonnage est fruste, peu investi, mais leurs dimensions réduites semblent assez standard. Les supports sont intensément utilisés, sur plusieurs de leurs faces et sur des pièces de dimensions très réduites. On distingue plusieurs types d'abraseurs d'après la forme et la section des rainures qu'ils portent : ces types correspondent très certainement à des fonctions différenciées.

3-4-5 - « Molettes à main »

Cinquante-cinq individus ont été assimilés à la classe des molettes à main, bien représentée sur les sites de Cuiry-lès-Chaudardes «les Fontinettes», Berry-au-Bac «le Vieux Tordoir», Trosly-Breuil «les Obeaux», Villeneuve-la-Guyard «les Falaises de Prépoux» et Poses «Sur la Mare».
Les molettes à main se définissent comme leur nom l'indique par une préhension à une main qui induit la possibilité d'une manipulation multidirectionnelle non contrainte (Planche V, XI-XII, XXXV-XXXVI, XLVI). Elles sont utilisées en percussion posée dans une action de friction et de frottement dont le geste n'est pas strictement contraint. Elles peuvent être à la fois utilisées dans des actions de broyage et d'assouplissement des matériaux.
Elles sont obtenues sur des grès compacts et plus épisodiquement sur des grès quartzitiques. Leurs formes géométriques simples sont bien marquées, qu'elles soient rectangulaires (1/3), ovoïdes (1/3) ou encore triangulaires (fig. 35). Toutes les variantes quadrangulaires et discoïdes se retrouvent également. Les sections sont diversement rectangulaires, semi-circulaires et triangulaires. Si les pièces de Trosly-Breuil «les Obeaux» sont particulièrement plates, les pièces de Cuiry-lès-Chaudardes «les Fontinettes» livrent des sections préférentiellement triangulaires et semi-circulaires. Les faces actives sont planes à convexes, et généralement symétriques, même si l'amorce des bords est parfois mal délimitée. La moitié des molettes à main plano-concaves de Cuiry-lès-Chaudardes «les Fontinettes» renvoient au travail d'une surface négative convexe et s'oppose aux molettes à main convexes ou plano-convexes de Trosly-Breuil «les Obeaux». Il s'agit de pièces le plus souvent entières, à hauteur de 78,2 %. Ces dernières se caractérisent par des dimensions moyennes assez réduites de 7,3 par 5,3 par 3,75 cm pour un poids de 300 g.

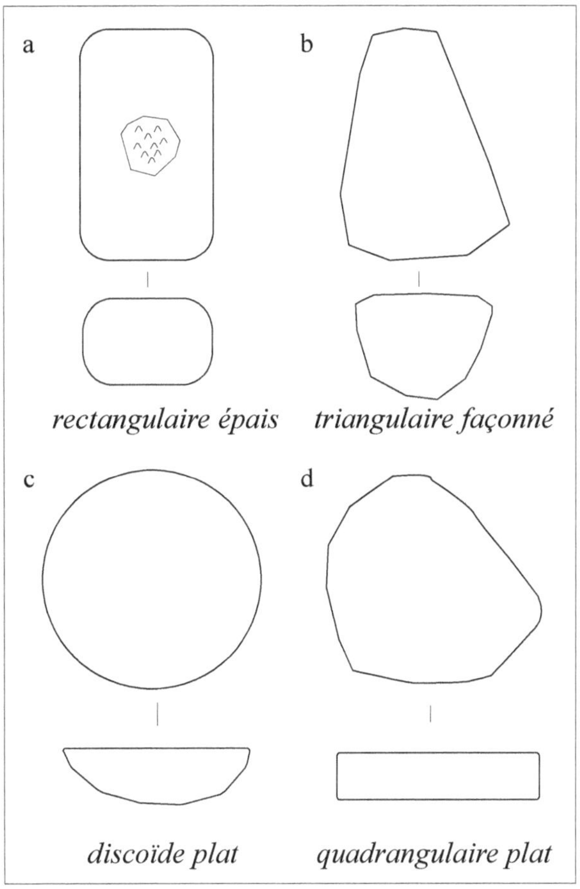

Fig. 35. Types schématiques de «molettes à main» d'après leurs formes et leurs sections

Leur façonnage est réalisé à 60 % par détachement d'éclats tandis qu'un cinquième des surfaces externes est conservé brut. A nouveau, les molettes à main de Cuiry-lès-Chaudardes «les Fontinettes» se distinguent de celles de Trosly-Breuil «les Obeaux» par un façonnage plus poussé.
Les usures assez inégales et diversifiées, qui touchent d'abord les aspérités, vont jusqu'à émousser les arêtes largement au delà de la face active. La répartition de l'usure ne correspond pas strictement à la surface utile. La moitié des molettes à main de Cuiry-lès-Chaudardes «les Fonti-

nettes» a subi de multiples utilisations.
Un premier type de molette à main rectangulaire présente une mise en forme grossière et deux faces travaillées opposées. Les faces actives sont préparées par un piquetage assez dense et montrent le plus souvent un poli de leurs aspérités. Des traces de percussion circonscrites au centre de la pièce viennent entamer ce poli, sans qu'il soit possible de déterminer s'il s'agit d'une utilisation simultanée ou postérieure aux opérations de friction.
Un second type rassemble des formes triangulaires, épaisses, dont le dos est souvent aménagé pour une bonne préhension. Un bord courbe semble d'origine tandis que le flanc opposé montre des traces de façonnage. La surface active est légèrement convexe et les arêtes souvent émoussées. Il s'agit parfois de récupération de fragments de blocs de grès assez quartzitiques.
Enfin, un troisième type rassemble des disques ou pièces quadrangulaires d'épaisseur faible et régulière, qui montrent un façonnage par détachement d'éclats sur les bords. Le lissage homogène des surfaces déborde bien au delà des arêtes de la surface active convexe. Ces outils plats semblent de fait plus appliqués contre une surface, que réellement tenus dans la main. Une variante à ce groupe utilise des grès coquilliers, une autre un calcaire de craie induré.
La variabilité des types morphologiques des molettes à main correspond sans aucun doute à des modes d'application différents contre la matière. Il n'en reste pas moins que l'émoussé quasi systématique des arêtes renvoie plutôt à la transformation de substances souples, tendres voire de texture poudreuse.

Plusieurs modes d'action sur la matière sont regroupés sous la dénomination d'outils de polissage et de traitement. Seul le croisement des données relatives à la matière première, à l'extension et à la morphologie de la surface active et enfin à la localisation des traces d'utilisation assure une distinction ordonnée entre catégorie d'outils. Les critères techniques et de fonctionnement structurent donc notre compréhension de cet ensemble d'outils. Différencier les applications passives ou actives des outils pris individuellement ne semble pas toujours évident pour les outils de plus petites dimensions, si ce n'est dans le cas où un façonnage de la surface externe est lisible. Nous reviendrons plus en détail sur le lien entre la morphologie des plages actives et le type de fonction pressentie pour ces types d'outil.

3-5 – Indéterminés

Nous intégrons sous la catégorie des « indéterminés » des pièces dont il reste difficile de déterminer soit le mode d'action réel soit l'appartenance à une catégorie d'outils en particulier du fait d'une morphologie atypique. Seules 10 pièces sur un effectif total de 120 livrent plusieurs surfaces actives. Les outils indéterminés sont surtout représentés à Berry-au-Bac «le Vieux Tordoir», ce qui souligne à nouveau indirectement la gestion singulière des matériaux et des supports sur ce site, mais aussi plus généralement sur tous les sites de la vallée de l'Aisne, Trosly-Breuil «les Obeaux» y compris.

La majorité de ces outils présente des stigmates d'utilisation parfois trop ténus pour être classés dans un mode d'action en particulier. La combinaison de stigmates de nature et de répartition originale entre également dans cette catégorie. L'attribution au groupe des indéterminés se fait selon des critères très variables. Dans certains cas, l'association « contre-nature » de certaines morphologies avec certains types de traces s'avère problématique. L'association de traces qui techniquement semblent s'exclurent pose également problème lorsqu'aucune chronologie de l'utilisation de la pièce ne peut être établie. De fortes traces de percussion imbriquées sur une plage d'abrasion régulière d'une pièce de Bucy-le-Long «le Fond du Petit Marais» prête ainsi à confusion. La localisation de traces d'utilisation sur des zones inédites rentre également en considération ici. Un poli uniquement localisé sur les arêtes peut ainsi apparaître problématique.

A titre d'exemple, je citerais une catégorie d'outils parfois désignée sous le terme d' « outils à surface polie » (Monchablon 1997). Ces objets se définissent par l'emploi opportuniste de supports secondaires, de type déchets de façonnage récupérés. Les éclats représentent en effet près du quart des supports. Ce groupe de vingt-six outils ne semble avoir été retrouvé qu'à Poses «Sur la Mare» excepté un exemplaire à Trosly-Breuil «les Obeaux». Les usures se localisent sur des surfaces actives mal délimitées et n'occupant qu'une part asymétrique de la face choisie. Leurs dimensions restent réduites, bien que très variables. Les longueurs oscillent entre 2 et 12 cm et les largeurs entre 1 et 8 cm, même si une certaine proportionnalité entre ces deux dimensions s'observe. On trouve toutes les épaisseurs et tous les poids. Tous les types d'usures sont présents et se répartissent tant sur les protubérances que sur l'ensemble de la surface active. La morphologie des outils et l'aspect des traces plaident en faveur d'une utilisation courte pour des besoins plus ponctuels et, dans certains cas, à défaut d'outils mieux finis. Ces outils peuvent en quelque sorte être assimilés à des productions expédientes. Leur mode d'action reste par ailleurs délicat à préciser entre utilisation active ou passive, broyage ou abrasion.

Ces outils classés par défaut dans les indéterminés montrent combien la perméabilité entre les grands modes d'action est à prendre en compte. Une des causes de cet enchevêtrement technique réside dans l'occurrence de cycles de réutilisation complexes, parfois incomplets ou inadaptés. Ainsi, le réavivage en cours d'une molette à main de Berry-au-Bac «le Vieux Tordoir», a engendré des stigmates à la fois de préparation et d'utilisation qu'il reste d'autant plus difficile à démêler qu'ils se surimposent à la surface active antérieure. Mais plus simplement, la mise en forme ou l'ébauchage d'un outil de même qu'une utilisation à peine amorcée peuvent engendrer des pièces d'usage potentiellement multiple. Tel est le cas d'un bloc préparé à Bucy-le-Long «le Fond du Petit Marais» en vue très certainement de servir d'enclume. La présence de sillons d'utilisation, sécants, sur plusieurs pièces en calcaire à Berry-au-Bac «le Vieux Tordoir» s'avère par exemple être une particularité non identifiée dans d'autres contextes. Certains types morphologiquement bien affirmés, mais hors des catégories prédéfinies de notre classement, sont également intégrées ici à l'instar d'un ciseau de Jablines «la Pente de Croupeton».

Les modalités méthodologiques du déroulement de cette étude témoignent qu'à chaque mode d'action correspond en réalité un niveau différentiel de lecture de l'outillage. L'approche de l'outillage de mouture centrée sur la morphologie et la métrie cherche à caractériser plus finement d'éventuelles normes régissant l'efficacité de l'association meules et molettes. Il nous faut réfléchir en termes d'adaptation ou mieux d'adéquation entre la qualité des matières premières des meules et des molettes, les rapports de poids et de dimensions des outils, les surfaces de contact entre les outils et avec la matière d'œuvre, *etc.* Chacun de ces critères entre en jeu dans la notion d'efficacité optimale. Pour l'outillage de percussion lancée, la morphologie envisagée en terme de préhension et de fonctionnement ne prend tout son sens qu'à la lumière de l'identification de la nature et de la localisation des traces d'usure. C'est donc le mode de contact que l'on cherche à caractériser en premier lieu pour cette catégorie d'outillage. Dans le cas des abraseurs et autres polissoirs, l'analyse morphologique cible la plage active, considérée comme une déformation du support consécutive à l'usure. On touche ainsi à l'interaction entre le façonnage d'un objet et ses conséquences sur le support technique lui-même, qui incluent les qualités mécaniques de la matière première.

L'établissement de cette classification permet d'envisager les facteurs de variabilité au sein des assemblages. Comment justifier par exemple de la tripartition des modules de meules et molettes alors qu'un certain équilibre morphologique et « esthétique » semble par ailleurs atteint ? Comment, dans le cadre des outils de percussion lancée et de concassage / broyage, peut-on justifier que des percuteurs très divers coexistent avec une relative homogénéité au sein des broyons ? Il nous faut envisager la piste fonctionnelle comme un des facteurs à l'origine des différences observées au sein de chaque catégorie d'outils. Les variations dans la composition des corpus de chaque site renvoient plus certainement à leur statut et aux activités qui sont pratiquées à l'échelle de l'unité d'habitation ou du village. Là encore, l'identification de la fonction des outils nous semble inévitable dans une logique de reconstitution du contexte technique et domestique. Enfin, la variabilité chronologique et géographique observée se justifie pleinement en terme de gestion et de statut de l'outillage, depuis l'obtention de la matière première jusqu'au rejet définitif de la pièce. Il n'en reste pas moins qu'il convient de déterminer en préambule la part des impératifs fonctionnels.

PARTIE III

FONCTION ET USAGE DES OUTILS EN GRÈS

CHAPITRE 1 -

FONCTION ET FONCTIONNEMENT : IMPLICATIONS ET MÉTHODES

Le choix et la mise en place d'une approche fonctionnelle répondent à une volonté de prendre en compte les différents facteurs à l'origine de la variabilité propre à l'outillage en grès. Notre étude s'inscrit par ailleurs dans une dynamique de recherche plus large, traitant tous les aspects de ce mobilier.

1-1 - Principes pour une analyse fonctionnelle des outils en grès

Avant d'entamer l'étude fonctionnelle proprement dite, il nous semblait judicieux de préciser quelques principes généraux et quelques clefs relatives au cheminement de notre démarche.

1-1-1 - Niveaux de réflexion fonctionnelle

A notre sens la distinction entre le fonctionnement d'un outil et sa fonction s'avère particulièrement adaptée à l'examen de l'outillage en pierre. Si un broyage peut être obtenu à l'aide d'outils morphologiquement très variés, abrasion, affûtage et polissage peuvent au contraire être effectués sur des supports quasi identiques en terme de morphologie et de qualités des matières premières. Dans le premier cas, une même fonction correspondra à des outils au fonctionnement distinct tandis que dans le second cas, des fonctions distinctes (façonner et finaliser) correspondront au même type d'outil au fonctionnement très proche.
A notre sens, il convient donc de structurer triplement notre étude fonctionnelle :
- quelles actions techniques ont été appliquées ?
- comment les outils ont-ils fonctionné ?
- quelles matières ou substances ont été transformées ?

Le dénominateur commun à ces trois directions d'étude tient dans l'emploi d'une matière première commune, le grès, dont les différentes textures et les qualités abrasives naturelles font l'objet d'une véritable sélection. Or les questions de gestion et d'économie des matières premières, les associations préférentielles entre matériaux et catégories d'outils plaident en faveur d'un second niveau de sélection d'ordre fonctionnel. Si la recherche de blocs bruts à la morphologie spécifique est directement liée aux étapes de fabrication des outils, les propriétés de rugosité et de vitesse d'usure des surfaces doivent être considérées à la lumière de déterminations pétrographiques fines.

La résolution des modalités de formation de l'usure doit également tenir compte de la notion de cycle d'utilisation. L'outil constitue alternativement un objet à façonner et à entretenir et un médium pour la transformation d'une autre matière. Il est donc intégré à la fois dans un cycle d'entretien et dans un cycle d'utilisation. Ce dernier intègre les fréquences et les rythmes d'utilisation ; il est propre à chaque action technique voire à chaque type de matière traitée. Poussée à l'extrême, cette combinaison aboutit, dans le cas de l'outillage en pierre, à des réutilisations et à l'apparition d'outils composites à utilisations multiples.
Face à une relative standardisation des catégories typologiques, le cycle d'utilisation contribue à la variabilité morphologique des ensembles en pierre. Les adaptations de la morphologie initiale du bloc brut s'expliquent ainsi surtout par des finalités techniques, de fonctionnement et d'efficacité. Les modes d'action, qui varient finalement peu dans leurs principes généraux, subissent toute une série d'adaptations. Les gestes et modes de contact entre les différentes surfaces de travail sont ainsi déclinés en autant de solutions techniques nécessaires à l'optimisation de l'efficacité de chaque outil, considéré dans son contexte d'utilisation propre. Une percussion posée, diffuse ou linéaire, pourra ainsi être appliquée à un outil à la surface de travail importante (molette) ou à une surface de contact très réduite de morphologie parfaitement adaptée (extrémité utilisée en pilon par exemple).

La notion de système technique prend également tout son sens à l'examen des modalités de choix préférentiel d'un type d'outil en particulier. En aval, les liens entretenus avec les autres instruments orientent leur insertion dans la chaîne opératoire technique. L'outillage en pierre peut intervenir à la fois dans plusieurs chaînes opératoires de transformation. De plus, un même outil en pierre peut être employé pendant toute la durée de l'opération, à une seule étape spécifique ou encore à plusieurs étapes successives ou alternatives du traitement. Au sein d'un outillage donné, la préférence pour une solution technique spécifique confère un statut particulier à l'outil en pierre, qui peut également être perçu à travers le soin apporté au façonnage et à la finition des pièces.

Dans ce cadre fonctionnel, il apparaît possible de formuler les objectifs précis d'une telle analyse.

1-1-2 - Buts d'une analyse fonctionnelle

Dans le cadre d'une analyse fonctionnelle, l'examen de l'insertion des outillages en pierre dans leurs domaines d'activités respectifs doit donc s'attacher à préciser :
- les matières transformées : nature, texture, qualité, état et éventuelles étapes de préparation,
- le geste d'utilisation : posture, mode de manipulation, type de percussion,
- l'acte technique : interaction entre chacune des catégories d'outil en pierre et les caractéristiques techniques propres à chaque matériau ou objet transformé en terme de mode de contact (actif/passif, apparié, adjuvant), de morphologies

spécifiques des surfaces actives, de propriétés mécaniques respectives, d'investissement dans le façonnage,
- l'insertion dans les différentes chaînes opératoires techniques : étape de transformation, rôle et efficacité relative par rapport aux autres catégories d'outillage, éventuelles étapes de traitement en amont,
- les buts de l'opération : propriétés et destination du produit obtenu.

Dans le cadre de l'analyse fonctionnelle, chacun de ces points sera envisagé par domaine d'activité et type d'outils.

1-1-3 - Facteurs d'implication fonctionnelle

Un certain nombre de facteurs, plus ou moins contrôlables et mesurables, sous-tend l'utilisation de chaque outil. Dans le cadre d'une étude fonctionnelle, il s'agit d'autant de paramètres à évaluer lors de l'élaboration des protocoles expérimentaux. Ils influent en effet différemment sur l'apparition et l'intensité des stigmates d'usure que viendra caractériser l'analyse tracéologique. Nous distinguerons les facteurs humains, des facteurs intrinsèques aux outillages de mouture et des facteurs contextuels.

• Nature de l'opération
- but de l'action technique (moudre, abraser,...) qu'il s'agisse d'une volonté de réduction, de modification des textures ou des propriétés des matériaux,de régularisation, de façonnage, de finition,
- qualités du produit fini recherché,
- rythmes d'utilisation, qu'il s'agisse de l'espacement des plages ou de la durée des phases de travail.

• Outillage : meules et molettes
- qualité des matières premières des outils : dureté, cohésion, texture,
- mode de façonnage,
- polyvalence ou spécialisation fonctionnelle d'un support,
- insertion dans un cycle de réutilisation, recyclage, rejet.

• Mode de manipulation
- posture de l'opérant
- préhension des outils actifs ou stabilisation des outils passifs,
- cinématique de l'outil actif : type de percussion appliquée, pression, vitesse d'exécution et contrôle régulier ou non de la trajectoire,
- l'aptitude physique, en lien avec l'âge et le sexe,
- maîtrise des gestes en lien avec la dextérité (positionnement des doigts, souplesse du poignet pour relever l'outil en fin de course), la latéralisation (gaucher ou droitier) et surtout le savoir-faire (apprentissage, modes de transmission, spécialisation).

• Surfaces actives
- localisation des surfaces actives,
- comportement des deux matières premières en présence l'une par raport à l'autre (meules et molettes),
- état de surface en lien avec le mode de préparation et le degré d'usure, lui même lié à la durée et l'intensité de l'utilisation,
- mode de contact entre les surfaces actives et la matière transformée : adhésion, friction, fatigue.

• Matière transformée
- morphologie, nature, texture et état des matières transformées : objets ou substance, frais ou sec, souple ou dur, fibreux ou écailleux,
- nature et texture des adjuvants : abrasifs, lubrifiants,
- comportement de la substance intercalaire une fois « piégée » entre les deux surfaces actives,
- éventuelle formation d'un corps intermédiaire résiduel (poudre, film gras, pellicule d'eau).

• Déroulement des activités
- ambiance de travail : température, humidité, à l'extérieur ou l'intérieur,
- fréquence d'utilisation : saisonnière, quotidienne, occasionnelle,
- cadre général des activités et chaîne opératoire : préparation alimentaire, façonnage d'un objet.

L'adaptation de ces principes varie selon le contexte chrono-culturel et le type d'assemblage étudié. De la même manière, la méthode d'analyse fonctionnelle choisie doit être parfaitement adaptée au questionnement propre à chaque catégorie d'outils.

1-2 – Méthodes d'analyse fonctionnelle appliquées au mobilier en pierre

Si la détermination fonctionnelle sur outillage en pierre bénéficie de l'expérience des recherches appliquées aux industries lithiques taillées, le recours à des méthodes d'analyse physiques et biochimiques s'avère cependant novateur. Les analyses tracéologiques portent sur les traces de fabrication, les stigmates d'utilisation de type poli, stries et impacts de percussion, ou encore sur les résidus des matières travaillées. Il s'agit donc d'exploiter à la fois les déformations de surface et les apports de matières. Pour ce faire, quatre grandes familles de méthodes ont jusque là été mises à contribution.

1-2-1 - Analyse des traces d'utilisation

La méthode d'analyse des traces d'usure (« Use-wear analysis ») consiste à diagnostiquer les stigmates d'utilisation caractéristiques d'une action technique par comparaison de surfaces archéologiques et expérimentales. Initiée par S. A. Semenov sur l'industrie lithique (Semenov 1957), cette méthode nécessite la constitution d'un référentiel expérimental préalable, couvrant autant que possible le champ des actions techniques et des matières travaillées envisageables d'après chaque contexte techno-culturel. Elle a recours à l'observation des traces microscopiques, à faibles et à forts grossissements à l'aide d'une loupe binoculaire ou d'un microscope optique (Anderson 1980, Keeley *et al.* 1977, Odell *et al.* 1980). Les critères d'observation des stigmates d'utilisation tels que les polis, stries et impacts de percussion se sont affinés grâce à un aller-retour permanent entre « les étalons de référence et les spécimens préhistoriques » (Plisson 1991). Les phases expérimentales viennent de surcroît alimenter la perpétuelle remise en question des hypothèses de départ par le renouvellement des problématiques tout au long de la démarche fonctionnelle.

Deux grandes familles de stigmates d'utilisation sont lisibles sur l'outillage en silex : les émoussés, ébréchures, et stries macroscopiques observables à faible grossissement (1 à 80 fois) sont accompagnées de micro-polis et de micro-stries lorsque l'on passe à des grossissements plus forts de plus de 100 fois (Anderson 1992, Beyries 1988, Vaughan 1985). Parmi ces traces, le poli fait l'objet d'une attention particulière et se définit comme la « structure de la face lisse, résultant de la modification de son micro-relief original, que celle-ci procède d'un enlèvement ou d'un apport de matière, provoqué par un processus chimique, naturel ou artificiel » (Plisson *et al.* 1989). La structure du poli est décrite, outre par son étendue, son contour et sa luisance, par sa coalescence et par sa trame (Plisson 1985). La caractérisation de la micro-topographie des surfaces bénéficie ainsi d'un codage strict, sur lequel s'appuie généralement la lecture des modifications du microrelief pour les outils en pierre (Anderson 1992 et 2000, Caspar 1985, Mansur 1997).

Les apports complémentaires de la tracéologie et de la tribologie s'avèrent d'un secours précieux dans l'interprétation des modalités de contact entre les surfaces. Les mécanismes de formation des polis d'usure ont jusque là cristallisés les recherches. Plusieurs phénomènes ont été tour à tour étudiés et proposés pour élucider les mécanismes de formation des poli, tels que les phénomènes mécaniques (Levi-Sala 1986 et 1993, Yamada 1993), les phénomènes de fusion (Witthoft 1967) ou d'apport de matière (Anderson-Gerfaud 1980 et 1986, Christensen 1999, p. 30 et 31). Une combinaison entre processus d'altération mécanique et interactions chimiques a même été proposée (Mansur 1997, p. 482).
Dans le cas de la mouture, l'interaction entre les deux surfaces actives et un film intercalaire est au cœur de l'étude des mécanismes de transformation des surfaces. L'usure de deux solides en contact est conséquente à la pression et à la cinématique des deux outils l'un par rapport à l'autre. Ces deux paramètres conditionnent en effet les phénomènes d'abrasion, de transformations superficielles et d'usure adhésive (arrachage de grains, fissuration, ...) (Adams 1988).
Ces processus résultent « d'un mode de contact, d'un état de surface microgéométrique, d'une charge, d'une vitesse, d'une ambiance et de la nature des matériaux » (Procopiou 1998, p. 89). La structure et la rugosité des matériaux en présence déterminent leur résistance relative et leur propension à « imprimer » les stigmates d'abrasion. La nature et l'état des substances transformées, le degré d'humidité qu'elles libèrent, ainsi que l'élévation de la température consécutive de la pression appliquée, la vitesse et la charge du mouvement influent en tous cas sur les mécanismes de formation des polis.
L'apport de silice dans la formation des polis doit également être considéré avec intérêt. En effet, une interaction entre les grains de quartz, le ciment siliceux des grès employés et les phytolithes présents en quantité dans les céréales est à envisager (Anderson-Gerfaud 1980, Procopiou *et al.* 2002). La présence d'un troisième corps ou film intercalaire crée une situation d'adhésion, mettant en jeu des mécanismes de frottement et de lubrification, avec pour conséquence l'obtention d'une usure tribochimique (polis, phénomènes de dépôt en surface).

Néanmoins, la méthode d'analyse des traces d'usure aguerrie sur les outils en silex, ne peut être transposée directement à d'autres types de matériaux. Si elle s'adapte globalement bien aux outils en quartz (Sala *et al.* 1996, Sussmann 1988) ou en obsidienne (Astruc 2001), la tracéologie sur outillage osseux a nécessité la définition d'un certain nombre de stigmates propres à ce matériau (Maigrot 1994). Il en est de même pour l'outillage en pierre, dont l'observation des traces d'usure s'est jusque là quasiment limitée au recours à de faibles grossissements (Adams 1988, Dubreuil 2002, Hamon 2003 a, Menasanch *et al.* 2002). L'analyse des traces d'utilisation nécessite donc une définition des stigmates et critères descriptifs propres à chaque type de matériaux. Par extension, les mécanismes de formation des stigmates d'usure, encore mal connus pour l'industrie taillée, mériteraient d'être comparés entre tous les types de supports.
Un grand nombre de fonctions peuvent être déterminer grâce à cette même méthodologie, à la fois d'échantillonnage des outils et de lecture des traces. Les limites de cette méthode, apparues lors de l'examen de la nature des différentes matières premières, relèvent de modifications d'ordre taphonomiques ou encore des similarités et recoupements de stigmates entre usages distincts (Levi-Sala 1986, Newcomer *et al.* 1987). La compréhension des mécanismes de formation des stigmates d'usure se révèle en outre parfois délicate à la lumière de cette seule méthode.

1-2-2 - Tribologie et comportement des matériaux

La tribologie s'avère de ce point de vue d'une aide précieuse, de par l'étude du comportement et de la déformation des surfaces au cours du travail qu'elle propose. Cette « science du frottement » est héritière « des bases fondamentales de la mécanique et (...) de la science des matériaux » (Georges *et al.* 2004, p. 4). Elle étudie « l'interaction entre surfaces de solides en mouvements relatifs », les mécanismes de contact et d'usure entre les matériaux (frottement, lubrification et adhérence) et les déformations plastiques de la matière qu'ils génèrent (Georges *et al.* 2004, p. 5). Cette discipline nouvellement appliquée à l'archéologie, rend compte également des pertes et apports de matières, que leur origine soit mécanique ou chimique. Elle renvoie aux principes de base de la pétrographie et de la tribochimie (Kapsa 2004, p. 8). Dans le cas spécifique de l'usure, les transformations de matière, les processus physico-chimiques et les réactions du corps intercalaire sont envisagés.
Ces principes ont été repris par J. Adams pour sa détermination des mécanismes de formation des stigmates d'usure (Adams 1988 et 1989) et par A. Schoumacker lors de son étude des propriétés abrasives des matériaux (Schoumacker 1993). L'application la plus directe de cette méthode à l'outillage de mouture revient à H. Procopiou qui envisage les modalités d'usure microtopographique des surfaces en fonction des matériaux sélectionnés (Procopiou *et al.*

1996). Cette méthode permet, à partir d'une observation des déformations de la surface en trois dimensions, de caractériser différents types d'usure et de remonter à l'usage spécifique de chaque surface. La technique de la rugosimétrie, tactile ou optique, mesure les variations d'altitude en des points donnés à différents moments du travail, et les restitue sous forme de coupes en deux ou trois dimensions (Procopiou 1998). Des techniques connexes telles que l'analyse au microscope à force atomique (Kimball *et al.* 1996) ou encore l'emploi d'un microscope électronique à balayage en combinaison avec un spectromètre à dispersion de rayons X (Sala *et al.* 1996), sont par ailleurs développées sur l'industrie lithique taillée. Elles s'attachent tout particulièrement aux déformations intragranulaires, soumises à des processus de compression, dislocation et dissolution des grains, et aux dépôts de matières exogènes impliqués dans ces processus.
L'avantage majeur de ces méthodes réside dans la possibilité de quantifier les mécanismes d'usure, et d'en dégager les conséquences en terme de vitesse d'usure des surfaces, de durée de vie et de cycle d'utilisation des outils. La détermination précise des matériaux transformés requiert, elle, des techniques spécifiquement adaptées à l'étude de leurs résidus.

1-2-3 - Analyse des résidus organiques

Les techniques d'analyse des résidus piégés dans les interstices des outils de mouture portent sur les acides gras, les grains d'amidon et les phytolites.

Bien que non propres aux céréales, les acides gras sont toujours associés aux composés organiques d'une espèce végétale. Les acides gras peu labiles se prêtent assez bien à une extraction à l'aide de plusieurs solvants de polarité croissante (Formenti *et al.* 1998). Dans le cadre de cette méthode, la détermination de l'espèce végétale repose sur les proportions relatives de chaque type d'acide gras séparé par méthylation et analysés suivant la méthode de la chromatographie en phase gazeuse couplée à une spectrométrie de masse (Formenti *et al.* 1998).

L'amidon, substance glucidique emmagasinée dans les graines, « se présente sous la forme de petites granules sphériques de 2 à 40 µm de diamètre insérées dans une matrice protéique » (Alais *et al.* 1994, Procopiou *et al.* 2002). Leur reconnaissance en surface des outils de mouture archéologiques est effectuée à l'aide d'un microscope électronique à balayage et par comparaison avec une collection de référence (Fullagar ed. 1998, Procopiou 1998).
Les phytolithes sont des amas siliceux de la taille du micron, qui impriment en négatif la forme des espaces végétaux extra et intracellulaires. Leur analyse permet de déterminer à quel type d'action était dévoués les meules (décorticage, mouture), car les phytolithes sont caractéristiques d'une espèce voire d'une partie de la plante (tige, balle, racine) (Anderson-Gerfaud 1980, Procopiou 1998, Verdin 2002). Ils sont extraits par lavages successifs à l'aide de différents solvants pour une identification ultérieure au microscope.

L'ensemble de ces méthodes, qui apportent de précieuses informations sur les espèces et parties de plantes transformées par des outils de broyage, sont également complémentaires dans leurs apports (Tresserras 2002). Leur principal inconvénient réside dans les problèmes de conservation différentielle, de dégradation taphonomique et de pollution éventuelles des échantillons, que même des prélèvement témoins de sédiments ne permettent pas toujours d'appréhender correctement (Atchison *et al.* 1998, Thérin 1998).

1-2-4 - Détermination chimiques élémentaires

Difficilement applicables à la reconnaissance des résidus d'origine végétale, les techniques de détection chimique élémentaire visent la détermination des matières travaillées à partir des résidus de matière et des polis consécutifs à l'utilisation. Ces techniques, rendent compte de la composition chimique des résidus de matière par identification de la nature et de la quantité de chacun de leurs éléments constitutifs (Christensen 1999).

Réalisée à l'aide d'un microscope électronique à balayage équipé d'un système d'analyse X dispersif en énergie, une telle analyse restitue la cartographie des éléments plus lourds que le silicium sous la forme d'une image topographique en trois dimensions (Christensen 1999). L'analyse en spectrométrie par rétrodiffusion élastique enregistre l'énergie des ions rétrodiffusés par les atomes bombardés par un faisceau d'électrons (Jones 1989). En fonction de la quantité d'ions et de leur énergie respective, il est possible d'identifier les différents éléments chimiques en présence.
Ces deux méthodes d'analyse restituent leurs résultats sous la forme d'un spectre des éléments chimiques constitutifs de l'échantillon (Christensen *et al.*1990).
Rarement appliquées à l'outillage en pierre, ces méthodes s'avèrent plus spécifiquement adaptée à l'identification fonctionnelle de l'outillage de pierre hors mouture et broyage, à l'instar des polissoirs (Christensen *et al.* 1999) : cette méthode ne permet en fait de déterminer que les éléments inorganiques.

La complémentarité de ces quatre grandes familles de méthodes de détermination fonctionnelle permet de couvrir la quasi totalité des matières transformées à l'aide d'outils de mouture, broyage et abrasion. Le rôle des matières premières, le comportement des surfaces actives en contact et les processus à l'origine de formation de stigmates d'usure sont plus facilement appréhendés par la pétrographie, la tribologie et la tracéologie. La pétrographie permet de déterminer la structure des roches utilisées tandis que la tribologie examine les déformations mécaniques et chimiques de la microtopographie d'une surface. La tracéologie vise plus directement à l'identification des traces diagnostiques d'une usure sans forcément arriver à en comprendre les mécanismes de formation.

Les analyses croisées des acides gras, grains d'amidon et phytolithes permettent d'identifier à terme les espèces de céréales transformées, la nature des actions réellement effectuées (décorticage, mouture) et leur comportement au cours du broyage.

1-3 – Choix d'une méthode d'analyse des traces d'utilisation

Ces techniques particulièrement adaptées à la détermination fonctionnelle des surfaces de mouture s'avèrent beaucoup moins pertinentes pour l'analyse des surfaces de broyage et de façonnage de matières d'œuvre de nature différente, tel qu'elles apparaissent dans notre corpus. Nous avons donc opté pour une analyse optique des traces d'utilisation, qui nous semblait la mieux adaptée. L'hétérogénéité de notre corpus et des domaines d'activités qui le constituent requéraient en effet une méthode pouvant envisager toutes les matières transformées et tous les modes d'actions au sein d'une seule et même démarche. De surcroît, les outils sur lesquels reposent notre réflexion fonctionnelle sont issus de contextes détritiques et non de contexte d'utilisation in situ ou secondaires. Ces outils sont très fragmentés et sujets à des réutilisations fréquentes, parfois difficiles à déceler.

Les résidus ont moins de chances d'avoir été conservés que les stries et polis d'utilisation.L'emploi de méthodes d'analyses élémentaires chimiques n'aurait en outre pu porter que sur quelques individus. Les résultats auraient ainsi été difficilement transposables à l'échelle de tout le corpus. Comment en effet comprendre la part réelle de chaque matière broyée à l'aide des meules et molettes d'un même site grâce à une telle analyse ? Comment tester le lien entre les caractéristiques morphologiques de chaque type d'outils, et notamment des molettes, dans un contexte technique où la variabilité est finalement assez importante ? L'analyse des résidus extraits se heurtait de surcroît à des problèmes de taphonomie important dans notre contexte, et à des conditions de lavage et de stockage des pièces peu favorables.

L'expérimentation nous permet en outre d'appréhender la synérgie entre le fonctionnement des outils et la nature des matières transformées. Matières premières et comportements des matériaux peuvent être également testés par ce biais : une telle analyse doit s'appuyer sur une caractérisation pétrographique fine des roches employées. La méthode d'analyse des traces d'utilisation induit la mise en place d'un référentiel expérimental fourni et guidé par le contexte technique et environnemental propre au Néolithique ancien du Bassin parisien.

CHAPITRE 2 –

Indices et hypothèses techniques et fonctionnels

La fonction des outillages en pierre ne peut se comprendre réellement qu'à travers l'étude des systèmes techniques desquels ils participent. Les associations et les interactions techniques entre vestiges archéologiques permettent de proposer des hypothèses fonctionnelles pour les outils de pierre. A défaut, les problématiques inhérentes à chaque domaine d'activité, chaque action technique et chaque type d'outil peuvent être alimentées par des exemples ethnographiques ou expérimentaux. Les exemples ethnographiques donnent en effet la mesure de l'amplitude des potentialités techniques. Ils illustrent la part des contraintes imposées par le milieu et les choix culturels dans l'adoption d'une solution technique. Selon le même cheminement, ils alimentent les hypothèses fonctionnelles et orientent les protocoles expérimentaux.

2-1 – Broyage et réduction mécanique

2-1-1 - Sphère végétale

2-1-1-1 - Transformation des céréales

La distinction entre les variétés nues et vêtues de céréales reconnues au Néolithique ancien en Bassin Parisien tient à l'adhérence des caryopses aux glumes et glumelles les enveloppant, et à leur propension à s'en détacher spontanément comme dans le cas des espèces sauvages (fig. 2). Le *Triticum monococcum* (engrain) et le *Triticum dicco-cum* (amidonnier), sont ainsi dits « vêtus » au contraire du *Triticum aestivo-compactum* (blé tendre) et de l'Hordeum vulgare L. (orge polystique) plus fréquemment rencontrés sous forme nue.
La mouture, étape à part entière dans le traitement des céréales, se situe entre le décorticage et la préparation alimentaire proprement dite. Afin de dégager les grains de leurs multiples enveloppes, plusieurs opérations successives sont mises en œuvre avant mouture (Anderson 1992, Anderson *et al.* 2003). Battage et dépiquage assurent la séparation de la tige des épis ou épillets (Cummings 2003, Skakun 2003, Vargiolu *et al.* 2003), tandis que l'égrenage permet de compléter l'extraction des grains proprement dite (Sigaut 2003). A cette étape, les glumes des espèces vêtues adhèrent encore aux caryopses proprement dits. La nécessité d'un décorticage, visant le détachement de ces glumes, s'explique généralement par leur richesse en fibres cellulosiques indigestes pour l'homme (François 1988). Cependant, rien n'indique qu'il s'agissait d'une étape indispensable à la consommation des céréales vêtues par les hommes du Néolithique du Bassin parisien. De nombreux exemples ethnographiques et archéologiques témoignent en effet de l'absence de décorticage avant la mouture (Willcox 2002) ou d'un décorticage partiel (D'Andréa 2003, Procopiou 2003). Seuls quelques indices carpologiques en contexte rubané révèlent sur les sites rhénans une forte proportion de glumes et de glumelles au sein des macrorestes, plaidant ainsi en faveur d'un décorticage (Meurers-Balke *et al.* 1992). Les études carpologiques réalisées pour le Rubané de Belgique et des Pays-Bas révèlent des indices similaires de décorticage à la fin de la chaîne de transformation des céréales (Bakels *et al.* 1985). On peut donc envisager un traitement similaire des grains pour le Néolithique ancien du Bassin parisien.
Si l'ethnographie fait mention de diverses techniques de grillage et de trempage des grains pour en favoriser le décorticage, aucun indice carpologique réellement probant

Fig. 36. Céréales vêtues (orge) avant décorticage (photo C. Hamon)

ne permet de confirmer l'emploi de ces techniques. Expérimentalement, il semble bien que le grillage des grains vêtus n'augmente en rien le rendement et la proportion de grains préservés (Meurers-Balke *et al.* 1992, Pena-Chocarro *et al.* 2003), alors que le trempage assez efficace induit un séchage contraignant surtout sous nos latitudes.

Concernant l'opération de décorticage proprement dite, était-elle effectuée à l'aide du même outillage que la mouture (couple d'outil meule et molette en pierre) ou existait-il des outils lui étant spécifiquement dévoués (pilon et mortier en bois, molette en bois, ...) ?

Plusieurs travaux expérimentaux portant sur les techniques de décorticage des céréales ont testé les efficacités relatives de la meule de pierre et du mortier en bois. Le mouvement vertical appliqué au pilon dans un mortier en bois permet un décorticage efficace (fig. 36).

La friction des grains entre eux assure une usure progressive de l'enveloppe tandis que le choc est amorti en profondeur dans les couches inférieures. L'humidification diminue le roulage des grains et augmente leur souplesse, gage d'une plus grande résistance à l'écrasement (François 1988).

Le choix de roches différentes pour confectionner les meules et les molettes ont permis de tester le décorticage de grains sec, préalablement grillés à 100 °C ou après trempage dans l'eau froide pendant trente minutes (Procopiou 1998). Les résultats démontrent l'efficacité relative de chaque technique et surtout, une différence certaine de comportement en fonction de l'espèce de grains (blé sauvage, amidonnier, orge à deux rangs) et de leur teneur en eau. La nature de la matière première détermine la qualité du produit broyé et influence l'efficacité du travail (Procopiou 1998). L'utilisation de la molette de pierre crée inévitablement un éclatement des grains et une mouture involontaire, tandis que le mortier en bois assure une préservation certaine des grains (fig. 37) (Meurers-Balke *et al.* 1992, p. 352).

Dans notre contexte, l'absence de pilon ou de mortier prête dès lors à discussion. Pourrait-il s'agir d'un simple biais dû aux modalités de conservation des matériaux organiques en milieu terrestre ? A titre comparatif, des sites datés du Néolithique final sur les bords des lacs jurassiens n'ont livré qu'un seul exemplaire de pilon en noisetier d'une longueur de soixante centimètres sur la station IV de Clairvaux (Jura) et quelques fragments de mortiers en érable reconnus sur les stations III de Clairvaux et 21 de Chalain (Jura) (Schaal 2001, Baudais 1986). Un pilon double a également été recensé à Thayngen « Weier » et deux autres fragments de mortiers à Niederwil « Egelsee » (Meurers-Balke *et al.*1992, p. 351).

Le déficit réel en pilon-mortier serait-il alors plutôt motivé par un réel choix technique, avec une préférence pour un strict usage de l'outillage en pierre ? Dans ce cas, peut-on déceler des aménagements et des indices de préparation des surfaces actives strictement diagnostiques de cette étape ? Si notre étude doit envisager toutes les techniques de décorticage possibles dans le cadre de l'analyse fonctionnelle des meules et molettes, nous devons garder à l'esprit que l'absence totale de décorticage des grains demeure plausible (fig. 37 et 38). De récents travaux réalisés par H. Procopiou sur la confection actuelle de biscottes d'orge en Crète démontrent que la consommation humaine de céréales vêtues, sans décorticage ou avec un décorticage partiel est tout à fait envisageable (Procopiou 2003). La question des habitudes alimentaires entre ainsi en jeu dans notre recherche de la fonction réelle de l'outillage de mouture en pierre.

Fig. 37. Décorticage de Triticcum spelta à la molette de bois (photo : C. Hamon / A. Milleville / C. Schaal)

Une fois le décorticage des grains effectués, il reste encore à les extraire du reste des produits par un tri manuel, par un vannage ou encore par un éventuel tamisage. Le tri manuel vise soit après soit pendant le vannage à éliminer les fragments de balles et d'épillets les plus gros (D'Andréa 2003, Garine *et al.* 2003). Dans le cadre de tests relatifs aux étapes de traitement des céréales sur un site néolithique final du lac de Chalain, C. Schaal a utilisé un van traditionnel en roseaux tressés sur un cadre de bois, enduit d'excrément de bovins pour en assurer l'étanchéité (Schaal 2001). Outres les tamis en fibres végétales, des tamis en peaux percées peuvent également être utilisés (Viklund 2003). Consécutivement à ces opérations, les grains sont mis à sécher pendant plusieurs jours en vue d'un stockage temporaire ou définitif, ou directement lavés avant mouture.

Fig. 38. Produit du décorticage du blé vêtu (photo : C. Hamon / A. Milleville / C. Schaal)

La chaîne opératoire de préparation des grains en amont de la mouture apparaît donc complexe. L'étude fonctionnelle des seuls vestiges de l'outillage en pierre tentera néanmoins de renseigner, si il y a lieu, les procédés de décorticage des grains. Une réelle réponse à ces questions ne pourra cependant être obtenue que par l'étude approfondie des macrorestes végétaux. L'étude fonctionnelle concernant l'outillage de mouture devra se concentrer sur trois points majeurs. Peut-on distinguer le travail des céréales de celui des autres végétaux, ne serait ce que par l'action requise (mouture ou broyage) ? Si un décorticage était effectué, l'était-il de manière complète ou partielle ? Et quelles techniques en amont, quelles catégories d'outils pouvaient-être utilisées pour la transformation ? Dans le cadre de la mouture proprement dite, existe-t-il un lien entre la technique employée et la morphologie de l'outil pour l'obtention d'un produit fini spécifique ? Enfin, peut on dégager des traits techniques ou morphologiques diagnostiques de l'une ou l'autre de ces étapes de transformation sur l'outillage lui-même ? En d'autres termes dans quelle mesure les habitudes alimentaires et les modes de consommation rejaillissent-ils concrètement à travers l'exemple de l'outillage en pierre ?

2-1-1-2 - Broyage végétal : légumineuses, plantes oléagineuses, plantes tinctoriales

Les légumineuses, représentées dans notre contexte par les pois et les lentilles, peuvent être consommées entières cuites, concassées ou broyées afin d'élaborer farines, bouillies et autres soupes. Leur broyage intensif est attesté dès le Natoufien selon une étude fonctionnelle récente (Dubreuil 2002). La présence du chêne tout au long de la séquence chronologique nous amène à considérer l'éventualité d'une consommation courante des glands, attestée dans le monde méditerranéen avant même le début de la culture des céréales (Aurenche 1997). Les quantités mises en jeu et les modalités de culture du lin et du pavot dans toute la partie nord-occidentale de la sphère rubanée ne sont pas précisément établies. Le lin devait très certainement être exploité prioritairement pour ses fibres, utiles à la fabrication de fils et de liens, tandis que le pavot a pu faire l'objet d'une utilisation en pharmacopée, et il reste possible d'extraire de l'huile à partir de ces deux plantes. Même si leur présence sous forme de graines n'est pas attestée en Bassin parisien, leur utilisation a pu faire l'objet d'échanges et de circulation depuis les régions plus nord-orientales. Enfin, de nombreuses plantes aromatiques, médicinales et tinctoriales sont susceptibles d'avoir subi un broyage afin d'en déchirer les fibres et en extraire jus, huile voire poudre de même que certaines racines et tubercules.

2-1-1-3- Quelques considérations sur les modes de préparation alimentaires

Bien qu'aucun « livre de recettes » néolithique ne nous soit parvenu, il est possible d'envisager quelques modes de préparation alimentaire. Les premières galettes de céréales sont issues de contexte précéramique au Proche-Orient. En Europe, les plus anciens fragments de « galettes » néolithiques proviennent à notre connaissance des sites Cortaillod de Twann (3500 B.C. env.) et Horgen de Montilier «Platzbünden» (3150 B.C.) (Währen 1989). En France, de petits fragments de galettes ont été retrouvés sur le site néolithique moyen de la villa Grimaldi (Alpes maritimes), tandis que les toutes premières galettes entières ont été reconnues sur le site du Néolithique final de Charavines «les Baigneurs», avec un diamètre de 20 à 30 cm et une épaisseur de quelques centimètres (Marinval *et al.* 1994).
Sur des sites belges du Néolithique ancien, « des assemblages associant pommes, prunelles, noisettes, céréales, chénopodes ou pois évoquent la préparation de bouillies ou de brouets » (Heim *et al.* 1998). La confection attestée de soupes avec des grains de céréales entiers, de bouillies à base de gruau (semoule), ou de galettes et autres pains à base de farine fine, relatée pour la période gauloise, nous laisse prudemment envisager des recettes similaires pour les périodes précédentes.

2-1-2 - Sphère animale

Un broyage des chairs de poisson (farine) et un assouplissement de viandes séchées peuvent s'avérer utile pour l'extraction des graisses et pour des préparations de type bouillies, soupes, bouillons... Cependant, il est possible que les traces et les résidus du travail de ces substances organiques assez fragiles aient disparu pour des raisons taphonomiques propres à notre contexte.
Les os peuvent être concassés afin d'en extraire la moelle, puis réduits en poudre pour diverses utilisations alimentaires. Sur le site de Cuiry-lès-Chaudardes « les Fontinettes » par exemple, les os semblent finement concassés (Hachem 1995 b, p. 47-48). Les particules d'os concassés peuvent avoir servi de dégraissant pour la céramique du Limbourg en contexte rubané, et dans une bonne partie des productions céramiques du Villeneuve-Saint-Germain. La production de dégraissant céramique constitue une des hypothèses les plus solides pour interpréter le broyage d'os.

2-1-3 - Sphère minérale

2-1-3-1 – Dégraissants

Le broyage des matières minérales tels que la chamotte ou plus occasionnellement le sable rentre dans la chaîne opératoire de fabrication des vases au Néolithique ancien en Bassin parisien. La chamotte s'obtient en réduisant des fragments de céramique cuite en petites fractions. Sables et quartz sont également bien présents mais l'origine naturelle ou anthropique des particules minérales est parfois difficile à distinguer dans les pâtes. Expérimentalement, on a pu se rendre compte qu'un broyage soigné permettait même d'obtenir une homogénéisation de la taille des dégraissants, y compris pour le sable. Rechercher les traces d'un éventuel broyage minéral sur les outils archéologiques ne nous paraît donc pas légitime, même si la fréquence de cette activité et les quantités de dégraissant requises pour la production des vases nous sont inconnues.

2-1-3-2 - Colorants

Dans le Néolithique ancien du Bassin parisien, des traces indiscutables de colorants sont lisibles sur des fragments de meules de grandes dimensions ainsi que sur un certain nombre de petits broyons ou de molettes à main. Dans la majeure partie des cas, la position secondaire de leur usage ne fait aucun doute : il s'agit de réutilisations. Différents colorants (ocre, hématite, argile et grès ferrugineux) sont retrouvés sous forme de fragments lors des fouilles de sites d'habitat en Bassin Parisien. Sous forme de poudre, ils s'utilisent pour orner le corps, le vêtement ou la chevelure des défunts dans les sépultures rubanées, dont le fond en est parfois tapissé.

Le broyage des colorants sur meule proprement dite est attesté dès le Paléolithique, sur des plaquettes de module réduit (De Beaune 2000). Il assure une réduction des particules les plus grandes mais surtout une homogénéisation de leur granulométrie. Par ailleurs, l'ocre peut être employé pour amplifier les effets de l'abrasion dans les opérations de façonnage. Enfin, il peut jouer un rôle asséchant et tannant dans le traitement des peaux (Audouin *et al.* 1982, Audouin-Rouzeau *et al.* 2002, Beyries *et al.* 1982 ; Gonzalez *et al.*2002).

Le broyage des colorants doit être examiné de près, eu égard aux multiples utilisations dont il a pu faire l'objet.

L'outil le plus susceptible d'avoir procédé aux actions de broyage des matières minérales reste le broyon. Il présente les stigmates à la fois de concassage sur leurs tranches et de broyage sur leurs faces. Les pôles aplanis des « broyons » évoquent un geste probablement circulaire ou linéaire court, circonscrit à une surface de petites dimensions. L'aspect des tranches des outils livrant un facettage de frottement et une association avec des stigmates de percussion fine, semble typique d'un mouvement de broyage en percussion lancée alternant avec une percussion posée circulaire. L'association de ces deux actions évoque ainsi plutôt les matières minérales. L'expérimentation doit nous permettre d'étayer cette proposition

2-2 – Façonnage par percussion lancée, abrasion ou polissage

2-2-1 - Sphère minérale

2-2-1-1 - Débitage et taille du silex

Comme nous l'avons vu, différents types de percuteurs peuvent être distingués d'après la nature et la localisation des stigmates. Chaque catégorie de percuteurs utilisés pour la taille et le débitage du silex se réfère à une opération spécifique. Les percuteurs dits « durs », galets utilisés en percussion lancée, qu'elle soit directe ou indirecte, se distinguent tout d'abord des percuteurs dits « tendres » utilisant du bois (buis par exemple) ou des bois de cervidés. Le débitage de blocs de silex, comprenant une mise en forme grossière du bloc brut ou un éventuel aménagement du plan de frappe des nucléi, ne requiert pas le même type d'outil que des opérations de retouche. Les « préparateurs de nucléus » et autres « abraseurs », assurant une action alternée de friction et de piquetage pour la préparation des arêtes du nucléus, peuvent ainsi être dissociés des « retouchoirs ». Le poids des percuteurs, de même que leur forme peut nous guider sur le type d'opération technique assurée par chaque catégorie (De Beaune 1989, Hayden 1987, Poissonnier 2002, Tixier 1995). L'emploi privilégié de la percussion lancée indirecte pour le débitage de lames au Rubané et de la percussion directe pour la production d'éclats au Villeneuve-Saint-Germain, se traduit certainement dans les assemblages par des stigmates d'utilisation distincts sur les outils.

2-2-1-2 - Façonnage de l'outillage en grès

Si la mise en forme de l'outillage de mouture et de polissage n'est obtenue que par aménagement du dos et des bords en percussion lancée, leur façonnage et finition font appel à d'autres techniques telles que le piquetage ou le polissage des surfaces à des fins de confort de manipulation, de régularisation des arêtes ou d'esthétique. Souvent désignés sous le terme de « bouchardes », nombreux sont en effet les outils dévolus au façonnage par piquetage, mais également à la préparation des surfaces actives des meules et molettes.

2-2-1-3 - Polissage de lames en silex ou roches dures

Pour le Néolithique ancien du Bassin parisien, seule la production de lames de herminette est reconnue, la production de lames de hache n'atteignant son paroxysme qu'au Néolithique final. Le polissage de ces outils se fait le plus souvent à l'eau sur une large rainure qui permet d'obtenir une forme régulière et symétrique. La finition du tranchant est privilégiée par rapport à celle du corps ou du talon de la lame. « Les cuvettes sont utilisées pour le polissage des faces de la hache et du tranchant, les rainures plutôt pour les côtés mais tous les types de transition existent pour des questions de gestion des polissoirs » (Pétrequin *et al.* 1993, p. 148). Pour la finition du tranchant, une technique cette fois de polissage « doux » sur un matériau plus tendre a pu être employé (Pétrequin *et al.* 1993, p. 377).

Les polissoirs à plages de ce type sont très rares voire inexistants dans notre corpus. Nous chercherons par contre à déterminer si l'utilisation primaire ou secondaire de certains outils polissoirs à plage réduite voire de certaines meules ou tables de travail a pu correspondre au polissage de ces matières minérales dures.

2-2-1-4 - Façonnage des perles en calcaire

Du point de vue fonctionnel, le façonnage des perles en calcaire a eu recours à l'abrasion à la fois pour la régularisation voire la finition des faces et tranches. Cette abrasion nécessitait-elle l'utilisation d'abraseurs en grès ou d'autres techniques ont-elles été utilisées ? La comparaison avec le façonnage d'autres objets de parure s'avère à ce titre nécessaire.

2-2-1-5 - Façonnage des bracelets en schistes et calcaires

Les bracelets en calcaires qui apparaissent à l'étape finale du Rubané récent du Bassin parisien font une large place aux bracelets en schiste tout au long du Villeneuve-Saint-Germain. Nous renvoyons le lecteur aux différents travaux archéologiques et expérimentaux qui ont permis de reconstituer les chaînes opératoires de fabrication des bracelets en schiste – et indirectement en calcaire -, et insisterons ici uniquement sur l'intervention de l'outillage en pierre à certaines étapes spécifiques (Burnez-Lanotte *et al.* 2005,Caspar *et al.* 1994, Marcigny *et al.* 1999 a, Praud 2002).

Les hypothèses de façonnage évoquées sont le fruit d'observations poussées des stigmates de façonnage et d'expérimentation. En regard des dimensions et de l'orientation des groupes de stries sur les différentes parties des disques et ébauches de bracelets (faces, tranche externe et perforation interne), il semble possible d'attribuer un type d'outil spécifique à chacune des étapes de leur façonnage. Elles témoignent de l'emploi de divers outils en silex pour le raclage et la perforation, d'outils en grès, de matériaux tendres de type schiste ou bois, ou d'ajout de sable et d'eau pour chacune des étapes d'abrasion et de polissage.

Après extraction d'une plaque de schiste, cette dernière est débitée par fracturation ou sciage pour obtenir un palet aux dimensions et épaisseurs souhaitées. Une première mise en forme grossière d'un disque peut être obtenue par légère percussion ou par abrasion. Des groupes de stries courtes parallèles renverraient à l'emploi d'abraseurs à plages assez larges. Les faces des disques font en effet l'objet d'une préparation par abrasion dont le but est « de régulariser les arêtes en saillie des plans de schistosité » (Burnez-Lanotte *et al.* 2005, Caspar *et al.* 1994, Marcigny *et al.* 1999 a, Praud 2002).
Un « polissage de la tranche externe leur conférant un contour circulaire grossier » peut être opéré « sur une plaque de grès plane qui détermine parfois un facettage du bord externe ». La régularisation des bords externes de l'ébauche ou du bracelet, plus grossière que celui des faces, intervient avant puis après préformage de la perforation interne. Une première régularisation assez grossière de l'ébauche peut être réalisée par abrasion sur un grès à grains fins qui, en rayant le schiste, « produit des stries creuses à fond convexe régulier plus ou moins larges (max 1mm) et pseudo parallèles» (Burnez-Lanotte *et al.* 2005, Caspar *et al.* 1994, Praud 2002). Ce polissage de mise en forme détermine le profil externe de l'objet fini, soit un bord droit ou plus ou moins convexe.
Un rainurage, un raclage ou un amincissement par abrasion centripète sur les deux faces peut permettre la perforation du disque sans utilisation d'un foret afin d'obtenir une ébauche (Burnez-Lanotte *et al.* 2005, Caspar *et al.* 1994, Praud 2002).
La perforation centrale peut ensuite être régularisée et le diamètre interne élargi à l'aide de galets, d'éclats en silex ou de boudins cylindriques appelés « alésoirs ». Plusieurs techniques de perforation de la partie centrale des disques ont été envisagées : rainurage à l'aide d'un burin en silex pour la partie centrale, découpe au compas de silex, sciage (Lepaumier 1992), multiplication de petites perforations (Constantin 1985), emploi du forêt tubulaire (Roussot-Laroque 1990). Deux types de stries imprimées sur le bord interne des pièces se remarquent : certaines parallèles au plan de schistosité indiquent un mouvement rotatif tandis que d'autres « perpendiculaires » évoquent plutôt un mouvement alternatif longitudinal. Dans les deux cas, des pièces fusiformes en grès, appelés « alésoirs », de par les « variations croissantes de leur diamètre qui permettent un élargissement progressif des sections et une adaptation aisée aux diamètres internes des produits finis » semblent adaptées à la régularisation par polissage du bord interne (Diepeveen *et al.* 1992). Enfin, plus récemment, un « émeulage » centripète à l'aide de molettes gréseuses a été identifié sur le site de Champfleur «le Bois de Barrée» (Giazzon *et al.* 2002, Marcigny *et al.* 1999 b). Parfois ce n'est pas la perforation proprement dite mais l'élargissement de cette dernière qui est assurée par abrasion (Caspar *et al.* 1994).
Une régularisation par polissage des faces et des bords externes des anneaux s'opère avant ou après la perforation, en finition du bracelet. Pour la finition du bracelet, le polissoir sélectionné doit être suffisamment fin pour conférer un aspect très homogène à la surface (Auxiette 1989, Cahen 1980, Constantin 1985). Mais d'autres techniques semblent tout aussi efficaces : un polissage « doux » effectué sur un matériau tendre de type schiste confère un aspect émoussé associé à une absence de stries. Notons que les opérations de finition peuvent également -et avec succès- être réalisées avec un éclat en silex (ou éclat en grès de type quartzitique) qui confère un poli de finition aussi homogène qu'avec d'autres techniques de polissage (Fromont 2001 et communication personnelle).
L'identification de l'outillage lié au travail du schiste au sein des assemblages en grès apparaît de prime abord délicate. Si l'on met en relation l'aspect des stries visibles sur le schiste et la granulométrie des outils en grès, nous sommes tentés de replacer les outils de mise en forme dans la catégorie des abraseurs et les outils de finition dans celle des polissoirs. Le choix de grès de faible cohésion pour les phases d'abrasion risque cependant d'engendrer des surfaces peu marquées par l'usure.
Face à la forte représentativité des alésoirs sur plusieurs sites blicquiens attestant de la fabrication de bracelets en schiste (Caspar *et al.* 1994), la question de leur quasi absence en contexte Villeneuve-Saint-Germain se pose. Doit-on y voir une distinction nette de statut entre des sites d'ateliers de production et d'habitat ne requiérant pas forcément le même outillage ? Plusieurs chaînes opératoires de fabrication transparaissent des différentes études sur le sujet : doit-on envisager le recours à des outils distincts en fonction des sites ou des régions ?

2-2-2 - Sphère végétale : le bois

Bien que les biais de la conservation en milieu terrestre empêchent tout examen d'éventuelles pièces en bois, l'abrasion a pu jouer un rôle dans leur façonnage et leur régularisation. Concernant les abraseurs à rainures, la régularisation et le calibrage des hampes de flèches sont envisagés à titre d'hypothèse fonctionnelle (Camps-Fabrer 1960). Ils seraient le fait d'un type à rainure longitudinale régulière et à section transversale en « u » de profondeur uniforme (Flenniken *et al.*1988).
Les mêmes types d'action ont pu être appliqués par exem-

ple à la confection de récipients ou à la régularisation de manches d'outils. Il s'agit là d'autant d'hypothèses fonctionnelles secondaires à envisager : elles apparaissent en effet d'autant plus difficiles à vérifier qu'il est impossible de remonter à l'objet produit.

2-2-3 - Sphère animale

2-2-3-1 - Industrie en os et bois de cerf

L'abrasion à des fins de façonnage des pièces vise la modification et la régularisation de la forme des supports. « La quantité de matière enlevée est variable selon que le travail vise à un dégrossissage du support ou à une simple régularisation des contours » (Christidou 1999, p. 73). Au contraire, le recours au polissage est motivé plus généralement par des impératifs fonctionnels (cinétique par exemple) et esthétiques.

En Bassin parisien, le débitage par abrasion est uniquement employé sur os et consiste à « user la corticale de l'os recto-verso par frottement à plat jusqu'à rejoindre son canal médullaire » (Sidéra 1993, p. 139). Le façonnage par abrasion concerne tout autant l'ivoire ou le bois de cerf (Sidéra 1993).
Selon I. Sidéra, la simple observation macroscopique de l'orientation, de la distribution et de la nature des stries permet d'en distinguer l'origine. Façonnage, réaffûttage ou usage créent des stigmates différentiels découlant aussi bien de la nature de la matière travaillée que de la cinématique de l'outil. Ainsi, des « stries larges, profondes, parallèles et couvrantes » résulteront d'un débitage par abrasion tandis que des « stries jointives, organisées en faisceaux entrecroisés et parallèles » évoqueront des niveaux multiples de façonnage par abrasion (Sidéra 1993, p. 139 et 157).
D'après les résultats obtenus par expérimentation (Christidou 1999, p. 74), une surface homogène, avec des stries linéaires relativement longues et de même direction, résultent d'une abrasion sur un support « dur » non friable. Au contraire, l'orientation constante de stries de dimensions et d'espacement variés caractérise l'emploi d'une roche friable ou d'un ajout de sable.
Le recoupement de certaines stries atteste de plusieurs stades de réaffûtage. Un détail de la face supérieure d'un biseau de Cuiry-lès-Chaudardes «les Fontinettes», grossi cinq fois, montre ainsi des stries d'abrasion parallèles orientées obliquement et perpendiculairement (Maigrot 1994 et communication personnelle).
Relativement à l'observation de la morphologie et des traces sur ces outils, il semble donc possible de pointer les caractéristiques de l'outillage en pierre associé. La présence d'arêtes et/ou de stries strictement parallèles et orientées obliquement par rapport à l'axe de l'outil ne semble pouvoir résulter que d'une abrasion transversale à plat. Seul un polissoir de type « à plage » peut livrer de telles surfaces planes abrasives, cet outil pouvant intervenir aussi bien lors des étapes de débitage que de façonnage des outils en os (Sidéra 1989).
Concernant les outils pointus sur le site rubané de Cuiry-lès-Chaudardes, les opérations de débitage se dissocient de celles d'un façonnage par l'emploi d'abraseurs de granulométrie plus grossière. L'orientation des stries ne peut être que longitudinale dans le cas d'un geste linéaire. Associées à des arêtes émoussées, des stries transversales peuvent témoigner d'un geste rotatif. L'extension des traces évoque plus spontanément un polissoir à plage « locale », de petites dimensions, qu'un polissoir à plage étendue dont la régularité de la courbure « risquerait d'être endommagée par un frottement local » (Sidéra 1989, p. 39). L'emploi d'un abraseur à rainure contraignant transversalement le geste est donc à écarter dans le cadre du débitage ou du façonnage des outils en os. Ils peuvent a contrario s'avérer adaptés pour le réâffutage par abrasion des pièces appointées de type poinçons ou aiguilles.
Il convient donc ici de s'interroger sur l'adaptabilité de chacun des types d'abraseur identifiés en fonction de leurs qualités mécaniques et de l'adaptation de la morphologie de leurs surfaces actives à chaque action technique (débitage, façonnage, réaffûtage). Ainsi comment s'articulent les usages respectifs de chaque type de polissoirs et d'abraseurs reconnus ? S'agit-il d'un outillage spécialisé, et que peut-on en déduire en terme d'investissement technique ?

D'autres polissoirs pour leur part mobiles et à plages de dimensions plus réduites, peuvent être utilisés pour le façonnage d'aiguilles, pointes de flèches, harpons et outils pointus en os comme chez les Dani de Nouvelle-Guinée (Hampton 1999). Le travail de l'os sur les polissoirs à rainures natoufiens a de plus révélé des résidus de matières osseuse (Christensen *et al.* 1999). Un type d'abraseur à rainures appointées, à section transversale en «v» est associé au travail et à l'affûtage des outils en os en contexte ethnographique (Flenniken *et al.*1988, Stewart 1996). Abraseurs à plages et à rainures sont donc de bons candidats pour la confection des outils en os par abrasion.

2-2-3-2 - Parure en coquillage

L'emploi de l'abrasion dans le cadre des opérations de façonnage et de finition des perles en coquillage et en calcaire semble récurrent en ce qui concerne la parure au Néolithique ancien. Les anneaux en spondyle ont fait l'objet d'une régularisation par abrasion. L'abrasion semble être utilisée pour la perforation des perles sur littorines, *Nucella* et *Natica* : le plage de perforation montre en effet des stries multidirectionnelles nettes. La perforation de ces deux types d'objets a pu se faire par abrasion sur une plage d'outil en grès (Miller 2002) voir même sur la surface d'une meule (Dales 1977, p 15).
Les perles circulaires en *Cardita* présentent des tranches et des faces abrasées, parfois facettées. Deux sites de production de perles en tests de cardium artenaciens de l'île d'Oléron ont livrés de nombreux galets utilisés, un polissoir et plusieurs « meules-polissoirs» en grès et calcaire (Ricou *et al.* 2000). Une reconstitution des techniques de façonnage d'après l'outillage recueilli sur les sites a été tentée. Les opérations de polissage de la face externe convexe du coquillage permettent d'en effacer les cannelures et de contribuer par ailleurs à amincir « le centre des préformes en facilitant d'autant son percement » (Ricou *et al.* 2000, p. 90). Cette opération semble avoir été réalisée à l'aide d'un galet « mouvoir ». Fusiforme, « à l'extrémité plate, lustrée, de forme ovalisée à cylindrique de 3 à 4 mm de section », il est utilisé « par appui sur la face concave des préformes, mû par des mouvements rotatoires ou de va-et-vient sur une meule » (Ricou *et al.* 2000, p. 88). L'hypothèse d'un polissage de perles en enfilage tron-

conique sur un polissoir à plage, et selon un mouvement en va-et-vient longitudinal appuyé alternativement d'un mouvement transversal, a été expérimenté et validé (Ricou *et al.* 2000, p. 91-92). Cette technique semble envisageable pour la confection des perles circulaires en coquillage du Néolithique ancien en Bassin parisien : elle pourrait être à l'origine des facettes d'abrasion.

Chez les Buschmen, le calibrage par polissage des perles disposées sur un axe d'enfilage semble aussi requérir des abraseurs à rainures (Camps-Fabrer 1960) ; cette solution technique reste à confirmer pour les pierres à rainures sahariennes (Huard 1966). Il convient de s'interroger sur la spécialisation éventuelle de ces outils et sur l'association entre une morphologie de rainure et une fonction spécifique. Dans notre contexte, l'association entre grès à rainures et parure en calcaire est attestée sur le site de Marolles-sur-Seine «le Chemin de Sens» (Bonnardin 1995, Augereau *et al.* 1998). Au sein de la structure 101 des perçoirs et des perles finies étaient associés à trois « grès rainurés » aujourd'hui égarés. Leur présence sur ce site d'atelier de parure en calcaire demeure un sérieux indice de leur participation à la chaîne opératoire de confection des perles. La morphologie des rainures en fait « des sortes de gorges à profil en « u », aux parois plus ou moins abruptes et lisses », dont les bords parallèles s'élargissent sur un côté. La rainure large épouse la morphologie courbe du support en grès granuleux. Tandis que l'un d'eux offre trois rainures, les deux autres présentent sur la face opposée à la rainure une face régulière de polissage. Malheureusement, ce type de polissoir particulier semble assez isolé et ne correspond pas aux types morphologiques reconnus par ailleurs en Bassin parisien.

2-3 – Assouplissement et traitements

2-3-1 - Sphère végétale : écorces et fibres ligneuses

Ecorces, racines et plantes ligneuses peuvent servir à la confection de « cordes, cordelettes, vanneries, filets, fils, tissus », chaque catégorie étant « associée à une qualité de fibre, dont les caractéristiques de finesse et de robustesse sont probablement accentuées par des traitements plus longs » (Médard 2000, p. 72). Le prélèvement et le traitement de ces écorces requièrent, après rouissage en eau stagnante, un assouplissement des fibres végétales qui peut être obtenu par friction et percussion à l'aide d'outils en pierre ou de galets de forme parallélépipédique ou ovoïde (Lemonnier 1984). L'expérimentation valide les propriétés de certaines racines pour la confection de liens (Eluère 1980). Ces racines, après trempage dans l'eau et raclage avec une pièce tranchante, sont martelées à l'aide d'un bloc de pierre lourd permettant écrasement et l'assouplissement des fibres. De fait, toutes sortes de plantes ligneuses semblent avoir pu être utilisées afin de confectionner des liens : lin, ortie, liber de diverses espèces ligneuse (Stewart 1984). Le choix de fibres soyeuses peut être optimisé par « battage en écrasant délicatement à l'aide d'un galet les fibres posées sur une large pierre » (Médard 2000, p. 72-73). La transformation des fibres végétales constitue donc une possible hypothèse fonctionnelle.

2-3-2 - Sphère animale : pelleterie

Toute une panoplie d'outils en os, silex et pierre assure à la fois les opérations d'écharnage, de nettoyage et d'assouplissement des peaux. D'après la documentation ethnographique, le recours à des outils abrasifs en pierre pour les deux premières étapes et à des galets mousses pour les phases d'assouplissement apparaît plausible (Hayden 1987). J. Adams mentionne par exemple, l'emploi de molettes en grès grenu pour le traitement des peaux chez certaines populations indiennes d'Amérique du Nord (Adams 1988).

L'assouplissement des peaux s'effectue consécutivement aux opérations d'écorchage, d'écharnage, d'épilage, d'effleurage et de drayage, et en amont des opérations de tannage proprement dites. Selon la définition de B. Gassin, « l'assouplissement des cuirs est obtenu en partie par la nourriture avec des corps gras, mais surtout par des manipulations diverses destinées à briser les fibres et à empêcher l'agglutination pendant la dernière phase de séchage des peaux» (Gassin, 1996, p. 168). Dans le cadre d'expérimentations, il nous a été possible de tester l'emploi d'outils en roche grenue à des fins de nettoyage des peaux et en association avec un raclage au silex (Gonzalez *et al.* 2002). L'emploi d'outils mousses en pierre nous est apparu fort efficace pour faire pénétrer plusieurs substances traitantes telles que l'ocre, la cendre, la graisse, l'eau dans la peau.

Outre les techniques d'étirement manuel, de piétinement, de battage ou de foulage au pied, le palissonnage effectué à l'aide d'un palisson mobile ou fixe permet l'assouplissement de la peau. Cet outil en bois, os ou galet de roche grenue pour les périodes les plus anciennes, est « frotté sur des peaux généralement tendues sur un cadre pendant leur séchage » (Beyries 1993).

Le corroyage répond des mêmes opérations techniques que le palissonnage mais intervient après les opérations de tannage proprement dites sur le cuir encore brut (Halasz-Csiba 1991). L'emploi de petits galets de corroyage est recensé en Afrique (Roux 1985). Ces outils offrent des faces lisses caractéristiques associant un lustré très prononcé et brillant qui confère un aspect émoussé aux arêtes des bords de l'outil. Sur les bords de la surface active, de courtes stries, fines et parallèles, témoigne d'une action de friction sur un matériau souple (Beyries communication personnelle).

L'éventuelle insertion de l'outillage en pierre à chacune des étapes de traitement des peaux doit donc retenir notre attention dans le cadre de cette étude fonctionnelle. Le cas échéant, l'efficacité de outils en pierre devra être jaugé à la lumière des opérations de traitement des peaux menées à l'aide d'outils en silex ou en os.

La catégorie des molettes à main pourrait être employée pour les travaux d'assouplissement aussi bien des matières végétales qu'animales souples. En effet, la préhension et la forme des molettes à main les destinent à un maniement linéaire ou circulaire plus aléatoire que celles à deux mains. L'émoussé des arêtes sur les bords des outils renvoie à une légère rotation de l'outil lors de son maniement ou au contact d'une matière souple. Il conviendra de tester le fonctionnement de tels outils et leur efficacité sur différents types de matières transformées.

2-3-3 - Sphère minérale : argile sèche et fraîche

Nous recenserons ici quelques usages en percussion lancée (martelage) ou posée (lissage, lustrage) d'outils en pierre, reconnus ethnographiquement pour la confection des vases céramiques. Un certain nombre de ces techniques a en effet pu être utilisé en Bassin parisien.
Galets et percuteurs sont employés à trois étapes de la chaîne opératoire : la préparation de la pâte, le montage de la panse et le décor.

Le broyage de l'argile sèche ou semi-humide peut s'effectuer à des fins d'épuration et de tri, de malaxage de l'argile pour en accentuer la plasticité et pour la mélanger avec des dégraissants (Gallay *et al.*1998). La réduction en poudre par broyage est effectuée à l'aide de meules et molettes, par pilonnage dans un mortier ou par battage avec des galets de pierre de forme plutôt cylindrique. La préparation de la pâte s'effectue ensuite sur une grande dalle de pierre, intégrant des opérations de malaxage et d'ajout de dégraissant, pour modifier sa structure et sa plasticité. Au Cameroun, ces opérations peuvent s'effectuer sur les mêmes outils que ceux employés dans la transformation des denrées alimentaires, parfois par pilonnage à la molette (Gosselain 2002, p. 56 et 61). Cet emploi est également attesté en contexte palatial crétois, comme l'illustre une des meules du Palais de Malia (Procopiou 1998).

Fonds et panses des vases sont réalisés par pilonnage interne au percuteur de pierre chez les Dogons de la région de Tirelli, et à l'aide d'une molette de pierre pour le moulage sur poterie retournée chez les Bambara du Bani (Gallay *et al.* 1998). Une autre technique de montage s'effectue sur une tournette disposée sur une meule le plus souvent retournée comme chez les Bobo. Plusieurs techniques de façonnage requièrent l'emploi d'outils en pierre ou de galets, notamment celle du martelage sur support convexe ou concave (Gosselain 2002, p. 90-92).

Au niveau du décor, la technique du martelage au galet de certains éléments de décor et notamment les filets est employée par les Bambara du Saro. De nombreux galets à polir sont également mentionnés pour assurer un lustrage ou un brunissage des surfaces (Gallay *et al.* 1998). L'emploi de galets pour la finition des surfaces céramiques a été observé sur des poteries du Néolithique final pour des polissages dits « humide » ou « cuir ». Le polissage humide tend à « la régularisation de la surface à l'aide d'un outil dur afin de rentrer les inclusions dans la pâte et de supprimer les irrégularités de surface qui peuvent résulter des opérations de façonnage ». Le polissage sec quant à lui réalisé « à un état de séchage avancé de la pâte » vise à « obtenir un état de surface parfaitement lisse et brillant ». Ces deux opérations requièrent aussi bien de petits galets de pierre appelés lissoirs ou brunissoirs, que des outils en bois ou en os (Martineau 2000, p. 174-179).

Ce rapide tour d'horizon des emplois variés de galets et autres outils en pierre dans le cadre de la chaîne opératoire céramique doit être confronté aux données en Bassin parisien. D'après les récents travaux menés sur la technologie céramique du Néolithique moyen en Bassin Parisien, peu de traces impliquant le recours à des outils en pierre ont été identifiées (Colas 2001). De plus, il n'est pas évident que le recours à des galets dépourvus de façonnage soit aisément détectable en contexte archéologique (Hayden 1987 , p 212).

La formulation d'hypothèses fonctionnelles variées et fournies démontre que l'outillage en pierre est susceptible d'avoir occupé une place non négligeable dans les chaînes opératoires de transformation au Néolithique ancien du Bassin parisien. Afin de tester la validité de chacune de ces hypothèses, nous avons entamé une série de tests expérimentaux propres à alimenter notre référentiel de traces d'utilisation.

CHAPITRE 3 –

EXPERIMENTATION

Les expérimentations menées dans le cadre de ce travail ne sont certes pas exhaustives[3]. Il s'agissait d'envisager les principales familles techniques et leur articulation avec les hypothèses déduites de l'étude des outils archéologiques.

3-1 – Protocole expérimental

L'expérimentation vise à la fois à constituer un référentiel de traces d'utilisation et à tester des hypothèses techniques et fonctionnelles. Le référentiel expérimental sur les outils en grès restait à construire dans sa totalité et les nombreuses interactions avec le domaine technique du Néolithique ancien du Bassin parisien restaient à valider .

3-1-1 - Constituer un référentiel de traces

Notre protocole expérimental s'est ainsi construit autour de deux séries de tests « systématiques » et « exploratoires» (Plisson 1991).
Les tests systématiques visent la reproduction répétée des traces d'utilisation en fonction de paramètres fluctuants mais contrôlés et permettent d'évaluer l'interaction entre les matériaux et les matières ou substances transformées. Dans le cadre de notre problématique, la variété des matières travaillées et des domaines d'activités concernés ne pouvait être traitée de façon exhaustive. L'accent a donc été mis sur la reproduction des traces de mise en contact des matériaux entre eux dans le cadre de tests systématiques. Par arborescence, nous distinguerons un premier niveau visant à corréler les matières premières, les substances travaillées et le fonctionnement des outils entre eux. Au sein des matières premières, cohésion, texture et résistance mécanique seront examinées et prises en compte doublement dans le cas d'un fonctionnement en couple d'outils. La substance travaillée sera examinée suivant sa famille (minérale, végétale), sa texture (souple, fibreuse) et l'état dans lequel il a été travaillé (sec, humide). L'apport d'adjuvant tisse un lien entre les substances travaillées et

le fonctionnement des outils qui constitue le troisième pan de notre étude. Un fonctionnement individuel ou en couple ainsi que le mode de manipulation d'un outil y sont croisés avec le type de percussion appliquée.
Nous avons vu à travers l'étude techno-morphologique comment la différenciation entre les activités de mouture et d'abrasion se structurait en partie autour du choix de grès de qualités différentes. Sur ces bases est-il possible d'isoler les propriétés fonctionnelles de chacun des matériaux, indépendamment les uns des autres, afin d'en modéliser le mode de sélection ? Nous voulions par l'expérimentation tester les qualités mécaniques de chaque groupe de roches défini sur des bases macroscopiques et microscopiques. Le renouvellement automatique des grains de quartz en surface, le comportement de la roche lors de chocs (écrasement, arrachage des grains) et la propension des surfaces à se lisser sont autant de caractères techniques qu'il convient de vérifier. Par ce biais, nous aimerions par ailleurs comprendre comment le choix d'une roche est conditionné à la fois par son comportement lors des étapes de façonnage et lors de son utilisation.

3-1-2 - Tester les hypothèses techniques

Au delà de la constitution d'un référentiel de traces d'utilisation, l'expérimentation permet de tester un certains nombres d'hypothèses techniques et fonctionnelles relatives aux outils en pierre. Les tests exploratoires portent donc sur l'adaptabilité des gestes et de chaque type d'outils à une action donnée. L'étude des surfaces de contact, et donc de l'interaction entre la morphologie des outils et leur fonction respective, n'a été assurée que lors des tests exploratoires bien spécifiques. Ils ont été mis en œuvre pour comprendre à la fois le processus global de transformation des céréales, l'adaptabilité des types de polissoirs au façonnage d'un objet et l'insertion des outils en grès dans la chaîne opératoire de traitement des peaux.
Elle se doit de « reproduire les cas particuliers propres à chaque ensemble connu, déduit ou supposé » (Anderson *et al.* 1987, p. 227). L'efficacité et la réalité de chaque hypothèse technique doivent être testées afin de dégager l'articulation des modes de transformation entre eux, notamment dans la distinction des actions de mouture et de décorticage, de concassage et de broyage ou encore d'abrasion et de polissage.

A travers l'expérimentation, nous souhaiterions préciser jusqu'à quel point certains outils ou certains modes opératoires sont spécialisés ou au contraire s'insèrent de manière polyvalente dans des chaînes opératoires proches ou complémentaires. Pour ce faire, il nous faudra tester les hypothèses proposées d'après l'examen des interactions de l'outillage en pierre avec son contexte technique. Il nous incombe de désigner les outils spécialisés dans une chaîne opératoire et ceux participant de plusieurs actions de transformation. Qu'en est-il par exemple des abraseurs à main utilisables de manière active ou passive et dont la morphologie ne nous livre que peu d'indications concernant leurs modes de manipulation ? Doit-on considérer que le maniement des broyons et de certaines molettes à main à la fois en percussion lancée et posée en font des outils « par définition » polyvalents ?
La liaison de chaque action technique avec la qualité du produit fini obtenu doit être perceptible en filigrane de toute analyse fonctionnelle et plus encore de l'expérimentation. La notion d'efficacité peut être approchée et jaugée par le biais de l'expérimentation, en terme de rendements relatifs et de qualité technique voire esthétique des produits. La comparaison entre les traces obtenues sur les objets expérimentaux (outils en os ou en pierre, parure animale ou minérale) et leurs modèles archéologiques permettent de cerner à quel niveau ont été effectués les choix techniques.

3-1-3 - Des paramètres à enregistrer

Au moins une séquence par type d'expérimentation a été filmée dans son intégralité, excepté pour les opérations de broyage / concassage et le façonnage des parures sur coquillage. Ceci a servi de base au calcul des rythmes et des vitesses d'exécution et à l'observation de la régularité des gestes. Chaque opération a fait l'objet d'une couverture photographique systématique pour rendre compte des postures et des gestes. Les textures macroscopiques et les états de surface des outils en grès ont ainsi été documentés, de même que les surfaces des objets et la granulométrie des substances transformées.
Au sein de chaque domaine d'activité, des séquences de même durée ont été effectuées. Les durées d'utilisation constituent en effet le critère de référence pour une comparaison entre les différentes matières transformées ou les différentes matières premières utilisées. Elles ont été décomptées en minutes. La durée des phases de travail va de 30 minutes à plus de quatre heures en fonction des activités pratiquées.

L'évaluation des rendements relatifs à chaque test repose sur une mesure de l'évolution du poids des objets, qui peuvent subir des pertes de matières lors de l'utilisation, ou des quantités de substance fournies et transformées. Les valeurs obtenues sont pondérées par les durées de travail correspondantes. Nous distinguerons cette valeur mesurable de la notion d' « efficacité du travail » qui se définit à notre sens plus qualitativement.
Les rythmes de piquetage et de mouture ont été mesurés en nombre de coups ou de passages pour une durée donnée. Pour les tests plus « exploratoires », la durée correspondant à chacune des étapes de l'opération a été enregistrée. Les différentes phases du façonnage d'un objet ou les seuils d'obtention de certaines textures de produits finis ont été retenus.
Nous raisonnerons plus en termes de durées et d'efficacité « relatives », par comparaison à un système technique donné. Il s'agit ici de donner un ordre de grandeur et de contribuer à établir un certain nombre de points de références et de comparaison pour des travaux ultérieurs.

Ces deux séries de tests expérimentaux complémentaires permettent de disposer d'un référentiel de traces comparables selon les paramètres de fluctuation indiqués, et de mieux appréhender la plausibilité technique et pratique de certaines hypothèses fonctionnelles. Cette construction double du protocole d'expérimentation permet à la fois de constituer un référentiel fourni de traces et de tester les hypothèses formulées à la suite de l'étude typo-technologique des vestiges archéologiques.

Mouture céréales	blé tendre	orge vêtu	epeautre vêtu	blé + orge	trois céréales
	7	5	4	2	1
Concassage / Broyage	chamotte	colorant	argile	os brûlé	silex brûlé
	2	2	2	2	2
	noix	plantes aromatiques	lentille		
	2	2	2		
Abrasion / Polissage	os sec	os frais	os + eau	os + eau + sable	
	4	4	1	1	
	bois de cerf sec	bois de cerf frais	bois de cerf + eau	bois de cerf + eau + sable	
	3	4	3	1	
	bois sec	bois frais			
	4	3			
	schiste sec	schiste + eau	schiste + eau + sable		
	4	4	2		
	calcaire de craie	calcaire oolithique	calcaire + eau	calcaire + eau + sable	
	4	4	1	1	
	littorines + eau + sable	spondyles + eau + sable			
	2	2			
Assoupli-ssement	peau fraîche	peau fraîche et ocre	peau fraîche et cendre	peau fraîche et ocre	peau fraîche et cendre
	2	1	1	1	1

Fig. 39. Tableau récapitulatif du nombre de tests expérimentaux effectués, avec précision de l'activité, des matières oeuvre et du nombre de surfaces correspondantes (92 surfaces au total)

3-2 – Déroulement des expérimentations

L'interaction entre l'outillage en pierre et les autres vestiges est ici présentée par action technique puis par matière transformée. Les substances transformées sont classées selon leur appartenance aux domaines minéral, végétal ou animal.Au total, 92 tests expérimentaux ont été réalisés afin de produire des traces significatives d'une utilisation sur autant de surfaces actives (annexe 15). Mise en forme des outils, mouture des céréales (19 surfaces), broyage et concassage des trois familles de matériaux (15 surfaces), abrasion, polissage et assouplissement d'objets variés (58 surfaces) ont ainsi été réalisés (fig. 39).

3-2-1 - Mise en forme et façonnage des meules et molettes

Récolte des blocs

Les tests de façonnage ont été réalisés sur des blocs prélevés dans les vallées alluviales correspondant à notre zone d'étude. Nous avons choisis des grès quartzitiques (type I) mais surtout compacts (type II) pour la confection des meules et des molettes, pour se référer à la sélection effectuée par les néolithiques du Bassin parisien. La préférence pour les pièces passives est allée vers des blocs préformés présentant une assise aussi stable que possible, avec une face supérieure assez plane sans grand accident de relief. Pour confectionner les molettes, des blocs prédimensionnés ont été choisis pour leur courbure dorsale naturellement ergonomique. Elle doit permettre à la fois une apposition confortable et calée des paumes sur le bord proximal et une bonne prise des dernières phalanges sur le bord distal.

Ebauchage

L'entame des blocs destinés à la confection des meules a été effectuée par épannelage : de gros éclats ont été détachés aux extrémités des blocs afin de leur conférer une morphologie plus conforme aux outils du Néolithique ancien du Bassin parisien, avec notamment une base plus large que l'extrémité distale. Pour les molettes, la mise en forme débute par une rectification des extrémités. Pour se faire, des percuteurs ovoïdes en grès et silex d'environ 200 à 350 g ont été utilisés.
L'aménagement du dos et des bords s'est fait indistinctement pour les meules et les molettes par enlèvements successifs depuis la surface supérieure en percussion dure directe. L'amorce du bord a été rectifiée en priorité, et a rarement été suivie d'un aménagement par enlèvements couvrants de la partie dorsale proprement dite. Cette dernière a été rectifiée de préférence par martelage plus ou moins grossier selon la quantité de matière à éliminer. La rectification des bords des outils archéologiques apparaît comme une phase technique essentielle, au contraire de l'aménagement du dos par ailleurs moins transformé sur les outils néolithiques.
Il est intéressant de souligner que les éclats issus de la mise en forme des bords présentent des modules similaires

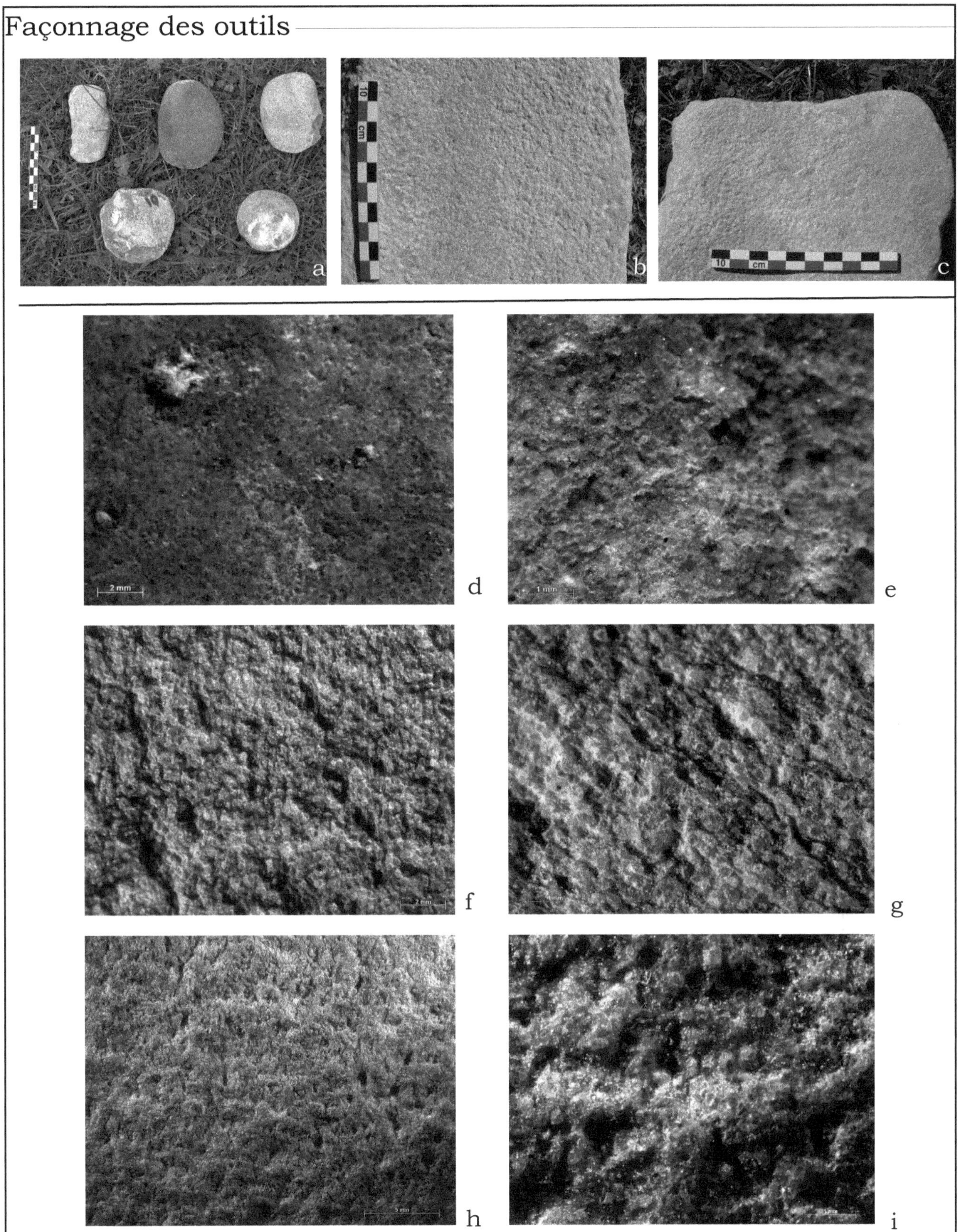

Fig. 40. Préparation de la surface active : a. percuteurs testés ; b. réavivage de la meule 2 ; c. état de la surface de la molette 1 ; d. surface naturelle de la meule 2 x10 ; e. test de piquetage sur la meule 2 x20 ; f. centre de la meule 2 avant reprise x10 ; g. centre de la meule 2 après piquetage x20 ; h. molette 1 après réavivage x5 ; molette 1 après réavivage x20

pour une même ébauche. Ils sont en cela aisés à distinguer d'éventuels éclats de chauffe ou de taille accidentelle. Nos tests de façonnage n'ayant portés que sur des blocs roulés intacts, il nous est difficile d'appliquer le mode de mise en forme présenté ci-dessus à des blocs issus d'une extraction. Un aménagement ou une reprise de détachements naturels consécutifs à l'extraction nous semblent en effet plus évidents. De même, dans le cas où un bloc présente une courbure dorsale adéquate, un investissement plus grand dans le dressage de la surface active peut être fourni en contrepartie.

Au cours du façonnage, symétrie et régularité générale du profil l'ébauche sont de toute façon constamment recherchées. Elles entrent dans l'élaboration du schéma opératoire de l'outil. La réduction des dimensions du bloc de départ se fait surtout en largeur pour les meules, ce qui confère à l'ébauche d'une forme légèrement oblongue, directement consécutive du façonnage. Ce même façonnage crée des bords plutôt rentrants et fuyants, assurant un bon calage de la meule au sol ou dans un bâti d'argile par exemple, lors de la mouture. Pour les ébauches de molettes, les extrémités sont plus travaillées que les bords : la réduction de la longueur est finalement plus importante que la réduction de la largeur. Les bords des outils archéologiques montrent d'ailleurs souvent des traces de surface brute, témoins de la rectification limitée des bords du bloc initial.

Finition de la surface externe

Le dos et les bords des molettes ont subi un martelage ou un piquetage plus fin de régularisation. Ceci a permis d'éliminer les arêtes contondantes et les défauts ergonomiques de l'outil. Certaines molettes ont vu leur dos repris après quelques heures d'utilisation, et ce afin de corriger les courbures inadaptées. Le piquetage souvent incomplet laisse des lambeaux de zones brutes au dos des outils. Certains défauts de relief (creux et bosses) ont parfois été dûment préservés, pour accroître les facilités de préhension de l'outil.

Afin de dissocier les traces archéologiques d'une régularisation par polissage de la courbure de la pièce des traces consécutives d'une apposition des mains, un test de polissage de la surface externe à l'aide d'un outil en grès a été effectué. Nous n'avons pas cherché à obtenir une courbure parfaite, qui limiterait les prises et zones d'accroche sur le dos des pièces, mais plutôt à comprendre comment cette technique permettait de régulariser les arêtes trop contondantes.

Les techniques de polissage et de piquetage de régularisation du dos de l'outil visent à adapter l'ergonomie de la molette. Elles sont à notre sens de véritables aménagements à but fonctionnel et conditionnent très fortement l'efficacité de l'opération, après les critères de poids de l'outil lui-même et d'adhérence des surfaces actives les unes par rapport aux autres.

Le piquetage aux limites de la surface active s'accompagne toujours d'une entame même légère de ses bords pour éliminer les parties altérées ou contondantes du bloc originel. Un esquillement consécutif à ce piquetage apparaît donc à la limite entre le bord et la surface active. Il induit le détachement d'éclats de petites dimensions, mesurant entre deux à cinq centimètres de large, irrégulièrement répartis sur l'arête entre le bord et la surface active. Cet esquillement secondaire peut être repris pour obtenir une réelle délinéation de la face active. Il s'agit là d'une des conséquences techniques indirecte du piquetage. Conformément à ce que nous avions observé sur les outils archéologiques, nous avons procédé a une rectification par « retouche » le long de cette arête : le but de cette opération était de compléter et de régulariser l'esquillement déjà entamé. Une légère percussion à environ 0,5 cm du bord a permis le détachement de petits éclats de dimensions régulières sur tout le pourtour de la surface. Le risque de trop entamer la largeur de la surface utile est permanent lors de cette étape. La systématisation de ces enlèvements en limite d'un ou de deux bords relève-t-elle d'une volonté de rectifier ou d'homogénéiser esthétiquement les quelques enlèvements accidentels ? Cette volonté de délinéation de la surface active résulte à mon sens d'une volonté de créer un angle facilitant l'évacuation des farines en surface des meules. Concernant les pièces actives, une explication fonctionnelle nous semble intéressante à formuler : l'esquillement des bords consécutif du dressage de la surface active réduit la vitesse de formation d'un émoussé sur les arêtes. Ce dernier est engendré par le léger mouvement de relèvement de la molette en fin de course.

Dressage de la surface active

Avant tout dressage de la surface, de nouveaux tests sont effectués pour évaluer les qualités du bloc : d'éventuelles fissures peuvent ainsi être repérées au son ou révélées dans les toutes premières minutes de la préparation. Dès les premiers moments du piquetage, on teste la qualité du matériau sélectionné : sa propension à résister ou non au choc, le détachement de ses grains de quartz,... Les éventuelles fissurations internes sont très rapidement évaluées : on cherche délibérément à percuter les éventuels points de fragilité du bloc, identifibales par un son plus sourd. Le choix du ou des percuteurs utilisés pour préparer la surface active s'effectue à ce moment là. Il conditionne le soin et la précision apportés au piquetage ainsi que la profondeur des impacts en lien avec la durée de l'utilisation (fig. 40). On note une forte interaction entre le geste de piquetage et la matière première dans le sens où un contrôle du rebond et un amortissement consécutifs au choc de percussion se révèlent nécessaire. Les grès quartzitiques sont plus difficiles à travailler et notre expérience de ce matériau ne nous a pas permis d'obtenir une préparation des surfaces aussi satisfaisante que sur les grès compacts. Les impacts produits sur les grès quartzitiques étaient moins larges et surtout moins profonds.

Le piquetage s'effectue en deux temps avec d'abord une régularisation de la surface et ensuite une préparation régulière fine (fig. 40). Une première entame de la surface brute est suivie d'un dégrossissage complet, par martelage, de la future surface active afin d'en régulariser le relief général. Il procède par des chocs assez forts, répétés, plus ou moins bien dirigés mais couvrant l'ensemble de la surface. Les parties légèrement saillantes sont entamées en premier lieu, suivies des arêtes de délinéation de la future surface active. Cette opération permet de révéler les biais de profil qu'il conviendra de rectifier par la suite et d'éliminer les risques de fractures depuis les zones les plus fragiles. Un seul percuteur (rarement deux) est utilisé et conservé tout au long de l'opération de martelage. Chaque nouveau bloc

	Poids initial (en g)	Matière première	Morphologie	Traces répercutant	Comportement percuteur
P1	268	chaille beige	Oblongue, extrémité émoussée	Impacts fins, denses, peu profonds, réguliers	Bonne entame de la matière avec des arêtes contondantes
P2	629	roche métamorphique	Galet ovoïde dont les extrémités sont entamées par bouchardage	Impacts denses, irréguliers de profondeur relativement importante bien que variable	Bonne entame de la matière malgré éclatement du percuteur
P3	678	silex	Galet à une extrémité aplanie	Impacts fins superficiels	Très bonne entame et et très peu d'effet d'éclatement
P5	646	silex	Galet triangulaire	Impacts assez grossiers réguliers de profondeur parfois importante	Bonne entame de la matière malgré la formation d'un émoussé par éclatement
P13	517	silex	Sphérique avec une protubérance	Impacts mal délimités d'aspect assez grossier	Très bonne entame de la surface brute et début d'émoussé

Fig. 41. Tableau récapitulatif des caractéristiques et traces d'utilisation des percuteurs utilisés lors du façonnage des meules expérimentales

travaillé amène à tester plusieurs percuteurs afin de choisir la meilleure des associations. L'angle d'incidence du percuteur avec le plan de travail alterne entre 40 et 90°. Il est également possible d'effectuer la préparation de la surface active en disposant l'outil de chant, quasiment à la perpendiculaire du sol, en modifiant légèrement le geste qui deviendra alors plus rasant. L'opération de martelage s'arrête avec l'obtention d'une courbure régulière.

Afin de rectifier plus finement l'aspect de surface par piquetage, un second percuteur plus appointé a été employé. La suite de la préparation a été effectuée d'une extrémité à l'autre de l'outil de manière raisonnée et progressive en front de taille, selon un axe directeur, longitudinal ou transversal. Le piquetage aléatoire s'avère moins efficace qu'un piquetage dirigé soit selon un des deux axes (linéaire transversal ou longitudinal) soit selon une avancée dirigée en front de taille par exemple. Des orientations secondaires multiples ont parfois été préférées pour l'entame de certaines parties résistantes (inclusions, cœur plus résistant, ...) ou de manière à corriger ponctuellement la courbure de la face supérieure. Le piquetage visait à rectifier les imperfections du premier dressage grossier, et à accentuer la rugosité de la surface par l'alternance régulière de réels creux et de plateaux.

Le piquetage vise à obtenir des surfaces régulières, mais qui s'imbriquent surtout parfaitement les unes aux autres. L'efficacité d'un couple d'outils est jugée acceptable à partir du moment où deux tiers des deux surfaces adhèrent correctement les unes aux autres avant la première utilisation. Dans tous les cas, le piquetage vise à régulariser la surface, à adoucir sa courbure et à rendre le geste de réduction fluide.

Piquetage et comportement de la matière

Plusieurs tests de piquetage des surfaces ont été menés afin d'évaluer l'impact des paramètres de morphologie, poids ou matériau du percuteur. Ceci devait ensuite être appliqué à la reconnaissance et à la distinction des impacts sur les surfaces archéologiques.
En fonction du matériau et de la morphologie du percuteur -intimement liés-, l'efficacité de l'action de piquetage présente des variations. Chaille, grès et granite présents dans nos assemblages archéologiques ont été essayés mais la préférence va vers des percuteurs en silex qui « éclatent » pourtant plus facilement. Un équilibre doit être trouvé entre une extrémité très appointée mais s'émoussant rapidement, et une extrémité mousse peu contondante. Le mode de préhension d'un percuteur sphérique ou oblong pèse également dans le choix d'un outil. Instinctivement, il se tourne plutôt vers des percuteurs ovoïdes à extrémité finalement assez mousse, mais conservant des qualités régulières d'entame de la matière tout au long du dressage de la surface.
Plusieurs classes de poids de percuteurs ont été testées : entre 200 et 500 g, entre 500 et 700 g et entre 700 et 1000 g. Elles correspondent aux modules des percuteurs de nos assemblages archéologiques, même si la dernière classe est moins bien représentée. Si un percuteur trop lourd empêche un réel contrôle du geste de piquetage, un percuteur trop léger n'entame que trop superficiellement la surface. Le détachement d'éclats d'entame et l'épannelage étaient très certainement effectué par de gros percuteurs peut-être manipulés à deux mains tandis que les percuteurs les plus petits ont dû être employés pour les opérations de finition (Hayden 1987, p 53). Nous avons préféré des percuteurs assez légers de poids inférieur à 500 g. Nous considérons néanmoins cette valeur comme purement indicative car elle correspond également à la force musculaire de l'officiant.
Une quinzaine de percuteurs différents ont été successivement testés sur le dos encore brut d'une meule. Cinq d'entre eux ont révélés des comportements intéressants (fig. 41). Si le poids joue un rôle certain dans la profondeur des impacts, la morphologie de l'extrémité active est plus directement à l'origine de ces variations. Des impacts fins et denses correspondent à des percuteurs oblongs ou allongés, à l'extrémité plus circonscrite, tandis que des impacts grossiers sont créés par des percuteurs sphéroïdes offrant des « plages » de percussion plus larges. Des impacts larges ne sont pas forcément associés à l'utilisation d'un percuteur lourd.
Tout au long du dressage de la surface active d'une meule, la perte de matière sur un percuteur en silex à pointe émoussée a été mesurée. Les traces d'utilisation sur les percuteurs se traduisent par un macroesquillement rapide qui engendre un adoucissement de la courbure de l'extrémité ; dans un second temps, de fins impacts réguliers viennent

recouvrir le macroesquillement et s'étendent sur une plage de plus en plus large à l'extrémité du percuteur. Lors de la première heure et demie de travail, le percuteur a perdu près de 10 g par simple esquillement de la partie active. Cette perte de matière ralentit progressivement par la suite. Après quatre heures d'utilisation, le percuteur a perdu 16 g. Il apparaît difficile d'obtenir des percuteurs constamment appointés du fait de la perte rapide de matière. On préfèrera ainsi des percuteurs à extrémité plus ou moins mousse, dont la perte de matière est plus progressive.

La qualité et le comportement de la matière de la meule jouent également un rôle dans l'aspect et la rugosité de la surface active obtenue. Un test avec un seul percuteur a permis l'entame de différentes parties plus ou moins altérées d'un même bloc. Une variation dans l'aspect des stigmates se distingue entre la bande centrale très indurée et les deux bandes latérales rendues beaucoup plus friables par altération naturelle. La zone la plus compacte offre de petits impacts denses et serrés, triangulaires à circulaires, tandis que la partie la plus friable a livré de grands impacts assez lâches, plus allongés. De fait, la partie plus friable procède par arrachage des grains et écrasement de la matière tandis que la partie quartzitique réagit par microesquillement. L'interaction entre percuteur et surface active s'avère donc fort complexe et le degré de cohésion des grès joue un rôle indéniable dans la formation des stigmates de percussion lancée. La comparaison des impacts obtenus sur plusieurs qualités de grès distinctes nous amène à nuancer ces observations. Le rôle de la matière première et du support dans l'apparition de tel ou tel type d'impacts est en effet important. C'est plus l'association et la nature des deux ou trois surfaces en contact qui déterminent la morphologie des impacts. Nature des matériaux, morphologie de l'extrémité du percuteur et poids sont donc les trois paramètres qui expliquent la formation d'impacts morphologiquement significatifs.

Pour des raisons de tenue du percuteur et d'efficacité, notre préférence est allée vers une incidence oblique du geste de piquetage. Le percuteur est tenu à une main tandis que l'autre main maintient le bloc à percuter en contrepoids. La poussière engendrée crée une couche d'amortissement du choc qui doit être évacuée au fur et à mesure, sous peine de rendre l'action de piquetage inefficace. Le geste de piquetage utilise le rebond du percuteur pour économiser l'énergie ; il s'agit plus d'un geste élastique que d'un réel écrasement. La fréquence du choc de percussion est de l'ordre de 150 coups par minutes. Des séquences longues de 50 à 80 coups à l'entame de la surface brute alternent avec des séquences moyennes de 20 à 25 coups pour un piquetage régulier. Des séquences plus courtes de moins de dix coups s'observent en rectification ponctuelle des irrégularités de surface. Un certain rythme de piquetage se dessine à partir de là : deux à trois séquences d'une vingtaine de coups sont suivies d'une séquence longue et de plusieurs séquences courtes d'affilée. Ceci se répète pour chaque nouvelle zone entamée.
Devant la répétition de réels sillons de piquetage en surface des meules archéologiques, réalisés transversalement à l'axe de travail de la pièce, quelques hypothèses techniques ont été testées. La percussion indirecte traînée à l'aide de deux percuteurs de module assez moyen a été envisagée. Le piquetage linéaire en chapelets d'impacts semblait correspondre à une percussion posée indirecte avec un léger soulèvement de la pièce intermédiaire. Cette technique s'avère en réalité très fructueuse dans le cadre d'un réavivage car elle permet de faire « sauter » les zones polies, qui se comportent un peu comme des écailles. Les « chapelets » d'impacts de piquetage ont pu être partiellement reproduits, même si leurs contours apparaissent beaucoup moins distinctement : il s'agit plus d'entailles linéaires que de réels chapelets d'impacts. La morphologie plus ou moins appointée de la pièce intermédiaire est très certainement à l'origine de cette différence. L'emploi d'un percuteur tendre contre un percuteur intermédiaire oblong assez léger s'est avérée être une solution technique correcte.

Un test d'adhérence pierre contre pierre entre les deux outils est pratiqué dans la dernière phase de piquetage. Il permet de contrôler l'imbrication des surfaces actives entre elles. Pour notre part, nous avons laissé intactes quelques légères dépressions en surface d'une des molettes afin d'observer le temps nécessaire à l'homogénéisation de la surface. Il fallait se rendre compte du temps nécessaire à la mise à niveau et à l'adaptation d'un profil « d'équilibre » plus fonctionnel qu'idéal de la molette. Ce seuil semble atteint en même temps que la nécessité d'une première phase de réavivage. Une bonne imbrication des surfaces des deux outils n'a été à notre sens effective qu'après un premier réavivage partiel (soit après une vingtaine d'heures de travail). Cet indice nous permet d'interpréter la variation des sections des outils archéologiques sous un angle nouveau : une meule légèrement convexe pourrait être simplement peu utilisée selon ce schéma.

Réavivage de la surface active

Le réavivage assure l'élimination des zones lissées et la mise au niveau le plus bas de l'ensemble de la surface. A cette étape du travail, on cherche également à obtenir un certain profil de la surface active. Le temps requis est beaucoup moins important que celui du dressage de la surface proprement dit ; un quart du temps initial nous a été nécessaire pour une reprise complète de la surface, et ce quelle que soit la qualité du grès utilisé. Le réavivage procède d'abord par entame du centre de la surface active ou des parties les plus lissées au cours du travail. Il procède soit de manière rayonnante à partir de cette zone soit par entames linéaires successives et parallèles. Nous avons procédé à un réavivage partiel dès lors qu'une nette perte d'efficacité de l'outil se faisait sentir, soit lorsque la molette n'accrochait plus mais roulait sur les grains ou encore lorsque le temps nécessaire à l'obtention de la farine était sensiblement allongé. Il s'agissait alors d'éliminer les zones de lissage qui apparaissaient sur la surface : un réavivage complet apparaissait dans ce cas inutile. La reprise et l'entretien régulier de la surface active se fait donc partiellement dans un premier temps afin de rectifier la courbure de la plage de travail. Un réavivage couvrant semble néanmoins nécessaire lorsque l'outil a atteint son profil d'équilibre : il est effectué dans le cadre d'un entretien régulier.
Le seuil d'efficacité de l'outil ne peut être obtenu avant un premier réavivage qui permet de corriger réellement les défauts de préparation des surfaces (creux, ...). Le temps nécessaire au réavivage est de très loin inférieur à celui

du premier dressage de la surface. Il semble soumis à une technique plus lisible de reprise de la surface.

Face à la rareté des moulins entiers (meules et molettes retrouvés ensemble) en contexte archéologique, il nous est difficile de tester la pertinence de chaque critère technique de façonnage sur le fonctionnement des couples d'outils néolithiques.

3-2-2 - Préparation et mouture des céréales

Face à la diversité de morphologies des molettes, on peut se demander si chaque type n'est pas spécialisé dans un type de matière transformée (céréales, colorants, *etc*...) ou dans une étape particulière de la préparation des céréales. Cette spécialisation peut se faire à différents niveaux : étape de la transformation des céréales (décorticage, mouture), type de céréales (nu, vêtu), ou encore degré de transformation des grains (gruau, farine). Ces trois niveaux de lecture sont envisagés tour à tour.

3-2-2-1 - Préparation des céréales : le décorticage

Parmi toutes les techniques de décorticage connues et envisageables, nous avons décidé de ne tester que celles sur meules de pierre. La rareté des mortiers en bois dans les contextes néolithiques européens ne plaide pas en faveur de l'utilisation de cette technique.

Quelques tests de décorticage à la molette en pierre ont été effectués. A sec, le décorticage s'avère impossible sans éclatement même partiel des grains ; il reste alors difficile de séparer correctement la farine des glumes. Un trempage partiel pendant une heure et complet pendant trois heures a été testé. Humidifiés, les grains roulent sous la molette, ce qui permet de les débarrasser d'une partie de leurs glumes. Ce mode de décorticage présente deux inconvénients : le temps important de séchage des produits du décorticage ne peut s'effectuer sous tous les climats ou du moins à toutes les saisons et le décorticage reste toujours partiel. L'utilisation de molettes en bois pourrait se montrer très efficace dans le cadre d'un décorticage (Menasanch *et al.* 2002), dans l'éventualité où ce dernier ait réellement eu lieu. Le décorticage à la molette de bois ou au pilon-mortier en bois semble la technique la plus probable, même si cette dernière est difficilement détectable archéologiquement (disparition du matériau organique).

A défaut d'éléments carpologiques probants et à la lumière des quelques tests effectués, le décorticage ne nous semble pas absolument nécessaire : cette étape complexe et finalement longue apparaît somme toute assez inégale voire inefficace. Il apparaît surtout que la technique du décorticage à l'aide d'un couple d'outil en pierre de type meule-molette est peu adaptée, même si l'apprentissage et l'expérience du geste de décorticage rentrent en ligne de compte dans la reconnaissance de l'efficacité, de l'optimisation et surtout de l'adéquation entre la morphologie des deux outils. L'absence de décorticage ou un décorticage partiel nous apparaîssent ainsi les deux pratiques les plus probables. Les modes de consommation néolithiques des céréales ne doivent en effet pas être envisagés à la lumière de nos considérations diététiques actuelles.

3-2-2-2 - Mouture des céréales

Toujours afin de préciser les modalités d'utilisation des couples d'outils meules et molettes et de comprendre la variabilité morphologique qui les caractérise, trois interrogations majeures sous-tendent le protocole d'expérimentation de mouture des céréales (fig. 42, 43 et 44).
L'adaptation de différentes qualités de grès en terme de rugosité, de texture et de renouvellement automatique nous a poussé à utiliser deux couples meules-molettes. Les gabarits de ces derniers, avec la meule I de grand module et la meule II de largeur et épaisseur moyennes, correspondent grossièrement aux deux grandes catégories de meules archéologiques identifiées. Par ailleurs, la légère convexité transversale de la meule II reproduit les traits caractéristiques de certaines pièces intermédiaires, situées entre les « grandes » molettes et les « petites » meules.

Nous n'avons pas pu nous procurer des grains d'engrain et d'amidonnier, pourtant majoritaires dans notre corpus archéologique, en quantité suffisante pour effectuer l'ensemble de nos expérimentations. Pourtant, les implications tracéologiques d'un décorticage inexistant ou partiel devaient être envisagées. Nous avons donc opté pour le travail de trois variétés de céréales de duretés variables et illustrant la distinction entre les céréales nues et vêtues : le blé tendre, l'orge vêtu et l'épeautre vêtu.

Afin d'évaluer l'impact de la durée d'utilisation sur la formation des traces d'usure, les surfaces ont été observées toutes les 90 minutes pour chaque couple d'outils et pour chaque espèce de céréales. Les six séances de 4h30 de travail étaient espacées par une phase de réavivage complet de la surface des meules. Seuls deux témoins de cinq centimètres carrés ont été conservés après neuf heures de travail cumulé de blé tendre et d'orge, et après 13h30 de transformation de blé tendre, d'orge vêtu et d'épeautre.

Le facteur temps a pu être pour partie approché, tant au niveau des vitesses de formation des polis que de la fréquence des réavivages. Une mauvaise adaptation de la courbure de la molette à celle de la meule accélère significativement la formation des usures. Ce phénomène est d'autant plus marqué que le contact entre les deux outils n'est pas suffisamment amorti par la substance intermédiaire. Les zones de lissage le long des bords de la surface active de la meule semblent se référer selon un plan vertical aux zones d'apposition des mains, sur la molette, là où la pression est sans doute la plus forte. La formation inégale de l'usure induit assez logiquement une reprise partielle des surfaces afin d'en préserver le profil régulier. Ce réavivage atteint le plus souvent le centre et les bandes polies en bordure des surfaces actives. Après une vingtaine d'heures d'utilisation, l'abrasivité de la meule se réduit et une baisse significative de rendement apparaît. Il faut cependant distinguer le seuil au delà duquel l'efficacité de l'outil se réduit, du seuil au delà duquel il est totalement inefficace. L'étape de réavivage de la surface doit se situer entre ces deux repères. L'investissement en temps requis et la réduction progressive des dimensions de la surface active vont très certainement à l'encontre d'une fréquence élevée de réavivage. Elle fluctue à notre sens en fonction de choix pragmatiques très variables selon les situations.

Fig. 42. Mouture de blé tendre : a. mouture de blé tendre ; b. molette 1 ; c. qualités de farines obtenues ; molette 1 : d. surface naturelle x45 ; e. pendant 4h30 x5 ; f. pendant 1h x60 ; g. pendant 3h x50 ; h. pendant 4h30 x50 ; i. trois céréales pendant 13h30 x20.

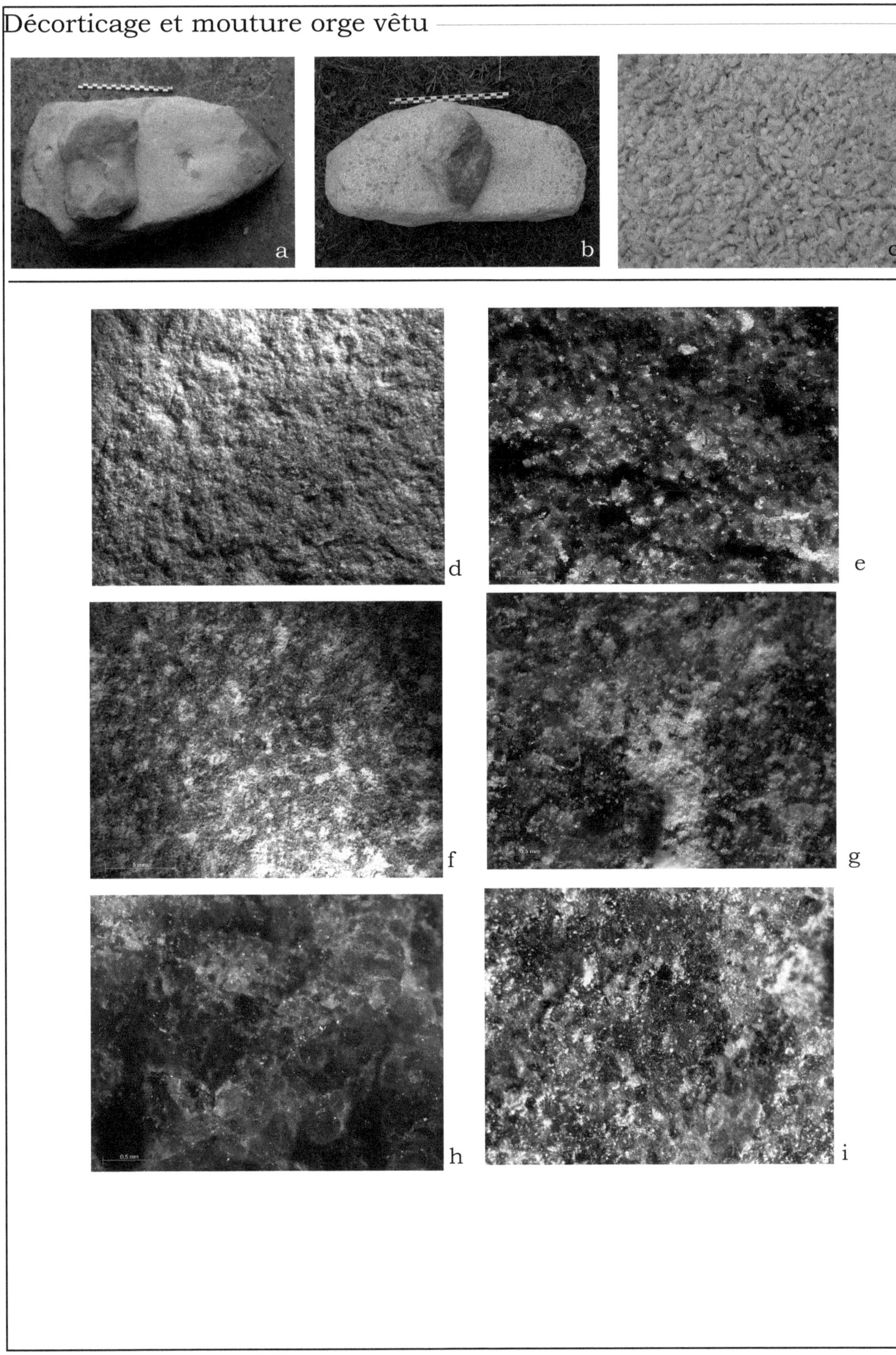

Fig. 43. Mouture d'orge vêtu : a. meule et molette 1 ; b. meule et molette 2 ; c. produit de la mouture de l'orge ; d et e. meule 1 après 4h30 de travail x5 et x40 ; f et g. meule 2 après 4h30 de travail x5 et x40 ; h et i. molette 1 et 2 après 4h30 de travail x40

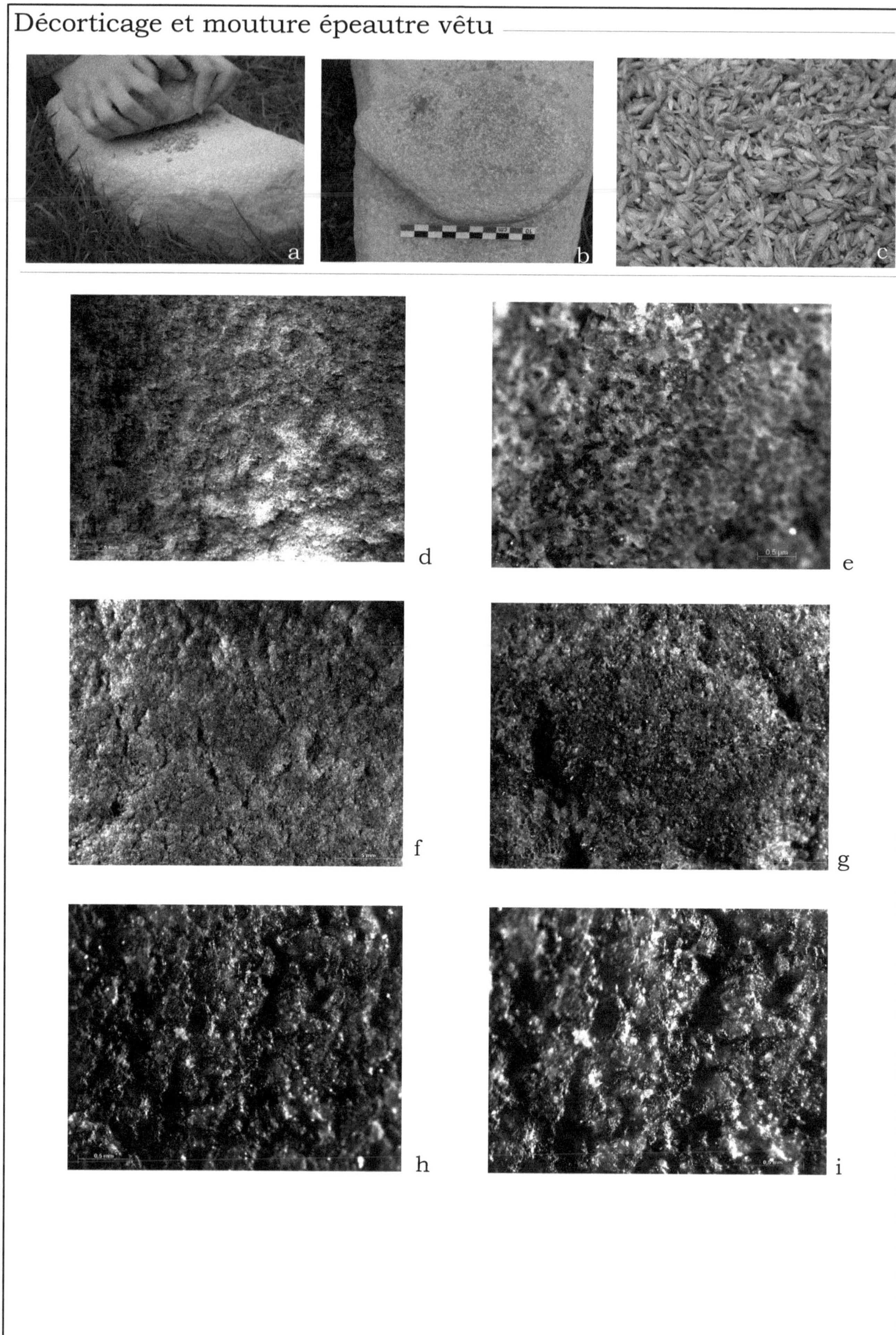

Fig. 44. Transformation d'épeautre : a. décorticage avec meule et molette 2 ; b. molette 2 ; c. produit du décorticage à la meule ; d. meule 2 après 4h30 de travail x5 ; e. surface naturelle molette 2 x45 ; f-i. molette 2 après 4h30 de travail x 5, 15, 30 et 60.

La notion d'« efficacité » a été appréhendée à travers l'adaptation de la morphologie des outils et des gestes aux traitements recherchés. La meule a été parfaitement bien calée, légèrement inclinée sur un tissu afin de récupérer la farine. Les molettes sont tenues à deux mains, paumes légèrement recourbées, avec le bout des doigts suffisamment calé sur le dos de la pièce pour assurer le retour de la molette vers soi.
Le décorticage est effectué à l'aide d'une molette posée à plat, tenue parfois à une seule main, alors que pour la mouture, cette dernière est basculée vers l'avant en bout de course pour mieux piéger les grains lors du retour de l'outil à sa position initiale. L'efficacité relève d'autant plus des modes de contact entre les différentes surfaces et substances mises en œuvre qu'il s'agit de mouture ou de décorticage. Le décorticage qui requiert une pression minimum de la molette a du être effectué à l'aide d'outils de petit gabarit ; il requiert un temps plus grand pour une quantité de grains identique. L'association des grains et des glumes crée une épaisseur de roulement sous la pièce active.
La mouture proprement dite induit des contacts beaucoup plus intenses entre les surfaces. Les grains qui roulent sous la molette au départ de l'opération sont évacués vers l'extérieur de la surface utile. Seuls les grains partiellement écrasés restent piégés sous la molette, créant ainsi assez rapidement un gruau. La fine farine vient combler les interstices de piquetage et adhérer intimement aux aspérités des deux outils. L'amplitude du geste, plus réduite lorsque les grains sont encore entiers, s'allonge au fur et à mesure de l'obtention de farine. Il reste d'autant plus difficile d'obtenir un produit de granulométrie homogène que l'on recherche une certaine finesse. L'action de mouture est estimée achevée dès lors que la granulométrie recherchée (farine, gruau,...) est atteinte et semble homogène.

Le rythme suivi correspond à environ 3 ou 4 poignées de grains de blé pour trente minutes de travail, soit environ 100 g de farine par heure. Ceci corrobore globalement les moyennes connues en contextes ethnographiques et expérimentaux (Adams 1988, Gast 1968, Grégoire 1992). Cette moyenne est valable aussi bien pour les blés que pour les autres céréales, même si le décorticage semble légèrement plus rapide (450 g d'orge et d'épeautre décortiqués en 4h). La perte de poids entre les grains et la farine est de l'ordre de 10 %, mais doit pouvoir être réduite à 5 % avec des surfaces actives plus adaptées. Après une quinzaine de passages (huit allers-retours), les grains évacués vers les bords de la surface active sont rassemblés en son centre.

Le premier couple d'outil offre un rendement plus important que le second couple d'outil. Il semble que ce soit surtout la nature de la matière première qui soit ici en cause, les modalités de façonnage des deux couples d'outils étant similaires, voire défavorables au premier couple d'outils. Le couple d'outil n° 1 est réalisé dans des grès aussi bien pour la partie dormante que percutante. Ceci a engendré un piquetage également plus fin des surfaces que l'autre couple d'outil. On retrouve ici les critères à l'origine du choix de grès plutôt quartzitiques pour la confection des outils du Néolithique ancien du Bassin parisien. Les difficultés de dressage de la surface active sont compensées par l'efficacité de l'outil a posteriori. Ces remarques doivent être tout de même nuancées par le poids et les dimensions plus importants de la première molette. D'autres expérimentations venant contrôler ces paramètres de surface, de contact, de matériaux et de poids devront donc être engagés dans cette optique.

De cette expérimentation, il ressort que chaque type de céréales marque différemment la surface de mouture. Il est possible de dissocier une usure produite par des grains vêtus de leur balle d'une usure des grains nus. Dans le second cas, l'usure procèdera plus par un nivellement de la surface que par un lissage. La vitesse d'apparition du poli semble par ailleurs fonction du type de céréales transformé.

3-2-2-3 - Tri et préparation alimentaire

Il est possible de se débarrasser d'une partie des enveloppes des grains engendrées par la mouture des variétés vêtues non décortiquées. Face à la disparité des granulométries de produit obtenu, nous avons procédé à un simple tri manuel par gravitation. Un vif mouvement latéral, associé à un léger mouvement vertical et imprimé à un récipient assez large, permet la séparation des fragments d'enveloppe, du gruau et de la farine plus fine. Ce type de technique, reconnu ethnographiquement, peut également être effectué de manière circulaire (D'Andrea 2003). Nous n'avons par contre pas testé l'utilisation de tamis en fibres végétales pour le tri de des produits de mouture.
La qualité des produits obtenus lors de la mouture des seuls grains n'était certes pas homogène. Il nous a été possible de mettre en évidence deux à trois catégories allant de la fine fleur de farine à un gruau relativement grossier. Ces trois qualités coexistaient dans un même échantillon de produit de mouture. Dans certains cas, une seconde mouture s'est donc avérée nécessaire. Le même type de tri par gravitation, appliqué au décorticage, a été utilisé pour les produits de la mouture des grains.
La réduction de la part des particules minérales contaminant la farine peut être obtenue par simple décantation, mais reste partielle. Aucune contre-indication majeure à la consommation de particules minérales n'est attestée, si ce n'est le goût et la texture des aliments (Procopiou 2003). L'aspect très élimé de la dentition / régime alimentaire des populations néolithiques renvoie à une alimentation indirectement abrasive. Nous pencherons donc plutôt en faveur d'une consommation « tel quel » des produits de mouture.

3-2-3 - Broyage/concassage

Le choix d'outils de morphologie circulaire à sphérique nous a semblé le plus adapté à un mouvement à la fois vertical en percussion lancée et circulaire de percussion posée. Les tests ont été effectués avec des outils délibérément peu façonnés, et de ce fait plus susceptibles de s'adapter au maximum de modes de préhension et d'usages. Il convenait de tester ici les stigmates portés par les broyons d'une part et les enclumes d'autre part. Le fonctionnement double envisagé pour les broyons se confirme-t-il à l'épreuve de l'expérimentation ? L'aspect ténu des stigmates portés par les enclumes résulte-t-il d'actions et de matières transformées spécifiques ou est-il la conséquence directe du mode d'action appliqué sur aux outils ?

3-2-3-1 - Matières minérales et animales dures

Afin d'identifier les multiples traces pouvant résulter d'une action de broyage, la réduction de cinq matériaux en petites fractions (3 à 5 mm) voire en poudre a été testée. Cinq surfaces de travail passives ont été obtenues sur trois blocs de même origine, en grès de granulométrie et de compaction moyenne. De même, deux broyons obtenus sur deux fragments d'un même bloc en grès fin très compact ont été utilisés ; chacune de leurs faces correspond à un usage spécifique. Il nous paraissait ainsi possible de comparer les traces d'utilisation d'un outil à un autre. La variabilité des formes et dimensions des surfaces en contact des outils actifs n'a pas été prise en compte à ce stade.
Selon la dureté et la résistance des matériaux transformés, un mouvement alternatif en percussion lancée et en percussion posée linéaire ou circulaire a assuré à la fois un concassage souvent préliminaire et un broyage des matériaux. Le but était d'obtenir une certaine homogénéité des dimensions des fractions obtenues, comparables aux fractions observées pour les dégraissants des céramiques de notre contexte.

Pour effectuer ces tests, chamotte, argile sèche, colorant, os et silex brûlés ont été travaillés chacun pendant deux heures (fig. 45 et 46).
Si la chamotte et le silex brûlé ont requis un concassage assez intense, l'ocre et l'os brûlé ont été plus simplement réduits par percussion posée multidirectionnelle. L'argile s'est avérée difficile à travailler du fait de son adhérence à la surface répercutante, créant ainsi une sorte de pâte « tampon » entre les deux outils. La fugacité des traces liées au travail de l'argile résulte très certainement de cet « amortissement » du geste en percussion lancée.
Le geste mesuré et circonscrit sur une surface de dimensions réduites a permis une réduction en fractions de moins de cinq millimètres des fragments de céramiques. Le travail de l'argile sèche s'est avéré rapide et fructueux pour la débarrasser de ses particules et nodules contaminants. Contrairement à de l'hématite pure très dure, l'ocre et les argiles colorantes se transforment très facilement en poudre du fait de leur très faible cohésion. Les parties calcinées des morceaux d'os s'écrasent particulièrement bien par simple pression du broyon. Le silex beaucoup plus dur se brise par concassage en petits morceaux de granulométrie hétérogène.

L'emploi de grès similaires d'un test à l'autre permet de mettre en évidence les traces diagnostiques de chacune des matières transformées, et ce en fonction de deux types de grès respectivement représentés par l'enclume et le broyon. Les tables de travail semblent moins imprimer le choc en profondeur que les outils percutants. Les outils actifs livrent des surfaces criblées d'impact associées à des pans d'aspect abrasé (os, argile), et des zones plus fortement percutées au relief marqué (silex, chamotte et ocre). Une bonne corrélation d'ensemble entre les stigmates des enclumes archéologiques et expérimentales est donc à souligner.

3-2-3-2 - Matières végétales

Afin d'établir une comparaison entre mouture des céréales et travail d'autres substances végétales, quelques tests ont été mis en place pour broyer des légumineuses, des plantes aromatiques et des noix. La question initiale était de savoir si les stigmates du broyage des végétaux s'apparentaient plus à la mouture des céréales ou au broyage des matières animales et minérales. Le but était à terme de comprendre si la filiation entre stigmates reposait plus sur le mode d'action ou la nature de la matière transformée. Par ailleurs, nous voulions comprendre si le broyage des végétaux requérait plutôt des outils de type broyons ou de type molettes à main en fonction du geste adopté et de la texture du produit obtenu. Enfin, nous voulions savoir si les traces de frottement ténues observées sur quelques tables de travail (« enclumes ») pouvaient avoir été engendrées par ce type d'activité.

Trois tables de travail ont été aménagées sur un même bloc passif de grès compact tandis que trois pans d'un broyon identique à ceux ayant travaillé les matières minérales ont été utilisés. Ceci visait une éventuelle mise en parallèle des traces obtenues sur toutes les familles de matières transformées dans le cadre d'opération de broyage / concassage. Plusieurs espèces ont pu faire l'objet d'un broyage : lentille, glands, noisettes, noix, plantes diverses, mais nous avons choisi de n'en tester que quelques unes. La différence de nature et de texture entre noisettes et noix étant mineure, nous avons préféré le broyage de noix afin d'observer les effets d'une substance de type gras et huileux sur les surfaces de travail : nous gardons néanmoins à l'esprit que les noix n'étaient pas présentes dans le Néolithique ancien du Bassin parisien.

L'écrasement et le déchirement des plantes aromatiques libèrent un jus qui protège la surface du répercutant. La répétition du geste en percussion posée circulaire crée néanmoins quelques aspérités émoussées. L'association substance liquide et friction semble à l'origine de cette usure à la fois sur le broyon et la table de travail.
Le travail des lentilles relève plus du concassage grossier que d'un réel broyage dans un premier temps. Cette action se remarque par l'aspect mat très prononcé qu'elle confère à la surface. Les déformations de surface trop ténues ne nous semblent cependant pas réellement significatives.
Le broyage de noix ou de noisettes engendre une pellicule grasse dont l'action simultanément lubrificatrice et abrasive intervient dans les mécanismes de formation des usures. Un émoussé de texture fluide se forme au sommet des plateaux du microrelief et concerne plus spécifiquement le broyon.

Concernant le broyage des matières minérales et végétales, il apparaît impossible de dissocier clairement les actions de concassage et de broyage proprement dites, qui alternent de manière permanente au cours de la transformation. Les traces obtenues sur les pièces passives restent ténues du fait de l'amortissement du choc par la matière intermédiaire. Ce type d'activité nous apparaît ainsi difficile à mettre en évidence sur des pièces archéologiques passives dont l'utilisation reste par ailleurs très occasionnelle dans notre contexte. Concernant les pièces actives, elles rendent compte de l'abrasivité relative des matériaux traités : si le broyage des substances végétales induit la formation d'un émoussé superficiel, des stries marquées sont consécutives d'un broyage de matières minérales dures fortement abrasives.

Fig. 45. Broyage de matière minérale : a. broyage de colorants ; b et c. enclume et broyon à colorants ; d. surface naturelle de l'enclume x15 ; e. enclume après 2 h de broyage x15 ; f et g. surface naturelle du broyon à l'oeil nu et x15 ; h et i. broyon à colorants après 2h de travail x5 et x50

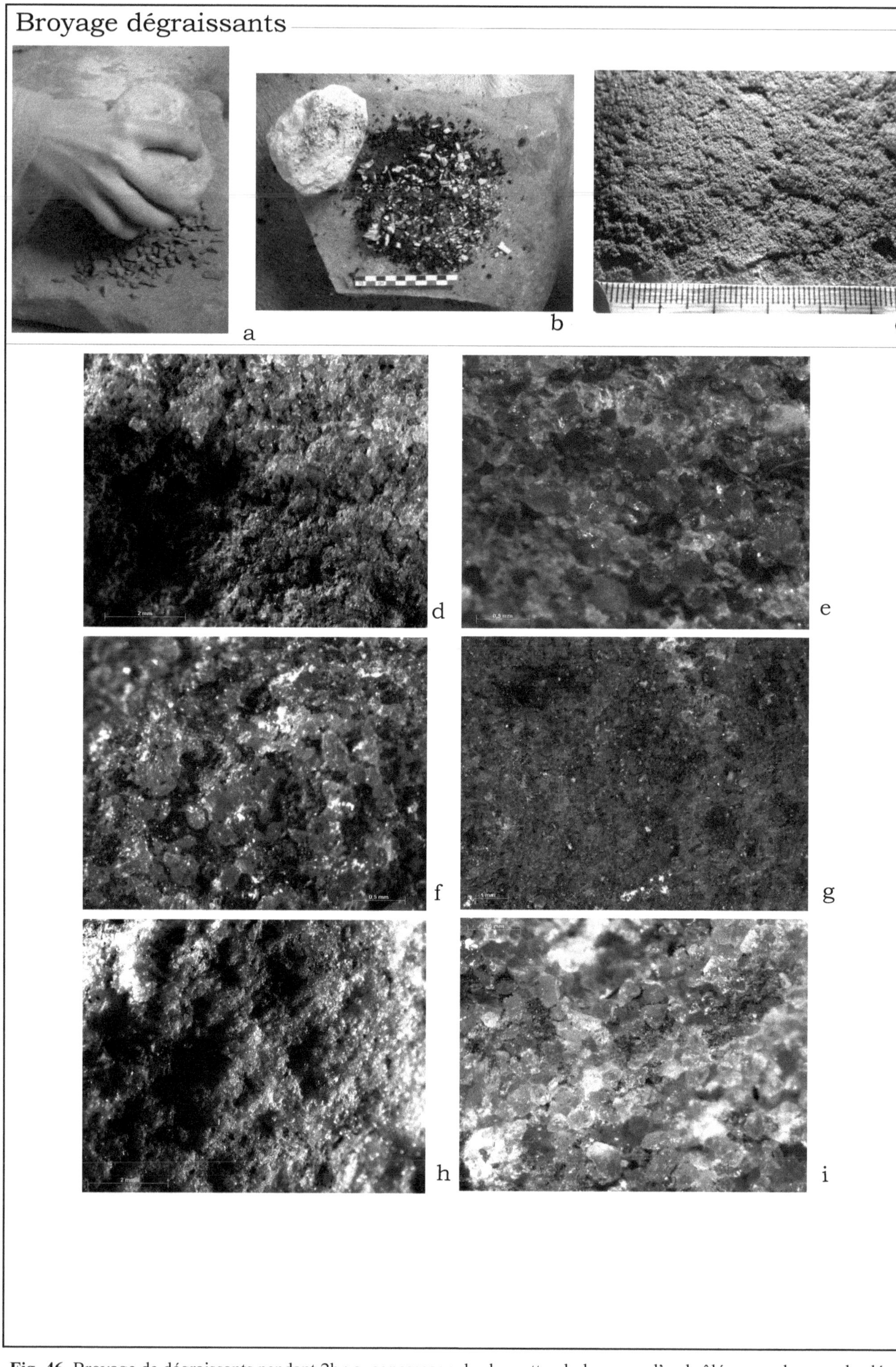

Fig. 46. Broyage de dégraissants pendant 2h : a. concassage de chamotte ; b. broyage d'os brûlé ; c. enclume os brulé ; d. broyon chamotte x15 ; e. enclume chamotte x40 ; f. broyon os brûlé x40 ; g. enclume os brûlé x15 ; h. broyon silex brûlé x15 ; i. enclume silex brûlé x40

3-2-4 - Abrasion et polissage

L'examen des outils archéologiques démontre qu'une différence nette entre outils d'abrasion et de polissage s'articule autour du choix de deux types de grès distincts. Nous allons donc tenter de déterminer quelles sont les propriétés mécaniques de chacune de ces matières premières qui interviennent dans les opérations d'abrasion et de polissage. Le faible investissement alloué au façonnage des abraseurs archéologiques traduit-il néanmoins une certaine adaptation d'une forme d'outil à une action technique en particulier ? Au contraire, il est possible que des abraseurs participent à plusieurs chaînes opératoires et par extension à la transformation de plusieurs matériaux. Pour les abraseurs à rainures, est-il possible d'associer un type de section à une fonction, qu'il s'agisse de l'affûtage des pointes en os, du calibrage des perles circulaires en calcaire ou coquillage ou encore de la régularisation des hampes de flèches en bois ? Enfin, l'ajout de matières abrasives ou l'emploi de matériaux plus tendres peut être préféré à l'emploi des abraseurs, comme cela est fortement suggéré pour la confection des bracelets en schiste. Ces quelques interrogations constituent la trame de fond de la série d'expérimentations relatives à l'abrasion et au polissage des objets du Néolithique ancien du Bassin parisien que nous allons maintenant développer.

3-2-4-1 - Tests comparés sur matières minérales, animales et végétales

Cette série de tests vise la reproduction systématique, selon des paramètres les moins variables possibles, des actions d'abrasion et de polissage. La variabilité repose ici seulement sur la nature des matériaux transformés, leur état et la présence d'éventuels adjuvants. Chacune de ces combinaisons a été testée sur deux qualités de grès sélectionnées. Afin d'en comparer les effets sur les artefacts, les deux faces d'une même plaque de grès ont été utilisées. Si la granulométrie y est identique, la cohésion moyenne de la face d'abrasion diffère de celle de la face de polissage, beaucoup mieux cimentée. Les tests d'abrasion ont enfin été doublés sur une troisième qualité de grès, similaire à la face d'abrasion de la plaque de grès, afin d'évaluer les effets de l'ajout d'eau et de sable à chaque action technique.

Nous voulions ainsi insister tout d'abord sur les facteurs à l'origine de la formation de tel ou tel type de stigmate d'utilisation. Les questions d'adaptabilité morphologique et d'efficacité des outils en grès n'ont donc pas été abordées à cette étape.

Os, bois de cerf, bois, calcaire et schiste ont été testés à la fois en abrasion et en polissage (fig. 47 à 51 et 53). Les matières organiques ont été travaillées successivement sèches et fraîches (ou retrempées), tandis que deux types de calcaire ont été testés. Les stigmates portés par les objets façonnés ont été observés et comparés aux traces visibles sur les outils néolithiques en matières minérales ou animales dures. La surface des outils appointés en os expérimentaux a été comparée aux stigmates de fabrication portés par les outils archéologiques. Les stigmates portés par les calcaires expérimentaux ont été croisés avec l'état de surface des tranches et faces de perles en calcaire du Basin parisien. Les stries d'abrasion et polis obtenus sur les schistes expérimentaux ont été mis en parallèle avec ceux visibles sur les faces des palets et les tranches des ébauches, ou avec l'aspect des surfaces des bracelets.

Des séquences de 1h pour le polissage et de 30 minutes pour l'abrasion ont été effectuées. Au visionnage des films, le rythme de la percussion posée est apparu étonnamment régulier quel que soit le matériau travaillé. Un geste en percussion posée linéaire ou transversale a été effectué sur un fragment d'abraseur posé à terre, contre la jambe ou maintenu dans l'autre main. Dans le cas de l'os, du bois de cerf et du bois, la largeur de contact avec l'abraseur ne dépassait pas deux à trois centimètres ; ceci a engendré la formation de légères dépressions ou rainures. Calcaire et schiste ont été actionnés longitudinalement ou transversalement. Dans tous les cas, l'objet était actionné selon un angle d'environ 40° qui permettait d'appliquer une pression plus importante.

La première série de tests visait la comparaison des actions d'abrasion et de polissage sur les matériaux sélectionnés.
Une plaquette a été extraite d'un fémur encore frais tandis que des poinçons en os ont été grossièrement débités par fracturation sur des métapodes de bœuf frais et secs. Si l'abrasion sur os frais crée de véritables facettes qui augurent autant de modifications morphologiques, l'os sec réagi beaucoup mieux aux opérations de polissage (fig. 47).
Deux pointes d'andouiller en bois de cerf ont subi un trempage d'une dizaine de jours. Ils impriment assez rapidement des déformations morphologiques. La surface active de l'abraseur s'est creusée assez rapidement par comparaison avec les autres matériaux (fig. 48).
Deux baguettes de bois sec et vert d'une trentaine de centimètres ont été écorcées avant traitement. Le but était de savoir d'une part, si une telle action était efficace et d'autre part, de créer un référentiel éventuellement comparable à l'os et au bois de cerf. Le bois réagi à l'abrasion par une perte de matière et un facettage, et au polissage par l'apparition d'un véritable lustre doux au touché (fig. 49).
Deux types de calcaire ont été testés : du calcaire de craie assez induré et du calcaire oolithique plus poudreux. L'abrasion du fragment de calcaire de craie se traduit par une élimination des aspérités puis par un lissage d'homogénéisation des surfaces. Le calcaire oolithique réagit par écrêtage des éléments qui le constituent et s'arase très rapidement (fig. 50).
Le travail du schiste crée une poussière importante qui se transforme en pâte abrasive lorsqu'on ajoute de l'eau. L'abrasion crée des surfaces très régulières. Le polissage à l'eau, plus rapide que celui à sec, engendre des surfaces très homogènes, brillantes, très planes et réduit considérablement la formation de stries d'abrasion macroscopiques (fig. 51).

Une deuxième série de tests d'abrasion visait à comparer les apports d'adjuvants tels que l'eau et le sable. L'ajout d'eau crée une pâte abrasive qui accélère le phénomène d'abrasion et confère aux surfaces un aspect beaucoup plus homogène. L'ajout de sable fin s'est avéré très peu efficace : il crée un effet de roulement entre les deux surfaces qui n'entrent alors plus en contact l'une avec l'autre. L'emploi d'un grès de cohésion moyenne nous semble beaucoup mieux adapté aux opérations d'abrasion que l'ajout

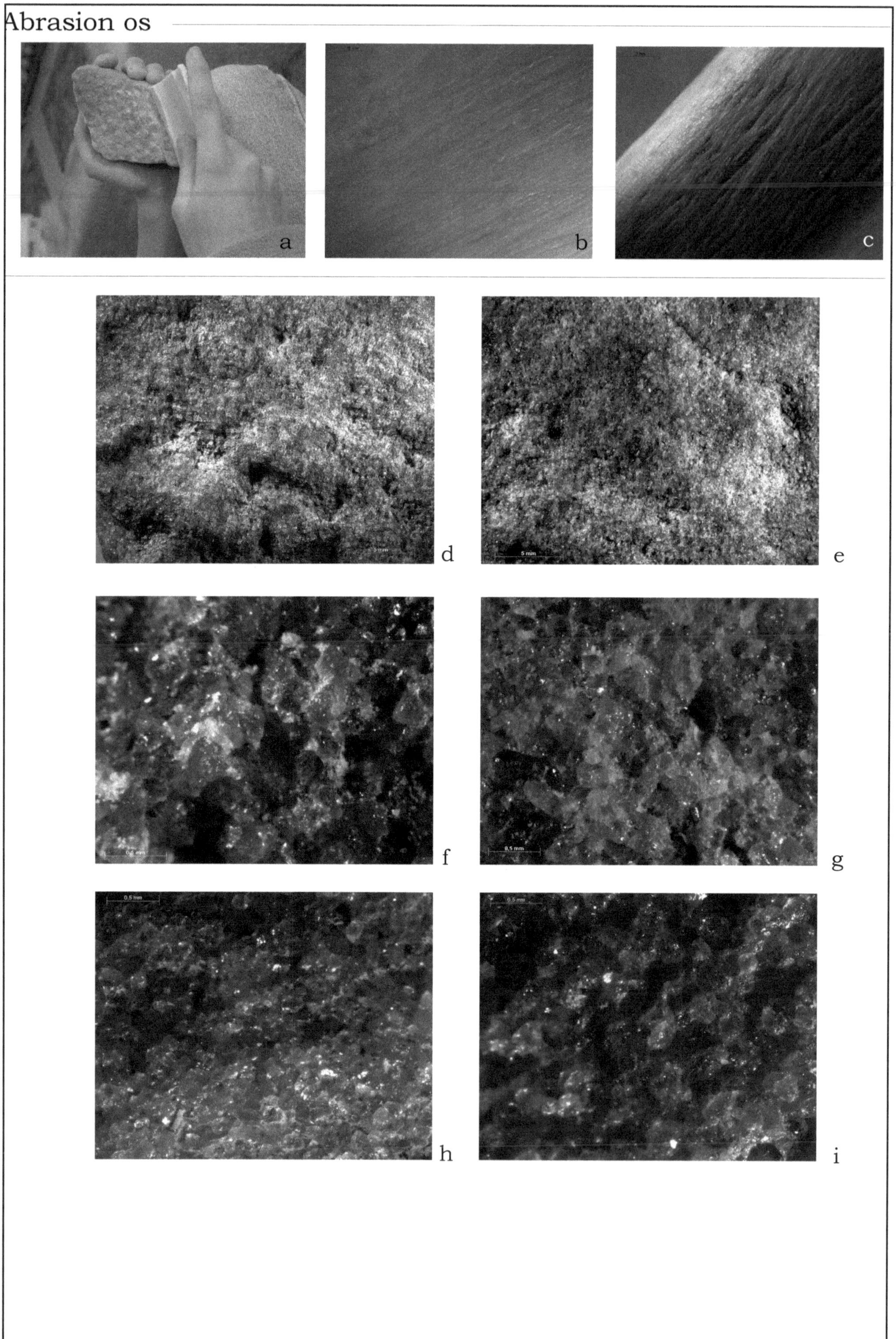

Fig. 47. Abrasion d'os : a. abrasion d'os ; b. os frais abrasé longitudinalement à l'eau pendant 30 minutes x 10 ; c. os sec abrasé au sable et à l'eau pendant 30 minutes x10 ; d et e. abrasion os frais x5 pendant 30 minutes et une heure ; f et g. abrasion pendant 1 h x50 os sec et os frais ; h et i. abrasion pendant 30 min x40 à l'eau et à l'eau + sable

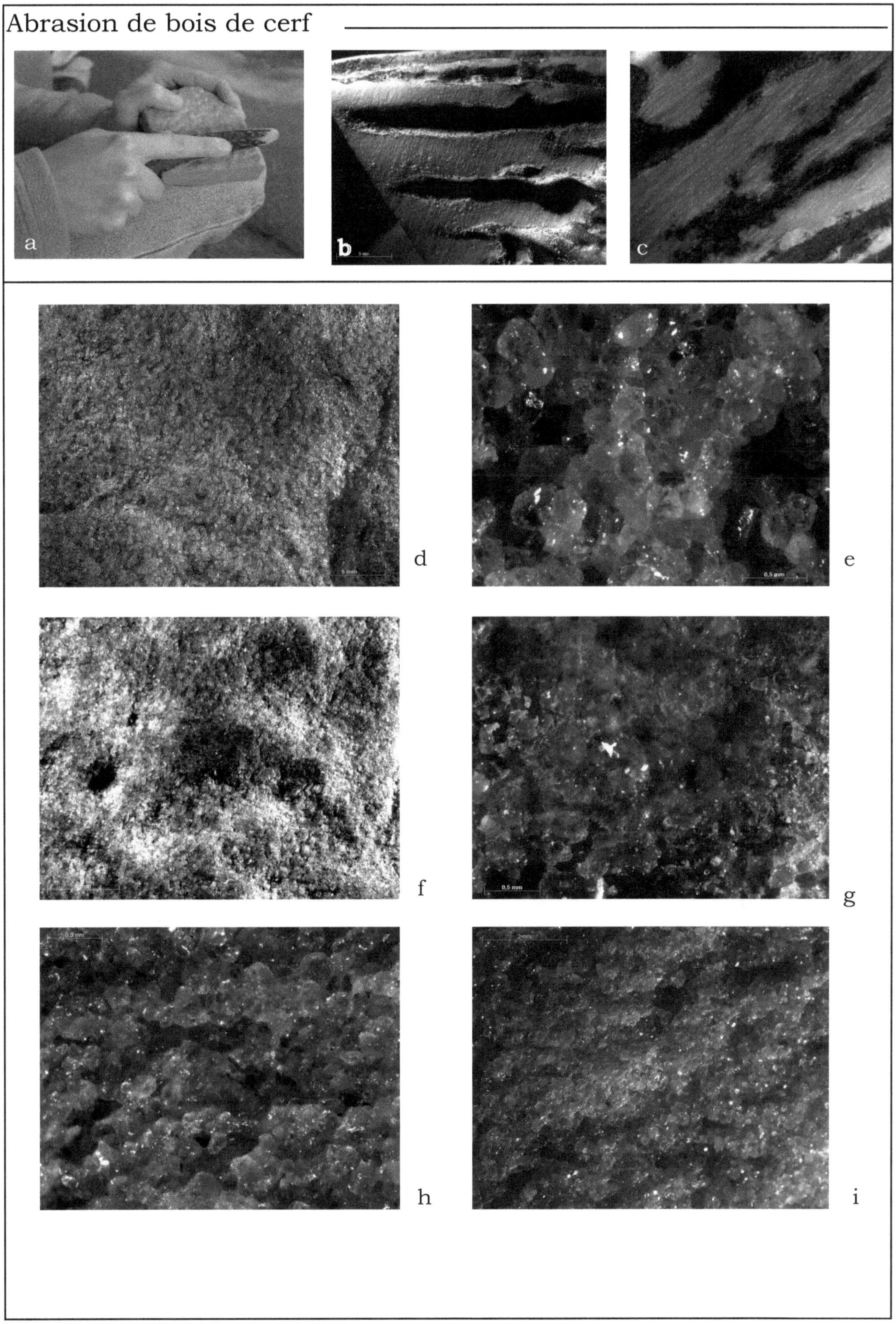

Fig. 48. Abrasion de bois de cerf : a. abrasion d'une pointe d'andouiller ; b. bois de cerf sec abrasé transversalement à l'eau et au sable pendant 30 minutes x5 ; c. bois de cerf retrempé abrasé longitudinalement à l'eau pendant 30 minutes x10 ; d et e. abrasion à sec pendant 1h x5 et x50 ; f et g. abrasion retrempé pendant 1h x5 et x50 ; h et i. abrasion pendant 30 minutes x40 à l'eau et à l'eau + sable.

Fig. 49. Abrasion de bois : a. face abrasive ; b. abrasion d'une baguette de bois ; c. facette après 30 minutes d'abrasion de bois vert ; d. abrasion de bois sec pendant 30 minutes x5 ; e. surface naturelle de l'abraseur x15 ; f et g. abrasion de bois sec pendant 1 h x5 et x50 ; h et i. abrasion de bois vert pendant 1 h x5 et x50.

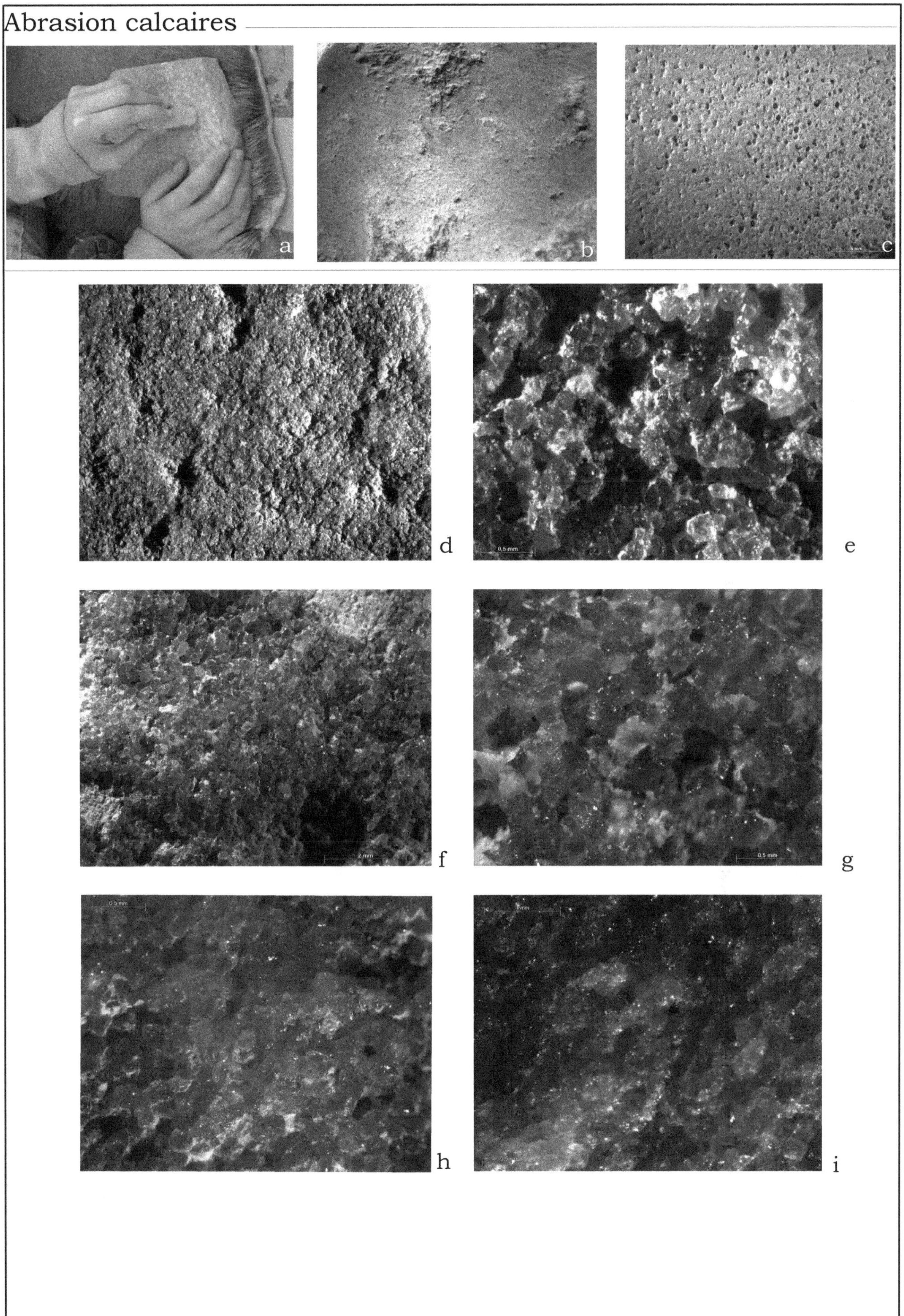

Fig. 50. Abrasion de calcaires :
a. abrasion d'un fragment de calcaire de craie ; b. calcaire de craie abrasé à l'eau pendant 30 min x15 ; c. abrasion de calcaire oolithique pendant 1h x5 ; d et e. abrasion de calcaire de craie pendant 1 h x5 et x40 ; f et g. abrasion de calcaire oolithique pendant 1h x15 et x40 ; h-i. abrasion pendant 30 minutes x40 avec eau et eau + sable.

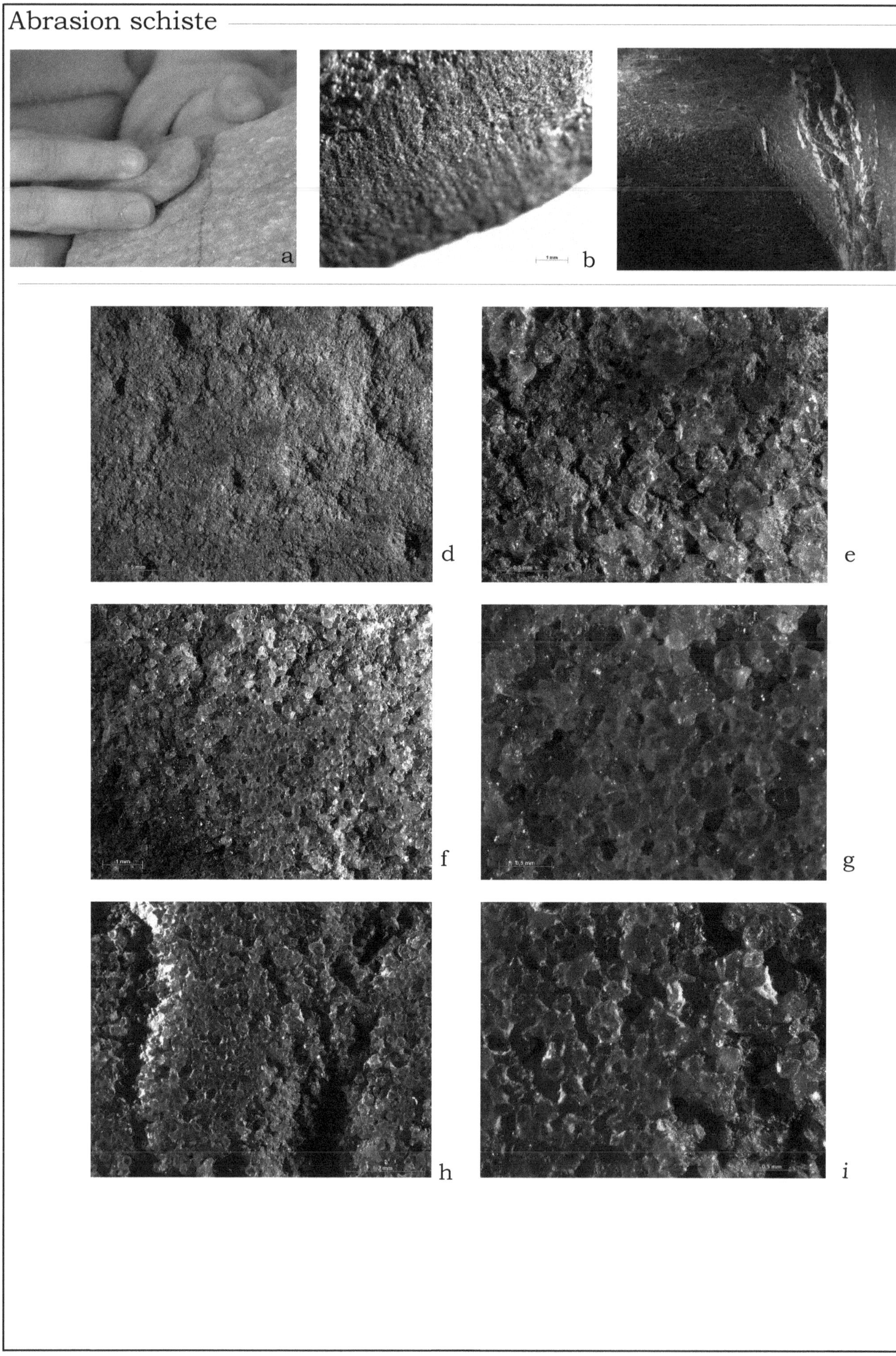

Fig. 51. Abrasion de schiste : a. abrasion schiste à sec ; b. schiste abrasé à sec pendant 30 minutes x15 ; c. schiste abrasé à l'eau pendant 30 minutes x3,5 ; d et e. abrasion à sec pendant 1 h x 5 et 30 ; f et g. abrasion à l'eau pendant 30 minutes x 15 et 40 ; h et i. abrasion à l'eau pendant 1h x 15 et 40

de sable. Le travail des matériaux avec ajout systématique d'eau nous apparaît le plus évident suites à ces quelques tests.

Ces expérimentations soulignent les comportements très différents de chaque type de matériau transformé dans les opérations d'abrasion. L'abrasion de matières minérales engendre rapidement un arasement des surfaces sauf lorsqu'il est accompagné d'eau. Lors de l'abrasion des matières animales dures, les grès se comportent différemment : l'arasement de la surface ne se fait qu'à partir d'une certaine durée d'utilisation. Par ailleurs, une distinction nette entre les effets de la granulométrie de chaque grès se fait jour : elles impliquent un choix de matériaux propres au façonnage et au réâffutage, et donc plusieurs niveaux d'interaction technique.

3-2-4-2 - Façonnage par abrasion d'objets de parure en coquillage

Deux séries de tests expérimentaux ont porté sur la perforation par abrasion des littorines pour la confection de perles et sur le façonnage par abrasion d'une applique entaillée en spondyle (fig. 52). Les tests ont été mis au point et réalisés en collaboration avec S. Bonnardin[4], spécialiste de la parure en roche, matières osseuses et coquillages des sites rubanés et post-rubanés (Villeneuve-Saint-Germain et Hinkelstein) des Bassins parisiens et rhénans (Bonnardin 2003).

Perforation de littorines

La première série de tests visait à évaluer l'efficacité de la technique de perforation par abrasion du ventre de coquilles de type Littorina obtusata (Atlantique). Trois types d'abraseurs passifs ont été utilisés afin de déterminer l'efficacité relative de chacun d'entre eux. De cohésion variable, chaque type de grès est testé : grès quartzitique très compact, grès compact de cohésion moyenne et grès grossier de faible cohésion. Des coquilles de différentes couleurs (jaune, orange, blanche et noire) ont été sélectionnées afin d'effectuer les tests sur des coquilles de duretés, résistances et épaisseurs variées. Deux types de geste ont été testés en percussion posée linéaire et circulaire. Les traces résultant de ces opérations ont été comparées dans un second temps aux stigmates imprimés sur les perforations des perles archéologiques. L'abrasion s'est faite avec un ajout continuel d'eau sur la surface des abraseurs.

La contribution de deux personnes pendant deux heures et de deux autres pendant deux heures et quarante cinq minutes a permis la perforation de 267 perles. Moins de trois minutes sont nécessaires à la perforation des coquilles. L'abrasion crée un trou de forme ovoïde à circulaire aux contours crantés sur le ventre de la coquille et entame le labre de la face ventrale, formant ainsi une sorte d' « à plat » sur la face intérieure du coquillage.
La rapidité de l'opération est néanmoins variable selon la résistance de l'abraseur utilisé : l'abraseur n° 1 de cohésion intermédiaire s'est avéré le plus efficace. Sa surface tend à s'aplanir tout en se lissant progressivement. Au bout de deux heures, l'abrasivité de la surface semble se réduire. Les abraseurs n° 2 et 3, de très faible cohésion, procèdent par un arrachement continu des grains de quartz, à l'origine d'un interface de roulement entre le coquillage et la surface de l'abraseur. La durée requise pour obtenir une perforation du coquillage varie en fonction des différentes qualités de grès testées. L'abrasion rapide de la surface se traduit par la formation en moins d'une demie heure d'une véritable dépression sinon rainure, entamant de près de deux centimètres l'épaisseur de l'abraseur. Des stries longues orientées parallèlement parcourent les surfaces abrasées, mais la microtopographie des surfaces reste intacte.

Le type de geste appliqué sur les coquillages se distingue nettement à la loupe binoculaire. A une abrasion linéaire correspondent de longues stries parallèles sur toute la zone périphérique à la perforation, tandis qu'un geste circulaire engendre des stries très courtes à l'orientation désordonnée. Ces stries ne correspondent cependant pas strictement aux observations faites sur les perles archéologiques. La largeur des stries observées expérimentalement semble beaucoup trop fine en regard des traces archéologiques. L'utilisation d'une autre technique de perforation ou l'emploi d'un abraseur de granulométrie plus importante doit de ce fait être envisagée suite à ces tests. Nous pensons également à une technique de perforation par abrasion ne requiérant pas obligatoirement d'abraseur.

Les perles ainsi perforées lors de l'expérimentation sont destinées à être cousues sur une ceinture en lin afin de mesurer le temps nécessaire à la réalisation d'une parure complète. La face plane obtenue par abrasion facilite par ailleurs ce mode de couture. Les traces de port et les déformations liées au type de lien utilisé seront observées.

Façonnage d'une applique en spondyle

L'insertion de l'abrasion dans les étapes de façonnage d'une applique de spondyle fendu a été testée. Pour ce faire la valve supérieure d'un Spondylus princeps (Atlantique), légèrement moins épaisse que l'espèce de spondyle utilisée au Néolithique (Spondylus gaederopus), a été préparée. Elle a d'abord été ébarbée à l'aide d'un petit galet puis raclée afin de régulariser autant que possible les aspérités du relief. Les « oreilles » du coquillage ont été éliminées et l'ensemble de la surface extérieure a été régularisé par abrasion à l'eau sur l'autre face de l'abraseur n°1. Cette opération a été effectuée par deux personnes pendant près de deux heures et trente minutes. La réelle dureté du coquillage induit un lissage plus étendu de la surface de l'abraseur. Un léger facettage par zones de la surface du coquillage n'empêche en rien l'homogénéisation de toute sa surface par apparition d'un poli couvrant.
Une seconde séance d'une heure et demie visait à tester l'effet d'un lustrage au sable mouillé à l'aide d'une peau. Un lustre fortement réflexif accompagné de microstries multidirectionnelles caractérise l'homogénéisation évidente de la surface de la coquille.
L'applique ainsi façonnée sera perforée pour être suspendue autour de la taille, ou encore entaillée pour être accrochée comme une boucle de ceinture : ainsi seulement il sera possible de confronter les traces de port obtenues expérimentalement avec les traces observées sur les pièces archéologiques.
La dureté du coquillage rend fastidieuses les opérations de régularisation du relief de la valve. La valeur de ces parures semble en partie dictée par l'investissement technique

Abrasion coquillage

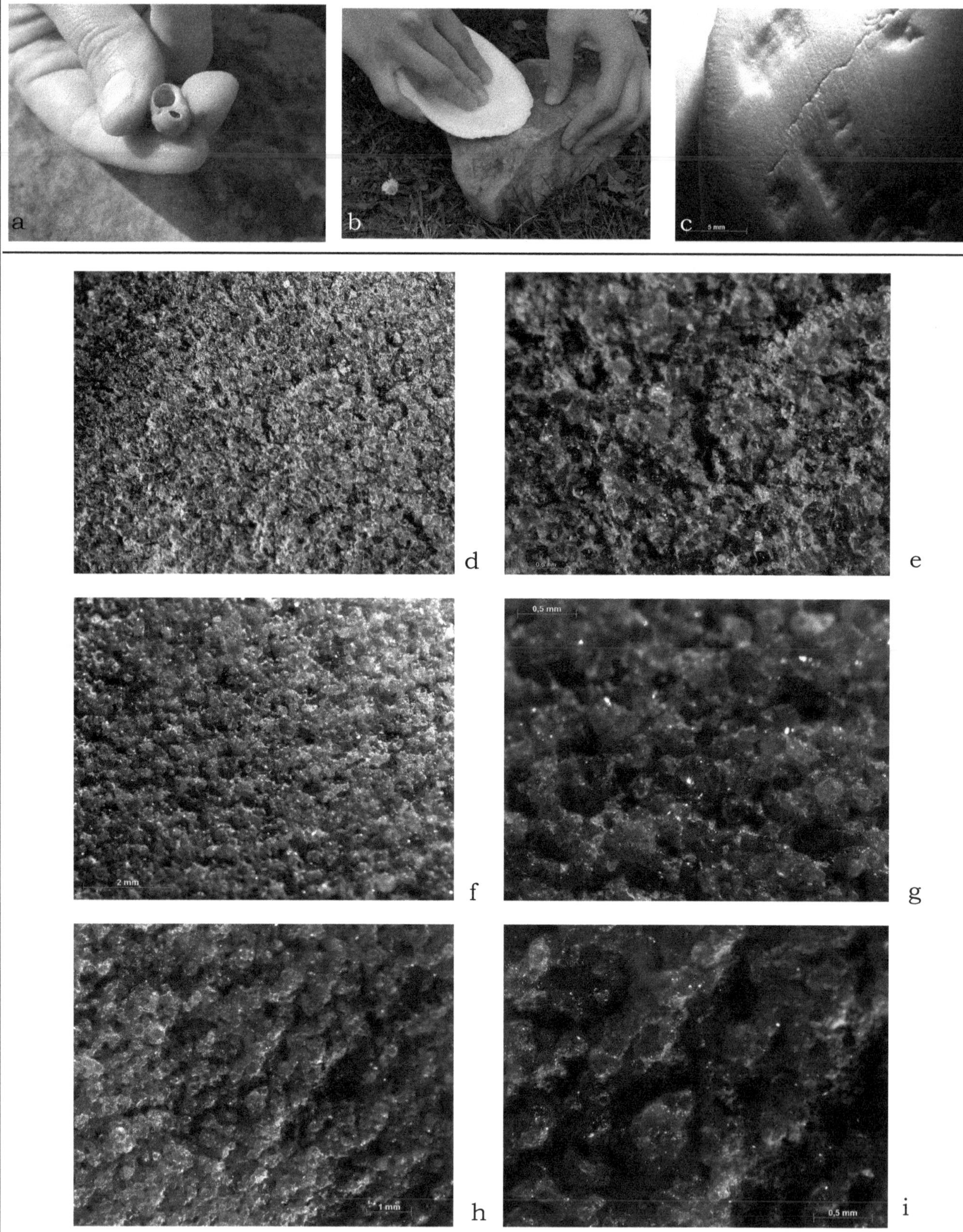

Fig. 52. Abrasion de coquillages : a. perforation par abrasion de littorines ; b. abrasion d'une coquille de spondyle ; c. stries d'abrasion sur spondyle x5 ; d et e. abrasion de littorines pendant 60 minutes sur grès quartzitique x 15 et x 40 ; f et g. abrasion de spondyle pendant 2 h sur grès friable x 15 et x40 ; h et i. abrasion de spondyle pendant 2h sur grès de cohésion moyenne x 15 et x40

Polissage (divers)

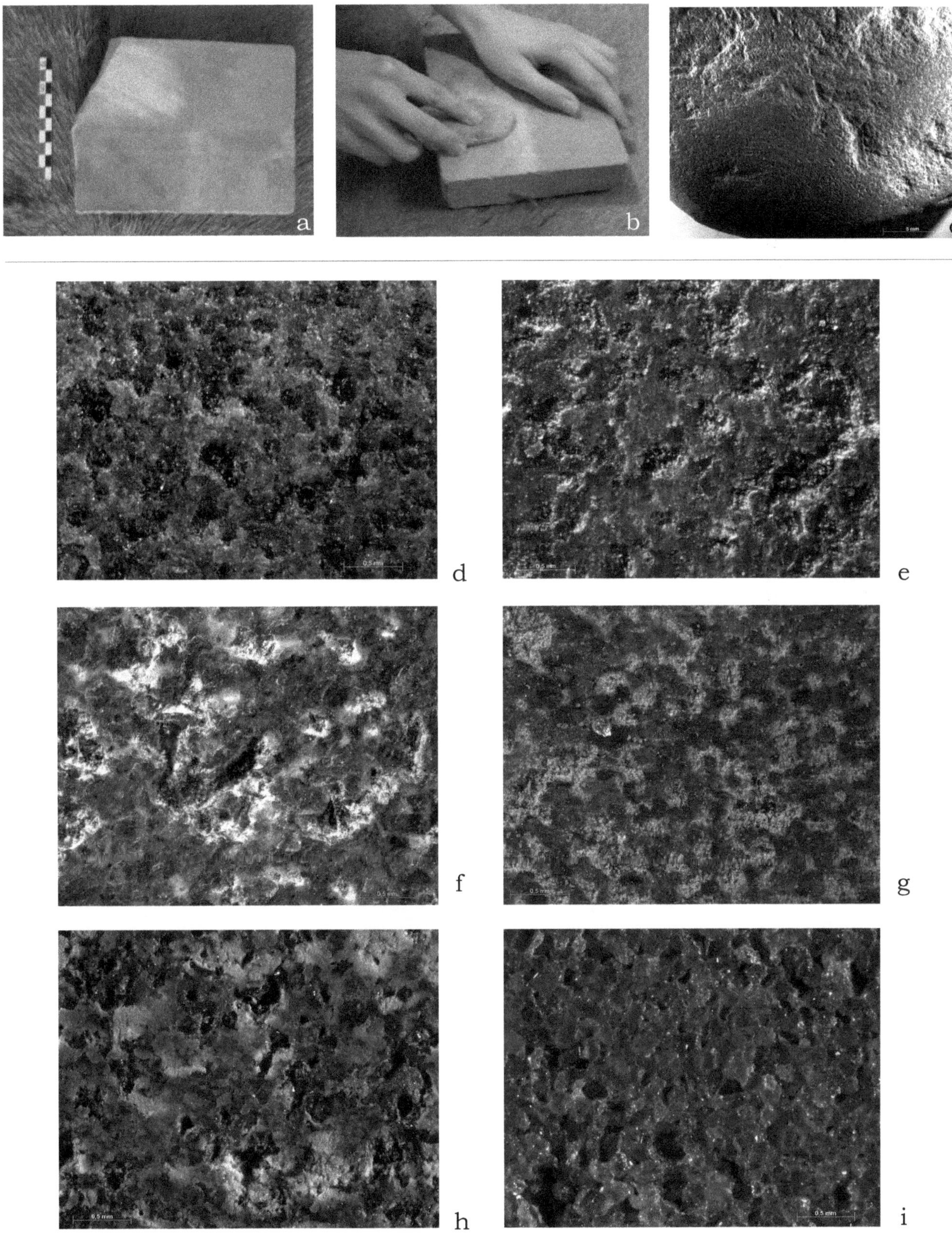

Fig. 53. Polissage divers : a. plaque à polir ; b. polissage de schiste ; c. schiste poli à sec pendant 2h x 3,5 ; d. surface naturelle plaque x 40 ; e-i polissage pendant 2 h x 40 bois sec, os sec, bois de cerf sec, craie et schiste + eau.

Polissage grès et silex

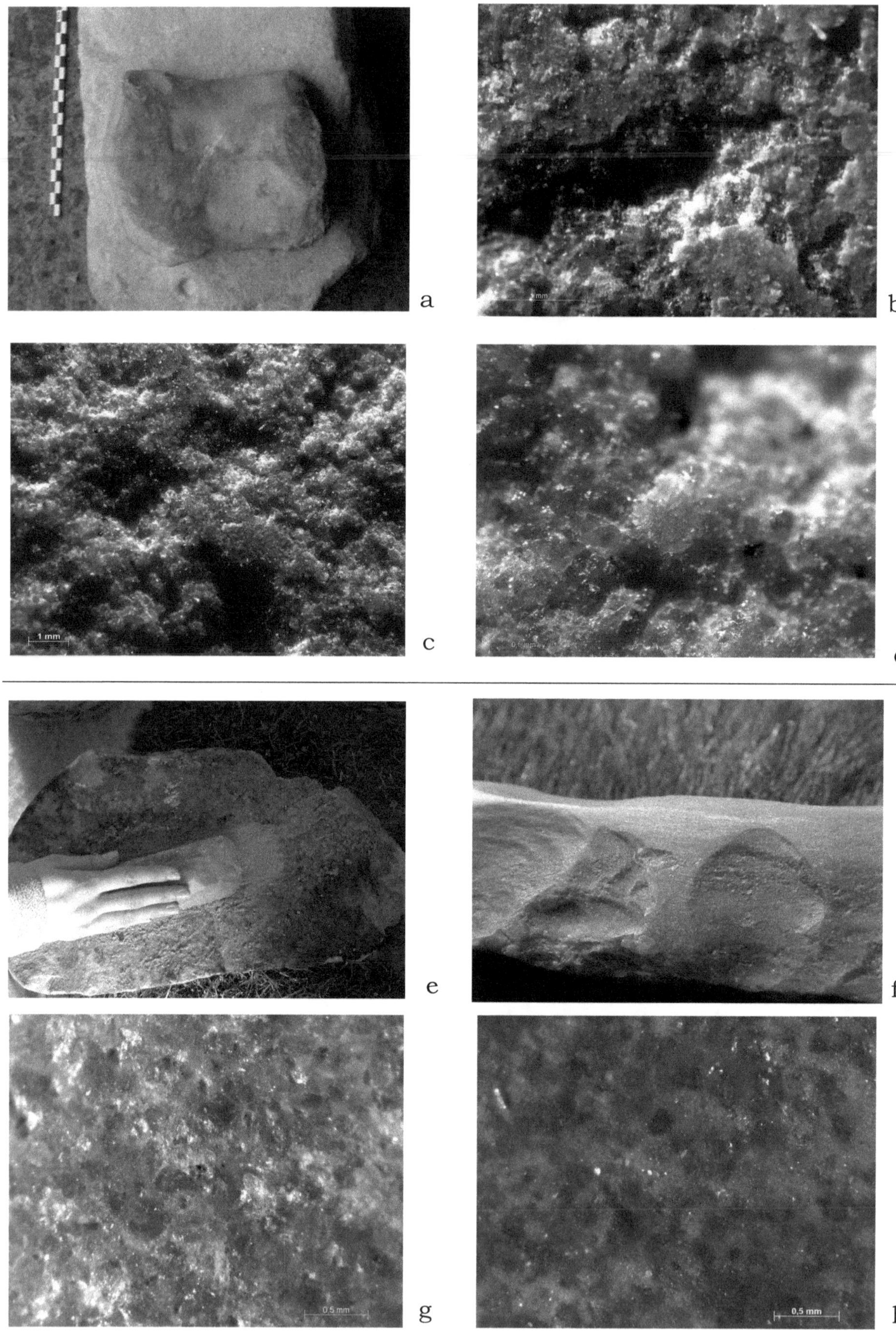

Fig. 54. Polissage grès : a. travail pierre contre pierre meule et molette 1 ; b. molette 1h30 x60 ; c et d. meule 1h30 x 15 et x 60. Polissage silex : e. polissage lame de hache en silex ; f. hache en cours de polissage ; g. polissoir dur poli x 60 ; h. polissoir tendre poli x 60

nécessaire. L'aspect de surface obtenu semble correspondre, toutes déformations liées à la taphonomie exclues, à celui des parures archéologiques.

Les quelques tests réalisés sur la parure en coquillage assurent une certaine adéquation entre les traces de façonnage des pièces archéologiques et les modalités techniques d'abrasion sur du mobilier en grès. Il s'agit ici simplement de jalons pour des expérimentations futures, qui mettent néanmoins en avant la dureté de certaines coquilles et la fonction éventuelle de certains abraseurs.

*3-2-4-3 - **Façonnage de meules et molettes par polissage***

Un test de façonnage par polissage d'un flanc de meule a permis de reproduire un test d'abrasion grès contre grès (fig. 54 a à d). L'uniformisation du flanc de l'outil apparaît au bout d'une demie-heure de frottement. Ceci nous a permis de disposer d'une zone témoin de frottement du grès, en regard des autres types de travail de matières minérales.

*3-2-4-4 - **Polissage d'une hache en silex***

Le polissage d'une hache en silex tertiaire du Grand Pressigny a été tenté avec A. Lo Carmine (Lo Carmine 2000)[5]. Le but de cette expérimentation, qui sort du champ des productions du Néolithique ancien du Bassin parisien, était d'obtenir à titre de comparaison des surfaces dévouées au polissage des matières minérales dures (fig. 54 e à h) et de définir par ailleurs la spécificité du polissage des matières minérales tendres et animales dures. Le façonnage des herminettes a de surcroît pu nécessiter le même mode opératoire.

Une des arêtes de la préforme de la hache a subi un « bouchardage » à l'aide d'une boucharde à coche concave sur éclat tandis que l'autre a été préservée telle quelle. Les faces, la tranche non préparée et la tranche bouchardée ont chacune subi un polissage d'une heure, suivi d'une observation à la loupe binoculaire. Au moment de la finition du tranchant de la hache, nous avons été confrontés à un esquillement accidentel de ce dernier. L'angle formé entre le polissoir et la hache de même que l'impulsion du mouvement et la nature du grès employés ne devaient pas être adaptés à cette opération. Une autre technique de polissage a sans doute été utilisée pour la finition du tranchant.

Deux qualités de grès ont été utilisées alternativement pour cette opération, un grès à forte proportion quartzitique et un grès plus tendre de cohésion moindre. Eau et sable ont été ajoutés très régulièrement tout au long du travail. Comme cette opération est assez pénible, un relais a été effectué toute les dix minutes afin d'assurer un « rythme » de polissage assez soutenu. Toutes les heures, un autre polissoir était utilisé afin d'éviter au maximum que les déformations de sa morphologie n'engendrent des usures différentielles en surface des abraseurs.

Au bout de la première heure, la surface utile sur chacun des abraseurs revêtait déjà un aspect poli et présentait un creusement visible. Le temps de polissage nécessaire à la régularisation complète d'une lame de hache se comptant en heures de travail (Pétrequin *et al.* 1993), un palier d'observation des abraseurs a été fixé à huit heures pour une première observation. L'obtention d'une surface lisse homogène apparaît rapidement au bout de deux heures environ sur le polissoir.

Les finalités divergentes des opérations d'abrasion et de polissage trouvent leur prolongement dans le choix des matières premières. Si le geste s'avère quasi identique, le comportement de la matière aux deux modes d'action est également bien distinct. L'ajout d'adjuvants tels que sable et eau s'est avéré riche d'informations sur la formation des polis d'usure. L'emploi de sable nous semble absolument dissociable des travaux d'abrasion, tandis que l'eau amplifie et accélère ces processus. Si les matières minérales dures se lissent plus facilement, les matières minérales tendres réagissent particulièrement bien aux processus d'abrasion. L'os et le schiste s'avèrent de bons candidats pour le recours à l'abrasion au contraire du bois de cerf et du calcaire de craie. Les variabilités de dureté des coquillages ne permettent pas de généraliser les résultats obtenus sur telle ou telle espèce. Le polissage semble particulièrement efficace sur les matériaux durs de type roche ou coquillage.

3-2-5 - Traitement d'une peau animale

Le traitement complet d'une peau de bœuf a été réalisé conjointement avec N. Cayol (Cayol 2002)[6]. Le but de ce travail était de comprendre l'insertion des outils en grès en regard de l'outillage en silex dans les différentes étapes de la chaîne opératoire de traitement des peaux animales pour le Néolithique ancien du Bassin parisien. Nous voulions pour notre part comprendre si les outils en pierre, et notamment les molettes à main, pouvaient trouver leur place dans cette chaîne opératoire de transformation et si l'existence de « palissons » en pierre s'avérait fondée pour notre contexte. Les phases de travail et de séchage ont été espacées de plusieurs jours à plusieurs semaines selon les étapes, l'ensemble des opérations de traitement de la peau s'étalant sur une durée de près de six mois.

Une demie peau de bœuf fraîche a d'abord été écharnée de sa couche sous-corticale. Un premier nettoyage à l'aide de grattoirs en silex a permis d'éliminer les parties les plus grasses de la peau. Une friction de la peau en percussion posée oblique à l'aide d'outils en grès durant 45 minutes a complété ce nettoyage (fig. 55). Ce drayage de la peau (Gassin 1996) s'est traduit par un assèchement relatif et par une désolidarisation des fibres superficielles du derme sous-cutané créant ainsi un effet de « peluchage ». L'agglutination des fibres facilite le détachement de longues bandes sur la couche superficielle. A ce stade, un dépôt graisseux protecteur adhère en surface des outils en grès et un émoussé des arêtes est déjà visible.
L'application d'ocre et de cendre sur la peau encore fraîche a pu être testée sur des espaces de peau réservés (fig. 56). Un quart a été partiellement nettoyé, un autre complètement, tandis que les deux autres ont été traités respectivement à l'ocre et à la cendre. La peau a ensuite été fixée à l'aide de cordes tendues sur un cadre en bois en vue d'un séchage partiel. Un traitement à l'ocre et à la cendre de près de quarante cinq minutes s'est avéré suffisant pour la formation de traces significatives sur le grès.
A la suite de cette étape de préparation, une alternance entre

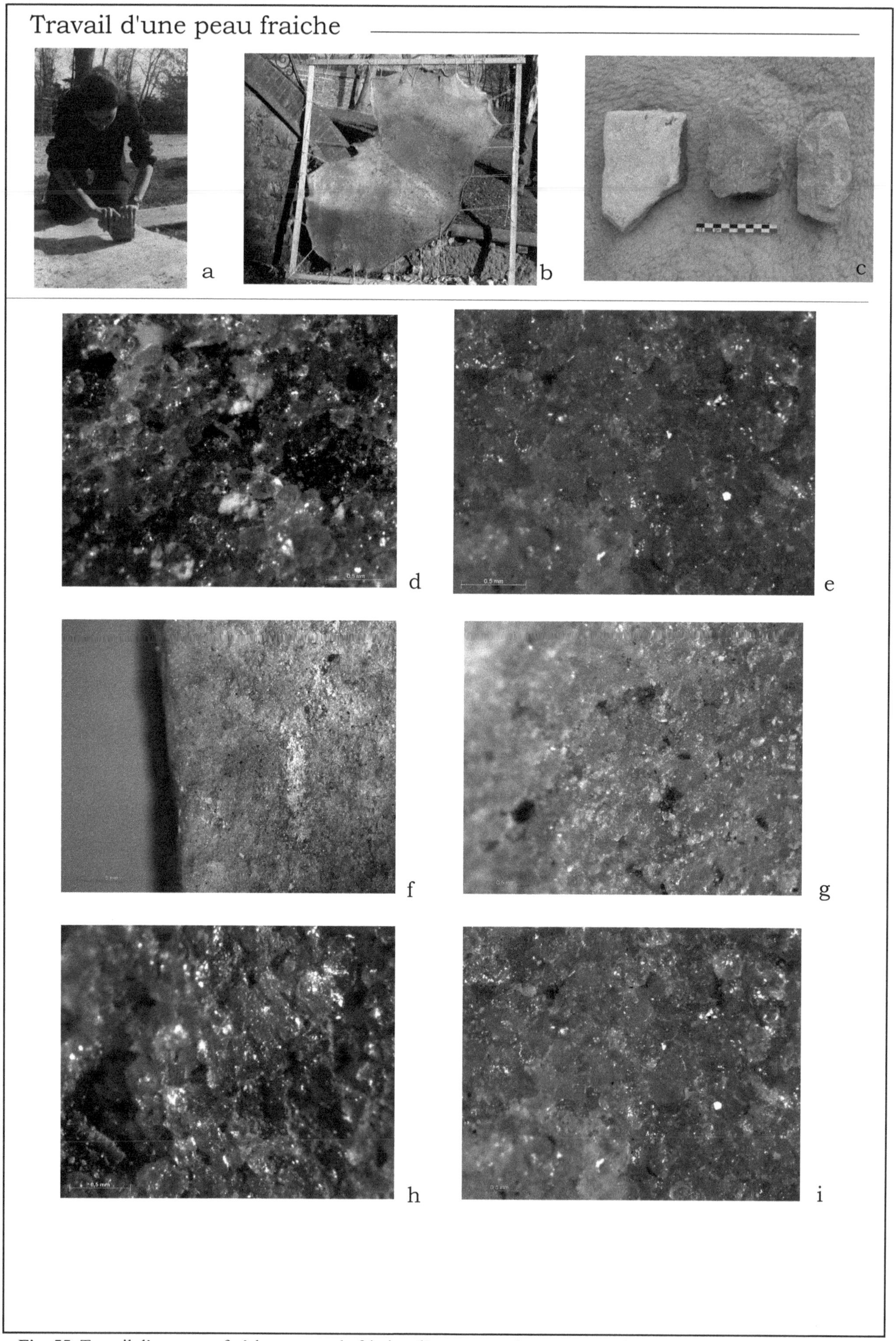

Fig. 55. Travail d'une peau fraîche a. geste de friction d'une peau ; b. peau sur cadre ; c. palissons 1 et 2 ; d. surface naturelle palisson 1 x60 ; e. surface naturelle palisson 2 x50 ; f et g. écharnage peau fraîche pendant 45 minutes x5 et x50 ; h. travail peau fraîche et cendre pendant 30 minutes x50 ; i. travail peau fraîche et ocre pendant 30 minutes x 45

Travail d'une peau sèche

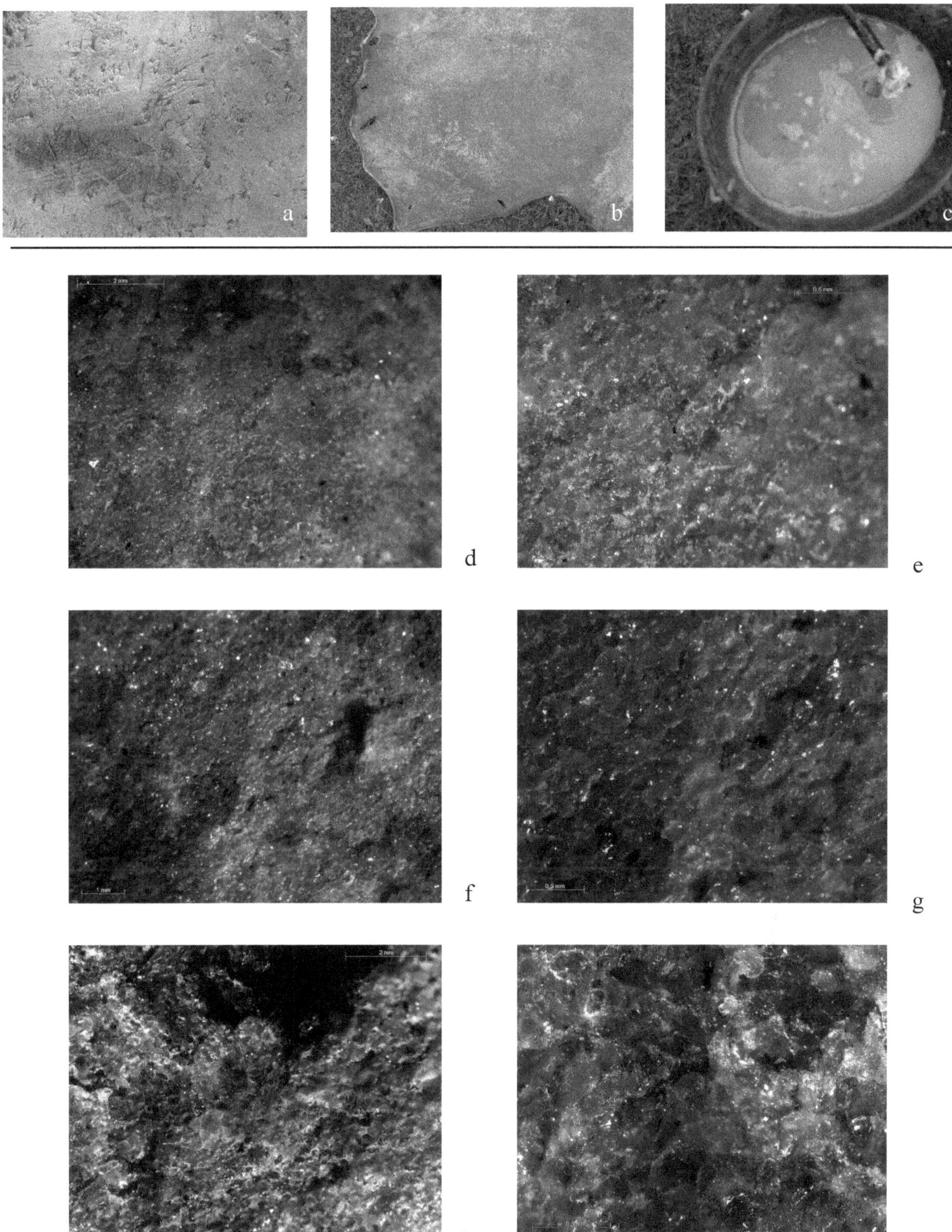

Fig. 56. Travail d'une peau sèche : a. texture de la peau sèche traitée ; b. bain de cendre tannant ; c. bain de cervelle assouplissant ; d et e. palisson 1 cendre 1 h x 15 et 40 ; f et g. palisson 2 ocre 1h x 15 et 60 ; h et i. palisson 2 cervelle 1h x 15 et 60.

les étapes d'assouplissement, d'essorage et d'assouplissement a été mise en place. Après un séchage partiel, la peau a été fumée pendant deux-demies journées afin d'évacuer l'humidité résiduelle. L'aspect « cartonné » de la peau et sa totale absence de souplesse après cette opération nous a conduit à procéder à un premier assouplissement par friction à l'aide d'outils en silex et en pierre sur support dur. Deux outils parallélépipédiques en grès, utilisés pendant une heure sur peau sèche très légèrement réhumidifiée, ont été également observés.
Après un nouveau séchage sur cadre solide, un bain alcalin à base de cendre visant la modification chimique des fibres en profondeur a été préparé. La peau maintenue immergée pendant trois jours a été protégée par un couvercle. Cette dernière a révélé une coloration brune et une texture translucide en profondeur.
Après un premier séchage, une seconde phase de trempage dans un bain cette fois assouplissant, à base d'eau tiède et de cervelle, a été entreprise. Après trois heures d'immersion, la peau présentait une remarquable souplesse malheureusement temporaire. Un palissonnage de la peau sur support solide a alors été entrepris à l'aide des mêmes outils en pierre sur d'autres de leurs faces, afin de poursuivre le bris mécanique des fibres pendant environ deux heures. Cette opération a été répétée une seconde fois pour compléter l'état d'assouplissement peu satisfaisant de la peau après séchage.
L'abrasivité naturelle de la peau nous a conduit à procéder à des observations après des durées finalement assez réduites de travail, et ce sur des états de la peau très différents. Une base de référence des traces obtenues sur peau fraîche en cours d'écharnage, sur peau fraîche ocrée, sur peau fraîche cendrée ou encore sur peau sèche en cours de nettoyage a été constituée. Les opérations d'assouplissement, et donc de palissonnage proprement dit, ont été appliquées sur peau sèche et peau assouplie après trempage dans un bain de cendre et de cervelle. On note d'emblée un émoussé luisant sur les surfaces de travail des outils en pierre. Il atteint au bout de quelques minutes les aspérités du bloc et tend à altérer, mais de manière moins prononcée, les zones en creux.
Les tests visant à évaluer l'insertion de l'outillage en pierre dans la chaîne opératoire se sont avérés riche de surprise. L'efficacité de tels outils dans les processus d'écharnage, d'assèchement et d'assouplissement est apparue comme une réalité, même s'ils ne remplacent en rien l'outillage en silex ou en os. L'ajout d'adjuvants crée par ailleurs des traces réellement différentielles en surface des outils en grès.

Nous aurions souhaité mener à bien une expérimentation mettant en jeu des galets et lissoirs pour la confection de vases céramiques. Il aurait été intéressant de voir comment de tels objets sont adaptés à la courbure des différentes parties des vases céramique, et notamment de la panse. De même, la qualité des grès employés devait jouer un rôle certain dans l'obtention d'une surface lisse ou plus rugueuse. Enfin, l'examen des effets (aspect, brillance) d'un tel travail sur la matière argileuse était envisagé.

L'ensemble des tests expérimentaux permet donc d'aboutir à un certain nombre de remarques relatives au comportement des matériaux en présence, aux qualités des matières premières et à l'efficacité relative des outils expérimentaux. L'insertion de l'outillage en pierre s'avère incontournable dans un certain nombre de chaînes opératoires de transformation.

CHAPITRE 4 –
Analyse des traces d'utilisation

La constitution d'un référentiel de traces d'utilisation expérimentales nous a permis de mettre en place une méthode d'analyse et de diagnostic des traces d'utilisation.

4-1 –
Méthode d'observation des traces d'utilisation

Rappel de quelques principes sur la méthode

L'analyse des traces d'usure (« use-wear analysis ») vise l'observation, la reconnaissance et la détermination des stigmates portés par les pièces archéologiques. Ces derniers sont tout autant consécutifs d'un mode de façonnage que d'une utilisation. Chaque surface observée reflète donc au moins deux moments distincts de sa vie : on parlera d'état de surface avant et après utilisation. Plusieurs phases de préparation et d'utilisation peuvent se superposer les unes aux autres sur une même surface : il convient de démêler dans la mesure du possible ces différents moments dans la vie d'un outil. Cette méthode se fonde sur l'analogie entre les stigmates archéologiques et expérimentaux : nous distinguerons donc l'analyse de ces deux ensembles en prenant toujours comme référence les traces issues de l'expérimentation.

L'analyse des traces d'usure repose sur plusieurs échelles d'observations complémentaires, qui sont autant de niveaux d'informations à prendre en compte. Chaque grossissement correspond à l'observation d'un type de stigmate et chaque échelle d'observation livre une information particulière. Nous avons choisi de nous limiter à l'analyse des traces observables à faibles grossissements, à l'aide d'une loupe binoculaire.

L'observation et la reconnaissance des stigmates d'utilisation ont déjà fait l'objet d'un premier travail (Hamon 2003 a). A faible grossissement, les déformations et les traces décelables semblent déjà particulièrement diagnostiques de chaque utilisation. En fonction de la granulométrie des roches observées, les grossissements et les seuils d'observation au microscope stéréoscopique varient. Pour un grès par exemple, plus la taille des grains de quartz sera importante et moins le grossissement nécessaire à l'observation de certains stigmates sera fort.

Le tableau suivant résume les grossissements correspondants à l'observation des stigmates, tels qu'ils peuvent être lisibles sur les grès du Bassin parisien.

X 1-5 piquetage, aspect de surface dont arasement et ni vellement, stries
X 5–15 micro-relief, processus mécaniques ou chimi ques interstitiels, arrachement ou écrasement des grains
X 15-60 grains : morphologie, contours
X 40–80 espace intergranulaire, faces des grains

Cette méthode a donc recours en permanence à la comparaison des surfaces archéologiques et expérimentales, à travers différentes fenêtres d'observation. Les modalités d'observation des traces sont adaptées à une roche en particulier : toute transposition de la méthode ou des traces ne peut donc se faire qu'après une phase d'adaptation essentielle.

Par ailleurs, nous n'avons pas jugé pertinent dans le cadre de cette étude d'avoir recours à un grossissement plus fort et à une observation au microscope. Il s'agit là d'un nouveau domaine d'observation à tester et à définir. Les stigmates visibles à de tels grossissements tels que les micropolis ou les microfractures sur les faces des grains requéraient la mise en place d'un nouveau protocole d'observation et de reconnaissance. Nous souhaitions pour cette étude approcher un niveau de détermination fonctionnelle suffisant pour déterminer les grands traits des modes de fonctionnement et les grandes familles de matériaux transformés. L'analyse des traces d'utilisation à l'échelle microscopique s'avérera par contre nécessaire pour préciser ultérieurement les résultats obtenus grâce à ce premier protocole d'analyse.

Application au mobilier en pierre : les écueils méthodologiques

Certains ensembles, par ailleurs porteurs d'information, n'ont pas bénéficié d'analyses des traces d'usure. La formation de patines d'origine taphonomique aurait pu être un premier argument dans ce sens : pour l'instant nous n'avons pas repéré ou su décelé ce type d'altération sur les surfaces actives. Les conditions de conservation des pièces ont parfois joué en défaveur d'une telle analyse : empilement et frottement lors du stockage des pièces auguraient des déformations de surface et des chevauchements de traces complexes à intégrer à cette phase de l'étude.

Afin de favoriser la lecture des surfaces, seul un dépoussiérage superficiel au pinceau a été réalisé sur les pièces archéologiques, qui ont parfois subi un nettoyage sans modération à la brosse à dents, sous l'eau ou à sec. Les pièces expérimentales ont dans un premier temps été débarrassées à l'eau déminéralisée des débris interstitiels, un second nettoyage à l'alcool a parfois été nécessaire, notamment dans le cas de substances grasses ou colorées. Dans certains cas, l'observation de dépôts de matière a précédé le nettoyage.

L'épaisseur des pièces les plus massives reste un obstacle certain à leur observation sous un appareillage optique traditionnel et des aménagements sont parfois nécessaires. Si l'étendue réelle de l'usure sur la surface travaillée se lit dans les deux dimensions de la longueur et la largeur, l'observation du microrelief des surfaces, accentué par le piquetage, oblige à jouer en permanence avec la profondeur de champ de la loupe.

Une mauvaise orientation des sources lumineuses peut engendrer des déformations optiques sur les reliefs les plus marqués, et donc sur quasiment tous les outils en pierre. L'amplitude des microreliefs, la profondeur des impacts de percussion et la lisibilité des stries d'utilisation peuvent pâtir d'un mauvais réglage. Nous devons toujours garder en tête qu'une interférence entre l'orientation du litage général de la roche et du geste de travail est possible.

L'échantillonnage des pièces archéologiques doit prendre en compte tous ces paramètres pour assurer des conditions d'observation optimales.

Interrogation de la base de donnée expérimentale

Afin de hiérarchiser l'influence relative et les correspondances de chaque paramètre sur les stigmates d'usure, les données tracéologiques ont été interrogées selon les critères suivants :

- domaines d'activités / type de geste appliqué
- rapport traces macroscopiques et microscopiques
- traces d'usure sur les autres objets archéologiques
- par échelles d'intensité des usures macroscopiques
- types de grès mis en présence et texture relative
- nature (grandes familles végétales, minérales et animales) et types de matériaux
- ajout d'humidité (état d'un matériau ou ajout d'eau)
- ajout d'adjuvant
- durée absolue (en minutes) et relative (nombre de passages) du travail, son rythme (nombre de passages par minute)
- divers paramètres tels que ambiance de travail (température, force de l'opérateur, …)

Ces différents paramètres ont servi de grille d'analyse et d'interrogations de notre base de données tracéologiques.

4-2 - Reconnaissance des stigmates macroscopiques de préparation et d'utilisation

Propriétés techniques et fonctions des outils sont étroitement liées. La rugosité, la texture et le comportement d'une qualité de grès permettent d'envisager le renouvellement des surfaces, ou au contraire une certaine propension au lissage. Les dimensions de la surface utile permettent de rendre compte par exemple de l'amplitude du geste. La répartition de l'usure souligne les parties les plus sollicitées (centre, bords, extrémités) sur les surfaces actives des outils, et ce plus en terme d'association et d'adhésion des surfaces les unes avec les autres. Elle contribue le cas échéant à la reconstitution du fonctionnement des couples d'outils. L'orientation des stries indique le sens de déplacement des outils les uns par rapport aux autres, et témoigne indirectement de l'intensité de travail. Il faut en effet qu'une pression suffisante soit exercée sur l'outil pour qu'apparaissent des stries orientées. L'orientation unique

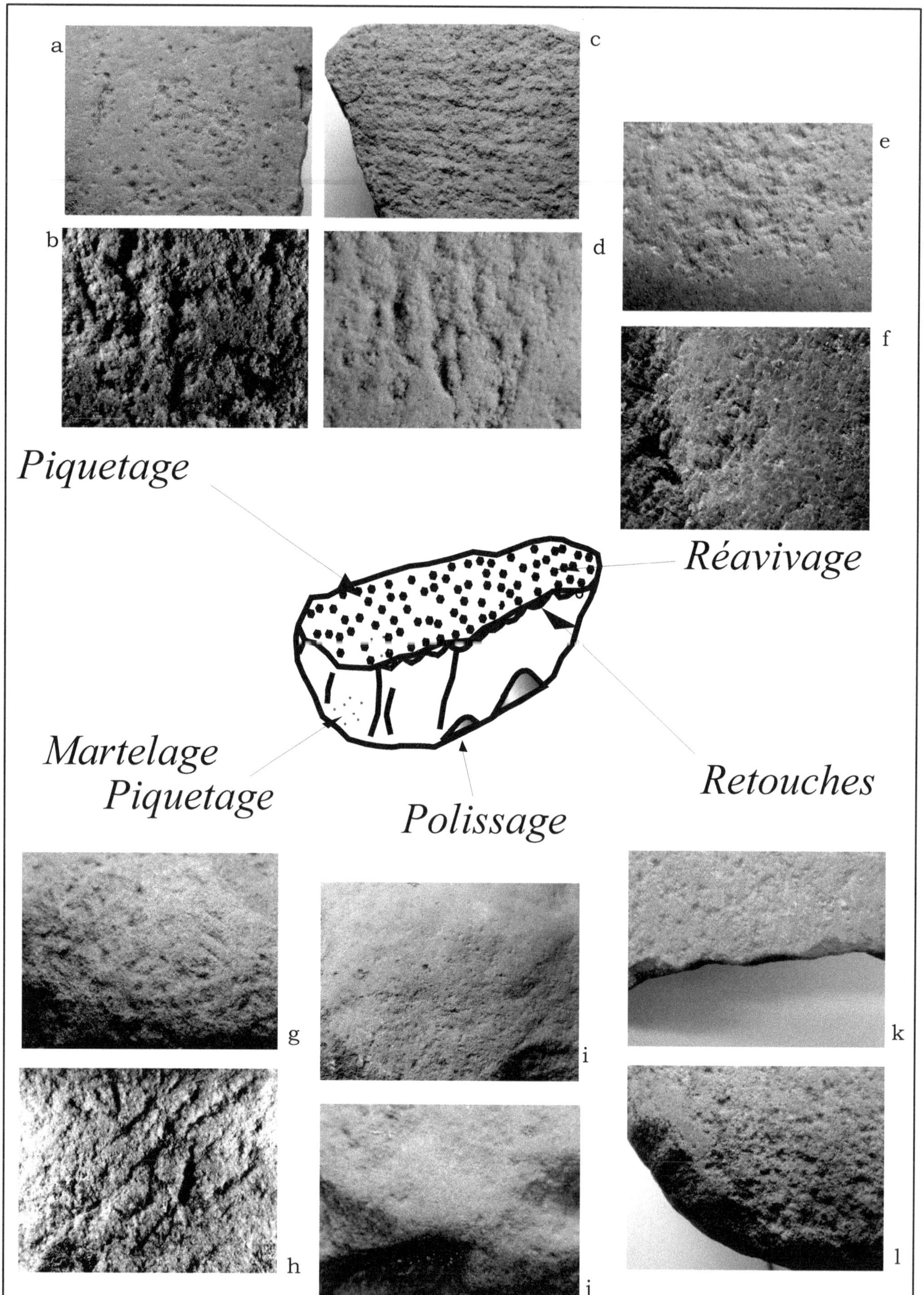

Fig. 57. Traces macroscopiques de préparation des surfaces : a. piquetage résiduel sous lissage ; b. piquetage de la surface active ; c et d. sillons de piquetage; e. réavivage par piquetage de la surface active ; f. détail x10 ; g et h. régularisation du dos par piquetage ; i. poli de régularisation ; j. poli d'utilisation ; k et l. retouches le long du bord de la surface active.

de stries parallèles, ou multidirectionnelle de groupes de stries parallèles, renvoie à des gestes uni- ou multidirectionnels. Les déformations des surfaces actives, comme la réduction de la largeur ou de la formation de dépressions et de cupules d'utilisation, sont autant d'indices fonctionnels. Ces quelques exemples démontrent si besoin était qu'une analyse fonctionnelle doit en premier lieu examiner les indices techniques délivrés par les outils eux même et le contexte technique dans lequel ils s'insèrent.

Les stigmates visibles à l'œil nu résultent aussi bien de la préparation des surfaces des outils que de leur utilisation (fig. 57). Dans le premier cas, les traces renvoient aux techniques de martelage et de piquetage de régularisation ou de polissage de finition. La distinction entre outils actifs et passifs, plus délicate dans le cadre des actions en percussion posée, s'avère un élément à prendre en considération dans le cadre des actions en percussion lancée. De ce fait, nous définirons des impacts dits de « répercussion » sur les pièces passives. Les stigmates d'utilisation sont décrits d'après leur répartition et leur intensité. La répartition des stigmates d'utilisation rend compte de l'amplitude du geste et selon les cas de son orientation. L'intensité de l'usure permet d'envisager indirectement la durée d'utilisation des outils et les éventuelles étapes du cycle de la vie d'un outil. Les remarques suivantes sont formulées d'après l'examen des traces de fabrication et d'utilisation sur les seules pièces archéologiques.

4-2-1 - Impacts de percussion

4-2-1-1 - Martelage

Les impacts de martelage livrent des formes le plus souvent oblongues à ovoïde et des contours plutôt adoucis, rarement anguleux (fig. 58). Ils se démarquent du piquetage par leur aspect grossier et le peu de régularité dans leur distribution sur la surface. La distribution des impacts de martelage est généralement lâche et irrégulière.
Le façonnage par martelage rend compte à la fois du modelage et du dégrossissage des surfaces, et donc de la correction de la courbure de la surface active. Ils peuvent venir entamer la surface brute pour corriger le profil d'un outil par rectification de la courbure du dos. Le martelage peut venir en renfort pour adoucir les arêtes du bloc brut ou des négatifs d'enlèvements, afin de faciliter la préhension de l'outil actif et la stabilité du bloc passif. Le martelage vient également aplanir et régulariser la surface active lors des premières étapes de préparation.

4-2-1-2 - Piquetage

Le piquetage vise la préparation, la régularisation et la finition du dos et des bords des meules et molettes, mais également de leur surface active (fig. 58). Les impacts de piquetage se présentent sous la forme d'impacts de relativement petites dimensions, de forme circulaire, triangulaire ou quadrangulaire. Ils se caractérisent par une trame relativement dense et par une certaine régularité dans leur distribution et dans leur exécution. Le piquetage des surfaces crée des impacts assez profonds à l'origine d'une forte rugosité des surfaces actives. Les impacts de piquetage témoignent d'une précision du geste et de l'emploi d'un outil suffisamment appointé pour assurer une certaine profondeur générale.

Localisé sur le dos et les extrémités d'un outil, il renvoie à un façonnage délibéré pour une meilleure manipulation ou un aspect plus esthétique. En tant qu'aménagement de la surface active, il vise à accentuer la rugosité naturelle des surfaces gréseuses. Associé à une lecture des stigmates d'utilisation, la lisibilité du piquetage permet d'approcher le cycle d'utilisation d'un outil.

Sur la surface active, les impacts de piquetage peuvent être bien séparés ou se présenter sous la forme de « chapelets » d'impacts. Ces chapelets créent de véritables sillons de plusieurs centimètres de long, le plus souvent disposés perpendiculairement à l'axe de d'utilisation principal de l'outil. La morphologie de ces chapelets d'impacts évoque une percussion posée traînée, vraisemblablement indirecte. L'exécution de ce type de piquetage en sillons renvoie à une volonté d'optimisation des qualités abrasives de la matière première. Il paraît en effet difficile de réduire ce mode de piquetage à un simple trait technique et à une habitude de geste. Ce mode de piquetage résulte d'une volonté de renforcer la rugosité de la surface en lien avec l'orientation du geste de mouture.

Les impacts de piquetage liés à des étapes de réavivage sont difficilement décelables. Les techniques utilisées ne sont généralement identiques que pour un avivage. Les impacts viennent entamer le poli d'utilisation de manière localisée et il semble que la technique employée suive une orientation déterminée du geste. Les réavivages successifs et partiels donnent une idée des étapes d'entretien de la surface active. De même, la profondeur des impacts de piquetage, d'appréciation on ne peut plus visuelle, correspond à un temps « t » d'usage de l'outil entre deux phases successives d'entretien : si la profondeur est encore importante, si la rugosité de la surface est ressentie au touché, la surface examinée peut encore être utilisée pendant un certain temps. Ceci est important quand on considère le statut de rejet ou d'abandon de l'outil : était-il encore utilisable tel quel, avait-il besoin d'une reprise de sa surface ou était-il en cours de réavivage ? De la même manière, les limites des réavivages partiels nous livrent des données sur le fonctionnement des outils : on entame de préférence les surfaces les plus usées et donc les plus sollicitées au cours du travail.

4-2-1-3 - Impacts de « répercussion »

La grande diversité des impacts de « répercussion » renvoie aux multiples modes de transformation (fracturation, concassage, ...) et aux multiples qualités des matériaux transformés (dureté, texture, quantité).

La disposition des impacts renvoie à l'histoire de la surface et à ses fonctions successives. Selon si les impacts sont dispersés de manière lâche sur la surface ou concentrés sur une partie de celle-ci, il est possible de déterminer le caractère diffus ou punctiforme d'un geste de percussion lancée (fig. 60).
La morphologie des impacts de percussion correspond à des phénomènes d'écrasement ou de détachement de matière selon les cas. Les impacts dits « en étoile », de forme circulaire, ovoïde ou encore triangulaire renvoient

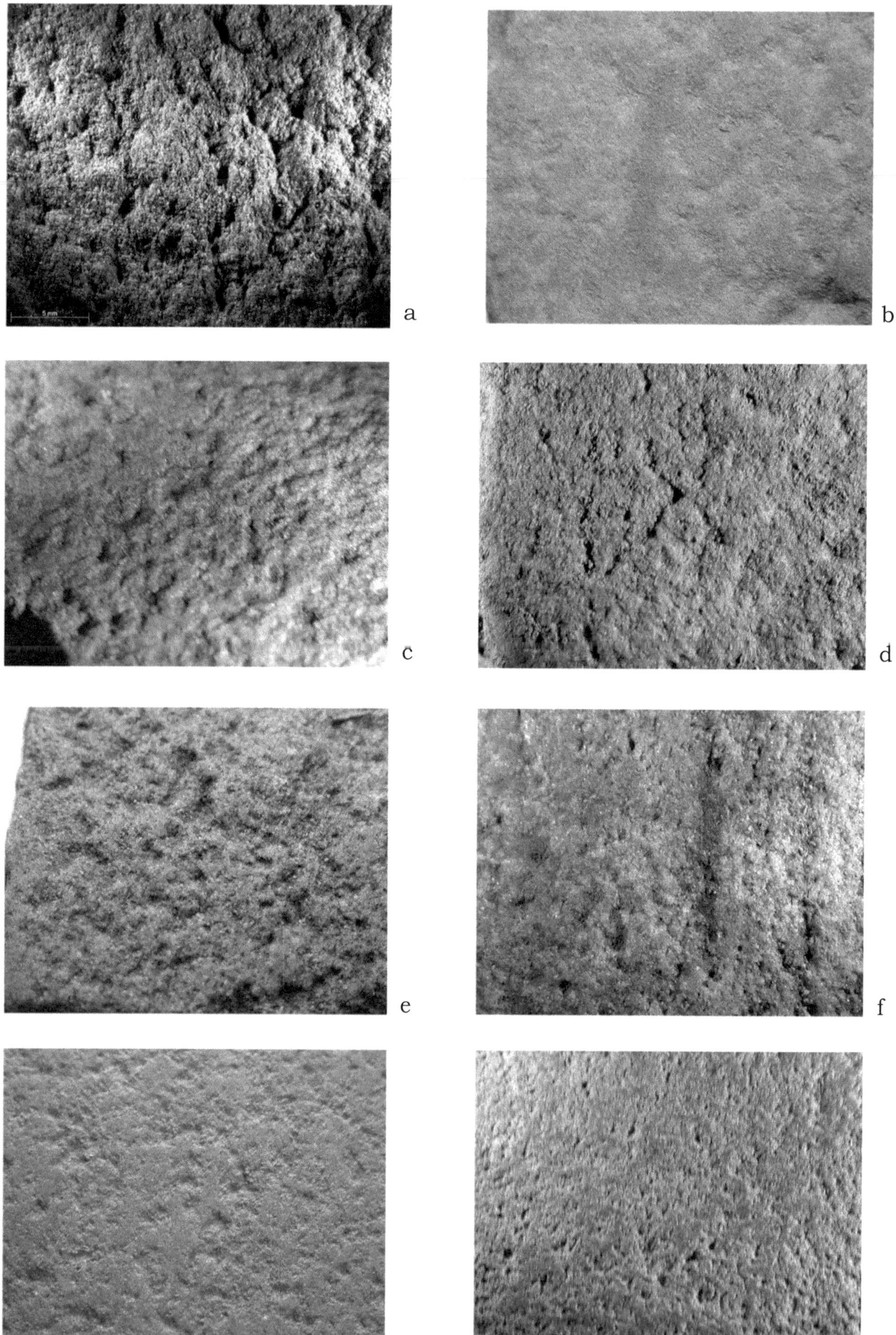

Fig. 58. Traces macroscopiques de préparation des surfaces actives par piquetage (x 2,5) : a et b. piquetage grossier lâche ; c. piquetage grossier serré ; d. piquetage lâche et poli ; e. piquetage moyennement grossier ; f. piquetage moyennement fin serré ; g. piquetage fin lâche ; h. piquetage fin serré

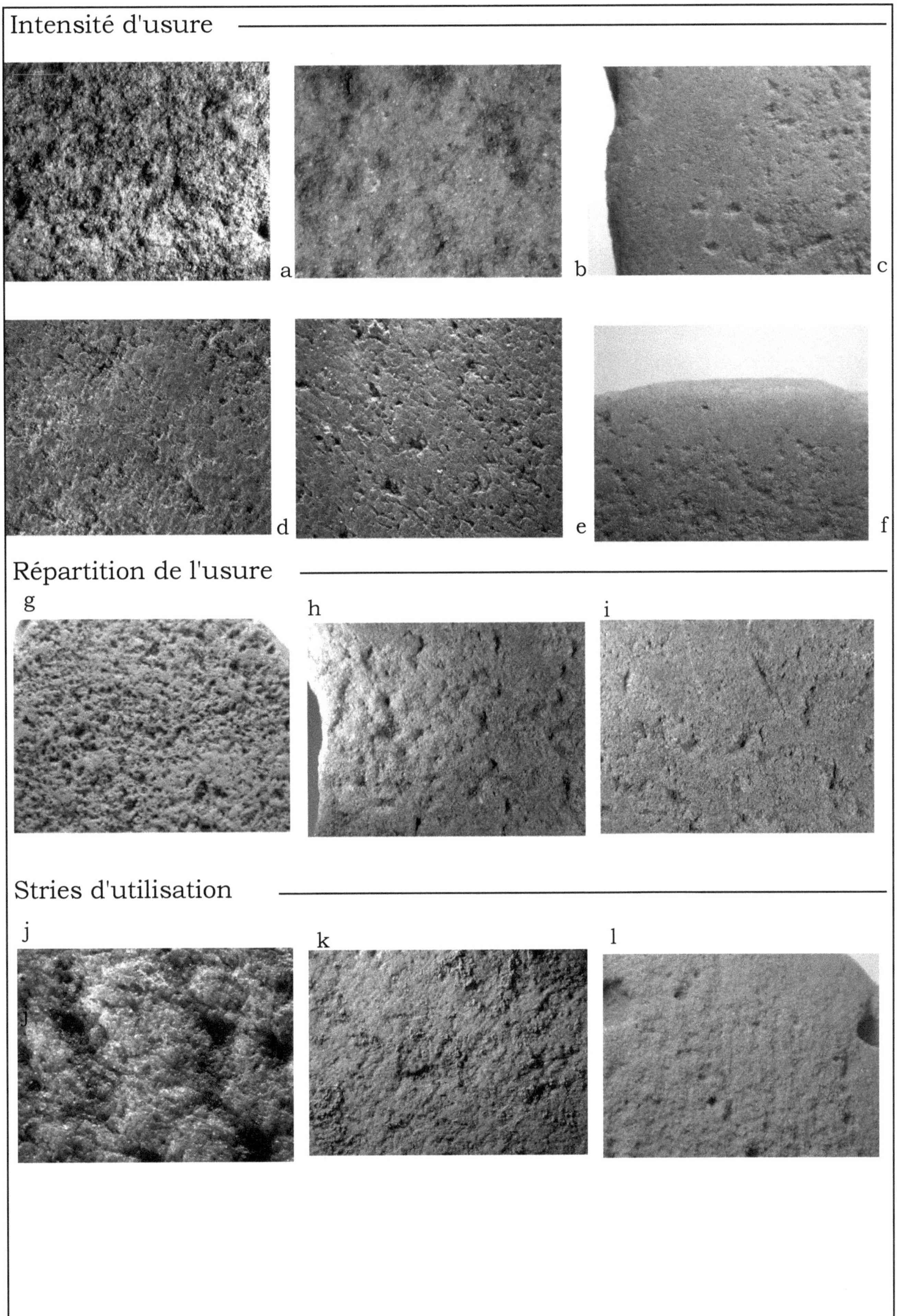

Fig. 59. Traces macroscopiques d'utilisation en percussion posée (x 2,5) : a. usure diffuse ; b. usure forte ; c. poli ; d. lissage ; e. lustré ; f. émoussé de l'arête ; g. poli par zones ; h. poli par amas ; i. poli couvrant ; j. stries obliques de mouture ; k. stries de broyage ; l. striations à l'extrémité d'une molette.

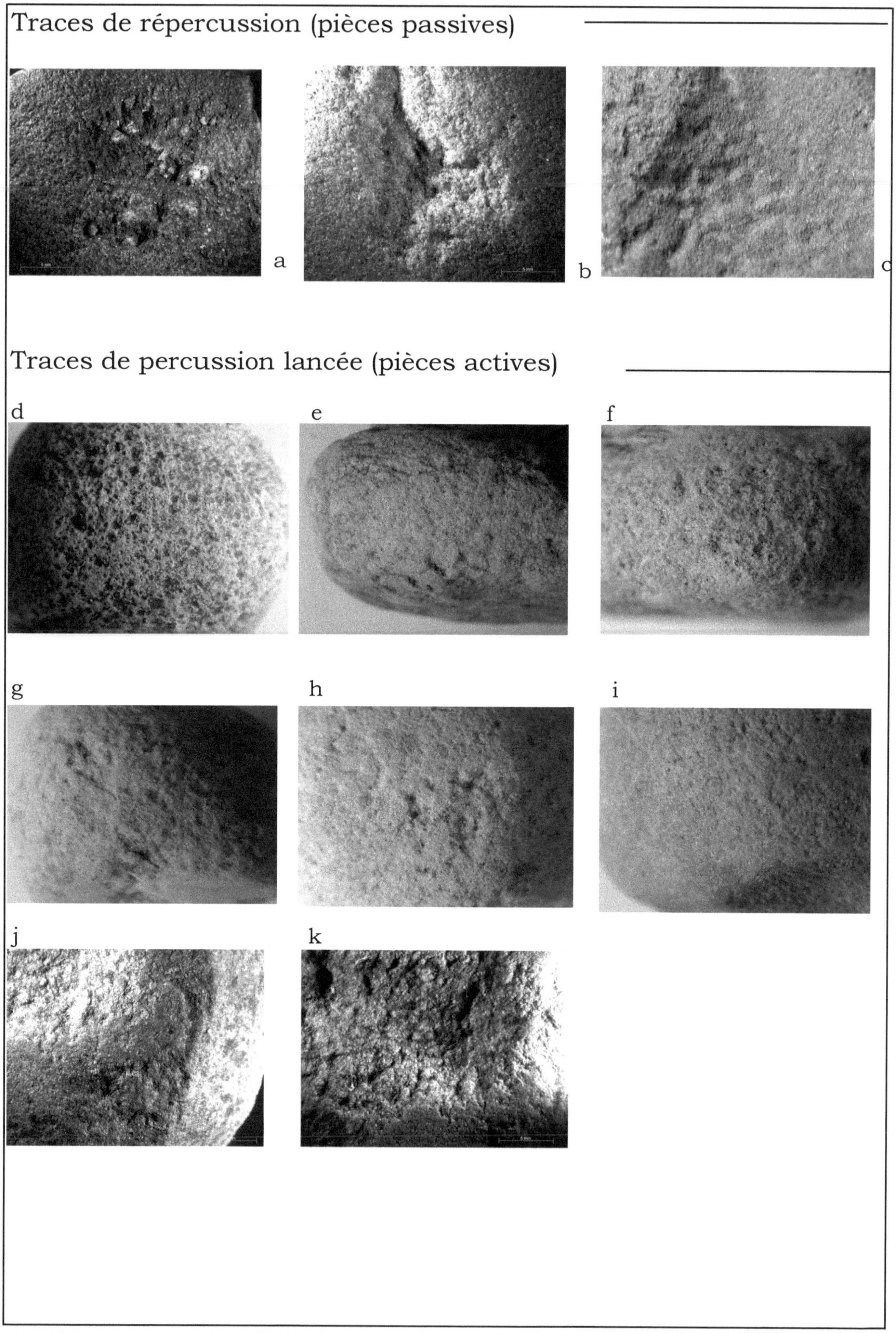

Fig. 60. Traces macroscopiques d'utilisation en percussion lancée sur outils actifs et passifs : a. cupule de «mortier» ; b. cupule centrale sur galet ; c. cupule sur enclume ; d. tranche d'un percuteur en silex ; e et f. tranche d'un percuteur discoïde plat ; g, h et i. tranches de broyons ; j et k. cupule sur la face active d'un broyon.

à différents types de matières transformées ; les impacts circulaires évoquent plutôt un amortissement du choc par la substance intermédiaire au contraire d'impacts dits en étoile qui témoignent du contact direct et violent avec un matériau dur et contondant. La morphologie des impacts évoque le mode de contact entre les surfaces actives et passives. La profondeur des impacts peut correspondre aussi bien à la nature du matériau transformé qu'à la violence du choc reçu.
Les impacts de répercussion sur pièces passives témoignent plus directement d'un éventuel amortissement du choc : les enclumes sont de surcroît plus généralement confectionnées sur des supports plus tendres que les percuteurs. Les stigmates d'utilisation en percussion lancée témoignent de la violence des chocs reçus et de la dureté de la substance intermédiaire à transformer. L'importance amplifiée des facteurs de gestes, matériau et substance intermédiaire pour les impacts de percussion lancée rend complexe la mise en place d'un protocole expérimental fiable et adapté à la détermination précise des fonctions de chaque outil.

4-2-1-4 - Discussion sur la reconnaissance des impacts de percussion lancée

Est-il possible à partir d'une étude fonctionnelle de reconstituer la boîte à outils en pierre nécessaire à la réalisation de la chaîne opératoire de fabrication d'un objet ? Concernant le façonnage des objets par débitage et percussion lancée, est-il possible de spécifier la nature de l'action technique et le matériau travaillé (silex, grès, ...) ? Existe-t-il des traces de percussion réellement significatives de chaque action technique ? Telles sont les pistes que doit explorer l'analyse fonctionnelle.

Impacts de percussion lancée, martelage et piquetage se distinguent les uns des autres par leur localisation sur la pièce, leur morphologie, la technique employée et le soin apporté à leur exécution.

La densité et la régularité des impacts précisent leur répartition sur l'outil et leur dispersion sur chaque zone sollicitée. La densité des impacts peut aller d'un éparpillement d'impacts lâches à une concentration si poussée qu'elle aboutit à la formation d'une cupule. Il est possible d'en déduire l'extension de ou des surfaces « utiles » sur l'outil. Dans le cas d'un galet, angle et tranche sont fortement sollicités et dans le cas d'une enclume, il est possible de déterminer si les coups ont été répétés sur une partie ou toutes ses faces. Dans le cas de stigmates de préparation, la régularité de la morphologie et de l'espacement des impacts témoigne d'un soin et d'une précision toute particulière. Le soin apporté au dressage des surfaces actives des meules et molettes souligne un certain degré de spécialisation : on peut en effet envisager qu'un type de piquetage corresponde à un usage spécifique. Peut-on aller jusqu'à y voir un lien entre le piquetage et la granulométrie du produit fini recherché ? Grès coquilliers et basaltes sont pourtant également utilisés pour l'obtention de farines fines dans d'autres contextes géographiques ou culturels (Pommepuy 1999). Nos propres expérimentations vont néanmoins dans ce sens. La forme, la taille et la profondeur des impacts rendent compte plus spécifiquement de l'outil et des techniques employées. On peut ainsi déterminer la morphologie de l'extrémité d'un outil ou si la percussion lancée était directe ou indirecte (impacts oblongs, allongés, traînés ...). La morphologie des impacts est par ailleurs liée à la qualité de la matière première : de petits impacts sont généralement associés à des grès durs tandis que des impacts grossiers se forment sur des grès de moindre cohésion. Cela tient essentiellement aux comportements mécaniques des roches qui amortissent plus ou moins le choc.

4-2-2 - Esquillement

Un esquillement le long de l'arête entre le flanc de l'outil et la surface active se fait jour sur une grande majorité de meules et de molettes. Il se traduit par le détachement involontaire de petits éclats d'un ou deux centimètres à partir du plan de la surface active. Ce dernier est consécutif des actions de piquetage et de préparation des surfaces actives. Ils ne présentent pas un espacement régulier : ils peuvent aussi bien être contigus sur tout ou partie du bord, qu'espacés aléatoirement sur les zones nécessitant une rectification. Il semble que l'esquillement consécutif du piquetage de la surface active ai été complété voire rectifié par de petites retouches de finition.
Quelle en est la raison ? Elles permettent dans un premier temps de conférer sa forme définitive et régulière à la surface active. Si ce geste technique semble une des conséquences du piquetage le long des bords, sa systématisation et sa symétrie attestent d'une volonté de rectifier dans un second temps cette arête et ce à des fins probablement fonctionnelles. Dans le cas de la molette, cette délinéation par microenlèvements évite qu'un émoussé des arêtes ne se forme lors du relèvement de la molette en bout de course. Pour la meule, cela facilite l'évacuation du produit fini par les bords plus abrupts.

4-2-3 - Polis

4-2-3-1 - Poli de façonnage

Le poli de façonnage se présente sous la forme d'une homogénéisation mate de la surface externe par frottement (fig. 59). Il se localise sur le dos et les bords des meules et molettes, le plus souvent au niveau des arêtes. Rarement couvrant, le poli de façonnage s'étend sur une surface de quelques centimètres de côté. Le polissage de finition du dos intervient le plus souvent associé à un piquetage : il confère un aspect esthétique non négligeable à la pièce et ne semble pas avoir de visées techniques et fonctionnelles autre que de faciliter le calage ou la préhension.

4-2-3-2 - Poli de manipulation

Le poli de manipulation reste parfois difficile à dissocier d'un poli de façonnage. L'aspect luisant et gras de l'émoussé consécutif du frottement est néanmoins caractéristique. Il se localise sur des zones très circonscrites sur le dos et les bords des outils, consécutifs de l'apposition des mains au dos des molettes ; il indique même parfois très précisément la position de la paume et des doigts sur la molette. Un poli de calage sur le dos des pièces passives peut également être engendré par un frottement contre le sol, le tissu ou le coffrage en argile ou bois dans lequel il est inséré.

4-2-3-3 - Poli d'utilisation

Les polis d'utilisation se définissent par leur répartition sur la surface active et par leur intensité.
La répartition du poli renvoie à son étendue sur la surface active. Sa localisation le long des bords, au centre ou aux extrémités de la surface active indique quelles zones de la surface actives étaient les plus sollicitées. La répartition du poli se fait également en regard de la trame de piquetage et des zones en creux : l'extension des polis non pas aux seules aspérités mais également à l'intérieur des creux de piquetage nous renseigne sur le type de matériau transformé.

L'échelle d'intensité du poli renvoie aussi bien à l'expansion de l'arasement de la microtopographie qu'à l'homogénéisation des zones utilisées. L'usure se manifeste tout d'abord par un léger arasement du microrelief et une légère modification de la couleur de la zone utilisée : on parlera alors d'usure forte. L'obtention d'une surface lisse bien circonscrite sera qualifiée de poli. On parlera de lissage pour désigner un état de surface associant à la fois un poli très homogène et réparti sur une assez grande surface.
La morphologie des polis d'utilisation résulte aussi bien des mécanismes de formation de l'usure que de la durée et de l'intensité d'utilisation de la surface.

4-2-4 - Stries d'utilisation

Les stries se présentent sous la forme d'incisions à peine visibles de la surface à l'œil nu et disposées parallèlement selon une même orientation. De longueur variable, chaque strie s'imprime sur un matériau dur, qu'il est possible de « rayer ». Plusieurs groupes de stries peuvent être orientées différemment sur une même surface active. Il convient de les distinguer des sillons d'utilisation plus larges et autres incisions d'utilisation secondaires peu régulières.
Les stries, bien distinctes du litage, renseignent sur l'orientation du geste : elles donnent une idée de l'orientation et du sens de frottement de l'outil et attestent même parfois du fonctionnement des outils passifs et actifs en couple. Leur formation dépend également des qualités des matériaux transformés, de leur réaction au travail et de leur propension à imprimer la matière : les stries sont plutôt caractéristiques de la transformation de matériau très abrasifs.

Dans le cadre de la préparation des surfaces, martelage, piquetage, polissage et esquillement des arêtes ont été identifiés. Les stigmates de préparation ont été très peu étudiés à de plus forts grossissements : cet aspect ne nous paraît cependant pas inintéressant en ce qui concerne par exemple les outils employés ou le comportement des matières premières. A travers les stigmates de préparation, il nous est donc possible de distinguer une mise en forme générale d'une finition de confort pour la manipulation, et un ébauchage d'une volonté d'obtention d'un type de surface spécifique.

L'identification combinée des polis et stries d'utilisation permet d'appréhender déjà partiellement le fonctionnement des outils, que l'analyse à loupe binoculaire devra préciser. En tout état de cause, cette compréhension des stigmates à l'œil nu apparaît le moyen nécessaire pour compléter la lecture technique des pièces. Mieux cerner les stigmates d'utilisation permet de cibler les zones où l'intensité des stigmates est la plus forte et donc par extension celles les plus susceptibles de renseigner la fonction et les matières transformées. Ce sont ces stigmates que nous allons maintenant observer à de plus forts grossissements.

4-3 – Reconnaissance des stigmates d'utilisation à faible grossissement

4-3-1 - Méthode d'observation des traces à faible grossissement

Les analyses tracéologiques sur l'outillage en pierre s'attachent à deux types principaux de déformations : celles du microrelief des surfaces et celles des grains pris individuellement. « L'usure consiste en la transformation du contour des grains, qui ont subi une modification de leur profil d'origine » (Procopiou 1998, p. 208). Dans un premier temps, «Use-wear is described here in terms of the main recognised forms -scarring, striations, rounding and polish- focusing particularly on polish» (Fullagar *et al.* 1997, p. 302). Les stigmates observables à la loupe binoculaire sur pièces expérimentales sont détaillés par J. Adams, qui s'attache à l'aspect des «individual grains» et des «interstices between the grains». Elle désigne, à travers un vocabulaire emprunté à la tribologie, quatre mécanismes à l'origine de la formation de stigmates d'usure : l'adhésion entre deux surfaces engendre des microfractures, l'altération due à la fatigue de surface génère creux et particules d'altération, l'usure tribochimique s'apparente aux conséquences de la friction et enfin l'usure se résume simplement à une perte de matière (Adams 1988, 1989 et 1993). Il nous avait déjà été permis de distinguer un processus d'arasement mécanique du microrelief et le dépôt d'une substance translucide en surface des grains (Hamon 2000 et 2003 a).

La présente étude s'attache à décrire plus spécifiquement les surfaces actives des outils. La morphologie des outils n'a été examinée qu'en tant que support notamment pour les opérations de polissage. Il importe avant chaque analyse de caractériser la structure de la roche utilisée, par l'observation d'une portion de surface naturelle qui fait office « d'expérience témoin ». Les morphologies, taille et degré d'émoussé des grains de même que la cohésion et nature du ciment sont décrits. Ceci permet de disposer d'un échantillon de référence nécessaire pour repérer les caractères des surfaces travaillées, strictement conséquents d'une déformation de la matière lors du travail.
Si à l'échelle macroscopique, les stigmates d'usure ne sont décelables qu'en plan, un faible grossissement permet déjà d'évaluer l'usure dans toute son amplitude verticale. Concernant les surfaces travaillées, l'observation de zones d'usure macroscopiques d'intensités variables nous paraît justifiée. Par principe, n'ont été enregistrés que les stigmates correspondant aux zones d'usure macroscopiquement les plus marquées sur chaque surface active.
Une série de tests croisés sur 271 surfaces archéologiques et 92 échantillons expérimentaux a permis de hiérarchiser et de détailler la description des stigmates d'usure. La nomenclature employée s'inspire des domaines de la pétrographie (structure des roches), de la tribologie (science de

l'usure et des contacts entre les surfaces) ainsi que de la tracéologie lithique (fig. 61). Les récentes études fonctionnelles sur l'outillage en pierre ont déjà amplement « déblayé » le terrain et fixé un cadre terminologique adéquat (Adams 1988 et 1989, Dubreuil 2001, Procopiou 1998).

4-3-2 - Critères de reconnaissance et grille de lecture des surfaces

Préciser le type de matière première revient à décrire macroscopiquement la cohésion et la granulométrie des grains, afin de rendre compte de la structure naturelle de la roche. Il est précisé si les grains « se détachent ou se désagrègent sous le doigt » (friabilité) ou si au contraire les grains apparaissent « soudés », « moulés les uns sur les autres » ou encore « agglutinés par une gangue siliceuse » (Cayeux 1906). Le degré d'interpénétration et de serrage des grains (Procopiou 1998) reflète la porosité de la roche qu'il s'agisse de sa « structure primitive » ou de sa désagrégation sous l'effet de l'eau, du gel ou encore d'une chauffe qui entraîneront des « vides entre des grains non contigus primitivement » (Cayeux 1906). Dans de nombreux cas, la matrice ou la silice interstitielle induiront des cristaux jointifs du fait d'un nourrissage (Adams 1994). Géologiquement, la morphologie, la sphéricité et le degré d'émoussé des grains déterminent si les grès dérivent directement de roches cristallines ou d'une origine détritique (transport, …) (Tucker 1991).

L'usure macroscopique de chacune des surfaces rend compte de la répartition, de l'intensité et de l'aspect général de l'usure. Ceci permet au moment de l'analyse de corréler chaque intensité d'usure aux stigmates d'altération correspondants. Comme pour la fiche d'enregistrement typo-technologique, le degré d'usure est exprimé en terme d'intensité, depuis une usure faible jusqu'à un lissage. Cette définition diffère légèrement de l'échelle d'intensité employée par H. Procopiou, notre poli correspondant à son lissage et notre lissage à son homogénéisation des surfaces (Procopiou 1998).

Surface naturelle

La caractérisation d'une portion de surface naturelle sur chaque outil s'applique à des surfaces non roulées, soit des zones de cassure ou des zones non travaillées au dos des pièces, en opposition aux surfaces anthropiques. Nous distinguerons ces surfaces naturelles des surfaces extérieures dites « brutes » des blocs roulés, aisément reconnaissables.

Piquetage

L'observation du piquetage à faible grossissement vise d'une part à éclairer les modalités techniques de préparation des surfaces et d'autre part à mettre en relation l'aspect des surfaces avec la qualité du produit fini recherchée. Les impacts de percussion sont définis d'après leur forme et leur diamètre, mis en relation avec la morphologie de la pointe de l'outil utilisé, et d'après leur profondeur, liée à la résistance du support à la violence du coup appliqué en percussion lancée. La trame du piquetage est caractérisée par une densité des impacts sur la surface active et une régularité de leur dispersion. Le mode de piquetage se définit selon une orientation (de l'extrémité proximale à distale, d'un bord à autre, depuis le centre, par zones aléatoires) et une technique (percussion lancée ou posée, directe ou indirecte). Une altération visible des impacts de piquetage est précisée, si elle s'accompagne d'une extension des zones polies au détriment des zones de creux.

Poli

L'observation va se focaliser sur les stigmates d'usure, avec pour point central la caractérisation des polis.

L'aspect de surface se traduit par une caractérisation empirique encore plus subjective de l'état de surface. Elle porte essentiellement sur la réflectivité de la surface, différente de celle des faces des grains, sur son aspect mat et sur une éventuelle coloration résultant de l'usure.

Le micro-relief caractérise le degré de nivellement des grains de quartz selon un même plan horizontal. Dans la mesure où les transformations de la surface sont détectables, ils ont été précisés, qu'il s'agisse de négatifs d'arrachement de grains, d'un écrêtage par sectionnement des grains dans leur épaisseur ou encore d'un dépôt venant combler les interstices selon un même plan. Un arasement caractérise une tendance globale à l'obtention d'une surface régulière tandis qu'un nivellement correspond à une homogénéisation réelle de l'organisation des grains selon un même plan horizontal. Ces mécanismes correspondent pour partie aux phénomènes de nivellement et d'écrêtage des aspérités décrits par d'autres auteurs (Procopiou 1998, Adams 1989). Notre définition du microrelief diffère cependant légèrement de celles parfois utilisées (Dubreuil 2002, Procopiou 1998), car notre échelle d'observation est plus faible et les critères d'espace intergranulaire, d'aspérités et de trame viennent détailler à un grossissement plus fort notre définition de la macrotopographie d'une surface.

L'espace intergranulaire correspond aux interstices et aux espaces situés entre les grains. Sa structure est liée à la porosité de la roche qu'elle soit d'origine ou consécutive à une altération du ciment. Nous désignons par pellicule « superficielle » un film se développant selon un plan horizontal par dessus les grains et ce sur une zone étendue. Au contraire, une pellicule « englobante » s'appliquera à des grains pris dans une gangue translucide adhérant aux faces des grains et épousant leur contour. L'identification de ces pellicules reste néanmoins délicate : à l'œil, leur texture semble similaire à la matrice enserrant les grains de quartz à l'état naturel. La nature et la structure de ces films reste par ailleurs encore à élucider.
La caractérisation des aspérités des surfaces renvoie au terme de coalescence appliqué en tracéologie lithique. Ces aspérités peuvent être intactes, irrégulières mais également planes ou encore bombées. Un parallèle peut se dessiner entre les plateaux décrits par H. Procopiou (Procopiou 1998) et le type de coalescence dure telle que définit par H. Plisson (Plisson 1985). Par ailleurs, il est tentant de vouloir interpréter des aspérités planes par des phénomènes de forte abrasion et des aspérités bombées par des phénomènes de dépôt : nous examinerons cette possible concordance ultérieurement.

Matière première

Aspect surface naturelle

Piquetage

- impacts: forme, profondeur, diamètre
- trame: densité, régularité
- mode piquetage: orientation, technique

Observation oeil nu

Aspect de surface: réflexivité, texture, coloration

Observation loupe binoculaire

- Microrelief: intact, arasement en cours, nivellement / arrachement, écrêtage, dépôt
- Espace intergranulaire: intact, pellicule superficielle, pellicule englobante
- Aspérités: irrégulières, planes, bombées
- Trame: grains individualisés, grains contigus, grains amalgamés

Morphologie des grains

- arêtes: anguleuses, adoucies, émoussées
- faces: lisses, altérées, microfracturées
- contours: nets, diffus, confondus

Stries

- morphologie: ténues, larges, profondes
- orientation: longitudinales, transversales, obliques, parallèles, croisées
- répartition: dense, lâche

Fig. 61. Critères descriptifs des traces d'usure des outillages en grès

La trame du poli doit rendre compte de sa distribution en surface et du comportement des grains lors de sa formation. Si les grains sont individualisés, la roche a de bonnes chances de livrer une cohésion assez faible et un renouvellement par arrachage des grains de la surface. Amalgamés, les grains peuvent refléter les effets d'un piquetage de la surface ou d'une agrégation par un phénomène de dépôt les reliant entre eux. Enfin, la contiguïté des grains relève soit d'une action mécanique de sectionnement des grains, soit d'un dépôt superficiel très prononcé recouvrant l'ensemble des grains.

La compréhension générale des mécanismes de déformation de la matière et de formation du poli ne peut se faire qu'en regard de la structure originelle de la roche et en comparaison avec les modifications appliquées à la morphologie des grains.
Choisir de décrire la morphologie des grains découle directement de l'héritage des études pétrographiques, les échantillons sont ici observés en volume tandis que les grains décrits en lames minces sont en plan. La morphologie des grains est ici décrite en terme d'évolution et de changement en regard de la zone de référence naturelle. L'angularité des arêtes, qui peut aller jusqu'à un émoussé complet, traduit la sphéricité des grains et leur tendance au cours de l'usure à devenir de plus en plus arrondis par « abrasion des sommets » (Dubreuil 2002). Il est parfois délicat de décrire les faces des grains, qui ne sont pas toujours lisibles. Les faces préservées des grains de quartz revêtent un aspect lisse, par opposition aux faces altérées. Les faces altérées présentent des microfractures (aspect mâchuré, distordu) dont la nature reste encore à préciser. Les faces des grains bien émoussés peuvent livrer un film d'aspect ondulant et une opacité consécutive de microtraces de choc. Les contours, bien détourés ou confondus, permettent de signaler la présence de grains saillants, englobés dans une pellicule translucide ou moulés les uns dans les autres.

Stries

Il convient clairement de distinguer ici les stries de frottement des incisions. Seules les roches les plus dures peuvent imprimer de telles traces d'utilisation. Leur orientation se réfère aux sens d'utilisation des outils, et à la régularité du geste effectué, révélé par le parallélisme, le croisement, et la relative densité des stries.

4-3-3 - Un référentiel de traces d'utilisation expérimentales

4-3-3-1 - Représentativité du référentiel

Notre référentiel expérimental comprend dix-neuf surfaces de mouture, dont onze molettes et huit meules ainsi que quinze surfaces de broyage ou concassage dont huit enclumes et sept broyons. Il faut y ajouter trente et une surfaces d'abrasion, vingt de polissage et sept de traitement des peaux. Notre base de comparaison comprend quatre-vingt douze surfaces au total (fig. 40). Les résultats sont exprimés en terme de présence / absence et en fréquence par rapport à l'échantillonnage expérimental global ou correspondant à chaque activité réalisée. Les proportions ainsi obtenues sont vérifiées par rapport aux conditions spécifiques des matériaux et des degrés d'usure.

4-3-3-2 - Activités et matières travaillées

Les intensités d'usure se répartissent entre huit usures diffuses, trente et une usures fortes, vingt trois polis, vingt trois lissages et sept indéterminés. Une usure diffuse se traduit par des grains individuels et un espace intergranulaire intact. L'usure forte renvoie à des grains individuels (22/32), nets, avec un arasement en cours majoritaire, associés à tous les types de stigmates. Le poli, présent sur tous les types de surface, revêt un aspect bombé (16/30) ; des grains aux contours nets dominent. Les grains sont adoucis à émoussés, les surfaces sont arasées à nivelées (fig. 44 f). Le lissage renvoie à des grains aux contours contigus (19/23) et confondus (16/23), qu'accompagnent le dépôt d'une pellicule superficielle (21/23), et un nivellement (19/23) marqué par des aspérités planes majoritaires (17/23). Le lustre se définit par les mêmes stigmates auxquels ont doit ajouter une brillance caractéristique à l'œil nu. Les usures indéterminées résultent d'une durée de travail trop courte ou d'un broyage sur enclume. Les caractéristiques liées à l'intensité de l'usure ont été isolées de la description des stigmates propres à chaque mode d'action et à chaque matière d'œuvre.

Mouture

Pour les outils de mouture, tous les types d'état des faces, de contours et de trames des grains se rencontrent (fig. 62). Néanmoins, l'altération des faces semble majoritaire (11 surfaces sur les 19 surfaces de mouture observées) et se traduit pour un tiers par une pellicule ondulante (4/19 ; fig. 44 h et i) et quasi jamais par des microfractures (1 seul cas). On note une tendance à une réelle jonction des grains (13/19), qu'ils soient contigus (6) ou amalgamés (7) (fig. 42 h et i). Un arasement (8/19) ou un nivellement (15/19) sont attestés : la modification du microrelief est quasi systématique (15/19 ; fig. 43 a). Lorsque les usures sont suffisamment développées les aspérités sont pour moitié planes ou bombées et les espaces intergranulaires pour moitié recouverts d'une pellicule superficielle (8/19 ; fig. 43 g et i). Les stigmates témoignent encore d'une usure peu prononcée, avec une moitié d'usure forte. Aux durées de travail maximales correspondent systématiquement un lissage avec des grains adoucis à émoussés et des contours diffus à confondus (fig. 42 h et i). Un nivellement se traduit par des grains amalgamés contigus et par le dépôt d'une pellicule superficielle.
Le broyage de blé tendre induit des grains adoucis à émoussés, des faces altérées (5 cas sur les 7 surfaces ayant travaillées le blé tendre), des grains contigus à amalgamés (6/7) et un certain nivellement (4/7) (fig. 42). Le broyage d'orge vêtu crée des grains nets (3 cas sur les 4 surfaces ayant travaillées de l'orge) et des faces lisses (3/4), avec un arasement en cours systématique (fig. 43). Il engendre une abrasion moindre des surfaces mieux préservées pour la même durée de travail. L'épeautre vêtu semble émousser les grains (2/4) (fig. 43). Néanmoins, le développement des stigmates d'usure n'est pas strictement identique entre la meule et la molette d'un même système : le type de grès utilisé diffère dans les deux cas ce qui explique certainement en partie ces différences.

						USURE															GRAINS									
						microrelief					intergranularité				aspérités			trame			arêtes			faces				contours		
		u faible	poli	u forte	lissage	intact	arasement	nivellement	arrachement	écrêtage	intact	dépôt pouss	pell superf	pell englob	irrégulières	planes	bombées	individuels	amalgamés	contigus	anguleuses	adoucies	émoussées	lisses	altérées	microfract	pell ondulante	nets	diffus	confondus
MATIERES TRANSFORMEES	**blé tendre**							x											x	x		x	x		x					
	orge						x																	x				x		
	spelta																						x							
	os																	x	o	x					x			x		
	bois de cerf						x	o			x														x			o		
	bois																	x	o	x										
	schiste							x										x					x	x				x		
	calcaire								x																			x		
	coquillage							x	x									x												
	peau																						x			x				
ACTIVITE	**mouture**							x					x						x	x		x	x						x	x
	broyage																	x								x		x		
	abrasion		x	x	o		x	x	x									x						x		x		x		
	polissage							x																	x					x
FAMILLE	**végétal**														x															
	animal																								x	x				
	minéral																											x		
ADJUVANT / ETAT	**eau**						x	x										x										x		
	eau + sable						x	x	x					x														x		
	sec																			x										
	frais/retrempé											x	x	x																

Fig. 62. Critères d'usure caractéristiques pour chaque matière transformée, chaque activité, chaque famille de matériau et chaque adjuvant ou état d'après le référentiel expérimental (x = présence ; o = exclusion)

On note que l'usure des surfaces des meules et des molettes est globalement plus marquée. Ceci est à notre sens non pas lié à la matière première mais une durée d'utilisation de ces outils plus longue par rapport aux autres modes d'action.

Broyage et concassage

Les actions de broyage et de concassage conservent des grains nets (9 cas sur les 11 surfaces de broyage observées ; fig. 46 d et h) et individuels (8/11) avec des microfractures d'altération (9/11), qui témoignent d'une usure purement mécanique des surfaces. Les traces laissées par le broyage végétal et le broyage minéral restent ténues : la nature et la durée des actions effectuées est en cause. Les surfaces de broyage archéologiques présentant des stigmates ténus, nous ne voulions pas excéder plus de quelques heures de travail.

Abrasion, polissage et assouplissement

Si l'abrasion ne se traduit pas par une usure forte (14 cas sur les 31 surfaces d'abrasion observées) ou un poli (9/31) elle reste diffuse ou faible : aucun lissage n'est lisible à cause de la nature friable du matériau. Les grains sont nets (26/31) et quasi exclusivement individuels, avec des grains lisses (14/31) ou porteurs de microfractures d'altération (15/31), qui témoignent de la prédominance d'un arrachage mécanique structurel des grains.

Le polissage crée une altération des grains, confondus et nivelés. La structure même de la roche utilisée explique la formation systématique d'une pellicule superficielle, de grains contigus et d'aspérités planes. La validité des traces de polissage obtenues prête donc à discussion : la nature particulièrement lisse des surfaces naturelles de la roche en est à l'origine. L'apparition de pellicules dans les espaces intergranulaires ou en surface des grains semble donc bien liée à une forte cimentation.

Si l'on considère les familles de matières travaillées, la transformation des matières animales (os, bois de cerf, coquillage et peau) induit des faces altérées par microfractures (fig. 47 f). En revanche, le travail de matières minérales donne des grains nets et le travail des végétaux se traduit par des surfaces assez irrégulières (fig. 49 f), sauf en cas de lissage dû à une durée d'utilisation intense.

Pour le travail du bois, les grains jamais amalgamés sont individuels (4 cas sur les 7 ayant travaillés le bois) ou contigus (3/7) (fig. 47 g et i). Le travail du bois de cerf crée une déformation des grains car seul un huitième des contours restent nets (fig. 48 h), les faces sont altérées (6 cas sur les 8 ayant travaillés le bois de cerf) et l'usure mécanique se limite à un arasement (5/8). Pour le travail de l'os, les faces des grains sont altérées (10 des 12 surfaces de travail de l'os), nets (8/12), individualisés (6/10) à contigus (4/10) mais jamais amalgamés (fig. 47).

Le travail du schiste engendre des grains émoussés (6 des 10 surfaces ayant travaillées le schiste) dont les faces lisses (6/10) et les contours toujours nets (10/10) et individuels (7/10), se transforment en parallèle au nivellement des surfaces (6/10) (fig. 51). Pour le calcaire, les grains restent nets du fait d'une certaine abrasion mécanique (6/10) (fig. 50).

L'abrasion de coquillage livre des grains systématiquement individuels, non confondus et sans pellicule superficielle ; le lissage macroscopique s'explique donc par un nivellement par arrachement (3/4).

L'ajout d'eau assure la préservation des grains, nets (8/10) et individuels (13/15) avec un arasement et un nivellement certain (fig. 52 f et h). L'apport d'eau et de sable, qui préserve les grains à hauteur de la moitié des effectifs, assure un arasement et un nivellement par arrachement ; une pellicule englobante apparaît pour les deux tiers des surfaces. La transformation de matières fraîches ou retrempées crée un dépôt majoritaire accompagné d'une pellicule superficielle ou englobante (fig. 48 h), tandis que celle de matières sèches est souvent associée à des grains contigus majoritaires (10/17) (fig. 47 f).

Enfin, le traitement de la peau crée des grains émoussés avec des microfractures d'altération systématiques (fig. 55 et 56).
La différence avec les surfaces de broyage et de concassage réside dans un arasement ou un nivellement réellement caractéristique, qui apparaît très rapidement au vu de la durée des séquences expérimentales.

La reconnaissance des matériaux travaillés ne semble de même pas si aisée à appréhender par la seule lecture des traces d'utilisation. Un recoupement des informations doit être effectué concernant la texture des matières transformées (poudreuse, petits fragments), la localisation de l'usure (matière souple ou dure, dimensions de l'outil actif) et leur état possible de transformation (eau, sable, aspect gras ou lubrificateur).

4-3-3-3 - ***Association et description de l'aspect des usures***

Nous allons maintenant tenter d'esquisser les grandes associations de stigmates qui sous-tendent la diversité des faciès de l'usure dans chaque domaine d'activité (fig. 63). La structure des roches employées conditionne l'apparition des stigmates sur la base de la cohésion différentielle des roches.

Aspect de surface

L'aspect de surface correspond pour un peu moins des trois quarts à une réflexivité nulle, faisant ainsi de la réflexivité forte un marqueur significatif.

			USURE																GRAINS									
			microrelief					intergranularité				aspérités			trame				arêtes			face				contours		
			intact	arasement	nivellement	arrachement	écrêtage	intact	depôt pouss	pell superf	pell englob	irreg	planes	bombées	indiv	contigus	amalgamés		anguleuses	adoucies	émoussées	lisses	altérées	microfract	pell ondulante	nets	diffus	confondus
		u faible	x												x													
		u forte		x											x											x		
		poli		x	x									x						x	x					x		
		lissage			x					x			x			x												x
USURE	microrelief	arasement									x															x		
		nivellement				x				x																x	x	x
		arrachement																										
		écrêtage																										
	intergranularité	intact																										
		depôt pouss																										
		pell englob													x											x		
		pell superf			x								x															x
	aspérités	irregulier	x												x											x		
		planes			x																							x
		bombées																										
	trame	indiv	x	x																								
		contigus			x																							x
		amalgamés																			o							
GRAINS	arêtes	anguleuses	x									x			x											x		
		adoucies																										
		émoussées		x	x					x	x		x	x		x												
	faces	lisses													x				x	x					x	x		
		altérées			x	x	x																	x		x		x
		microfract																										
		pell ondulante																										
	contours	nets						x														x						
		diffus																										
		confondus								x													x					

Fig. 63. Correspondance des critères caractéristiques d'une usure (x = présence ; o = exclusion)

Contrairement à ce qui pouvait être envisagé, la forte réflexivité des surfaces ne correspond jamais à des grains anguleux mais à une majorité de grains adoucis. Elle semble donc non pas associée à des surfaces peu travaillées mais consécutives d'une véritable usure.
Elle paraît plus spécifiquement liée à des contours confondus et à un nivellement par le dépôt d'une pellicule superficielle à hauteur de deux tiers.

Grains

Arêtes
Les trois types d'aspérités se partagent équitablement les surfaces travaillées, et la trame offre pour moitié des grains individuels et pour moitié des grains peu déformés. Les arêtes des grains sont aux deux tiers adoucies et les deux tiers des faces altérées se traduisent pour moitié par des microfractures. L'angularité des grains est exclusivement associée à des contours nets et à des grains individualisés (fig. 46 i). L'espace intragranulaire est en grande majorité intact et le microrelief irrégulier. Il livre un tiers de pellicule superficielle et un sixième de pellicule englobante.
Une corrélation se fait jour entre un léger arasement en cours et de rares pellicules engloblantes (2).
Seul un dixième des microreliefs observés sont intacts (fig. 46 d), avec une quasi égalité d'arasement et de nivellement en cours. L'émoussé des grains correspond à un nivellement ou du moins un arasement de grains contigus liés au dépôt d'une pellicule, qu'elle soit englobante (5/17) ou superficielle (8/17). Il crée des faces bombées (6/17) ou planes (9/17). Quelques cas de grains individuels renvoyant à des faces lisses sont à signaler.
Il semble que l'angularité des grains et la préservation de l'espace intergranulaire correspondent plutôt à des grès de faible cohésion tandis que l'apparition de pellicules intergranulaires est partiellement liée à l'existence d'un ciment relativement présent.

Faces
L'apparition d'une pellicule ondulante n'est pas tributaire d'une déformation spécifique des contours. Seul un dixième des grains livrent une pellicule ondulante, ce qui en fait un phénomène assez rare (fig. 43 e). Les faces lisses sont logiquement associées à des grains nets (23 occurrences « faces lisses », pour 26 occurrences « grains nets ») et individualisés, pour moitié anguleux et pour moitié adoucis.
L'altération des faces et le développement de microfractures sont à mettre au crédit de grains aux contours nets (27/61) ou confondus (21/61). Les phénomènes de nivellement (26/37) ou de dépôt (20/30) sont marqués par un arrachement ou un écrêtage. Or l'apparition d'une pellicule en surface des grains, il semble que seule la matière transformée joue un rôle dans l'altération ou la préservation des surfaces, et que le type de roche influe peu.

Contours
Les contours des grains sont nets pour plus de la moitié des surfaces et seules une dizaine de surfaces sont concernées par des stries. La description du contour des grains révèle une nette association entre des grains nets aux faces lisses séparés par des interstices intacts et des contours confondus aux faces altérées recouverts d'une pellicule superficielle. Les grains nets bien individualisés dominent (43/51).

Micro-topographie

Microrelief
L'arasement en cours se traduit quasi exclusivement par des contours nets, associés parfois au développement d'une pellicule englobante même si elle reste minime. Le nivellement relève de deux mécanismes d'usure bien distincts : des grains aux contours confondus consécutivement à l'avènement d'une pellicule superficielle ou des grains nets aux contours au pire diffus, liés à un arrachement mécanique évident. Ces deux groupes d'usure reflètent deux modes de formation des traces inhérents aux qualités des grès : l'apparition d'une pellicule ne semble pas s'observer sur les grès granuleux de faible cohésion.

Espace intergranulaire
Lorsque l'espace intragranulaire est intact ou présente un dépôt poussiéreux, les grains sont individuels que le microrelief soit lui même intact ou déjà en cours d'arasement. L'apparition d'une pellicule superficielle engendre systématiquement un nivellement par comblement des interstices, des grains systématiquement confondus et plus étonnant des aspérités planes. La pellicule englobante se développe sur des grains encore individuels aux contours nets.

Aspérités
Les aspérités irrégulières sont liées à des grains individuels et à un espace intergranulaire intact, tandis que celles nettes et planes sont en rapport avec des grains confondus et un nivellement des surfaces.

Trame
Les grains amalgamés ont des contours plutôt adoucis n'allant pas jusqu'à un réel émoussé. Ils sont contigus, confondus ce qui engendre un effet de nivellement des surfaces. Les grains individuels sont intacts et souvent décelables sur des surfaces en cours d'arasement.

Deux groupes de stigmates apparaissent systématiquement associés. Un microrelief irrégulier avec des grains nets et bien individualisés conserve des interstices intacts. Au contraire, le dépôt d'une pellicule superficielle en surface des grains induit des contours sinon confondus du moins contigus.
A la lumière de la comparaison des usures expérimentales entre elles et des différents facteurs en étant à l'origine, il semble que deux phénomènes soient à l'œuvre dans la formation de l'usure. Le nivellement des surfaces et l'altération des grains semblent régis par processus d'altération mécaniques. En parallèle de ce premier niveau de déformation des surfaces au cours du travail, un second type d'usure se fait jour : l'apparition de pellicules superficielles et englobantes semble liée à certains facteurs comme la nature du ciment et la présence d'eau.
Il est possible que ces faciès d'usure mettent en jeu des processus à la fois mécaniques et chimiques.

Dans tous les cas, on ne peut arriver à un degré de détermination spécifique du type de matériau transformé selon :
- l'appartenance à une grande famille (animale, végétale)
Au sein de la transformation des céréales, les transformations des seuls caryopses ou de céréales encore vêtues

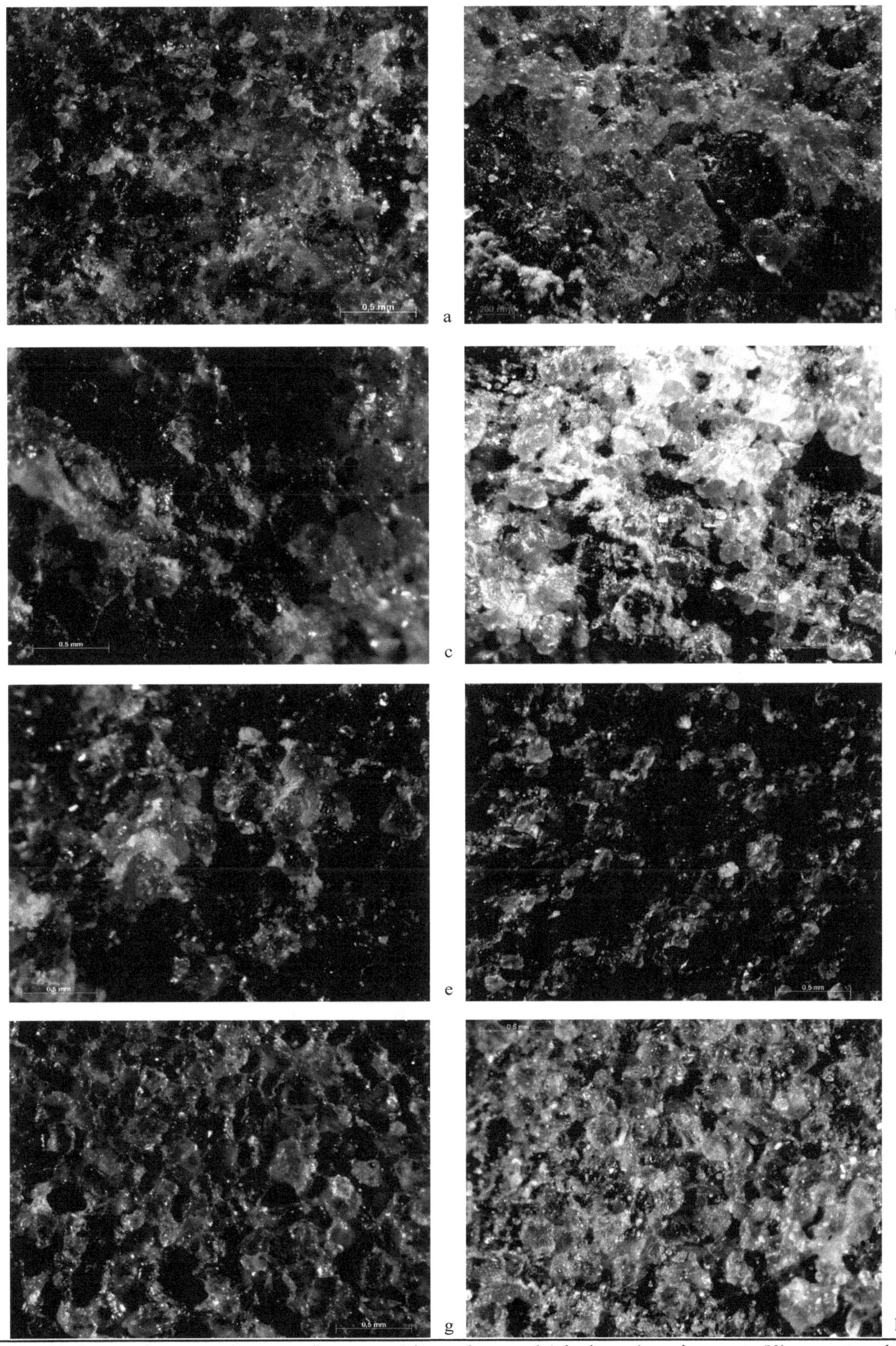

Fig. 64. Comparaison entre des traces d'usure expérimentales et archéologiques (grossissement x50) a. mouture de blé tendre pendant quatre heures ; b. Jablines « la Pente de Croupeton » - molette pour le broyage de céréales nues ; c. broyage de colorant pendant deux heures ; d. Bucy-le-Long « la Fosse Tounise » - éclat à traces de broyage d'ocre ; e. polissage d'os sec pendant une heure ; f. Bucy-le-Long « la Fosselle », polissoir pour matière dure animale ; g. Polissage de schiste à l'eau pendant deux heures ; h. polissoir à main de Bucy-le-Long « la Fosselle » - polissoir à main pour matière minérale avec ajout d'eau

de leurs glumes semblent pouvoir être dissociées. Il reste néanmoins impossible de déterminer si le travail des céréales encore vêtues relève d'opérations de décorticage proprement dites ou d'une mouture des caryopses partiellement dégagés de leur enveloppe. Ce résultat reste pour nous une surprise même s'il n'en reste pas moins que la texture même des glumes et des grains apparaît très différente et engendre logiquement des traces différenciées.
La transformation plus spécifique des matières minérales tendres, dont le travail crée des stigmates bien spécifiques, à l'instar du schiste, du calcaire tendre voire de la coquille.

- le type de texture (dur, souple et éventuellement sous forme de fraction ou de poudre) ; concernant les matières animales, il reste impossible d'identifier de manière fiable la nature du support

- et parfois l'adjuvants tels que eau / simple humidité (ce qui s'apparente plus à un état de la matière).

Dans le cas d'un ajout d'adjuvant, deux cas de figures se dessinent : il semble possible de distinguer dans les mécanismes de formation de l'usure un ajout d'eau du travail d'une matière humide. Ces deux états n'ont pas la même action sur la matière, car l'eau joue un rôle de « lubrifiant » et se comporte comme une pellicule entre les deux surfaces de contact et la matière d'œuvre. Elle remplit un rôle de préservation des grains (faces et contours). Au contraire, la présence de particules abrasives, ajoutées ou consécutives du renouvellement de la matière première, ne peut être distinguée assez logiquement du travail de matières minérales de fraction réduite (poudre). Enfin, il ne nous a pas été permis d'isoler des stigmates liés à la présence de graisse. D'autres tests sur viande séchée ou poisson mériteraient à ce titre d'être effectués, de même que la préparation des éléments entrants dans la composition de colles et autres liants.

Les associations de stigmates ici soulignées vont nous permettre de compléter les attributions fonctionnelles des surfaces archéologiques d'après la comparaison avec le référentiel expérimental (fig. 64). Comprendre comment s'articulent les différents stigmates entre eux nous apparaît en effet essentiel pour saisir les nuances de diagnostics sur les outils archéologiques. Il conviendra de déterminer si les deux processus de formation des usures se retrouvent sur les surfaces archéologiques et si la caractérisation de ces dernières peut nous aider à en préciser les modalités.

4-3-4 - Analyse des pièces archéologiques

4-3-4-1 - Echantillonnage

Notre sélection des surfaces archéologiques repose d'une part sur la représentativité d'un maximum de type d'outils et d'autre part sur le respect relatif de leur représentativité sur chaque site (fig. 65 et 66).
Les 271 individus analysés sont issus des sept sites de Cuiry-lès-Chaudardes «les Fontinettes» (fig. 70), Berry-au-Bac «le Vieux Tordoir» (fig. 69), Bucy-le-Long «la Fosselle» (fig. 68), Bucy-le-Long «la Fosse Tounise» (fig. 67), Bucy-le-Long «le Fond du Petit Marais» (fig. 67), Trosly-Breuil «les Obeaux» (fig. 72) et Jablines «la Pente de Croupeton» (fig. 71). Trois d'entre eux sont datés du Rubané et les quatre autres du Villeneuve-Saint-Germain, ce qui correspond *grosso modo* à la proportion des sites intégrés à notre étude (un tiers de sites rubanés pour deux tiers de sites Villeneuve-Saint-Germain). Une comparaison entre les cinq premiers sites pourra être envisagé, ces sites étant tous localisés sur la moyenne vallée de l'Aisne. Cet échantillonnage représente 37,5 % du corpus, avec une moyenne allant du tiers à la moitié selon les sites. Bucy-le-Long «la Fosselle» constitue une exception, avec seulement un dixième des pièces analysées, du fait d'un effectif d'outils important, de même que Trosly-Breuil «les Obeaux» pour lequel l'analyse a inclu autant de grands fragments que d'outils proprement dits, soit un doublement du nombre de pièces.

	CCF	BVT	BLF	TBO	BFM	BFT	JPC	**Total**
meule	1			5				6
meule ou mol				1				1
molette	10			13		1	15	39
fragment mout	1	3	5	27	7	6	3	52
éclat meule				3				3
éclat mout				6				6
fragm meule				3				3
fragm mol				4				4
Total mouture	12	3	5	62	7	7	18	114
broy / percut		1		1				2
broyon	5			1			1	7
percut	6	2	1			2		11
dos faç			1					1
Total percussion	11	3	2	2	0	2	1	21
percu / pol		2	5			1		8
pol	1	3	3	1	1	3		12
pol main				4	1			5
pol plage			1					1
pol rain	28		5	4		1		38
fragm pol				4				4
Total polissage	29	5	14	13	2	5	0	68
mol main	2	4		2		1	3	12
mol? / mol main?				1				1
Total mol. main	2	4	0	3	0	1	3	13
indét		1	5	30	2	3	1	42
indet ocre				1		2		3
Total	54	16	26	111	11	20	23	261

Fig. 65. Echantillon de vestiges analysés à la loupe binoculaire par type de vestiges et sites

Lorsqu'on examine la représentation de chaque mode d'action pondérée par les effectifs initiaux sur chaque site, l'échantillonnage apparaît très variable d'un site à un autre. De même, on ne note pas d'équilibre dans le choix

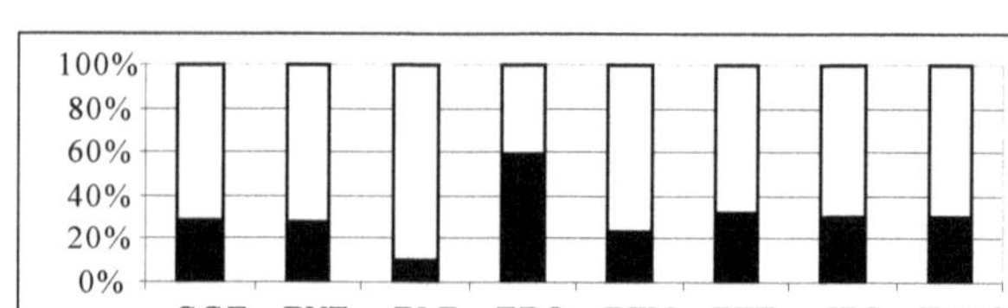

	CCF	BVT	BLF	TBO	BFM	BFT	JPC	Total
analyse	54	16	26	111	11	20	23	**261**
	41,2%	39,0%	11,8%	148,0%	30,6%	47,6%	43,4%	**43,6%**
Total	**131**	**41**	**220**	**75**	**36**	**42**	**53**	**598**

Fig. 66. Part de l'échantillonnage analysé à la loupe binoculaire par rapport à l'outillage de chaque site
(les pièces analysées à Trosly-Breuil comprennent des-fragments)

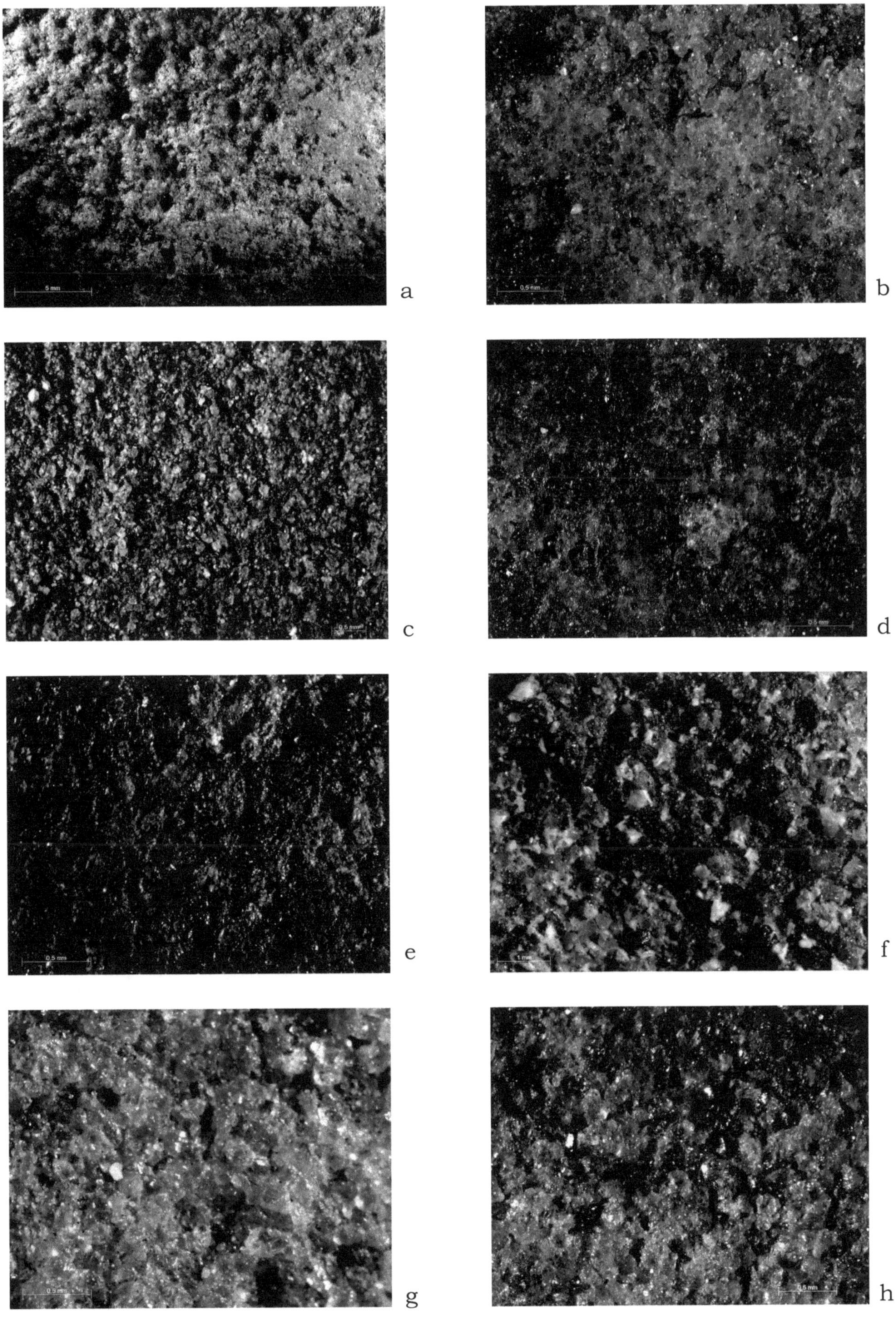

Fig. 67. Observation des traces d'usure sur surfaces archéologiques : Bucy-le-Long «le Fond du Petit Marais» a et b. molette st 304 b4 - graines x10 et x 25 ; c. abraseur st 377 a6 - matière animale dure x 25 ; Bucy-le-long «la Fossse Tounise» d. ébauche st. 162 a5 - minéral tendre x 50 ; e. molette st. 174 a1 - matière animale dure x25 ; f. abraseur st. 214 b2 - matière animale dure x50 ; g. molette st. 23 b5 - céréales x 50 ;h. molette st. 23 b 17 grains et glumes x 40

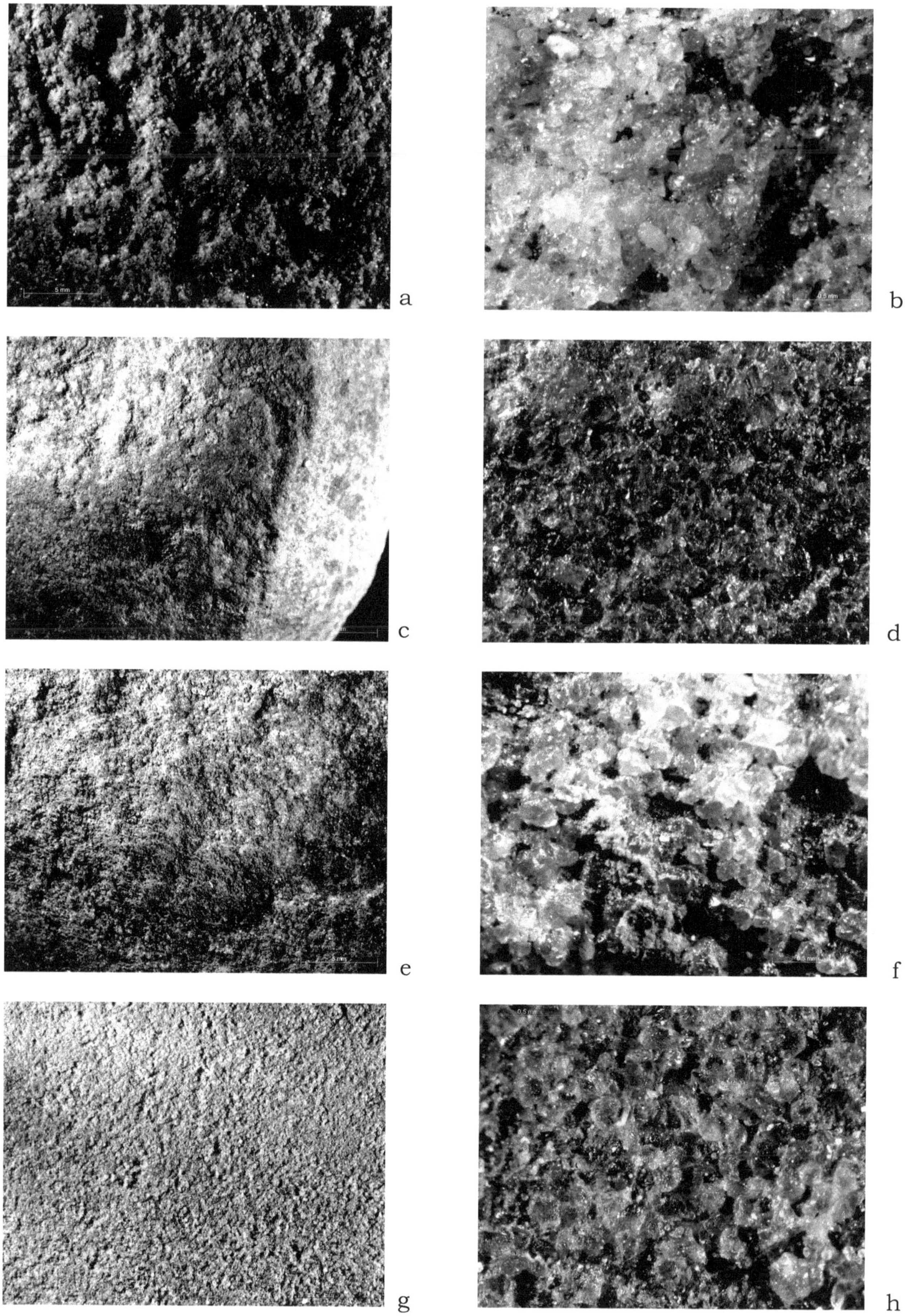

Fig. 68. Observation des traces d'usure sur surfaces archéologiques à Bucy-le-Long «la Fosselle» a et b. molette st. 21 a - graines et glumes x5 et x50 ; c et d. broyon st. 22 e4 - matière animale dure x 3,5 et x 50 ; e et f. éclat ocré st. 116 a2 - minéral tendre x 5 et 50 ; g et h. abraseur st. 67 a5 - minéral x5 et x50

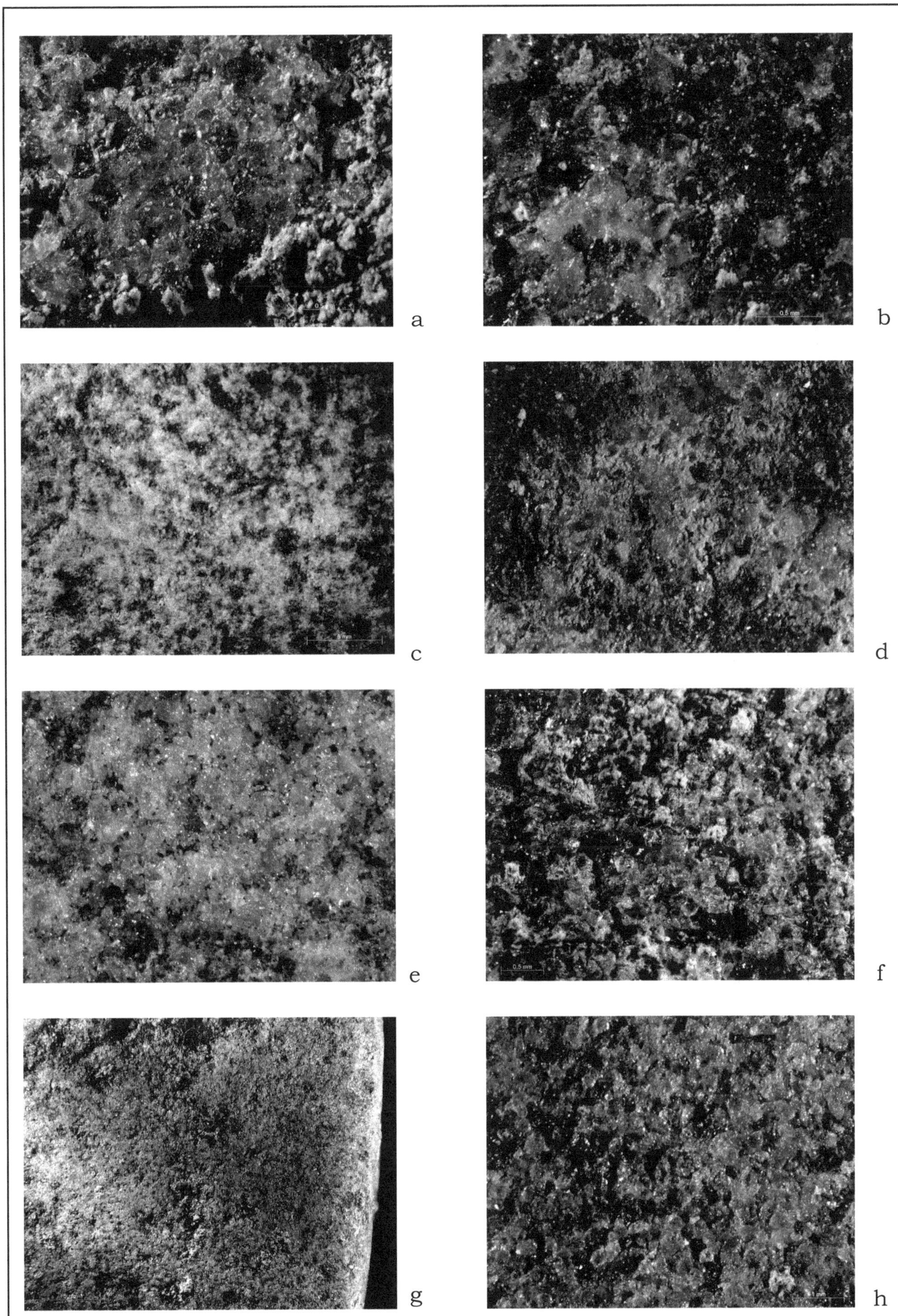

Fig. 69. Observation des traces d'usure sur surfaces archéologiques Berry-au-Bac «le Vieux Tordoir» : a. molette st. 589.5 - graines x40 ; b. molette st. 617 a6 - blé vêtu x50 ; c et d. molette st. 633 a1 - matière minérale x50 ; e. broyon st. 633 B3 - végétal x50 ; f. molette à main st. 546 a2 minéral tendre x30 ; g et h. molette à main st. 558 b2 - friction animale dure x 5 et 25

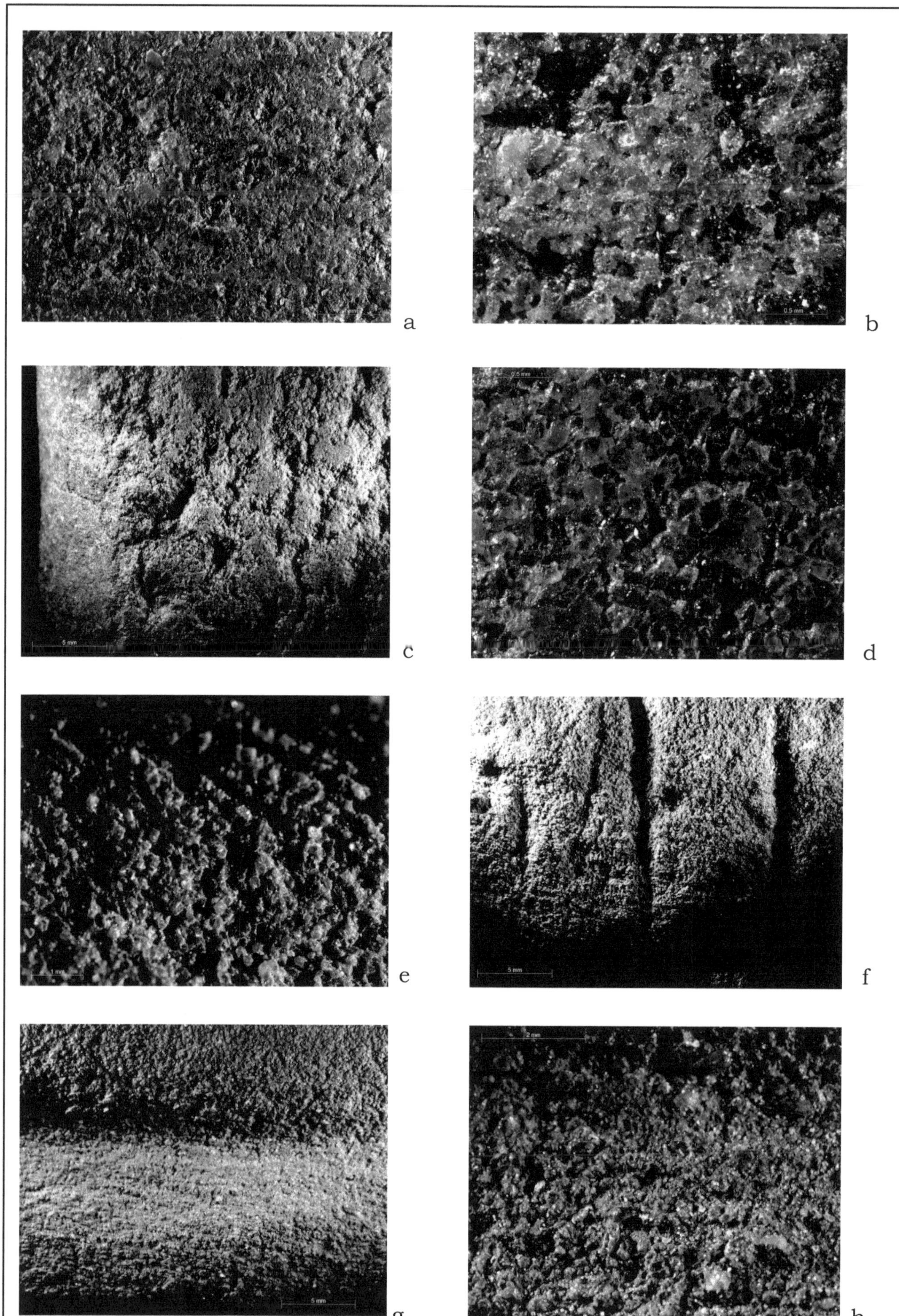

Fig. 70. Observation des traces d'usure sur surfaces archéologiques à Cuiry-lès-Chaudardes «les Fontinettes» a. molette indéterminée - céréales x25 ; b. molette st. 515 - grains et glumes x50 ; c et d. meule st. 238 - minéral x5 et x30 ; e. Abraseur à rainure st. 362 - indéterminé x20 ; f. abraseur à rainure st. 230- indéterminé x5 ; g et h. abraseur à rainure st. 593 - indéterminé x5 et x20

Fig 71. Observation des traces d'usure sur surfaces archéologiques Jablines «la Pente de Croupeton» a. molette II R18 - graines x40 ; b. molette à main VII R5 - graines x40 ; c. molette II L 17.4 - céréales x30 ; d. broyon TP 16-3 - végétal x 15 ; Gurgy»les Plantes du Mont» e et f. molette st. 329 x5 et x20 Etigny»le Brassot-est» g et h. abraseur à rainure st. 8 x 20 et x30

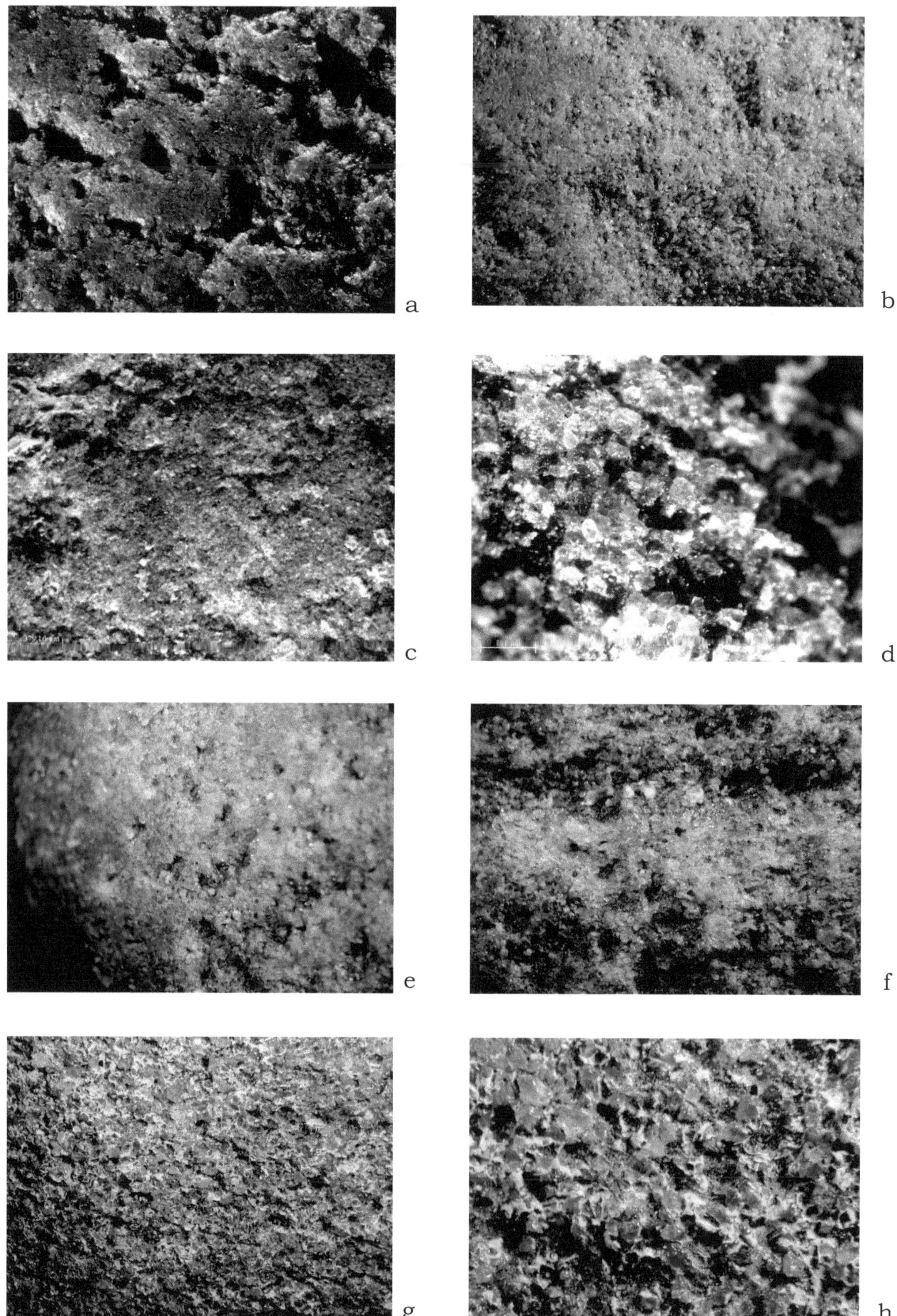

Fig. 72. Observation des traces d'usure sur surfaces archéologiques à Trosly-Breuil «les Obeaux» a et b. molette K XVIII.I - graines x 5 et x20 ; c et d. éclat de mouture ocré D VIII - grains et glumes x15 et x50 ; e et f. molette st. 295 AV 84 - matière animale dure x5 et x20 ; g et h. abraseur à rainure M XX.19 - matière animale dure x5 et x20

entre Rubané et Villeneuve-Saint-Germain, du fait d'une différence dans les effectifs absolus dès le départ. Enfin, les proportions de chaque mode d'action ne correspondent pas forcément entre les assemblages de départ et l'échantillonnage.

Notre échantillon inclut toutes les catégories d'outils, en respectant les spécificités propres à chaque site. Ainsi, la part des outils dits de mouture analysée sur le site de Jablines «la Pente de Croupeton» est plus forte que pour les autres sites mais proportionnelle à la composition de base de cet assemblage en grès. Les outils et fragments dits de mouture, de loin les plus nombreux dans les assemblages, sont également les plus largement représentés dans l'échantillon (114 pièces soit 41,3 %). Elle se répartissent entre 12 meules - entières ou fragments -, 43 molettes - entières ou fragmentées - et 58 fragments de mouture indéterminés. Suivent ensuite 68 outils de polissage, dont 38 livrent des rainures et qui rassemblent près du cinquième du corpus (20,3 %). Les 21 outils de broyage et percussion (respectivement 5,2 % et 4,8 % de l'échantillon) livrent des stigmates d'utilisation bien spécifiques associant traces d'abrasion et impacts de percussion posée, et sont de ce fait examinés distinctement du reste du corpus. Plus anecdotiques au sein de cette étude, les 4,3 % de molettes à main (13 pièces) retiennent cependant notre attention la plus vive. Enfin, les pièces indéterminées et aux traces multiples, au nombre de 65, ne constituent pas moins du quart de l'échantillon. Le choix a porté plutôt sur une sélection d'individus plus intéressants du point de vue de la morphologie, de la matière première ou même en fonction des seuls aspects techniques. Les pièces issues de dépôts étaient selon les cas soit stockées dans des conditions peu propices à une analyse tracéologique (utilisation postérieure à la découverte, empilement) soit au contraire non lavées afin de préserver d'éventuels résidus piégés sur leur surface : elles n'ont ainsi pas été incluses à ces analyses.

Par association avec la diagnose des traces macroscopiques d'utilisation (type de percussion notamment), il est possible d'éliminer un certain nombre d'hypothèses jugées inadaptées afin de centrer notre réflexion sur une à deux propositions de fonctionnement. Les stigmates caractéristiques de chaque mode d'action définis dans le cadre des expérimentations semblent correspondre à une certaine réalité archéologique (Annexe 15). Cependant, hors les qualités intrinsèques aux matériaux, il n'a pas toujours été évident de distinguer les traces d'abrasion et de broyage d'après nos seuls critères macroscopiques. Les résultats sont présentés par modes d'action, c'est-à-dire selon le type de percussion : posée ou lancée, en considérant « à part » le cas des polissoirs à rainures (fonction, matériau et protocole d'analyse des stigmates distinct).

	céréales	grains	grains + glumes	végétal	animal	animal dur	animal souple	minéral	minéral tendre	indet	Total
meule	1	3	1					1			**6**
molette	10	11	9			2		2	2	3	**39**
fragm mout	10	14	14			7		4	3		**52**
éclat meule			3								**3**
éclat mout			5							1	**6**
fragm meule								3			**3**
fragm mol		1	1			1				1	**4**
Total	20	26	32	0	0	10	0	9	5	5	**107**
broy / percut				1					1		**2**
broyon				2						5	**7**
percut						1				10	**11**
dos faç								1			**1**
Total	0	0	0	3	0	1	0	1	1	15	**21**
percu / pol	0	0	2	1	0	2	0	0	0	3	**8**
pol				1	1	3		2	1	4	**12**
pol main						4		1			**5**
pol plage										1	**1**
pol rain									1	37	**38**
fragm pol						3		1			**4**
Total	0	0	0	1	1	10	0	4	2	42	**60**
mol à main										1	**1**
mol? / mol main?				1							**1**
mol main	2	2				3	1		2	1	**11**
Total	2	2	0	1	0	3	1	0	2	2	**13**
indet	2	1	16	2		5		2	7	8	**43**
indet ocre						1		1			**2**
Total	**25**	**32**	**51**	**8**	**1**	**32**	**1**	**18**	**17**	**76**	**261**

Fig. 73. Détermination des matières travaillées par type d'outils et types d'activité

4-3-4-2 - Meules et molettes

Les actions de mouture et de broyage ont engendré sur les surfaces archéologiques des stigmates propres à chaque matière transformée, assez proches des descriptions faites sur surfaces expérimentales.
Une usure couvrante, avec des grains émoussés aux faces altérées et aux contours nets, et un espace intergranulaire intact pouvant aller jusqu'à des grains amalgamés traduit une transformation des céréales. La détermination du travail de grains vêtus repose sur les mêmes critères de bases si ce n'est le comportement de l'espace intergranulaire : on voit apparaître une pellicule superficielle en surface.
Le broyage des matières animales dures s'identifie à des grains adoucis aux contours nets et aux faces altérées ayant subi un fort arasement. Les grains sont amalgamés et portent très fréquemment une pellicule englobante.
La réduction de matières minérales engendre la préservation des faces des grains lisses, et de leurs contours nets à séparés. L'arasement des surfaces est attesté et l'espace intragranulaire est intact. Des grains anguleux caractérisent plutôt des matières minérales dures tandis que les matières minérales tendres sont plutôt détectées par des contours complètement émoussés.

Si le travail des céréales est largement majoritaire, il ne constitue pas pour autant l'unique utilisation des outils dits de mouture (fig. 73). A côté des 72,3 % de travail des céréales, 8,9 % de travail des matières animales dures et 13,4 % de matières minérales caractérisent des surfaces de mouture, pour leur dernière utilisation. On peut ensuite distinguer au sein de la transformation des céréales, une part quasi équivalente entre la mouture des seuls caryopses et la transformation des grains encore vêtus de leurs glumes. Nous préférons ne pas parler pour le moment du travail de céréales nues ou vêtues, ou encore d'une différence entre décorticage et mouture. Les tests expérimentaux que nous avons réalisés ne portaient en effet pas sur les mêmes espèces de céréales qu'au Néolithique ancien. De plus, la limite entre mouture des grains avec leurs glumes et décorticage nous semble difficile à déterminer à ce stade de la constitution des référentiels de traces d'utilisation. Il pourrait même s'agir d'une situation de décorticage partiel des grains (Procopiou 2003). Enfin, le travail de matières minérales n'a pu être attribué plus spécifiquement aux matières minérales tendres que dans 5 % des cas.
Schématiquement, meules et molettes sont donc utilisées dans les trois quarts des cas pour la transformation des céréales. Elles sont employées secondairement dans le travail des matières animales dures d'une part et des matières minérales d'autre part, pour environ un dixième des outils.

On note une moindre diversification de l'utilisation « secondaire » des meules, qui ne sont jamais utilisées pour la transformation des matières animales au contraire des matières minérales transformées à hauteur de 16,7 % (fig. 74). Pour les molettes, la transformation des céréales est attestée à 75 % avec un juste équilibre entre la transformation des céréales sans plus de précision, les seuls caryopses et les caryopses accompagnés de leurs enveloppes. L'utilisation plus diversifiée des autres molettes se partage entre le broyage des matières minérales dures ou tendres, et celui des matières animales dures (2 exemplaires à chaque fois correspondant à 5,1 % de l'effectif). La part des indéterminés est de toute façon faible.

Dans le cas des meules et des molettes, on observe avec un certain étonnement une nette correspondance entre

	végétal	animal	minéral
Meules et molettes	Mouture Décorticage ou mouture partielle Spécialisation fonctionnelle des type morphologiques et des pièces réutilisées	Broyage de dégraissant (os) Broyage d'os à des fins alimentaires?	Broyage d'ocre (souvent cas de réutilisations) Broyage de dégraissant
Broyons	Broyage de végétal indéterminé Décorticage de céréales vêtues	Concassage et broyage d'os (dégraissant)	Broyage de minéral tendre
Percuteurs	Assouplissement de végétal souple indéterminé		
Polissoirs à plages	Polissage du bois	Polissage de l'os (finition)	
Abraseurs à rainures	Régularisation de baguettes en bois (section des rainures)	Réaffûtage d'outils en os (stries)	Finition par abrasion de perles en calcaires et d'anneaux en matières minérales? (formes et section des rainures)
Molettes à main	Broyage de céréales	Broyage d'ocre et de minéral tendre	Assouplissement de peau Broyage d'os

Fig. 74. Hypothèses d'attribution fonctionnelle des différentes catégories d'outils en pierre

les caractères morphologiques des outils et les fonctions associées (fig. 75 à 77). Au sein du travail des céréales, la distinction entre le travail des grains nus et des grains vêtus ressurgit particulièrement au travers des pièces actives. Qu'il s'agisse de l'une ou l'autre des opérations, les meules de Trosly-Breuil «les Obeaux» sont de forme et de section semi-circulaires et offrent des dimensions proches. Au contraire, les molettes ayant travaillé les céréales vêtues, de forme ovoïde, plus larges et systématiquement convexes, se démarquent de celles semi-circulaires, larges et planes à plano-convexes vouées à la transformation des seuls caryopses. Celles dédiées au travail des céréales vêtues livrent un poli de frottement sur leur dos.

Plus étonnant encore, une corrélation entre les dimensions des molettes entières et leur fonction semble se dessiner. Les molettes travaillant les grains et les glumes sont ainsi de dimensions nettement plus réduites que celles ayant travaillé les graines nues, tandis que les outils voués à la transformation des céréales sans plus de précisions se situent dans une gamme de dimensions intermédiaire. Le travail des seuls graines semble plus spécifique à Trosly-Breuil «les Obeaux» tandis qu'il semble difficile de trancher sur les exemplaires de Cuiry-lès-Chaudardes «les Fontinettes».

Les trois exemplaires de molettes ayant travaillé le minéral offrent des formes rectangulaires et des sections rectangulaires à triangulaires leur conférant une silhouette générale beaucoup plus anguleuse. Deux d'entre elles s'inscrivent dans des cycles d'utilisation bien particuliers soit un nouveau façonnage et une réutilisation. Il semble donc qu'à une fonction donnée corresponde globalement une morphologie de molette spécifique. Les dimensions et les caractères techniques convergent vers l'idée d'une spécialisation des molettes dans la transformation soit des seuls grains soit des grains accompagnés de leur glume. Nous discuterons plus loin des implications de tels résultats sur la participation de l'outillage en pierre aux étapes ultimes de transformation des céréales.

Lorsqu'on examine les fragments, et dans une plus grande mesure les éclats de meules et de molettes, une utilisation particulière des pièces fragmentées, voire même des fragments après leur fracturation, apparaît. La part de la trans-

Meules

forme	grains	céréales	minéral	Total
rectang.		1		1
semi-circul.	**3**			3
trapéz.			1	1
Total	3	1	1	5

a

section	grains	céréales	minéral	Total
plat rect.		**1**	**1**	2
semi-circul.	**2**			2
semi-circul. bombé	1			1
Total	3	1	1	5

b

Molettes

forme	grains	glumes	céréales	anim dure	minéral	min tendre	indet	Total
carré	**2**	1						3
circul.		1						1
ovoide	2	**5**	3				1	11
rectang.		1	3		1	1		6
rectang. oblongue				1				1
semi-circul.	**4**		2			1		7
trapéz.			2				1	3
triang.			1					1
Total	8	8	11	1	1	2	2	33

c

CL	grains	glumes	céréales	anim dure	minéral	min tendre	indet	Total
concave	**2**							2
convexe	1	**3**	2	1	1			8
plane	3	2	3			2		10
plano-concave		1	2					3
plano-convexe	2	1	2				2	7
Total	8	7	9	1	1	2	2	30

d

CT	grains	glumes	céréales	anim dure	minéral	min tendre	indet	Total
concave	2							2
convexe	1	3	3	1	1			9
plane	3	2	3			2		10
plano-concave		1	2					3
plano-convexe	2	1	1				2	6
Total	8	7	9	1	1	2	2	30

e

Fig. 75. Correspondances morpho-fonctionnelles des meules a. formes ; b. sections et des molettes ; c. formes ; d. courbures longitudinales de la surface active ; e. courbures transversales de la surface active

formation des graines avec leurs glumes augmente sensiblement jusqu'à devenir exclusive. Une corrélation étroite entre fragments de grandes dimensions et transformation des graines avec leurs glumes se fait jour : doit-on y voir la manifestation d'une réutilisation des fragments de meules à une seule fin de décorticage ? Une autre corrélation voit l'augmentation significative de la part du travail des matières dures animales pour les fragments de molettes, qui atteint jusqu'au quart de l'effectif. Pour ce qui est des fragments de meules, leur utilisation secondaire semble réservée au broyage de matières minérales ; ceci corrobore les observations effectuées sur les outils entiers. Enfin les éclats de meule et plus généralement de mouture, lorsqu'ils ne sont pas indéterminés, sont utilisés strictement pour la transformation des céréales avec leurs glumes.

Comment expliquer les différences entre pièces entières et fragments ? Rappelons tout d'abord que l'examen porte en tout état de cause sur la dernière utilisation des surfaces. Il est donc possible que les fragments portent les stigmates non pas de l'usage de la pièce « dans la force de l'âge » mais de leur ultime utilisation, après fracturation, qui peut elle même avoir été une réutilisation pour une fonction secondaire.

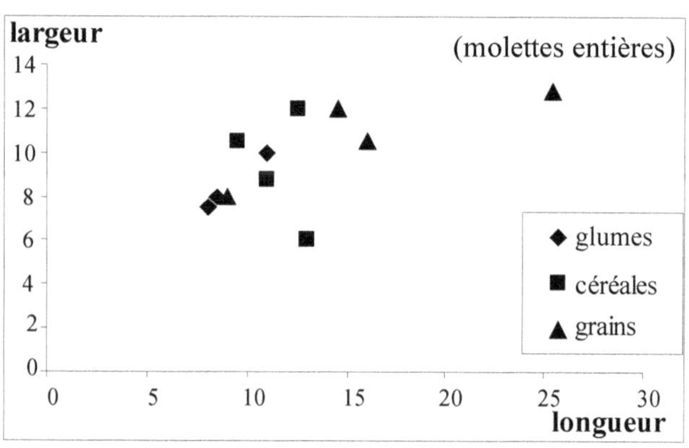

Fig. 76. Correspondance morpho-fonctionnelle, lien entre la dimension des molettes entières et le type de traitement des céréales associé (11 individus)

Une première hypothèse qu'il convient de mentionner renvoie aux mécanismes de formation de l'usure et aux facteurs qui en sont à l'origine. En effet, les traces consécutives d'une utilisation pour le travail expérimental des céréales vêtues sont parfois assez proches morphologiquement de celles résultant d'une utilisation de courte durée soit d'une usure dite forte, dans tout les cas peu prononcée. Il pourrait être tentant d'isoler ces pièces en prétextant que la détermination fonctionnelle n'est pas suffisamment avérée. Cependant, la différenciation des substances travaillées semble être strictement parallèle à une distinction entre les différentes catégories d'outils. Cette convergence entre détermination morphologique et fonctionnelle nous conforte dans notre première proposition.

Concernant les éclats et leur association quasi systématique avec le travail des céréales encore vêtues, nous ne pouvons avancer d'interprétation valable. Dans la même logique que précédemment, les éclats à surface travaillée qui semblent avoir servis plus spécifiquement au travail des céréales encore vêtues sont également ceux qui sont les plus susceptibles de résulter de phases d'entretien et de reprise des outils. La dernière utilisation des outils de mouture avant reprise et abattage des bords serait-elle, selon ce schéma, plus associée aux opérations de décorticage complet ou partiel ? Ainsi, l'usage d'une surface de meule déjà fortement utilisée serait-il optimisé dans les dernières étapes de sa « vie » ? Une troisième explication peut être avancée concernant cet usage lié à une gestion particulière : les outils de mouture liés au décorticage nécessiteraient-ils plus de réfection par abattage des bords que leurs confrères destinés à la mouture *stricto sensu*, dans l'hypothèse – non encore validée - d'une spécialisation des meules à l'une ou l'autre des opérations ? Même si les indices d'un cycle complexe d'utilisation semblent converger, il nous faudra étoffer nos observations pour en confirmer l'exactitude.

Si l'on pousse le raisonnement jusqu'au bout, les molettes entières en position secondaire seraient utilisées plutôt pour le broyage de matières variées, minérales et animales (10 et 5 %), tandis que les meules seraient réemployées pour le broyage des matières minérales. Ceci corrobore par ailleurs les traces observées sur le site de Pontpoint «le Fond de Rambourg», dont nombre de meules réutilisées, sous forme entière ou sous la forme de fragments de grandes dimensions, portent des traces de matière colorante visibles (Lorin 1998). Les fragments de meules et de molettes semblent traduire de manière exacerbée les utilisations secondaires variées des pièces entières : la réutilisation des outils partiellement fragmentés serait donc tournée encore plus vers les activités « secondaires », au détriment de la transformation des céréales. Le broyage des matières minérales et animales ne requiert pas forcément l'emploi de meules et molettes correspondant aux normes morphologiques que nous avons déjà soulignées. La normalisation des meules et des molettes répondrait aux seuls besoins de l'activité de mouture de transformation des céréales proprement dites.

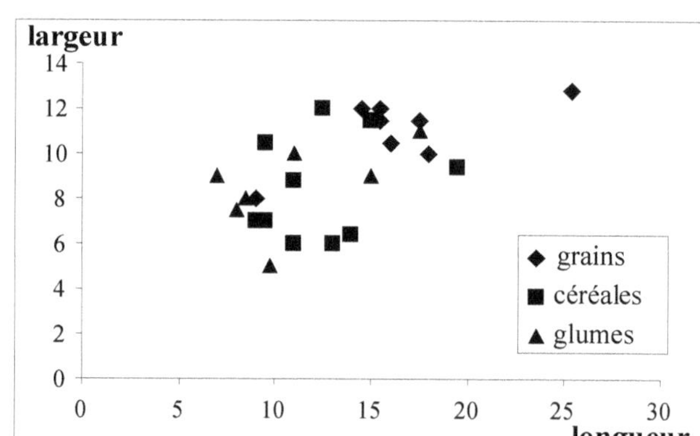

Fig. 77. Correspondance morpho-fonctionnelle, lien entre la dimension des molettes (dimensions reconstituées) et le type de traitement des céréales associé (25 individus)

Les meules ont donc assuré la mouture partielle ou un décorticage des grains, la mouture des grains seuls et enfin le broyage de matières minérales. Il est possible dans ce dernier cas que le broyage avéré de matières minérales colorantes soit le seul mode de réutilisation effectif des meules. Pour les molettes, la transformation des matières minérales et des matières animales dures renvoie plus certainement au broyage de dégraissants destinés à la préparation de la pâte céramique. Par ailleurs, aucune trace de matières colorantes n'a été retrouvée sur les molettes manipulées à deux mains dans notre contexte. L'utilisation « secondaire » des meules et des molettes pourraient donc varier sensiblement : il est possible que le broyage des colorants sur meule ai été effectué à l'aide d'un autre type d'outil actif tandis que le broyage de dégraissant à l'aide de molettes à deux mains a pu été réalisé sur d'autre supports répercutants. L'association fonctionnelle stricte entre meules et molettes n'est donc pas avérée : chacun de ces outils a donc eu un fonctionnement indépendant, hors des opérations de transformation des céréales.

4-3-4-3 - Outils de broyage et de percussion lancée

Les stigmates propres à la transformation des céréales, des matières animales dures et des matières minérales en percussion posée sont similaires, qu'il s'agisse d'un broyage à la meule et molette ou à l'aide d'un broyon. Nous avons cependant décelé sur les broyons un quatrième grand type d'usure. Un adoucissement des grains aux faces altérées et aux contours nets, accompagné d'un arasement de grains qui tendent à s'amalgamer les uns aux autres, définit plutôt un écrasement de matières végétales.

Près de la moitié des broyons n'a pu faire l'objet d'une détermination précise concernant la fonction des faces polies et des tranches à stigmates de friction (fig. 73). Si le travail des matières animales dures et minérales tendres est attesté par un seul individu, celui des matières végétales indéterminées semble légèrement plus fréquent. Même si le travail des végétaux n'apparaissait pas comme une des hypothèses fonctionnelles probables au départ de ce travail, l'analyse tracéologique a permis de proposer une nouvelle interprétation pour cette catégorie d'objets.

Les broyons-percuteurs se partagent les matières animales dures et minérales tendres (1 exemplaire chacun). Les outils assimilés à des percuteurs sont eux reliés au travail des matières dures animales (3 individus) et plus étonnamment, pour deux pièces, au travail des céréales vêtues. Certains percuteurs auraient-ils ainsi servi dans les opérations de décorticage, en percussion posée sur les extrémités ou tout aussi simplement sur la tranche ?
Dans le même ordre d'idée, les deux seuls percuteurs présentant des faces de friction sont respectivement attribuables à la transformation de matières animales dures et végétales. Il reste cependant délicat d'émettre une quelconque généralisation à partir de ces deux uniques exemples.

Dix-sept broyons et percuteurs ont été extraits des sites de Cuiry-lès-Chaudardes «les Fontinettes», Berry-au-bac «le Vieux Tordoir», Trosly-Breuil «les Obeaux» et Bucy-le-Long «la Fosse Tounise» pour faire l'objet d'une analyse fonctionnelle sur des stigmates d'emploi en percussion lancée. Sept d'entre eux sont en grès, cinq en quartzite et un en silex. Le référentiel expérimental s'est avéré trop insuffisant pour certifier de la valeur de nos déterminations fonctionnelles. L'examen de ces pièces a ainsi permis de déterminer des familles de stigmates sur la base des types d'impacts de percussion lancée décelables à l'œil nu. Il n'en ressort pas de concordance stricte avec des formes particulières de percuteurs.

Globalement donc, le broyage des matières animales dures et végétales semblent dominer pour l'utilisation des broyons / percuteurs. Mais comment interpréter l'association de stigmates de percussion posée et de percussion lancée d'un point de vue fonctionnel ? Concernant la transformation des matières animales dures, on peut envisager une alternance constante entre la fracturation des os, leur concassage grossier et leur broyage plus fin jusqu'à obtenir des fractions d'ordre millimétrique utilisées en dégraissant ou dans des préparations alimentaires. Concernant les matières végétales, l'association de zones percutées sur les tranches avec des plages polies sur les faces reste problématique. La seule utilisation envisageable en ces termes est peut-être un travail de préparation des fibres végétales dont l'assouplissement requiert à la fois des actions de martelage et des actions de friction. Mais l'aspect fin et régulier des impacts de percussion sur la tranche de ces outils ne correspond pas à ce type d'action. Il faut donc envisager deux utilisations cette fois distinctes dans le temps, dont la nature ne pourra être éclairée qu'à la lumière de nouvelles expérimentations.

4-3-4-4 - Outils de polissage et d'abrasion

Cinq grands types de matières abrasées, polies ou frottées ont pu être isolés par comparaison avec les critères définis expérimentalement.
Des grains altérés et bien séparés, ayant subi un nivellement de surface sans altération de l'espace intergranulaire caractérise, l'abrasion de matières animales dures.
L'abrasion de matières minérales préserve des grains anguleux et bien séparés au sein d'un espace intergranulaire intact. Seul l'arasement des surfaces et un dépôt sur les faces des grains témoignent de l'utilisation des surfaces.
Le minéral tendre laisse des traces tout de même significatives, avec un émoussé prononcé des grains.
Sur un abraseur, les caractéristiques de la transformation du bois ont été décelées d'après des grains adoucis nets et amalgamés revêtant un dépôt de surface identifié sur des surfaces expérimentales.

Toutes catégories de polissoirs et d'abraseurs confondus, il semble que le travail des matières animales dures prédomine : avec 45,5 %, il constitue la moitié de l'échantillon (fig.73). La part du travail des matières minérales est également importante avec 28,3 % des surfaces de polissoirs et d'abraseurs examinées, dont un tiers attribuable au travail de matière minérale tendre. Un seul exemplaire a été déterminé comme entrant précisément dans la chaîne opératoire d'abrasion du bois : il nous faut donc rester prudent quant à la présence de cette activité sur les sites du Néolithique ancien. La part des surfaces indéterminées dans cette catégorie d'outils est assez forte, autour de 18 %.

Polissoirs à plages

La catégorie des polissoirs à plage étendue semble avoir des usages assez divers, incluant les matières animales le plus souvent dures (25 %), les matières minérales (16,7 %) parfois tendres (8,3 %) et dans une moindre mesure le travail des végétaux (8,3 %). Les effectifs par classes d'outils restent néanmoins faibles. On ne peut donc pas parler de spécialisation fonctionnelle pour ce type d'outils. On ne peut donc qu'évoquer sans plus de précisions les opérations de finition par polissage des objets en os, roches et bois.

Abraseurs à plages et à rainure

L'analyse des abraseurs à rainure a porté sur dix-neuf exemplaires provenant du site de Cuiry-lès-Chaudardes «les Fontinettes», trois de Bucy-le-Long «la Fosselle» et quatre de Trosly-Breuil «les Obeaux». Nous n'avons pu procédé à une détermination fonctionnelle des abraseurs basée sur les mêmes stigmates que pour les autres catégories d'outils. En effet, les grès grossiers peu cimentés très largement majoritaires pour ce type d'outil ne revêtent pas les traces d'utilisation de la même manière que les autres qualités de grès du fait du renouvellement quasi automatique des grains porteurs des traces d'usure. Par ailleurs, la répartition de l'usure pour les abraseurs à rainure ne se fait plus seulement en plan (la surface active) mais dans les trois dimensions de l'espace (fond et bord de la rainure, cette dernière se définissant par sa profondeur). A défaut de pouvoir déterminer précisément les matériaux travaillés par cette méthode, nous allons discuter de la validité de certaines hypothèses fonctionnelles, en comparant les caractéristiques techniques et les traces d'utilisation macroscopiques[7].

Morphologie de la plage d'usure

La majorité des rainures est associée à des plages d'usure homogènes, interrompues seulement par les bourrelets disposés de part et d'autre des flancs de la rainure et qui revêtent un poli de coloration blanchâtre (fig. 70 f). Ces plages d'abrasion sont à notre sens le fruit d'une action en percussion posée transversale ou longitudinale diffuse, au début de l'utilisation du bloc. L'apparition de la rainure serait, dans ce cas précis, consécutive de l'insertion progressive de l'objet sur une partie légèrement plus creuse du bloc. La présence d'« amorces » de rainure sur bon nombre des exemplaires choisis corrobore cette idée. Ceci induit *de facto* que la rainure n'est pas préformée mais se forme au cours de l'utilisation du bloc. Ce mode de formation de la rainure n'est pourtant pas systématique. Sur un exemplaire d'abraseur ovoïde à rainure centrale longitudinale régulière, issu du site de Colombelles « le Lazarro », nous avons pu déceler des traces de préparation par piquetage. Nous pensons même que sur ce type d'abraseur particulièrement bien façonné, le poli du dos et de la face supérieure résulte d'opérations de façonnage. On peut donc d'ores et déjà distinguer deux modes d'actions légèrement distincts pour les abraseurs à rainure.

Qualités de grès et action technique

L'usure propre à la rainure se traduit par un arasement et un écrêtage mécanique des grains selon un même plan depuis le bord jusqu'au fond de la rainure. Cela engendre une usure homogène couvrante sur toute la surface de la rainure, si ce n'est peut-être à la transition entre le fond et les flancs. Au vu de la structure de la roche employée, l'usure se fait principalement par arrachage des grains de quartz en surface, peu maintenus par le ciment. Cette qualité de roche induit par ailleurs une faible durée d'utilisation, les grains s'enlevant sous la pression de l'ongle. Les opéra-

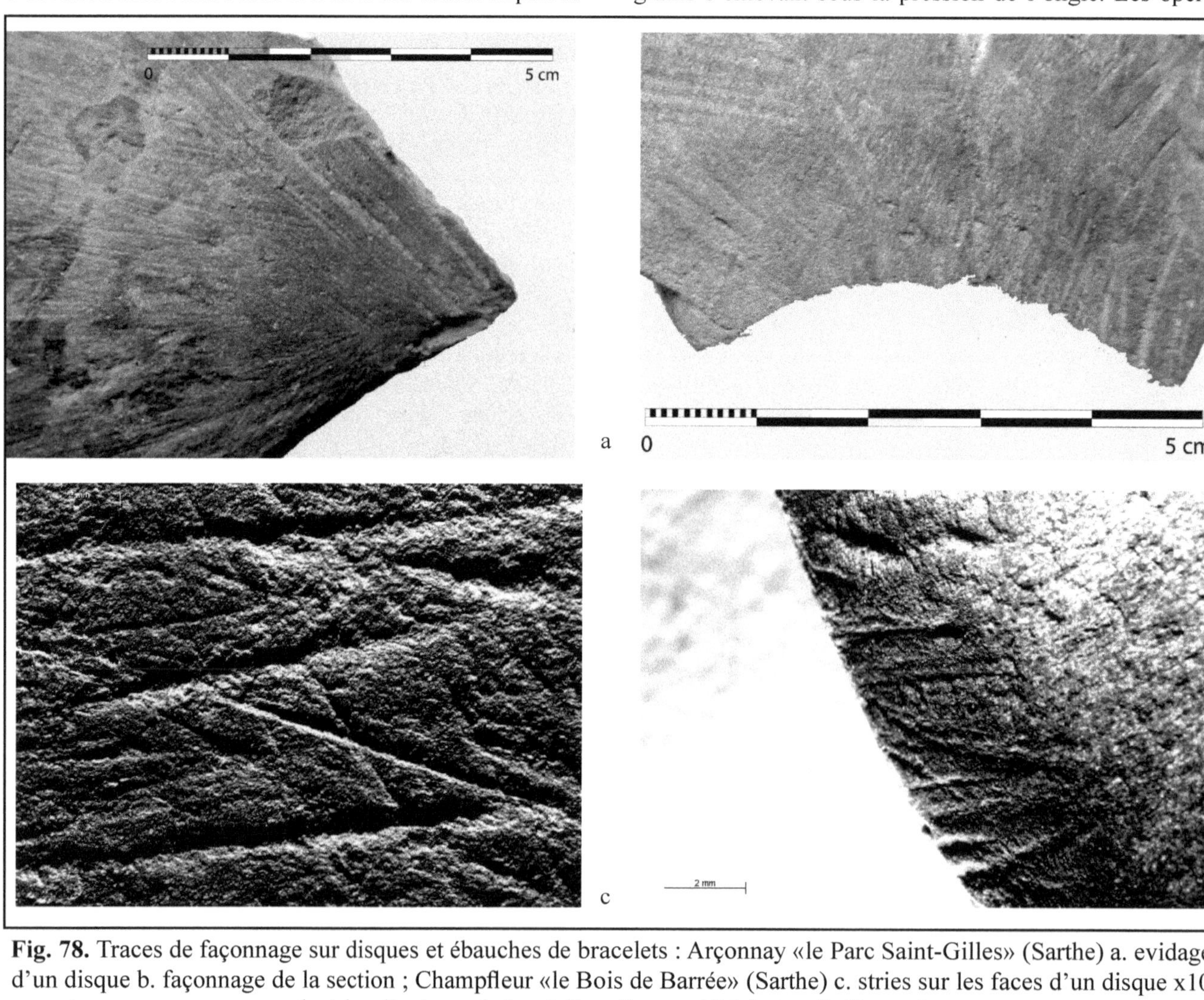

Fig. 78. Traces de façonnage sur disques et ébauches de bracelets : Arçonnay «le Parc Saint-Gilles» (Sarthe) a. evidage d'un disque b. façonnage de la section ; Champfleur «le Bois de Barrée» (Sarthe) c. stries sur les faces d'un disque x10 d. stries d'entame du bord d'un disque x10 (photo : C. Hamon)

tions réalisées par ces outils ne peuvent donc correspondre à un façonnage massif d'objets.
L'utilisation de grès d'aspect granuleux, de cohésion moyenne, induit des stigmates caractéristiques sur chaque matériau. Les stries sur l'os sont relativement large mais pourraient correspondre aux traces de réâffutage des outils en os archéologiques (Christidou 1999, p 73). Sur le schiste, les stries obtenues sont particulièrement grossières par rapport aux traces visibles sur les objets archéologiques finis (fig. 78). Ces derniers pourraient être employés dans l'élargissement et la régularisation des bords internes et externes des disques ou des anneaux. Enfin, les traces d'abrasion portées par les coquillages archéologiques sont très fines et il semble que la granulométrie des abraseurs étudiés soit, en comparaison, trop importante.

Forme et section de la rainure

Les sections évasées rendent compte d'une abrasion posée linéaire tandis que celles à bords rentrants laissent à penser qu'une percussion posée circulaire appliquée principalement ou occasionnellement a parfois pu lui être associée. La percussion posée est appliquée à un objet solide que l'on cherche à façonner ou à régulariser par abrasion, de manière entière ou partielle. Si l'on considère la seule morphologie des rainures, des sections circulaires des bords rentrants (fig. 34 bIV) évoquent des objets de forme cylindrique (objets tubulaires et baguettes en os ou bois) tandis que ceux à rainure appointée et à section évasée (Fig 32 bI) évoquent des objets pointus et/ou à bord tranchant (aiguilles en os, tranchants d'un silex).
Nous avons réalisé un certain nombre d'empreintes sur des objets de parure afin d'obtenir en négatif la morphologie de l'outil d'abrasion susceptible de correspondre (fig. 79). Les empreintes réalisées sur une série de perles circulaires n'évoquent en rien les sections des abraseurs connus en contexte archéologique. Par contre, les empreintes réalisées sur les bords internes et externes des bracelets évoquent, tant en forme qu'en section et en dimensions, certains exemplaires d'abraseurs recueillis sur différents sites aussi bien rubanés que Villeneuve-Saint-Germain.
Ce type d'abraseur aurait pu être utilisé en tout état de cause pour la régularisation des tranches internes et externes des anneaux en coquillage, calcaire ou schiste en fonction de sa position chronologique. Notons qu'aucun exemplaire n'a été retrouvé sur les sites sarthois de fabrication de bracelets en schiste mais que le site de Vaux-et-Borset a par contre livré un certain nombre d'outils, sinon de forme, du moins de fonction approchante (Burnez-Lanotte *et al.* 2005, Caspar *et al.* 1994, Marcigny *et al.* 1999).

Fond de la rainure

L'observation à la loupe binoculaire nous a permis d'observer plus finement l'aspect de l'usure au fond des rainures (fig. 70 g). La continuité d'usure entre le fond et les bords de la rainure se traduit par l'apparition d'une surface abrasée selon un plan régulier.
Pour les rainures les plus profondes ou du moins les plus « encaissées », on peut noter que le fond des dépressions loin d'être régulier est constitué par des alvéoles disposées en chapelet dans l'axe de la rainure. Ces alvéoles sont délimitées entre elles par une rangée de grains préservés, ce qui confère au fond de la rainure un effet compartimenté.

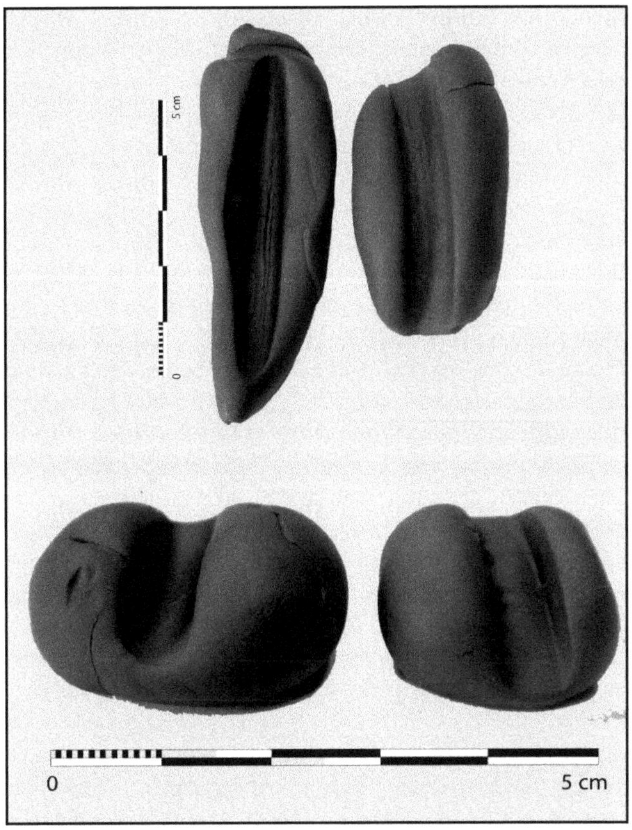

Fig. 79. Empreintes interne et externe des bracelets de Bucy-le-Long «le Fond du Petit Marais», st. 369, faces et sections (photo : C. Hamon)

Ceci ne peut s'expliquer que par un maintien de l'objet selon un angle bien spécifique au cours de l'abrasion. On peut ainsi envisager qu'une forte pression exercée sur l'extrémité de l'objet au début du mouvement a engendré ces encoches au fond de la rainure. Cependant une deuxième hypothèse peut être avancée : celle d'un mouvement alternativement linéaire et rotatif, qui appliqué à l'extrémité de l'objet, creuserait diversement le fond des rainures -bien que de manière ténue- et ce en différents endroits à chaque nouvelle action. Nous ne pouvons déterminer plus précisément le type d'action associé.
Dans d'autres cas, et ce indépendamment de la section de la rainure, on peut distinguer une série d'incisions parallèles au bord et parfois légèrement croisées sur l'extrême fond de la rainure. Ceci induit l'intervention d'un matériau suffisamment résistant, capable de « rayer » le fond de la rainure d'abrasion. Néanmoins, le matériau était d'une dureté toute relative : les grains se renouvelant très rapidement, des surfaces à l'usure homogène sur des outils peu épais et aisément altérables ne peuvent être le fruit que de la transformation d'un matériau autant sinon plus tendre que l'abraseur lui même. Les matières animales dures, les matières minérales tendres ou les végétaux rigides (bois) peuvent tous correspondre à cette définition.

Amplitude du geste

La longueur réduite des rainures ne nous donne finalement que peu d'indications sur celles des objets : un petit objet entier ou une partie d'un objet de grandes dimensions peuvent sur le principe être façonnés par le même outil. L'expérimentation nous a cependant permis de nous rendre compte que les gestes d'abrasion tendaient naturellement à une amplitude faible, proportionnelle à l'outil transformé. Reprenant l'exemple de la st. 101 du site de Marolles-sur-

Seine « le Chemin de Sens » (Augereau *et al.* 1998), le type de grès rainuré identifié rend compte de plages d'abrasion relativement courtes, et surtout de largeur proche de celle des perles elles-mêmes. Aucun grès à rainure de ce type n'a été jusque là identifié dans notre corpus.

Les caractéristiques communes à tous ces outils rendent compte d'un mode d'utilisation particulier. Abraser pour façonner certes, mais les dimensions réduites et la forme naturellement préhensible de ces outils nous évoque également tout un contexte technique. Malgré l'association flagrante de grès rainurés à Marolles-sur-Seine « le Chemin de Sens » (Augereau *et al.* 1998), il semble que la majorité des abraseurs à rainure retrouvés sur les sites ne correspondent pas à cette activité. Les petits abraseurs plat à rainure en ogive ou linéaire courte pourraient somme toute servir à la fabrication des anneaux en matériaux divers (coquillage, calcaire, schiste). Les petits abraseurs à plages à amorce de rainure appointée de faibles largeur et profondeur pourraient correspondre au réaffûtage d'outils fins en os (aiguilles). Par ailleurs, les qualités du matériau et le geste en percussion posée linaire transversal ou longitudinal correspondraient assez bien à des opérations plus générales de réâffutage des outils en os, en regard des traces observées sur les outils archéologiques et expérimentaux. Les abraseurs à section circulaire et à bords rentrants évoquent le travail de baguettes, et donc peut-être du bois. L'ensemble de ces opérations reste donc cantonné au domaine de la régularisation ou du réaffutage d'objets. Ils participent à des opérations et à des étapes d'abrasion ponctuelles, n'intervenant finalement que faiblement sur la confection de l'outil lui même. Ils correspondent plutôt à des étapes de ravivage, de raffûtage et donc d'entretien. Nous pensons qu'ils ne sont en rien impliqués dans les chaînes opératoires de façonnage d'objets en série. Il s'agirait donc plutôt d'outils d'appoint, à la durée de vie peu prononcée. On peut considérer que ces outils font partie de la panoplie d'outils de l'homme néolithique. Ces objets restent assez peu nombreux, le matériau utilisé assez rare mais leur présence est régulièrement signalée sur les sites. Et même si d'autres techniques d'abrasion ont du être utilisées pour le façonnage proprement dit, leur rôle dans les phases de finition et d'entretien des objets en matières animales ou minérales est attesté.

4-3-4-5 - Outils de friction (molettes à main)

Outre les types de surfaces définis précédemment, un émoussé de grains altérés, nets mais amalgamés, arasés en surface, traduit l'assouplissement d'une matière animale souple.

Tout d'abord, la diversité de fonction des différents types de molettes à main doit être soulignée. Si le tiers des pièces est dévoué au travail des matières dures animales (27,3%), un à deux exemplaires ont été diversement attribués au traitement des matières souples animales, aux céréales avec dans certains cas une spécialisation dans le travail des seuls grains, et aux matières minérales uniquement tendres. De cette diversité de fonction semble directement découler le caractère hétéroclite des types de molettes à main retrouvés dans les assemblages.

Le cas des outils rangés sous la catégorie des molettes à main est également évocateur : il s'agit là d'une catégorie d'outils aux fonctions si diversifiées qu'elles incluent également le travail des céréales. Certains de ces outils pourraient donc constituer une variante morphologique de la molette à deux mains « classique », même si leur association avec les meules n'est pour le moment pas possible à prouver. Concernant notre corpus archéologique relativement réduit, les matières animales dures prédominent (27,3 %), suivies du minéral tendre et des céréales dans les mêmes proportions (18,2 %). L'association avec le travail de la matière animale souple, autrement dit la peau, n'est effective que sur un seul outil. L'existence de palissons en pierre, utilisés pour le traitement des peaux, est ainsi plus que rare dans les contextes archéologiques que nous avons jusque là considérés.

Plusieurs techniques de broyage des matières minérales et animales dures, de même que celui des céréales, semblent donc exister en parallèle du couple d'outils meule et molette.

4-3-4-6 – Indéterminés

Parmi les outils à la fonction indéterminée, 65 pièces (soit 24 %) n'ont pu obtenir de détermination de leur mode d'action réel, et pour 26 pièces il n'a pas été possible d'attribuer un type de matière transformée (soit 10,3 %).
Les outils indéterminés ont servi à travailler la quasi totalité des matériaux et sont plus spécifiquement associés au travail des céréales à glumes (35,7 %), à celui des minéraux tendres (16,7 %) et des matières animales dures (11,9 %). L'une des pièces ocrées à l'usage indéterminé semble avoir servi au travail de la peau.

La dernière utilisation des surfaces nous semble donc globalement assez diversifiée. La normalisation morphologique des meules et molettes semble correspondre strictement à la transformation des céréales. Les utilisations « secondaires » pour le broyage de matières animales dures ou minérales, certainement tournées vers la production de dégraissants céramiques ou de colorants, renvoient à des cycles de gestion et de réutilisation particuliers. La spécialisation relative des molettes dans la transformation des différents types de céréales doit donc cristalliser nos réflexions futures, notamment afin de dégager si un réel décorticage ou une mouture partielle ont été effectué. Concernant les broyons, le lien entre les plages polies et les zones de fine percussion doit être approfondi, notamment en étoffant le corpus expérimental lié aux impacts de percussion lancée. Pour ce qui concerne les abraseurs à rainures, des tests réalisés sur des grès granuleux pour la confection de nombreux outils devront également être envisagés.

4-3-5 - Discussion méthodologique

L'apport méthodologique d'une telle démarche et ses potentialités d'application méritent que l'on s'y attarde quelques instants. Afin de perfectionner la méthode d'identification des traces, les obstacles à la reconnaissance des traces et les mécanismes de formation des usures doivent être discutés.

4-3-5-1 - Paramètres de variabilité des stigmates

Une hiérarchisation des stigmates se dessine en fonction des degrés d'intensité d'usure, depuis une préservation partielle de la surface initiale jusqu'à sa complète homogénéisation. Ainsi des grains bien individualisés aux contours nets compris dans un espace interstitiel intact témoignent d'une usure diffuse. La surface se modifie progressivement jusqu'à atteindre un nivellement certain, marqué par des grains confondus et le dépôt d'une pellicule superficielle. Aucune corrélation stricte entre les degrés d'usure macroscopique et des groupes de stigmates n'est décelable, ce qui démontre si besoin était, une certaine corrélation entre variabilité des traces et paramètres propres aux matières travaillées et à leur état.

Il semble qu'un lien étroit entre la nature de la roche et la formation des stigmates d'utilisation se dessine. La variabilité des qualités de grès utilisés en contexte archéologique nous a obligé à multiplier les séries de tests expérimentaux par autant de qualités de grès jugées pertinentes, soit deux ou trois selon les cas. La particularité des grès granuleux utilisés en contexte archéologique induit une complète adaptation de notre œil à la reconnaissance de nouveaux stigmates d'utilisation. L'usure mécanique qui procède par arrachage des grains engendre par ailleurs des traces plus fugaces et moins marquées que les grès de faible cohésion. Cela explique partiellement que les stigmates d'utilisation engendrés par le broyage et l'abrasion apparaissent extrêmement proches. Les grès fortement silicifiés sont eux plus susceptibles d'engendrer l'apparition de pellicules superficielles ou englobantes que les grès de faible cohésion.

L'ajout d'un troisième corps, d'un adjuvant, induit également une forte différenciation entre les stigmates engendrés. L'ajout de particules abrasives engendre l'apparition de stries plus profondes, accentue l'arrachage des grains et altère considérablement la surface des grains. L'utilisation d'une matière d'œuvre humide accélère la formation des stigmates, par un effet de nivellement par dépôt de matière. La présence d'eau protège les grains tout en accentuant les effets de l'abrasion, puisqu'une très large majorité de grains sont nets et encore individualisés que la surface soit simplement arasée ou complètement nivelée. La présence d'humidité semble, en outre, jouer un rôle dans l'apparition de pellicules dans l'espace intergranulaire.

4-3-5-2 - Stigmates d'utilisation et identification des matières transformées

Les surfaces actives d'outils de mouture utilisés sur une longue durée présentent des caractéristiques parallèles à un lissage macroscopique. La mouture des seuls grains marque plus fortement et rapidement le grès tandis que la transformation des caryopses vêtus ne modifie que très superficiellement la surface même après une durée d'utilisation assez longue. Il semble bien que la transformation des grains nécessite une moindre pression de l'outil en pierre sur les grains et atteint bien moins la micro-topographie de la surface active que la mouture proprement dite. L'émoussé des grains de quartz, correspondant à un nivellement de grains adoucis et confondus, caractérise globalement les opérations de mouture. Ce type d'usure semble correspondre aux stigmates d'utilisation sur basalte qui s'expriment par un fort arasement des sommets, des grains émoussés et une homogénéisation par zones (Dubreuil 2002, p. 170). Il diffère par contre des observations réalisées sur de l'outillage ethnographique et qui avaient mis en valeur une altération des grains par microfracturation (Adams 1988).

Les activités de broyage et d'abrasion sont difficilement repérables autrement que par un arasement et un nivellement de la surface. Ces deux opérations procèdent par arrachage des grains, ce qui préserve leur intégrité et la netteté de leur contour. Seuls l'intensité et la densité des micro-fractures en surface des grains de quartz pour les outils de broyage permettent de différencier les deux types d'activité, avec un aspect " mâchuré " pour le broyage et des micro-impacts pour l'abrasion.

Le broyage des végétaux se traduit pour sa part par des surfaces irrégulières dans les premiers temps de leur utilisation et par un nivellement par dépôt d'une pellicule superficielle dans un second temps. L'abrasion du bois a laissé sur nos surfaces gréseuses peu de traces significatives, si ce n'est des grains bien individualisés mais aux contours contigus. Aucune comparaison n'est possible avec les grains fortement émoussés par ailleurs observés (Adams 1989, Dubreuil 2002 p. 187).

Au sein des activités de broyage et d'abrasion, le travail de l'os et du bois de cerf ne peuvent se confondre. Les contours plus diffus des grains de quartz et une modification rapide du micro-relief identifiés pour le bois de cerf ne sont pas reconnus pour l'os. Cette matière semble plus proche du travail du bois quant à la préservation des grains et de la micro-topographie des surfaces. Le travail de l'os altère les faces des grains par microfracturation mais préserve la netteté de leur contour et leur individualité. Ces observations déjà soulignées par J. Adams (Adams 1989), se retrouvent partiellement sur le basalte où l'arrachage des grains préservés en relief dominent (Dubreuil 2002, p. 188).

Indépendamment des qualités partagées par toutes les surfaces ayant travaillées des matières minérales, la surface ayant travaillé le schiste s'illustre par un émoussé rapide des grains, qui restent pourtant fortement individualisés. Etonnamment, ce type de modification des surfaces n'est pas sans rappeler les caractères propres à l'orge vêtu. Le broyage d'ocre engendre dans tous les cas des grains aux contours nets fortement altérés sur leur face ; l'apparition de stries sur les grès se transforme en des zones d'homogénéisation de type « cran » sur les basaltes (Dubreuil 2002, p. 185).

La dureté de l'espèce de coquillage employée amène également à rapprocher son travail de celui des matières minérales, comme le soulignait déjà J. Adams d'après l'observation de ses outils expérimentaux en grès (Adams 1989).

Le façonnage par abrasion de coquillage se traduit par un fort nivellement en partie dû à un arrachement des grains, bien individualisés. L'arrachement des grains consécutif de ce travail semble commun à plusieurs types de roche (Adams 1988, Dubreuil 2002 p. 186).

Enfin, la friction de la peau s'avère particulièrement reconnaissable du fait d'un émoussé rapide de grains bien individualisés et des microfractures d'altération. Ce phénomène d'émoussé des arêtes des grains semble caracté-

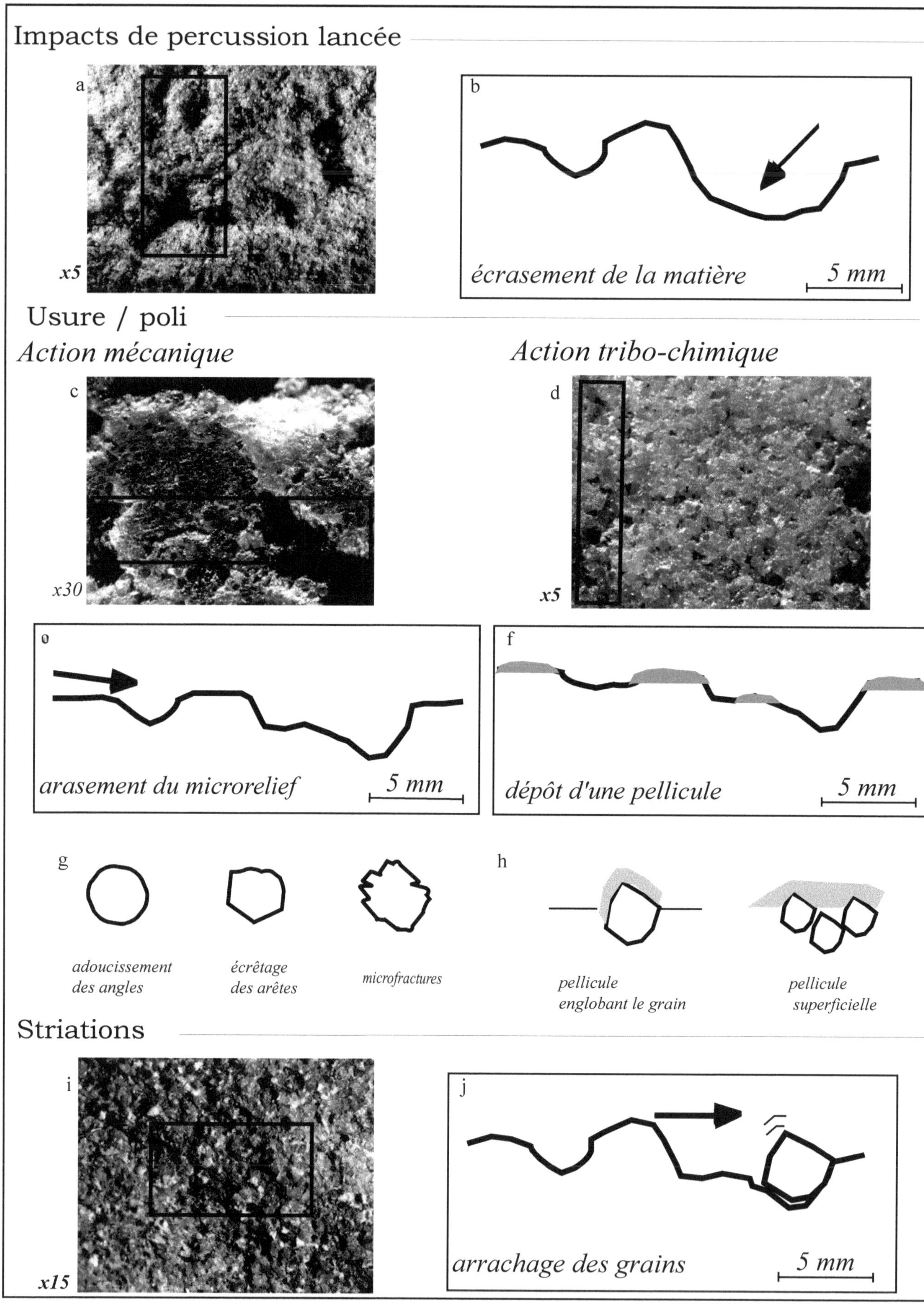

Fig. 80. Mécanismes d'usure des surfaces des outils en pierre : a. impacts de percussion lancée; b. écrasement de la matière; c. grains arasés au sein d'un poli ; d. poli ; e. arasement du microrelief ; f. dépôt d'une pellicule ; g. transformation des contours des grains par l'usure ; h. dépôt d'une pellicule à l'échelle microtopographique ; i. stries d'utilisation ; j. arrachage mécanique des grains

ristique du contact avec la peau (Adams 1989, Dubreuil 2002 p. 189).

Il semble donc que l'aspect des usures puisse trouver des points de convergences entre référentiels expérimentaux et ethnographiques d'une part (Adams 1988 et 1989) et entre roches utilisées d'autre part (Dubreuil 2002). Le croisement des différentes données tracéologiques concernant les outils en pierre s'avère donc particulièrement encourageant et devra à l'avenir se multiplier afin d'assurer une détermination plus fine des aspects des usures et des mécanismes de leur formation.

4-3-5-3 - Mécanismes de formation des stigmates

Quels que soit l'action, le geste et le matériau, on a observé que l'usure mécanique se traduisait d'une part par un nivellement des surfaces et d'autre part par une déformation des grains (fig. 80). L'altération mécanique des surfaces se traduit par un arrachage plus ou moins prononcé et rapide des grains de quartz saillants selon un même plan. Elle s'accompagne pour le travail des matières minérales les plus dures d'un écrêtage des grains. L'arasement des arêtes des grains, à l'origine de l'apparition d'un véritable émoussé, apparaît en parallèle des microfractures d'altération visibles sur les surfaces ayant broyé de l'os ou des matières minérales. Une caractérisation plus fine des déformations des grains par micro-fractures permet de distinguer des surfaces criblées de micro-impacts superficiels, courts, conférant à la surface une certaine opacité, et des fractures plus grossières entamant les grains dans leur épaisseur et revêtant un aspect " mâchuré " (Adams 1988). Ces microfractures correspondent soit à des contours adoucis et diffus accompagnés d'un arasement général de la surface, soit à des grains individualisés, aux contours bien nets, et liés spécifiquement à un arrachage ou un écrêtage des grains. Ces traces consécutives de l'utilisation résultent du contact entre la surface de l'outil et la matière transformée ou entre la surface de l'outil, celle de l'outil percutant ou répercutant associé et la matière transformée.

Mais le nivellement des surfaces ne semble pas résulter que des déformations plastiques d'origine strictement mécaniques. Si l'arrachage et l'écrêtage des grains confèrent un aspect plan à la surface, son homogénéité passe par une transformation de la nature même de l'espace intergranulaire. L'aspect « lisse » des surfaces actives est obtenu par l'apparition d'une pellicule sur les faces des grains eux-mêmes (pellicule englobante) ou sur une portion de la surface active, regroupant plusieurs grains et les espaces « vides » associés (pellicule superficielle). Le lissage des surfaces passe donc par un comblement de l'espace intergranulaire résiduel. Il semble donc que l'apparition d'un poli de surface résulte d'une action à la fois mécanique et chimique. La régularisation et l'homogénéisation des surfaces sont tributaires des mécanismes tribo-chimiques à l'œuvre.
La formation d'une pellicule englobante (15 surfaces) touche systématiquement des grains bien individualisés aux contours nets. Elle correspond donc à un stade d'altération des grains encore peu avancé. Elle est liée d'une part, à la présence nécessaire d'eau et d'autre part, à l'apport de particules abrasives issues soit de la matière travaillée (poussières, débris microscopiques) soit de matières ajoutées (cendre, ocre, sable, …). Notons qu'il s'agit bien là d'un dépôt de matière et non d'une hypothétique résurgence de la matrice, bien que cette dernière puisse participer aux mécanismes généraux de formation des pellicules. La pellicule englobante constitue donc un dépôt spécifique, lié plus à l'état des matériaux traités qu'à un stade peu avancé d'usure tribo-chimique. Dans le cas d'une pellicule superficielle (neuf surfaces), les contours des grains s'avèrent indépendants de toute déformation spécifique. Le degré maximum d'extension d'une pellicule superficielle a été observé sur deux surfaces de mouture ayant travaillé du Triticum Spelta pendant 4h30 et les trois types de céréales pendant près de 13h30. La forte teneur en silice de ces céréales ne semble donc pas étrangère à la formation de cette pellicule. Notons cependant que la présence d'eau accélère considérablement l'apparition de telles pellicules. Les contours « amalgamés » ou « confondus » des grains semblent résulter des mêmes phénomènes.
Il conviendra de s'interroger à l'avenir sur les modalités d'apparition de ces pellicules et l'origine des mécanismes tribo-chimiques à l'œuvre lors de la formation des polis. Face à la complexité de la formation des stigmates d'utilisation, seules les associations de critères diagnostiques nous semblent valides pour déterminer la fonction de telle et telle surface. Il faudra bien sûr affiner les associations significatives de stigmates, et notamment les types de microfractures sur les grains, pour arriver à un niveau de détermination précis des modes de fonctionnement des outils et des matières transformées.

A partir des déterminations morpho-techniques et fonctionnelles effectuées, nous allons tenter de replacer l'outillage en pierre dans son contexte plus large de gestion et d'utilisation. La fonction de chaque type d'outil en grès ne peut en effet acquérir toute sa dimension socio-économique qu'une fois replacée dans son contexte technique et archéologique.

PARTIE IV

IMPLICATIONS TECHNIQUES, SPATIALES ET ARCHEOLOGIQUES DU MOBILIER EN GRES

La variabilité des assemblages est perceptible à travers les caractéristiques morphologiques et techniques. Ceci conduit à nous interroger sur la place de ces outils dans les chaînes opératoires de transformation technique et notamment à travers l'étude du mode de gestion des meules et molettes. Une interprétation plus globale ne peut faire l'économie d'une analyse poussée du statut des outils dans les activités domestiques pratiquées à l'échelle de la maisonnée et à celle de chaque site. L'examen des sources probables de variabilité de l'outillage doit nous amener à mieux cerner l'organisation des activités intégrant les outils en pierre.

CHAPITRE 1 –

CONTRAINTES DE LA MATIÈRE PREMIÈRE ET CYCLES DE VIE D'UN OUTIL

Jusqu'à quel point la matière première contraint-elle et prédestine-t-elle les cycles de vie d'un outil ? Cette question renvoie en premier lieu aux processus techniques de fabrication des outils. Mais les modes de gestion des ressources en matières premières, et leur corrélation avec les cycles d'utilisation des outils, restent proprement marqués pour ce type d'artefacts.

1-1– Aménagement et façonnage

Nous n'avons recueilli à travers notre étude des assemblages en grès, que peu d'informations sur les méthodes de façonnage des pièces. Sur les sites, même si des zones de façonnage préférentielles sont visibles, aucune aire de préparation, pouvant être assimilée aux amas de débitage pour le silex, n'a pu être reconnue. Nous nous baserons donc sur l'étude des blocs bruts, des ébauches, des déchets de fabrication (éclats) et des outils eux-mêmes pour tenter de comprendre le déroulement et l'enchaînement des opérations de façonnage des outils en grès.
Première étape vers la fabrication de l'outil, le choix du support brut est primordial. Plus que pour tout autre type d'artefacts, les caractéristiques morphométriques des blocs préfigurent l'outil final. De part ses dimensions et sa morphologie, le bloc de départ possède quasiment tous les attributs d'une « ébauche ». Les opérations de façonnage tendent à aménager plus qu'à modeler ce support naturel dans notre contexte. Nous ne prendrons en compte dans notre présentation que l'exemple des meules et molettes car les morphologies souvent irrégulières, peu aménagées, des autres catégories d'outils limitent notre vision des schémas techniques de préparation.
Concernant les formes et sections proprement dites, nous voudrions insister sur la récurrence de certaines formes. Les supports présentent quelques caractéristiques communes. Pour les meules, le choix d'un bloc au dos stable, à la table de travail relativement plane et aux flancs assez réguliers sont requis. Pour les blocs de plus petites dimensions, une forme déjà légèrement ovalaire et des pans fuyants mais pas trop adoucis, bien distincts du dos, sont constatés. Les faces supérieures restent planes, et bien souvent deux faces horizontales s'opposent. Ces caractéristiques morphologiques correspondent à celles observées sur les meules et les molettes. Les meules offrent des sections symétriques et équilibrées transversalement, et le plus souvent une dissymétrie longitudinale. Elles présentent systématiquement une extrémité distale plus étroite que la base proximale, assez large. Pour les molettes, les bords et les extrémités sont cette fois les plus façonnés.
Seuls une quinzaine de blocs bruts sont présents dans le remplissage des fosses latérales sur l'ensemble des sites. Leurs poids oscillent généralement entre 1500 et 3000 g ; leur utilisation ne peut être dévouée qu'à la confection de molettes, du fait d'un matériau, d'un poids et d'une morphologie inadaptée à d'autres utilisations.
Trois exemplaires d'ébauches de meules et trois de molettes ont été retrouvés à Cuiry-lès-Chaudardes «les Fontinettes», Trosly-Breuil «les Obeaux», Poses «Sur la Mare» et Bucy-le-Long «le Fond du Petit Marais». Ces pièces en grès compact à quartzitique pèsent entre 1275 et 5400 g. Deux d'entre elles sont ovoïdes, elles offrent tous les types de section (rectangulaires, triangulaires et semi-circulaires). On peut distinguer deux stades dans l'avancement du façonnage, commun à la fois aux meules et aux molettes.
Au premier stade, les dos et bords sont couverts de négatifs d'enlèvements. L'entame du bloc s'effectue souvent à partir des extrémités. Le détachement des éclats semble avoir été effectué dans un premier temps depuis le dos vers les bords et depuis la surface active vers les bords. Le dos et la surface active ont donc successivement servi de plan de frappe. Ces deux zones d'entame privilégiées permettent de corriger rapidement le volume initial de l'outil. Les arêtes dorsales peuvent de cette manière être adoucies voire dans certains cas complètement rectifiées. Le dos et surtout les bords sont ensuite modifiés, parfois assez sommairement : les négatifs d'enlèvements coexistent avec des restes de surface brute. A ce premier stade, la face supérieure brute est le plus souvent préservée, ou parfois très légèrement entamée par le détachement d'éclats très superficiels depuis les bords. Ces éclats de petites dimensions (2 à 3 cm de long) sont difficilement identifiables : l'entame de la surface brute reste une étape peu documentée à partir des ébauches. Les quelques exemples ethnographiques connus confirment que ce sont surtout les bords qui font l'objet d'un façonnage (Gronenborn 1994). Enfin, la fracturation accidentelle transversale de certains blocs explique leur abandon. Cette séquence de façonnage suit celle de la fabrication des metates à maïs d'Antelope Hill (Arizona) : " large, heavy hammerstones were used to remove large

percussion flakes from the underlying and lateral surfaces during the initial rough shaping. Smaller flakes were subsequently removed with a somewhat smaller hammerstone to complete the shape (…). Final pecking smoothed out the flake scars and removed the cortex remaining on the flat milling surface" (Schneider 1996).

A l'exception d'une ébauche grossièrement piquetée, toutes ont été abandonnées avant la préparation de la surface active. Ce second stade arrive quasiment à la fin de la chaîne opératoire de fabrication. Seul le détachement de petits éclats, assimilable à une action de retouches, sur l'arête entre le bord et la surface active reste en effet à réaliser. Le risque d'accident et donc d'abandon semble quasi nul au moment du piquetage. Lors de la confection, la résistance de l'outil au choc est testée. La surface active est, elle aussi, testée puisque la plupart des faces supérieures des ébauches montrent des traces d'usure sur leurs aspérités. Il ne s'agit pas là d'un frottement involontaire mais plutôt d'un frottement d'utilisation. Le plan de la surface active est testé avant le piquetage afin d'évaluer les zones en relief à éliminer en priorité. Le plan de travail actif correspondra en effet au niveau de la surface naturelle le plus en creux.

Les éclats d'entame assez peu nombreux (42 sur les sites de Cuiry-lès-Chaudardes «les Fontinettes» et Trosly-Breuil «les Obeaux» confondus) ne livrent pas d'informations supplémentaires. Leurs longueurs et largeurs ne dépassent jamais les 10 cm, à trois exemplaires près. Dans sept cas, il a été possible d'attribuer les éclats à des bords de blocs. Ils correspondraient plutôt à la préparation des molettes.

L'étude des ébauches permet d'envisager la limite entre le bloc de matière première et l'outil lui-même. Il semble qu'une pièce passe du stade d'ébauche à celui d'outil à partir du moment où la surface active est préparée par piquetage. Cet acte technique semble marquer le passage entre le simple bloc et l'outil proprement dit. A ce moment de la chaîne opératoire, le bloc s'affranchit de son statut de « matière première ». Les surfaces actives ne sont jamais partiellement piquetées : lorsque la préparation de cette surface est entamée, elle est menée à son terme et l'abandon intervient soit avant le piquetage soit après une utilisation même brève. Ceci rejoint les observations effectuées par V. Roux en Mauritanie, où les surfaces actives dégrossies ne font l'objet d'un martelage qu'au moment de leur mise en service (Roux 1985). Le piquetage confère donc bien à une pièce sa valeur d'outil.

Penchons nous maintenant sur les outils finis afin de comprendre quelles opérations de façonnage et plus particulièrement de finition ont été pratiquées.

Les traces observées sur les meules entières nuancent ce schéma de mise en forme. Les dos sont souvent préservés bruts de même que certains flancs droits. Les négatifs d'enlèvements consécutifs du façonnage sont de loin de bien plus grandes dimensions que ceux observés sur les molettes. Néanmoins, il semble que peu d'éclats de façonnage aient été retrouvés sur les sites. Le façonnage des meules est assez peu souvent marqué par des opérations de finition, si ce n'est pas un piquetage assez fin des arêtes sur la face externe.

Concernant les molettes, on remarque que la forme du dos dépend en grande partie de la forme du bloc brut choisi au départ. On trouve ainsi un dos plat associé à des flans verticaux (section rectangulaire), un dos plat et des bords fuyants (section semi-circulaire) et enfin deux pans, un fuyant et un vertical (section triangulaire). Les deux points communs entre ces sections résident dans la nécessité d'une zone plane pour l'apposition des mains et d'une prise sur un pan plus ou moins vertical qui permet aux doigts de ramener l'objet vers l'opérant. Par ailleurs, les extrémités sont systématiquement formées par le détachement d'éclats disposés en biseau. Les molettes ayant subi des opérations de finition poussées sur la totalité de leur surface externe sont tout aussi rares. Néanmoins, on trouve assez fréquemment des pièces au dos finement piqueté. Celui-ci peut être associé à un poli de préparation, régulier et conférant un aspect doux et régulier à la courbure de la surface externe. Mais le plus souvent, il est lié à un poli de frottement consécutif de l'apposition des mains.

Un soin évident mis dans la préparation de la majorité des pièces se dessine et apparaît réservé aux seules meules et molettes.

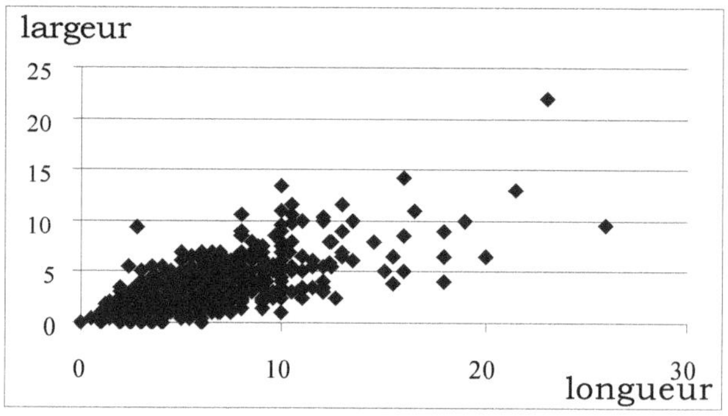

Fig. 81. Rapport longueur / largeur des éclats

Les éclats de façonnage montrent des dimensions assez homogènes quelle que soit l'étape à laquelle ils appartiennent (entame, réavivage…) (fig. 81 à 83). Un rapide examen de leurs dimensions montre que la très grande majorité d'entre eux sont inférieurs à 10 cm, tant en longueur qu'en largeur. Il semble que deux groupes d'éclats puissent être distingués sur la base de leur longueur notamment, inférieure ou supérieure à 15 cm. On doit simplement y voir le façonnage de molettes d'une part et de meules de l'autre.

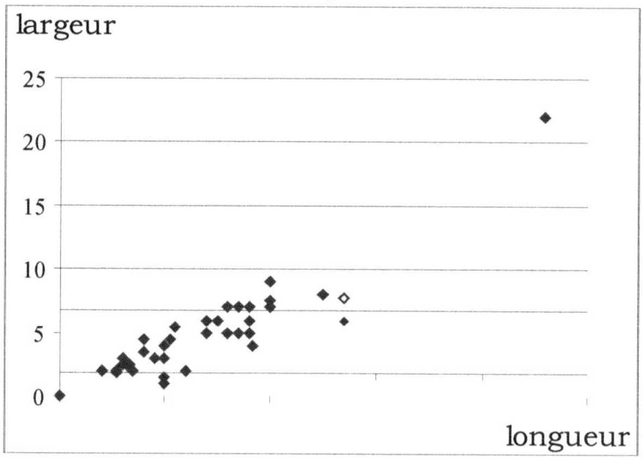

Fig. 82. Rapport longueur / largeur des éclats d'entame

Il reste par contre difficile de rendre compte du déroulement des activités de façonnage et de préparation dans l'espace. Si des concentrations d'éclats divers sont visibles ça et là au sein des unités d'habitation, l'ensemble des opérations techniques de façonnage ne semble pas s'être déroulé sur les sites eux-mêmes. Les éclats d'entames sont rares finalement et n'attestent pas du déroulement des activités d'épannelage et de mises en forme sur les sites.

Il est fort probable que la majorité des étapes de test et de mise en forme grossière des blocs soient effectuées sur le lieu même de l'acquisition des blocs. De tels exemples relatés en contexte ethnographique (Hayden 1987, Schlanger 1991, Schneider 1996) évitent un investissement dans le transport de matière première inutile et limitent la production de déchets sur le site. Le même type de répartition différenciée des activités de fabrication et d'utilisation est par ailleurs pressenti sur le site de Chalain 3 (Pétrequin *et al.* 1997). L'existence de certains de ces éclats sur le site montre néanmoins que nous n'avons en rien affaire à un phénomène d'exclusion systématique et donc de rejet hors de l'espace villageois. Fait important, les blocs bruts, dont

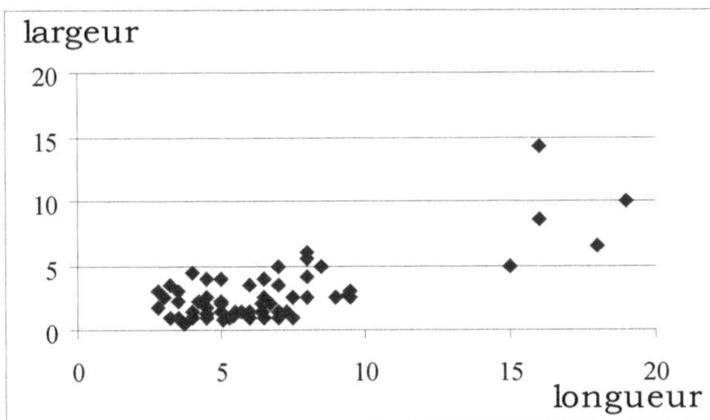

Fig. 83. Rapport longueur / largeur des éclats de réavivage

les dimensions correspondent d'ailleurs toujours à celles des molettes, ont été retrouvés sur des sites où la part de l'outillage de mouture est importante mais où les étapes de façonnage sont rares voire totalement absentes. La répartition des éclats se traduit généralement par un bruit de fond sur l'ensemble des sites et les quelques phénomènes de concentrations observés ne constituent pas pour autant des lieux de production particulièrement intenses d'outils.
Ce mode de façonnage est en réalité surtout contraint par la nécessité d'obtenir un outil aux caractéristiques techniques et morphologiques codifiées.

1–2
Une norme définie pour l'outillage ?

Par quels biais peut-on identifier l'influence du support lithique initial sur la morphologie finale de l'outil ? Doit-on considérer que la contrainte de forme et de matériau soit prépondérante sur les morphologies en vigueur de tel ou tel type d'outil ? Au contraire, les « normes » morphométriques annihilent-elles toutes spécificités propres au support initial et aux qualités de la matière première sélectionnée ?
La majorité des outils d'une même catégorie utilise des grès de qualités sensiblement équivalentes, notamment lorsqu'on distingue les meules et molettes des outils utilisés en abrasion. Il n'en reste pas moins que l'adaptation aux matériaux locaux est de mise dès que le contexte et l'environnement géologique se modifient. Sur les marges orientales et occidentales du Bassin parisien sont préférés des grès locaux de piètre qualité, de faible cohésion (Reims-Tinqueux «la Haubette»), et des granites (Colombelles «le Lazarro», Gurgy «les Grands Champs»). Les blocs bruts sélectionnés présentent donc par nature des morphologies différentes dans ces contextes. L'impression d'ensemble reste néanmoins celle du choix de qualités similaires pour des outils aux fonctions proches. Ainsi, toutes les meules et molettes sont confectionnées à Colombelles «le Lazarro» dans un même type de granite. L'adaptation aux ressources locales se fait donc toujours dans le respect d'une distinction des groupes d'outils par le matériau. Sur ce même site, des grès bien cimentés de bonne qualité et de dimensions adéquates sont disponibles à proximité. Pourquoi alors n'ont-ils pas été exploités ? Doit-on comprendre le choix des granites par une notion d'efficacité particulière : les granites seraient mieux adaptés à la mouture que les grès ? Ou encore à une manière d'afficher une différence : l'emploi de granites refléterait l'adaptation à un environnement géologique différent ? Les contraintes inhérentes au choix d'un type de matériaux restent assurément complexes (Horsfall 1987).
Nous avons vu qu'un module standard « idéal » sous-tend la confection des meules et molettes aussi bien pour le Rubané que pour le Villeneuve-Saint-Germain. Les dimensions des outils sont comprises dans des intervalles restreints, mais non limités par la dimension moyenne des blocs bruts à disposition. Le « moulin » néolithique est par ailleurs conçu de manière à conformer la longueur de la molette à la largeur de la meule : le choix des blocs et la confection d'un outil sont donc tributaires de celle de l'outil qui lui sera directement associé. Le creusement de la meule sera d'autant moins important que la longueur du broyeur se rapprochera des trois-quarts de la largeur de la meule (Roux 1985). Ceci confirme l'idée de modules particulièrement adaptés à des contraintes techniques. Les traits propres à chaque support de départ se situent ainsi dans l'écart de chaque individu à la moyenne des dimensions pour une phase chronologique et une région donnée. Cette conformité à un modèle type se lit également à travers l'examen des blocs bruts, retrouvés ça et là dans les fosses latérales des maisons et qui constituent très certainement une réserve de matière première.
Sur le site de Colombelles «le Lazarro», trois blocs de grand module ont été retrouvés dans les structures 16 et 164, par ailleurs les plus riches en vestiges (Hamon 2004). Tous trois en grès compact, leurs formes triangulaires et leurs sections rectangulaires à trapézoïdales en font de bons candidats à la confection de meules et de molettes. Les deux blocs de la structure 16 présentent des dimensions très similaires, autour de 26 x 17 x 10 cm, pour un poids moyen de 4800 g. Ces derniers ne présentent aucune trace de test ni de préparation. Le bloc de la structure 164 est lui de dimensions plus importantes entre 36 x 19 x 16 cm pour un poids de 9400 g. Son arête dorsale a été volontairement adoucie par une percussion grossière.
Si l'on compare les dimensions des blocs bruts de la structure 16 avec celles de la molette entière de la structure 164, on note une perte de 27 % de la longueur et de 29,5 % de la largeur. Dans le même ordre d'idée, la comparaison des dimensions du bloc brut de la structure 164 avec le plus petit gabarit de meule défini dans le Rubané -soit 28 x 15 cm environ-, on note une perte de 22 % de la longueur et de 21 % de la largeur. La comparaison des dimensions de ces blocs bruts avec les dimensions standards des outils rubanés traduit une perte de matière entre le bloc initial et l'outil fini de l'ordre de 20 à 30 %. Ces quelques indices nous amènent à considérer ces blocs rapportés comme des préformes naturelles, comme des meules et molettes en devenir et surtout comme une réserve orientée de matière première. L'examen comparé des modules moyens

des blocs bruts et des outils devrait donc nous permettre d'évaluer la perte de matière au cours du façonnage.
On voit bien que l'idée d'une exploitation au coup par coup de la matière première locale s'étiole à l'examen des meules et molettes. Formes et dimensions des blocs peut-être plus encore que la qualité des matériaux semblent répondre à un schéma récurrent, à une certaine normalisation. La régularité de la forme, de la taille et de l'épaisseur des préformes et des outils est un phénomène par ailleurs bien connu chez les Aborigènes australiens (Mc Bryde 1990).
La normalisation peut même s'interpréter à deux niveaux : les modules sont globalement identiques à l'échelle du Bassin parisien, les formes sont souvent plus associées à un site en particulier alors que les ressources alluviales à disposition sont équivalentes, surtout au sein d'une même vallée. On doit donc envisager une double normalisation, inter-site pour les modules moyens et intra-sites pour la morphologie. Le choix des blocs bruts se fait selon les mêmes critères de dimensions à l'échelle de tout le Bassin parisien. La déclinaison du modèle morphologique de la meule ou de la molette découle plutôt de modes de façonnage propres à chaque site.
La confection des meules et molettes semble donc guidée par une certaine norme morphométrique, qui n'entre pas en contradiction avec une légère marge de variabilité individuelle. Cette « norme » permet d'une part de coller à un schéma d'efficacité technique nécessaire et d'autre part, d'afficher une unité morphologique dans les outils utilisés à travers tout le Bassin parisien. En cela, on peut dire que la meule est un support de l'identité néolithique au même titre que les autres artefacts.

1-3– Cycles de vie d'un outil, gestion du matériau gréseux

Plusieurs cycles de vie sont visibles sur les pièces en grès, et notamment sur les meules dont la durée d'existence plus longue induit des étapes de vie par conséquent plus nombreuses. Nous entendons par cycles de vie toutes les étapes qui comprennent les utilisations successives d'une même surface active, son entretien et sa réfection de même que la récupération des outils et fragments comme support à d'autres modes d'utilisation (fig. 84). Il est bien sûr très rare voire impossible de trouver des indices techniques de toutes ces phases de vie sur une seule et même pièce. De même, toutes ces phases ne laissent pas des traces visibles sur les pièces à moins d'un abandon strictement consécutif à telle ou telle opération technique. La récupération des outils après l'abandon des maisons (Tobert 1988), si elle ne peut être lue archéologiquement, participe également de ces cycles d'usage. Nous allons simplement rassembler ici les exemples et tenter de comprendre dans quelle mesure on peut parler d'un véritable « recyclage » du matériau gréseux (Pétrequin *et al.* 1997). La gestion et l'économie différentielles des matières premières conditionnent par ailleurs ces cycles d'utilisation.

1-3-1 - Les cycles d'utilisation

Les cycles d'utilisation d'un outil voient l'alternance de phases d'utilisation proprement dite avec des phases d'entretien des surfaces actives. La concavité d'une surface active par exemple n'est pas le reflet uniquement de l'utilisation mais également d'un creusement progressif accéléré par le piquetage régulier et renouvelé des surfaces pour leur entretien. De là vient la distinction entre l'intensité d'utilisation d'une surface (poli, lissage, ...) et la durée de vie du support, de l'outil lui même.
La présence de butées ou de rebords aux extrémités des meules constitue un bon indice de la longue durée de vie d'un outil. Ils ont pu être observés sur des meules de Balloy «les Réaudins», Jablines «la Pente de Croupeton» et Trosly-Breuil «les Obeaux». Ces rebords ou butées sont présents à l'extrémité distale et plus rarement aux deux extrémités de la meule. Ils occupent toute la largeur de l'outil et se présentent sous la forme d'un bande plane à légèrement concave, d'environ 7 à 10 cm de large. Un lissage particulièrement prononcé, débordant des arêtes émoussées, les caractérise. Les rebords constituent un zone plane avant l'amorce de la concavité de la nouvelle surface active. En effet, ils sont les restes ultimes d'une des surfaces actives antérieures. L'utilisation de meules au Nigéria montre comment l'usure se développe plus rapidement à l'extrémité proximale de la meule où la force mécanique appliquée est maximum : l'extrémité distale se creuse donc moins au cours de la mouture ce qui explique la formation d'un profil dissymétrique et de ces butées (David 1998). Le mode de stabilisation et l'inclinaison de la meule engendrent également une usure plus forte des extrémités consécutive du travail. Leur présence induit une volonté de réduire légèrement la longueur de la nouvelle surface active. En effet, l'abattement de ces butées aux extrémités permet de récupérer un niveau quasi horizontal d'utilisation. Une meule plane d'épaisseur moyenne ou fine peut ainsi, même sans indice marquant, représenter dans la réalité un stade avancé d'utilisation du support. Ce type d'indice constitue à notre sens un stade ultime dans l'utilisation d'une surface : la combinaison de ce rebord avec le creusement progressif de la surface active limite considérablement l'efficacité de l'outil en contraignant fortement l'amplitude du geste. En état de marche, une telle morphologie de meule appelle à une réfection, tout du moins dans notre contexte d'étude. Nous n'avons en effet que peu d'outils présentant de telles caractéristiques de déformation.
Les stades successifs d'utilisation sont très difficilement lisibles. A notre connaissance, seule une des meules du dépôt de Saint-Denis « Rue du Landy » montre un réel enchaînement de plusieurs phases d'utilisation sur une même surface active (Hamon et Samzun 2004 b). L'inclinaison et la nature du piquetage de chacun des trois pans d'utilisation montrent comme nous l'avons vu plus haut, comment la reprise successive mais partielle des surfaces s'effectue.
Ceci nous amène à envisager sous un nouveau jour la notion d'intensité d'utilisation d'un support ou d'une surface active. Il est plus facile de reprendre une surface et de réaménager un outil de mouture que d'en confectionner un nouveau. Le profil de l'outil et la surface active sont déjà réguliers, les parties inutiles voire gênantes du bloc de départ sont éliminées. Mais une telle gestion de l'outillage de mouture n'est en rien applicable aux autres catégories d'outils et surtout aux abraseurs, qui ont leur propre cycle de gestion. En effet, l'exploitation des supports semble totalement aléatoire alors que la nature même du matériau est primordiale. On peut néanmoins détecter les indices

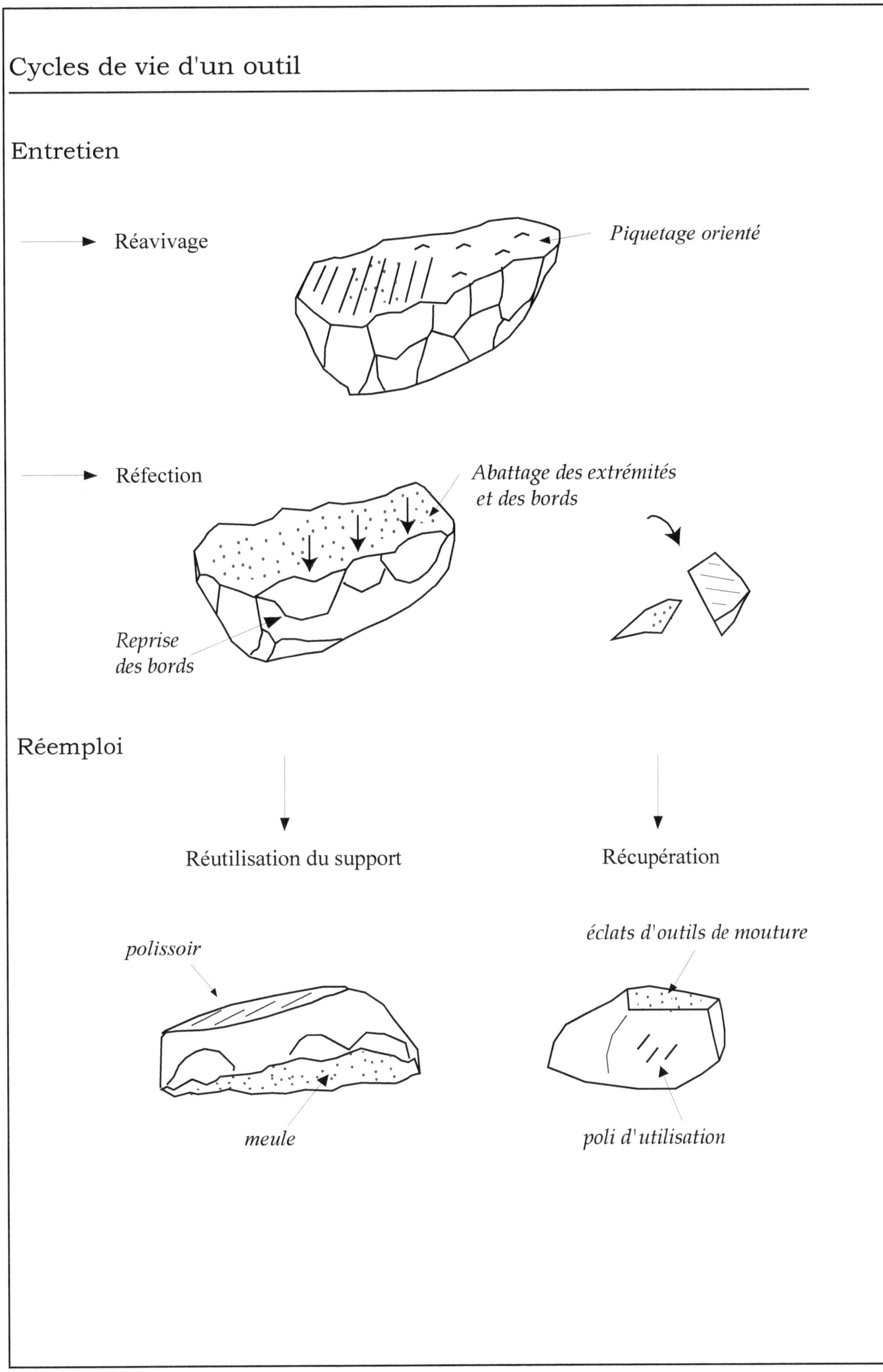

Fig. 84. Etapes et cycles de vie d'un outil de broyage (meule ou molette)

d'une gestion spécifique à ce type d'outils. La coexistence de plusieurs rainures sur un support de quelques centimètres, avec une utilisation de plusieurs voire toutes les faces d'un fragment (bords et extrémités comprises), montre une exploitation optimisée du matériau. La relative rareté de ces outils et l'absence d'identification des sources potentielles d'approvisionnement plaident également en ce sens. En effet, les types de grès utilisés sont *a priori* plutôt issus de formations lenticulaires éparses. Lorsque ces formations affleurent, on observe une forte altération et désagrégation superficielle, qui rendent difficile la récolte de fragments solides. On peut donc envisager que les quelques fragments de roche intacts récupérés aient fait l'objet d'une utilisation intensive du fait de leur rareté relative. Les abraseurs à rainures rectilignes font même l'objet d'un façonnage de toute la surface externe par abrasion. Leur régularité et le soin apporté à leur confection en font des objets de valeur, et l'on peut même envisager qu'ils soient la propriété d'un individu en particulier. Malgré leur hétérogénéité morphologique et le peu d'investissement technique que nécessite leur confection, les abraseurs à main et à rainures sont loin de correspondre à des productions de type expédientes. L'optimisation des surfaces de contact abrasives semble en effet contradictoire avec ce type de gestion.

1-3-2 - Les phases d'entretien

L'organisation des phases et la logique des modes d'entretien ne peut se comprendre qu'à travers l'étude de pièces entières qui sont particulièrement peu nombreuses. L'entretien comprend à la fois le réavivage des surfaces actives par piquetage et la réfection des outils, qui consiste principalement en l'abattement des bords et extrémités.

Concernant la réfection des outils, on note sur certaines meules une fracture abrupte mais volontaire aux extrémités. La surface active est en effet entamée par deux ou trois enlèvements réguliers et périphériques qui confèrent à l'extrémité un aspect régulier. Les arêtes sont souvent adoucies, preuve qu'il y a eu une réutilisation a posteriori de l'outil. Les bords des molettes ont souvent subi une rectification de la courbure d'origine par le détachement de petits éclats, qui induit une réduction même légère de la largeur de l'outil.

L'amorce d'un nouveau façonnage global de la pièce est parfois visible avec une entame de la surface active par détachement d'éclats d'utilisation superficiels. Les phases de réavivage sont cependant mieux perceptibles à travers l'analyse des déchets et éclats consécutifs de cette opération technique. Les éclats de réavivage s'identifient par leur talon qui porte les traces caractéristiques d'une surface active (piquetage et poli). L'impact de détachement de l'éclat n'est pas toujours visible sur le talon. Le bulbe est souvent marqué bien que difficilement lisible sur les grès compacts plus tendres. On dénombre 298 pièces à l'échelle de tous les sites étudiés, ce qui constitue un assemblage somme toute faible. Ils se concentrent rarement dans un espace donné, comme par exemple dans les structures 378, 515 et 631 à Cuiry-lès-Chaudardes «les Fontinettes» ou encore 20 à Trosly-Breuil «les Obeaux», et les effectifs restent faibles. L'examen des dimensions de ces éclats témoigne d'une parfaite corrélation entre leur longueur et leur largeur. Deux grands groupes d'éclats de réavivage se dessinent plus ou moins avec une scission autour de 500 g ; ils correspondent très certainement aux vestiges respectifs de meules et de molettes. Une très large majorité d'entre eux livre une largeur inférieure à 6 cm.

Pour ce qui est du simple piquetage d'entretien, il se fait de manière partielle, sur les parties les plus lissées, soit au centre et sur le bord interne de la surface active. La limite avec l'arête du bord est souvent préservée intacte. Il s'agit peut-être de la partie la plus « fragile » de la pièce, la plus susceptible d'engendrer un détachement accidentel d'éclats sur le bord, pouvant rendre la pièce inutilisable. Un piquetage du bord entraînerait en tout cas un esquillement venant rectifier légèrement la courbure de la surface active. La préservation du bord de la surface active est donc peut-être liée à une volonté de limiter autant que possible l'investissement technique et le temps dévoué à la réfection. Des sillons d'un piquetage traîné, caractéristique de cette étape, sont visibles sur huit molettes de Cuiry-lès-Chaudardes «les Fontinettes», Villeneuve-la-Guyard «les Falaises de Prépoux», Trosly-Breuil «les Obeaux», Monéteau « sur Macherin » et Poses «Sur la Mare» et sur quatre meules de Cuiry-lès-Chaudardes «les Fontinettes» et Villeneuve-la-Guyard «les Falaises de Prépoux». Ils caractérisent aussi une bonne partie des meules du Hainaut.

1-3-3 -Réutilisations et utilisations multiples

Il reste difficile de dépasser les caractéristiques d'utilisation de chaque outil pris individuellement. De prime abord, les modes de réutilisation semblent en effet plus régis au coup par coup, par les besoins en matériau que par une logique réelle de recyclage des outils. Les récupérations ne semblent concerner que les grès compacts à quartzitiques, ces derniers sont de loin plus polyvalents.

La récupération peut s'effectuer au sein d'une même catégorie d'outils. Deux cas de récupération de meules sont ainsi connus à Jablines «la Pente de Croupeton» et à Saint-Denis. Dans les deux cas, on note un changement dans l'axe d'utilisation de l'outil. La cassure transversale de l'outil originel devient l'un des bords de la nouvelle meule. L'inclinaison de la pièce se fait non plus dans le sens longitudinal mais transversal. D'ailleurs, la surface active apparaît particulièrement dissymétrique transversalement, la rectification de la courbure longitudinale originelle ne pouvant corriger complètement le profil de l'outil réutilisé. Sur une meule de Saint-Denis, les amorces de rebords formées aux extrémités de la meule se sont retrouvées sur les bords du nouvel outil. Enfin, des pans d'utilisations successives sont lisibles sur le pourtour de la surface «utile ».

Lorsque plusieurs faces d'un même support sont utilisées, on parle d'utilisations multiples. Tel est le cas des nombreux abraseurs à rainures multiples de Cuiry-lès-Chaudardes «les Fontinettes», des molettes à mains dont deux voire trois des faces sont utilisées, ou encore de la majorité des percuteurs qui présentent des facettes et traces de percussion multiples. Dans certains cas, il est impossible de savoir si les deux utilisations sont strictement différenciées ou complémentaires comme par exemple pour les molettes et molettes à main utilisées également comme percuteurs.

La plupart des réutilisations concernent la reprise d'outils entiers ou de fragments à utilisation secondaire complètement différente. La réutilisation n'est effective que lorsque la première surface active est entamée ou inutilisable ou

lorsque deux faces d'un même support sont dévouées à des activités n'appartenant pas à une même chaîne opératoire de transformation.
Comme cas de réutilisations strictes, on doit signaler la reprise de surfaces actives à d'autres fins, comme pour les abraseurs à main employés dans un second temps comme abraseurs à rainures. La meule-enclume de Cuiry-lès-Chaudardes «les Fontinettes» s'inscrit dans ce schéma : la surface active de l'outil de mouture présente les traces caractéristiques de chocs répétés en percussion lancée. La réutilisation peut concerner plusieurs faces d'un même support : c'est le cas d'une meule utilisée sur son dos comme polissoir à plage et d'une autre utilisée comme enclume sur sa tranche à Pontpoint «le Fond de Rambourg» (Oise). Des déchets de fabrication ou de réavivage peuvent être transformés en outils. Tel est le cas des éclats de réavivage de meules et molettes qui ont été utilisés secondairement sur leurs faces internes (Bucy-le-Long «la Fosselle», Poses «Sur la Mare», Pontpoint «le Fond de Rambourg»). La sous-catégorie des « outils à surface polie » se définit par essence par la réutilisation de fragments et d'éclats.
Le site de Pontpoint «le Fond de Rambourg» est le plus concerné par ces cas de réutilisation. Les fragments de meules et de molettes y sont particulièrement surreprésentés, et s'inscrivent dans des modes de gestion et de recyclage variés. Le cycle de gestion y est particulièrement développé puisqu'une grande partie des outils ont été récupérés ou réutilisés. La partie centrale de plusieurs meules a ainsi été récupérée par abattement centripète des bords. Ces fragments sont réutilisés à d'autres fins que la mouture des céréales : des traces de colorants sur les surfaces actives de ces grands fragments témoignent d'une utilisation secondaire. La présence d'un grand nombre de déchets de façonnage ou de reprise de meules est notable. Plusieurs éclats de meules ont été réutilisés secondairement sur leurs faces internes ou externes. Il s'agit du seul cas en Bassin parisien où une récupération prononcée des outils est observée : cette gestion atypique des supports est peut-être liée à l'absence de matériaux exploitables directement à proximité du site.
Comment articuler l'idée d'une norme pour les meules et molettes avec des utilisations diversifiées et des récupérations aléatoires en fonction des contextes ? La spécialisation des outils qui semble de mise dans différents contextes chrono-culturels, n'est pas exempte d'exception. L'usage de chaque type de meules peut correspondre à des opérations de transformation propres à chaque matière végétale (David 1998, Roux 1985). Dans d'autres cas, une meule pourra être utilisée aussi bien pour des opérations de broyage alimentaire (céréales) qu'artisanales (préparation de la pâte céramique) (Gosselain 2002). Mais on peut envisager que ces cycles de récupérations et de réemplois ne caractérisent que les outils sur la fin de leur « première » vie. Ceci est très bien illustré par exemple par les fonctions légèrement différentes des fragments de meules de Trosly-Breuil «les Obeaux» qui ont fait l'objet d'une analyse tracéologique.
Si on ne peut dégager aucun mode réellement standardisé de recyclage des matériaux, cette dimension n'est cependant pas négligeable. Les meules et molettes au sommet de la pyramide d'utilisation sont vouées à être partiellement récupérées soit via les déchets de leur production et de leur entretien (éclats), soit par l'utilisation d'autres faces que celles initialement actives, soit enfin par la récupération de fragments de molettes pour la confection de molettes à main.

1-4– Un mode de rejet codifié ?

Ce mode de récupération induit que la réutilisation d'un outil ne correspond pas forcément à un degré d'exploitation maximum de l'outil initial. La majorité des pièces issues de contextes détritiques présentent des états de surface et une morphologie les rendant encore tout à fait aptes à l'utilisation. Le rejet ne semble donc pas tributaire de l'efficacité de l'outil sur la fin de sa vie, ou du moins d'une efficacité « absolue ». Dans notre contexte, le rejet d'un outil est donc très certainement lié à des contingences extrinsèques aux qualités techniques propres à l'outil.
Une forte part des pièces (fragments et outils) semble avoir subi les effets d'une chauffe. Comme il reste difficile d'identifier strictement l'origine et la nature de la désagrégation des surfaces, nous évaluerons grossièrement à environ 10 à 20 % la part des pièces chauffées dans les fosses latérales. Il ne s'agit pas là de réutilisation dans le cadre de structures de combustion, à l'exception de quelques pièces fortement rougies ou violacées au contact de la flamme (Poses «Sur la Mare», Balloy «les Réaudins»). Le remplissage des fosses ne présente pas non plus de traces d'une éventuelle chauffe in situ.
Quelques exemples de fracturation accidentelle de molettes sont connus. A Monéteau «Sur Macherin», l'une des molettes a reçu un violent choc au centre de la pièce qui a engendré une fracturation en six morceaux selon un schéma en étoile (planche XLVIII b). A Balloy «les Réaudins», la fracturation en six morceaux d'une molette s'est faite selon les deux axes longitudinaux et transversaux (planche XVI b).
Les molettes semblent l'objet d'un rejet codifié. La très large majorité des molettes fracturées ne retrouvent pas leur pendant sur les sites : les remontages entre fragments de molettes sont rares, et le plus souvent reconnus entre deux fragments d'un même carré. La rareté de ces remontages est réellement surprenante : elle est commune à l'ensemble des sites, et apparaît structurelle. Par ailleurs, près de 68,4 % des molettes non entières, soit 78 individus, présentent une fracturation transversale régulière. Elle coupe l'outil à la moitié exacte de sa longueur, comme le démontrent le peu de remontages effectifs (Planche XLIV-XLV, XLX, LXXVI). Cette fracturation se fait soit d'un seul pan soit par juxtaposition du détachement de plusieurs éclats. Le plan de fracture est systématiquement droit et perpendiculaire à la surface active. Ces caractéristiques témoignent d'un acte volontaire, soigneusement effectué. Dans le cas des molettes, on peut vraiment parler d'un rejet et d'un abandon volontaire, marqué symboliquement et techniquement. Il s'agit à notre sens d'un geste de fracturation volontaire, répété et codifié. L'organisation des enlèvements sur la zone de fracture souligne bien son aspect délibéré. Dans le cadre d'un tel rejet, on cherche à affranchir le support de sa condition fonctionnelle et à le rendre à sa condition de matière première.
Pourquoi vouloir fracturer ces molettes de manière systématique et indépendamment des cycles de recyclage des outils ? A défaut d'une réponse, nous rappellerons sim-

plement que les meules et molettes font partie intégrante du mobilier funéraire dans la majorité des contextes funéraires du Rubané. Le bris rituel des meules en contexte mégalithique plus tardif est également attesté : on y décrit des meules et molettes brisées à la moitié ou au tiers de leur longueur (Giot 1960). Dans d'autres contextes, une fragmentation volontaire pour éviter toute réutilisation après l'abandon du site est envisagée (Nelissen 1956) ou encore un « rite mortuaire » est évoqué (Bétirac 1956). Sans aller aussi loin, nous qualifierons le geste de fracturation des molettes en contexte d'habitat d'acte à valeur symbolique.

On a pu voir à travers ces quelques aspects à la fois technique et de gestion, que l'on cherchait à affranchir l'objet de sa condition de matière première. La notion de choix dépasse à notre sens le simple cadre technique : la volonté de normalisation est nette, de même que la codification des gestes de façonnage et la régulation de l'économie des matériaux gréseux. Nous allons donc tenter de comprendre comment la variabilité des assemblages trouve un écho dans le fonctionnement interne et spatial des sites étudiés.

CHAPITRE 2 -

COMPRENDRE LA DISTRIBUTION SPATIALE DU MPOBILIER EN GRÈS

D'une maison à une autre, d'un site à un autre, d'une vallée à une autre, nous allons tenter de comprendre l'articulation des vestiges en grès dans l'espace. Nous examinerons cela à la fois à travers la dispersion des types de vestiges et des catégories d'outils en grès. On peut également tenter de comprendre, en rapport avec les autres catégories d'artefacts quelle échelle spatiale est la plus propice pour raisonner en terme de variabilité des assemblages.

La nature de nos sources archéologiques mérite quelques précisions. Des maisons danubiennes ne restent que les trous de poteaux, agencés selon une forme générale rectangulaire ou trapézoïdale. L'architecture des maisons se structure autour de tierces de poteaux délimitant trois grandes parties, avant, centrale et arrière (Coudart 1998, p. 27). On ne dispose qu'exceptionnellement de nappes de vestiges (Jablines «la Pente de Croupeton») et jamais de mobilier in situ. La majorité des vestiges archéologiques est donc piégée dans des fosses ovoïdes disposées le long des parois nord et sud des maisons. Ces fosses résultent *a priori* de l'extraction de l'argile pour la confection du torchis des parois. Ces fosses, conservées sur un mètre de profondeur au maximum, sont le plus souvent arasées à leur sommet. Leur fonction secondaire serait celle d'une zone de rejet des déchets domestiques, directement depuis la maison. La très large majorité de notre étude reposerait donc sur des vestiges issus de contextes dits « détritiques ».
Si cette hypothèse fonctionnelle est couramment admise aujourd'hui, les mécanismes de remplissage de ces fosses restent complexes. La comparaison des concentrations de vestiges dans les fosses et des aménagements architecturaux de la maison a permis de définir la position des ouvertures latérales de la maison. Selon ce principe, il est tentant d'établir un lien de cause à effet direct entre la position du mobilier dans les fosses et son utilisation en vis-à-vis, à l'intérieur de la maison. Mais il est délicat vu l'origine purement détritique des vestiges d'interpréter leur localisation en ces termes. Au mieux pouvons nous dégager des règles de rejet d'après la localisation des vestiges dans les fosses en intégrant les « cas particuliers» tels que les dépôts de meules. La durée d'ouverture et de remplissage des fosses nous étant inconnue, il est difficile de savoir si le mobilier archéologique reflète l'activité d'une ou de plusieurs années au sein de la maison par exemple, et de surcroît dans quelles proportions. Les phénomènes d'intrusion de mobilier plus récent sont également courants.
Sous quel angle alors considérer la distribution spatiale des vestiges archéologiques dans notre contexte ? Les mécanismes généraux de rejet des objets en grès en contexte détritique « classique », danubien et post-danubien, doivent être précisés à partir de l'étude de configurations archéologiques particulières (structures ou sites spécialisés, conservation de sols archéologiques, longue occupation d'un village). La faible quantité de vestiges, inhérente aux modalités de conservation, nous empêche de dégager un véritable modèle de distribution spatiale, propre aux productions en grès. Nous avons pourtant essayé de pousser notre raisonnement suffisamment loin afin de proposer plusieurs pistes interprétatives, qu'il conviendra d'explorer et d'éprouver à la lumière d'autres contextes archéologiques.

2-1 – L'unité d'habitation : un assemblage révélateur ?

2-1-1 - Fosses latérales, fosses dépotoirs : un rejet organisé ?

Afin de cerner l'articulation des vestiges en grès dans les contextes de dépotoirs, nous avons procédé à une cartographie de leur répartition dans les fosses latérales d'habitation de chaque site. Plusieurs questions se posent concernant la répartition de ces vestiges : existe-t-il une distinction de mode de rejet entre les fosses latérales nord et sud des maisons ? Peut on définir des phénomènes de concentration ou d'exclusion de vestiges en grès dans les fosses latérales ? La disposition des outils traduit-elle une articulation particulière des activités dans la maisonnée ?
Une telle étude nécessitait des unités d'habitation bien conservées, soumises à une érosion limitée, avec des effectifs suffisants. Les maisons associées devaient par ailleurs présenter toutes les caractéristiques architecturales classiques de la maison danubienne. Enfin, nous avons considéré à part les unités d'habitation spécialisées dans une activité en particulier. De ce fait, la majorité des sites a été écartée de notre analyse. Nous ne mentionnons ici que les maisons ayant livré des résultats significatifs, ainsi que les spécificités générales des maisons de chacun des sites.
L'analyse de la répartition des pièces en chaille et grès du site Villeneuve-Saint-Germain d'Echilleuses «les Dépendances de Digny» a mis en évidence leur lien étroit avec

la position des ouvertures latérales. Les concentrations d'objets (éclats et outils) semblent être le mode de répartition des rejets le plus courant (Simonin 1996, p. 158). Par ailleurs la répartition des vestiges, montre une richesse bien plus importante des fosses latérales sud. La répartition de toutes les catégories de mobilier confondues montrent un rejet nettement préférentiel sur les sites de Berry-au-Bac «le Chemin de la Pêcherie» (Ilett *et al.* 1995) et Cuiry-lès-Chaudardes «les Fontinettes» (Chataignier *et al.* 1986). L'entrée de la maison à la fois dans les fosses nord et sud est plus riche en vestige de même que les parties des fosses nord et sud légèrement en avant du couloir arrière. Comme nous allons le voir, notre analyse ne remet pas en cause ce schéma général de rejet même si quelques précisions inhérentes au mobilier en grès se font jour.

2-1-1-1 - Une équivalence de rejet entre les fosses latérales nord et sud ?

Les unités d'habitation de Cuiry-lès-Chaudardes livrent un nombre de pièce en grès identique entre les fosses nord et sud de chaque phase d'habitat, à l'exception des fosses sud de la dernière phase particulièrement riches (phase V) (fig. 85 à 87).

phase	fosses	nb fosses	outils	éclats	fragments	total
I	sud	8	7	32	36	74
	nord	7	5	27	40	72
II	sud	7	10	51	60	121
	nord	6	11	26	34	71
III	sud	11	11	96	147	254
	nord	6	18	80	149	247
IV	sud	4	3	4	16	23
	nord	7	3	9	18	30
V	sud	14	22	105	95	255
	nord	13	14	24	38	76

Fig. 85. Répartition des vestiges en grès entre fosses nord et sud par phases d'occupation du site de Cuiry-lès-Chaudardes «les Fontinettes» (Aisne) (d'après Hachem 1995 b)

Les proportions par catégories de vestiges en grès (outils, éclats, fragments) de chaque phase sont également étonnamment proches entre les fosses nord et sud. Dans les fosses sud, la proportion d'éclats est toujours légèrement plus importante, surtout à la dernière phase d'occupation. La part prépondérante des outils oscille aléatoirement entre les fosses nord ou sud. Cette constance diffère de ce qui a pu être mis en évidence concernant les rejets de faune sur le site, avec des disparités plus grandes entre le remplissage des fosses nord et sud (Hachem 1995 b).

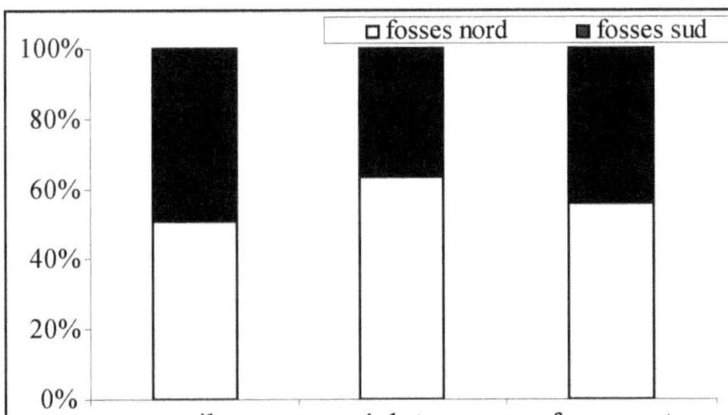

Fig. 86. Représentation des vestiges en grès entre fosses nord et sud du site de Cuiry-lès-Chaudardes «les Fontinettes» (Aisne)

Sur le site de Bucy-le-Long «la Fosse Tounise» les maisons rubanées 20 et 60 et Villeneuve-Saint-Germain 165 et 215 se prêtaient à une telle analyse (fig. 88). Quelques résultats ressortent de la répartition des vestiges : les fosses sud sont plus riches, les compositions en vestiges en grès par fosse sont similaires.

	nord	sud	indét	Total
meule	3	3	2	8
meule enclume indét.	1			1
molette	12	14	13	39
percuteur	13	17	6	36
broyon concasseur	2	1	1	4
enclume			1	1
abraseur à main	3	3		6
polissoir à plages	5	1	2	7
abraseur à rainures	2	5		7
molette à main	5	4		9
indéterminés	6	6		12
Total	52	54	26	132

Fig. 87. Répartition des principales catégories d'outils en grès entre les fosses nord et sud du site de Cuiry-lès-Chaudardes «les Fontinettes» (Aisne)

Ceci corrobore globalement les observations effectuées sur les autres catégories de mobilier pour la maison 165 (Ilett *et al.* 1995). Dans la maison 215, les deux fosses les plus riches en grès se situent en face de la partie centrale nord et dans la partie centrale arrière au sud. Des concentrations d'éclats sont visibles dans les fosses sud 23, 162, 163, 206. Les molettes sont localisées dans les fosses sud au Rubané et dans les fosses nord au Villeneuve-Saint-Germain. Les enclumes ne sont présentes que dans les fosses nord, les polissoirs à plages et les abraseurs à main uniquement dans les fosses sud. Cependant les effectifs d'outils sont trop faibles pour en ressortir une organisation particulière des rejets.

2-1-1-2 - Une localisation préférentielle des outils à l'échelle de la maisonnée

A Poses « Sur la Mare », la répartition des grès entre chaque maison du site corrobore celle du mobilier en céramique et silex (Bostyn 2003, p. 288). Les fosses sud sont de loin les mieux fournies et la répartition des grès y est plus privilégiée à l'arrière de la partie centrale des maisons 6, 40, 70, 90, 120, et parfois même à l'arrière comme pour la maison 70. Les fosses nord beaucoup moins riches livrent une majorité de grès vers l'arrière des maisons 60, 70 et 80. Les outils semblent se répartir de manière plus ou moins ordonnée : les meules se retrouvent dans les fosses centrales nord des maisons 23 et 60, et dans les fosses avant sud des maisons 120 et 130 (Hamon 2003 b). Les molettes sont plutôt retrouvées au milieu des fosses nord, entre les tierces trois et quatre, ainsi qu'au milieu arrière des fosses sud, en arrière de la quatrième tierce. Les molettes de friction sont systématiquement localisées dans les fosses latérales sud des maisons, les enclumes dans les parties avant et centrale (avant la quatrième tierce) aussi bien au nord qu'au sud. Une répartition privilégiée transparaît à travers ce rapide passage en revue. Une localisation spécifique des grès à l'arrière des maisons se dessine par ailleurs à Poses «Sur la Mare», Berry-au-Bac «le Vieux Tordoir» ou Jablines « la Pente de Croupeton », à l'instar de ce qui avait déjà pu être mis en évidence sur le site d'Echilleuses (Simonin 1996).

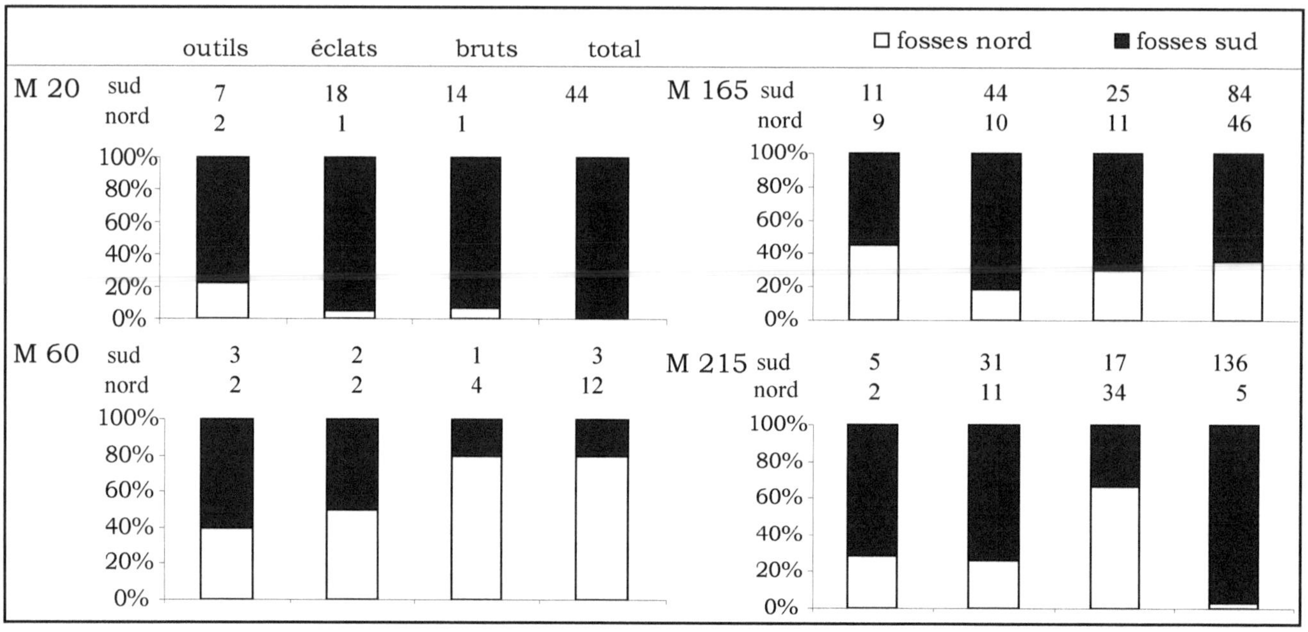

Fig. 88. Répartition des vestiges en grès entre les fosses nord et sud de quatre maisons de Bucy-le-Long «la Fosse Tounise» (Aisne)

2-1-1-3 - Concentrations et exclusions des types d'outils

A Poses «Sur la Mare», un phénomène d'exclusion des outils de polissage est visible dans la maison 120, par ailleurs riche en meules et molettes. Sur ce site, on note d'ailleurs une prépondérance de la mouture dans certaines maisons, une prédominance des outils de polissage dans les maisons 60, 60 bis et 50 et une exclusion de la percussion dans les maisons 60 bis, 70 et 90.

A Trosly-Breuil, un tel schéma semble difficile à prouver, du fait de fortes disparités de conservation entre les fosses nord et sud. Sur ce site, une distinction manifeste se dégage entre les fosses latérales d'habitat ayant fourni beaucoup d'outils et les fosses isolées à forte part d'éclats et de fragments bruts. Concernant les outils, on note que les abraseurs à rainures sont exclus des fosses ayant livré des meules et molettes. Les molettes de friction ne sont jamais localisées dans des fosses latérales d'habitat mais dans des fosses « isolées » du site. Ce phénomène de concentration d'un type d'outils par fosse se retrouve pour les molettes de friction de la structure 54 de Reims-Tinqueux «la Haubette» : ce sont les seules du site et elles se concentrent toutes dans cette fosse. A Berry-au-Bac «le Vieux Tordoir», les maisons 590 et 630 à dépôts de meules s'opposent à la maison 560 qui ne livre que des molettes de friction : elles sont par ailleurs les seules du site. A Bucy-le-Long «le Fond du Petit Marais», le contenu diversifié de la structure 377 dénote avec la concentration de cinq molettes dans la structure 304 et la structure 338 dont près de la moitié des outils sont des percuteurs.

De même à Villeneuve-la-Guyard «les Falaises de Prépoux», cinq meules et fragments de meules sont rejetées dans la structure 56 et six molettes dans la structure 61 en vis à vis : doit-on y voir un rejet préférentiel des parties actives et passives d'un côté et de l'autre de la maison ?

L'analyse de ces quelques sites permet d'affirmer que le rejet des vestiges en grès dans les fosses latérales suit globalement celui des autres mobiliers (céramique, lithique, faune). Le schéma de rejet préférentiel des vestiges dans les fosses sud est certes le plus courant, mais il n'apparaît pas systématiquement : il est même contredit par l'homogénéité étonnante de la composition des fosses nord et sud à Cuiry-lès-Chaudardes « les Fontinettes» (Simonin 1996). Concernant la répartition des types d'outils au sein des unités d'habitation, il semble qu'une localisation préférentielle se dessine, même si les effectifs réduits ne permettent pas de l'interpréter correctement. Ceci avait déjà été mis en évidence sur le site Villeneuve-Saint-Germain d'Echilleuses dans le Loiret (Simonin 1996). Les grès sont plutôt localisés dans la partie centrale de la fosse nord tandis que dans la partie sud, l'arrière de la partie centrale est privilégié. Là encore le schéma de répartition des autres catégories de mobilier dans les fosses latérales est sous-jacent. Il semble en tous cas que plusieurs outils d'une même catégorie se concentrent dans une des fosses de la maison voire dans une des maisons du village. Un phénomène d'exclusion transparaît également entre les meules et molettes d'une part et les outils de polissage et d'abrasion d'autre part. Ceci correspond très certainement à une différenciation spatiale du déroulement d'activités nécessitant un outillage bien spécifique. Mais il convient de rester prudent. Face à la nature détritique du mobilier recueilli dans les fosses latérales, peut-on admettre que la distribution des outils en grès reflète exactement la localisation des activités à l'intérieur de la maison ? Dans les fosses latérales, la localisation de chaque catégorie d'outils n'est de plus pas systématique : nous ne pouvons donc pas proposer de modèle d'organisation des activités au sein de la maisonnée pour le moment.

Envisageons maintenant la spécificité de certains types de structures et le mobilier qui leurs sont associé.

2-1-2 - Structures isolées et fosses silos

L'étude du mobilier en grès du site de Gurgy «les Grands Champs» (Yonne) nous a permis d'envisager un type de structure original : les silos. Ce site fouillé en 2001 a livré trois unités d'habitation datées d'une étape plutôt récente du Villeneuve-Saint-Germain (Meunier 2001). Cinq structures circulaires à parois sub-verticales présentent un diamètre compris entre 1 et 1,30 m de diamètre pour une profondeur comprise entre 0,3 et 0,6 m (Augereau *et al.*, *à paraître*). Deux d'entre elles ont livré un riche mobilier en grès. Elles rappellent les structures identifiées sur le site voisin de Gurgy «les Plantes du Mont», alors assimilées à des silos du fait notamment de la présence de fruits carbonisés et de traces de rubéfaction (Delor 1991 et 1994). Sur ce site, l'association avec des meules et molettes avait déjà été mise en évidence.

La structure 120 localisée le long de la partie nord, dans la partie centrale de la maison B, présente un profil en cuvette et des parois peu évasées. Vingt–cinq fragments de grès y ont été récoltés, dont six fragments d'une meule confectionnée dans un grès violacé relativement fin à inclusions très grossières, et un éclat de façonnage de dimensions importantes (11,5 x 3 x 8 cm).

La structure 329 se situe entre les maisons A et B. De forme circulaire, le remplissage de cette fosse à profil en cuvette se caractérise par une couche limoneuse noire. Cette dernière a livré notamment une meule entière et deux molettes brûlées. La meule façonnée dans un grès très sombre à inclusions grossières offre une concavité de 2 cm et une usure prononcée. Les deux molettes entières sont confectionnées dans un grès de faible cohésion, brun, assez grossier. La surface de l'une d'elle présente un martelage grossier conférant à la surface un aspect ondulé, rarement rencontré sur les meules et molettes du reste du Bassin parisien. La seconde molette est fragmentée en six morceaux, « en étoile ».

Malgré l'absence de graines dans les fosses de Gurgy « les Grands Champs », l'association du mobilier en grès avec un nombre important de lames de faucilles permet de définir un type de structure original. Le piquetage particulier de la molette de la structure 329 évoque peut-être une opération de décorticage plus que de mouture proprement dite. Malheureusement, la friabilité du grès employé ne nous a pas permis de réaliser une analyse des stigmates d'usure.

Ce cas de figure reste inédit en Bassin parisien, mais le contenu de silos du site Villeneuve-Saint-Germain de Trosly-Breuil (Oise) s'en rapproche (Hamon, inédit). Sur ce site, une fosse silo a été identifiée à l'intérieur d'une maison (st 231) et deux autres de manière isolée (st 208 et 227) (Bostyn, communication personnelle). La structure 208 assez profonde a livré un fragment de meule, et la structure 231 quarante-quatre éclats pour un poids de plus d'un kilogramme. Même si l'association entre meules et molettes et silo n'est ici pas aussi nette, l'abondance de vestiges grès y est évidente (Planche XLII).

2-1-3 - Foyers et structures de combustion

Bien que les réemplois d'outils en grès au sein des structures de combustion soient considérés comme monnaie courante au Néolithique (Villes 2001), tel n'est pas le cas pour le Néolithique ancien du Bassin parisien. En effet, on trouve de manière épisodique des fragments de grès ou de calcaires de mauvaise qualité complètement brûlés et éclatés sur place. Mais les cas de fragments d'outils brûlés ou chauffés restent très minoritaires. L'articulation de ces quelques exemplaires sur les différents sites mérite donc d'être examinée, même succinctement.

Nous prendrons comme point de départ le site Cerny de Balloy «les Réaudins» dont les structures de combustion à l'intérieur de l'enceinte recèlent plusieurs meules entières réutilisées et éclatées en place. Les meules du site ont toutes été extraites de ces fosses de combustion, de même que deux des sept molettes dénombrées sur le site. Sur les onze structures de combustion identifiées, quatre ont livré des fragments de meules (st 58, 70, 72 et 78). Les dimensions des fosses approchent les 1,4 par 1,6 m pour une profondeur au moins égale à 35 cm. Les structures ayant livrées des meules font partie des plus profondes, les grès ayant été découverts au niveau de la couche inférieure du remplissage des fosses (Mordant *et al.* 1992). Tous les fragments d'outils livrent des teintes rouges à violacées, preuve d'un contact direct avec la flamme. Il s'agit de meules de dimensions importantes (40 x 20 cm environ), assez épaisses, de forme et de section rectangulaire. Les surfaces actives présentent une courbure prononcée, preuve d'une utilisation relativement intense. La fracturation est souvent très nette, à l'instar de la molette et de la meule de la structure 78 brisées selon les deux axes transversaux et longitudinaux. Le même schéma s'observe sur la meule de la structure 58. Le mode de fracturation des outils, identique d'une structure à une autre, plaide en faveur d'un fonctionnement similaire de chaque structure de combustion. Ceci diffère sensiblement des ensembles observés par exemple sur l'enceinte Néolithique moyen de Noyen-sur-Seine (Seine-et-Marne) (Mordant *et al.* 1977). Les structures de combustion y sont de taille et de configuration proches. Néanmoins, leur remplissage montre une proportion de petits fragments bruts bien plus importante qu'à Balloy. Si quelques fragments d'outils se retrouvent çà et là, on n'observe cependant pas d'éclatement des pièces en place. Les remontages sont rarement complets puisque seuls les extrémités et les bords des outils sont présents ; on note de nombreux éclats de chauffe. Les traces de chauffe confèrent une coloration grise-bleutée aux fragments de grès et calcaires mélangés. Ces derniers ont donc été plus chauffés que brûlés, un contact direct avec le feu n'est pas attesté ici. Cette distinction témoigne de deux stratégies distinctes : les structures de Noyen pourraient être des foyers vidangés de leurs plus gros éléments voire même des vidanges de foyers proprement dites. Les structures de combustion de Balloy laissées en place, auraient récupérées des pièces utilisées sur le site et vouées dans tous les cas à l'abandon.

Ce type de configuration est-il connu dans d'autres contextes approchants ? Sur le site Villeneuve-Saint-Germain de Poses « Sur la Mare », deux fosses de combustion contenaient une proportion anormale de rognons de silex, de fragments de grès, de calcaire et de meulière brûlés. Au centre de la structure 45, de gros blocs disposés en couronne étaient associés à de petits fragments, brûlés surtout vers le centre (Bostyn 2003, p. 61-62). La présence d'outils éclatés en place ne se retrouve pas parmi les 370 kg de fragments recueillis. A Jablines « la Pente de Croupeton », deux structures de combustion n° 42 et 43 sont situées à l'intérieur de la maison mais la présence de concentrations empierrées n'est pas mentionnée (Bostyn *et al.* 1991). Sur le site contemporain de Gurgy «les Plantes du Mont» (Yonne), « des aires de combustion circulaires, profondes de près de 30 cm et mesurant près de 2 m de diamètre » ont livré des fragments de grès chauffés et quelques exemplaires de meules éclatées (Delor 1994).

Le réemploi des outils en grès dans des structures de combustion, somme toute rares à l'échelle du Bassin parisien, semble donc tributaire de modes de gestion propres et distincts des cycles de réutilisations « classiques » en contexte d'habitat.

2-2 – Un cas particulier : les dépôts de meules

2-2-1 - Nature et recensement des dépôts

Le phénomène des dépôts de meules se définit comme un dépôt volontaire de plusieurs meules qu'accompagnent des molettes et plus rarement des broyons ou percuteurs. Plusieurs indices corroborent l'aspect volontaire de cet acte, et en tout premier lieu le dépôt des meules avec leurs molettes appariées, dont les courbures des surfaces actives correspondent strictement les unes avec les autres. Les outils sont retrouvés à plat ou de chant, face active tournée vers le sol. Un agencement des outils se dégage : les meules sont soit empilées les unes sur les autres au dessus des molettes (Villeuveuve-la-Guyard, Irchonwelz), soit disposées en couronne ou en arc de cercle autour de ces dernières (Berry au Bac, Saint Denis).
Ce phénomène, bien connu pour le Rubané et le Blicquy du Hainaut (Constantin *et al.* 1978), de Hesbaye et de Wallonie (Jadin 2003), était jusque là considéré comme anecdotique en Bassin parisien. Cependant, un recensement de ce type de structure et de récentes découvertes nous permettent de dresser un panorama un peu plus complet des dépôts de meules, qui couvrent toute la séquence du Néolithique ancien de la région. Trois de ces dépôts ont été recensés sur le site du Rubané récent du Bassin parisien de Berry-au-Bac «le Vieux Tordoir» (Aisne), le site Villeneuve-Saint-Germain ancien de Villeneuve-la-Guyard «les Falaises de Prépoux» (Yonne) et le site Villeneuve-Saint-Germain très tardif de Saint Denis «Rue du Landy» (Seine-Saint-Denis), fouillé en 2003. Au cours de notre étude, nous avons décidé d'y joindre les concentrations d'outils entiers et de fragments des structures 382 de Cuiry-lès-Chaudardes «les Fontinettes» (Aisne) ainsi que 117 et 129 de Poses «Sur la Mare» (Eure).

2-2-2 - Dépôts et concentrations en Bassin parisien

Les dépôts découverts en Bassin parisien concernent diversement des fosses isolées, des fosses internes aux maisons ou encore des alvéoles de fosses latérales nord et sud.
A Berry-au-Bac «le Vieux Tordoir», un dépôt a été identifié dans la fosse 598 localisée à l'arrière interne d'une maison dont la datation reste incertaine entre le Rubané et le Villeneuve-Saint-Germain (Allard *et al.* 1995, p. 25). Il a livré trois meules disposées à plat et en arc de cercle au fond d'une fosse circulaire (Planche XXI-XXIV) ; l'une d'elle est tournée face vers le sol les autres étant en « position » d'utilisation (fig. 89). Les quatre molettes associées sont disposées de chant ou à l'horizontale, presque contre le bord des meules. Les outils occupent la partie supérieure du remplissage de la moitié sud-est de la fosse (Allard *et al.*1995 p. 22). Un second dépôt de trois meules et deux molettes a été découvert dans la fosse ovale 641 de la maison 630, aux parois arrondies et au fond plat (Allard *et al.* 1996). Sa configuration est identique au précédent dépôt, à l'intérieur de la maison, côté nord, au niveau du couloir arrière.
Le dépôt de Villeneuve-la-Guyard «les Falaises de Prépoux» se situe dans la fosse circulaire 248, proche d'un petit niveau d'occupation mais isolée des autres unités d'habitation Villeneuve-Saint-Germain (fig. 91 a et b). La publication mentionne « en bordure d'une petite fosse, reposant sous le niveau de sol (...) un dépôt de meules accompagnées de leurs broyeurs, toutes retournées volontairement, face active contre le sol » (Prestreau 1992, p. 180). A l'exception d'une meule, nous n'avons malheureusement pas pu retrouver ces outils qui semblent avoir été séparés du reste de l'outillage du site. D'après la photographie, trois meules grossièrement épannelées recouvrent trois molettes de type « court ».
Un dépôt de meule a été très récemment découvert sur le site de Saint Denis «Rue du Landy», dans l'unique fosse Villeneuve-Saint-Germain récent du site, fouillée par A. Samzun (INRAP) et l'unité archéologique de Saint-Denis (Hamon et Samzun 2004 a). Il regroupe cinq meules déposées face contre terre, en cercle sur le fond de la fosse (fig. 90). En leur centre, deux molettes, deux broyons et un outil indéterminé ont été retrouvés, tous entiers. L'étude étant en cours, il ne nous a pas été encore possible de réaliser les dessins de ces pièces.
Dans plusieurs cas, il nous a été difficile de statuer sur le caractère réellement dépositionnel des concentrations d'outils entiers associés à des fragments, comme dans la fosse nord 382 de la maison 380 de Cuiry-les-Chaudardes (fig. 91 c et d) ou dans les fosses latérales sud 117 et 129 à l'avant des maisons 120 et 130 de Poses «Sur la Mare» (fig. 91 e et f). Si le caractère intentionnel d'un dépôt de meules agencées ne fait pas de doute, qu'en est-il d'outils certes nombreux mais disposés aléatoirement dans le remplissage d'une fosse, même dans des mètres carré proches?
La concentration d'objets dans la structure 382 de Cuiry-les-Chaudardes rassemble trois molettes et un broyon entiers disposés en position verticale ou oblique sans ordre apparent (M. Plateaux, notes personnelles). Cette concentration se situe dans le carré B9, soit à l'arrière du premier tiers de la maison.
A Poses «Sur la Mare», une alvéole de la structure 117 regroupe dans un même carré une meule entière de grand gabarit ainsi qu'un fragment de meule ; ils sont accompagnés d'une grande molette, de deux molettes de friction, d'un galet percuté et d'un objet à surface polie dans les carrés adjacents. La petite structure 129 a livré elle une meule, deux molettes, un fragment de mouture et une molette de friction, sans qu'on puisse en dégager une organisation particulière (Hamon 2003 b).
Nous préférons parler de concentrations d'outils, sans plus de précisions, lorsque les outils ne sont pas délibérément agencés mais plutôt rejetés aléatoirement, même dans une zone bien circonscrite.
En Bassin parisien, les dépôts de meules semblent donc occuper des espaces qui leurs sont strictement dévoués au contraire des concentrations d'outils repérées dans les fosses latérales des unités d'habitation. Peut-être peut-on y voir la marque d'un « stockage » plutôt à l'arrière de la maison pour les dépôts de Berry-au-Bac «le Vieux Tordoir» et d'une « utilisation » pour les fosses avant de Poses «Sur la Mare». Mais la variabilité des constatations ethnographiques dans ce domaine ne peut nous éclairer de manière significative : les opérations de mouture se déroulent tantôt à l'intérieur de la maison tantôt à l'extérieur selon les contextes (Roux 1985, Schön *et al.* 1990).

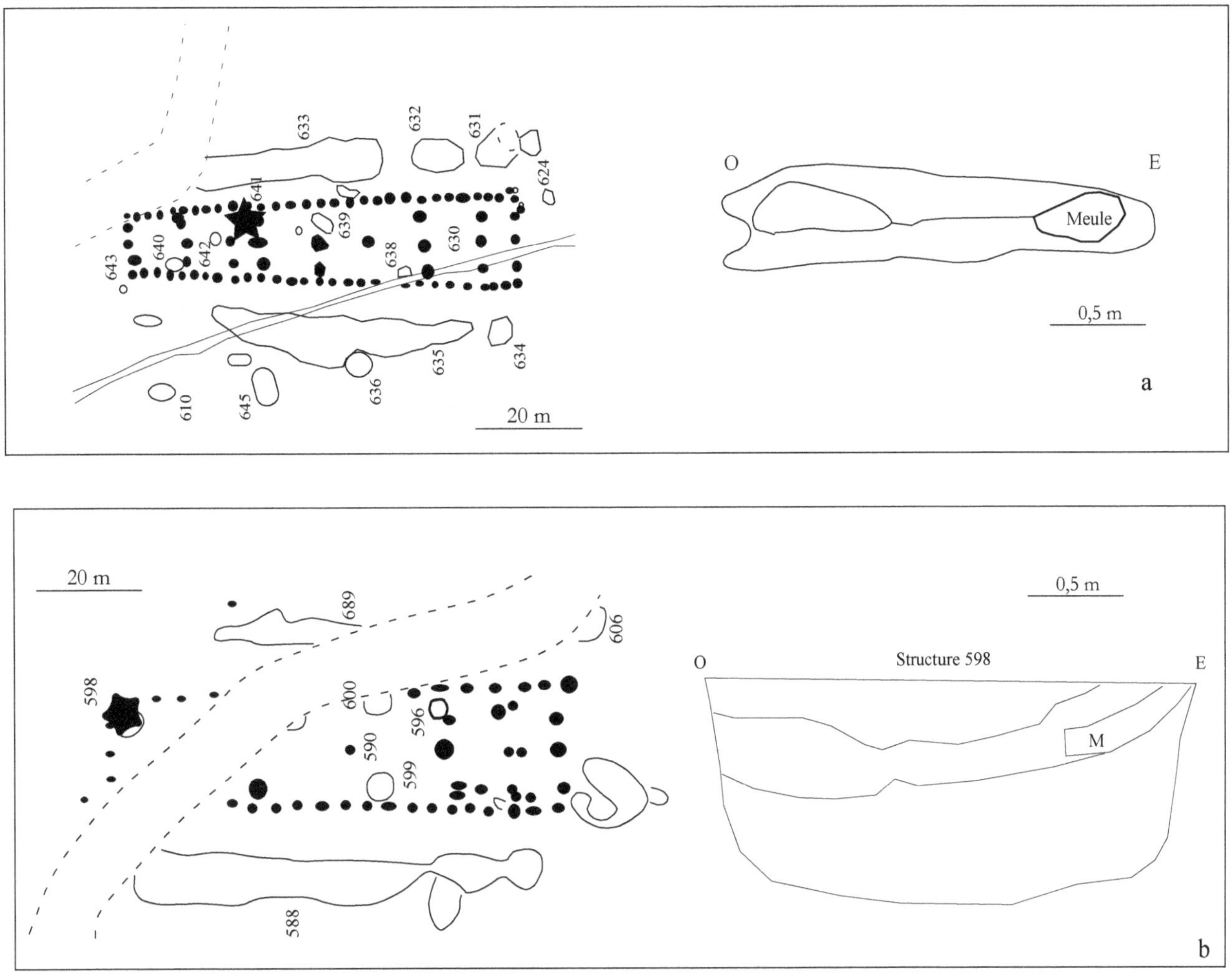

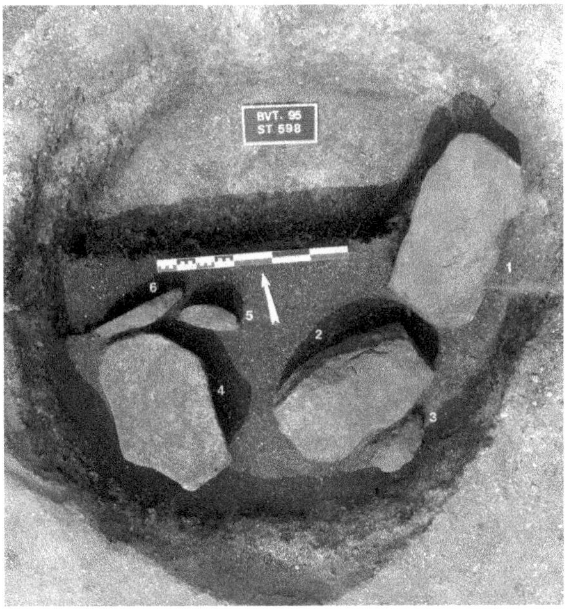

c

	longueur	largeur	épaisseur	poids	indice d'allongement
meule	33,5	23	13,5	16000	0,7
meule	41	26	15	18000	0,6
meule	44	24,5	14,8	20500	0,6
molette	16,5	12	5	1230	0,7
molette	18	11,5	5,8	1585	0,6
molette	15,5	10	4,1	760	0,6
molette	24	10,5	5,5	1715	0,4

d

Fig. 89. Dépôts de meules à Berry-au-Bac «le Vieux Tordoir» (Aisne) a. plan de localisation et coupe de la structure 641 ; b. plan de localisation et coupe de la structure 598 ; c. dépôt dans la fosse 598 ; d. dimensions des outils du dépôt de la fosse 598 (d'après Allard *et al.* 1995 ; photos et relevés Protohistoire européenne - UMR 7041)

a

b

	longueur	largeur	épaisseur	indice d'allongement
meule 1	48,4	26,5	13,2	0,55
meule 2	60	29,6	12,7	0,49
meule 3	48,5	25,5	6	0,52
meule 4	45	31	11,8	0,68
meule 5	42,1	23,5	11,6	0,46
molette 6	25	17	5,5	0,68
molette 7	21	15	3,7	0,71

c

Fig. 90. Dépôt de meule du site de Saint-Denis «Rue du Landy» (Seine-Saint-Denis) a. coupe de la fosse ; b. disposition des outils dans la fosse ; c. dimensions des outils (photos : S. Durand - INRAP)

Villeneuve-la-Guyard (Yonne)

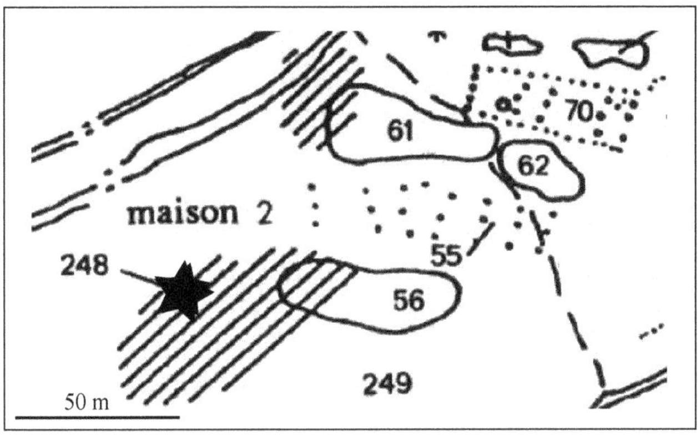

a

b

Cuiry-les-Chaudardes "les Fontinettes" (Aisne)

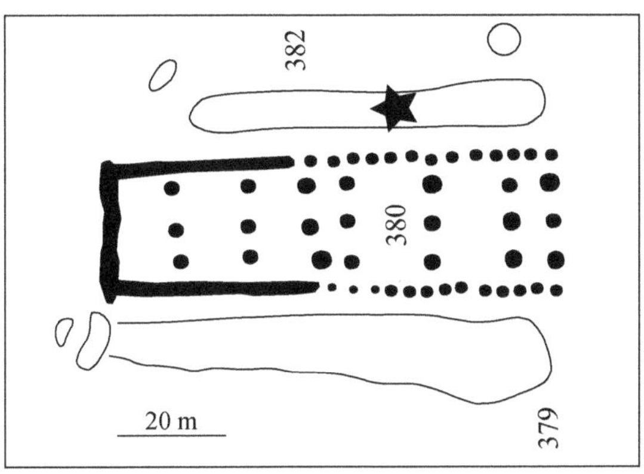

c

maison 380
st. 382
molettes

longueur	largeur	épaisseur	poids
20	11	5	6000
18	15	5	1980

Poses "Sur la Mare " (Eure)

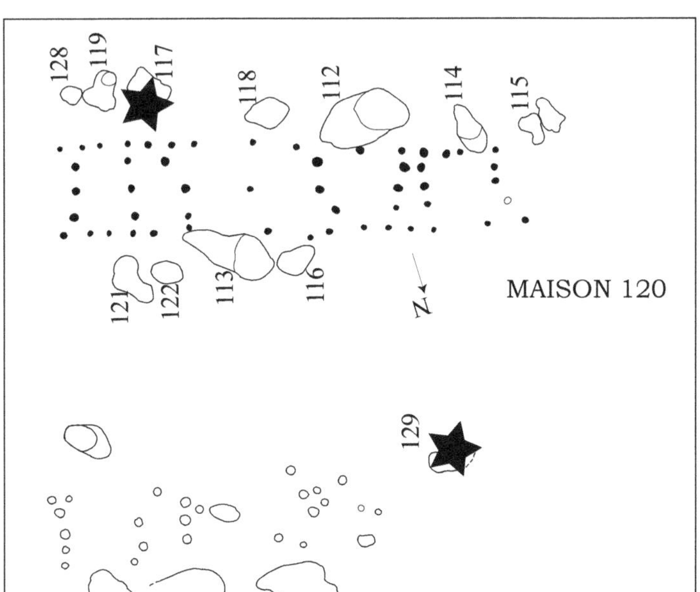

e

maison 120
st. 117

2 meules
1 molette
1 percuteur
3 abraseurs

maison 130
st. 129

1 meule
2 molettes
2 fragm.mouture
1 molette à main

f

Fig. 91. Localisation des dépôts et concentrations d'outils en grès en Bassin parisien a-b. localisation et photo du dépôt de meules de Villeneuve-la-Guyard (Yonne) (d'après Prestreau 1992) ; c-d. localisation et dimensions des molettes de la fosse 382 à Cuiry-lès-Chaudardes «les Fontinettes» (Aisne) (plan : Protohistoire européenne - UMR 7041) ; e-f. localisation et décompte des outils des structures 117 et 129 de Poses «Sur le Mare» (Eure) (d'après Bostyn 2003)

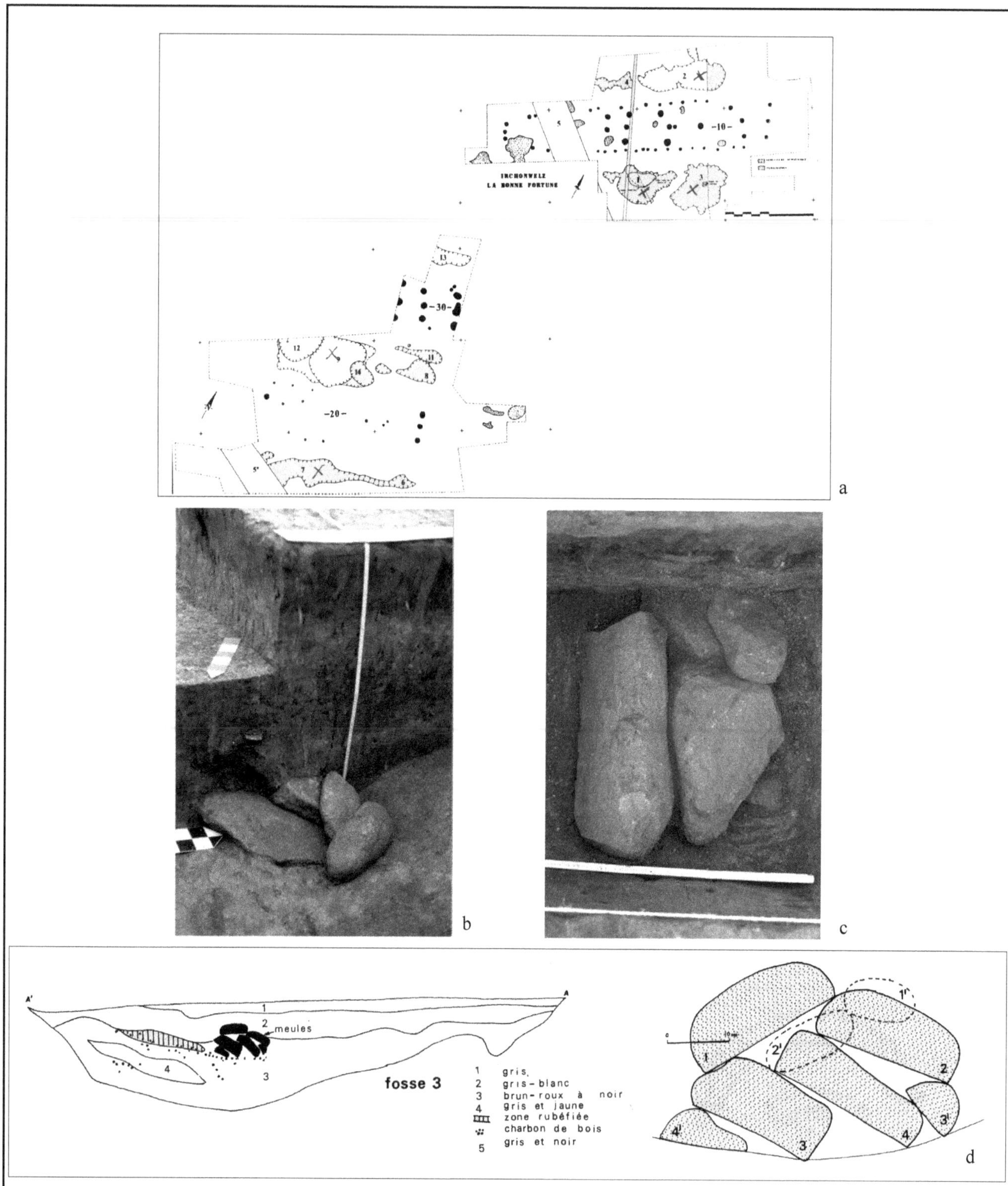

structure	longueur	largeur	épaisseur	indice d'allongement
1	45	27,3	8,9	0,6
1	43,5	25,9	7,3	0,6
1	45,5	29,5	9,2	0,6
2	41,6	21,9	6,2	0,5
2	39	22,9	14,9	0,6
3	41,1	27,3	8,7	0,7
3	48	22	12	0,5
3	38	23	9	0,6
3	37	25,4	13	0,7
7	37	27	7,5	0,7
9	40	30	13	0,8
9	38	29	7,0	0,8

e

Fig. 92. Dépôt de meules à Irchonwelz «la Bonne Fortune» (Hainaut) a. plan du site (d'après Constantin 1982) ; b-c. fouille de la structure 9 et 3 (photos C. Constantin - Protohistoire européenne - UMR 7041) ; d. coupes de la structure 3 (d'après Constantin 1982) ; e. dimensions des meules de plusieurs dépôts du site

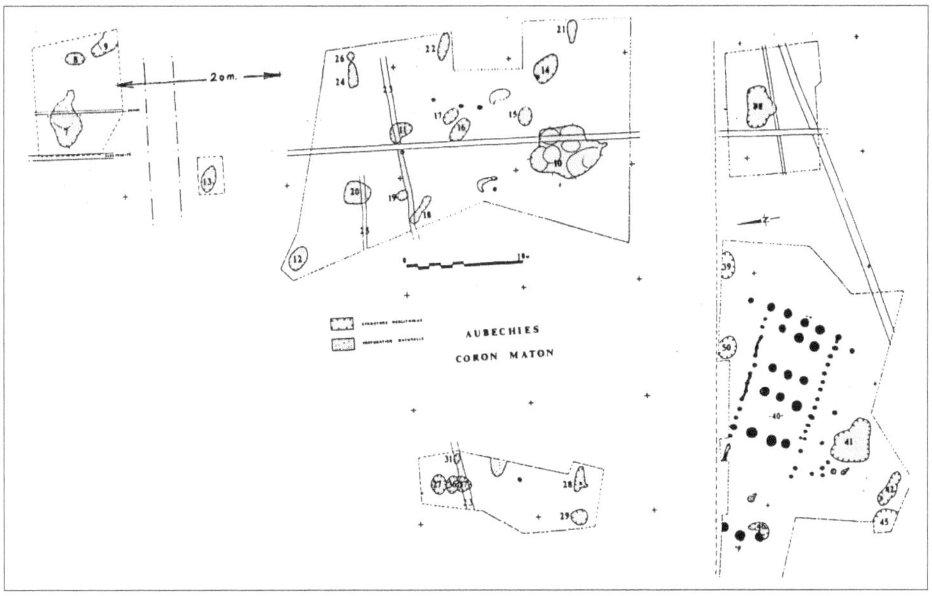

a

b

structure	longueur	largeur	épaisseur	indice d'allongement
10	45	25	11	0,6
10	53	21	9	0,4
10	42	20	7	0,5

c

d

structure	longueur	largeur	épaisseur	indice d'allongement
30	50	27	10	0,5
30	40	26	15,5	0,7
30	42	26	12	0,6

e

Fig. 93. Dépôts de meules du Hainaut a-c Aubechies «Coron Maton» plan du site, dépôt de la structure 10 et dimensions des meules ; d-e Blicquy «la Couture du Couvent» dépôt de la structure 30 et dimensions des meules (plan et photos C. Constantin - Protohistoire européenne - UMR 7041)

2-2-3 -Un phénomène bien connu dans le Bliquy

Cette configuration ne semble pas partagée par les dépôts rubanés et blicquiens de Belgique. En Hainaut, les dépôts sont installés à l'intérieur des fosses latérales, et sont même parfois individualisés dans une alvéole réservée à cet effet. La structure 10 du site rubané d'Aubechies « Coron Maton » a fourni un dépôt de trois meules et deux molettes de type débordant (fig. 93 a à c) (Constantin *et al.* 1978). Les trois meules et la molette de la fosse latérale 30 de Blicquy « la Couture du Couvent » « étaient regroupées et en contact les unes avec les autres (...) dans la partie centrale et en haut de son remplissage terminal » (fig. 93 d et e) (Constantin *et al.* 1978 p. 37). Sur le site blicquien d'Irchonwelz "la Bonne Fortune", pas moins de cinq dépôts ont été découverts dans les fosses latérales nord et sud des deux maisons 10 et 20 (fig. 92). Les molettes y sont toutes de type « court », leur largeur ne dépassant que rarement celle de la meule. Pour la maison 10, trois meules et trois molettes déposées dans la partie supérieure du remplissage de la fosse 1 ont été récoltées pour partie au cours d'un sondage : leurs positions relatives ne nous sont donc pas parvenues (Constantin *et al.* 1978, p. 16). Dans son prolongement, la fosse 3 propose un empilement de quatre meules et cinq molettes sur le haut de la couche inférieure du remplissage. La fosse 2 en vis à vis a livré deux meules et une molette à proximité immédiate les unes des autres, même si le caractère proprement dépositionnel n'est pas certifié. Pour la maison 20, la structure 7 livre une meule et une molette à mi-hauteur sur le flanc de la fosse. Trois meules et molettes tapissent le fond de la fosse 9. A travers ces deux sites, on peut déjà souligner que les dépôts se font dans les fosses latérales des maisons et que meules et molettes issues de ces contextes sont quasi systématiquement appariées. Le type de molette débordante du Rubané d'Aubechies laisse donc place au type court sur les sites blicquiens.

D'autres dépôts sont connus pour le Blicquy sur le site de Vaux et Borset par exemple, dont « une fosse (VGI - 89-082) a livré un dépôt organisé de trois meules et trois molettes appariées qui tapissaient son fond » (Caspar *et al.* 1994, p. 84). De même, la fosse Da 89047 du site de Darion «Colia» (Haut Geer), a livré quatre meules « déposées à plat, vers le bas, sans regroupement particulier », deux molettes de type court ainsi qu'un broyon (Jadin 2003, p. 457-463).

A ce stade, nous ne pouvons qu'écarter une localisation fortuite des dépôts. Fosses isolées ou fosses internes à l'habitat en Bassin parisien coexistent avec une localisation préférentielle dans les fosses latérales des habitations blicquiennes. Hors cette distinction géographique, il reste néanmoins difficile de préciser avec ces seules informations ce qui régit la logique d'organisation des dépôts au sein de l'espace proprement villageois. Il s'agit d'un acte ponctuel, indépendant du système général de rejet et des autres catégories de mobilier.

2-2-4 - Analyse morpho-métrique des outils

Des indices sur la nature même de ces dépôts nous sont fournis par la morphométrie et la technologie des meules. La grande majorité des pièces retrouvées correspond au type de molettes courtes, puisque seules les molettes rubanées de Belgique sont de type dit « débordant ». Le type de forme et de section rectangulaire prédomine largement, et semble quasi exclusif si l'on considère la forme trapézoïdale comme une variante de cette même forme rectangulaire. Les silhouettes des meules sont particulièrement équilibrées si l'on considère la correspondance stricte entre forme et section (forme et section semi-circulaires par exemple). La concavité des surfaces actives apparaît en outre toujours forte, au moins égale à 2 cm. Les modes de façonnage sont aussi diversifiés pour l'ensemble des meules issues de contextes d'habitat.

Les contextes de dépôt révèlent une standardisation étonnante en terme de dimensions et de modules des pièces. L'indice d'allongement moyen des meules mais aussi des molettes tourne autour de 0,6. Les dimensions moyennes sont pour les meules de 42,7 x 24,8 x 10,7 cm et de 22,5 x 13,2 x 0,6 cm pour les molettes. Les écarts à la moyenne des meules de chacun des dépôts examinés restent faibles : entre 1 et 4,2 pour la longueur, de 0,5 à 3,8 pour leur largeur et de 0,6 à 5,6 pour les épaisseurs. A Darion, ces écarts à la moyenne des longueurs et largeurs sont plus importants : deux des trois pièces identifiées présentent des dimensions particulièrement importantes. A Aubechies, Blicquy et Darion, les variations s'expriment surtout à travers la longueur. Au contraire, dans toutes les structures d'Irchonwelz, les écarts à la moyenne sont très faibles, les meules présentent donc des dimensions très proches. Concernant les molettes, les écarts à la moyenne restent faibles quelles que soient les dimensions, et sont compris entre 0,5 et 2,8 cm. Ceci démontre une standardisation tout aussi poussée des molettes, dont les dimensions dépendent peut-être moins du support que les meules. Le calcul du rapport des dimensions moyennes des molettes sur celles des meules se situe entre 0,5 et 0,6 : le module moyen des meules est donc deux fois supérieur à celui des molettes. Nous retrouvons là le rapport d'efficacité technique observé sur les pièces issues des contextes d'habitat « classique » en Bassin parisien.

L'examen des dimensions des meules et molettes révèle une dichotomie à la fois géographique et culturelle (fig. 94 a et b). On note que les meules des dépôts blicquiens apparaissent de module sensiblement plus grand que leurs consœurs Villeneuve-Saint-Germain du Bassin parisien. Pour des largeurs proches, les meules du Bassin parisien sont comprises entre 35 et 45 cm, tandis que celles du Hainaut et de Hesbaye atteignent fréquemment les 50 voire 55 cm. Un phénomène identique se produit à l'examen des molettes de longueurs moyennes, séparées par 7 ou 8 cm (fig. 117 et 118). Concernant les couples à molette débordante, les meules d'Aubechies sont légèrement moins larges de trois à quatre centimètres que la moyenne des autres outils. Les molettes sont elles de loin beaucoup plus longues, et plus larges de cinq centimètres en moyenne. Notons que dans ce cas, meules et molettes restent plus que difficiles à distinguer d'après leurs dimensions somme toute très proches (fig. 94 c). Cette spécificité ne se retrouve pas dans le Rubané du Bassin parisien d'où ce type est absent. Il faut donc imputer la variation du gabarit des meules issues des dépôts de Belgique et du Bassin parisien à des particularismes locaux. Ils peuvent découler soit de modes d'approvisionnement spécifiques en matière première, soit de spécificités culturelles que nous ne pouvons ici dégager.

Meules

site	L	l	é	i allong.
ACM 10	45	25	11	0,6
Rub	53	21	9	0,4
	42	20	7	0,5
écart type	4,2	2,0	1,3	0,1
BCC 30	50	27	10	0,5
BQY	40	26	15,5	0,7
	42	26	12	0,6
écart type	4,0	0,4	2,0	0,1
IBF 1	45	27,3	8,9	0,6
BQY	43,5	25,9	7,3	0,6
	45,5	29,5	9,2	0,6
écart type	0,8	1,3	0,8	0,0
IBF 2	41,6	21,9	6,2	0,5
BQY	39	22,9	14,9	0,6
écart type	1,3	0,5	4,4	0,0
IBF 3	41,1	27,3	8,7	0,7
BQY	48	22	12	0,5
	38	23	9	0,6
	37	25,4	13	0,7
écart type	3,5	1,9	1,8	0,1
IBF 7	37	27	7,5	0,7
BQY				
IBF 9	40	30	13	0,8
BQY	38	29	7,0	0,8
écart type	1	0,5	3,0	0,0
VBT 82	47	30	20	0,6
BQY	48	23	14	0,5
	44	20	4,5	0,5
écart type	1,6	3,8	5,6	0,1
BVT 598	33,5	23	13,5	0,7
rub ou VSG?	41	26	15	0,6
	44	24,5	14,8	0,6
écart type	4,0	1,0	0,6	0,0
VLG 248	44	24,5	13,5	0,6

Molettes

site	L	l	é	i allong.
ACM 10	38	18	11	0,5
Rub	41	19	10	0,5
écart type	1,5	0,5	0,5	0,1
IBF 1	18,5	14,1	3,6	0,8
BQY	22,9	12,4	4,7	0,5
	24,8	12,7	5,0	0,5
écart type	2,6	0,7	0,6	0,1
IBF 2	12,2	12,4	7,2	1,0
BQY				
IBF 3	24	16	5	0,7
BQY	23	12	5	0,5
	24	10,5	6	0,4
	23	12	7	0,5
écart type	0,5	2,0	0,8	0,1
IBF 7	17,5	12	6	0,7
BQY				
IBF 9	28	14	9	0,5
BQY	23,5	12	5	0,5
écart type	2,3	1,0	2,0	0,0
VBT 82	24	14	9,5	0,6
BQY	23	15	8,0	0,7
écart type	0,5	0,5	0,8	0,0
BVT 598	16,5	12	5	0,7
Rub	18	11,5	5,8	0,6
	15,5	10	4,1	0,6
	24	10,5	5,5	0,4
écart type	3,3	0,8	0,6	0,1
BVT 641	14,5	12,5	9,0	0,9

a

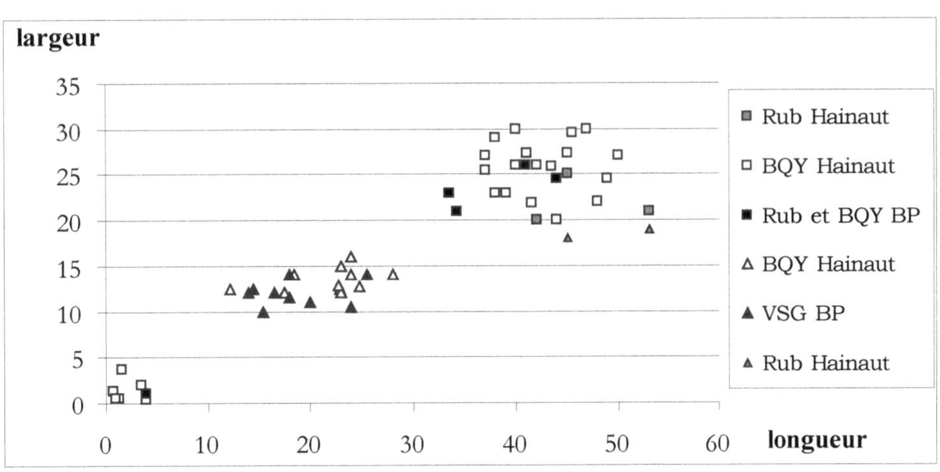

b

Dimensions moyennes

c

	L	l	e	i
meules	42,7	24,8	10,7	0,6
molettes	22,5	13,2	6,5	0,6
i me/mol	0,5	0,5	0,6	

Ecarts à la moyenne

d

	L	l	e	i
meules	1 à 4,2	0,5 à 3,8	0,6 à 5,6	0 à 0,1
molettes	0,5 à 2,8	0,5 à 1,4	0,3 à 2	0,1 à 0,2

Fig. 94. Analyse morphométrique des dépôts du Bassin parisien et du Hainaut a. liste des meules et molettes considérées par site ; b. dimensions comparées des meules et molettes du Hainaut et du Bassin parisien ; c. dimensions moyennes des meules et molettes des dépôts ; d. écarts à la moyenne des dimensions des meules et molettes des dépôts

Ceci n'éclaire cependant pas plus avant la nature et l'origine de ce phénomène. A ce titre, l'observation des caractéristiques techniques et d'utilisation des surfaces actives apporte quelques éléments de réponse.

2-2-5 - Caractéristiques techniques et état d'utilisation

Concernant l'appariement des meules et des molettes d'un même dépôt, on retrouve rarement les outils en position de fonctionnement. Aucun critère de forme ou de façonnage ne semble indiquer de prime abord un rapprochement entre deux pièces. Ainsi, les propositions d'appariement reposent essentiellement sur l'adhérence parfaite entre les courbures des deux surfaces de travail, actives et passives. En Bassin parisien, les caractéristiques observées sur les outils des dépôts ne les distinguent pas à première vue des outils rencontrés dans les fosses latérales. La mise en forme est à peine plus soignée, le piquetage fin et régulier généralement observé n'exclut pas une préparation plus grossière, les degrés d'usure oscillent très librement entre une intensité très faible et un lissage prononcé. On peut d'ores et déjà exclure l'idée d'un rituel d'abandon d'outils défectueux ou en fin de vie : toutes ces pièces sont aptes à l'utilisation.

L'observation plus fine des états de surface des meules du Hainaut m'a amené à envisager ces pièces sous un angle plus technique. Ainsi, à Aubechies, Blicquy et Irchonwelz st. 3 et 9, les surfaces actives présentent des traces d'un réavivage, effectué peu avant l'abandon de la pièce et le plus souvent inachevé. Il se traduit par une reprise des surfaces très usées de la plage active, matérialisée par des sillons d'un piquetage linéaire orienté obliquement ou transversalement par rapport au sens de travail (IBF 9-3). L'entame s'effectue au centre ou sur un des bords de la pièce : il crée une légère dénivelée par rapport au plan de travail antérieur (IBF 7-1 et 2-1). Parfois, ces outils à la courbure prononcée semblent vierges de toute utilisation : le piquetage est frais, les aspérités à peine usées, mais un liseré de lissage persiste le long du bord ou sur le rebord de l'extrémité distale. A Vaux-et-Borset, les trois meules du dépôt de la structure 82 présentent des traits similaires : piquetage conférant à la surface un aspect vacuolaire pour l'une, usure quasi inexistante pour la seconde et défaut dans la courbure de la surface active pour la troisième. Hasard des découvertes ou état de surface courant, une large moitié des meules de ces dépôts s'avère en cours de reprise et de réfection, soit à un stade technique bien précis dans le cycle de la vie d'une meule.

Qu'en est-t-il en Bassin parisien ? Les meules de Berry-au-Bac présentent certes des surfaces assez creusées et des rebords d'utilisation lissés aux extrémités, mais leur degré d'utilisation est beaucoup moins avancé que pour les meules récemment découvertes sur le site de Saint-Denis «Rue du Landy» (Seine-Saint-Denis). Ce dépôt vient renforcer l'idée d'une connotation technique forte pour ces dépôts. La meule n° 1 n'est utilisée que sur une portion de la longueur totale préalablement martelée ; une bande imparfaitement préparée occupe donc l'extrémité proximale. La meule n° 2 présente deux butées à ses extrémités d'une largeur d'environ 7 cm, témoin d'un usage antérieur intense. La meule n°3 ne présente pas moins de trois phases successives d'utilisation matérialisées par la persistance de rebords et de pans d'inclinaison discontinue. Le creusement progressif par palier de la surface active culmine avec le réemploi de cette surface selon un mouvement circulaire central au cours de la dernière utilisation. La meule n° 4 présente un piquetage encore très marqué sur les bords de la surface active. La meule n° 5 a été élaborée sur une ancienne meule dont une partie a été récupérée et a subi un nouveau façonnage. L'orientation de la pièce a été inversée : l'axe transversal initial est devenu l'axe de travail longitudinal de la nouvelle meule, comme le montrent la courbure et l'orientation des rebords aux extrémités.

Cette description rapide de cette structure démontre sans aucun doute que ces outils s'inscrivent dans un schéma d'utilisation complexe et jusque là peu observé sur les meules issues des fosses latérales d'habitats du Bassin parisien. A la lumière de ces deux ensembles fournis, il me paraît plus que justifié de proposer une explication d'ordre technique à ce phénomène.

2-2-6 - Signification et fonction des dépôts

On a vu que la localisation des dépôts ne permettait pas de dégager à elle seule la logique de cet acte intentionnel. Plusieurs hypothèses ont déjà été émises sur la symbolique d'un tel acte : rite de fondation lors de la construction de la maisonnée ou encore d'abandon au moment du départ des habitants ou de la destruction du bâtiment (Constantin *et al.* 1978). Certes l'acte de dépôt est ritualisé : empilement ou disposition en cercle, à plat face active tournée vers le sol. Mais la variabilité des contextes de leur découverte ne plaide pas en faveur d'un geste purement symbolique. Ces assemblages sont-ils à comprendre comme une réserve de matière première, déposée là jusqu'à ce que le besoin d'un bloc de grès se fasse sentir ? L'idée est envisageable même si nous n'y adhérons pas totalement. Car dans ce cas, pourquoi ne pas simplement disposer aléatoirement ces pièces dans une fosse, pourquoi prendre le soin de préserver les surfaces actives face contre le sol et pourquoi vouloir éviter tous bris et chocs par un agencement savamment réfléchi ? Pourquoi enfin creuser ou recreuser une fosse spécifiquement à cet effet ? Le caractère entier des outils et le type de fosse dans les dépôts se distinguent véritablement des modes « classiques » de rejets de fragments de meules dans les fosses latérales détritiques. Le dépôt des outils face contre terre renvoie en effet à une préservation des surfaces actives et à un état de rangement entre deux utilisations (Gast 1968, Champault 1991). Nous proposons simplement l'idée d'un dépôt temporaire d'outils ayant atteints un stade de vie particulier, nécessitant l'intervention d'une « personne qualifiée ». Un espace protégé, distinct des zones de rejet, serait ainsi crée par le creusement ou le recreusement d'une fosse latérale pour y déposer les outils. Il reste impossible de définir le statut du ou des intervenants : l'existence de ce type de dépôt serait tributaire de l'intervention d'une personne aux compétences spécialisées ou de plusieurs personnes dans un laps de temps donné. Ceci n'exclut d'ailleurs pas, en attendant que cette phase de reprise et de réfection soit effectuée, que ces outils soit symboliquement placés dans un lieu « protégé», bien défini : les meules sont après tout des objets précieux, c'est à dire fondamentaux, à l'échelle du quotidien. Il s'agirait donc là d'une réserve d'outils, qui rassemblerait la production d'une maisonnée, d'un groupe d'habitation ou d'un village. On connaît en effet des cas de regroupement des acti-

vités de meunerie à l'échelle d'un village entier (Cousin *et al.* 1992, Schnell 1957). Mais là encore, la documentation actuelle ne nous permet pas de trancher.
Uns fois les articulations et les mécanismes de répartition des vestiges en grès définis à l'échelle de la maisonnée, il est intéressant de se pencher sur le fonctionnement de ces vestiges à une échelle plus large celle du site et donc de l'espace villageois.

2-3 – Le village : espace vécu, espace géré

2-3-1 - Apports du mobilier en grès à la compréhension du fonctionnement socio-économique du village rubané de Cuiry-lès-Chaudardes

2-3-1-1 - Un modèle de fonctionnement spatial original

Le site de Cuiry-lès-Chaudardes «les Fontinettes» s'avère particulièrement propice à un examen de la répartition des vestiges en grès dans l'espace : près de 33 maisons s'organisent en « cinq phases d'habitat avec en moyenne six maisons contemporaines par phases » (Ilett *et al.* 2001). Le site représente à lui seul la totalité de la séquence chronologique d'occupation de la vallée au Rubané récent du Bassin parisien (Ilett *et al.* 2001). L'étude de la céramique a en effet permis de dégager trois étapes du Rubané récent du Bassin parisien, les trois dernières phases d'occupation du site correspondant à l'étape finale du Rubané récent du Bassin parisien (fig. 96 a). Cette périodisation interne, de même que la grande majorité des données propres à ce site, est encore inédite voire en cours.
L'étude de la faune du site et de sa répartition spatiale, réalisée dans le cadre d'une thèse de doctorat par L. Hachem, a contribué à comprendre le fonctionnement du village (Hachem 1995 a et b, 1999, 2000). Le modèle de développement de l'habitat proposé est le suivant : la première phase voit le développement du village du côté oriental tandis qu'aux phases suivantes le village se développe sur la partie occidentale du site avec le maintient de maisons isolées du côté oriental. Le village se divise en quartiers selon les deux axes cardinaux, l'un correspondant à la séparation des noyaux (axe est-ouest) et l'autre à la structuration du voisinage (axe nord-sud). Le mode de rejet de toutes les catégories de mobilier semble « dicté par une trame préexistante au sein de chaque phase d'habitat : les maisons contemporaines situées face à face rejettent préférentiellement du côté inverse l'une de l'autre » (Hachem 1997, p. 52).

Un modèle de répartition se dessine, basé sur les parts respectives de faunes chassées et domestiques, et sur la surreprésentation d'un animal en particulier. On distingue ainsi au nord-ouest une consommation élevée d'espèces chassées et notamment du sanglier, dans le secteur sud-ouest une consommation élevée de mouton et enfin dans la moitié est, une part importante de faune domestique avec une consommation de bœuf supérieure à la moyenne (Hachem 1997, p. 255). Enfin, on note une forte corrélation entre les maisons de petite taille et un fort taux d'espèces chassées, et notamment du sanglier, dans la partie ouest du site, et parallèlement une corrélation entre les maisons de grande taille et un fort taux d'élevage.
Pour la suite de notre étude, nous emploierons la terminologie des petites et grandes maisons telle que définie par L. Hachem, et qui repose sur la présence d'une, de deux ou de trois unités arrières (Hachem 1995 b). Nous ferons par ailleurs régulièrement référence aux caractéristiques de la faune identifiée pour chaque maisonnée.

L'outillage en grès du site se caractérise par une forte diversification des activités. On dénombre huit meules, trente neuf molettes, vingt-sept percuteurs, vingt outils d'abrasion et dix molettes à main. Meules et molettes représentent 40 % des outils du site, les percuteurs environ 20 %, les outils d'abrasion 15 % du total. La bonne représentativité des activités d'abrasion se traduit notamment par un nombre élevé d'abraseurs à rainure. La part des éclats est par ailleurs relativement importante en comparaison des autres sites. Le modèle d'organisation spatiale décrit précédemment transparaît-il à l'analyse des outils en grès et notamment concernant les meules et molettes dévouées à la transformation des céréales et donc à la consommation de ressources végétales ?

2-3-1-2 - Déroulement des opérations de façonnage sur le site

La quantité absolue de vestiges en grès par catégorie (outils, fragments, éclats) est similaire entre les fosses nord et sud de chaque phase d'habitat (fig. 96 b). La part des outils est généralement comprise entre 5 et 12 %, celle des fragments entre 50 et 70 %. La part des éclats varie par contre significativement d'une fosse à une autre.
Si l'on examine la distribution des éclats pour chaque phase, une fosse se démarque systématiquement par une part significativement plus importante d'éclats. Ainsi, dans les fosses 638, 631, 556 et 515, datées respectivement de chacune des phases d'occupation du site, la quantité absolue d'éclats est nettement plus importante. La proportion des éclats y atteint entre 50 et 60 % du total des vestiges recueillis dans la fosse (sauf pour la phase IV). La spécificité de ces fosses s'exprime encore mieux lorsqu'on calcule l'écart à la moyenne par types de vestiges et par phases. Il semble donc bien que le déroulement des étapes de façonnage et de réfection s'organise de manière raisonnée dans l'espace villageois : une seule fosse accueillerait la majeure partie des déchets de préparation ou de remodelage des meules et molettes pour une chaque phase d'occupation du site (fig. 95).
Les fosses à forte part d'éclats, appartenant aux maisons 640 (phase I), 635 (phase II), 570 (phase III) et enfin 530, sont toujours localisées au sud. Ces fosses sont associées indistinctement à toutes les tailles de maison et à l'un des trois quartiers. Dans ces mêmes maisons, si aucune meule n'a été retrouvée, on trouve toujours au moins une molette associée. Un lien direct entre la présence de molettes et leur façonnage sur place est donc envisageable.
Ces maisons présentent par ailleurs une faune dite « mixte » ou chassée, où le grand gibier en surplus est soit le sanglier soit les cervidés (cerf et chevreuil) (Hachem 1995). On note donc un lien entre la forte représentation d'éclats et le grand gibier dans certaines unités domestiques.
Qualitativement, on peut préciser si ces éclats sont plutôt

issus de phases de façonnage ou de réfection. Selon le calcul des pourcentages et des écarts à la moyenne par phase, les fosses 631 et 556 sont liées à des opérations de façonnage indifférenciées, les éclats non travaillés constituant plus de 80 % du nombre total d'éclats. Par contre dans les fosses 638 et 515, la part des éclats à surface travaillée oscille entre 62,5 et 75,9 % du nombre total d'éclats. Les opérations de réfection s'y sont déroulées de manière bien plus significative que pour les autres fosses. En outre, il s'agit de maisons de grande taille, tout comme les maisons 420 et 380 (phase III) qui ont, elles aussi, livré des éclats de réfection en nombre plus important que les autres unités de cette phase. On peut donc envisager que les maisons de grandes tailles soient liées à des étapes spécifiques dans l'entretien des meules et des molettes. Dans ces maisons, les opérations de réfection des meules et molettes seraient plus fréquentes.

Phase I

Maison	Structure	éclats travaillés	éclats non trav	total
126	7			**0**
	33		2	**2**
112	48		1	**1**
	50	1	1	**2**
	77		11	**11**
640	638	4	**22**	**26**
45	27	3	7	**10**
	82			**0**
	91			**0**
	92			**0**
	166			**0**
390	391	2	1	**3**
	393	1	1	**2**
	394			**0**
	395	1	1	**2**
total I	**15**	**12**	**47**	**59**

Phase III

Maison	Structure	éclats travaillés	éclats non trav	total
560	554	1		**1**
420	421	5	10	**15**
	435	4	4	**8**
580	574	3	7	**10**
	578	3		**3**
	593	1	1	**2**
	598	1	4	**5**
570	556	7	**33**	**40**
	598	1	4	**5**
360	357	1	3	**4**
	358	1	3	**4**
	362	2	18	**20**
11	1		1	**1**
	2			**0**
	3			**0**
380	378	12	17	**29**
	382	4	24	**28**
total III	**17**	**46**	**129**	**175**

Phase II

Maison	Structure	éclats travaillés	éclats non trav	total
635	631	**20**	12	**32**
	634			**0**
330	311			**0**
	312			**0**
	313			**0**
400	384			**0**
	386	1	5	**6**
440	434	3	14	**17**
	437	3	14	**17**
500	498	2		**2**
	509	1	2	**3**
520	519			**0**
	521			**0**
total II	**13**	**30**	**47**	**77**

Phase V

Maison	Structure	éclats travaillés	éclats non trav	total
460	462			**0**
530	443			**0**
	515	**22**	7	**29**
	549		2	**2**
410	424	2		**2**
	426			**0**
	427		1	**1**
	397			**0**
280	279		2	**2**
	295	3	5	**8**
	296			**0**
	307			**0**
	310			**0**
	334			**0**
	335			**0**
	337			**0**
	338			**0**
225	230	2	2	**4**
	232			**0**
	233	3	4	**7**
	238			**0**
	240			**0**
	241		2	**2**
450	451	1	1	**2**
	452			**0**
80	52			**0**
	73			**0**
total V	**27**	**33**	**26**	**59**

Fig. 95. Répartition des éclats par fosses à Cuiry-lès-Chaudardes «les Fontinettes» a. phase I ; b. phase II ; c. phase III ; d. phase V

Quelle interprétation donner à ce phénomène ? Les meules et molettes ont pu être confectionnées dans ces maisons et redistribuées par la suite, mais la nature des éclats et leur nombre somme toute limité ne plaident pas pour cette hypothèse. On n'observe pas de zones de débitage ou de façonnage de meules à proprement parlé. Par contre, une gestion particulière des supports a pu exister dans les maisons au taux d'éclats plus importants. Dans ces maisons, une partie des opérations de façonnage a pu se dérouler à proximité même de la maisonnée, au contraire des autres maisons dont les meules et molettes ont pu être complètement façonnées en dehors de l'enceinte du village voire sur le lieu de récoltes des blocs bruts. Cette seconde hypothèse nous semble d'autant plus satisfaisante qu'une bonne partie des éclats est issue d'étapes de réfection. Les dernières étapes du façonnage et l'entretien des molettes a donc certainement eu lieu dans ces maisons.

2-3-1-3 - Evolution chronologique de la composition du mobilier

Les phases I et II livrent un nombre de vestiges en grès équivalent, avec respectivement 147 et 139 pièces, tandis que les phases III et V sont de loin beaucoup plus riches avec 501 et 300 pièces. La phase IV reste, elle, très pauvre quelles que soient les maisons, avec seulement 53 pièces (fig. 96). On note donc une augmentation du nombre de vestiges en grès tout au long de l'occupation du site.

A chaque phase d'habitat, on remarque qu'une maison est significativement plus riche (640, 440, 380, 245, 530) et une à deux significativement beaucoup plus pauvre en vestiges en grès (fig. 96 b). Les maisons 440 (phase II), 420 et 360 (phase III) ainsi que 225 et 530 (phase V), riches en grès, font également parties des maisons les plus riches en faune.

La part des outils est comprise entre 5,8 et 15,1 % (phases III et II), celle des éclats entre 24,5 % et 43 % (phases IV et V), et enfin celle des fragments entre 45 % et 64,2 % (phases V et IV). Les proportions en nombre par catégories de vestiges en grès (outils, éclats, fragments) sont donc assez proches d'une phase à l'autre.

On remarque par contre une nette différenciation de la composition de l'outillage à chaque phase. La quantité de meules et molettes est significativement plus importante dans la dernière phase qui rassemble la moitié des meules et molettes soit 18 outils, entre autre grâce aux maisons 225 et 245 de la phase V, particulièrement bien dotées. Tout se passe comme si l'utilisation de meules et molettes augmentait à la dernière phase d'habitat du site. La moitié des percuteurs du site soit neuf pièces correspondent à la phase III. Les enclumes se distribuent aléatoirement mais sont présentes uniquement dans l'outillage des maisons de la phase V. Les activités de polissage et d'abrasion caractérisent plus volontiers la phase II, et dans une moindre mesure la phase III. Les abraseurs à rainures se localisent dans deux ou trois maisons par phases : maisons 400, 440 et 635 pour la phase II, maisons 360, 570 et 580 pour la phase III, et 225 et 530 pour la phase V. La maison 690 tardivement inclue à notre étude semble nuancer le modèle évolutif général : cette maison de la dernière phase d'habitat semble livrer un nombre important d'abraseurs à rainures pour très peu de vestiges de meules et molettes ; une relative exclusion entre les deux catégories d'outils transparaît cependant. Aucun lien particulier avec une taille de maison ou un quartier ne transparaît. Chaque phase d'habitat semble orientée vers l'utilisation d'un type d'outil et vers la pratique d'une activité en particulier : la part des outils d'abrasion diminue tout au long de l'occupation au profit de l'outillage de mouture.

2-3-1-4 - Analyse spatiale du mobilier en grès : le village

L'outillage en grès apparaît diversifié dans le quartier est (fig. 97 a). On note 51,1 % de meules et molettes dans le quartier sud-ouest tandis qu'au nord-ouest on retrouve

phase céramique	phase d'habitat	maisons
1	I	45, 90, 126, 640 (112, 390)
2	II	330, 400, 440 (11, 635, *560, 650*)
3	III	360, 380, 570, 580 (420, 500, 520)
	IV	245, 425 (*89*, 85, 320, 460)
	V	225, 280, 530 (410, 690, *80, 450*)

a

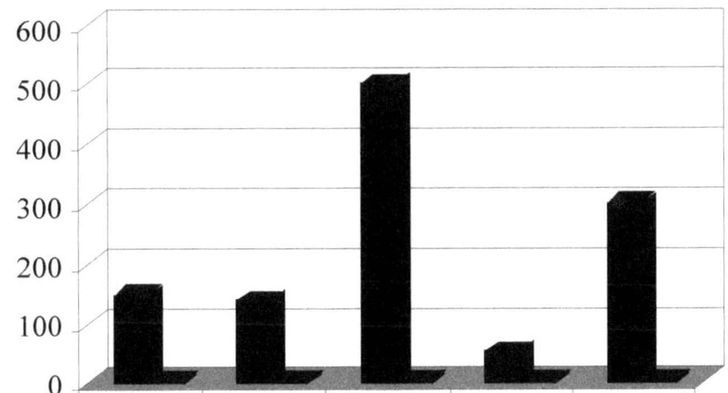

	I	II	III	IV	V
nb de vestiges total	147	139	501	53	300
nb de maisons	6	7	7	6	7

b

phase habitat	nb de structures	outils	éclats	fragments	total
I	15	12	59	76	147
II	13	21	77	75	139
III	17	29	176	296	501
IV	11	6	13	34	53
V	27	36	129	135	300

c

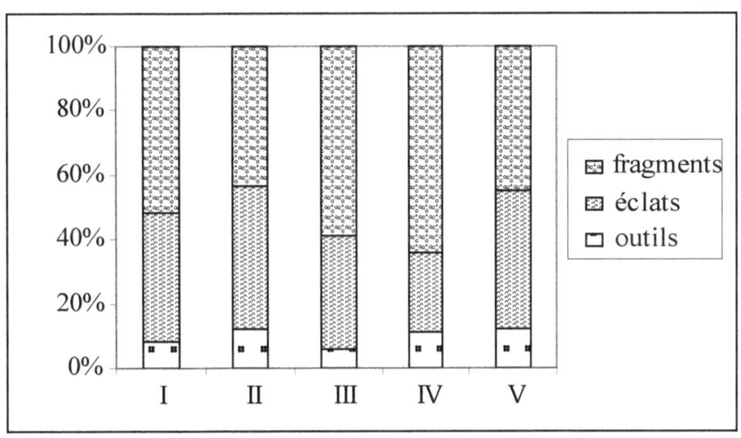

d

	meule / mol	broyage	concass	percut	enclume	pol à plages	abras. à main	abras. à rain	mol. à main	indét	outils
phase I	4	1	1	1		1			2	2	12
phase II	3			4		**3**	**3**	**9**	**5**		21
phase III	**7**	1		**9**			1	**3**	**4**	5	29
phase IV	3	1		2							6
phase V	**18**	2		1	**7**		1	1	1	5	36
total	35	5	1	17	7	4	5	13	12	12	104

e

Fig. 96. Evolution chronologique de la part des vestiges en grès à Cuiry-lès-Chaudardes «les Fontinettes» (d'après Hachem 1995 b) a. tableau de correspondance entre les étapes céramiques, les phases d'habitat et les maisons ; b. nombre de vestiges et de maisons par phase d'habitat ; c. nombre de vestiges en grès par types et phases d'habitat ; d. part relative des outils, fragments et éclats pour chaque phase d'habitat ; e. nombre d'outils par phase d'habitat

phase habitat	maison	taille	quartier	meule	molette	MOUT.	broyon	BROY.	concass	percut	enclume	PERCU.	pol à plages	abras à main	abras à rain	mol main	osp	lissoir	POL.	indét	outils
I	126	petite	**est**		1	1				1		1									2
I	112	-	**est**										1						1	1	2
I	640	-	**est**		2	2										2			2	1	5
I	45	grande	**est**		1	1			1			1									2
II	500	grande	**est**							1		1									1
II	520	-	**est**																		
III	11	grande	**est**																	1	1
IV	85	petite	**est**				1	1													1
V	450	grande	**est**		1	1				1		1								1	3
V	80	petite	**est**																		
total					5	**5**	1	1	1	3		**4**	1			2			**3**	4	17
%						**29,4%**													**17,6%**		
II	400	petite	**nord-ouest**		1	1				1		1	2	1	3	3			6		8
II	440	petite	**nord-ouest**		1	1							1	2	5	1			7		8
III	420	grande	**nord-ouest**							3		3								1	4
III	580	petite	**nord-ouest**		1	1									1	1			2		3
III	380	grande	**nord-ouest**	1?	2	2	1	1		3		3								3	9
III	650	-	**nord-ouest**																		
IV	425	petite	**nord-ouest**																		
V	530	grande	**nord-ouest**		2	2	1	1			5	5		1	1				1		9
V	410	petite	**nord-ouest**																		
total					7	**7**	2	2		8	5	**13**	3	4	10	5			**16**	4	42
%						**16,7%**						**31,0%**							**38,1%**		
I	390	petite	**sud-ouest**				1	1													1
II	635	petite	**sud-ouest**		1	1									1	1			1		2
II	330	petite	**sud-ouest**							2		2									2
III	570	petite	**sud-ouest**		2	2									1	1			2		4
III	360	grande	**sud-ouest**	1	1	2				3		3		1	1	2			3		8
IV	320	-	**sud-ouest**																		
IV	245	grande	**sud-ouest**		3	3				1		1									4
V	225	grande	**sud-ouest**	4	7	11	1	1			2	2			1	1			2	3	19
total				7	16	**23**	2	2		6	2	**8**		1	4	5			**8**	4	45
%						**51,1%**						**17,8%**							**17,8%**		
fosses isolées					3	3	3	3	1		1	2	1						1		9
st. 421										2		2									2
			total	7	31	38	8	8	2	19	8	29	5	5	6	12			28	12	218

Maison	taille	meule	molette	MOUT.	mortier	broyon	BROY.	concass	percut	enclume	PERCU.	pol à plage	abras. mai	abras. rain	mol. main	osp	lissoir	POL.	indét	outils
640	**grande**		2	2											2			2	1	5
45	**grande**		1	1				1			1									2
520	**grande**																			
500	**grande**								1		1									1
11	**grande**																		1	1
380	**grande**		2	2		1	1		3		3								3	9
245	**grande**		3	3					1		1									4
225	**grande**	4	7	11		1	1			2	2			1	1			2	3	19
total		4	15	**19**		2	2	1	5	2	**8**			1	3			**4**	8	41
%				**46,3%**							**19,5%**							**9,8%**		
112	**petite**											1						1	1	2
126	**petite**		1	1					1		1									2
390	**petite**					1	1													1
635	**petite**		1	1										1	1			1		2
330	**petite**								2		2									2
400	**petite**		1	1					1		1	2	1	3	3			6		8
440	**petite**		1	1								1	2	5	1			7		8
560	**petite**																			
580	**petite**		1	1										1	1			2		3
570	**petite**		2	2										1	1			2		4
425	**petite**																			
89	**petite**								1		1									1
85	**petite**					1	1													1
460	**petite**																			
410	**petite**																			
80	**petite**																			
total			7	**7**		2	2		5		**5**	4	3	11	7			**19**	1	34
%				**20,6%**							**14,7%**							**55,9%**		
420	**moyenne**								3		3								1	4
360	**moyenne**	1	1	2					3		3		1	1	2			3		8
530	**moyenne**		2	2		1	1			5	5		1	1				1		9
280	**moyenne**	2	2	4															1	5
450	**moyenne**		1	1					1		1								1	3
650	-																			
320	-																			
total		7	31	38		8	8	2	19	8	29	5	5	6	12			28	12	218

Fig. 97. Décompte de l'outillage des maisons à Cuiry-lès-Chaudardes a. par quartier ; b. par maisons (les données sont exprimées en effectifs et parts d'activité) (d'après Hachem 1995 b)

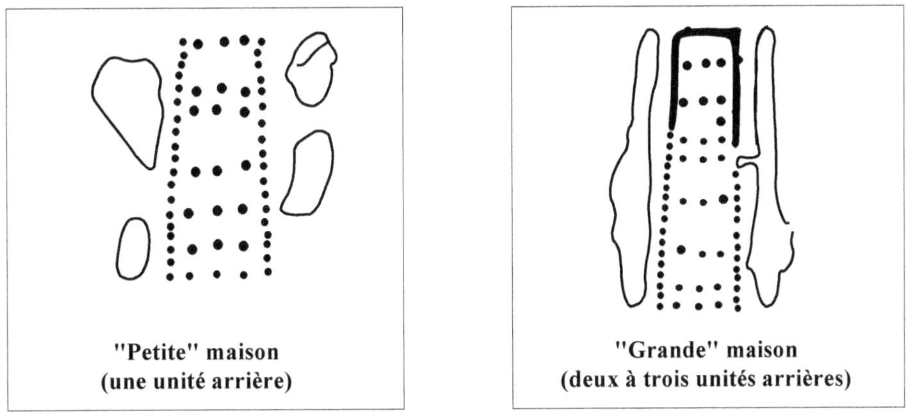

a

phase habitat	maison	taille	quartier	faune
III	380	**grande**	SW	**mixte (aurochs)**
III	360	**grande**	NW	**mixte aurochs / caprinés**
V	225	**grande**	SW	**élevage caprinés / aurochs**
V	245	**grande**	SW	**élevage caprinés / aurochs**

b

phase habitat	maison	taille	quartier	faune
II	635	petite	SW	chasse (sanglier)
II	400	petite	NW	mixte (sanglier / bœuf)
II	440	petite	NW	mixte (sanglier / bœuf)
III	360	grande	SW	mixte (aurochs / caprinés)
III	580	petite	NW	mixte (cervidés)
III	570	petite	SW	mixte (cervidés)
V	225	grande	SW	élevage (cervidés / caprinés / aurochs)
V	530	grande	NW	mixte (cervidés)

c

phase d'habitat	maison	taille	quartier	faune	mouture	percussion	abrasion
I	126	petite	est	chasse (sanglier / porc)	+	+	
	112	grande	est	chasse (sanglier / porc)			+
II	330	petite	SW	mixte (cervidés)		+	
	400	petite	NW	mixte (sanglier / bœuf)	+	+	+
	440	petite	NW	mixte (sanglier / bœuf)	+		+
	635	petite	SW	chasse (sanglier)	+		+
III	360	grande	NW	mixte aurochs / caprinés	+	+	+
	380	grande	SW	mixte (aurochs)	+	+	
	420	grande	SW	chasse (sanglier / porc)		+	
	570	petite	SW	mixte (cervidés)	+		+
	580	petite	NW	mixte (cervidés)	+		+
IV	89	petite	est	mixte (sangliers / porc)		+	
	245	grande	SW	élevage caprinés / aurochs	+	+	
V	225	grande	SW	élevage caprinés / aurochs	+	+	+
	280	grande	SW	élevage (chevreuil / caprinés / aurochs)	+		
	450	grande	est	mixte (aurochs / bœuf)	+	+	
	530	grande	NW	mixte (cervidés)	+	+	+

d

Fig. 98. Caractéristiques de l'outillage en grès selon la « taille » des maisons à Cuiry-lès-Chaudardes «les Fontinettes» a. petites et grandes maisons (d'après Hachem 1995 b) ; b. maisons ayant livrées des meules ; c. maisons ayant livrées des abraseurs à rainures ; d. présence de chaque activité par maison, avec indication de leur appartenance à un quartier et du type de faune représenté

38,1 % d'outils d'abrasion et de polissage. Les maisons ayant livré des abraseurs à rainures sont de tailles diverses et localisées dans les quartiers ouest : ces outils sont donc exclus des maisons du quartier est, le plus érodé. Enfin, les unités d'habitation à l'outillage le plus diversifié se localisent dans le quartier sud-ouest. Chaque type d'activité (mouture, polissage et abrasion) semble donc se concentrer préférentiellement dans un des quartiers du village.

2-3-1-5 - Analyse fonctionnelle du mobilier en grès : les maisons

Les maisons « riches » en grès, toutes catégories de vestiges confondues, sont également riches en faune (Hachem 1995 b). Les nombres maximums de vestiges en grès correspondent schématiquement à des grandes maisons (maisons 225 et 380).
Qu'en est-il de la répartition des outils sur le site ? Les maisons riches en nombre de pièces en grès livrent entre autre une part d'outils plus forte. Une différenciation dans la représentativité des outils se remarque entre les petites et les grandes maisons (fig. 97 b). Les petites maisons sont caractérisées par un outillage tourné à 55,9 % vers les activités de polissage et d'abrasion. A l'inverse, l'outillage des grandes maisons est composé à 46,3 % de meules et molettes. Néanmoins, nous ne parlerons pas de spécialisation : chaque taille de maison recèle en effet une part non négligeable des autres catégories. L'outillage est donc diversifié dans toutes les maisons mais apparemment orienté vers l'utilisation d'un type d'outils en particulier.
Vu les faibles effectifs en jeu, nous avons considéré les occurrences des trois activités dans chaque maison en terme de présence / absence (fig. 98). On note qu'à la phase ancienne les petites maisons sont les plus riches en outillage en grès, tandis que les grandes maisons le sont à la phase récente. Un transfert des activités utilisant de l'outillage en pierre s'opère donc depuis les petites maisons aux phases anciennes vers les grandes maisons où se déroulent plutôt les activités de la phase récente.

2-3-1-6 - Synthèse et tentative d'interprétation

La composition des outillages démontre une triple structuration. Les petites maisons du quartier nord-ouest de la phase II sont celles qui livrent le plus d'outils d'abrasion : les maisons 400 et 440 livrent à elles deux 14 outils d'abrasion. Au contraire, les grandes maisons du quartier sud-ouest de la dernière phase d'occupation livrent le plus fort taux de meules et molettes (57,9 % pour la maison 225 et 75 % pour la maison 245). Les sept fragments de meules sont présents dans les maisons 360 et 380 de la phase III, 225 et 245 de la phase V. Trois maisons sur quatre (sauf la maison 380) sont de grande taille et se localisent dans le quartier sud-ouest. La configuration de l'outillage de mouture dans la maison 380 reste cependant atypique : il s'agit d'un dépôt. Les maisons ayant livré des meules sont tournées vers l'élevage ou ont une faune « mixte » ; elles s'orientent plutôt vers les caprinés, avec un gibier centré sur l'aurochs et le chevreuil. Les molettes, elles, se retrouvent dans toutes les tailles de maisons et dans tous les quartiers. Dans les grandes maisons, l'augmentation du taux de mouture se fait en parallèle de l'augmentation de la part de l'élevage. Une corrélation entre la présence de meules et de molettes, les spécificités architecturales et les pratiques de consommation de la faune domestique se dessine donc.

Afin d'obtenir une image globale de l'évolution spatiale et chronologique des outils en pierre de Cuiry-lès-Chaudardes «les Fontinettes», nous avons procédé à une analyse factorielle des correspondances (fig. 99 à 101). Les maisons pour lesquelles toutes les données n'étaient pas disponibles, de même que les maisons n'ayant livré aucun outillage ont été éliminées (320, 410, 425, 80, 460, 520, 560, 650). La maison 690, tardivement inclus à notre étude, a également été écartée. Ainsi, seules vingt maisons sur les trente trois identifiées ont été intégrées à l'analyse.
Nous avons inclus les critères suivants : phases céramique, phases d'habitat, taille des maisons, quartier et type d'activité (mouture, percussion et abrasion). Le type de faune (chasse, « mixte » ou élevage) et les espèces animales ont été ajoutées à titre illustratif à l'analyse (fig. 99).
Nous insistons sur la faiblesse des effectifs absolus envisagés dans notre analyse. Afin d'en éliminer les biais potentiels, nous avons procédé à un recodage qualitatif des effectifs d'outils. Une absence d'outil est désignée comme telle, un à deux outils permettent de définir la présence d'une activité. Au delà de trois individus, nous estimons que la part des outils est « importante ».
Nous avons effectué une analyse en correspondance multi-

Maison	phase habitat	phase cer	taille	quartier	mouture	percussion	abrasion	faune	espèces
45	I	cer 1	grande	est	mouture	percussion	pas abrasion	mixte	cerf
126	I	cer 1	petite	est	mouture	percussion	pas abrasion	chasse	sanglier / porc
112	I	cer 1	grande	est	pas mouture	pas percu	abrasion	chasse	sanglier / porc
640	I	cer 1	grande	est	mouture	pas percu	abrasion	mixte	chevreuil
500	II	cer 2	grande	est	pas mouture	percussion	pas abrasion	élevage	aurochs / bœuf
635	II	cer 2	petite	sud-ouest	mouture	pas percu	abrasion	chasse	sanglier / porc
330	II	cer 2	petite	sud-ouest	pas mouture	percussion	pas abrasion	mixte	cervidés
400	II	cer 2	petite	nord-ouest	mouture	percussion	bcp abrasion	mixte	sanglier / bœuf
440	II	cer 2	petite	nord-ouest	mouture	pas percu	bcp abrasion	mixte	aurochs / bœuf
360	III	cer 3	grande	sud-ouest	mouture	bcp percussion	bcp abrasion	mixte	aurochs / caprinés
570	III	cer 3	petite	sud-ouest	mouture	pas percu	abrasion	mixte	chevreuil
380	III	cer 3	grande	nord-ouest	bcp mouture	bcp percussion	pas abrasion	mixte	aurochs / bœuf
420	III	cer 3	grande	nord-ouest	pas mouture	bcp percussion	pas abrasion	chasse	sanglier / porc
580	III	cer 3	petite	nord-ouest	mouture	pas percu	abrasion	mixte	cerf
89	IV	cer 3	petite	est	pas mouture	percussion	pas abrasion	mixte	sanglier / porc
245	IV	cer 3	grande	sud-ouest	bcp mouture	percussion	pas abrasion	élevage	caprinés
450	V	cer 3	grande	est	mouture	percussion	pas abrasion	élevage	aurochs / bœuf
225	V	cer 3	grande	sud-ouest	bcp mouture	percussion	abrasion	élevage	chevreuil / caprinés / aurochs
280	V	cer 3	grande	sud-ouest	bcp mouture	pas percu	pas abrasion	élevage	chevreuil / caprinés / aurochs
530	V	cer 3	grande	nord-ouest	mouture	bcp percussion	abrasion	mixte	chevreuil

Fig. 99. Tableau de données utilisé pour l'analyse factorielle de l'outillage en grès de Cuiry-lès-Chaudardes «les Fontinettes» (Aisne) (d'après Hachem 1995 b)

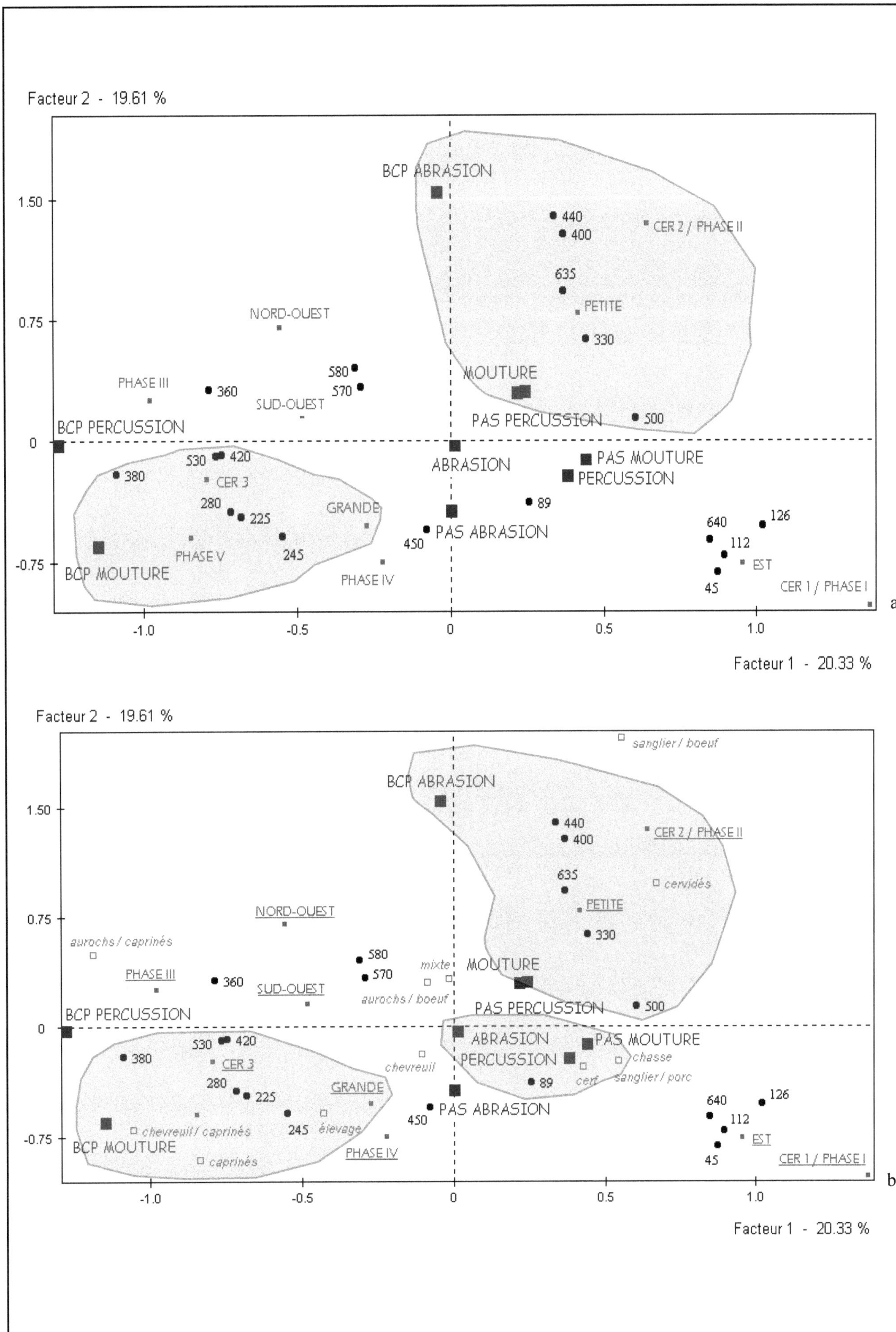

Fig. 100. Analyse factorielle des correspondances à Cuiry-lès-Chaudardes «les Fontinettes» (Aisne) a. croisement de l'outillage par type d'activité, phases céramiques, phases d'habitat et taille des maisons ; b. croisement de ces données avec le type de faune et l'espèce animale

```
COORDONNEES, CONTRIBUTIONS ET COSINUS CARRES DES MODALITES ACTIVES
AXES  1 A  5
+-----------------------------------------+-------------------------------+------------------
|                  MODALITES               |           COORDONNEES          |
CONTRIBUTIONS        |      COSINUS CARRES       |
|-----------------------------------------+-------------------------------+------------------
| IDEN - LIBELLE              P.REL  DISTO |  1     2     3     4     5   |  1    2    3
4    5  |   1    2    3    4    5  |
+-----------------------------------------+-------------------------------+------------------
|   1 . phase habitat
| AA_1 - C2=I                 2.86   4.00 |  1.38 -1.03 -0.81 -0.18  0.09 | 12.4  7.2  5.7
0.4  0.1 | 0.47 0.27 0.16 0.01 0.00 |
| AA_2 - C2=II                3.57   3.00 |  0.64  1.35  0.60  0.09  0.34 |  3.4 15.5  3.8
0.1  2.4 | 0.14 0.61 0.12 0.00 0.04 |
| AA_3 - C2=III               3.57   3.00 | -0.98  0.25 -0.67 -0.66 -0.75 |  7.8  0.5  4.8
6.6 11.8 | 0.32 0.02 0.15 0.14 0.19 |
| AA_4 - C2=IV                1.43   9.00 | -0.22 -0.75  1.76  0.13 -1.39 |  0.2  1.9 13.3
0.1 16.0 | 0.01 0.06 0.34 0.00 0.21 |
| AA_5 - C2=V                 2.86   4.00 | -0.85 -0.60  0.02  0.83  1.12 |  4.7  2.4  0.0
8.3 20.7 | 0.18 0.09 0.00 0.17 0.31 |
+-----------------------------------------+--------- CONTRIBUTION CUMULEE = 28.4 27.6 27.6
15.5 51.0 +--------------------------+
|   2 . phase cer
| AB_1 - C3=cer 1             2.86   4.00 |  1.38 -1.03 -0.81 -0.18  0.09 | 12.4  7.2  5.7
0.4  0.1 | 0.47 0.27 0.16 0.01 0.00 |
| AB_2 - C3=cer 2             3.57   3.00 |  0.64  1.35  0.60  0.09  0.34 |  3.4 15.5  3.8
0.1  2.4 | 0.14 0.61 0.12 0.00 0.04 |
| AB_3 - C3=cer 3             7.86   0.82 | -0.79 -0.24  0.02  0.02 -0.19 | 11.3  1.1  0.0
0.0  1.6 | 0.77 0.07 0.00 0.00 0.04 |
+-----------------------------------------+--------- CONTRIBUTION CUMULEE = 27.1 23.8  9.5
0.6  4.2 +--------------------------+
|   3 . taille
| AC_1 - C4=grande            8.57   0.67 | -0.28 -0.53 -0.06 -0.12  0.34 |  1.5  5.7  0.1
0.5  5.8 | 0.11 0.42 0.00 0.02 0.17 |
| AC_2 - C4=petite            5.71   1.50 |  0.41  0.79  0.08  0.17 -0.51 |  2.2  8.6  0.1
0.7  8.7 | 0.11 0.42 0.00 0.02 0.17 |
+-----------------------------------------+--------- CONTRIBUTION CUMULEE =  3.7 14.3  0.2
1.2 14.5 +--------------------------+
|   4 . quartier
| AD_1 - C5=est               5.00   1.86 |  0.96 -0.76  0.06 -0.27  0.06 | 10.5  7.0  0.1
1.5  0.1 | 0.49 0.31 0.00 0.04 0.00 |
| AD_2 - C5=nord-ouest        4.29   2.33 | -0.55  0.71 -0.41 -0.72  0.16 |  3.0  5.1  2.1
9.4  0.7 | 0.13 0.21 0.07 0.22 0.01 |
| AD_3 - C5=sud-ouest         5.00   1.86 | -0.48  0.16  0.29  0.89 -0.20 |  2.6  0.3  1.2
16.7  1.2 | 0.12 0.01 0.04 0.42 0.02 |
+-----------------------------------------+--------- CONTRIBUTION CUMULEE = 16.1 12.4  3.4
27.7  2.0 +--------------------------+
|   5 . mouture
| AE_1 - C6=bcp mouture       2.86   4.00 | -1.15 -0.66  0.56  0.73  0.24 |  8.6  2.9  2.7
6.4  1.0 | 0.33 0.11 0.08 0.13 0.01 |
| AE_2 - C6=mouture           7.86   0.82 |  0.22  0.30 -0.54  0.04  0.19 |  0.9  1.6  6.9
0.1  1.6 | 0.06 0.11 0.36 0.00 0.04 |
| AE_3 - C6=pas mouture       3.57   3.00 |  0.44 -0.13  0.74 -0.68 -0.61 |  1.6  0.1  6.0
7.0  7.7 | 0.06 0.01 0.18 0.15 0.12 |
+-----------------------------------------+--------- CONTRIBUTION CUMULEE = 11.1  4.7 15.5
13.5 10.3 +--------------------------+
|   6 . percu
| AF_1 - C7=bcp percussion    2.86   4.00 | -1.28 -0.02 -0.48 -1.20  0.21 | 10.7  0.0  2.0
17.4  0.8 | 0.41 0.00 0.06 0.36 0.01 |
| AF_2 - C7=pas percu         5.00   1.86 |  0.24  0.30 -0.76  0.67 -0.44 |  0.7  1.1  8.6
9.4  5.5 | 0.03 0.05 0.31 0.24 0.10 |
| AF_3 - C7=percussion        6.43   1.22 |  0.38 -0.22  0.80  0.01  0.24 |  2.1  0.7 12.5
0.0  2.2 | 0.12 0.04 0.53 0.00 0.05 |
+-----------------------------------------+--------- CONTRIBUTION CUMULEE = 13.5  1.8 23.1
26.8  8.5 +--------------------------+
|   7 . abrasion
| AG_1 - C8=abrasion          5.00   1.86 |  0.01 -0.04 -0.86  0.67 -0.31 |  0.0  0.0 11.1
9.4  2.8 | 0.00 0.00 0.40 0.24 0.05 |
| AG_2 - C8=bcp abrasion      2.14   5.67 | -0.04  1.54 -0.18 -0.49  0.74 |  0.0 12.1  0.2
2.2  6.7 | 0.00 0.42 0.01 0.04 0.10 |
| AG_3 - C8=pas abrasion      7.14   1.00 |  0.00 -0.44  0.65 -0.32  0.00 |  0.0  3.2  9.3
3.1  0.0 | 0.00 0.19 0.43 0.10 0.00 |
+-----------------------------------------+--------- CONTRIBUTION CUMULEE =  0.0 15.4 20.6
14.7  9.5 +--------------------------+
```

Fig. 101. Coordonnées, contribution et cosinus carrés des modalités actives (Axes 1 à 5) de l'analyse factorielle réalisée sur le site de Cuiry-lès-Chaudardes «les Fontinettes» (Aisne)

ple (fig. 100 a). L'histogramme des valeurs propres montre 20 % de résultats sur le premier axe, 19,61 % sur le second axe et 15,46 % sur l'axe trois. Mouture et percussion de même que la phase céramique I structurent l'axe 1, alors que l'abrasion et la phase d'habitat II structurent l'axe 2. Sur l'axe 3, la percussion et la phase d'habitat IV s'opposent à l'abrasion. A l'examen de l'axe 4, on note que la phase V, le quartier sud-ouest, une forte part d'outils de mouture et la présence d'outils d'abrasion s'opposent à nouveau à une forte part de percussion.

On remarque une association nette entre une forte part de meules et molettes, les grandes maisons et la phase V. Par opposition, les petites m aisons et la phase II sont marquées par un nombre important d'outils d'abrasion et de meules et molettes, mais par peu d'outils de percussion. Le quartier est tout comme la première phase d'occupation livre peu d'informations. De cette analyse, ressort une évolution chronologique de la composition de l'outillage, avec une augmentation sensible de la part et du nombre des meules et molettes entre les premières et la dernière phase d'occupation du site.

Lorsqu'on ajoute les données fauniques à l'analyse, la tendance se précise. Les grandes maisons de la phase V où la mouture prédomine sont liées à une forte part d'élevage. Caprinés et chevreuils y sont associés dans près de sept maisons. La résurgence des meules et molettes est donc d'une part plutôt associée à l'élevage des caprinés et secondairement à la chasse du chevreuil. A l'opposé, une forte part d'abrasion caractérise les petites maisons et la phase II, soit surtout les maisons 400 et 440 où le sanglier et le bœuf dominent. Autour de l'origine, un groupe de maisons, où la mouture est présente mais la percussion absente, est marqué par une faune mixte, basée sur l'aurochs et le bœuf. Enfin, un quatrième groupe sans mouture mais avec un peu de percussion se dessine en lien avec la chasse du sanglier et du cerf. Il s'agit de maisons où les données sur l'outillage en pierre sont faibles.

Par ailleurs, on voit qu'un lien très étroit se dessine entre les types d'outils en pierre utilisés et le type de faune et l'espèce chassée (fig. 100 b). La mouture est significativement liée à l'élevage et aux espèces domestiques tandis que l'abrasion caractérise des maisons « mixtes » où la part du sanglier, de l'aurochs et du bœuf est significative. Ceci pourrait aller dans le sens d'une utilisation de ces outils pour le façonnage d'outils sur os de grands ruminants. Enfin dernier point à souligner, il semble que les outils de percussion lancée structurent partiellement l'analyse et qu'elle soit plutôt liée à une faune mixte ou d'élevage.
A Cuiry-lès-Chaudardes «les Fontinettes», l'emploi des meules et molettes et des outils d'abrasion semble donc se structurer selon les modes de subsistance et d'exploitation de la faune et la fonction de chacune des maisons. Une tendance à l'augmentation du nombre de meules et molettes semble corrélée à celle de la faune domestique. Une évolution du mode de subsistance transparaît donc sur le site de Cuiry-lès-Chaudardes au profit d'une augmentation de la consommation des espèces animales et végétales domestiquées.

2-3-2 - Grès et niveau d'occupation sur le site Villeneuve-Saint-Germain de Jablines « la Pente de Croupeton »

Le site de Jablines «la Pente de Croupeton» (Seine-et-Marne) se distingue des autres sites Néolithique ancien du Bassin parisien par la conservation d'un niveau d'occupation archéologique très riche en vestiges et venant sceller un habitat Villeneuve-Saint-Germain (Bostyn *et al.* 1991). Le niveau archéologique d'une épaisseur d'environ 10 cm, est constitué « d'une part d'un épandage de rejets détritiques domestiques, et d'autre part, des artefacts (...) qui constituent des structures non excavées : trois amas de débitage et deux structures de combustion » (Bostyn *et al.* 1991, p. 46). Les études de chaque catégorie de mobilier se sont efforcées de comprendre l'articulation entre ce niveau d'occupation et les structures d'habitats excavées sous-jacentes dans une perspective spatiale. Pour ce faire, un découpage « arbitraire » par zones avant, interne et arrière, puis nord et sud, a été appliqué à chacune des unités d'habitation dégagées (Lanchon *et al.* 1994, p. 327-329).
Tentons maintenant de comprendre comment les assemblages en grès se comportent sur ce site. A la lumière de ce qu'ont déjà démontré les autres types de mobilier, il existe une réelle continuité entre le mobilier issu des niveaux et des structures excavées. Ainsi, afin de disposer d'effectifs suffisants au cours de notre analyse, le mobilier issu des niveaux a été ajouté à celui provenant des structures excavées. Les résultats concernant les autres types de mobilier permettaient de conclure sur une continuité entre les deux types de contextes.
Le niveau d'occupation renfermait 64,5 % du poids des vestiges en grès, ce qui correspond aux proportions obtenues pour les autres catégories de mobilier, la moyenne se situant autour de 72,7 %. Le niveau d'occupation rassemble jusqu'à 81,3 % du nombre de vestiges en grès. Rapporté au nombre d'outils, cette proportion atteint les 4/5e du corpus, soit dix outils dans les fosses latérales des maisons et trente sept dans le niveau d'occupation.
Dans les fosses latérales, si les deux meules recueillies appartiennent à une même maison (M 37), les quatre molettes se répartissent dans chacune des trois unités d'habitation identifiée sur le site et dans la fosse 63. Un autre phénomène étonnant se fait jour : les outils dédiés aux activités de percussion, de polissage et d'assouplissement n'ont été retrouvés que dans le niveau archéologique ; ceci explique peut-être partiellement leur relative rareté dans les fosses latérales des sites du Néolithique ancien. A Jablines, ces mêmes fosses n'ont livré que des meules et molettes, soit 25 % des meules et 14,3 % des molettes du site. Les vestiges en grès apparaissent relativement pauvres dans les fosses latérales, en regard de ce qui a pu être mis en évidence sur la plupart des sites Villeneuve-Saint-Germain.
Une localisation préférentielle des meules et molettes se dessine, niveau et structures confondus, dans la partie centrale arrière, nord et sud des maisons (fig. 102). Aucun outil ne provient des parties avant, généralement pauvres en vestiges. Les meules se localisent soit dans les zones latérales, au niveau du milieu de la maison, soit dans l'angle avant nord des maisons 37 et 45. Dans la maison 45, les molettes se concentrent dans les parties sud et arrière. Globalement, le schéma de répartition des meules et molettes correspond à celui de l'ensemble des vestiges recueillis. De plus, deux abraseurs à main sont localisés à proximité

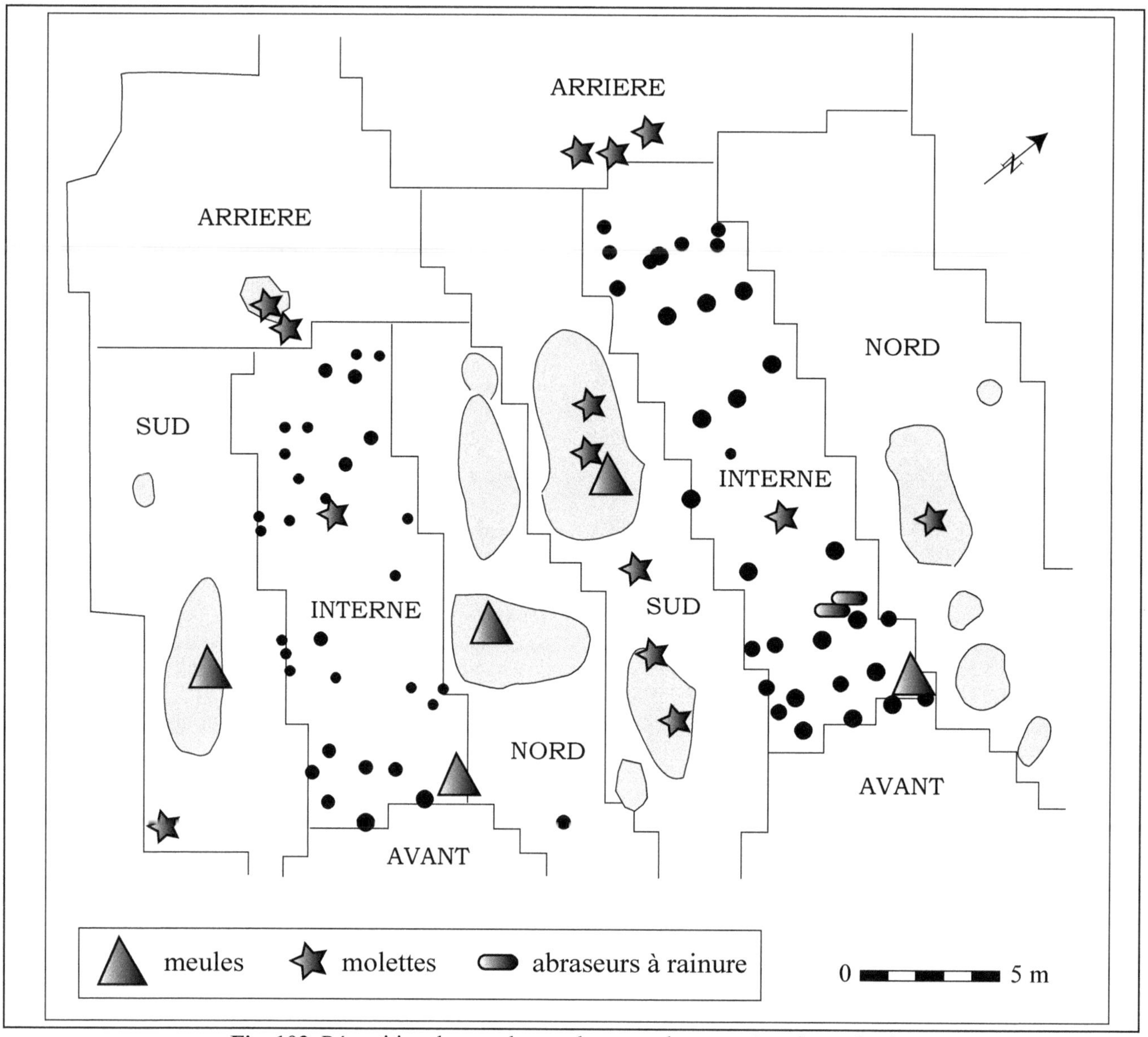

Fig. 102. Répartition des meules, molettes et abraseurs à main sur le site de Jablines «la Pente de Croupeton» (Seine-et-Marne) (d'après Bostyn *et al.* 1991)

dans la partie interne à l'avant de la maison 45. A l'examen des outils entiers, il ressort que cinq molettes entières appartiennent à la zone latérale sud de la maison 45, et que deux molettes entières se retrouvent dans les parties arrières des deux maisons. Les meules entières sont toutes deux situées dans les zones latérales au milieu des maisons, mais inversées l'une par rapport à l'autre, soit dans la zone sud de la maison 37 et la zone nord de la maison 45. Les autres outils entiers sont dispersés sur le site.

Autre différence majeure, les rares éclats du site sont tous issus du niveau et sont totalement absents des structures. Notons que cinq éclats de réfection de petites dimensions (moins de 100 g), sont regroupés dans la partie arrière sud de la maison 45, à proximité de la paroi, entre les carrés VII P, N et M, 7 à 10. Les fragments de grès sont eux dispersés sur le site, avec une forte proportion pour la zone attenante à la structure 41.

Il en ressort que, dans des conditions de conservation particulièrement bonnes, les grès se comportent comme les autres catégories de mobilier (Bostyn *et al.* 1991). Néanmoins, on peut distinguer à partir de la localisation des meules et des pièces entières, un agencement préférentiel des outils, correspondant probablement à une localisation différenciée des activités dans l'habitat voire une différenciation nette des activités elles-mêmes.

2-3-3 - Un exemple d'enceinte : le mobilier en grès du site Cerny de Balloy «les Réaudins»

Le seul site Cerny de notre corpus est une enceinte de près de 1,6 ha délimitée par un fossé et une palissade à multiples interruptions. A l'intérieur de l'enceinte, plusieurs niveaux d'occupations de même que onze structures de combustion empierrées ont été identifiées (Mordant *et al.* 1992). Reprendre l'assemblage en grès de ce site devait nous permettre de souligner la répartition spatiale de chaque catégorie d'outils et les éventuelles zones de spécialisation.

L'analyse de la densité de répartition des vestiges en grès avait révélé une quasi absence de restes au nord-ouest. Les vestiges, toutes catégories confondues, se concentrent dans les segments 20, 26, 44 et 14 du fossé d'enceinte. La faune est mieux représentée en F7 et F11, le silex dans les fosses occidentales.

Les éclats de grès non travaillés sont récurrents dans le fossé d'enceinte entre les segments F20 et F 45, soit la partie ouest du site. Une concentration particulière de 54 éclats pour un poids de 551 g se fait jour dans le segment F 20, plus riche en vestiges que les autres. La forte part d'éclats dans la structure de combustion 53 s'explique

par l'éclatement des blocs en place. Concernant les blocs bruts, ils se concentrent surtout dans le segment de fossé 07, riche en restes fauniques. Enfin, les fragments de grès présents dans toutes les portions de fossés sont bien représentés dans le segment F 38 avec 119 fragments.
Les meules se retrouvent exclusivement dans les structures de combustion internes à l'enceinte. Les molettes sont, elles, plus fréquentes dans les segments de fossés, et presque exclusivement dans le quart nord-est, entre F3 et F15, avec un exemplaire localisé en F 31. Attenant au niveau d'occupation 6 qui renfermait une molette et deux percuteurs, le segment de fossé 50 a lui aussi livré deux percuteurs, même si ces maigres quantités ne permettent pas de parler de réelles « concentrations ». D'ailleurs, trois autres ont été dénombrés dans le segment F 03. Les broyons se localisent diversement en F 05, F 40, F 48 et F 45, soit plutôt dans la partie sud-ouest du fossé d'enceinte. Enfin, les treize outils indéterminés se répartissent entre tous les segments de fossés. Meules réservées aux structures de combustion, molettes préférentiellement rejetées dans le quart nord-est, broyons et percuteurs au sud-est : cette répartition ne semble pas anodine. Elle est certes conditionnée partiellement par l'érosion différentielle du fossé d'enceinte, mais les phénomènes de rejet préférentiel de chaque catégorie d'outils dans des portions de fossés propres évoquent une organisation du rejet. Les assemblages d'outils restent enfin trop faibles numériquement pour qu'une signification en terme de statut de ces outils dans les activités du site puisse être dégagée.
Le remplissage des fosses de combustion se distingue donc significativement de celui du fossé d'enceinte dont les vestiges ne se répartissent pas de manière homogène tout le long du tracé. Si les segments les plus riches en grès se distinguent des segments où la concentration de vestiges est la plus forte, on ne note pas de localisation atypique de ce mobilier sur le site. L'analyse du mobilier en grès suggère une répartition différentielle des outils en grès, qu'il reste difficile d'interpréter en terme de déroulement des activités sur le site de Balloy «les Réaudins».

2-4 – L'outillage en grès en contexte funéraire

Au Rubané et Villeneuve-Saint-Germain, des sépultures simples en fosse sont le plus souvent retrouvées à proximité directe des habitations (Farruggia *et al.* 1991, Hachem *et al.* 1998). Au Cerny, les modes d'inhumations se diversifient avec l'apparition de tombes de type coffres, sépultures multiples et monuments funéraires.
Pourquoi n'avoir jusque-là pas évoqué le statut des meules dans les rituels d'inhumation au Rubané et Villeneuve-Saint-Germain en Bassin Parisien ? Tout simplement parce que les grès, à l'exception de quelques fragments épars, sont absents des tombes du Néolithique ancien de cette région. Les premières mentions de meules apparaissent au Cerny, dans deux tombes sous dalles du site d'Orville «les Fiefs» (Simonin *et al.* 1997).
Cette absence n'est pas anodine puisque les meules font partie intégrante du mobilier accompagnant le défunt dans les nécropoles rubanées depuis l'Europe centrale jusqu'en Alsace. Ceci se poursuit au Hinkelstein à Trebur (Spatz 1999) et Worms «Rheingewann» (Spatz 1999, Farruggia 1992, Zapotocka 1972), tout comme dans le Grossgartach des sites de Rosheim (Gelliot 2002), Lingolsheim (Farruggia 1992, Meier-Arendt 1975) et Trebur (Spatz 1999).
Ce déficit apparaît en marge de la sphère rubanée et un transfert symbolique vers un autre type de mobilier - qu'il reste à définir - est bien sûr envisageable. Reste que cela nous prive d'une source d'information et de comparaison riche.
Les vestiges en grès semblent donc tout aussi significatifs que les autres catégories de mobiliers des modes d'organisation économiques et sociaux régissant le fonctionnement des villages. Ceux-ci ne suffisent cependant pas à expliquer seuls les différences de composition et de configuration de l'outillage en fonction des sites. C'est pourquoi le statut des sites dans leur contexte technique plus large doit être envisagé pour une meilleure lecture du « comportement » des assemblages en grès.

CHAPITRE 3 –

STATUT DES SITES, STATUT TECHNIQUE

La nature même de la variabilité des vestiges en grès dépasse le strict cadre spatial et peut être envisagé sous l'angle des activités qui se sont déroulées sur les sites.

3-1 - Caractéristiques de l'outillage en grès de chacun des sites

Afin de pouvoir traiter des dissemblances et ressemblances entre les assemblages en pierre étudiés, un rappel des caractéristiques des principaux sites s'impose (fig. 103).
La composition des vestiges en grès sur le site de Cuiry-lès-Chaudardes «les Fontinettes» apparaît très diversifiée. Les éclats sont assez importants. Les meules et molettes relativement petites livrent des morphologies variées et des courbures très régulières. Les molettes sont assez mal conservées. Cette composition diversifiée se retrouve selon la même configuration à Bucy-le-Long «la Fosselle».
Berry-au-Bac «le Vieux Tordoir» se caractérise par un déficit important en éclats, une absence d'outils d'abrasion et de molettes de frictions, et une représentativité moyenne des meules. Les meules, y compris celles issues des dépôts, sont de forme anguleuse et de petit module ; elles présentent une bonne finition des surfaces. Les molettes offrent des formes ovoïdes et des sections semi-circulaires.
Les sites de Bucy-le-Long «le Fond du Petit Marais» et Bucy-le-Long «la Fosse Tounise» offrent de 30 à 40 % d'éclats et une forte proportion d'outils autour de 17 %. On note une forte part d'outils entiers. Les molettes sont peu nombreuses et les molettes à main sont absentes. A Bucy-le-Long «le Fond du Petit Marais», les polissoirs sont bien représentés, à Bucy-le-Long «la Fosse Tounise» ce sont les percuteurs.
A Trosly-Breuil «les Obeaux», la composition générale des vestiges, et plus particulièrement la part des éclats, se situe dans la moyenne, même si la représentativité des abraseurs à rainure est assez marquée. La morphologie des meules et

site	vestiges	structures	outillage	caractéristiques	fonction
CCF	pauvreté relative par unités d'habitation		outillage diversifié, forte part d'abraseurs à rainure	meules et molettes planes, forte diversité morpho	pas de minéral
BVT	déficit en éclats	2 dépôts d'outils de broyage	meules et molettes	meules ovoides	tous les types de matériaux / céréales
BLF	forte part d'outils		forte part d'abraseurs à rainures	éclat ocré	tous les types de matériaux / minéral
ELBE	fragmentation maximale		molettes + 1 polissoir à main		-
PFR	fort taux d'outils		nombre très élevé de meules et molettes par maisons	fort taux de recyclage des meules	-
VLG	homogènes	1 dépôt d'outils de broyage	outillage diversifié		-
RTH	forte fragmentation		abraseurs et molettes à main surtout	homogénéité des types de molettes à main	-
PASSY "Sabl."	forte fragmentation		outillage diversifié	morphologie meules / molettes atypique ; molettes étroites	-
TBO	homogènes		outillage diversifié, beaucoup de mouture	grands fragments de meules, polissoirs sur grès ferrugineux, molette à main ocrée	tous les types de matériaux
PSM	homogènes	concentrations d"outils de broyage	outillage diversifié	nombreuses pièces passives	-
BFT	fort taux d'éclats		nombreux broyons	molettes à main en grès coquillers, traces d'ocre parfois	tous les types de matériaux / minéral
BFM	homogènes		outillage diversifié	peu de molettes	mouture et animal
VPB	peu éclats		outillage diversifié, beaucoup de mouture	polissoirs à main sur calcaire	-
JPC	peu éclats		meules et molettes majoritaires	bonne corrélation des courbures meules / molettes	céréales surtout et pas animal
MSM	peu de vestiges		meules et molettes majoritaires		-
GLGC	peu de vestiges		meules et molettes	outils entiers, molettes sur grès ferrugineux	-
BLRE	beaucoup de grands fragments	réutilisations de meules dans les structures de combustion	forte part de broyons	meules sur grès ferrugineux	-

Fig. 103. Tableau « bilan » des caractéristiques de l'outillage en pierre de chaque site

molettes est assez variable, les courbures de leurs surfaces actives montrent une certaine concordance.

Poses «Sur la Mare» présente une composition d'outils type, avec des meules et molettes nombreuses et bien conservées. De même, Pontpoint «le Fond de Rambourg» se démarque par une abondance de meules et molettes, par ailleurs très fortement réutilisées.

Dans la vallée de la Marne, Jablines «la Pente de Croupeton» et Vignely «la Porte aux Bergers» présentent un déficit en éclats et une part importante de fragments bruts. A Jablines «la Pente de Croupeton», la part des outils est importante et les pièces sont souvent entières. Une très bonne adéquation entre les courbures des surfaces actives des meules et des molettes est visible sur des outils à l'utilisation forte.

Le dépôt de Villeneuve-la-Guyard «les Falaises de Prépoux» explique la bonne représentation des meules et molettes entières. La composition de l'assemblage reste classique. Celle de Passy «Sablonnière» apparaît tout autant dans la moyenne, avec un nombre de molettes assez important. Le profil des meules et molettes apparaît assez atypique.

A Reims-Tinqueux «la Haubette», tout comme à Etigny «le Brassot-est», les ensembles sont très fragmentés, les abraseurs à rainure sont présents et les molettes à main absentes. A Reims-Tinqueux «la Haubette», on trouve très peu de meules et comparativement beaucoup d'abraseurs à main. A Etigny «le Brassot-est», les molettes sont assez bien représentées.

Les compositions des assemblages des sites de Monéteau «Sur Macherin» et Gurgy «les Grands Champs» sont déséquilibrées avec une activité de mouture très bien représentée.

La nature même du site de Balloy «les Réaudins» explique la faible présence d'éclats, la forte part de fragments bruts et un outillage peu diversifié, avec des meules entières de forme standardisée et à forte concavité.

On observe donc des différences dans la composition et dans la nature qualitative des outils entre les sites. Déroulement préférentiel d'activités sur certains sites, spécialisation de certaines maisons ou adaptation différentielle de l'outillage à l'exploitation de milieux spécifiques peuvent venir expliquer tout autant que les particularismes locaux ou chronologiques ces variations.

3-2 –
Une « boîte à outil »type ?

Malgré cette variabilité contextuelle, il est possible de déterminer une boîte à outil « type » partagée par chacun des sites d'habitat étudiés (fig. 104 à 106).

Les sites s'articulent autour de quatre compositions « types ». Cuiry-lès-Chaudardes «les Fontinettes» ainsi que les trois sites du Villeneuve-Saint-Germain moyen de Passy «Sablonnière», Trosly-Breuil «les Obeaux» et Poses «Sur la Mare», livrent une proportion d'outils comprise entre 5 et 10 %, d'éclats entre 35 et 40 % et de fragments entre 50 et 60 %. La composition de l'ensemble de Passy «Sablon-

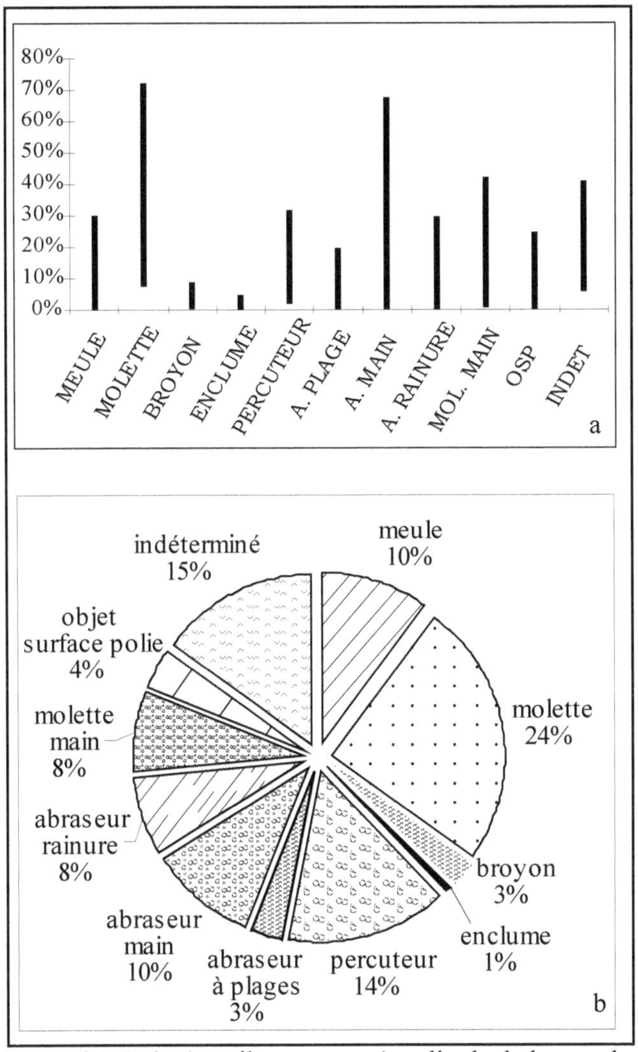

Fig. 104. Boîte à outils «type» a. Amplitude de la part de chaque catégorie d'outils dans l'assemblage en grès des sites du Néolithique ancien b. Composition moyenne de l'outillage d'un site (en % par catégorie d'outils)

nière» se situe donc tout à fait dans la moyenne : aucun tri venant justifier l'absence de blocs bruts ne semble avoir été effectué. Les sites de Villeneuve-la-Guyard «les Falaises de Prépoux» et de Bucy-le-Long «le Fond du Petit Marais» offrent une composition intermédiaire, avec 15 % d'outils et 20 à 30 % d'éclats. Une proportion d'outils bien plus forte (autour de 25 %) caractérise les sites plus tardifs de Jablines «la Pente de Croupeton» et de Balloy «les Réaudins», et est accompagnée de 12 % d'éclats et de 60 à 65 % de fragments. A Berry-au-Bac «le Vieux Tordoir» et Vignely «la Porte aux Bergers», le déficit en éclats se traduit par des compositions proches avec des proportions d'outils et de fragments autour de 45 %. Les disparités observées semblent difficilement interprétables en termes d'appartenance chronologique ou géographique.

La gestion différentielle des supports constitue un facteur de variation important, notamment concernant la part des éclats sur chaque site. L'absence de toutes ou d'une partie de ces étapes (entame du bloc, réfection) peut créer un effet de surreprésentation des outils. De même, une forte fragmentation générale peut être liée à des étapes complexes de reprise et de recyclage des outils. Il est enfin possible que la durée d'occupation des maisons induise une part de pièces fragmentées plus importante.

En outre, si la part des meules est très variable d'un site à un autre, la proportion de molettes représente en moyenne 25 % de la boîte à outil « type ». Lorsque leur part est faible, elle correspond à une augmentation du nombre de catégories d'outils présentes ou à une augmentation de la part des outils de percussion lancée.

Examinons ces résultats en pondérant le nombre de meules et de molettes recueillies dans une maison (fig. 106). A Vignely «la Porte aux Bergers», on dénombre une meule par maison. Lorsqu'on ramène le nombre de meules et de molettes au nombre d'unités d'habitation reconnues sur les sites, on obtient des indices très proches. Quelques sites particuliers comme Villeneuve-la-Guyard «les Falaises de Prépoux» et son dépôt, Jablines «la Pente de Croupeton» et son niveau d'occupation ainsi que Balloy «les Réaudins» et son fort taux de réutilisation sont pour le moment écartés. Il en est de même pour Vignely «la Porte aux Bergers» et Trosly-Breuil «les Obeaux» qui présentent des taux de

	CCF	BVT	BLF	ELBE	PFR	VLG	RTH	PASSY	TBO	PSM	BFM	BFT	VPB	JPC	MSM	GLGC	BLRE	Total
nb maisons	**33**	**6**	**15**	**6**	**3**	**4**	**3**	**6**	**4**	**10**	**6**	**5**	**5**	**3**	**5**	**3**	**6**	**123**
mouture	52	15	23	7	143	16	3	14	36	36	10	7	17	28	6	5	8	**426**
broyon	10		20					1	3			1					4	**39**
enclume / percuteurs	28	5	49	1	1	4		4	1	19	6	14	1	2			12	**147**
abraseurs	22		32	2		1	9	3	12	2	8	6	8	7	1	2		**115**
molette à main	10	5	51		159	3		1	7	48			1	3				**288**
indét	9	16	45		84	7		5	16		12	14	5	13			16	**242**
Total	131	41	220	10	387	31	12	28	75	105	36	42	32	53	7	7	40	**1257**
mouture	1,6	2,5	1,5	1,2	47,7	4,0	1,0	2,3	9,0	3,6	1,7	1,4	3,4	9,3	1,2	1,7	1,3	3,5
broyon	0,3		1,3					0,2	0,8			0,2					0,7	0,3
enclume / percuteurs	0,8	0,8	3,3	0,2	0,3	1,0		0,7	0,3	1,9	1,0	2,8	0,2	0,7			2,0	1,2
abraseurs	0,7		2,1	0,3		0,3	3,0	0,5	3,0	0,2	1,3	1,2	1,6	2,3	0,2	0,7		0,9
molette à main	0,3	0,8	3,4		53,0	0,8		0,2	1,8	4,8	0,0	0,0	0,2	1,0				2,3
indét	0,3	2,7	3,0		28,0	1,8		0,8	4,0	0,0	2,0	2,8	1,0	4,3			2,7	2,0
Total	4,0	6,8	14,7	1,7	129,0	7,8	4,0	4,7	18,8	10,5	6,0	8,4	6,4	17,7	1,4	2,3	6,7	10,2

Fig. 105. Calcul du nombre moyen d'outils par maison sur chaque site et par régions (nombre d'outils divisé par nombre de maisons)

meules et de molettes sensiblement plus importants que la moyenne. Enfin, Pontpoint «le Fond de Rambourg», avec 26,3 meules et 21,3 molettes en moyenne par maison, se démarque nettement, bien qu'aucune explication ne puisse être avancée ; notons simplemnt que le taux de réutilisation des meules et molettes sur ce site apparaît particulièrement fort.

Hors ces quelques exceptions, les sites livrent en moyenne 0,4 meules, pour un écart à la moyenne très faible de 0,2, et 1,4 molettes, pour un écart à la moyenne de 0,4. Moins d'une meule et environ une molette et demie par maison semblent donc la norme sur les sites tant rubané que Villeneuve-Saint-Germain.

	ovoide	rect.	semi-circul.	trapéz.	triang. assym.	triang. sym.	Total
AISNE	2	**6**	2	3	1	3	17
MARNE		3				1	4
SEINE		**7**	**5**		1	1	14
YONNE		1		1			2
OUEST		5	11	1			17
Total	2	22	18	5	2	5	57

Fig. 106. Nombre de molettes par type de section et par grandes vallées / régions

La durée de vie d'une molette est de très loin inférieure à celle d'une meule (David 1998 ; Schön *et al.* 1990) : elles doivent donc être l'objet d'un rejet plus fréquent que les pièces passives. Chez les nomades du Soudan, une meule est associée à deux molettes de matériaux différents (Schön *et al.* 1988) ; des proportions équivalentes s'observent en Bassin parisien. Mais l'idée d'un « quota » n'apparaît pas aussi évidente sur d'autres sites issus de contextes taphonomiques et chronologiques différents. Dans la grotte de Gonvillars, cinq meules et molettes ont été abandonnées en place, associées à trois foyers (Pétrequin 1974). A titre de comparaison, on retrouve des proportions moyennes de meules et de molettes variables sur les sites lacustres du Néolithique final et de l'âge du Bronze de Charavines «les Baigneurs», Egolzwil 3 ou encore Muntilier «Platzbunden » (Tardieu 2002 et communication personnelle) ; les molettes y sont généralement plus nombreuses et le nombre de meules par maison ne dépasse jamais les deux exemplaires. Chez les Bajo de Californie, on dénombre une meule par maison (Aschmann 1949), chez les Sukurs du Soudan deux ensembles de mouture (David 1998). Le facteur humain peut intervenir dans le nombre d'outils par maisonnée : si les outils sont attachés non pas à la maison (Mc Bryde 1990) mais au nombre de femmes (David 1998 ; Jackson 1991 ; Tobert 1988), leur nombre peut varier d'une maison à une autre. Si la mouture dépend d'une catégorie de population spécifique mais intégrée au village, comme pour les esclaves de Tichitt (Roux 1985), une concentration d'outils dans certaines maisons sera observée. D'après l'analyse de Cuiry-lès-Chaudardes «les Fontinettes», la présence de meules et molettes semble plus liée au mode de subsistance propre à chaque maisonnée (consommation de produits de la chasse ou de l'agriculture).

	meules	molettes
CCF	0,2	1,2
BVT *(dépôt)*	0,8	1,7
BLF	0,1	1,4
ELBE	0,7	1,7
RTH	0,3	0,7
PASSY	0,3	2,0
PSM	0,8	2,8
BFM	0,5	1,2
BFT	0,2	1,2
MSM	0,2	1,0
GLGC	0,7	1,0
moyenne	0,4	1,4
écart moyenne	0,2	0,4
VLG *(dépôt)*	**2,3**	1,8
JPC *(niveau)*	**2,3**	7
BALLRE *(réemploi)*	**1,3**	1,3
TBO	**3,8**	**6**
PFR	**26,3**	**21,3**
VPB	**1,6**	**1,8**

Fig. 107. «Boîte à outils type» : nombre moyen de meules et molettes par maison pour chaque site

Ceci vient en tout cas confirmer que les sites partagent une même base d'association de meules et molettes. La pondération par maison du nombre de percuteurs et d'abraseurs apporte des résultats tout aussi intéressants (fig. 107 et 108).

Un à deux sites par type d'outils apparaissent à chaque fois décalés par rapport à la moyenne des autres sites (fig. 106). Lorsque ces outils sont présents, la composition moyenne est d'environ 0,8 percuteurs, 0,2 abraseurs à plages, 0,4 abraseurs à main et 0,4 abraseurs à rainures par maisons. Dans ces cas précis, les écarts moyens atteignent au maximum 0,3. On peut donc parler d'une véritable « boïte à outil type », qui s'intègre à des activités très proches d'un site à un autre.

Ces résultats ont par ailleurs une répercussion sur notre vision de la gestion des outils en pierre et surtout sur leur insertion dans les activités du site. Il semble qu'une compensation entre les maisonnées d'un même village se dessine : en effet, les décalages de composition par maisons sont effacés à l'échelle du site. La gestion des activités recourant aux outils en pierre semble donc s'effectuer non pas au sein de la maisonnée mais à l'échelle du site. Ceci rejoint donc indirectement le schéma de structuration socio-économique mis en exergue à Cuiry-lès-Chaudardes «les Fontinettes». Cette boîte à outil type peut être complétée, voire supplantée le cas échéant, par un outillage plus spécialisé, sur des sites fonctionnellement orientés.

3-3 – Quelques exemples de spécialisation des sites

La spécialisation fonctionnelle désormais évidente des outils n'est donc pas systématiquement liée à une spécialisation fonctionnelle des sites, en tout cas dans la con-

	percuteur	abraseur plages	abraseur main	abraseur rainure
CCF	0,8	0,2	0,2	0,2
BVT	0,8			
BLF	**2,9**	0,1		**2,1**
ELBE	0,3		0,3	0,3
PFR				
VLG	1			0,3
RTH			2,7	0,3
Passy	0,7		0,5	
TBO		0,3	0,8	**2**
PSM	1,5	0,2		
BFM	1	0,2	0,7	0,5
BFT	**2,6**	0,2	0,2	0,8
VPB	0,2	1,2		0,4
JPC	0,7	0,3	1,7	0,3
MSM		0,2		
GLGC				0,7
BLRE	**2**			
moyenne	0,8	0,2	0,4	0,4
écart moy.	0,3		0,2	0,2

Fig. 108. «Boîte à outils» type : nombre moyen de percuteurs et d'outils d'abrasion par maison pour chaque site

figuration classique des villages danubiens. Nous avons eu l'occasion de nous pencher néanmoins sur un certain nombre d'outillages en pierre caractéristiques, de sites aux caractéristiques fonctionnelles évidentes.

Pour le Rubané, le site en cours de fouille de Colombelles «le Lazarro» (Calvados) montre une adaptation évidente à l'environnement et aux ressources lithiques directement disponibles (Billard 2001 à 2003, Hamon 2004). L'abondance naturelle de fragments de minerais sur le site semble avoir pour partie conditionnée les activités pratiquées sur celui-ci : des fragments de minerais abrasés coexistent avec un certain nombre de marteaux et percuteurs inédits jusque là en Bassin parisien. Un travail de concassage omniprésent semble s'être déroulé sur le site. L'utilisation de colorants est par ailleurs attestée sur des outils, de type molettes de friction, ayant servis d'après l'analyse des traces d'usure, à la préparation des peaux. Ici, la configuration géographique originale du site, particulièrement excentré à l'ouest de l'aire d'extension rubanée jusque là reconnue, se surimpose à une originalité technique et fonctionnelle.
Les sites Villeneuve-Saint-Germain de Champfleur «le Bois de Barrée» (Marcigny et. al. 1999 a et b) et d'Arçonnay «le Parc de Saint Gilles» (Giazzon 2002 a et b) offrent une configuration de l'outillage en pierre tout aussi originale. Ces deux sites sont localisés dans la Sarthe dans un contexte géologique favorable à l'exploitation du schiste et propice à la production de bracelets. Sur le site de Champfleur, un atelier de production de parure coexiste avec une « aire à vocation probablement domestique » (Marcigny *et al.* 1999 a, p. 14). L'exploitation des roches locales a permis de disposer d'une panoplie d'outils variée comprenant un certain nombre de galets, marteaux, enclumes, ciseaux, râpes et molettes, lissoirs et polissoirs. Leur présence est associée à toutes les étapes de la chaîne opératoire de fabrication des bracelets, allant du débitage de plaquette au polissage final des bracelets. La morphologie bien spécifique des outils en pierre utilisés ne correspond globalement pas aux types de pièces reconnus en contexte classique d'habitat. La nature même des roches employées (granites, quartzites, roches métamorphiques) y contribue en partie. L'évidente spécialisation de l'outillage s'exprime surtout à travers les opérations de débitage des repartons et de façonnage des bracelets. Les outils dédiés à la préparation semblent en effet plus nombreux que ceux requis dans les opérations de finition. La première mise en forme des « repartons » (palets) semble avoir été effectuée sur enclumes tandis que l'obtention de palets circulaires a pu être finalisée à l'aide de petits percuteurs. Concernant les phases d'abrasion, on distingue une nette différenciation entre des polissoirs de granulométries différentes. Chacune des qualités de grès semble respectivement liée à une étape de la régularisation et de la finition. Ces outils en pierre ne semblent cependant pas avoir été utilisés sur une longue durée, les stigmates d'utilisation apparaissant relativement ténus. Sur ces sites enfin, aucun abraseur à rainure n'a été retrouvé. La spécialisation de l'outillage en pierre est donc ici totalement tributaire de la nature et de la fonction de ce site à vocation de production « artisanale ».

A une échelle plus réduite, la variabilité interne au village et à l'habitat peut s'expliquer par la présence de vestiges spécifiques d'une activité. Tel est le cas des structures 100 et 121 de la maison 1 du site de Marolles-sur-Seine «le Chemin de Sens» datée de l'étape finale du Rubané récent du Bassin parisien (Augereau *et al.* 1998). Cette structure a livré une série d'objets de parure avec 163 perles et ébauches en calcaire associées à 213 perçoirs en silex et trois « grès rainurés ». Ces objets, à ce jour égarés, ne nous sont connus qu'à travers des photographies que nous a confié S. Bonnardin (Bonnardin 1995). Ils présentent des rainures larges, une section semi-circulaire à fond plat, plus ou moins profonde. Leur largeur oscille entre un et deux centimètres, leurs bords parallèles s'évasent progressivement de l'extrémité du bloc. Leur spécificité réside dans leur forme curvilinéaire : elles épousent en effet les courbes du bloc originel. Le grès semble compact bien qu'assez grossier. Il semble que la largeur des rainures corresponde à celle des ébauches de perle. Leur association dans une même fosse matérialise donc le déroulement d'une activité spécifique dans l'espace propre à la maisonnée.

La composition standard des ensembles, complétée par une série d'outils fonctionnellement connotés, semble ainsi se juxtaposer à la variabilité interne à chaque maisonnée et à chaque site. Cette observation est-elle également valable lorsqu'on replace l'outrillage en grès dans son contexte technique plus large?

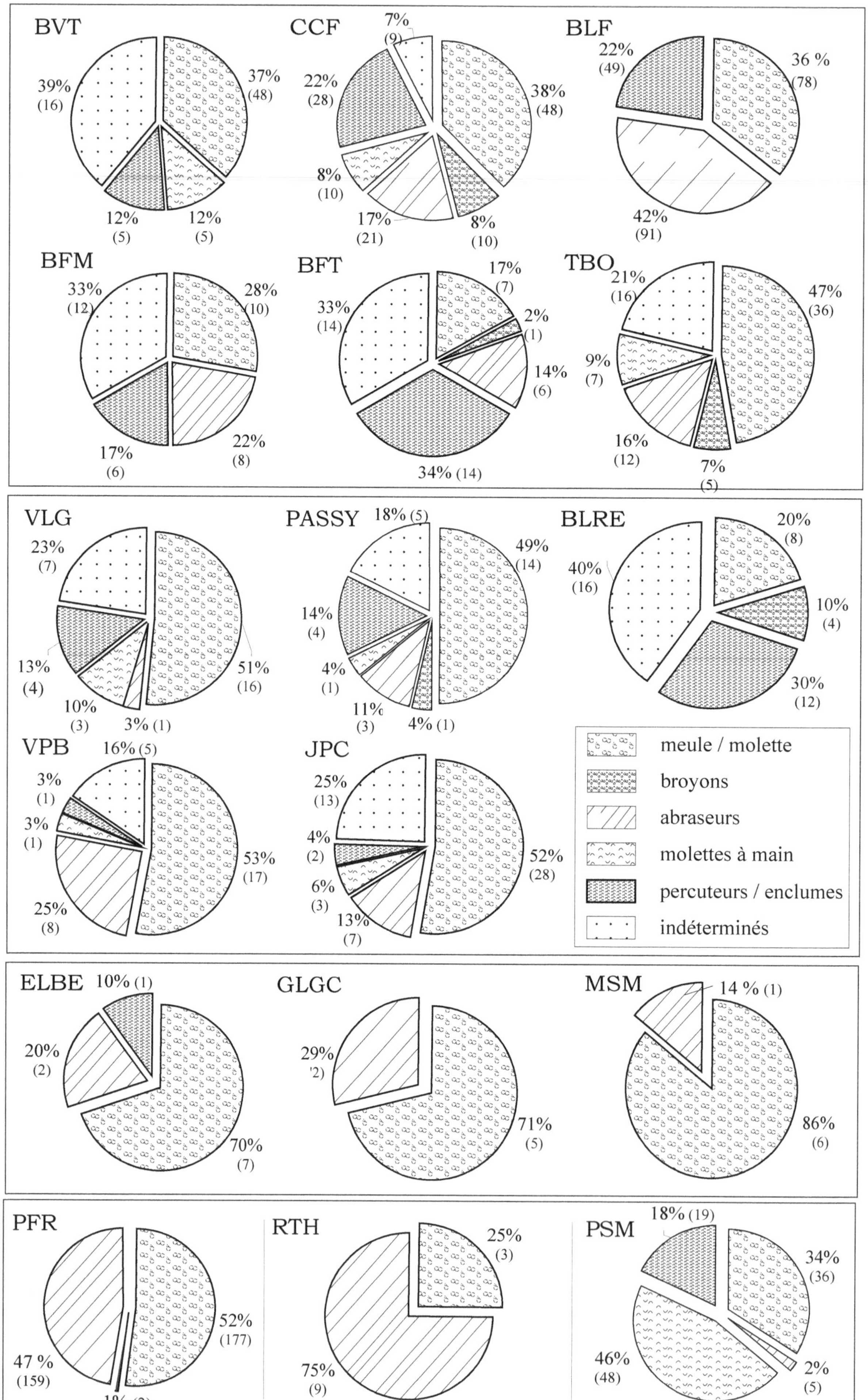

Fig. 109. Part de chaque activité / modes d'action, par sites et par «groupe» régional (vallée de l'Aisne, vallée de la Seine et de la Marne, vallée de l'Yonne)

3-4– Statut fonctionnel de l'outillage en pierre sur les sites

3-4-1 - Pour une fonction des sites ?

Lorsqu'on examine la représentativité des matières transformées par type d'outil sur chacun des sites, on s'aperçoit que des spécificités internes à chaque site apparaissent (fig. 109). Malgré les biais inhérents au mode d'échantillonnage des pièces, on remarque que les outils ne sont pas toujours dévolus aux mêmes activités, ou en tous cas pas dans des proportions identiques.

Concernant la destination fonctionnelle des outils dits de mouture, trois grands groupes se dessinent (fig. 110). Sur les sites rubanés de Bucy-le-Long «la Fosselle» et Berry-au-Bac «le Vieux Tordoir», ainsi qu'à Jablines «la Pente de Croupeton», meules et molettes confondues ne sont dévouées qu'à 70 voire 80 % à la transformation des céréales, la part restante étant réservée au broyage minéral. A Bucy-le-Long «la Fosse Tounise» et Cuiry-lès-Chaudardes «les Fontinettes», une proportion plus grande de travail des céréales s'accompagne d'environ 10 % de réduction de matières animales. Enfin à Trosly-Breuil «les Obeaux», le travail des céréales est équitablement complété par 10 % de broyage animal et autant de minéral. Finalement, seules les meules et molettes des sites de Bucy-le-Long «le Fond du Petit Marais» sont strictement réservées à la transformation des céréales. Les utilisations secondaires ou complémentaires des outils dits de mouture semblent donc fluctuantes d'un site à un autre.

De telles variations s'observent également au sein même de la transformation des céréales. Deux sites semblent avoir travaillé plus particulièrement les céréales vêtues : il s'agit de Bucy-le-Long «la Fosselle» et Trosly-Breuil «les Obeaux», où près de 30 % des meules et molettes ont été utilisés à cette fin. A l'inverse, l'absence de cette activité est identifiée à Bucy-le-Long «la Fosse Tounise» ; elle ne repose cela dit que sur la détermination de cinq individus. Le travail des grains uniquement est plus marqué sur certains sites comme à Bucy-le-Long «le Fond du Petit Marais» (6 / 7 individus) et à Jablines «la Pente de Croupeton» (5 / 11 individus). Une variabilité non plus dans la part de chaque activité, mais dans la nature et la qualité du produit moulu se fait jour au sein d'une même famille fonctionnelle.

Si nous détaillons encore un peu plus, nous pouvons affirmer qu'à Trosly-Breuil «les Obeaux», la complémentarité entre le travail des seules graines et le travail des graines vêtues de leurs glumes rejoint la distinction entre outils et fragments ou éclats d'outils. La spécificité fonctionnelle de Trosly-Breuil «les Obeaux» est en réalité à relier à un cycle de réutilisation plus poussé et à la nature beaucoup plus hétéroclite des restes de meules et molettes.

Les quelques outils de percussion et broyage analysés montrent à Bucy-le-Long «la Fosselle» et Bucy-le-Long «la Fosse Tounise» plutôt une réduction des céréales et des matières animales dures. Pour les outils d'abrasion et de polissage, une part équivalente entre transformation de matières minérales et animales se profile. Concernant les molettes à main, les proportions apparaissent très variables d'un site à un autre. A Bucy-le-Long «la Fosse Tounise», les utilisations restent indéterminées. A Cuiry-lès-Chaudardes «les Fontinettes», la fonction des molettes à main rejoint celle des meules et molettes : les céréales dominent suivies des matières animales. De même, le travail des céréales qui structure les activités à Jablines «la Pente de Croupeton» reste prépondérant pour les molettes à main de ce site. A Berry-au-Bac «le Vieux Tordoir» et Trosly-Breuil «les Obeaux», la diversité prime avec un partage entre la transformation des matières animales et végétales. L'examen de la fonction des molettes à main permet ainsi de souligner la spécificité évidente de certains sites et au contraire un large panel d'activités sur d'autres.

3-4-2 – D'un site à l'autre, correspondances fonctionnelles par types d'outils

Des fonctionnements similaires de l'outillage en pierre se dégagent par groupes de sites et par grandes familles de matériau transformé. A Berry-au-Bac «le Vieux Tordoir» et Bucy-le-Long «la Fosselle», le travail du minéral complète celui des céréales et s'accompagne épisodiquement de la transformation de substances végétales et animales. A Bucy-le-Long «le Fond du Petit Marais» et Bucy-le-Long «la Fosse Tounise», la transformation des céréales s'accompagne de celle des substances animales et ce quel que soit le type d'outil envisagé. Sur ces sites, il semble que la fonction de chacune des catégories d'outils soit particulièrement homogène et comparable. Cette dernière peut être tantôt diversifiée tantôt restreinte à une activité prépondérante. Le bruit de fond commun à ces quatre sites n'empêche par ailleurs pas des disparités de représentation de chaque matériau transformé.

L'éventail d'activités le plus diversifié a pu être décelé sur le site où l'échantillonnage était aussi le plus riche, c'est à dire à Trosly-Breuil «les Obeaux». Au contraire à Jablines «la Pente de Croupeton», la spécialisation dans la transformation des céréales rejoint la prépondérance des meules et molettes dans la composition de l'outillage ; c'est également le seul site où l'ensemble des molettes à main est dévoué au travail des céréales. La majorité des sites offrent donc un panel fonctionnel plus diversifié et un équilibre certain, entre chacune des activités alimentaires et techniques dans lesquelles s'insèrent les outils en pierre. Néanmoins sans parler d'une spécialisation à proprement parlé, on note une surreprésentation de certaines activités au détriment des autres.

A ce stade, on voit donc comment les spécificités dans la composition de l'outillage s'articulent avec les activités qui se sont déroulées sur les sites. Qu'en est-il de l'articulation avec les particularités propres à chaque type d'outils dans leur contexte technique ?

3-4-3 - Souligner les tendances, interpréter les spécificités : l'outillage en pierre dans son contexte technique

Nous avons vu sur le site de Gurgy «les Grands Champs» comment l'association de lames de faucilles abondantes, de structures de type silos et de meules entières *a priori* liées à la mouture, permettait d'attester d'un mode de subsistance basée sur l'exploitation des céréales. Les résultats obtenus à Cuiry-lès-Chaudardes «les Fontinettes» nous semblent être une bonne démonstration des apports croisés de chaque catégorie de mobiliers et de la signification

BFM	céréales	grains	glumes	min	min tendre	anim	a. dure	a. souple	végét	indet	Total
mout	1	6									7
abras main							1				1
abras main							1				1
indét		1					1				2
Total	1	7	0	0	0	0	3	0	0	0	11

BFT	céréales	grains	glumes	min	min tendre	anim	a. dure	a. souple	végét	indet	Total
mol							1				1
mout	3		1							1	5
percut							1				1
percu / pol			1								1
abras							2			1	3
abras rain					1						1
mol à main										1	1
indet									1	1	2
indét mout					1						1
indet ocre				1			1				2
Total	3	0	2	1	2	0	5	0	1	4	18

BLF	céréales	grains	glumes	min	min tendre	anim	a. dure	a. souple	végét	indet	Total
mout	1		3		1						5
percu										1	1
percu / pol			1				2		1	1	5
abras				2	1						3
pplage										1	1
indet			2	1	1					1	5
Total	1	0	6	3	3	0	2	0	1	4	20

BVT	céréales	grains	glumes	min	min tendre	anim	a. dure	a. souple	bois	indet	Total
mout		1	1	1							3
percu / pol										2	2
abras									1	2	3
mol main					2		1			1	4
indet	1										1
Total	1	1	1	1	2	0	1		1	5	13

CCF	céréales	grains	glumes	min	min tendre	anim	a. dure	a. souple	végét	indet	Total
meule				1							1
mol	6		3							1	10
abras										1	1
mol main		1						1			2
indét mout		1									1
Total	6	2	3	1	0	0	0	1	0	2	15

JPC	céréales	grains	glumes	min	min tendre	anim	a. dure	a. souple	végét	indet	Total
mol	4	5	2	2						2	15
mol main	2	1									3
indét mout	1	2									3
indét										1	1
Total	7	8	2	2	0	0	0	0	0	3	22

TBO	céréales	grains	glumes	min	min tendre	anim	a. dure	a. souple	veget	indet	Total
meule	1	3	1								5
meule ou mol		1									1
mol		6	4		2		1				13
éclat meule			3								3
éclat mout			5							1	6
fragm meule				3							3
fragm mol		1	1				1			1	4
fragm mout	4	3	9	3	1		6				26
broy / percut					1						1
broyon										1	1
abraseur						1					1
abras main				1			3				4
fragm abras				1			3				4
mol main							2		1		3
indet			14	1	6		4		1	5	31
Total	5	14	37	9	10	1	20	0	2	8	106

Fig. 110. Nombre d'outils dévolus à la transformation de chacune des matières transformées sur chaque site

que peuvent revêtir les outils en pierre dans des contextes de rejet classique, dans les fosses latérales des maisons. La corrélation des vestiges fauniques et des vestiges en grès permet d'envisager le fonctionnement économique à l'échelle de tout un village. Par ailleurs, l'étude de l'outillage en grès à Poses «Sur la Mare» a contribué à souligner les spécificités techniques des maisons de chaque phase d'habitat mise en évidence par l'étude céramique. Sur les maisons 40, 80 et 120, « une répartition des activités entre les trois maisons tant du point de vue de l'industrie lithique que du point de vue du matériel en grès » transparaît. Une spécialisation même partielle entre les activités de mouture et de polissage sous-tend la distribution des vestiges en grès au sein du village. Le même type de répartition a pu être souligné à Cuiry-lès-Chaudardes «les Fontinettes». Elle ne remet en rien en cause l'existence d'un fond outillé commun à toutes les maisons. La compréhension du statut de l'outillage en pierre à une échelle spatiale nous permet donc de remonter, même de manière partielle, jusqu'au fonctionnement du village lui-même.

L'échantillon sélectionné pour l'analyse des traces d'usure ne nous permet pas de préciser plus avant les liens étroits entre plusieurs types de mobilier au niveau de la maisonnée. Nous avons cependant pu remarquer que des phénomènes de concentrations et d'exclusions étaient observables au niveau de l'unité d'habitation. De même, la spécificité de composition de l'outillage de chaque maisonnée souligne des particularismes notamment entre les différentes parties de la maison et les fosses latérales nord et sud. La poursuite de telles études devra s'attarder sur le statut de l'outillage en pierre à la fois au niveau de la maisonnée et au niveau du site.

Passons maintenant à une échelle de lecture et d'interprétation encore plus large. Les spécificités de l'outillage en pierre reconnues en Bassin parisien sont-elles porteuses de significations régionales, culturelles voire même chronologiques ?

CHAPITRE 4 –

ENTRE TRADITION CULTURELLE ET ADAPTATION GÉOGRAPHIQUE

La variabilité des assemblages peut-elle être envisagée sous un angle géographique voire même chronologique ? Malgré les difficultés à trouver des éléments de comparaison probants, nous allons tenter d'envisager tous les facteurs chronologiques pouvant venir influer sur les vestiges en grès. Les questions se posent autant en termes d'évolution des types d'outils, que d'adaptation de ces derniers à des facteurs culturels, géographiques ou environnementaux.

4-1 – La part du déterminisme géographique

La part du déterminisme géographique s'exprime tout d'abord à travers le choix de matériaux locaux, et une adaptation de la confection des meules aux granites locaux dans les contextes qui y sont favorables.

La représentation des activités semble pouvoir s'articuler *grosso modo* en fonction de chacune des vallées considérées (Aisne, Marne, Seine, Yonne) (fig. 109). La part des meules et molettes est plus faible dans l'outillage de la vallée de l'Aisne que dans les autres « régions » et notamment en regard du sud-est du Bassin parisien. Un déficit certain en meules et molettes s'observe sur plusieurs sites par ailleurs bien dotés de la culture de Villeneuve-Saint-Germain. La vallée de l'Aisne se distingue par une plus forte part d'outils consacrés au polissage et à la percussion lancée (16 à 20 % chacun). L'outillage globalement plus varié se traduit néanmoins par l'exclusion de certaines catégories d'outils : les molettes à main sont absentes à Bucy-le-Long «la Fosse Tounise» et Bucy-le-Long «le Fond du Petit Marais», tandis que l'activité de polissage fait défaut à Berry-au-Bac «le Vieux Tordoir». Les compositions des assemblages en grès de Vignely «la Porte aux Bergers» et Jablines «la Pente de Croupeton» sur la Marne restent très proches avec près de la moitié d'outils dits de mouture, et entre 3 et 4 % de molettes à main et de percussion lancée. Les sites de Villeneuve-la-Guyard «les Falaises de Prépoux» et de Passy «Sablonnière» se rapprochent des sites de la moyenne vallée de la Marne, malgré une part plus importante d'outils liés à la percussion lancée. Les sites d'Etigny «le Brassot-est», Monéteau «sur Macherin» et Gurgy «les Grands Champs» livrent une composition identique, quasi unilatéralement tournée vers la mouture. A titre indicatif, la part déjà élevée de meules et molettes à Trosly-Breuil «les Obeaux» (autour de 45 %) devient particulièrement exceptionnelle sur le site de Pontpoint «le Fond de Rambourg», par ailleurs assez proche géographiquement. Enfin, le site Cerny de Balloy «les Réaudins» livre une composition spécifique peu diversifiée. Même si l'approvisionnement en matériau peut jouer un rôle non négligeable sur la présence de certains types d'outils, la distinction entre les sites et les régions trouve certainement plus sa signification en terme de pratique d'activités différenciées selon les régions. Ceci confirme qu'une relative spécialisation des outillages se remarque d'un site à l'autre. On distingue ainsi des sites où la présence prépondérante de meules et molettes évoque une pratique privilégiée de la mouture des céréales. La diversification de l'outillage semble elle aussi structurante à l'échelle des vallées.

Des variations d'ordre qualitatif (quasi absence de certains types) et quantitatif permettent de caractériser la représentativité de l'outillage en pierre sur chacun des sites étudiés.

Nous avons vu que les dimensions des meules et molettes étaient significativement différentes entre les dépôts du Bassin parisien et du Hainaut. Cette distinction géographique peut soit répondre à des normes locales différenciées, soit à des contraintes liées à l'approvisionnement en matières premières et aux modules des blocs naturels. En effet, si cette contrainte semble minime en Bassin parisien, nous ne sommes pas en mesure de préciser la forme sous laquelle se présentent les blocs de grès landéniens à l'état naturel. Des prospections plus systématiques des zones d'approvisionnement potentielles devront pour se faire être effectuées en Hainaut. Au sein même des sites du Bassin parisien, il reste délicat d'établir des distinctions d'ordre local. On peut au mieux constater que les dimensions des molettes de Jablines «la Pente de Croupeton» sont particulièrement homogènes et que les certains exemplaires de molettes de Passy «Sablonnière» s'avèrent particulièrement peu large. Pour le reste, il semble que les disparités régionales ne se structurent pas d'après des dimensions particulières de meules et molettes. La morphologie des blocs renvoie plutôt à une homogénéité générale dans l'approvisionnement en blocs récoltés.

La morphologie des meules est peu marquée par des différences d'ordre régional. Les formes se répartissent de manière plus ou moins identique d'une vallée à une autre. Pour ce qui est des sections, l'Aisne semble fournir plus d'outils anguleux à section rectangulaire et triangulaire, tandis que sur la Seine, un équilibre entre sections rectangulaires et semi-circulaires se remarque.

Enfin, il ne nous est guère possible d'envisager des différences d'ordre fonctionnel : notre analyse des traces d'usure a surtout porté sur les sites de la vallée de l'Aisne.

Les distinctions régionales semblent donc surtout lisibles à travers la composition des outillages et donc indirectement à travers la représentativité des activités sur les sites. Meules et molettes sont présentes sur tous les sites et dans la majorité des maisons : la consommation de céréales est ubiquiste dans notre contexte d'économie agro-pastorale même si la part des meules et molettes varie entre chaque maisonnée. Les sites partagent tous la même boîte à outils standard, même si la représentativité de certains outils varie sensiblement notamment pour les activités de percussion et les abraseurs à rainures. Les disparités reflétées témoignent de la pratique privilégiée de certaines activités artisanales en fonction des sites. Il ne s'agit pas là à notre sens d'une spécialisation, mais d'une orientation des activités complémentaires à la subsistance en fonction du milieu, des besoins et de l'insertion du site dans un réseau de circulation des matériaux et des productions.

4-2 – Peut on définir une évolution du mobilier en grès entre le Rubané et le Villeneuve-Saint-Germain en Bassin parisien?

Voyons maintenant si au delà de la structuration régionale perceptible, des distinctions d'ordre chronologique et culturel viennent transcender la composition et la représentativité des outils en grès du Bassin parisien à l'intérieur même du Néolithique ancien.

4-2-1 – Pour une augmentation de la part des outils?

Pour commencer, peut-on considérer qu'il existe une évolution dans la composition des vestiges en grès entre le Rubané et le Villeneuve-Saint-Germain ?

La comparaison des étapes anciennes et finales de l'occupation rubanée récente du Bassin parisien sur le site de Cuiry-lès-Chaudardes «les Fontinettes» donne une première indication en ce sens : une augmentation de la part des outils, qui passe de 9 à 12 %, se dessine. De même, la maison la plus tardive du site de Bucy-le-Long «la Fosselle» (maison 20), livre les effectifs les plus importants du site avec une surreprésentation de l'outillage (Monchablon 1997). L'étape finale du Rubané récent du Bassin parisien semble donc associée à une augmentation de la proportion d'outils dans les assemblages en grès. Au sein du Villeneuve-Saint-Germain, aucune évolution n'a pu être distinguée entre les deux phases d'habitat du site de Poses «Sur la Mare» ou encore entre les maisons rubanées et Villeneuve-Saint-Germain du site de Bucy-le-Long «la Fosse Tounise».

La composition des vestiges anthropiques sur les sites classés dans un ordre chronologique relatif révèle une augmentation de la part des outils entre les site du début de la séquence du Rubané et la fin du Villeneuve-Saint-Germain (fig. 111). Il reste néanmoins délicat d'affirmer qu'il s'agit d'une tendance évolutive générale à l'augmentation de la part des outils tout au long du Néolithique ancien.

	nb maisons	nb outils	nb outils / maison
CCF	**33**	131	4,0
BVT	**6**	41	6,8
BLF	**15**	220	14,7
ELBE	**6**	10	1,7
PFR	**3**	387	129,0
VLG	**4**	31	7,8
RTH	**3**	12	4,0
PASSY	**6**	28	4,7
TBO	**4**	75	18,8
PSM	**10**	105	10,5
BFM	**6**	36	6,0
BFT	**5**	42	8,4
VPB	**5**	32	6,4
JPC	**3**	53	17,7
MSM	**5**	7	1,4
GLGC	**3**	7	2,3
BLRE	**6**	40	6,7
Total	**123**	1257	10,2

Fig. 111. Nombre moyen d'outils par maison sur chaque site

En effet, si notre échantillonnage plaide en ce sens, la disparité de la nature et des effectifs sur chaque site considéré introduit des biais importants. Ainsi, les sites de Berry-au-Bac «le Vieux Tordoir», Vignely «la Porte aux Bergers» ou encore Balloy «les Réaudins» livrent de fortes proportions d'outils, conséquence de la quasi absence de débitage sur ces sites. Ces phénomènes se manifestent indépendamment d'une baisse progressive de la fragmentation dans le temps : les assemblages rubanés ne sont pas systématiquement plus fragmentés que les ensembles du Villeneuve-Saint-Germain. La courbe n'est pas strictement croissante tout au long de la séquence, et cette seule observation ne permet pas d'affirmer une augmentation réelle. D'autres arguments viennent pourtant étayer cette proposition.

Le calcul du nombre d'outils moyen par maison sur chaque site se base sur le nombre d'unités d'habitation suffisamment bien conservées pour avoir livré un mobilier significatif (les unités reconnues par leurs seuls trous de poteaux ont été écartées) (fig. 112).

La moyenne du nombre d'outils par maison tourne autour de 7,4 lorsque l'on considère toute la séquence. Trois sites livrent une évidente surreprésentation en nombre d'outils

	nb maisons	outils	nb o / M
Rubané	57	402	7,1
VSG	54	429	7,9

Fig. 112. Comparaison du nombre moyen d'outils par maison entre le Rubané et le Villeneuve-Saint-Germain (site de Pontpoint non inclus)

(Bucy-le-Long «la Fosselle», Trosly-Breuil «les Obeaux» et Jablines «la Pente de Croupeton») tandis que Monéteau «Sur Macherin», Gurgy «les Grands Champs» et Etigny «le Brassot-est» présentent eux un déficit en outils. Le nombre moyen d'outils par maison passe cependant de 7,1 au Rubané à 7,9 pour le Villeneuve-Saint-Germain. Une augmentation du nombre moyen d'outils par maison entre les deux cultures semble donc se dégager.

4-2-2 – Pour une augmentation de la part des meules et molettes ?

L'augmentation de la part des outils entre le Rubané et le Villeneuve-Saint-Germain s'accompagne d'un accroissement de la part des meules et molettes (décomptes en nombre d'outils, fig. 113). La part des meules et des molettes cumulées passe ainsi de 35 à 50 % dans la composition de l'outillage des sites rubanés et Villeneuve-Saint-Germain. Cependant, les sites les plus tardifs du Villeneuve-Saint-Germain sont aussi ceux qui présentent des configurations particulières, propices à la présence préférentielle de meules et molettes, comme à Gurgy «les Grands Champs» ou Monéteau «Sur Macherin». La fin du Villeneuve-Saint-Germain voit l'apparition de sites particulièrement tournés vers les activités de traitement des céréales. L'augmentation pressentie de la part de l'activité de mouture tout au long de la séquence est donc renforcée par la modification du statut des meules et molettes sur les sites de la fin du Néolithique ancien.

L'accroissement de la présence des meules et molettes dans les maisons de la fin de la séquence rubanée semble une réalité. La présence de la mouture est marquée plus significativement à la fin de la séquence d'occupation de Cuiry-lès-Chaudardes «les Fontinettes», soit à l'étape céramique 3 et la phase d'occupation V du site. A Bucy-le-Long «la Fosselle», la maison 20 plus tardive est également la plus riche du site et la mieux fournie en outillage de mouture. De même, à la toute fin de la séquence rubanée, le site de Berry-au-Bac «le Vieux Tordoir» s'avère être particulièrement tourné vers les activités de mouture. A titre indicatif, le site rubané récent d'Etigny «le Brassot-est» montre lui aussi une part de meules et molettes élevée proportionnellement aux autres types d'outils. Ces indices convergent tous dans le sens d'une augmentation de la représentativité voire de la part des meules et molettes à l'étape finale du Rubané du Bassin parisien.

Qu'en est-il à l'échelle de tout le Néolithique ancien ? Le

	maisons	meule	molette	nb Me/M	nb mol/M
Rubané	57	17	75	0,3	1,3
VSG	54	57	121	1,1	2,2

Rubané	57	17	75	0,3	1,3
VSG	47	35	79	0,7	1,7

Fig. 114. Evolution du nombre moyen de meules et molettes par maison entre le Rubané et le Villeneuve-Saint-Germain

calcul du nombre moyen de meules et molettes par maison sur chaque site montre que les écarts sont très faibles au Rubané (fig. 114). Au Villeneuve-Saint-Germain, on trouve des sites aux proportions similaires à celles du Rubané et des sites où la proportion est très largement plus élevée. Même si l'on écarte les sites de Trosly-Breuil «les Obeaux» et Jablines «la Pente de Croupeton» les plus riches, le nombre moyen de meules passe de 0,3 à 0,7 par maison entre le Rubané et le Villeneuve-Saint-Germain. Cette même tendance s'observe pour les molettes qui passent de 1,3 à 1,7.

L'augmentation est suffisamment significative pour affirmer un accroissement du nombre de meules et molettes par maisonnée entre le Rubané et le Villeneuve-Saint-Germain. La part de l'activité de mouture des céréales semble

	nb maisons	meule	molette	nb Me / M	nb mol / M	écart moy Me	écart moy mol
CCF	33	8	39	0,2	1,2	-1,2	-0,4
BVT	6	5	10	0,8	1,7	-0,6	0,1
BLF	15	2	21	0,1	1,4	-1,3	-0,2
ELBE	3	2	5	0,7	1,7	-0,7	0,1
PFR	3	79	64	26,3	21,3	24,9	19,7
VLG	4	9	7	2,3	1,8	0,9	0,2
RTH	3	1	2	0,3	0,7	-1,1	-0,9
PASSY	6	2	12	0,3	2,0	-1,1	0,4
TBO	4	15	21	**3,8**	**5,3**	**2,4**	**3,7**
PSM	10	8	28	0,8	2,8	-0,6	1,2
BFM	6	3	7	0,5	1,2	-0,9	-0,4
BFT	5	1	6	0,2	1,2	-1,2	-0,4
VPB	5	8	9	1,6	1,8	0,2	0,2
JPC	3	7	21	2,3	**7,0**	0,9	**5,4**
MSM	5	1	5	0,2	1,0	-1,2	-0,6
GLGC	3	2	3	0,7	1,0	-0,7	-0,6
BLRE	6	8		1,3	0,0	-0,1	-1,6
total	**117**	**161**	**260**	**1,4**	**1,6**		
moyenne		9,5	16,3	2,4	3,1		

Fig. 113. Comparaison du nombre moyen de meules et molettes par maison sur chaque site

Rubané

	céréales	graines	glumes	min	min tendre	anim	anim dure	os	a. souple	végét	bois	indet	Total
meule / mol.	7	1	7	2	1							1	19
broy / percu			1				2			3		4	10
pol/abrasion				2	1						1	4	8
mol main		1			2		1		1			1	6
indet	1	2	2	1	1							1	7
total	8	3	10	6	5		3		1	3	1	11	51

	céréales	graines	glumes	min	min tendre	anim	anim dure	os	a. souple	végét	bois	indet
meule / mol.	36,8%	5,3%	36,8%	10,5%	5,3%							5,3%
broy / percu			10,0%				20,0%			30,0%		40,0%
pol/abrasion				25,0%	12,5%						12,5%	50,0%
mol main		16,7%			33,3%		16,7%		16,7%			16,7%
indet	14,3%	28,6%	28,6%	14,3%	14,3%							14,3%
total	15,7%	5,9%	19,6%	11,8%	9,8%		5,9%			5,9%		21,6%

a

Villeneuve-Saint-Germain

	céréales	graines	glumes	min	min tendre	anim	anim dure	os	a. souple	végét	bois	indet	Total
meule / mol.	14	27	26	8	4	0	10	0	0	0	0	5	94
broy / percu			1	0	1	0	1	0	0	1	0	1	5
pol/abrasion				2	1	1	10	0	0	0	0	1	15
mol main	2	1					2			1		1	7
indet	2	3	16	3	7		3	2	0	3	0	9	48
indet ocre				1			1						2
total	18	31	43	14	13	1	27	2		5		17	171
Total	26	34	53	20	18	1	30	2	1	8	1	28	222

	céréales	graines	glumes	min	min tendre	anim	anim dure	os	a. souple	végét	bois	indet
meule / mol.	14,9%	28,7%	27,7%	8,5%	4,3%		10,6%					5,3%
broy / percu			20,0%		20,0%		20,0%			20,0%		20,0%
pol/abrasion				13,3%	6,7%	6,7%	66,7%					6,7%
mol main	28,6%	14,3%					28,6%			14,3%		14,3%
indet	4,2%	6,3%	33,3%	6,3%	14,6%		6,3%			6,3%		18,8%
indet ocre				50,0%			50,0%					
total	10,5%	18,1%	25,1%	8,2%	7,6%		15,8%			2,9%		9,9%

b

Fig. 115. Attribution fonctionnelle et matière travaillée par catégories d'outils aux Rubané (a) et Villeneuve-Saint-Germain (b)

meule-molette classique ? Ces trois indices (augmentation de la transformation des graines nues, réutilisation des fragments de meules et introduction de certaines molettes à main pour le travail des graines avec leurs enveloppes) convergent en tous cas dans le sens d'une évolution des techniques de transformation des céréales entre le Rubané et le Villeneuve-Saint-Germain.

Enfin, cette évolution est peut-être à mettre en relation avec l'apparition certes limitée mais attestée du blé tendre (Tritricum aestivum) au Villeneuve-Saint-Germain. Les transformations techniques observées pourraient donc être la conséquence de l'introduction d'une nouvelle espèce de céréales dans l'alimentation. Etablir le lien entre ces deux « innovations » constitue une piste de recherche essentielle à suivre à l'avenir, tant d'un point de vue carpologique que tracéologique.

Par ailleurs, on note une diversification des activités « secondaires » ou « artisanales » entre le Rubané et le Villeneuve-Saint-Germain. Le travail des matières animales semble plus inclure l'outillage en pierre au Villeneuve-

donc suivre une tendance croissante tout au long du Néolithique ancien. Il nous est impossible de préciser pour l'instant si cette augmentation de la consommation des céréales correspond à une augmentation de la part de l'alimentation végétale dans le régime alimentaire des populations danubiennes ou si elle peut refléter un phénomène d'ordre plutôt démographique, tel qu'une augmentation du nombre d'habitants par maisonnée.

4-2-3 – Une différenciation morpho-technique des meules et molettes ?

On note une légère différenciation dans le traitement technique de la surface externe des molettes entre le Rubané et le Villeneuve-Saint-Germain. Si l'on ne considère que les pièces entières, le dos des molettes rubanées ne présente jamais de surfaces brutes et offre dans la majorité des cas une préparation par enlèvements couvrants. Elle n'est complétée que dans deux cas sur les neufs examinés par un piquetage ou un polissage de finition. Au Villeneuve-Saint-Germain, les préparations par simple détachement d'éclats concernent la moitié des pièces, un quart sont laissées brutes ou à peine entamées et enfin un autre quart a subi un piquetage grossier, fin ou un polissage de finition. Une variété plus grande dans les modes de préparation des surfaces externes se dessine donc au Villeneuve-Saint-Germain et les cas de préparation succincte se multiplient. Cette évolution dans les modes opératoires de préparation des outils renvoie indirectement à l'évolution du choix des supports lithiques : les outils en silex sont confectionnés en grande majorité sur des éclats au Villeneuve-Saint-Germain au contraire du Rubané qui se caractérise par un outillage assez standardisé sur lames. Le choix de schémas opératoires plus simples semble donc caractériser l'ensemble des outillages sur supports lithiques au Villeneuve-Saint-Germain.

Il est difficile de comparer les dimensions entre les meules entières rubanées et Villeneuve-Saint-Germain : les trois quarts des meules rubanées sont issues du dépôt de Berry-au-Bac «le Vieux Tordoir». La tripartition qui sous-tend les modules des molettes rend difficile toute appréhension de ce problème. On note entre le Rubané et le Cerny une diminution des dimensions moyennes, tandis que l'écart type reste identique entre les trois ensembles culturels. Aucune évolution réelle du module et des dimensions des pièces n'est donc à souligner. Une homogénéité morphométrique sous-tend les meules et molettes de notre corpus. La « norme » morphologique et dimensionnelle des meules et molettes semble donc continue entre les deux cultures.

4-2-4 - Distinction fonctionnelle des outils en grès ?

Les distinctions d'ordre morpho-technologique peuvent être partiellement expliquées par des distinctioins d'ordre fonctionnel, à l'instar des résultats fonctionnels obtenus sur l'industrie lithique en silex du Bassin Parisien (Giligny 2001). L'échantillonnage par catégories d'outils entre le Rubané et le Villeneuve-Saint-Germain n'est pas tout à fait similaire en proportion mais le même ordre d'idée est préservé avec environ 50 % de meules et molettes. Par ailleurs, la part des outils « indéterminés », plus forte dans le corpus tracéologique du Villeneuve-Saint-Germain, compense la réduction du nombre d'outils secondaires (abrasion, molette à main). Il est possible qu'une partie des observations et des distinctions fonctionnelles entre les deux cultures puissent être légèrement remises en cause a posteriori, à la lumière de nouvelles analyses tracéologiques bénéficiant d'un référentiel expérimental plus complet.

La part de la transformation des céréales à l'aide de meules et molettes semble constante entre le Rubané et le Villeneuve-Saint-Germain (fig. 115 et 116). Cependant, au Villeneuve-Saint-Germain, il est possible de déterminer beaucoup plus nettement la part du travail des graines nues, peu apparent au Rubané. On ne dénombre en effet qu'un exemplaire à Berry-au-Bac «le Vieux Tordoir» tandis que le type de céréales transformé par les molettes de Cuiry-lès-Chaudardes «les Fontinettes» ne peut pas être précisé outre mesure. Au contraire, le travail des graines nues apparaît prédominant sur les sites de Jablines «la Pente de Croupeton» et Bucy-le-Long «le Fond du Petit Marais». Un changement dans les techniques et les habitudes alimentaires semble caractériser le passage du Rubané au Villeneuve-Saint-Germain.

Ce dernier est souligné en outre par la dévolution d'une

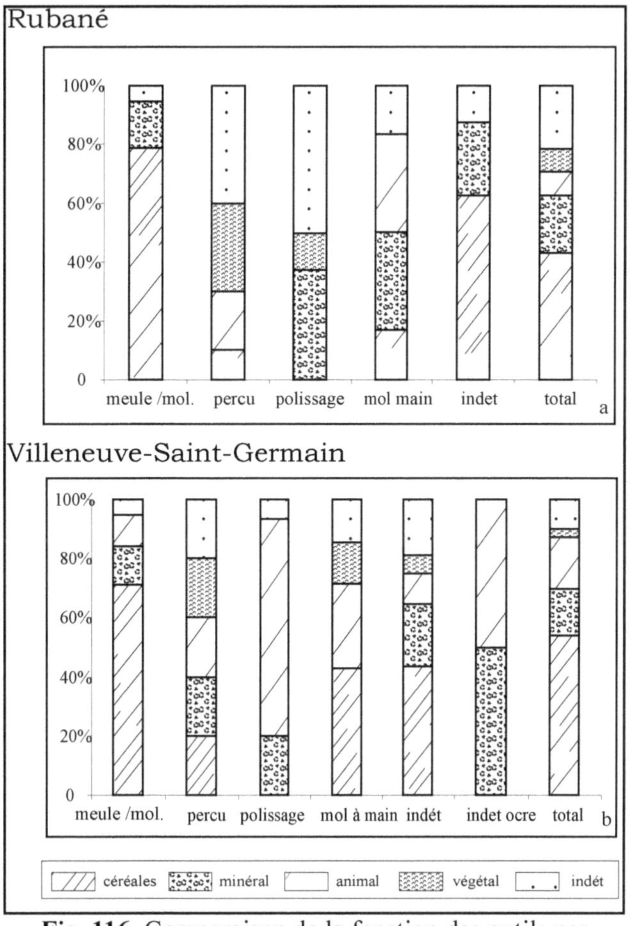

Fig. 116. Comparaison de la fonction des outils par catégorie d'outils et type de matière travaillée entre le Rubané (a) et le Villeneuve-Saint-Germain (b)

partie des molettes à main à la transformation des céréales. Il peut en effet s'agir là d'un début de transfert technique d'une catégorie d'outils à une autre. Les fragments de meules réutilisés spécifiquement dans la transformation des graines vêtues ont pu être associés à des molettes à main lors de cette étape. Cette possible association doit-elle être envisagée comme un outillage d'appoint ? Peut-on pousser le raisonnement jusqu'à dire qu'il s'agit là d'un cas de distinction entre les étapes de décorticage nécessitant des couples d'outils plus frustes que la mouture des graines *stricto sensu*, réalisée à l'aide d'un couple d'outil

Saint-Germain qu'au Rubané. Au Villeneuve-Saint-Germain, on voit l'apparition du broyage de matières animales sur meules et molettes à hauteur de 10 %, en complément des opérations de broyage des céréales (70 % env.) et de substances minérales (10 % env.) dont la part reste équivalente entre les deux périodes. Il convient de rester prudent sur l'apparition de cette nouvelle activité : une meilleure lecture des traces produites par les substances animales dures sur les outils en pierre au Villeneuve-Saint-Germain est peut-être à l'origine de ce phénomène. Néanmoins, il est tentant de dresser cette évolution en parallèle de l'augmentation de la part des dégraissants d'origine animale (os) dans les vases céramiques au Villeneuve-Saint-Germain.

Mais surtout, c'est la dévolution très marquée des outils de polissage à l'abrasion des matières animales, jusque là plutôt tournés vers le travail du minéral et du végétal, qui marque une nette rupture. Elle concerne près des 70 % des surfaces identifiées, alors que ces outils étaient jusque là réservés à la transformation du minéral et d'un peu de végétal. Néanmoins, un biais de conservation entre le Rubané et le Villeneuve-Saint-Germain des traces d'abrasion sur os peut une fois encore venir nuancer ces observations, mais sans incidence réelle sur notre interprétation face à l'ampleur évidente du phénomène. Il n'en reste pas moins que ces activités « artisanales » très orientées au Rubané se diversifient nettement par la suite. Le broyage et l'abrasion des substances animales concernent toutes les catégories d'outils au Villeneuve-Saint-Germain contre seulement des molettes à main au Rubané. Là encore, le contexte technique Villeneuve-Saint-Germain fournit une explication plausible : c'est en effet avec cette culture que le débitage par abrasion des outils perforants sur métapodes de chevreuil, mouton ou chèvre se développe significativement.

Enfin, il faut souligner un probable transfert technique dans le broyage des matières minérales : l'emploi à cette fin des molettes à main au Rubané disparaît au Villeneuve-Saint-Germain au profit des percuteurs et autres broyons. Les usages variés des molettes à main au Rubané laissent en effet place au travail des céréales et des végétaux, prépondérant au Villeneuve-Saint-Germain. Le broyage de matières minérales plus dures a peut être nécessité le recours à des outils utilisés dans le cadre d'une percussion lancée plus violente.

L'analyse fonctionnelle semble donc aller dans le sens d'une distinction nette de l'insertion de l'outillage en pierre dans des chaînes opératoires distinctes entre le Rubané et le Villeneuve-Saint-Germain. Ceci souligne la tendance à la spécialisation partielle des outils en pierre.

4-3 – Entre héritage et emprunt : quelques éléments de comparaison au sein de la sphère danubienne

4-3-1 - Les abraseurs à rainures

Les abraseurs à rainures sont connus en réalité depuis le Magdalénien supérieur voire l'Aurignacien (De Beaune 2000, p. 105). Ils sont recensés à travers le monde dans des contextes chrono-culturels variés tant au Proche et Moyen-Orient, qu'en Afrique saharienne ou encore sur le continent américain. Dans le Mésolithique belge, les grès à rainures se rencontrent assez fréquemment. Il s'agit du type de grès à rainure large, symétrique et à section en « u » évasée, le plus marqué morphologiquement dans notre contexte (Rozoy 1978). C'est aussi celui qui perdure jusqu'à la fin du Villeneuve-Saint-Germain. La présence de ces outils en contexte néolithique constitue un élément de perduration des techniques mésolithiques, correspondant plutôt à un emprunt ou une option technique commune.

En Bassin parisien, les abraseurs à rainures se retrouvent tout au long de la séquence du Néolithique ancien. Certes les proportions de ces outils sont plus élevées sur des sites plus anciens comme à Cuiry-lès-Chaudardes «les Fontinettes», Bucy-le-Long «la Fosselle» ou encore Missy-sur-Aisne «le Culot». Mais sur quasiment tous les sites Villeneuve-Saint-Germain, on dénombre au moins un abraseur à rainures comme à Villeneuve-la-Guyard «les Falaises de Prépoux», Bucy-le-Long «le Fond du Petit Marais», Bucy-le-Long «la Fosse Tounise», Reims-Tinqueux «la Haubette», Vignely «la Porte aux Bergers», Trosly-Breuil «les Obeaux», Gurgy «les Grands Champs» et bien sûr Vaux et Borset «Gibour». Une évolution dans le matériau apparaît également : le grès tendre de type « à polissoir » utilisé sur les sites rubanés laisse progressivement la place à des matériaux plus variés, de type grès ferrugineux ou grès compact au Villeneuve-Saint-Germain, comme à Trosly-Breuil «les Obeaux» par exemple. De même la représentation des abraseurs à rainures effilées et appointées disparaît au Villeneuve-Saint-Germain, où seuls les abraseurs à rainure large sont présents à hauteur d'un ou deux exemplaires par site. Au Néolithique moyen, les polissoirs à rainures sont toujours de dimensions importantes et de section bien marquées, comme sur le site de Louviers «la Villette» (Eure) (Giligny 1996).

Une perpétuation de ce type d'outils à travers la première partie du Néolithique en Bassin parisien semble donc de mise. A notre sens, l'ubiquité évidente de la répartition de ces outils rend compte d'une adaptation technique partagée par les danubiens et par les mésolithiques, mais nous ne nous prononcerons pas sur les liens éventuels à l'origine de la présence de ces outils en Bassin parisien. Une étude approfondie des outils en contexte mésolithiques et néolithiques comparés s'avèrera pour ce faire nécessaire.

4-3-2 - Meules et molettes

Les dépôts de meules ne sont pas exclusivement rencontrés en contexte Néolithique ancien, même s'ils se manifestent de manière particulièrement bien prononcée à cette période. A l'est du Rhin, ce type de découvertes reste rare, mais est mentionné ça et là, comme par exemple sur le site Rössen de Deiringsen / Ruploh (Nordrhin-Westphalie), qui a livré deux meules et un broyon. Il semble bien cependant que le phénomène des dépôts de meule se concentre dans le nord de la France et en Belgique, et qu'il caractérise le début du Néolithique dans ces régions.

Considérer la meule comme un indice de datation n'est certes pas une idée nouvelle. La question a souvent été posée, évaluée à l'aune des différences morphologiques, testée à l'aide d'outils statistiques. Ces méthodes ont permis sur des échelles chronologiques relativement larges de définir une classification sur des outillages morphologiquement bien marqués (Procopiou 1998, Wright 1992 et 1994).

Mais il en ressort le plus souvent des résultats mitigés, qui soulignent des tendances évolutives au sein d'ensembles globalement homogènes (Pavlů 2000). Et cette étude n'échappe en rien à la règle.
Dès lors, dans quelle direction se tourner pour envisager des indices d'une évolution ou d'une distinction d'ordre chronologique et culturelle ? Dans la sphère de la Céramique Linéaire, le faible nombre d'études publiées sur les meules et molettes nous oblige à composer avec les données issues de sites à la fois funéraires et d'habitats, afin de détecter d'éventuels indices chronologiquement significatifs.
Techniquement, aucune différence notable n'est à souligner. Le choix de matériaux adaptés aux opérations de mouture ou de polissage suit le schéma de gestion observé en Bassin parisien. On choisira des matériaux durs voire quartzitiques pour la confection des meules et des molettes. A Trebur, la variante coquillière est très fréquemment employée et semble même être mise à profit pour faciliter l'entretien « automatique » des surfaces (Spatz 1999). Les méthodes de piquetage semblent similaires d'un site à un autre. Les sillons d'impacts traînés observés dans les cas de piquetage transversal des surfaces actives se rencontrent également à Langweiler 8 et à Trébur (Zimmermann 1988, Spatz 1999). On ne peut que souligner l'homogénéité technique des ensembles de la partie occidentale de la sphère danubienne, mais aussi entre la Céramique Linéaire et les cultures postérieures.

Si l'on examine uniquement les molettes de type court correspondant à notre propre ensemble, les mêmes formes et sections se rencontrent : formes ovoïdes et sections semi-circulaires, ou encore formes et sections rectangulaires. Un équilibre dans le profil des molettes apparaît une règle morphologique ubiquiste. Les indices morphologiques d'utilisation sont tout aussi ténus qu'en Bassin parisien. Sur les meules, des rebords lissés sont visibles aux extrémités et témoignent d'une utilisation poussée des outils en contexte funéraire comme à Trebur (Spatz 1999). Enfin, une proportionnalité évidente entre les dimensions des outils se dessine en contexte d'habitat comme sur le site de Bylany (Pavlů 2000).

Examinons maintenant les modules des meules et molettes. Que nous prenions en compte les contextes d'habitat de Belgique ou du Rhin ou encore les sites funéraires alsaciens et rhénans, aucune distinction chronologique ou encore géographique ne transparaît nettement.

Pour la Céramique Linéaire, toutes les analyses de morphologie et de types d'outils révèlent une absence de structuration chronologique et spatiale réelle sur le site d'habitat de Bylany (Pavlů 2000). Les meules et molettes y apparaissent globalement stables dans le temps. En Hainaut et Hesbaye, les dimensions moyennes des meules des sites de Blicquy «la Couture du Couvent», Irchonwelz «la Bonne Fortune» et enfin Vaux et Borset «Gibour» semblent très proches et assez élevées, autour de 43,5 x 25 x 12 cm. Elles se distinguent légèrement des dimensions sensiblement inférieures du site rubané d'Aubechies (fig. 117 et 118). Sur ces sites, il est possible d'envisager l'idée d'une dimension standard partagée à l'intérieur d'une même région géographique. Une légère augmentation du module moyen des meules est également perceptible dans

		longueur	largeur	épaisseur poids
MEULES				
ACM	Rubané	42	20	7
ACM	Rubané	47	28	10,5
ACM	Rubané	36	20	9
ACM	Rubané	38	27	9,5
BPR	Rubané	32	19	8
	moyenne	**41,3**	**21,9**	**9,4**
	écart type	**5,1**	**3,9**	**1,2**
BCC	Blicquy	55	26	12
BCC	Blicquy	32	19	8
	moyenne	**43,8**	**24,8**	**11,5**
	écart type	**11,5**	**3,5**	**2,0**
IBF	Blicquy	41	22	7
IBF	Blicquy	37	27	7,5
IBF	Blicquy	40	30	13
IBF	Blicquy	51	29	7
	moyenne	**43,1**	**25,7**	**10,2**
	écart type	**5,3**	**3,1**	**2,5**
VBT	Blicquy	39	27	12
VBT	Blicquy	38	23	9
	moyenne	**43**	**25,7**	**13,7**
	écart type	**0,5**	**2,0**	**1,5**
MOLETTES				
VBT	Blicquy	27,5	17	8
VBT	Blicquy	16	14	4,5
VBT	Blicquy	24	15	6
VBT	Blicquy	24	13	11
VBT	Blicquy	24	11	9,5
VBT	Blicquy	24	13	6,5
VBT	Blicquy	24	10,5	4,5
VBT	Blicquy	16	13	5
VBT	Blicquy	23	13	4,5
	moyenne	**22,5**	**13,3**	**6,6**
	écart type	**3,7**	**1,8**	**2,2**

Fig. 117. Dimensions des meules des sites d'Aubechies «Coron Maton» (ACM), de Blicquy «la Courture du Couvent» (BCC), d'Irchonwelz «la Bonne Fortune» (IBF) et de Vaux et Borset «Gibour» (VBT) en Hainaut et de Hesbaye

le temps. Néanmoins, il faut souligner que les intervalles de dimensions sont relativement importants sur ces sites. Cette configuration semble donc très proche de ce qui a pu être observé en Bassin parisien, avec l'existence d'une norme dimensionnelle.
Normalisation des modules des outils à l'échelle régionale et légère évolution des dimensions standards des meules et

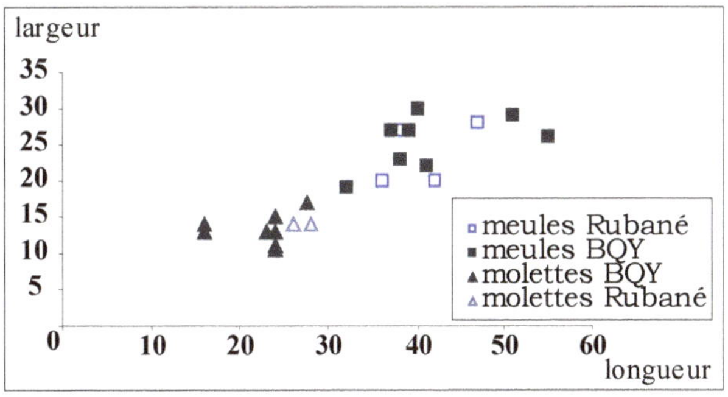

Fig. 118. Dimensions comparées des meules des sites rubanés et blicquiens en Hainaut et Hesbaye

		longueur	largeur	épaisseur
Rosheim	Gg	37,5	26	
Rosheim	Gg	35	21	
Rosheim	Gg	36,5	21,8	
Rosheim	Gg	30,2	21	
Rosheim	Gg	28,6	23,1	
Rosheim	Gg	29	18,9	
Rosheim	Gg	44,5	27,7	
Rosheim	Gg	33	16	
Rosheim	Gg	33	21	
Rosheim	Gg	32	18	
Rosheim	Gg	30	13	
Rosheim	Gg	24,7	11,5	
Rosheim	Gg	28	17,4	
Rosheim	Gg	24,3	14,5	
Rosheim	Gg	20,8	11,9	
Rosheim	Gg	30	19,5	
	moy.	**31,1**	**18,9**	
Lingolsheim	Gg	36	19	
Lingolsheim	Gg	26	16	7
Lingolsheim	Gg	27	15	8,5
Lingolsheim	Gg	36	24	9,5
Lingolsheim	Gg	25	18	4,5
Lingolsheim	Gg	26	12,8	4,5
Lingolsheim	Gg	26,5	16,5	7
Lingolsheim	Gg	27,5	19,5	5,5
	moy.	**28,75**	**17,6**	**6,6**
Worms Rhein	Hk	35	28	9,5
Worms Rhein	Hk	40	17	7
Worms Rhein	Hk	54	20	11
Worms Rhein	Hk	50	32,5	9
	moy.	**44,75**	**24,4**	**9,1**
Trébur	Hk	26,2	16,9	10
Trébur	Hk	40,2	22,2	10,8
Trébur	Hk	35,5	15,3	11
Trébur	Hk	22,8	24,6	8,1
	moy.	**31,2**	**19,75**	**9,9**
Trébur	Gg	43,2	24	10,1
Trébur	Gg	37,4	20,8	7,5
Trébur	Gg	31,1	23,6	8
	moy.	**37,2**	**22,8**	**8,5**

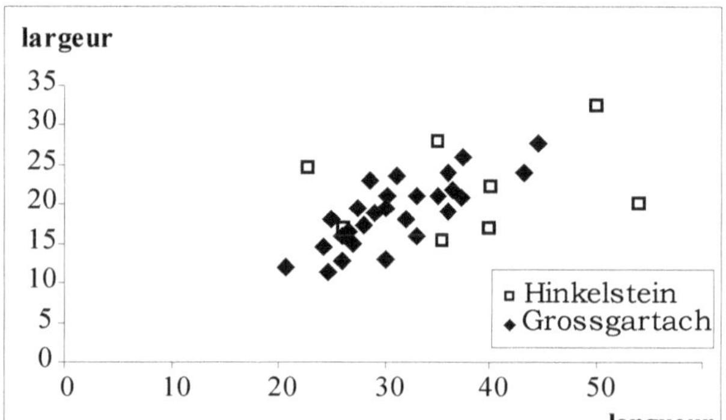

Fig. 119. Modules des meules déposées en contextes funéraires alsacien et rhénan au Hinkelstein et Grossgartach a. dimensions des meules considérées (d'après Bakaj 1998 ; Farruggia 1992 ; Gelliot 2002 ; Spatz 1999) ; b. dimensions comparées entre les meules Hinkelstein et Grossgartach

molettes dans le temps doivent donc être envisagées dans de futures études.

Si une évolution croissante du module moyen des meules a pu par exemple être détectée entre le Hinkelstein et le Grossgartach de la nécropole de Trebur (Spatz 1999, p. 130), ceci n'est pas confirmé par une analyse inter-site (fig. 119). Le cumul des variabilités internes à chaque site, chaque région et chaque période chronologique limite en effet considérablement notre raisonnement, face à des effectifs trop limités pour dégager de réelles tendances significatives. Les intervalles de dimensions varient d'un site à un autre et sont de toute manière relativement importants. Il en est de même pour les sites Hinkelstein rhénans ou Grossgartach d'Alsace et du Rhin. Une grande disparité de modules caractérise les huit meules déposées dans des tombes Hinkelstein à Trebur et Worms «Rheingewann» (Farruggia 1992, Spatz 1999, Zapotocka 1972). Elle semble pourtant laisser place à une plus grande standardisation dans le Grossgartach des sites de Rosheim (Gelliot 2002), Lingolsheim (Meier-Arendt 1975, Farruggia 1992) et Trebur (Spatz 1999), représentés ici par vingt-sept outils, de longueur comprise entre 25 et 40 cm. Les indices d'une éventuelle évolution chronologique des modules ne semblent donc pas visibles à large échelle. Nous ne pouvons donc tester notre hypothèse de standardisation interne des modules d'outils à la lumière des quelques sites danubiens documentés.

L'état de la documentation constitue en soi un frein à la recherche d'indices chronologiques et interprétatifs révélateurs. Les rares ensembles étudiés et publiés sont géographiquement assez distants dans l'espace et dans le temps. Si considérer l'outillage en pierre comme un vecteur de l'identité culturelle au même titre que les autres artefacts nous semble justifié, nous n'avons pas pour le moment les moyens d'en interpréter ni les modalités ni les manifestations. Approvisionnement en matière première, distinction chronologique ou spécificités régionales, les interprétations de la variabilité métrique des meules et molettes à l'échelle de la sphère danubienne restent donc multiples et le débat ouvert.

CONCLUSION

Par ce travail, nous avons tenté de reconstituer une partie de la boîte à outils de pierre utilisée et partagée au sein de l'espace villageois du Néolithique ancien du Bassin parisien. Meules et molettes constituent l'outillage majeur, à la fabrication la mieux soignée et aux caractéristiques morphologiques les plus optimisées. Broyage, concassage et percussion ont recours à un outillage plus diversifié, reflétant des modes d'action et de manipulation souvent complémentaires. Abraseurs, et plus secondairement polissoirs, attestent d'une gestion particulière des supports et du matériau gréseux.
Le caractère domestique voire familial de la production des meules et molettes n'empêche en rien une certaine normalisation, tout particulièrement des schémas de fabrication. Leur variabilité morphométrique intrinsèque traduit une adaptation aux qualités de grés disponibles localement ; elle est par ailleurs contrainte par une recherche permanente d'efficacité. Les morphologies de la meule et de sa molette se déclinent selon des modalités de formes et de sections multiples, tout en respectant un équilibre et une régularité de silhouette. Sur certains sites, la correspondance évidente entre les courbures de meules et molettes renvoie à des indices d'utilisation poussée des surfaces actives. Trois modules de « moulin » néolithique ressortent de l'analyse morphométrique. A notre sens, il s'agit là d'un héritage direct de la tradition danubienne, en cela que les schémas opératoires et les impératifs d'efficacité morpho-techniques répondent à certains codes culturels. Pour autant, il serait faux d'interpréter ce savoir-faire partagé par l'ensemble de la communauté villageoise en terme de standardisation. Au delà de la simple fonctionnalité de l'outil, c'est une certaine conception du moulin néolithique qui transcende ces productions.

Les particularismes liés à l'exploitation des grès doivent être compris en terme d'exploitation des ressources locales et d'utilisation des outils. Une double économie des ressources en grès se fait jour : la récolte de blocs bruts alluviaux est complétée par l'exploitation de gisements de grès locaux, aux qualités plus spécifiques. La dualité fonctionnelle entre grès durs (quartzitiques à compact) et grès glauconieux plus grossiers, attestée pétrographiquement, s'exprime à travers leurs utilisations respectives pour le broyage et l'abrasion. Optimisation des supports et rythmes d'utilisation réguliers définissent néanmoins un mode de gestion commun aux deux types de support.

L'approche fonctionnelle mise en œuvre a permis de restituer pour partie les familles de matières transformées et les activités correspondantes. La méthode d'identification des traces d'utilisation que nous avons mise en œuvre s'avère de ce point de vue efficace, bien que perfectible. A l'épreuve de l'expérimentation, nous avons acquis une appréhension nouvelle des outils. L'exploration de chacune de leur face a révélé l'imbrication systémique des composantes du façonnage et de l'utilisation. La fiabilité de diagnostic obtenue par la méthode d'analyse optique à faible grossissement doit bien sûr être précisée et éprouvée afin d'obtenir une caractérisation beaucoup plus fine de la nature des substances et de la qualité des produits obtenus. Son application à notre corpus archéologique a ainsi permis de préciser la fonction des outils, de mieux interpréter leur insertion dans les chaînes de transformation et d'exploitation des ressources organiques et minérales. Meules et molettes sont au trois quarts dévouées à la transformation des céréales. L'identification de la transformation des grains et de leurs glumes ou des seuls caryopses peut être significative d'une distinction entre mouture et décorticage des céréales. Une correspondance entre les modules des molettes et leurs fonctions respectives est ici proposée. Les meules sont également impliquées dans les étapes de transformations de matières minérales, les molettes à l'usage plus diversifié trouve une seconde vie dans le broyage des matières animales dures. La réutilisation des fragments de meules semble tournée plus directement que les outils entiers vers des activités de transformation « secondaire ». Les caractères morphologiques, les cycles de réutilisation et la fonction des pièces sont donc à l'évidence imbriqués les uns avec les autres.
Mais plus encore, l'approche fonctionnelle ouvre de nouvelles perspectives quant à la distinction des activités pratiquées entre le Rubané et le Villeneuve-Saint-Germain. Elle s'exprime en terme d'adaptation sinon d'évolution des techniques de mouture, avec un probable traitement différencié des graines vêtues et nues entre les deux cultures. Une diversification des activités secondaires au détriment des matières minérales et au profit de l'exploitation des ressources animales se dessine au Villeneuve-Saint-Germain. La variabilité fonctionnelle des outils en grès, et la nette distinction entre support et fonction, corroborent la multiplication des productions techniques à travers le Néolithique ancien du Bassin parisien. De telles pistes fonctionnelles ne demandent qu'à être confortées par des études ultérieures.

L'étude d'un corpus richement documenté nous a permis de dépasser les contraintes inhérentes à la variabilité individuelle du geste des fabricants ou à l'orientation des activités sur chaque site. La prise en compte d'habitats aux statuts complémentaires, implantés dans tout le Bassin parisien, constituait un impératif sine qua non à l'établissement d'une étude cohérente sur les assemblages en grès. La représentativité de chaque type d'outils en grès traduit une orientation des activités sur les sites d'habitats « classiques », que viennent relayer des sites cette fois spécialisés. Les éventuels biais liés à l'état de la documentation archéologique en Bassin parisien ont de surcroît été dépassés en considérant dans un premier temps le corpus dans sa globalité.
L'examen de la distribution des vestiges en grès au niveau de la maisonnée traduit une localisation préférentielle des activités recourant à des outils en pierre. La présence de meules et molettes semble exclure partiellement celle des abraseurs, renforçant ainsi l'idée que le déroulement des activités alimentaires et « artisanales » est dissocié dans l'espace. Le mobilier en grès reflète au même titre que les autres catégories de mobilier la structuration socio-économique des modes de subsistance et des activités à l'échelle du village ; une surreprésentation des meules et molettes à l'échelle de la maisonnée correspond généralement à une consommation de faune domestique plus importante. En outre, une singularité du mobilier en grès au sein des productions du Néolithique ancien du Bassin parisien se manifeste à travers une fracturation volontaire des molet-

tes au moment de leur rejet et des découvertes ubiquistes de véritables dépôts de meules. Le statut symbolique des meules et molettes exclues de la sphère funéraire trouve néanmoins son expression au travers de leurs modes de rejets et d'abandon dans l'habitat.

L'intégration des meules et des molettes à l'ultime phase d'exploitation des ressources alimentaires végétales constitue paradoxalement le premier maillon d'une chaîne de réutilisation des supports. La reprise, l'entretien et la réutilisation de ces outils, dans un milieu où la matière première abonde, peuvent surprendre. Ils relèvent peut-être d'une volonté de rattacher toute la chaîne de production des outils en pierre au mode de vie agro-pastoral des populations néolithiques. La meule constitue le début d'un cycle de production d'outils en pierre renouvelé et entretenu, de la même manière que les activités agro-pastorales s'inscrivent dans un cycle saisonnier perpétuel de renouvellement des cultures. Les études ultérieures devront s'attacher à comprendre les raisons de ce phénomène. Les changements techniques radicaux et profonds apportés par la néolithisation s'inscrivent dans un schéma évolutif perceptible également à travers la dualité morpho-fonctionnelle des meules et des molettes. La fabrication de ces outils est normalisée mais non standardisée, leur utilisation est orientée mais non strictement spécialisée. Les règles de structuration socio-économique vues à travers le prisme de l'outillage en grès ne semblent pas pour autant restreindre l'identité technique propre à chaque maisonnée.

Enfin, les activités ne semblent pas occuper une place figée dans le schéma de subsistance et de production techniques. Les techniques de transformation des céréales semblent ainsi maîtrisées dès l'avènement du Néolithique en Bassin parisien mais continuent d'évoluer en phase avec l'ancrage de la consommation des produits de l'agriculture, animaux et céréaliers, dans l'alimentation quotidienne. En parallèle, l'abrasion tend à conquérir de nouveaux pans de la culture matérielle du Néolithique et à diversifier sa participation aux chaînes opératoires de transformation des outils en os ou des objets de parure en matières minérales.

Maintes questions restent pourtant en suspens concernant l'attribution fonctionnelle des outils d'abrasion et la complémentarité entre divers outils de broyage et de mouture. Le perfectionnement et l'approfondissement des méthodes de détermination fonctionnelle s'avèreront indispensables L'esquisse de l'insertion des outils en pierre dans le déroulement des activités sur le plan aussi bien technique que spatial, doit être affiné par des études complémentaires. La normalisation des outils de mouture et l'évolution des boîtes à outils dans le temps et l'espace doivent être éprouvées à l'échelle de la sphère danubienne. Ainsi seulement l'originalité des outils de broyage et d'abrasion, et du domaine technique y afférant pourra être soulignée en Bassin parisien. Contextes funéraires, contextes d'habitats et contextes de dépôts devront être jaugés et comparés simultanément. Le statut des outils en grès en tant que mobilier funéraire nous guidera peut-être vers une interprétation plus juste de leur fonction en contexte d'habitat. Ainsi seulement, la dynamique évolutive des outils de mouture, depuis leur apparition jusqu'à leur abandon au profit de la meule rotative à l'Age du Fer, pourra être comprise.

---

[1]Doctorante, Laboratoire de Chrono-Écologie, UMR 6565 du CNRS

[2]«Archéométrie et Archéologie», UMR 5138 du CNRS - UFR des Sciences de la Terre, Université Lyon I, Claude Bernard

[3]La quasi totalité des expérimentations a été réalisée dans le cadre de l'association « L'Homme Retrouvé » au Paléoscope des Mureaux (Yvelines). Une partie des tests de transformation des céréales a été effectuée au Musée des Tumulus de Bougon (Deux-Sèvres) et dans le cadre d'une collaboration avec A. Milleville et C. Schaal au Centre de recherche archéologique de la vallée de l'Ain (Le Frasnois- Jura).

[4]UMR 7041 ArScan Protohistoire européenne

[5]A. Lo Carmine fait partie de l'association « L'Homme Retrouvé », et travaille sur les lames de hache du Néolithique final de la minière de Flins (Yvelines).

[6]UMR 7041 ArScan Protohistoire européenne – association « l'Homme Retrouvé » - tracéologue spécialiste de l'industrie lithique taillée rubanée du Bassin parisien

[7]J'exprime à cet effet mes remerciements à Y. Maigrot qui m'a fait part de son expérience en la matière osseuse et pour ses crédits photographiques, S. Bonnardin qui a mis spontanément à ma disposition une série d'objets de parure du Néolithique ancien du Bassin parisien, ainsi que D. Giazzon et C. Marcigny qui m'ont confiés quelques pièces des sites de Champfleur « le Bois de Barrée » et Arçonnay « Parc Saint-Gilles » (Sarthe).

BIBLIOGRAPHIE

ADAMS, A.E, MC KENZIE, W.S., GUILFORD C., 1994 - Atlas des roches sédimentaires, éditions Masson, Paris.

ADAMS, J. 1988 - Use-wear analysis on manos and hide-processing stones, Journal of field archaeology, 15, p. 307-315.

ADAMS, J. 1989 - Methods for improving ground stone artifacts analysis : experiments in mano wear patterns, in Amick D.S. et Mauldin R.P. eds., Experiments in lithic technology, BAR international series 528, Oxford, p. 259-275.

ADAMS, J. 1993 - Toward understanding the technological development of manos and metates, KIVA, 58 (3), p. 331-344.

ADAMS, J. 1996 - Manual for a technological approach to ground stone analysis, Center for Desert Archaeology, Tucson.

ADAMS, J. 2002 - Mechanisms of wear on ground stone surfaces, in Procopiou H. et Treuil R. eds., Moudre et broyer. L'interprétation fonctionnelle de l'outillage de mouture et de broyage dans la Préhistoire et l'Antiquité : actes de la table ronde internationale, Clermont-Ferrand, 30 nov. - 2 déc. 1995, I - Méthodes, CTHS, Paris, p. 57-67.

AGAPAIN, 2002 - Les meuliers. Meules et pierres meulières, Presses du village, Etrépilly, 278 p.

ALAIS, C., LINDEN, G., 1994 - Biochimie alimentaire, 3e édition, Paris, Masson.

ALLARD, P. 1996 - Contribution à l'étude des matières premières et de l'outillage de l'industrie lithique du site RRBP de Cuiry-lès-Chaudardes «lès Fontinettes» (Aisne), Mémoire de DEA, Université Paris I.

ALLARD, P. 2005 - L'industrie lithique des populations rubanées du Nord-est de la France et de la Belgique, Internationale Archäologie Band 86, Herausgegeben von Claus Dobiat u. Klaus Leidorf, Verlag Marie Leidorf Gmbh Rahden / Westf.

ALLARD, P., DUBOULOZ, J., HACHEM, L., ILETT, M. et ROBERT, B., 1995 - Berry-au-Bac «le Vieux Tordoir» : la fin d'un grand sauvetage et la fouille d'un nouveau site rubané, Les Fouilles Protohistoriques dans la Vallée de l'Aisne, 23, p. 11-95.

ALLARD, P., BAILLIEU, M., BOLEN, S., BONNARDIN, S., CHARTIER, M., COLAS, C., CONSTANTIN, C., DUBOULOZ, J., FARRUGGIA, J-P., FLUCHER, G., GRANSAR, M., GUICHARD, Y., HACHEM, L., ILETT, M., MONCHABLON, C., NAZE, Y., NERE, E., PELTIER, V., PICOULET, B., SIDERA, I. 1997 - Bucy-le-Long «la Fosselle» (Aisne), Rapport de fouille, SRA Picardie, ERA 12 du CRA-CNRS, AFAN, Communauté de communes du Val de l'Aisne, Amiens.

ANDERSON-GERFAUD, P. 1980 - A testimony of prehistoric tasks : diagnostic residues on stone tool working edges, World archaeology, 12 (2), p. 181-194.

ANDERSON-GERFAUD, P. 1984 / 1985 - Apports et limites de l'étude des phytolithes, Les Nouvelles de l'archéologie, 18, p. 48-55.

ANDERSON-GERFAUD, P. 1986 - A few comments concerning residues analysis of stone plant-processing tools, in Owen L. et Unrath G. eds., Technical aspects of microwear studies on stone tools, Tübingen, Early man news, 9 / 10 / 11, p. 69-81.

ANDERSON, P.C. ed. 1992 - Préhistoire de l'agriculture : nouvelles approches expérimentales et ethnographiques, CRA monographies 6, CNRS éditions, Paris, 403 p.

ANDERSON, P.C. 2000 - La tracéologie comme révélateur des débuts de l'agriculture, in Guilaine J. dir., Premiers paysans du monde. Naissance des agricultures, Errance, Paris, p. 97-120.

ANDERSON-GERFAUD, P., MOSS, E.H., PLISSON, H. 1987 - A quoi ont-ils servi ? L'apport de l'analyse fonctionnelle, Bulletin de la société préhistorique française, 84, p. 226-237.

ANDERSON, P.C., CUMMINGS, L., SCHIPPERS, T., SIMONEL, B., eds. 2003 - Le traitement des récoltes. Un regard sur la diversité du Néolithique au présent., Actes des XXIIIe rencontres internationales d'archéologie et d'histoire d'Antibes 2002, Editions ADAPCA, Antibes.

ARBOGAST, R.-M., BOSTYN, F., LORIN, Y. ET PRODEO, F. 1998 - Un nouveau site d'habitat du groupe de Villeneuve-Saint-Germain à Pontpoint "le Fond de Rambourg" (Oise), in Actes du XXIIIe colloque interrégional sur le Néolithique, Bruxelles 1997, Anthropologie et préhistoire, 109.

ASCHMANN, H. 1949 - A metate maker of Baja, California, American anthropologist, 51, p. 682-686.

ASTRUC, L. 2001 - Artisanat lié au travail des matières minérales et approches expérimentales. Le cas de Khirokitia (Néolithique précéramique, Chypre), in Bourguignon L., Ortega I., Frère-Sautot M-C. dir., Préhistoire et approche expérimentale, éditions Monique Mergoil, Montagnac, p. 233-255.

ATCHISON, J., FULLAGAR, R., 1998 - Starch residues on pounding implements from Jimmium rock-shelter, in Fullagar R. ed., A Closer Look. Recent Australian Studies of Stone tools, Sydney University Archeological Methods Series 6, Sydney, p. 110-125.

AUDOUIN, F., PLISSON, H. 1982 - Les ocres et leurs témoins au Paléolithique en France : enquête et expériences sur leur validité archéologique, in Cahiers du centre de recherches préhistoriques, 8, p. 33-80.

AUDOUIN-ROUZEAU, F., BEYRIES, S. 2002 - Le travail du cuir de la Préhistoire à nos jours : actes des rencontres 18-20 octobre 2001, ADAPCA, Antibes.

AUGEREAU A., 2004 - L'Industrie du silex du Ve au IVe millénaire dans le sud-est du Bassin parisien Rubané, Villeneuve-Saint-Germain, Cerny et groupe de Noyen, D.A.F n°97, Maison des Sciences de l'Homme, Paris, 220 p.

AUGEREAU, A. 1997 - L'économie lithique dans la culture Cerny : homogénéité, variabilité et comparaisons avec les cultures de la seconde moitié du Vème millénaire, in Constantin, C. Mordant, D., Simonin, D. dir. , La culture de Cerny. Nouvelle économie, nouvelle société au Néolithique. Actes du colloque international de Nemours, mai 1994, APRAIF, Mémoires du Musée de Préhistoire d'Ile de France, 6, Nemours, p. 269-297.

AUGEREAU, A., BOSTYN, F. 1997 - Evolution des industries entre le Villeneuve-Saint-Germain et le Cerny dans la France du Nord, in Constantin, C., Mordant, D., Simonin, D., dir. , La culture de Cerny. Nouvelle économie, nouvelle société au Néolithique. Actes du colloque international de Nemours, mai 1994, APRAIF, Mémoires du Musée de Préhistoire d'Ile de France, 6, Nemours, p. 25-38.

AUGEREAU, A., BONNARDIN, S. 1998 - Marolles-sur-Seine «le Chemin de Sens» (Seine et Marne) et la fabrication de la parure en calcaire au Néolithique ancien, Bulletin de la société préhistorique française, 95 (1), p. 23-39.

AUGEREAU, A., CHAMBON, P. 2001 - Monéteau «Sur Macherin» : néolithique, époque gauloise, gallo-romain, DFS de sauvetage urgent, SRA bourgogne, Dijon.

AUGEREAU A., HAMON C., MEUNIER K. *à paraître*– L'habitat rubané et Villeneuve-Saint-Germain à Gurgy « les Grands Champs » (Yonne), Actes du 25ème colloque interrégional sur le Néolithique, Dijon.

AURENCHE, O. 1997 - Balanophagie : mythe ou réalité ?, Paléorient 23-1, p. 75-86.

AURENCHE, O., KOSLOWSKI, S.K. 1999 - La naissance du Néolithique au Proche-Orient, Errance, Paris, 255 p.

AUXIETTE, G. 1989 - Les bracelets néolithiques dans le Nord de la France, la Belgique et l'Allemagne rhénane, Revue Archéologique de Picardie 1-2, p. 13-65.

BAILLOUD, G. 1964 - Le Néolithique dans le Bassin parisien, IIème supplément à Gallia Préhistoire, éditions CNRS.

BAKAJ, B., BOES, E., JEUNESSE, C., MAUVILLY, M. 1998 - La nécropole néolithique moyen de Rosheim «Rosenmeer», fouilles 1998, Cahiers de l'association pour la promotion de l'archéologie alsacienne 14, p 45-106.

BAKELS, C. 1984 - Carbonized seeds from Northern France, Analecta Praehistorica Leidensia, 17, p. 1-27.

BAKELS, C., RENFREW C. 1985 - Restes botaniques et agricoles du Néolithique ancien en Belgique et au Pays-Bas, Helinium XXV, p. 35-57.

BAKELS, C. 1991 - Tracing crop processing in the Bandkeramik culture, in Renfrew C., New light on early farming, p. 281-280.

BAKELS, C. 1995 a - Les restes carbonisés de grains et de fruits, in Ilett, M. et Plateaux, M. dir, Le site néolithique de Berry-au-Bac «le Chemin de la Pêcherie» (Aisne), Monographie du C.R.A. n° 15, CNRS éditions, Paris, p. 142-144.

BAKELS, C. 1995 b - Late glacial and holocène pollen record from the Aisne and Vesles valleys, Northern France : the pollen diagrams Maizy-Cuiry and Bazoches, in Herngreen G.F. et Van der Valk L. eds., Neogene and Quaternary geology of North-West Europe, Medelingen Rijks geologische Dienst 52, p. 223-234.

BAKELS, C. 1997 - Le blé dans la culture Cerny, in Constantin, C., Mordant D., Simonin D. dir, La culture de Cerny. Nouvelle économie, nouvelle société au Néolithique. Actes du colloque international de Nemours, mai 1994, APRAIF, Mémoires du Musée de Préhistoire d'Ile de France 6, p. 315-317.

BAKELS, C. 1999 - Archeobotanical investigations in the Aisne valley, northern France, from the Neolithic up to the early Middle ages, Vegetation history and archeobotany, 8, p. 71-77.

BAKELS, C. et ROUSSELLE, R. 1985 - Restes botaniques et agriculture du Néolithique ancien en Belgique et aux Pays-Bas, Helinium XXV.

BALKAN-ATLI, N. 1994 - Le mobilier de mouture et de broyage, in La néolithisation de l'Anatolie. Institut français d'études anatoliennes d'Istanbul avec le concours du CNRS, éditions De Boccard, p. 82-83.

BARBOFF, M., SIGAUT, F., GRIFFIN-KRENER C., KREMER, R. 2003 - Meules à grains. Actes du colloque international (La Ferté-sous-Jouarre 16-19 mai 2002), Maison des Sciences de l'Homme, Paris.

BAUDAIS D. 1986 - Les objets en bois, in Pétrequin P. dir., Les sites littoraux néolithiques de Clairvaux-les-Lacs (Jura) I- Présentation générale, L'exemple de la station III, éditions Maison des Sciences de l'Homme, Paris.

BENARD, A. 1983 - Inventaire des meules dormantes d'Ile-de-France, Bulletin de la société préhistorique française, 80 (8), p. 249-256.

BESSAC, J.-C. 1982 - L'outillage traditionnel du tailleur de pierre, Tome I : Les instruments de percussion lancée., Mémoire de l'Ecole des Hautes Etudes en Sciences Sociales, Paris.

BETIRAC, B. 1956 - Sur la fragmentation volontaire des meules et des polissoirs, Bulletin de la société préhistorique française, LIII, p. 42.

BEYRIES, S. 1988 - Industries lithiques. Tracéologie et technologie, BAR International Series 411(i), CRA du CNRS, Oxford.

BEYRIES, S. 1993 - Expérimentation archéologique et savoir-faire traditionnel : exemple de la découpe d'un cervidé, Techniques et cultures, 22, p. 53-79.

BEYRIES S., INIZAN M. L., 1982 - Typologie, ocre, fonction, Studia Praehistorica belgica, 2, p. 235-240.

BILLARD, C. 2001-2003 - Colombelles «le Lazzaro» (Calvados). Un habitat du Néolithique ancien dans la Plaine de Caen. Rapports de fouille, DRAC Basse Normandie, Conseil général du Calvados, Ville de Colombelles.

BINDER D., 1995 – Eléments pour la chronologie du Néolithique ancien à céramique imprimée dans le Midi, in Voruz, J.L. Chronologies néolithiques de 6000 à 2000 avant notre ère dans le Bassin Rhodanien : actes du colloque d'Ambérieu en Bugey, 19 et 20 septembre 1992 (XIè Rencontre sur le Néolithique de la Région Rhône-Alpes), Ambérieu en Bugey : Société Préhistorique Rhôdanienne, 420 p.

BLANCHET, J.C., PLATEAUX, M., POMMEPUY, C. dir. 1989 - Matières premières et sociétés protohistoriques dans le Nord de la France. Action thématique programmée «Archéologie métropolitaine» (Rapport 1989), Direction des Antiquités de Picardie.

BLOUET, V., DECKER, E. 1986 - Le Rubané en Lorraine, in Le Néolithique du Nord-est de la France et des régions limitrophes, Actes du 13ème colloque interrégional sur le Néolithique, Metz 1986, D.A.F. n° 41, p. 84-93.

BONNARDIN, S. 1995 - La fabrication de la parure en calcaire au Néolithique ancien à travers l'exemple de Marolles-sur-Seine «le Chemin de Sens» (Seine-et-Marne), Mémoire de maitrise, Université Paris I.

BONNARDIN, B. 2003 - La parure funéraire des 6e et 5e millénaires avant J.C. dans le Bassin parisien et la plaine supérieure du Rhin : traces d'usure, fonctionnement et fonction des objets de parure, in Table ronde de la Société Préhistorique Française, Mémoire XXXIII de la Société préhistorique française, p. 99-113.

BONNARDIN, B. 2004 - L'art de se parer au Néolithique ancien. Matériaux, techniques, fonctions et usage social des objets de parure funéraires rubanées et post-rubanées dans les Bassins parisien et rhénan, Thèse de doctorat, Université Paris I.

BOSQUET, D., PREUD'HOMME D., FOCK H., GOFFIOUL C. 1997 - Découverte d'un village rubané fossoyé à Remicourt au lieu-dit 'En Bia Flo' (TGV oriental), Notae Praehistoricae 17, p. 103-110.

BOSTYN, F. 1994 - Caractérisation des productions et de la diffusion des industries lithiques du groupe de Villeneuve-Saint-Germain, Thèse de doctorat, Université Paris X.

BOSTYN, F. dir. 2003 - Néolithique ancien en Haute Normandie : le village Villeneuve-Saint-Germain de Poses «Sur la Mare» et les sites de la boucle du Vaudreuil, Société préhistorique française, Travaux 4.

BOSTYN, F., ANDRE, M.-F., LANCHON, Y., MARTIAL, E., PRAUD, I. 1997 - Un nouveau site d'habitat du groupe de Villeneuve-Saint-Germain à Poses "Sur la Mare" (Eure), in Actes du 22ème colloque interrégional sur le Néolithique, Strasbourg, 1995. Supplément aux Cahiers de l'Association pour la Promotion de la Recherche Archéologique en Alsace, p.447-466.

BOSTYN F. dir. 1998 - Le site d'habitat Villeneuve-Saint-Germain à Pontpoint «Le Fond de Rambourg» (Oise), Programme de surveillance de moyenne vallée de l'Oise, DFS, Amiens Afan/SRA Picardie, p. 38-46.

BOSTYN F., HACHEM L., LANCHON, Y. 1991 - Le site néolithique de Jablines «la Pente de Croupeton» (Seine-et-Marne) : premiers résultats, in Actes du colloque néolithique de Châlons-sur-Marne, ARPEPP, p. 45-81.

BRIL B. 1984 - Description du geste technique : quelles méthodes ? Techniques et culture «Des choses dont la recherche est laborieuse...», 3, p. 81-96.

BURNEZ-LANOTTE, L., CASPAR, J.-P., CONSTANTIN, C., 2001 - Rapports chronologiques et culturels entre Rubané et groupe de Blicquy à Vaux-et-Borset (Hesbaye, Belgique), Bulletin de la société préhistorique française, 98 (1), p. 53-76.

BURNEZ-LANOTTE, L., CASPAR, J-P., avec la collaboration de M. VANGUESTAINE 2005 - Technologie des anneaux en schiste dans le groupe de Blicquy/Villeneuve-Saint-Germain à Vaux-et-Borset (Hesbaye, Belgique) : interférences de sous-systèmes techniques, Bulletin de la société préhistorique française, Tome 102 (3), p. 551-596

CAHEN, D. 1980 - Fabrication des bracelets en schiste dans le groupe de Blicquy, Bulletin du club Amphora 22, p. 3-12.

CAHEN D., GILOT, E. 1983 - Chronologie radiocarbone du Néolithique danubien, in Progrès récents dans l'étude du Néolithique ancien, Actes du colloque international de Gand 82, Dissertationes archeologicae Gandeses XXI, p. 5-33.

CAHEN D., DOCQUIER, J. 1985 - Présence du groupe de Blicquy en Hesbaye, Helinium XXV (1), p. 94-122.

CAHEN, D., CASPAR J.-P., OTTE, M. 1986 - Industries lithiques danubiennes de Belgique, ERAUL 21, Centre de recherches archéologiques de l'université de Liège, Liège.

CAHEN, M., OTTE, M. dir., 1990- Rubané et Cardial, Actes du colloque de Liège, ERAUL n°39.

CAHEN, D., KEELEY, L. H, JADIN I., VAN BERG, P. L., 1990 - Trois villages fortifiés du Rubané récent en Hesbaye liégeoise, in Cahen, D. et Otte, M. eds., Rubané et cardial, ERAUL 39, Liège, p. 125-148.

CAMPS-FABRER, H. 1960 - Parure des temps préhistoriques en Afrique du Nord, Lybica,VIII, p. 102-165.

CARRE, H. 1984 - Habitats danubiens Seine-Yonne - Les maisons de Passy. Influences méridionales dans l'Est et le centre-est de la France au Néolithique : le rôle du Massif-Central, in Actes du 16ème Colloque interrégional sur le Néolithique, le Puy-en-Velay, 1981, CREPA cahier n°1, p. 15-24.

CARTE GEOLOGIQUE D'ATTICHY au 1 : 50 000ème, 1974, levée 1970 à 1972, Bureau de recherches Géologiques et Minières (B.R.G.M.), Service géologique national, BP 6009, 45060 Orléans cedex 02.

CARTE GEOLOGIQUE DE SOISSONS au 1 : 50 000ème, 1976, levée 1882-1884, Bureau de recherches Géologiques et Minières (B.R.G.M.), Service géologique national, BP 6009, 45060 Orléans cedex 02.

CARTE GEOLOGIQUE DE CRAONNE au 1 :50 000ème, 1972, levée 1966-1970, Bureau de recherches Géologiques et Minières (B.R.G.M.), Service géologique national, BP 6009, 45060 Orléans cedex 02.

CARTE GEOLOGIQUE DE LAGNY au 1 : 50 000ème, 1971, levée 1939-1943 et 1970, Bureau de recherches Géologiques et Minières (B.R.G.M.), Service géologique national, BP 6009, 45060 Orléans cedex 02.

CARTE GEOLOGIQUE DE MONTEREAU-FAULT-YONNE au 1 : 50 000ème, 1973, levée 1967 à 1970, Bureau de recherches Géologiques et Minières (B.R.G.M.), Service géologique national, BP 6009, 45060 Orléans cedex 02.

CARTE GEOLOGIQUE DE SENS au 1 : 50 000ème, 1971, levée 1967 à 1969, Bureau de recherches Géologiques et Minières (B.R.G.M.), Service géologique national, BP 6009, 45060 Orléans cedex 02.

CARTE GEOLOGIQUE D'AUXERRE au 1 : 50 000ème, 1967, levée 1958 à 1966, Bureau de recherches Géologiques et Minières (B.R.G.M.), Service géologique national, BP 6009, 45060 Orléans cedex 02.

CARTE GEOLOGIQUE LES ANDELYS au 1 :50 000ème, 1967, levée 1950 à 1955, Bureau de recherches Géologiques et Minières (B.R.G.M.), Service géologique national, BP 6009, 45060 Orléans cedex 02.

CASPAR, J-P. 1985 - Etude tracéologique sur industries du silex du village rubané de Darion : données préliminaires, Bulletin de la société royale belge d'anthropologie et de préhistoire, p. 49-74.

CASPAR, J-P., CONSTANTIN, C., HAUZEUR, A., BURNEZ-LANOTTE, L., 1993-1994 - Nouveaux éléments dans le groupe de Blicquy en Belgique : le site de Vaux et Borset «Gibour» et «à la Croix Marie-Jeanne», Helinium XXXIII, 1, p. 67-79 et 2 p. 168-252, XXXIV, 1, p. 3-93.

CAYEUX, L. 1906 - Structure et origine des grès tertiaires parisiens, Paris.

CAYOL, N. 2002 - Fonction de l'outillage lithique du rubané récent du Bassin parisien. L'exemple de quatre unités d'habitation de la vallée de l'Aisne, Mémoire de DEA, Université Paris I.

CHAMPAULT, D. 1991 - La pierre qui dure. De quelques usages contemporains d'objets préhistoriques (Sahara, Yémen), Techniques et culture 17-18. Préhistoire et ethnologie, le geste retrouvé, Maison des Sciences de l'Homme, Paris, p. 319-330.

CHARTIER, M. 1991 - Etude des paléoenvironnements de la vallée de l'Aisne à l'Holocène, Thèse de doctorat en géographie physique sous la direction de Y. Dewolf, Université Paris VII.

CHATAIGNER, C., PLATEAUX, M. 1986 - Analyse spatiale des habitats rubanés et informatique, Bulletin de la société préhistorique française, 83 (10), p. 319-324.

CHERTIER, B. 1975-1981 - Rapport de fouille de Larzicourt «Ribeaupré», Châlon-sur-Marne.

CHERTIER, B. 1987 - Une nouvelle maison du Néolithique ancien à Larzicourt (Marne), lieu dit Champ Buchotte. Etude préliminaire des structures enterrées de l'édifice, Pré et protohistoire en Champagne-Ardennes, 11, p. 39-55.

CHERTIER, B., TAPPRET, E. 1982 - Fouille de sauvetage d'un habitat danubien à Norrois (Marne), Pré et protohistoire en Champagne-Ardennes, 6, p. 31-43.

CHRISTENSEN, M. 1999 - Technologie de l'ivoire du Paléolithique supérieur. Caractérisation physico-chimique du matériau et analyse fonctionnelle des outils de transformation, BAR International Series S 751, Oxford.

CHRISTENSEN, M., WALTER, P. 1990 - Physico-chimie en tracéologie. Le cas des couteaux égyptiens, in Menu, M. et Walter, P. eds., La pierre préhistorique, p. 149-171.

CHRISTENSEN, M., VALLA, F. 1999 - Pour relancer un débat : que sont les pierres à rainure du Natoufien Proche-Oriental ? Bulletin de la société préhistorique française, 1996 (2), p. 247-252.

CHRISTIDOU, R. 1999 - Outils en os néolithiques du nord de la Grèce : étude technologique. Thèse de doctorat sous la direction de D. Stordeur, Université Paris X.

COLAS, C. 2000 - Savoir-faire technique et reconnaissance des chaînes opératoires et des poteries Néolithique Moyen II de la moitié Nord de la France. Etude typo-technologique, Thèse de Doctorat sous la direction de M. Lichardus, Université Paris I.

CONSTANTIN, C. 1985 - Fin du Rubané, céramique du Limbourg et post-Rubané. Le néolithique le plus ancien en Bassin parisien et en Hainaut, B.A.R. International Series 273, Oxford.

CONSTANTIN, C. 1997 - Du groupe de Villeneuve-Saint-Germain à la culture de Cerny. La céramique, in Constantin, C., Mordant D., Simonin D. dir, La culture de Cerny. Nouvelle économie, nouvelle société au Néolithique. Actes du colloque international de Nemours, mai 1994, APRAIF,

Mémoires du Musée de Préhistoire d'Ile de France, 6, Nemours, p. 65-71.

CONSTANTIN, C. 2002 - A propos d'un article de C. Jeunesse paru dans le Bulletin de la société préhistorique du Luxembourg, Bulletin de la société préhistorique du Luxembourg, 22, p. 117-126.

CONSTANTIN, C., FARRUGIA, J-P., PLATEAUX, M., DEMAREZ, L. 1978 - Fouille d'un habitat néolithique à Irchonwelz (Hainaut occidental), Revue archéologique de l'Oise, 13, p. 3-20.

CONSTANTIN, C., DEMOULE, J-P. 1982 - Eléments non Rubané du Néolithique ancien entre vallées du Rhin inférieur et Seine VI. Groupe de Villeneuve-Saint-Germain. Helinium, XXII, p. 255-271.

CONSTANTIN C., COURTOIS C. 1985 - Les matériaux céramique comme caractéristique des céramiques en archéologie, Etude des céramiques en archéologie, IGAL, documents et travaux 9, p 19-26.

CONSTANTIN, C., SIDERA, I., DEMAREZ, L. 1991 - Deux sites du groupe de Blicquy et Aubechies (Hainaut), Anthropologie et préhistoire, 102, p 29-54.

CONSTANTIN, C., CASPAR, J-P., HAUZEUR, A., BURNEZ-LANOTTE L., SIDERA, I., DOCQUIER, J., LOUBOUTIN, C., TROMME, F. 1993 - Rubané et groupe de Blicquy à Vaux-et-Borset / Gibour (Hesbaye liégeoise), in Le Néolithique au quotidien, Actes du XVIème Colloque Interrégional sur le Néolithique, D.A.F. n° 39, Maison des Sciences de l'Homme, Paris, p. 86-93.

CONSTANTIN, C., FARRUGIA, J-P., GUICHARD, Y., 1995 - Deux sites du groupe de Villeneuve-Saint-Germain à Bucy-le-Long (Aisne), Revue archéologique de Picardie, 5 (12), p. 3-59.

CONSTANTIN, C., ILETT, M. 1997 - Une étape finale dans le Rubané récent du Bassin parisien, in Le Néolithique danubien et ses marges entre Rhin et Seine (Actes du 22e colloque interrégional sur le Néolithique, Strasbourg 1995), Cahiers de l'Association pour la Promotion de la Recherche Archéologique en Alsace, Supplément n°3, p. 281-300.

CONSTANTIN, C., ILETT, M. 1998 - Culture de Blicquy - Villeneuve-Saint-Germain, rapports chronologiques avec les cultures rhénanes, in Organisation néolithique de l'espace en Europe du Nord-Ouest, Actes du 23e colloque interrégional sur le Néolithique, Bruxelles 1997, Anthropologie et Préhistoire 109, p. 207-216.

CONSTANTIN C., HANCE, L., VACHARD, D. 2001 - Un réseau d'échange de calcaire utilisé pour la fabrication d'anneaux pendant le groupe de Villeneuve-Saint-Germain, Bulletin de la société préhistorique française 98 (2), p 245-253.

CORDIER, G. 1991 - Matériel néolithique tourangeau de mouture et de broyage, Revue archéologique du centre de la France, 30, p. 48-70.

COUDART, A. 1998 - Architecture et société néolithique: l'unité et la variance de la maison danubienne, D.A.F. n° 67, Maison des Sciences de l'Homme, Paris.

COUSIN, F., MONZON, S. 1992 - Cuisines du monde. Gestes et recettes, Editions CNRS, Paris, p. 37-45.

CUMMINGS, L. 2003 - Tracing cereal grain threshing through time and space using cut phytoliths, in Anderson, P. C., Cummings, L, Schippers, T., Simonel, B. eds., Le traitement des récoltes. Un regard sur la diversité du Néolithique au présent, Actes des XXIIIe rencontres internationales d'archéologie et d'histoire d'Antibes 2002, éditions ADAPCA, Antibes, p. 47-60.

D'ANDREA, A. C. 2003 - Social and technological aspects of non-mechanised emmer processing, in Anderson, P. C., Cummings, L, Schippers, T., Simonel, B. eds., Le traitement des récoltes. Un regard sur la diversité du Néolithique au présent. Actes des XXIIIe rencontres internationales d'archéologie et d'histoire d'Antibes 2002, éditions ADAPCA, Antibes, p. 47-60.

DALES, G.F. 1977 - Shell working at ancient Balakot, Pakistan, Expedition, 19-2, p. 13-19.

DAVID, N. 1998 - The ethnoarcheology of grinding at Sukur, Adamawa state, Nigeria. African review, 15 (1), p. 13-63.

DE BEAUNE, S. A. 1989 - Exemple ethnographique de l'usage plurifonctionnel d'un galet de quartz, Bulletin de la société préhistorique française, 86 (2), p. 61-64.

DE BEAUNE, S. A. 2000 - Pour une archéologie du geste. Broyer, moudre, piler. Des premiers chasseurs aux premiers agriculteurs, CNRS éditions, Paris, 231 p.

DELOR, J.-P. 1991 - Les villages néolithiques de Gurgy «les Plantes du Mont» (Yonne) : particularités architecturales et aménagements environnementaux, in Actes du XVIII ème colloque interrégional sur le Néolithique, Dijon 1991, Revue archéologique de l'Est, 14 ème supplément, p. 295-305.

DELOR, J.-P. 1994 - Gurgy «les Plantes du Mont» : conservation, préparation et cuisson des aliments au début du Néolithique moyen, in Boire et manger en Bourgogne, actes des rencontres ARIA Bourgogne, Auxerre, mars 1992, Cahiers archéologiques de Bourgogne 5, p. 19-22.

DIEPEVEEN, M., BLANCHET, J.C., PLATEAUX, M. 1992 - Un nouveau site danubien à Trosly-Breuil (Oise) (Groupe de Villeneuve-Saint-Germain et de Cerny), in Demoule, J.P. et Guilaine J. dir., Actes du 11ème colloque interrégional sur le Néolithique, 5-7 octobre 1984, Mulhouse, Internéo, p. 79-93.

DIETSCH-SELLAMI, M-F. 2002 - Etude carpologique des occupations néolithiques et protohistoriques, in Bostyn, F. dir. Néolithique et protohistoire du site des Antes à Rungis, Val de Marne, Arpea 94-Artcom', p. 32-41.

DUBOULOZ, J., LANCHON, Y. 1997 - Cerny et Rössen en Bassin parisien : une approche par la céramique, in Constantin, C., Mordant D., Simonin D. dir, La culture Cerny, nouvelle économie, nouvelle société au néolithique, actes du colloque de Nemours, mai 1994, Nemours, APPRAIF Mémoires du Musée d'Ile de France 6, p. 239-265.

DUBOULOZ, J. 2003 - Datation absolue du premier Néolithique du Bassin parisien : complément et relecture des données Rubané Récent du Bassin Parisien et Villeneuve-Saint-Germain, Bulletin de la société préhistorique française, tome 100 (4), p. 671-689.

DUBREUIL, L. 2002 - Etude fonctionnelle des outils de broyage natoufiens : nouvelles perspectives sur l'émergence de l'agriculture au Proche-Orient. Préhistoire et géologie du quaternaire, Université de Bordeaux I.

ELUERE, C. 1980 - Fabriquer des liens et cordages préhistoriques, Dossiers de l'archéologie 46, p. 68-71.

FARRUGGIA, J.-P., 1992 - Les outils et les armes en pierre dans le rituel funéraire du Néolithique danubien, 581, BAR International Series, Oxford.

FARRUGGIA, J.-P., GUICHARD Y., HACHEM, L. 1991 - Ensembles funéraires rubanés à Menneville (Aisne), in Actes du XVIIIème colloque interrégional sur le Néolithique, Dijon 1991, Revue archéologique de l'Est, 14ème supplément, Dijon.

FIRMIN, G., 1982 - Les fouilles protohistoriques dans la vallée de l'Aisne : Paléobotanique, in Vallée de l'Aisne, Cinq années de fouilles protohistoriques, Revue archéologique de Picardie, n° spécial, p. 43-55.

FIRMIN, G., 1986 - Archéobotanique et archéologie expérimentale au Néolithique. Rubané récent du Bassin Parisien dans la Vallée de l'Aisne, in Demoule, J.P. et Guilaine J. dir., Le Néolithique de la France, hommage à G. Bailloud, Picard, Paris, p. 53-70.

FLENNIKEN, J. J., OZBUN, T. L. 1988 - Experimental analysis of plains grooved abraders. Plains anthropologists, Journal of the plains anthropological society, 33, p. 37-52.

FOLK R.L. 1974 - Petrology of sedimentary rocks, Hemphill Publishing Company, Austin, Texas, 184 p.

FORMENTI, F., PROCOPIOU, H. 1998 - Analyse chromatographique de traces d'acides gras sur l'outillage de mouture. Contribution à son interprétation fonctionnelle, Cahiers de l'Euphrate 8, p. 151-177.

FOUCAULT, A., RAOULT, J-F. 1988 - Dictionnaire de géologie, Editions Masson, Paris, 350 p.

FRANÇOIS, M. 1988 - Du grain à la farine, le décorticage et la mouture des céréales en Afrique de l'Ouest, collection Le point sur les technologies, éditions Altersial, Paris.

FROMONT, N. 2001 - Caractérisation de la production et de la diffusion des anneaux en matériaux lithique dans le Nord de la France et l'Ouest de la Belgique au Néolithique ancien, mémoire de DEA, sous la direction de M. Lichardus, Université Paris I.

FULLAGAR, R., FIELD, F. 1997 - Pleistocene seed-grinding implements from the Australian arid zone, Antiquity, 71, p. 300-307.

FULLAGAR, R. ed. 1998 - A Closer Look. Recent Australian Studies of Stone tool, Sydney University Archeological Methods Series 6, Sydney.

GALLAY, A., HUYSECOM, E., MAYOR, A. 1998 - Peuples et céramique du delta intérieur du Niger (Mali). Un bilan de cinq années de missions (1988-1993). Terra archeologica III, Mainz.

GARINE, E., KAHSAH C., RAIMOND, C. 2003 - Battre et vanner son mil : un moment clé de la chaine opératoire chez les cultivateurs dii et duupa (Nord Cameroun), in Anderson P. C., Cummings, L., Schippers, T., Simonel, B. eds., Le traitement des récoltes. Un regard sur la diversité du Néolithique au présent. Actes des XXIIIe rencontres inetrnationales d'archéologie et d'histoire d'Antibes 2002, éditions ADAPCA, Antibes, p. 61-86.

GASSIN, B. 1996 - Evolution socio-économique de la Grotte de l'Eglise supérieure (Var). Apport de l'analyse fonctionnelle des industries lithiques, Monographies du CRA n° 17, editions du CNRS.

GAST, M. 1968 - Alimentation des populations de l'Ahaggar. Etude ethnologique. Mémoires du centre de recherche anthropologique, préhistorique et ethnologique VII, Paris.

GAUSSEN, J., GAUSSEN, M. 1988 - Les ateliers de pierres à rainures. Le Tilemsi Préhistorique et ses abords. Sahara et Sahel malien. Cahiers du Quaternaire n° 11, CNRS - Centre régional de publication de Bordeaux, Paris, p. 189-191.

GELLIOT, E. 2002 - L'outillage en grès dans le mobilier funéraire de la nécropole néolithique moyen de Rosheim, Mémoire de maîtrise, Université Marc Bloch-UFR sciences historiques, Strasbourg.

GEORGES J-M., ZAHOUANI H., VARGIOLU, R. 2004 - Divers visages de la tribologie. La tribologie. Comment la science fait parler les vestiges archéologiques, Les dossiers de l'archéologie n° 290, p. 4-7.

GIAZZON, D. dir. 2002 - Arçonnay «Parc Saint-Gilles», Document final de synthèse, SRA Basse-Normandie, SRA Pays-de-Loire, INRAP Grand-ouest.

GIAZZON, D., MARCIGNY, C., GHESQUIERE, E. 2002 - Un nouveau site de production de bracelets en schiste dans le nord de la Sarthe : Arçonnay «le Parc Saint-Gilles», Bulletin de la société préhistorique française, 99 (4), p. 825-828.

GILIGNY, F. dir. 1996 - Un site néolithique moyen en zone humide. Louviers «la Villette». Document final de

Synthèse de sauvetage urgent, SRA Haute Normandie, Petit-Quevilly.

GILIGNY, F. dir. 2001 - Fonction des outillages lithiques dans le Bassin Parisien au Néolithique, Projet collectif de recherches, Rapport final de quatrième année : 2000. Service régional de l'archéologie de Bourgogne, Champagne-Ardenne, Haute-Normandie, Ile-de-France, Picardie, Conseil général de l'Eure, Conseil général de Seine-Maritime.

GIOT, P. R. 1960 - Guidel (56), Gallia préhistoire III, p. 157-169.

GLAIZAL P., DELOR J-P., 1993 - Les polissoirs néolithiques de l'Yonne. Esquisse d'un paysage proto-industriel, Collection «Terre d'histoire», Les amis du vieux Villeneuve, Saint-Julien-du-Sault, 52 p.

GONZALEZ J.E., IBANEZ J.J., 2002 - The use of pebbles in Eastern Vizcaya between 12 000 and 10000 B.P., in Procopiou H. et Treuil R. ed., Moudre et broyer. L'interprétation fonctionnelle de l'outillage de mouture et de broyage dans la Préhistoire et l'Antiquité : actes de la table ronde internationale, Clermont-Ferrand, 30 nov. - 2 déc. 1995. I-Méthodes, CTHS, Paris, p. 69-80.

GOSSELAIN, O. 2002 - Styles techniques et identité. Poteries du Cameroun méridional. CNRS éditions, Paris.

GREGOIRE, J-P. 1992 - Les grandes unités de transformation des céréales : l'exemple des minoteries de la Mésopotamie du sud à la fin du IIIème millénaire avant notre ère, in Anderson P. dir, Préhistoire de l'agriculture : nouvelles approches expérimentales et ethnographiques, Monographie du CRA n°6, éditions du CNRS, p. 321-339.

GRONENBORN, D. 1994 - Ethnoarchäologische Untersuchungen zur rezenten. Herstellung und nutzung von Mahlsteinen in Nordost-Nigeria. Experimentelle archäeologie in Deutschland, bilanz 1994, Archäologische Mitteilungen aus Nordwestdeutschland, 8, p. 45-55.

HACHEM, L. 1995 a- La représentation de la chasse dans les espaces villageois rubanés de la vallée de l'Aisne (France). L'animal dans l'espace humain, l'homme dans l'espace animal. Actes du 6e colloque international HASRI, 1994, Anthropozoologica 21, p. 197-205.

HACHEM, L. 1995 b- La faune rubanée de Cuiry-lès-Chaudardes (Aisne, France) : essai sur la place de l'animal dans la première société néolithique du Bassin parisien, Thèse de doctorat sous la direction de M. Lichardus-Itten, Université de Paris I.

HACHEM, L. 1997 - Structuration spatiale d'un village du Rubané récent, Cuiry-lès-Chaudardes (Aisne). Analyse d'une catégorie de rejets domestiques : la faune, in Auxiette, G., Hachem, L., Robert, B. dir, Espaces physiques, espaces sociaux dans l'analyse interne des sites du Néolithique à l'Age du Fer. Actes du 119e congrès national des sociétés historiques et scientifiques, Amiens 1994, CTHS, Paris, p. 245-261.

HACHEM, L. 1999 - Apport de l'archéozoologie à la connaissance de l'organisation villageoise rubanée, in Braemer F., Cleuziou S., Coudart A. dir., Habitat et société. XIXème rencontres internationales d'archéologie et d'histoire d'Antibes, éditions ADAPCA, Antibes, p. 325-337.

HACHEM, L. 2000 - New observations on the Bandkeramik house and social organisation., Antiquity 74, p. 308-312.

HACHEM, L., ALLARD, P., CONSTANTIN, C., FARRUGIA, J.-P., GUICHARD, Y., ILETT, M. 1998 - Le site néolithique rubané de Bucy-le-Long «la Fosselle» (Aisne), Internéo 2, p. 17-27.

HACHEM, L., ALLARD, P., FROMONT, N., HAMON, C., MEUNIER, K., PELTIER, V., PERNAUD, J-M. 2003 - Tinqueux «la Haubette», Document final de synthèse, INRAP Champagnes-Ardennes, SRA Champagne-Ardennes, UMR 7041 Protohistoire, L'effort remois.

HALASZ-CSIBA, E. 1991 - Transformation de la peau en cuir, in Autour du cuir. Compte rendu des rencontres archéologiques de Guiry, 5 et 6 avril 1991, Musée archéologique départemental du Val d'Oise, Guiry-en-vexin, p. 27-50.

HAMON, C. 1999 - Le mobilier en grès du site néolithique de Poses «Sur la Mare» (Eure), mémoire de maîtrise, Université Paris I.

HAMON, C. 2000 - De l'utilisation des outils de mouture et de polissage au Néolithique en Bassin parisien, mémoire de DEA, Université Paris I.

HAMON, C. 2001 a- Le matériel de mouture, in Augereau, A. et Chambon, P. Monéteau «sur Macherin» : Néolithique, époque gauloise, gallo-romain. Document Final de Synthèse de sauvetage urgent, SRA bourgogne, SRA bourgogne, p. 40-42.

HAMON, C. 2001 b- Le mobilier en grès et en granit, in Meunier K. dir., Habitat du néolithique ancien et enclos gallo-romain à Gurgy «les Grands Champs», Document Final de Synthèse de sauvetage urgent, SRA Bourgogne, Passy, p. 12-14.

HAMON, C. 2003 a- De l'utilisation des outils de mouture, broyage et polissage au Néolithique en Bassin parisien: apports de la tracéologie, Bulletin de la société préhistorique française, 100, p. 101-116.

HAMON, C. 2003 b - Les outils de mouture, percussion et polissage sur le site de Poses «Sur la Mare», in Bostyn, F. dir, Néolithique ancien en Haute Normandie : le village Villeneuve-Saint-Germain de Poses «Sur la Mare» et les sites de la boucle du Vaudreuil, Société préhistorique française, Travaux 4, p. 267-286.

HAMON, C. 2003 c - Le matériel de mouture et de polissage, in Hachem, L. dir, Tinqueux «la Haubette», Document final de synthèse, INRAP Champagnes-Ardennes, SRA Champagne-Ardennes, UMR 7041 Protohistoire européenne, L'effort remois, p. 51-53.

HAMON, C. 2004 a - Etude technique et fonctionnelle de l'outillage en pierre du site rubané de Colombelles « le Lazzaro » (14), Campagnes 2001, 2002 et 2003, Rapport d'étude, Ville de Combelles.

HAMON C. 2004 b – Broyage et abrasion au Néolithique ancien. Caractérisation technique et fonctionnelle de l'outillage en grès du Bassin Parisien, Thèse de doctorat soutenue à l'Université de Paris I sous la direction de M. Lichardus-Itten.

HAMON, C. *à paraître* – Variabilité des meules et molettes du Rubané et du Villeneuve-Saint-Germain en Bassin parisien : contexte, statut, fonction, in Actes du colloque interrégional sur le Néolithique, 9-10 novembre 2003, Luxembourg.

HAMON C., SAMZUN A. (2004 a) - Découverte d'un dépôt d'outils de mouture et de broyage daté du Néolithique ancien (culture Villeneuve-Saint-Germain récent v. 4700-4600 avant notre ère) à Saint-Denis « Rue du Landy » (Seine-Saint-Denis), Bulletin de la société préhistorique française, tome 101 (3), p. 611-613.

HAMON C., SAMZUN A. (2004 b) - Une fosse Villeneuve-Saint-Germain final à Saint Denis « Rue du Landy » : un dépôt de meule inédit en Ile-de-France, Internéo 4, p. 17-28.

HAMPTON, O.W. 1999 - Culture of stone. Sacred and profane uses of stone among the Dani. A. & M. University Press, Texas, p. 93-97.

HAYDEN, B. 1987 - Lithic studies among contemporary Highland Maya, University of Arizona Press, Tucson.

HEIM J., JADIN, I. 1998 - Sur les traces de l'orge et du pavot. L'agriculture danubienne de Hesbaye sous influence, entre Rhin et Bassin Parisien ?, Anthropologie et préhistoire 109, p. 187-205.

HEIM, J., HAUZEUR, A. 2002 - Paysage paléobotanique des sites du Rubané et du groupe de Blicquy à Vaux et Borset «Gibour» (Hesbaye, Belgique). Culture du blé nu et récoltes de pommes en contexte blicquien, Bulletin de la société préhistorique française, 99 (2), p. 289-305.

HORSFALL, G. 1987 - A design theory perspective on variability in grinding stones, in Hayden, B. Lithic studies among contemporary among Maya Highlands, p. 332-378.

HUARD, P. 1966 - Pierres à rainures du Nord Tibesti, Bulletin de la société préhistorique française, LXIII, p. 158-159.

HÜRLIMANN, F. 1965 - Neolitische Handmülhen von einer Ufersiedlung am Greifensee, p. 72-86.

ILETT, M., PLATEAUX, M. 1984 - Analyse de la céramique de Cuiry-lès-Chaudardes (vallée de l'Aisne) : résultats préliminaires, in Influences méridionales dans l'Est et le Centre-est de la France : le rôle du Massif Central (Actes du 8e colloque interrégional sur le Néolithique, Le-Puy-en-Velay 1981), Centre de recherches et d'études préhistoriques de l'Auvergne, cahier n°1, p. 25-30.

ILETT, M., CONSTANTIN, C. 1986 - Rubané récent du Bassin Parisien et Rubané récent du Haut Rhin, in Le Néolithique du Nord-est de la France et des régions limitrophes, Actes du 13e colloque interrégional sur le Néolithique, Metz 1986, D.A.F. n° 41, p. 94-99.

ILETT, M., CONSTANTIN, C., FARRUGGIA, J. 1995 a - Bâtiments voisins du Rubané et du groupe du Villeneuve-Saint-Germain sur le site de Bucy-le-Long «La Fosse Tounise» (Aisne), in Actes du 19e colloque interrégional sur le Néolithique, Amiens 1992, Revue archéologique de Picardie, n° spécial 9, p. 17-39.

ILETT, M., PLATEAUX, M. 1995 b - Le site néolithique de Berry-au-Bac «le Chemin de la Pêcherie» (Aisne), Monographie du C.R.A. n° 15, CNRS éditions, Paris.

ILETT, M., HACHEM, L. 2001 - Le village néolithique de Cuiry-lès-Chaudardes (Aisne, France), in Guilaine J. dir., Communautés villageoises du Proche Orient à l'Atlantique, Errance, Paris, p. 171-184.

JACKSON, T. 1991 - Pouding accorn : women's production as social and economic focus. in Gero, J.M et Conkey M.W. eds., Engendering archeologgy : women and prehistory, Blackwell, Oxford, p. 301-325.

JADIN, I. 1996 - Le Rubané de Moselle, in La Bourgogne entre les Bassins rhénan, rhodanien et parisien : carrefour ou frontière ? Actes du 18e colloque interrégional sur le Néolithique, Dijon 1991. Revue Archéologique de l'Est, supplément n°14, p. 101-118.

JADIN, I. 2003 - Trois petits tours et puis s'en vont... la fin de la présence danubienne en moyenne Belgique, ERAUL 109, Liège.

JEUNESSE, C. 1987 - La céramique de la Hoguette : un nouvel élément non rubané du Néolithique ancien de l'Europe du Nord-ouest, Cahiers alsaciens d'archéologie, d'art et d'histoire, XXX, p. 5-33.

JEUNESSE, C. 1998 - Villeneuve-Saint-Germain, Cerny, Grossgartach, Rössen et la synchronisation entre les séquences du Néolithique moyen et du Rhin et du Bassin parisien, Bulletin de la société préhistorique française, 95 (2), p. 277-282.

JEUNESSE, C. 1993 - Recherches sur le Néolithique danubien du Sud de la plaine du Rhin supérieur et du Nord de la Franche-Comté. Thèse de doctorat, Université des sciences humaines de Strasbourg II, Institut des antiquités nationales.

JEUNESSE, C. 1995 - Cultures danubiennes, éléments non-rubanées et Néolithique ancien du midi au Vème millénaire : la dimension chronologique, in Voruz, J. Chronologies néolithiques. De 6000 à 2000 avant notre ère dans le Bassin Rhodanien. Actes du colloque d'Ambérieu 1992. Documents du département d'anthropologie de l'Université de Genève n°20, Société préhistorique rhodanienne.

JEUNESSE, C. 2001 - La synchronisation des séquences culturelles des bassins du Rhin, de la Meuse et de la Seine et la chronologie du Bassin Parisien au Néolithique ancien et moyen (5200-4500 av. JC), Bulletin de la société préhistorique luxembourgeoise 1998-1999, 20-21, p. 337-392.

JEUNESSE, C. 2003 - Ensembles mixtes et faciès de transition. Contribution à la chronologie du Néolithique ancien du Bassin parisien, in Debrosse R. et Thévenin, A., Préhistoire de l'Europe. Des origines à l'âge du Bronze. Actes du 125ème congrès national des sociétés historiques et scientifiques, Lille 2000, p. 429-447.

JONES C.E., 1989 - Archeochemistry fact or fancy?, in Close (A.E.) ed. The prehistory of Wadi Kubbanye, vol. 2 : Stratigraphy, paleoeconomy and environnement, assembled by Wendorf, F. and Schild R., Southern Methodist University Press, p. 260-266.

JONES, G., WARDLE, K., HALSTEAD, P., WARDLE, D., 1986 - Crop storage at Assyros, Scientific American, 254 (4), p. 96-103.

KAPSA, P. 2004 - Généralités sur l'usure. La tribologie. Comment la science fait parler les vestiges archéologiques. Les dossiers de l'archéologie n° 290, p. 8-9.

KEELEY, L.M., NEWCOMER, M.H. 1977 - Microwear analysis of experimental flint tools : a test case, Journal of archeological science, 4, p. 29-52.

KIMBALL L., ALLEN P., KIMBALL J., SCHLICHLING B., PHAM K., 1996 - The analysis of microwear polishes with the Atomic Force Microscope, in XIII U.I.S.P.P. Congress Proceedings-Forli, 8-14 September 1996.

KROLL, H. 1979 - Kulturpflanzen aus Dimini, Archaeo-Physika, 8, p. 173-189.

KROLL, H. 1983 - Kastanas, Ausgrabungen in einem Siedlungshügel der Bronze- und Eisenzeit Makedoniens, 1975-1979, Die Pflanzenfunde. Prähistorische Archäologie in Südosteuropa, 2, p. 1-176.

LANCHON, Y. 1984 - Le Néolithique dans l'Est du Bassin Parisien, mémoire de maîtrise, Université Paris I.

LANCHON, Y. 1992 - Le Néolithique danubien dans l'Est du Bassin parisien : problèmes chronologiques et culturels, in Actes du 11ème colloque Interrégional sur le Néolithique, Mulhouse 1984, Internéo, p. 101-117.

LANCHON, Y., ALLARD, P., BOSTYN, F., BRUNET, P., CHAMBON, P., LAFAGE, F., PRAUD, I., VALERO, C. 1994 - Vignely «la Porte aux Bergers», Bilan scientifique, SRA Ile-de-France, p. 89-91

LANCHON, Y., BOSTYN, F., HACHEM, L. 1991 - L'étude d'un niveau archéologique néolithique et ses apports à la compréhension d'un site d'habitat : l'exemple de Jablines «la Pente de Croupeton», in Auxiette, G., Hachem, L., Robert, B. dir., Espaces physiques, espaces sociaux dans l'analyse interne des sites du Néolithique à l'Age du Fer, Actes du 119ème Congrès National des Sociétés Historiques et Scientifiques, CTHS, Amiens, p. 327-344.

LEMONNIER, P. 1984 - L'écorce battue chez les Angas de Nouvelle-Guinée. Techniques et culture 4, éditions Maison des Sciences de l'Homme, p. 127-175.

LEPAUMIER, H. 1992 - Inventaire des bracelets en schiste de Basse Normandie. Projet collectif de recherche sur le Néolithique moyen en Basse Normandie, rapport d'activité, 1èere année de recherche, SRA Basse Normandie.

LEROI-GOURHAN, A. 1945 - Evolution et techniques : Milieu et techniques (2), Albin Michel, Paris.

LEUVREY, J. M. 1999 - Hauterives-Champréveyres, 12. L'industrie lithique du Bronze Final, étude typo-technologique. Archéologie Neuchâteloise 24, Musée cantonal d'archéologie, Neuchâtel.

LEVI-SALA, I. 1986 - Use wear and post-depositionnal mechanisms, Journal of archeological science, 13, p. 229-244.

LEVI-SALA, I. 1993 - Use-wear traces : process of developpement and post-depositionnal alterations, in Anderson, P., Beyries, S., Otte, M., Plisson, H. dir., Traces et fonction : les gestes retrouvés. Tome I. Colloque international de Liège. Centre de recherche archéologique du CNRS, volume II, 50, éditions ERAUL, Liège, p. 401-416.

LICHARDUS, J., LICHARDUS-ITTEN, M., BAILLOUD, G., CAUVIN, J. 1985 - La protohistoire de l'Europe. Le Néolithique et le Chalcolithique entre la Méditerranée et la mer Baltique. Nouvelle Clio 1 bis, Presses universitaires de France, Paris, 640 p.

LICHARDUS-ITTEN, M. 1986 - Premières influences méditerranéennes dans le Néolithique du Bassin parisien. Contribution au débat, in Demoule, J.P. et Guilaine, J. dir., Le néolithique de la France. Hommage à G. Bailloud, Picard, Paris, p. 147-160.

LO CARMINE, A. 2000 - La production de haches en silex tertiaire dans le Nord des Yvelines, mémoire de maîtrise, Université Paris I.

LORIN, Y. 1998 - Le matériel de mouture, in Bostyn, F. dir., Le site d'habitat Villeneuve-Saint-Germain à Pontpoint «Le Fond de Rambourg» (Oise). Programme de surveillance de moyenne vallée de l' Oise, p. 38-46.

LOUBOUTIN, C., SIMONIN, D. 1997 - Le Cerny «Videlles» : un faciès ancien de la culture de Cerny, in Constantin, C., Mordant, D., Simonin, D., dir. , La culture de Cerny. Nouvelle économie, nouvelle société au Néolithique. Actes du colloque international de Nemours, mai 1994, APRAIF, Mémoires du Musée de Préhistoire d'Ile de France, 6, Nemours, p. 25-38.

LUNDSTRÖM-BAUDAIS, K., RACHOUD-SCHNEIDER, A-M., BAUDAIS, D., POISSONNIER, B. 2002 - Le broyage dans la chaîne de transformation du millet (*Panicum miliaceum*) : outils, gestes et écofacts, in Procopiou, H. et Treuil, R. ed., Moudre et broyer. L'interprétation fonctionnelle de l'outillage de mouture et de broyage dans la Préhistoire et l'Antiquité : actes de la table ronde internationale, Clermont-Ferrand, 30 nov. - 2 déc. 1995. I - Méthodes, CTHS, Paris, p. 81-110.

LUNING, J., KLOOS, U., ALBERT S, 1989 - Westliche Nachbarn der Bandkeramik Kultur : die Keramik gruppen «la Hoguette» und «Limburg», Germania 67-2, p. 355-421.

MAIGROT, Y. 1994 - Les outils morphologiquement tranchants en os de Cuiry-lès-Chaudardes et de Mairy, mémoire de Maîtrise, Université de Paris 1.

MAIGROT, Y. 2003 - Etude technologique et fonctionnelle de l'outillage en matières dures animales. La station 4 de Chalain (Néolithique final, Jura, France), Thèse de doctorat sous la direction de M.Lichardus-Itten, Université Paris I.

MANSUR, M.E. 1997 - Functional analysis of polished stone tools : some considerations about the nature of polishing, in Ramos-Millan, A. et Bustillo, M.A eds, Siliceous rocks and culture, University of Granada, p. 465-486.

MARCIGNY, C., CLEMENT-SAULEAU, S., GAUME, E., GIAZZON, D. 1999 a- Rapport de fouille, Commune de Champfleur «le Bois de Barrée» (72), A 28 section Alençon-Le Mans-Tours, Ministère de la culture, AFAN.

MARCIGNY C., GUESQUIERE, E., GIAZZON, D., GAUME, E. 1999 b - Un site de production de parures en schiste dans le Nord du département de la Sarthe à Champfleur «Bois de Barrée», Bulletin de la société préhistorique française, 96 (3), p. 635-648.

MARECHAL, D., ARBOGAST, R-M., BOSTYN, F., CLAVEL, B., KUHAR, C., PINARD, E., PRAUD, I., *à paraître* - Vestiges d'un habitat Villeneuve-Saint-Germain dans la moyenne vallée de l'Oise à Longueil-Sainte-Marie (Oise), Actes du 24e colloque interrégional sur le Néolithique, Orléans, novembre 1999, Revue archéologique du centre, supplément.

MARINVAL, P., HANSSON, A-M. 1994 - Archéologie du pain : découvertes récentes, in Macherel, C. et Zeebroek, R. dir., Une vie de pain. Faire, penser et dire. Le pain en Europe, Martial, Crédit communal, Bruxelles.

MARTINEAU, R. 2000 - Poterie, techniques et sociétés. Etudes analytiques et expérimentales à Chalain et Clairvaux (Jura) entre 3200 et 2900 av. J.C., Thèse de doctorat sous la direction de P. Pétrequin, Université de Besançon.

MAULDIN, R. 1993 - The relationship between ground stone and agriculture intensification in Western New Mexico, KIVA, 58 (3).

MC BRYDE, I. 1997 - «The landscape is a series of stories». Grindstones, quarries and exchange in Aboriginal Australia : a Lake Eyre case study, in Ramos-Millan, A. et Bustillo, M.A eds, Siliceous rocks and culture, University of Granada, p. 587-607.

MEDARD, F. 2000 - L'artisanat textile au Néolithique. L'exemple de Delley-Portalban II (Suisse) 3272 - 2462 av. J.C., Préhistoires 4, éditions Monique Mergoil.

MEIER-ARENDT, W. 1966 - Die Bandkeramik in Untermangebiet Veröffentlinchungen des Amtes fur Bodenkmalpflege im Regierungsbezirk, Darmstadt Heft 3.

MEIER-ARENDT, W. 1975 - Die Hinkelstein Gruppe. Der Übergang vom Früh- zum Mittelneolithikum in Südwestdeutschland, Römische-Germanische Forschungen, 35.

MENASANCH, M., RISCH, R., SOLDEVILLA, J.A. 2002 - Las tecnologias del processado de cereal en el sudeste de la peninsula iberica durante el III y el II milenio, in Procopiou, H. et Treuil, R. eds., Moudre et broyer. L'interprétation fonctionnelle de l'outillage de mouture et de broyage dans la Préhistoire et l'Antiquité : actes de la table ronde internationale, Clermont-Ferrand, 30 nov. - 2 déc. 1995. I - Méthodes, CTHS, Paris, p. 81-110.

MEUNIER K. dir., 2001 - Habitat du Néolithique ancien et enclos gallo-romain à Gurgy «les Grands Champs», Document Final de Synthèse de sauvetage urgent, SRA Bourgogne, Passy.

MEURERS-BALKE, J., LÜNING, J. 1992 - Some aspects and experiments concerning the processing of glume wheats, in Anderson, P. dir., Préhistoire de l'agriculture : nouvelles approches expérimentales et ethnographiques, Monographie du CRA n°6, éditions du CNRS, p. 341-362.

MILLER, M. 2002 - Grindstones in Greek Neolithic ornament production, in Procopiou, H. et Treuil, R. eds., Moudre et broyer. L'interprétation fonctionnelle de l'outillage de mouture et de broyage dans la Préhistoire et l'Antiquité : actes de la table ronde internationale, Clermont-Ferrand, 30 nov. - 2 déc. 1995. II - Archéologie et histoire : du Paléolithique au Moyen-âge, CTHS, Paris, p. 45-55.

MILLEVILLE, A. 2003 - Analyse pétrographique : application au matériel de mouture et de polissage de sites du lac de Chalain (Jura, France), in Les matières premières lithiques en Préhistoire, table ronde internationale, Aurillac 20-22 juin 2002, SRA Auvergne, UMR 5808 du CNRS, Musée national de préhistoire des Eyzies-de-Tayac (Dordogne), Préhistoire du Sud-Ouest supplément n° 5, p. 211-216.

MODDERMANN, P. J. R.1970 - Linearbandkeramik aus Elsloo und Stein, Analecta Praehistorica Leidensia III.

MONCHABLON, C. 1996 - Le mobilier en grès et calcaire, in Giligny, F. dir., Un site néolithique moyen en zone humide. Louviers «La Villette» (Eure), Document Final de Synthèse de Sauvetage Urgent, Service régional de l'archéologie d'Ile de France.

MONCHABLON, C. 1997 - Le matériel en grès et calcaire, in Allard, P., Baillieu, M., Bolen, S., Bonnardin, S., Chartier, M., Colas, C., Constantin, C., Dubouloz, J., Farruggia, J-P., Flucher, G., Gransar, M., Guichard, Y., Hachem, L., Ilett, M., Monchablon, C., Naze, Y., Nere, E., Peltier, V.,

Picoulet, B., Sidéra, I., cy-le-long «La Fosselle», Rapport de fouille de sauvetage urgent, Service régional de Picardie, Amiens, p. 52-62.

MONCHABLON, C. 2002 - Le matériel en grès des fosses néolithiques, in Bostyn, F. dir., Néolithique et protohistoire du site des Antes à Rungis, Val de Marne, Arpea 94-Artcom', p. 103-109.

MONNIER, J-L., PETREQUIN, A.-M., PETREQUIN, P., PRAUD, I., RICHARD, A., 1997 a - Bouchardes, percuteurs et bloc-enclumes, in Pétrequin, P. dir. Les sites littoraux néolithiques de Clairvaux-les-Lacs et Chalain (Jura), Chalain station III (3200-2900 av. J.C), troisième partie : outillages et évolutions culturelles. Tome III, volume 2, Maison des Sciences de l'Homme, Paris, p. 437-442.

MONNIER, J-L., PETREQUIN, A.-M., PETREQUIN, P., PRAUD, I., ROSSY, M., 1997 b - Les polissoirs, in Pétrequin, P. dir. Les sites littoraux néolithiques de Clairvaux-les-Lacs et Chalain (Jura), Chalain station III (3200-2900 av. J.C), troisième partie : outillages et évolutions culturelles. Tome III, volume 2, Maison des Sciences de l'Homme, Paris, p. 437-442.

MORDANT, D. dir. 1992 - Balloy «les Réaudins». Enceinte du néolithique moyen. Culture du Cerny, Document de synthèse 1989-1991, Sous-direction du patrimoine de Seine-et-Marne.

MORDANT, C., MORDANT, D. 1977 - Noyen-sur-Seine, habitat néolithique de fond de vallée alluviale, Gallia préhistoire, 20, p. 229-269.

MORDANT, D., SIMONIN, D. 1997 - Les sites d'habitat Cerny, in Constantin, C., Mordant, D., Simonin, D. dir, La culture de Cerny. Nouvelle économie, nouvelle société au Néolithique. Actes du colloque international de Nemours, mai 1994, APRAIF, Mémoires du Musée de Préhistoire d'Ile de France, 6 , Nemours, p. 319-339.

NELISSEN, A. 1954 - Les types de meules néolithiques de l'Ardenne et du Condroz liégeois, Bulletin de la société préhistorique française, LI, p. 295-296.

NELISSEN, A.1956 - Fragmentation volontaire des meules, Bulletin de la société préhistorique française, LIII, p. 552.

NELSON, M. C., LIPPMEIER, H. 1993 - Grinding tools design as conditioned by land-use pattern, American Antiquity, 58 (2), p. 287-305.

NEWCOMER, M. H., GRACE, R., UNGER-HAMILTON, R. 1987 - Microwear polishes, blind-test and texture analysis, in Sieveking, G. de G, Newcomer, M.H, eds, The human uses of flint and cherts, Cambridge university press, p. 253-263.

NIERLE, M.-C. 1982 - Mureybet et Cheik-Hassan (Syrie) : outillage de mouture et de broyage (IX-Xème millénaire), Cahiers de l'Euphrate 3, CNRS, Paris, p. 177-216.

NOUEL, A. 1968 - Un aspect de l'agriculture préhistorique. Les meules à grain néolithiques (Beauce et Gâtinais), Revue archéologique du centre,VII, p. 225-242.

ODELL, G.H., ODELL-VEREECHEN, F. 1980 - Verifying the reliability of lithic use wear assesments by «blind-tests» : the low power approach, Journal of field archeology, 7, p. 87-120.

PATTON, M. 1993 - Le Pinacle à Jersey : une fabrique de haches polies dans les îles anglo-normandes, in Le Néolithique au quotidien, Actes du XVIème Colloque Interrégional sur le Néolithique, D.A.F. n° 39, Maison des Sciences de l'Homme, Paris, p. 190-194.

PAVLŮ, I. 2000 - Double querns, in Pavlu, I. Life on neolithic site, Bilany. Situational analysis of artefacts, Académie des sciences tchèques, Prague, p. 73-98.

PAVLŮ, I., RULF, J. 1991 - Stone industry from the Neolithic site of Bilany, Pamatky Archeologicke, LXXXII, p. 330-365.

PELEGRIN, J. 1995 - Technologie lithique : le châtelperronien de Roc-de-Combe (Lot) et de la Côte (Dordogne), CNRS éditions, Paris.

PENA-CHOCARRO, L., ZAPATA, L. 2003 - Post-harvest processing of hulled wheats. An ethnoarchaeological approach, in Anderson, P. C., Cummings, L., Schippers, T., Simonel, B. eds, Le traitement des récoltes. Un regard sur la diversité du Néolithique au présent. Actes des XXIIIe rencontres inetrnationales d'archéologie et d'histoire d'Antibes 2002, éditions ADAPCA, Antibes, p. 99-114.

PETREQUIN, P. 1974 - Interprétation d'un habitat néolithique en grotte : le niveau XI de Gonvillars (Haute-Saône), Bulletin de la société préhistorique française, 71, p. 489-534.

PETREQUIN, P., PETREQUIN, A-M. 1993 - Ecologie d'un outil : la hache de pierre en Irian Jaya (Indonésie). Monographies du CRA 12, éditions du CNRS, Paris.

PETREQUIN, A.-M., PETREQUIN, P., RICHARD, A., ROSSY, M. 1997 - Meules et broyons, in Pétrequin, P. dir. Les sites littoraux néolithiques de Clairvaux-les-Lacs et Chalain (Jura), Chalain station III (3200-2900 av. J.C), troisième partie : outillages et évolutions culturelles. Tome III, volume 2, Maison des Sciences de l'Homme, Paris, p. 443-446.

PETTIJOHN, F.J., POTTER P.E., SIEVER, R. 1973 - Sand and sandstone, Springer Verlag, New York.

PLATEAUX, M. 1993 - Les industries lithiques du Néolithique danubien dans la vallée de l'Aisne : principes d'analyse en contexte détritique, in Le Néolithique au quotidien, Actes du 16e colloque interrégional sur le Néolithique, Paris 1989, D.A.F. n° 39, Paris, p. 195-206.

PLISSON, H. 1985 - Etude fonctionnelle d'outillages lithiques préhistoriques par l'analyse des micro-usures : recherche méthodologique et archéologique, thèse de doctorat, Université Paris I.

PLISSON, H. 1991 - Traceologie et expérimentation : bilan d'une situation, in Archeologie expérimentale, 2 - La terre : l'os et la pierre, la maison et les champs, Actes du colloque international «Expérimentation en archéologie, bilan et perspectives», Archéodrome de Beaune 6-9 avril 1988, Errance, Paris, p. 152-160.

PLISSON, H., VAN GIJN, A. 1989 - La tracéologie : mode d'emploi, L'Anthropologie, 93 (3), p. 631-642.

POISSONNIER, B. 2002 - Pilons, broyeurs, bouchardes, marteaux et autres percuteurs : les interprétations fonctionnelles au rique de l'expérimentation, in Procopiou H. et Treuil R. eds., Moudre et broyer. L'interprétation fonctionnelle de l'outillage de mouture et de broyage dans la Préhistoire et l'Antiquité : actes de la table ronde internationale, Clermont-Ferrand, 30 nov. - 2 déc. 1995. I- Méthodes, CTHS, Paris, p. 141-152.

POMEROL, C. 1980 - France géologique, grands itinéraires. Guides géologiques régionaux. Masson, Paris.

POMEROL, C., FEUGUEUR, L. 1986 - Bassin de Paris. Guides géologiques régionaux. Masson, Paris.

POMMEPUY, C. 1995 - L'industrie en grès et galets et les colorants, in Ilett, M. et Plateaux, M. dir., Le site néolithique de Berry-au-Bac «Le Chemin de la Pêcherie» (Aisne), CNRS éditions, Paris, p. 111-113.

POMMEPUY C. 1999 - Le matériel de mouture de la vallée de l'Aisne de l'Age du Bronze à la Tène Finale : formes et matériaux, Revue archéologique de Picardie 3 / 4, p. 115-141.

PRAUD, I. avec la collab. de LEGALL, J. 2002 - Les éléments de parure, in Bostyn, F. dir., Néolithique et protohistoire du site des Antes à Rungis, Val de Marne, Arpea 94-Artcom', p. 91-102

PRESTREAU, M. 1992 - Le site néolithique et protohistorique des Falaises de Prépoux à Villeneuve-la-Guyard (Yonne), Gallia Préhistoire, 34, p. 191-207.

PROCOPIOU, H. 1998 - L'outillage de mouture et de broyage en Crète minoenne, Thèse de doctorat sous la direction de R. Treuil, Université Paris I.

PROCOPIOU, H. 2003 - Les techniques de décorticage dans le monde égéen. Etude ethnoarchéologique dans les Cyclades, in Anderson, P.C., Cummings, L.S., Schippers T.K., Simonel., B. eds. Le traitement des récoltes. Un regard sur la diversité, du Néolithique au présent. XIIIème rencontres internationales d'archéologie et d'histoire d'Antibes, éditions APDCA, Antibes, p. 115-136.

PROCOPIOU, H., JAUTÉE, E., VARGIOLU, R., ZAHOUANI, H., 1996 - Petrographic and use-wear analysis of a quern from Syvritos Kephala, in XIII U.I.S.P.P Congress Proceedings- Forli, 8-14 september 1996, volume 6, tome 2. Workshop 17, Functional analysis of lithic artifacts : current state of the research, A.B.A.C.O edizioni, p. 1183-1192.

PROCOPIOU, H., ANDERSON, P., FORMENTI, F., TRESSERAS, J.J. 2002 - Etude des matières transformées sur les outils de mouture : identification des résidus et des traces d'usure par analyse chimique et par observations en microscopie optique et électronique, in Procopiou H. et Treuil R. eds. , Moudre et broyer. L'interprétation fonctionnelle de l'outillage de mouture et de broyage dans la Préhistoire et l'Antiquité : actes de la table ronde internationale, Clermont-Ferrand, 30 nov. - 2 déc. 1995. I - Méthodes, CTHS, Paris, p. 111-127.

REGERT, M., DUDD, S., PETREQUIN, P., EVERSHED, R. 1999 - Fonction des céramiques et alimentation au Néolithique final sur les sites de Chalain. De nouvelles voies d'étude fondées sur l'analyse chimique des résidus organiques conservés dans les poteries. Revue d'archéométrie, 23, p. 91-99.

RIBAUX, P. 1986 - Un village au Bronze final. Cortaillod-est. Tome III - L'homme et la pierre. Archéologie Neuchâteloise n°3, éditions du Ruau, Saint-Blaise.

RICOU, C., ESNARD, T. 2000 - Etude expérimentale concernant la fabrication de perles en coquillage de deux sites artenaciens oléronais, Bulletin de la société préhistorique française, 97 (1), p. 83-93.

ROUSSOT-LAROQUE, J. 1990 - Rubané et cardial : le poids de l'ouest, in Cahen,D. et Otte, M. dir., Rubané et Cardial, Actes du colloque de Liège, ERAUL n°39.

ROUSSOT-LAROQUE, J. 1993 - Relations Sud-Nord en Europe occidentale au Néolithique ancien, in Le Néolithique du Nord-est de la France et des régions limitrophes Actes du 13e colloque interrégional sur le Néolithique, Metz 1986, D.A.F. n° 41, p. 10-31.

ROUX, V. 1985 - Le matériel de broyage. Etude ethnoarchéologique à Tichitt (R.I) Mauritanie, Edition Recherches sur les civilisations, mémoire n° 58, Paris.

ROZOY, J. G. 1978 - Les outils en pierre autres que le silex, in Les derniers chasseurs. L'épipaléolithique en France et en Belgique, essai de synthèse, p. 972-984.

SALA, R., SANTIAGO G., ANDREU, O., VERGÈS, J. M., 1996 - The process of wear formation. A rheological approach, in XIII U.I.S.P.P Congress Proceedings- Forli, 8-14 september 1996, volume 6, tome 2. Workshop 17, Functionnal analysis of lithic artifacts : current state of the research, A.B.A.C.O edizioni, p. 1133-1141.

SANTALLIER, D., CARON, V., GISCLON, J.-L., JAUTEE, E., RANTSORDAS, S. 2002 - Les qualités mécaniques des matériaux lithiques utilisés pour la confection du matériel de broyage et de mouture. Réflexions préliminaires, in Procopiou H. et Treuil R. eds., Moudre et broyer. L'interprétation fonctionnelle de l'outillage de mouture et de broyage dans la Préhistoire et l'Antiquité actes de la table ronde internationale, Clermont-Ferrand, 30 nov. - 2 déc. 1995. I-Méthodes, CTHS, Paris, p. 15-29.

SCHAAL, C. 2001 - Son des céréales : des indices archéologiques. L'exemple de la station 19 de Chalain (Jura), mémoire de DEA, Université de Franche-Comté.

SCHIEMANN, E. 1948 - Weizen, Roggen, Gerste. Systematik, Geschichte und Verwendung, Jena, Gustav Fischer.

SCHLANGER S.H. 1991 - On manos, metates and the history of site occupations, American Antiquity 56 (3), p. 461-474

SCHLANGER, N. 1994 - Mindful technology : unleashing the chaine opératoire for an archeology of mind, in Renfrew C. et Zubrow E.B. eds., New directions in archeology, Cambridge university Press, p. 143-151.

SCHMIDGEN-HAGEN, E. 1993 - Bandkeramik in Moseltal. Universität Forschungen zur Praehistorischen Archäologie, Band 18, Dr Rudolf Hablet, GMBH.

SCHNEIDER, J. S. 1996 - Quarrying and production of milling implements at Antelope Hill, Arizona, Journal of Field Archeology, 23, p. 299-311.

SCHNEIDER, J. S. 2002 - Milling tool design, stone textures, and function, in Procopiou H. et Treuil R. eds. Moudre et broyer. L'interprétation fonctionnelle de l'outillage de mouture et de broyage dans la Préhistoire et l'Antiquité : actes de la table ronde internationale, Clermont-Ferrand, 30 nov. - 2 déc. 1995. I - Méthodes, CTHS, Paris, p. 31-53.

SCHNELL, R., 1957 - Plantes alimentaires et vie agricole de l'Afrique Noire. Essai de phytogéographie alimentaire, éditions Larose, Paris, p. 48.

SCHÖN, W., HOLTER, U. 1988 - Zum Gebrauch von Reib- und Mahlsteinen in der Ostsahara, Archäologische informationen, 11 (2), p. 156-160.

SCHÖN, W., HOLTER, U. 1990 - Grinding implements from the Neolithic and recent times in desert areas in Egypt and Sudan, Beiträge zur allgemeinen und vergleichenden Archäologie, 9 (10), p. 359-379.

SCHOUMACKER, A. 1993 - Apports de la technologie et de la pétrologie pour la caractérisation des meules, in Anderson, P. Beyries, S., Otte, M., Plisson, H. dir., Traces et fonction : les gestes retrouvés. Tome I. Colloque international de Liège, Centre de recherche archéologique du CNRS, n° 50, éditions ERAUL, Liège, p. 163-175.

SEMENOV S.A. 1957 - Prehistoric technology. An experimental study of the oldest tools and artefacts from the traces of manufacture and wear, traduction 1964, Bath, Adams & Dart, 210 p.

SIDERA, I. 1989 - Un complément de données sur les sociétés rubanées : l'industrie osseuse à Cuiry-lès-Chaudardes, BAR International Series 520, Oxford.

SIDERA, I. 1993 - Les assemblages osseux en Bassin parisien et rhénan du VIe au IVe millénaire B.C. Histoire, technologie économique et culture, Thèse de doctorat sous la direction de M. Lichardus-Itten, Université Paris I.

SIDERA, I. 1997 - Le mobilier en matière dure animale en milieu funéraire Cerny : symbolisme et socio-économie, in Constantin, C., Mordant, D., Simonin, D. dir, La culture de Cerny. Nouvelle économie, nouvelle société au Néolithique. Actes du colloque international de Nemours, mai 1994, APRAIF, Mémoires du Musée de Préhistoire d'Ile de France, 6, Nemours.

SIDERA, I. 2000 - Animaux domestiques, bêtes sauvages et objets en matières animales du Rubané au Michelsberg, Gallia Préhistoire, 42, p. 107-194.

SIGAUT, F. 1991 - Un couteau ne sert pas à couper mais en coupant. Structure, fonctionnement et fonction dans l'analyse des objets, in 25 ans d'études technologiques en préhistoire. XIème rencontres internationales d'archéologie et d'histoire d'Antibes : bilan et perspectives. Octobre 1990, éditions APDCA, Juan-Les-Pins, p. 21-34.

SIGAUT F., 2003 - Pour une identification des systèmes et techniques d'égrenage, in Anderson, P.C., Cummings, L.S., Schippers, T.K., Simonel., B. eds., Le traitement des récoltes. Un regard sur la diversité, du Néolithique au présent. XIIIeme rencontres internationales d'archéologie et d'histoire d'Antibes, éditions APDCA, Antibes, p. 515-528.

SIMONIN, D. 1996 - Les habitats néolithiques d'Echilleuses (Loiret). Analyse spatiale des documents archéologiques, Revue archéologique du Loiret, Editions de la fédération archéologique du Loiret, n° 21-22.

SIMONIN, D., BACH, S., RICHARD, G., VINTROU, J. 1997 - Les sépultures sous dalle de type malesherbes et la nécropole d'Orville, in Constantin, C., Mordant D., Simonin, D. dir. , La culture de Cerny. Nouvelle économie, nouvelle société au Néolithique. Actes du colloque international de Nemours, mai 1994, APRAIF, Nemours, Mémoires du Musée de Préhistoire d'Ile de France, 6, Nemours, p. 341-379.

SKAKUN, N. 2003 - Treshing sledges in the caucasus from Prehistory to the Present in Anderson, P.C., Cummings, L.S., Schippers, T.K., Simonel., B. eds., Le traitement des récoltes. Un regard sur la diversité, du Néolithique au présent. XIIIeme rencontres internationales d'archéologie et d'histoire d'Antibes, éditions APDCA, Antibes, p. 389-398.

SMITH, M. A. 1986 - The antiquity of seedgrinding in arid Australia, Archaeology in Oceania, 21 (1), p. 29-38.

SPATZ, H. 1998 - Le vase rhénan de Passy-sur-Yonne : attribution culturelle - synchronismes, Bulletin de la société préhistorique française, 95, p. 589-592.

SPATZ, H. 1999 - Die Mittelneolithische Gräberfeld von Trebur, Kreis Gross-Gerau. Materialen zur vor- u. frühgeschichte von Hessen Band 19,Wiesbaden.

STEWART, H. 1984 - Cedar, Tree of life in the northwest Coast Indians, University of Washington Press, Seattle.

STEWART, H. 1996 - Stone, bone, antler and shell. Artifacts of the Northwest Coast, Douglas and McIntyre, University of Washington Press, Seattle.

STONE, T. 1994 - The impact of raw-material scarcity on ground-stone manufacture and use : an example from the Phoenix basin Hohokam, American Antiquity, 59 (4), p. 680-694.

STORDEUR, D. 1988 - Des technologies nouvelles au service de la technologie ? L'exemple des outils d'os préhistoriques, in Tixier J. dir, Journées d'études technologiques en Préhistoire. Notes et monographies techniques n° 25, Paris.

STRIEN, H. C. 2000 - Untersuchungen zur bandkeramik in Würtemberg. Universität forschungen zur Praehistorischen Archäologie Band 69, Dr Rudolf Habelt, Bonn.

SUSSMANN, C. 1988 - A microscopic analysis of use-wear and polish formation on experimental quartz tools, BAR international series 395, Oxford.

TARDIEU, C. 2002 - Application d'une méthode d'analyse spatiale au village lacustre néolithique de Charavines-les-Baigneurs (Isère, France), Bulletin de la société préhistorique française 99 (2), p 313-330.

TAPPRET, E., VILLES, A. 1996 - Contribution de la Champagne à l'étude du Néolithique ancien, in Actes du XVIIIème colloque interrégional sur le Néolithique, Dijon 1991, Revue archéologique de l' Est, 14ème supplément, p. 175-256.

THERIN, M. 1998 - The movement of starch grains in sediments, in Fullagar R. ed. A Closer Look. Recent Australian Studies of Stone tools. Sydney University Archeological Methods Series 6, Sydney, p. 62-72.

THEVENIN, A. 1991 - Mésolithique et néolithisation en France et dans les régions limitrophes, Actes du 113eme congrès des sociétés savantes, Strasbourg.

TIXIER, J., INIZAN, M.L., REDEVAN, M., ROCHE, H. 1995 - Technologie de la pierre taillée, CREP, Meudan.

TOBERT, N. 1988 - The ethnoarcheology of Zaghawa of Dafur (Sudan). Settlement and transcience, BAR International Series 445, Oxford, p. 183-184.

TRESSERRAS J.J. 2002 - Resultados de los análisis de residuos, in Procopiou H. et Treuil R. eds. Moudre et broyer. L'interprétation fonctionnelle de l'outillage de mouture et de broyage dans la Préhistoire et l'Antiquité : actes de la table ronde internationale, Clermont-Ferrand, 30 nov. - 2 déc. 1995. II- Archéologie et histoire : du Paléolithique au Moyen Âge, CTHS, Paris,

TRESSET, A. 1997 - L'approvisionnement carné Cerny dans le contexte néolithique du Bassin Parisien, in Constantin, C., Mordant, D., Simonin, D. dir, La culture de Cerny. Nouvelle économie, nouvelle société au Néolithique. Actes du colloque international de Nemours, mai 1994, APRAIF, Mémoires du Musée de Préhistoire d'Ile de France, 6, Nemours, p. 299-314.

TUCKER, M.E. 1991 - Sedimentary Petrology : an introduction to the origin of sedimentary rocks, Blackwell Scientific publications, Oxford.

VAN BERG, J-L. 1990 - Céramique du Limbourg et Néolithisation en Europe du Nord-ouest, in Cahen, D. et Otte, M. dir., Rubané et Cardial, Actes du colloque de Liège, ERAUL n°39, p. 161-208.

VAN BERG, P. L., CAHEN, D. 1993 - Relations Sud-Nord en Europe occidentale au Néolithique ancien : le point de vue septentrional, in Le Néolithique du Nord-est de la France et des régions limitrophes, Actes du 13 ème colloque interrégional sur le Néolithique, Metz, 1986, D.A.F n° 41, p. 41-59.

VAN ZEIT, W., BAKKER-HEERES, J.A.H. 1975 - Evidence for linseed cultivation before 6000 B.C., Journal of archeological science, 2, p. 215-219.

VAQUER, J. 1999 - Le Néolithique du Nord-Ouest méditerranéen : actes du colloque international, Carcassonne, 26-30 septembre 1994 / Congrès préhistorique de France, volume 2, sous la direction de Jean Vaquer et le patronage de la commission 14 de l'UISPP, préface de Jean Guilaine, Société préhistorique française, Paris, 296 p.

VARGIOLU, R., ZAHOUANI H., ANDERSON, P. C. 2003 - Etude tribologique du processus d'usure des lames de silex et fonctionnement du tribulum, in Anderson, P.C, Cummings, L., Schippers, T., Simonel, B. eds. Le traitement des récoltes. Un regard sur la diversité, du Néolithique au présent. XIIIeme rencontres internationales d'archéologie et d'histoire d'Antibes, ADAPCA, Antibes, p. 439-454.

VAUGHAN, P. 1985 - Use-wear analysis of flaked stone tools, University of Arizona press, Tucson.

VERDIN, P. 2002 - Analyse des phytolithes, in Bostyn, F. dir., Néolithique et protohistoire du site des Antes à Rungis, Val de Marne, Arpea 94 -Artcom', p. 41-48.

VIKLUND, K. 2003 - Cereals, weeds and crop processing in Iron Age Sweden, in Anderson, P. C., Cummings, L., Schippers, T., Simonel, B. eds. Le traitement des récoltes. Un regard sur la diversité du Néolithique au présent. Actes des XXIIIe rencontres internationales d'archéologie et d'histoire d'Antibes 2002, éditions ADAPCA, Antibes, p. 155-172.

VILLES, A. 2001 - Les structures de combustion protohistoriques en moitié nord de la France : essai de bilan pour la période néolithique, in Frère-Sautot M-C. dir., Le feu domestique et ses structures au Néolithique et à l'âge des métaux, Actes du colloque de Bourg-en-Bresse et Beaune, 7-8 octobre 2000, Préhistoires 9, Editions Monique Mergoil, Beaune.

WÄHREN, M. 1989 - Brot und Gebäck von der Jungsteinzeit bis zum Römerzeit, Helvetia Archeologia, 79, p. 82-110.

WILLCOX, G. 2002 - Charred plant remains from a 10th millenium B.P kitchen at Jerf el Ahmar (Syria), Vegetation history and archeobotany, p. 55- 60.

WITTHOFT, J. 1967 - Glazed polish on flint tools, American Antiquity 32, p. 383-388.

WRIGHT, K. 1992 - A classification system for ground stone tools from the Prehistoric Levant, Paléorient, 18 (2), p. 53-81.

WRIGHT, K. 1994 - Ground-stone tools and hunter-gatherer subsistence in Southwest Asia : implications for the transition to farming, American Antiquity, 59, p. 238-262.

WRIGHT, K. 2000 - The social origins of cooking and dining in Early villages of Western Asia, Proceedings of the Prehistoric society 66, p. 89-121

YAMADA S., 1993 - The formation process of «Use-Wear Polishes», in Anderson P.C. et Beyries S. dir., Traces et fonctions :les gestes retrouvés, actes du colloque international de Liège, ERAUL n°50, volume 2, p. 433-444.

ZAPOTOCKA, M. 1972 - Die Hinkelsteinbandkeramik und ihre Beziehnugen zum zentralen Gebiet der Stichbandkeramik, Analyse und Auswertung der Gräberfelder Worms-Rheingewann und Rheindürckeim, Pamatky Archeology, 43, p. 267-374.

ZIMMERMANN, A. 1988 - Steine, in Boelicke, U. *et al.*, Der Bandkeramische Siedlungsplatz Langweiler 8. Rheinische Ausgrabungen 28, Köln, p. 569-787.

ZOHARY, D. 1972 - The wild progenitor and the place of origin of the cultivated lentil : Lens culinaris Medik, Economic Botany, 26, p. 326-332.

ZOHARY, D., HOPF, M. 1993 - Domestication of plants in the Old World. The origin and spread of cultivated plants in West Asia, and in the Nile Valley, Clarendon Press, Oxford.

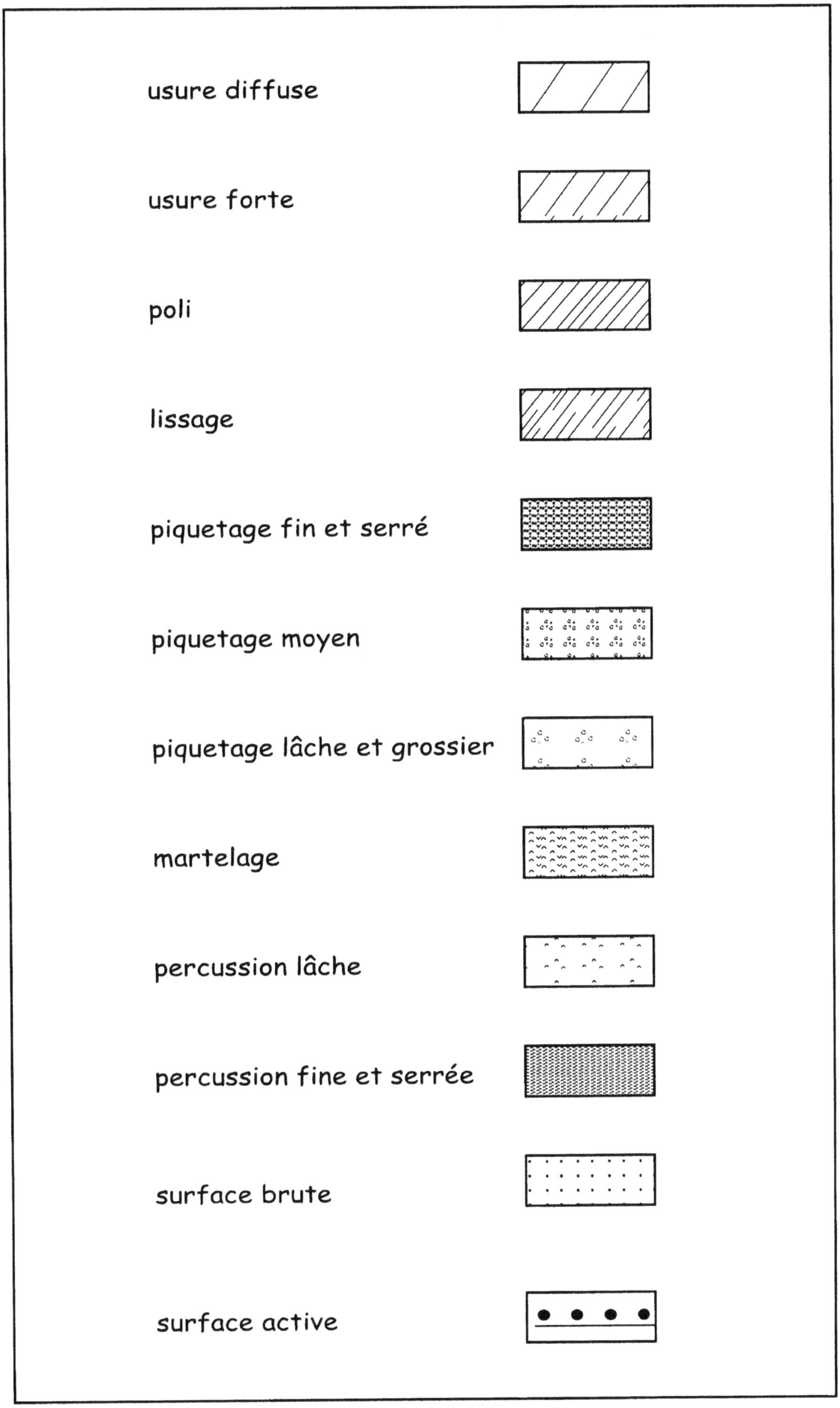

Planche I. Conventions utilisées pour le dessin des outils en pierre

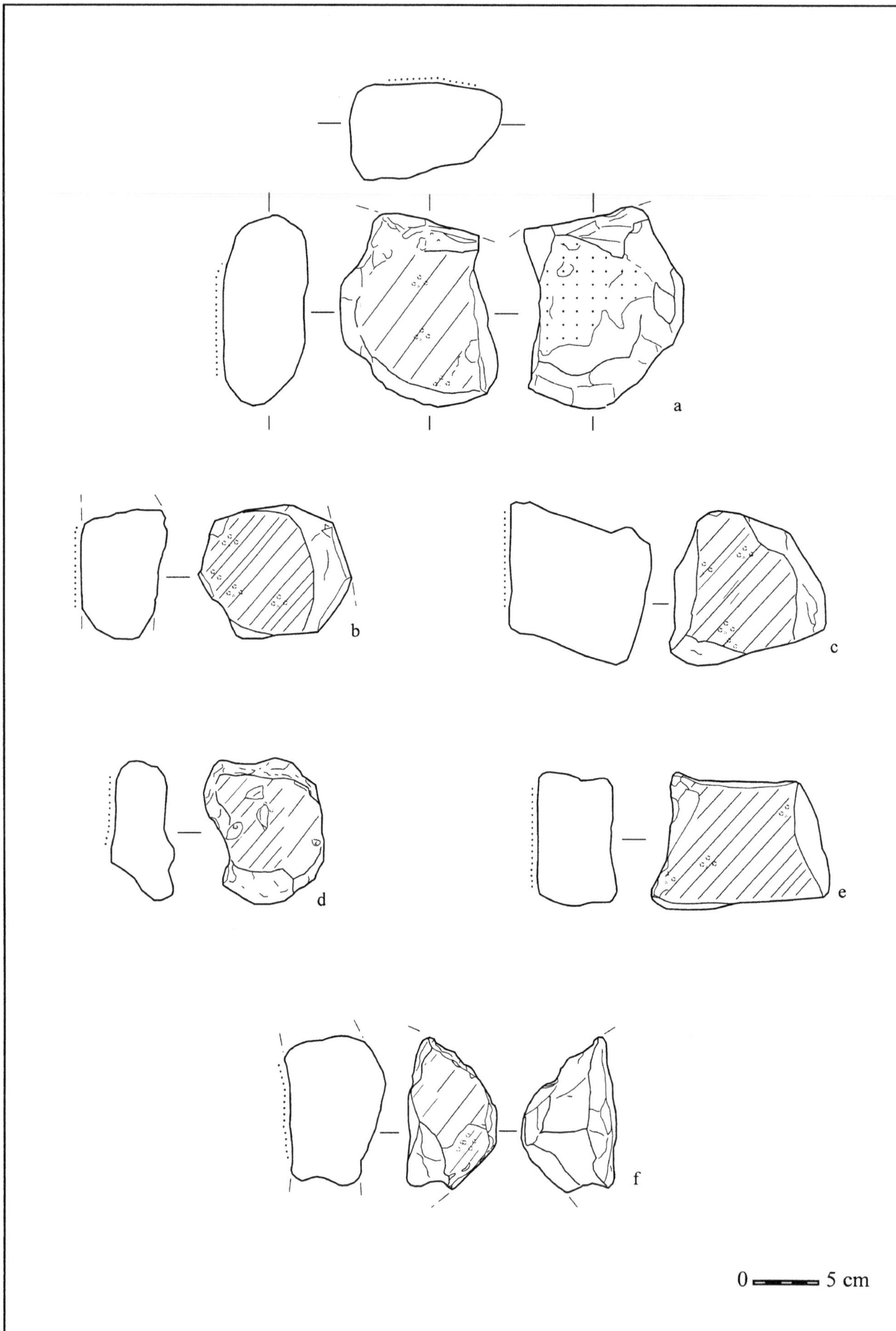

Planche II. Bucy-le-Long «le Fond du Petit Marais», fragments de meule
a. st. 371 b4 ; b. décapage hors structure ; c. st. 407 b5 ; d. st. 312 b2 ; e. st. 407 a6 ; f. st. 364 a14

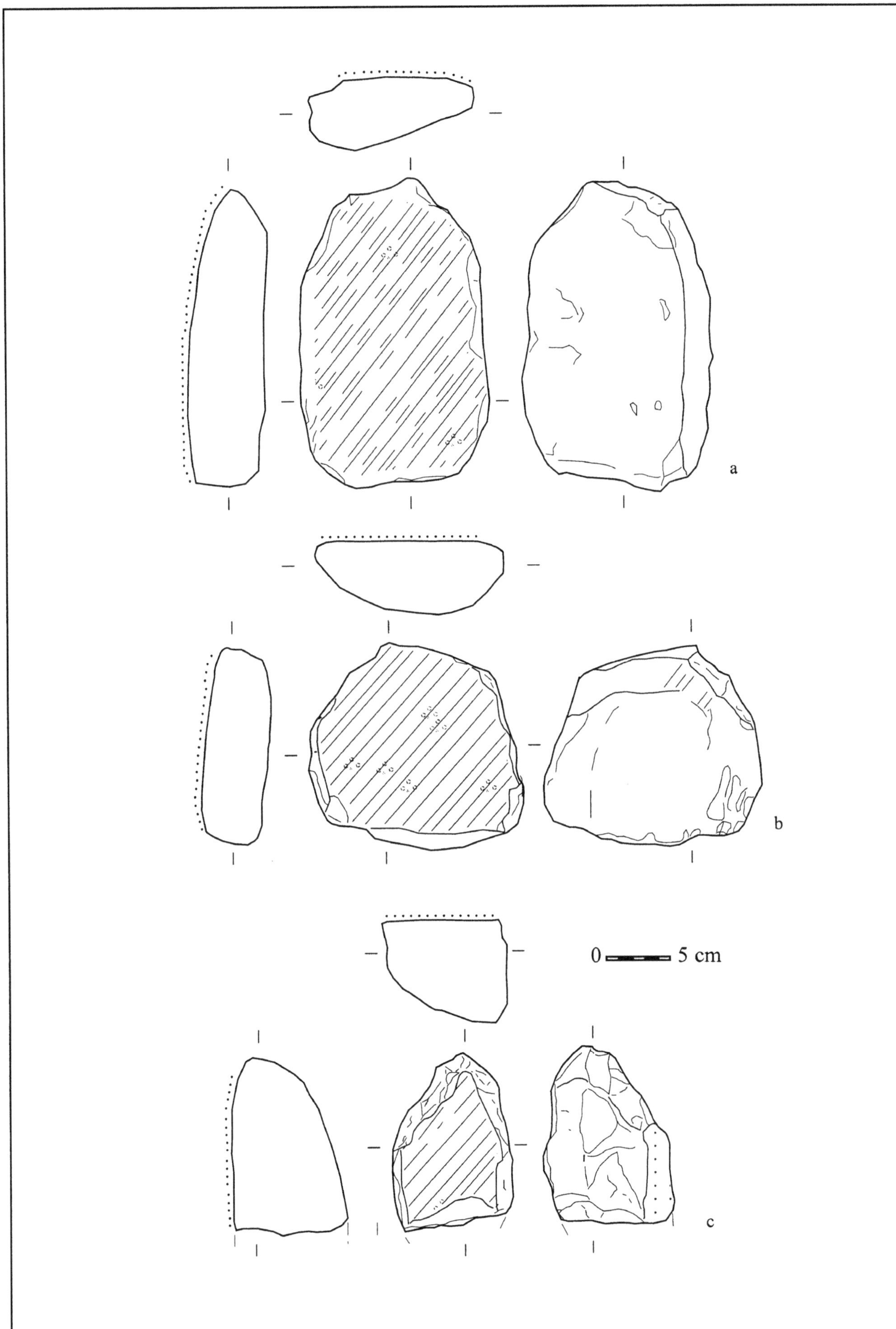

Planche III. Bucy-le-Long «le Fond du Petit Marais», molettes
a. st. 304 b7 ; b. st.304 b4 ; c.390 surface a-b 2-3

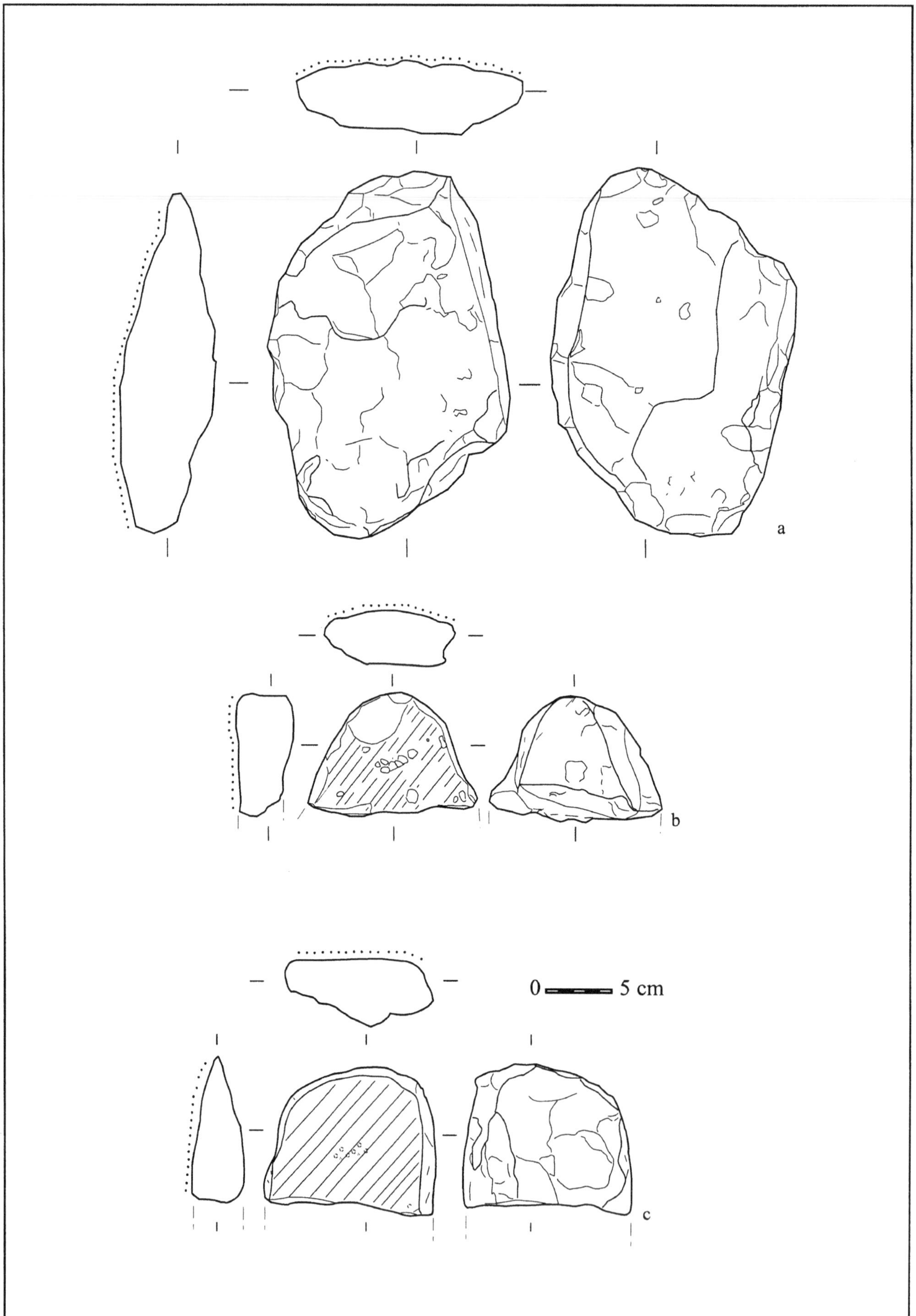

Planche IV. Bucy-le-Long «le Fond du Petit Marais», molettes
a. st.377 a8 ; b. st.316 b4 ; c. st.304 b4

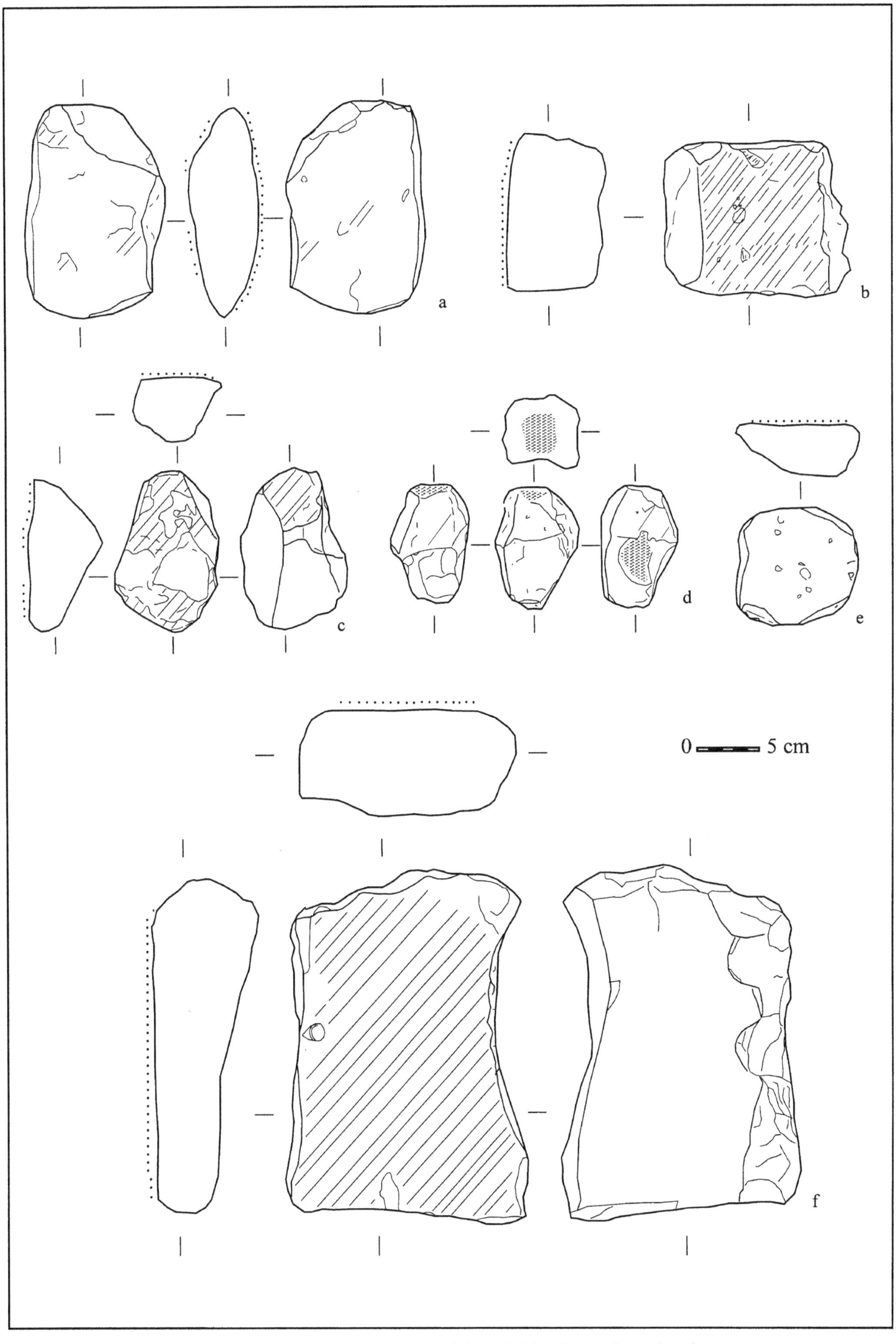

Planche V. Bucy-le-Long «le Fond du Petit Marais», molettes à main
a. st. 407 a8 ; b. st. 407 b7 ; c. st. 371 b4 ; d. st. 381 b ; e. st. 397 c1 ; f. st. 304 a6

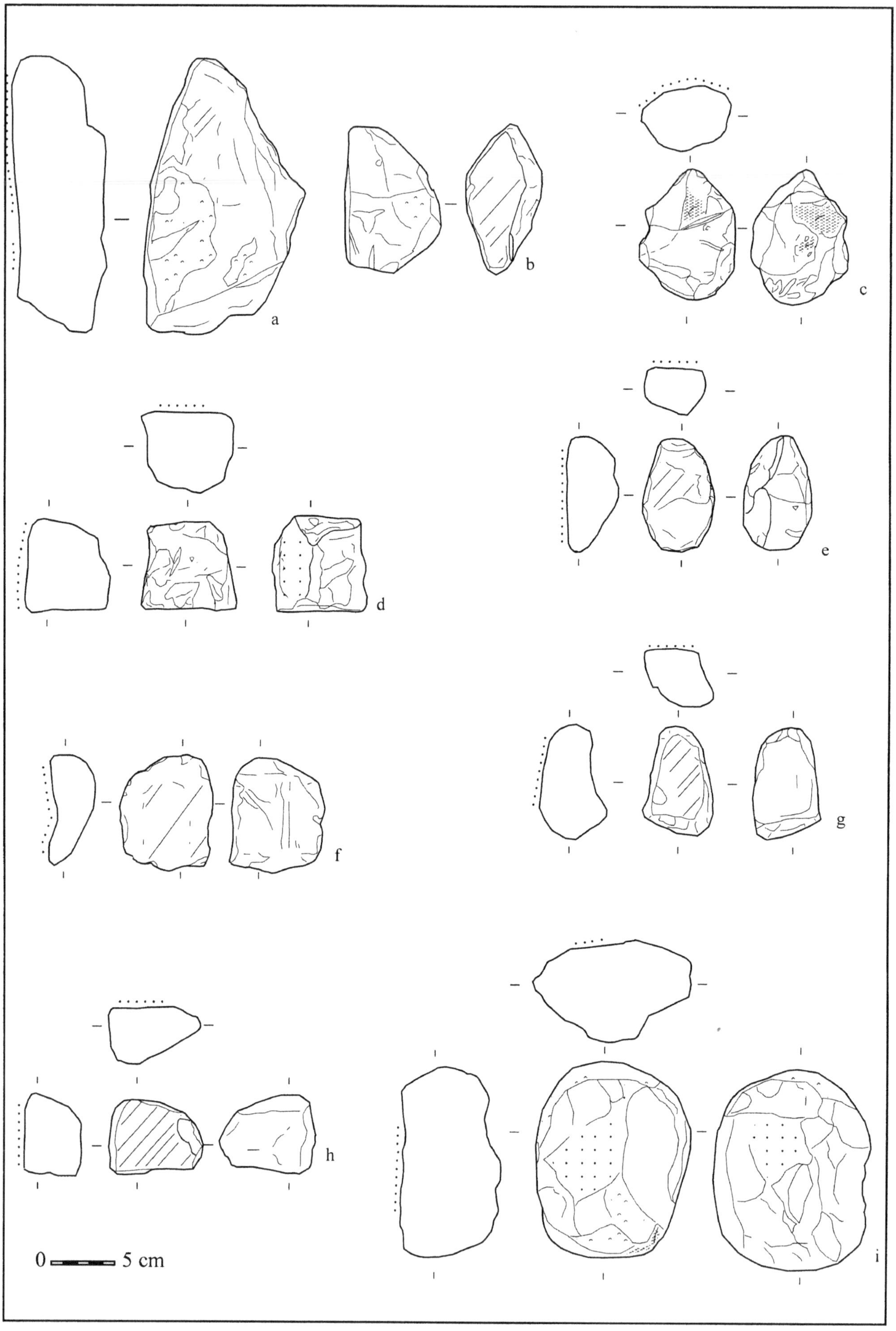

Planche VI. Bucy-le-Long «le Fond du Petit Marais», abraseurs et percuteurs
a. st.376 a3 ; b. st. 331 b5 ; c. st. 389 surface ; d. st. 376 a3 ;
e. st. 377 b9 ; f. st. 312 b1 ; g. st. 377 a6 ; h. st. 331 a2 ; i. st. 377 b5

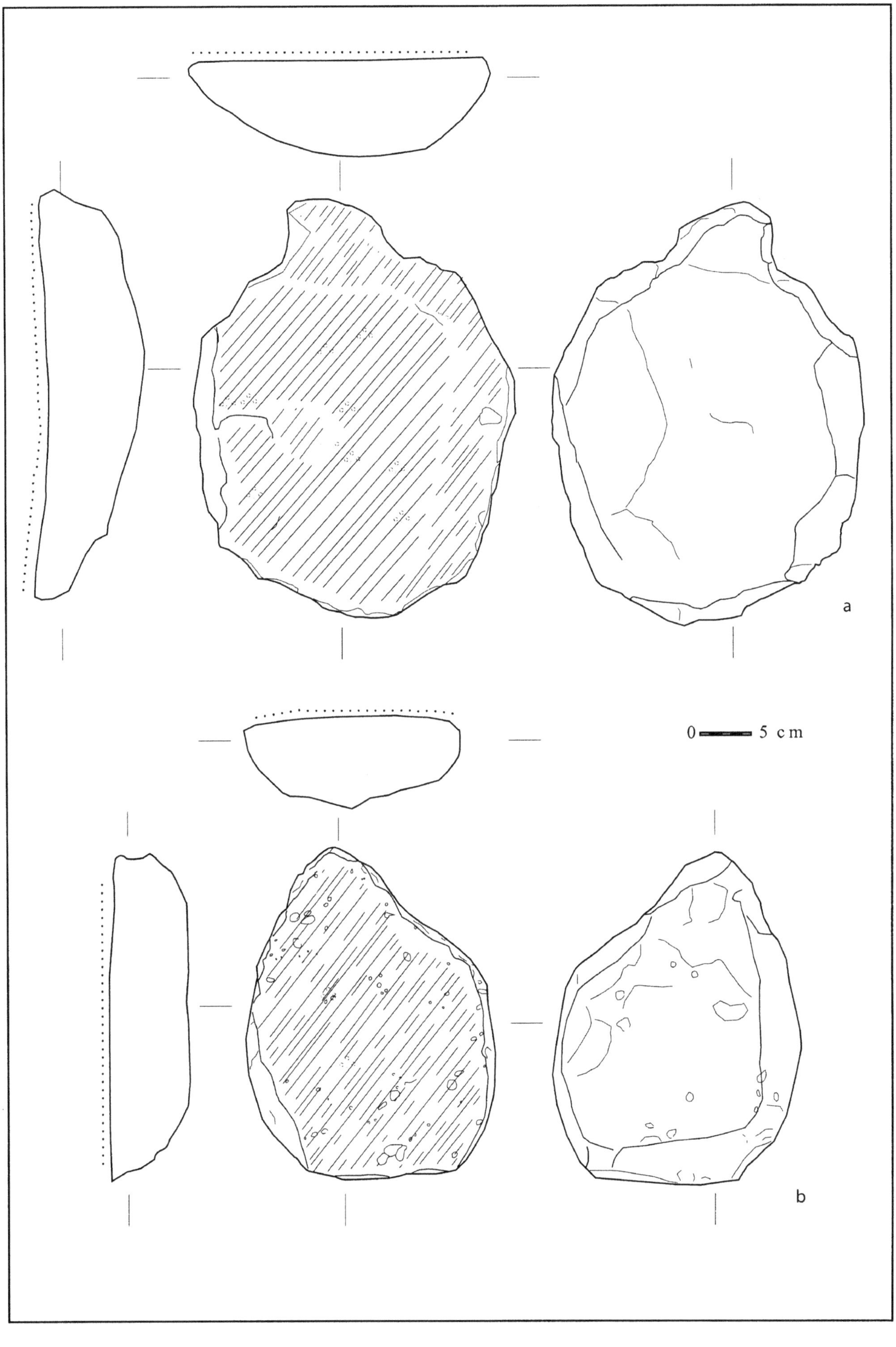

Planche VII. Bucy-le-Long «la Fosse Tounise», meules
a. st. 186 a6 ; b. st. 23 b5

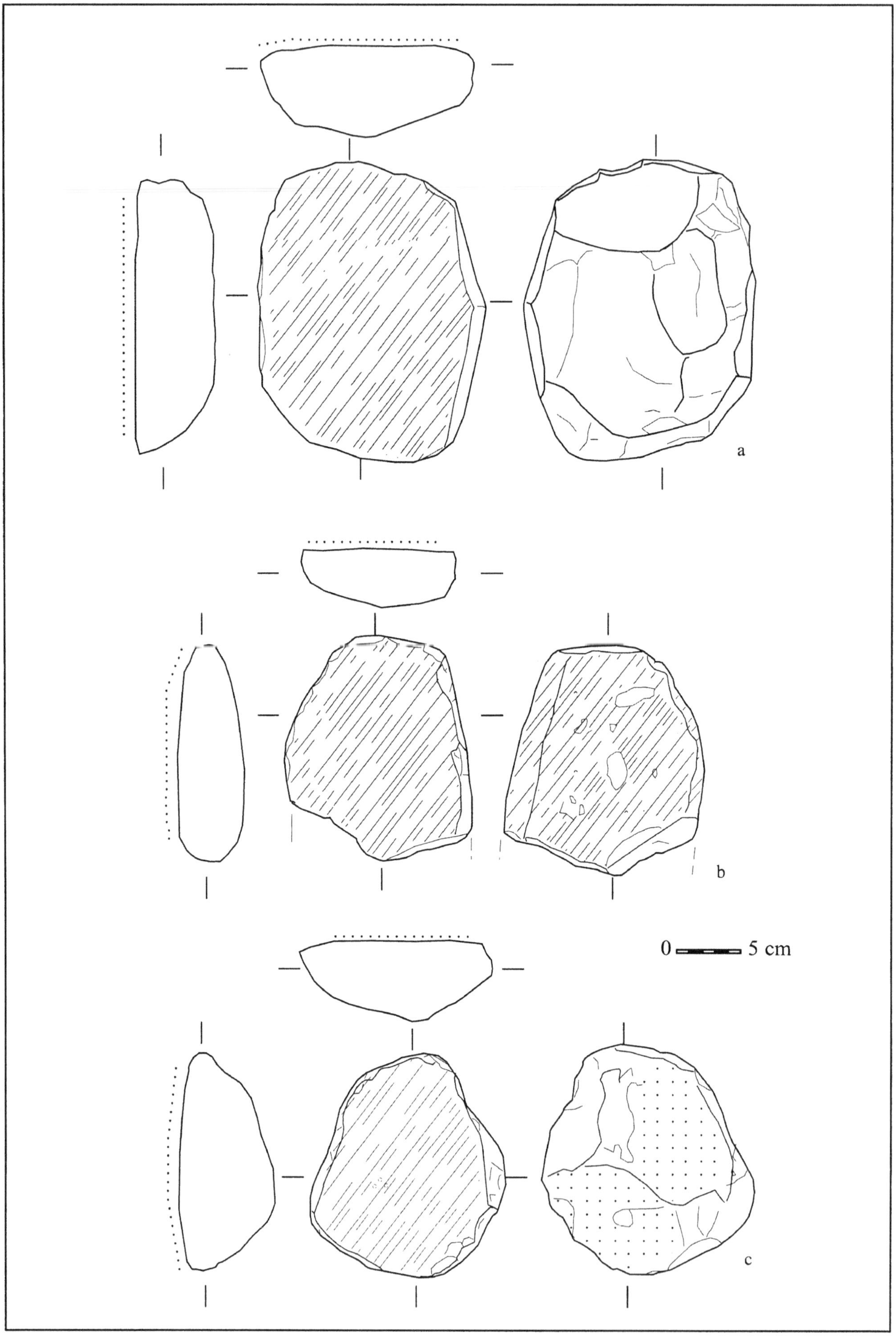

Planche VIII. Bucy-le-Long «la Fosse Tounise», molettes
a. ramassage de surface ; b. st. 23 b17 ; c. st. 174 a1

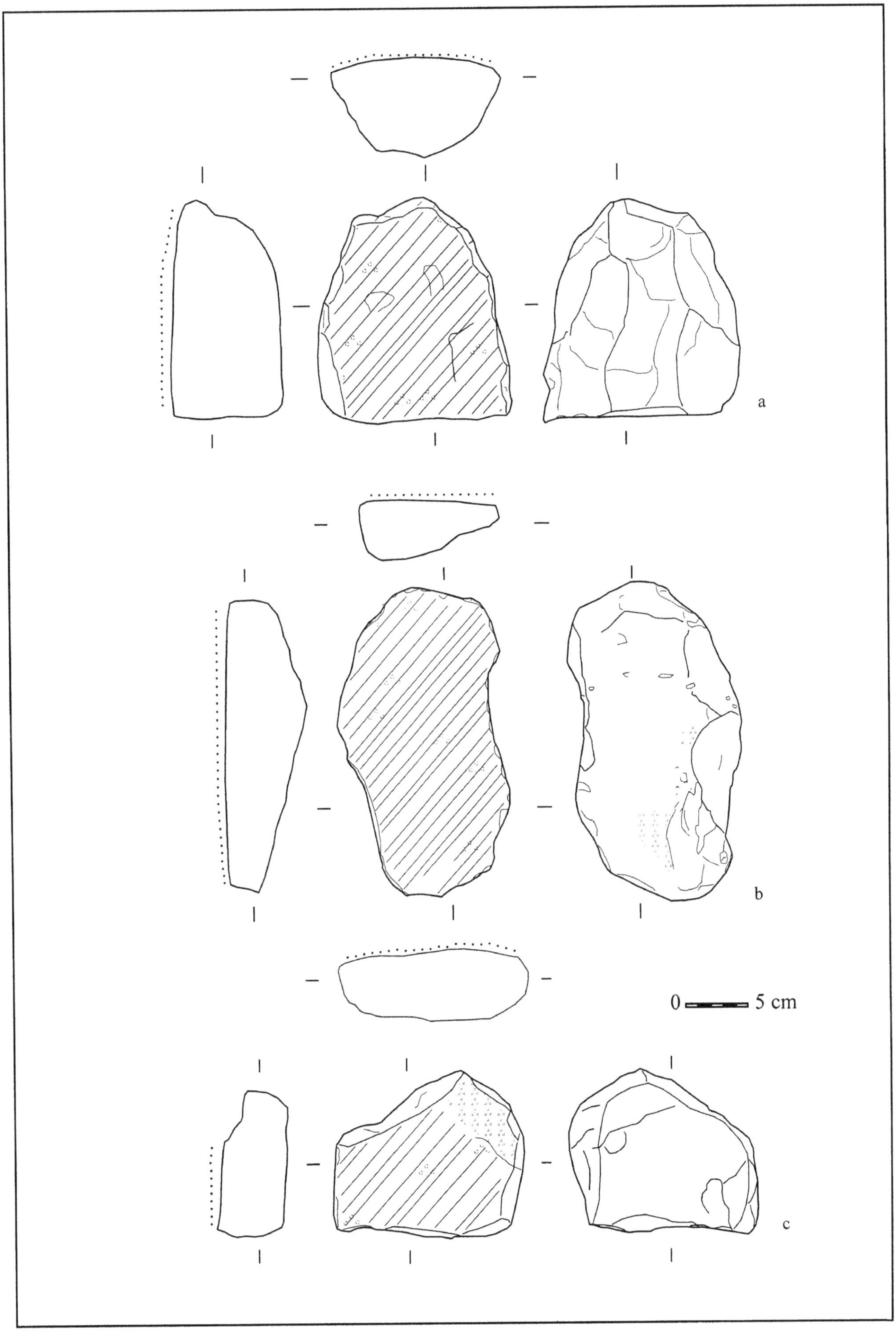

Planche IX. Bucy-le-Long «la Fosse Tounise», molettes
a. st. 171 surface ; b. st. 213 b5 ; c. st. 174 a4

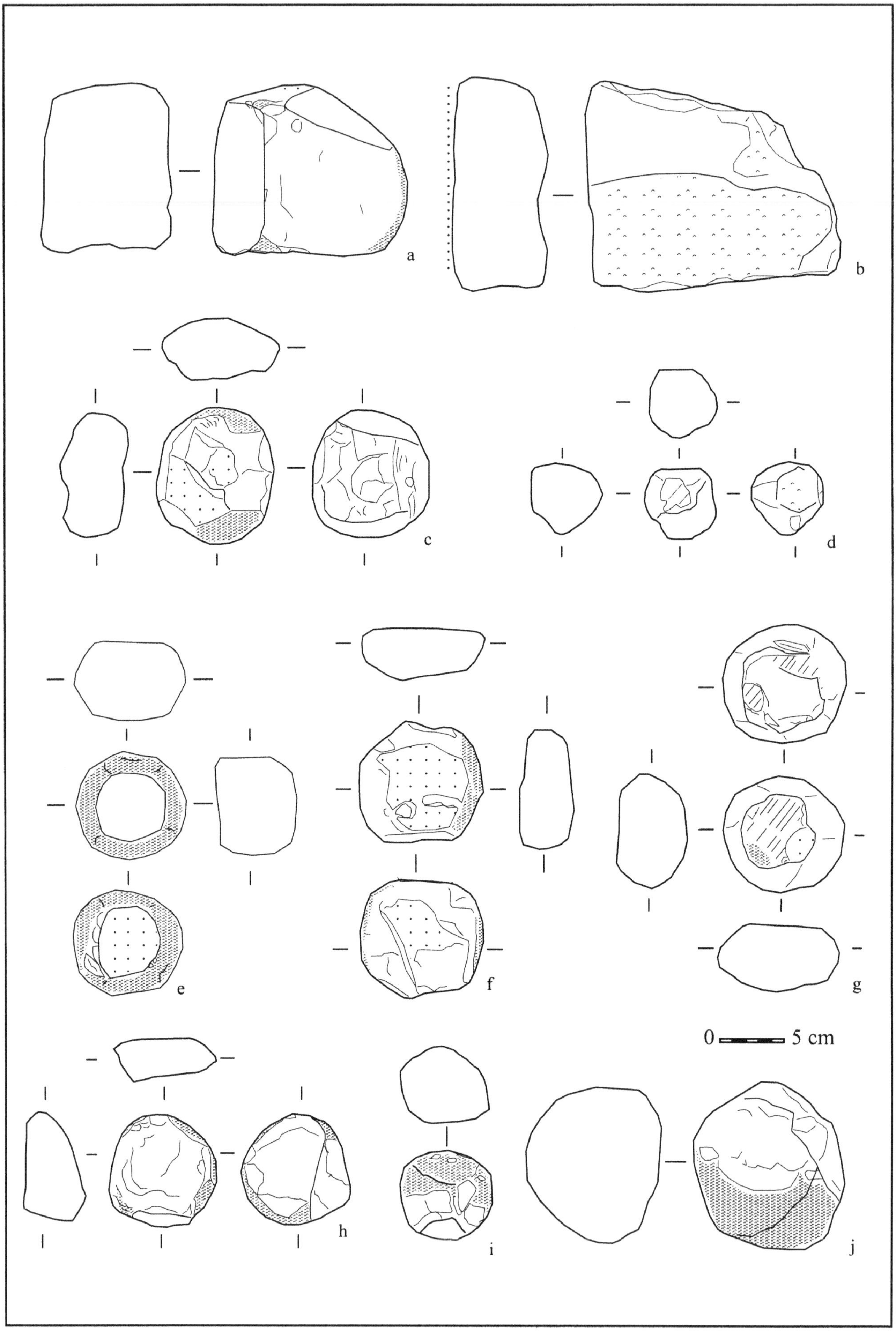

Planche X. Bucy-le-Long «la Fosse Tounise», broyons et percuteurs
a. st. 175 b3 ; b. st. 206 b7 ; c. st. 198 a12 ; d. st. 187 ; e. st. 206 a1 ;
f. st. 206 a9 ; g. st. 21 a5 ; h. st. 163 b4 ; i. st. 23 a4 ; j. st. 159 a3

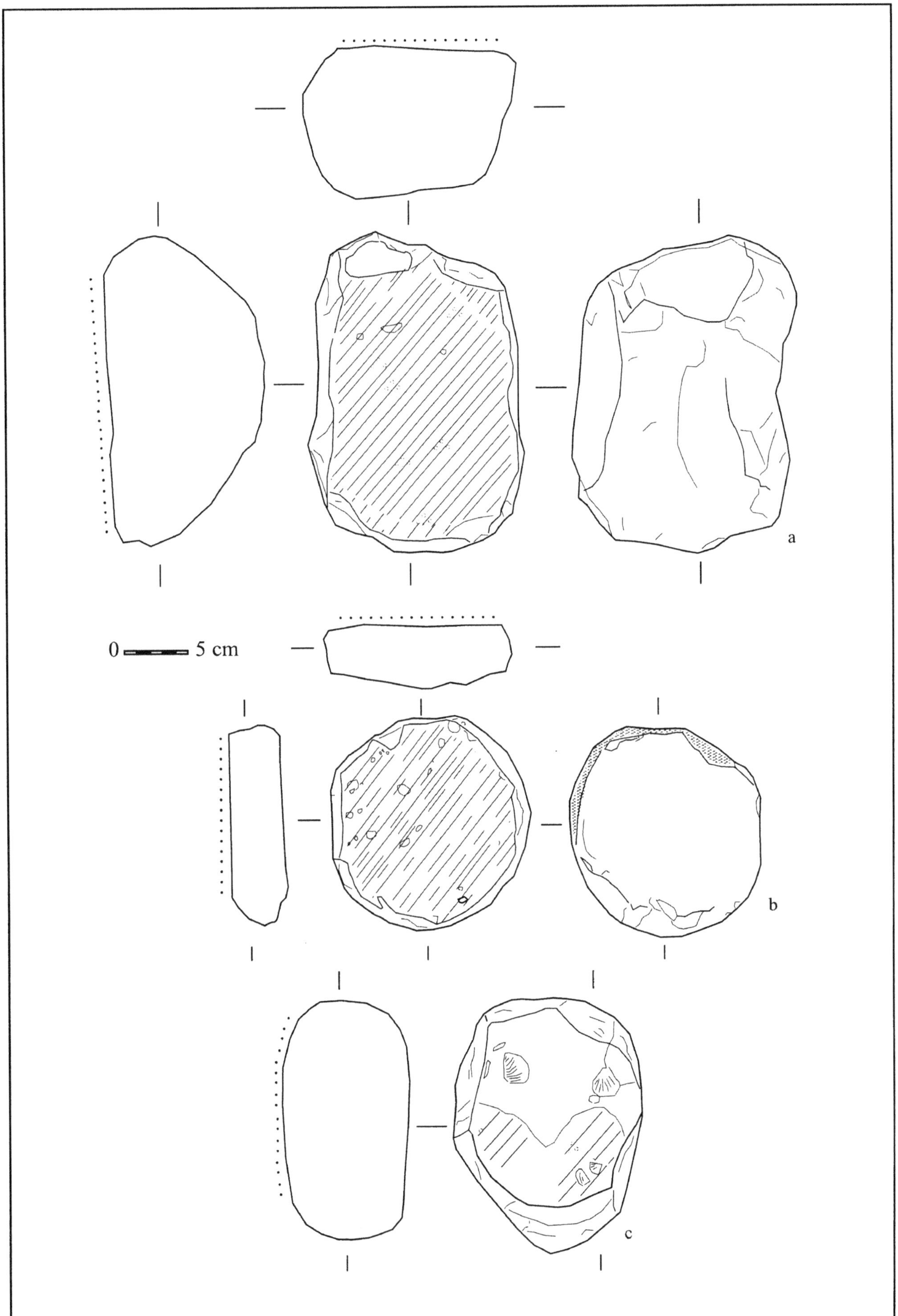

Planche XI. Bucy-le-Long «la Fosse Tounise», molettes à main
a. st. 175 b4 ; b. st. 175 a2 ; c. st. 23 a7 ; st. 23 b3

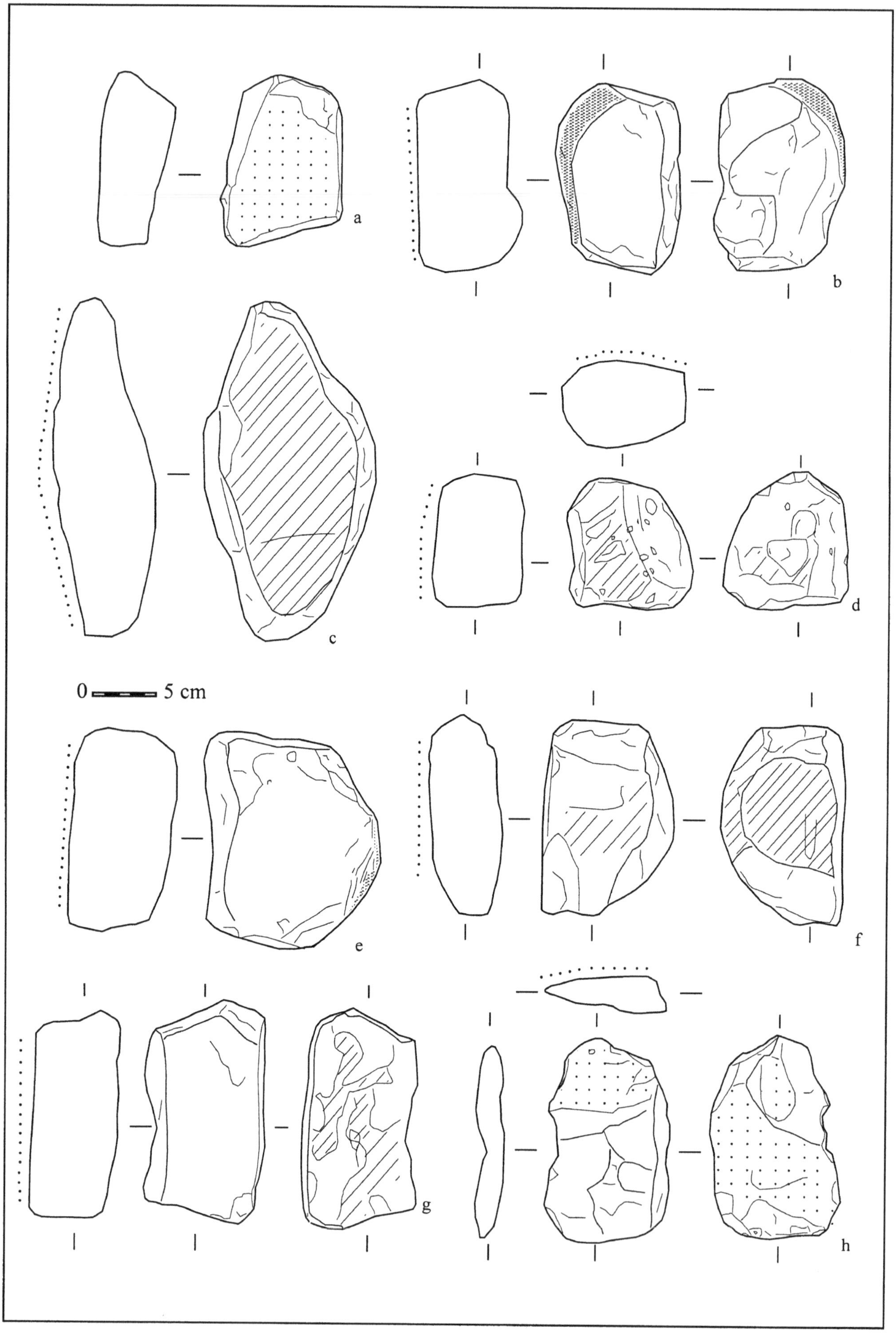

Planche XII. Bucy-le-Long «la Fosse Tounise», molettes à main
a. st. 23 a4 ; b. st. 162 b4 ; c. st. 162 b5 ; d. st. 162 a3 ; e. st. 160 a2 ; f. st. 187 b2 ; g. st. 185 ; h. st. 182 b4

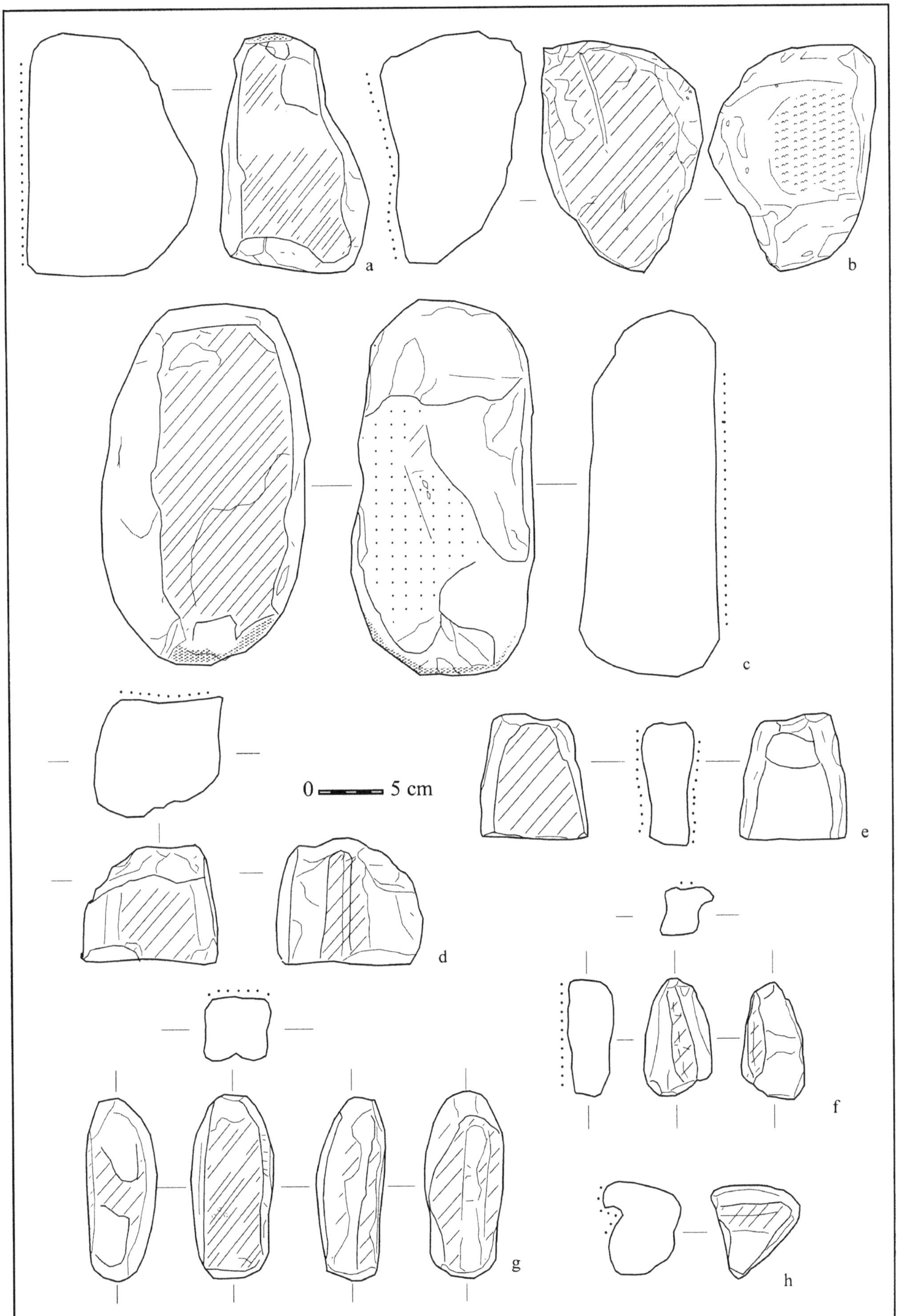

Planche XIII. Bucy-le-Long «la Fosse Tounise», abraseurs
a. st. 23 c4 ; b. st. 162 a5 ; c. st.162 a5 ; d. st. 187 b2 ; e. st. 23 a13 ; f. st. 23 a7 ; g. st. 214 b2 ; h. st. 23 a7

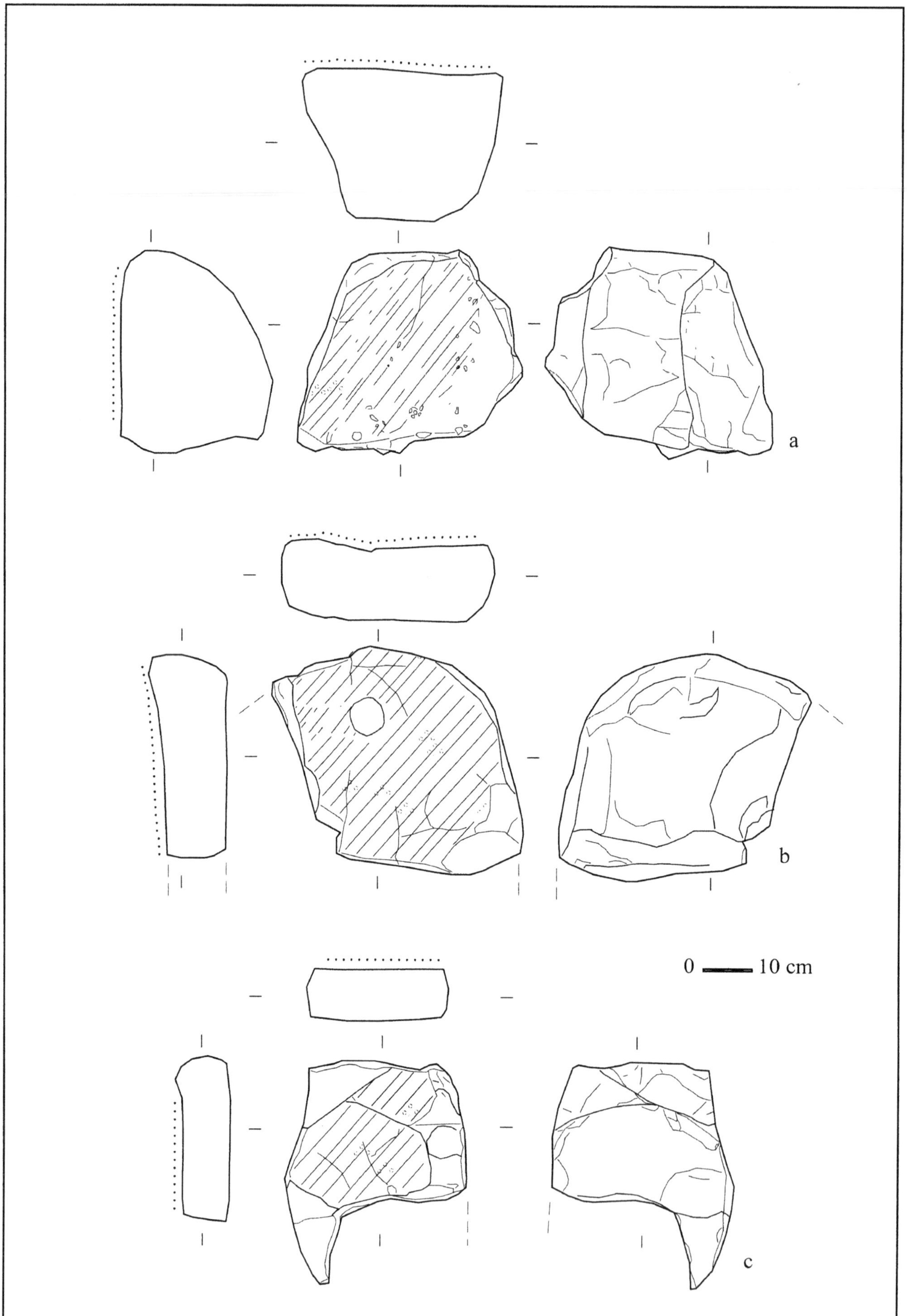

Planche XIV. Balloy « les Réaudins», meules
a. st. 72 ? ; b. st. 70 ; c. st. 72

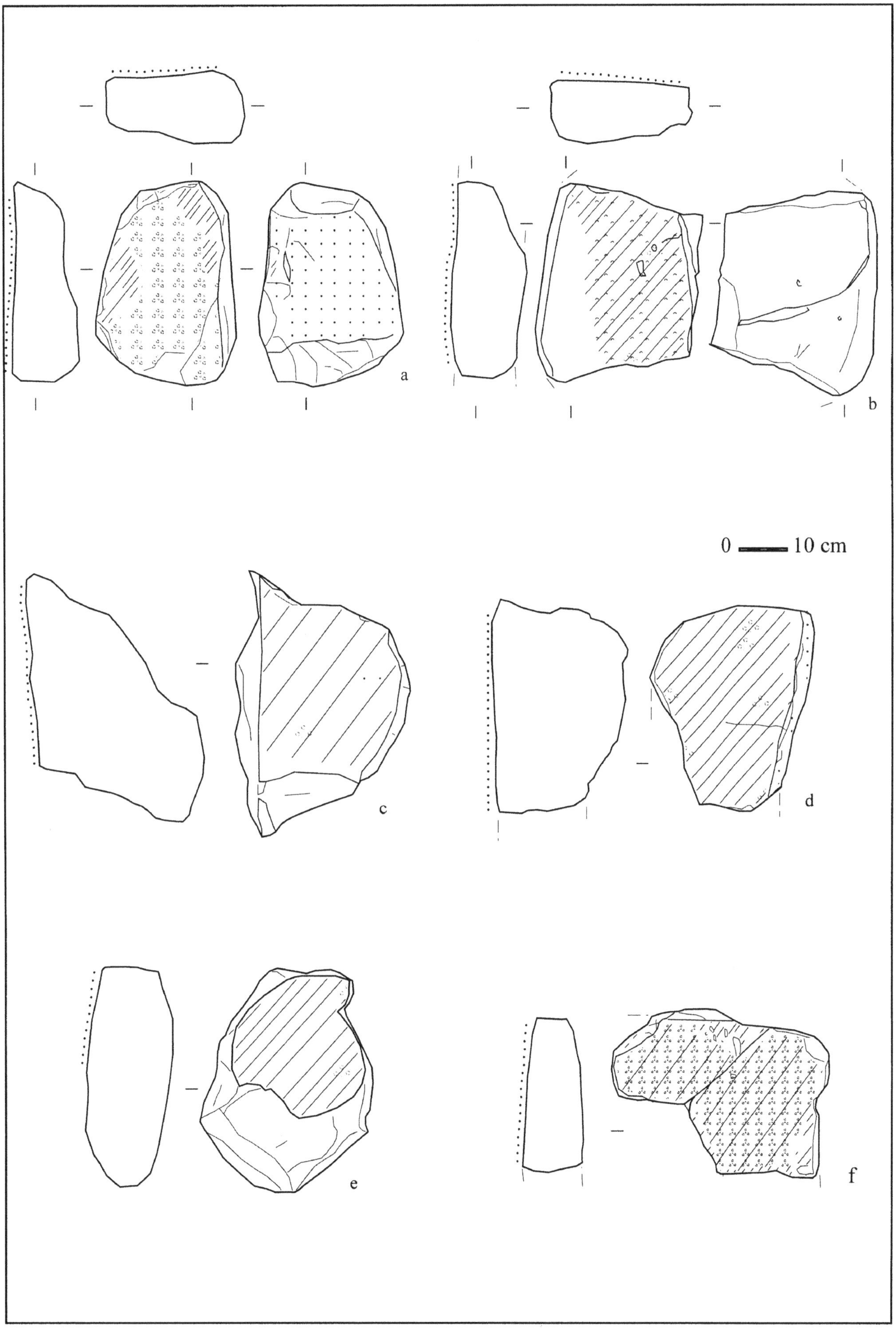

Planche XV. Balloy «les Réaudins»
a. F 9-10 ; b. F 9 ; c. F 46 ; d. F 50 ; e. F 53 ; f. F 50

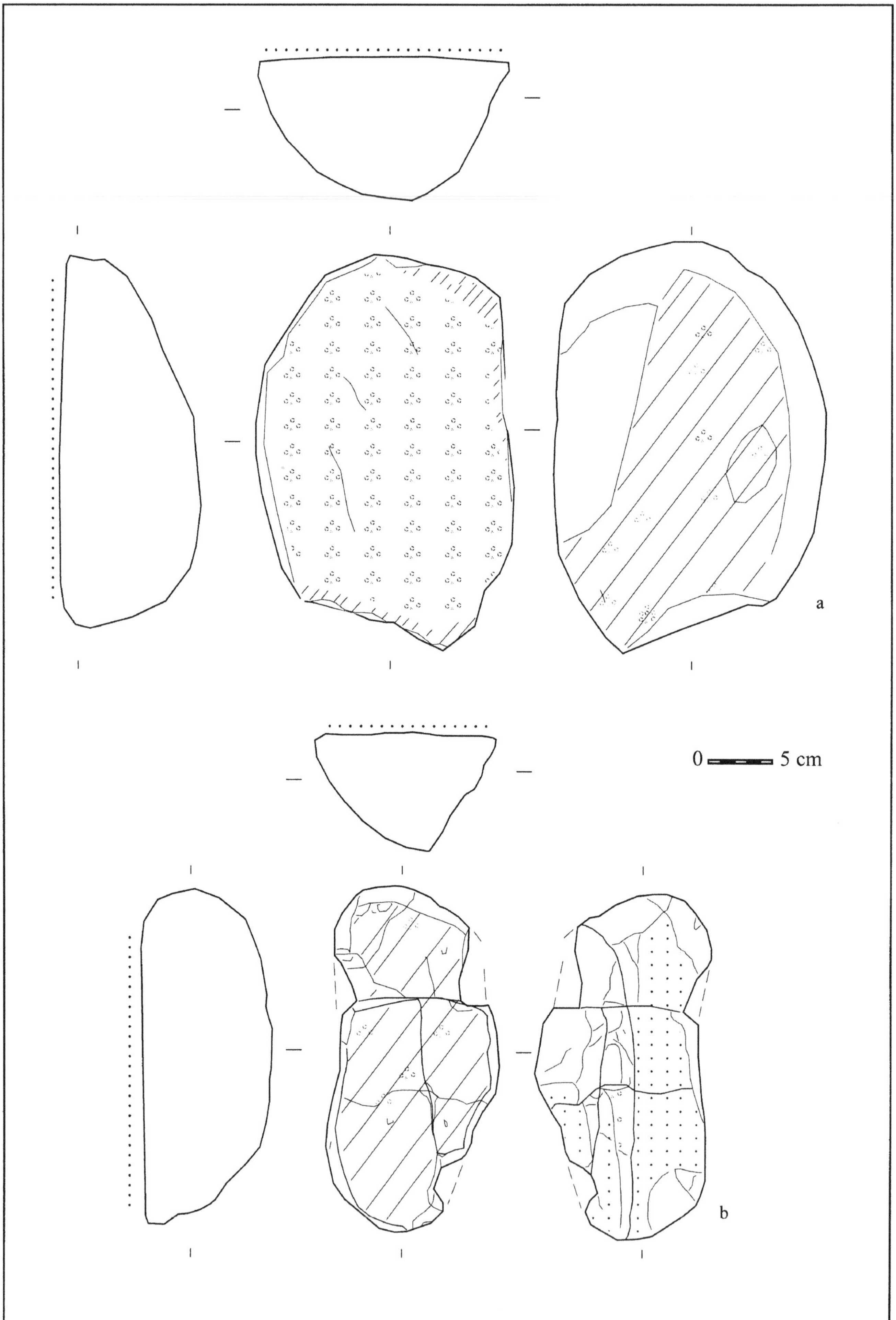

Planche XVI. Balloy «les Réaudins», molettes a. indéterminé ; b. 350-360 / 500-510

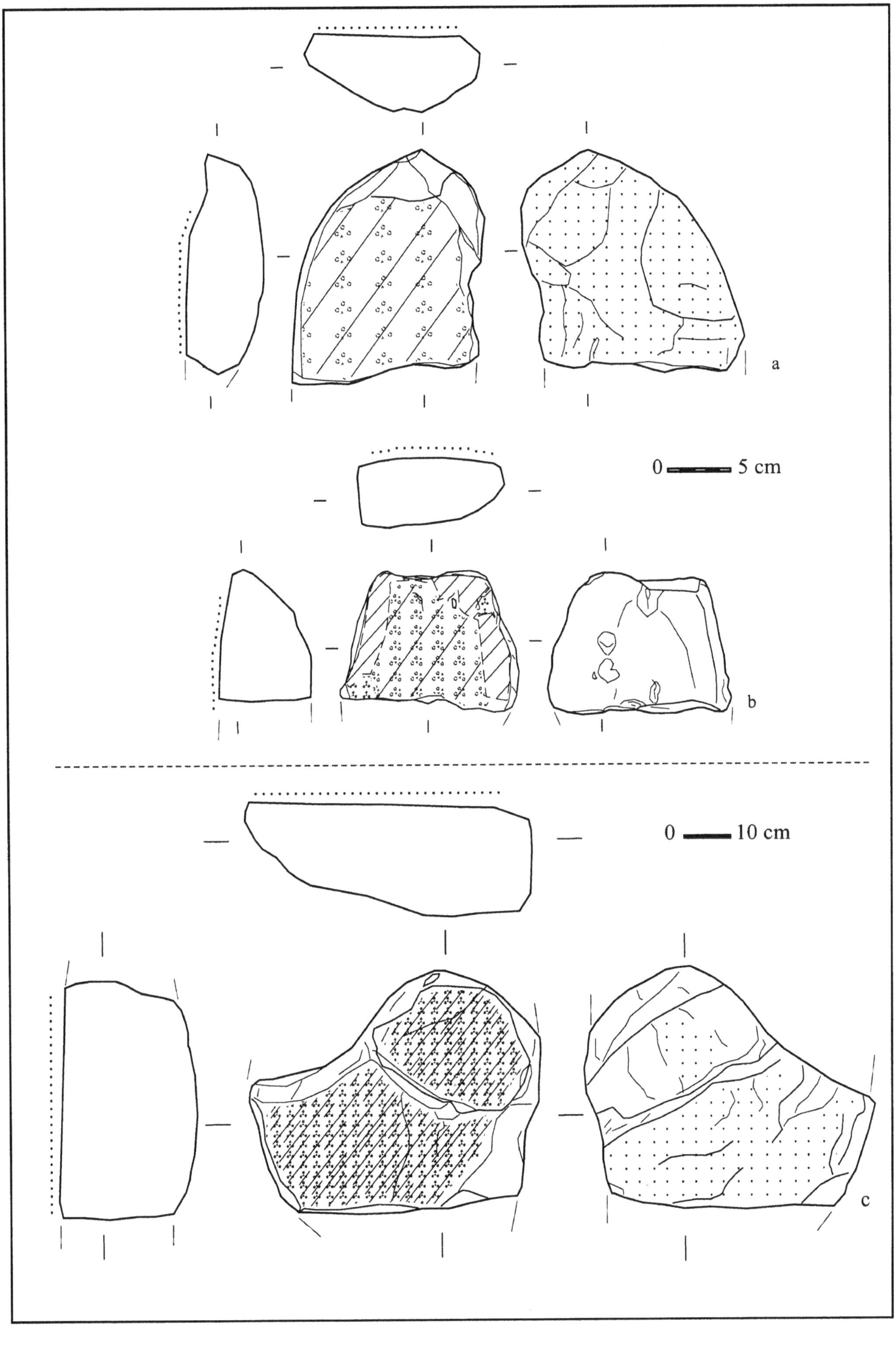

Planche XVII. Balloy «Les Réaudins» molettes
a. F9 ; b. F 31 ; c. st. 53

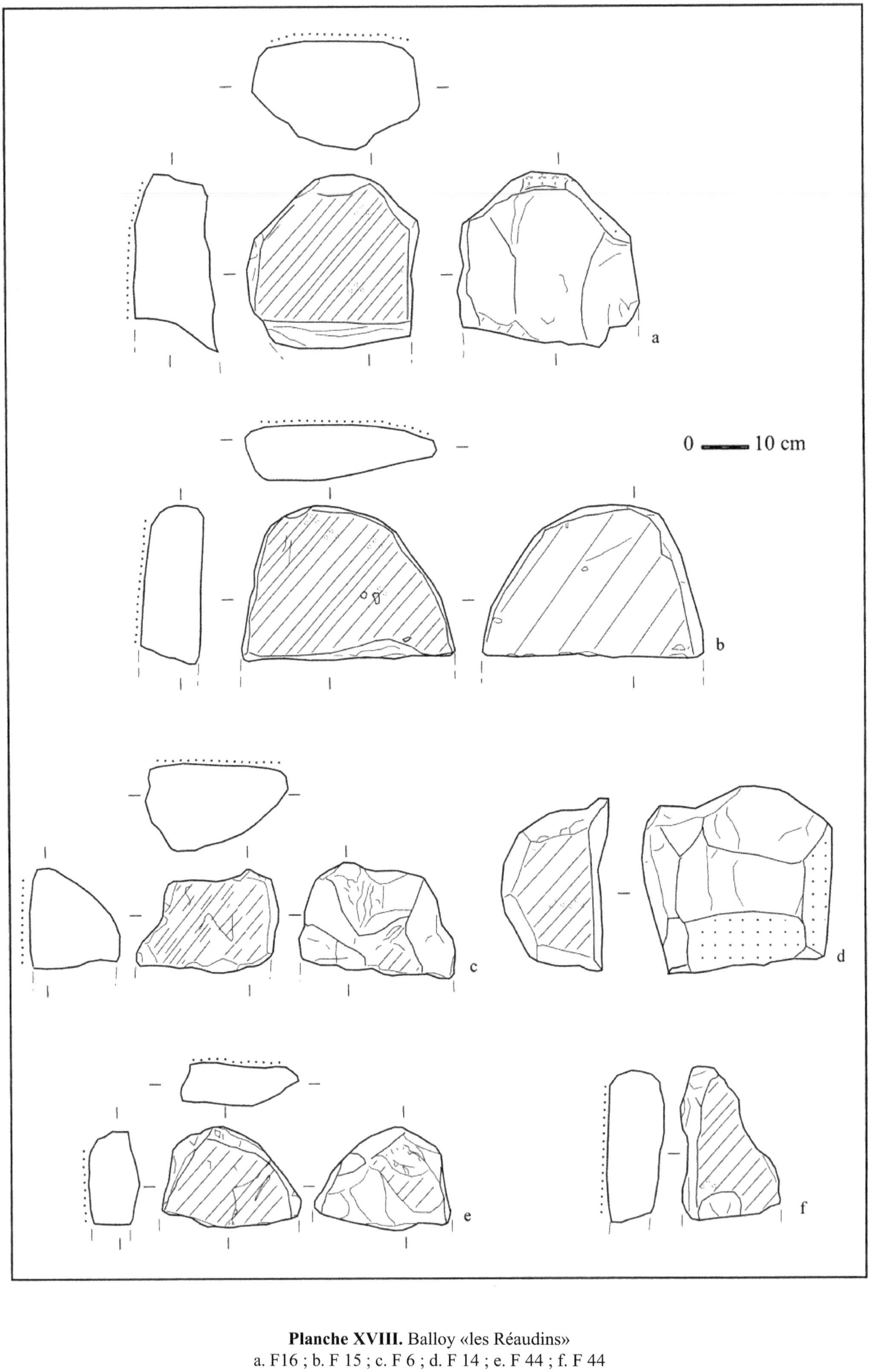

Planche XVIII. Balloy «les Réaudins»
a. F16 ; b. F 15 ; c. F 6 ; d. F 14 ; e. F 44 ; f. F 44

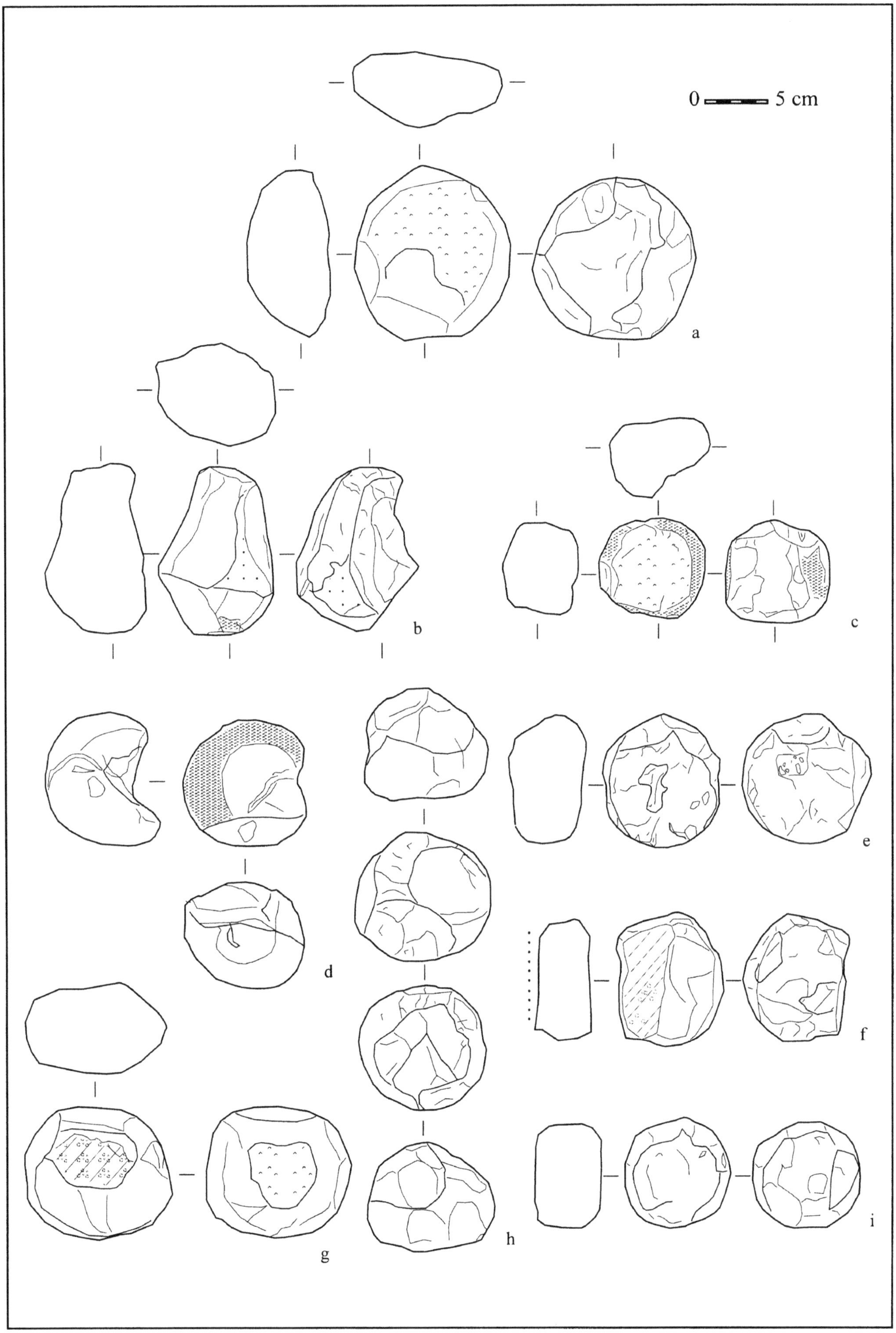

Planche XIX. Balloy «les Réaudins», percuteurs
a. F6 ; b. 340 / 519 ; c. F5 ; d. F 47 ; e. F 44 ; f. F 8 ; g. F 3 ; h. F 37 ; i. F 48 ; j. F 3

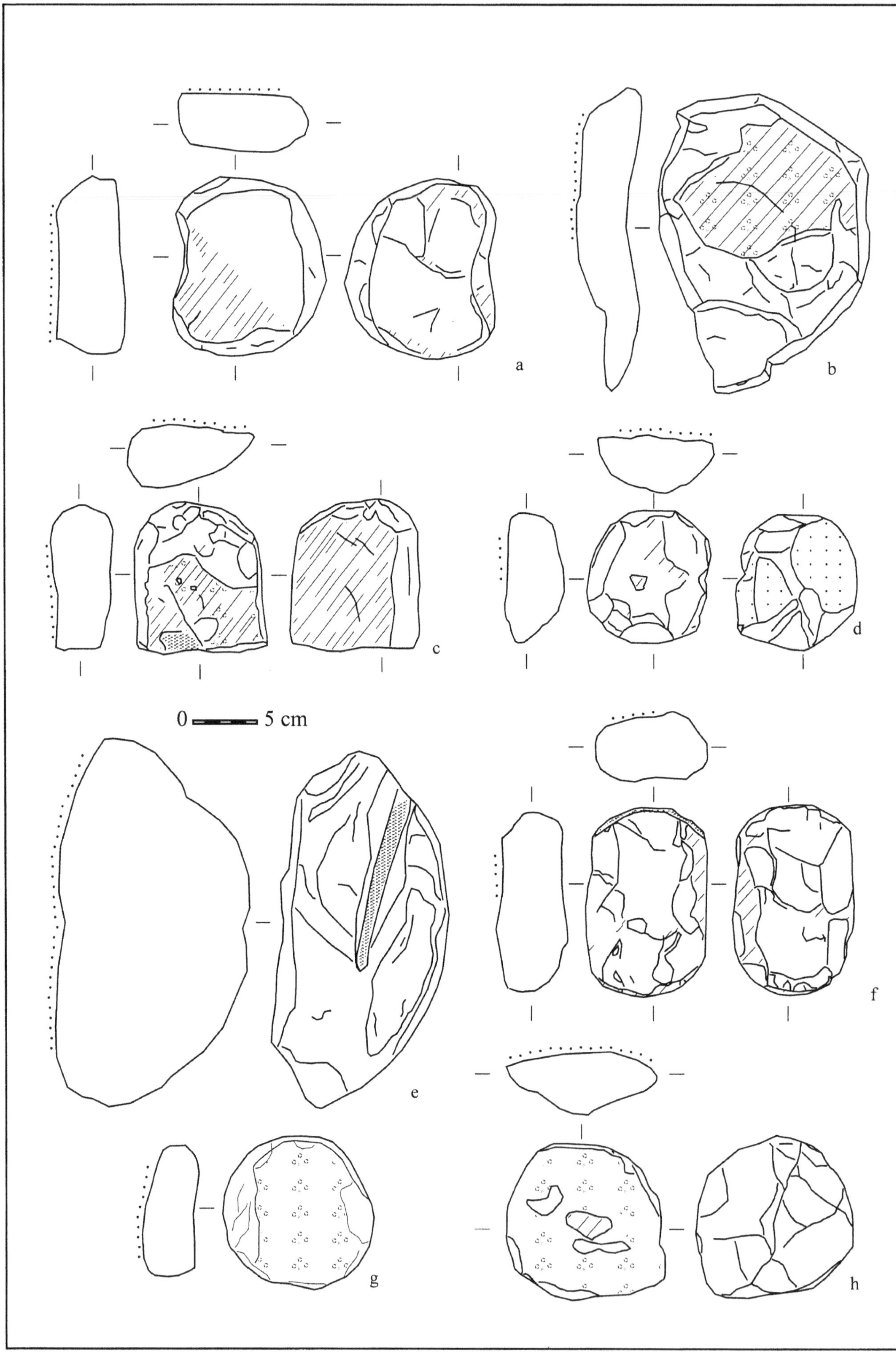

Planche XX. Balloy «les Réaudins» abraseurs et molettes à main
a. F7 ; b. F 44 ; c. F 20 ; d. F14 ; e. st. 58 BC ; f. F 37 ; g. F 49 ; h. F 40

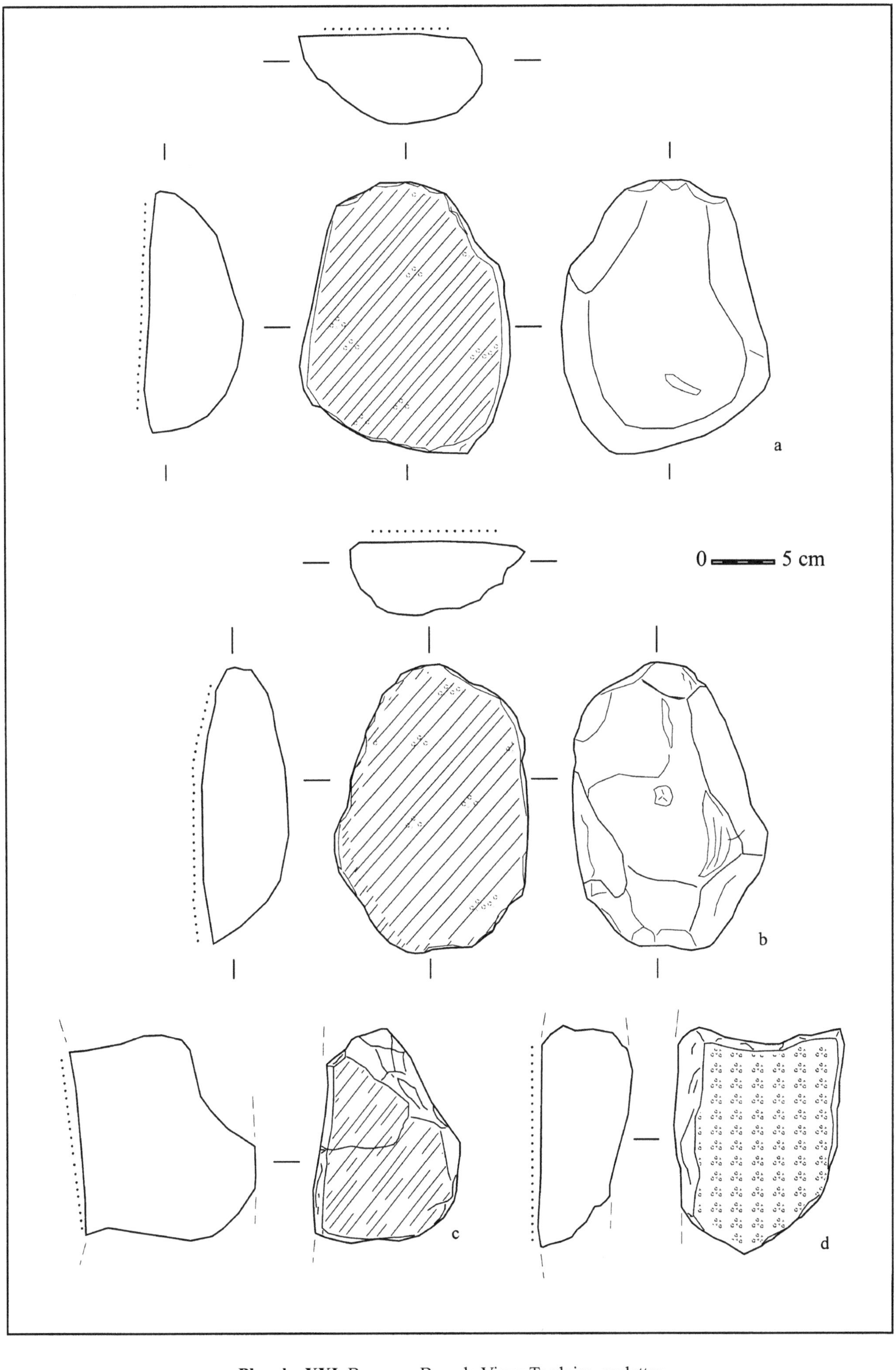

Planche XXI. Berry-au-Bac «le Vieux Tordoir», molettes
a. st. 641 ; b. dépôt st. 598 molette n° 3 ; c. st. 50 ; d. st. 598 surface

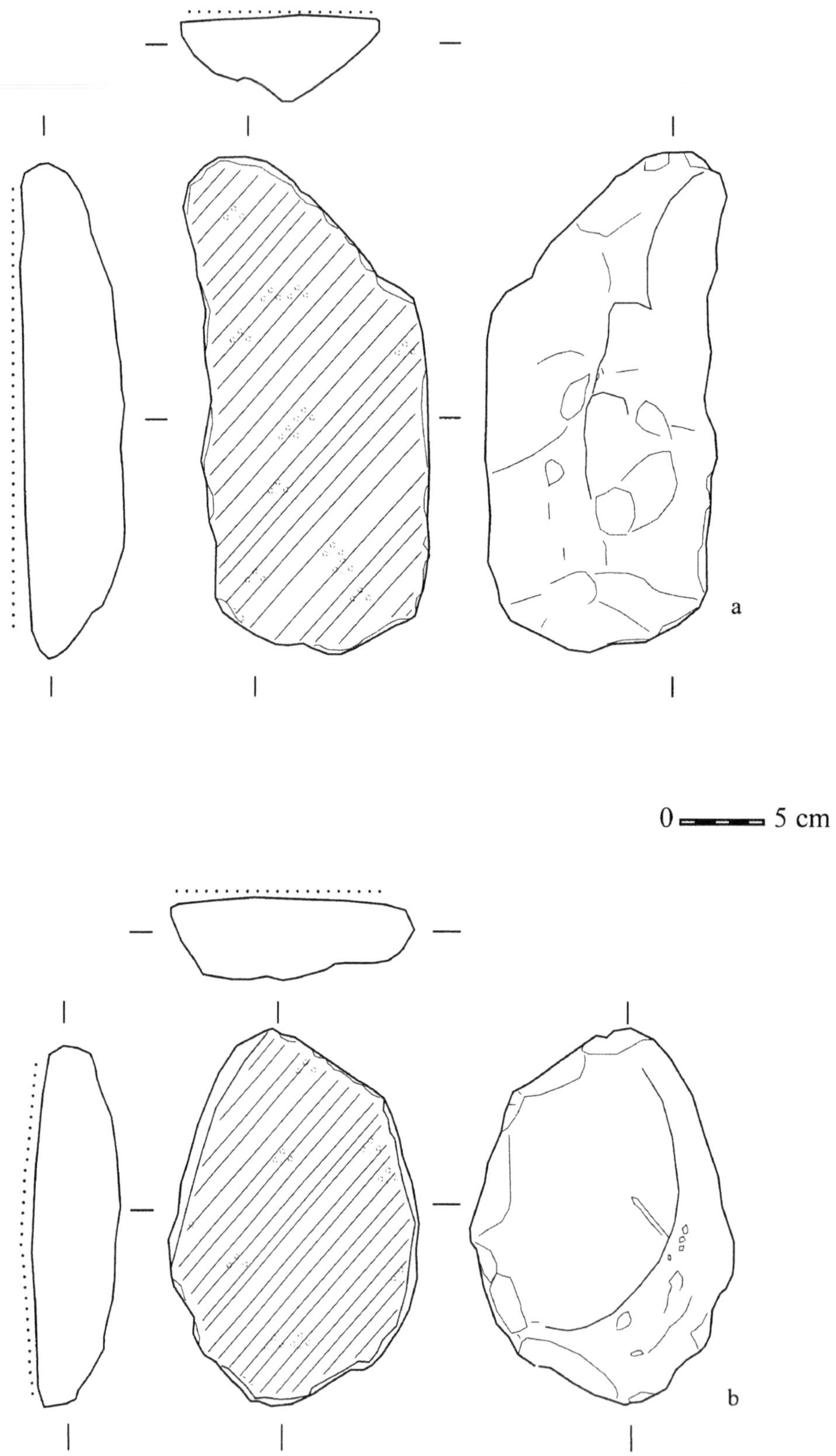

Planche XXII. Berry-au-Bac «le Vieux Tordoir», molettes dépôt st. 598
a. molette n° 6 et b. molette n° 7

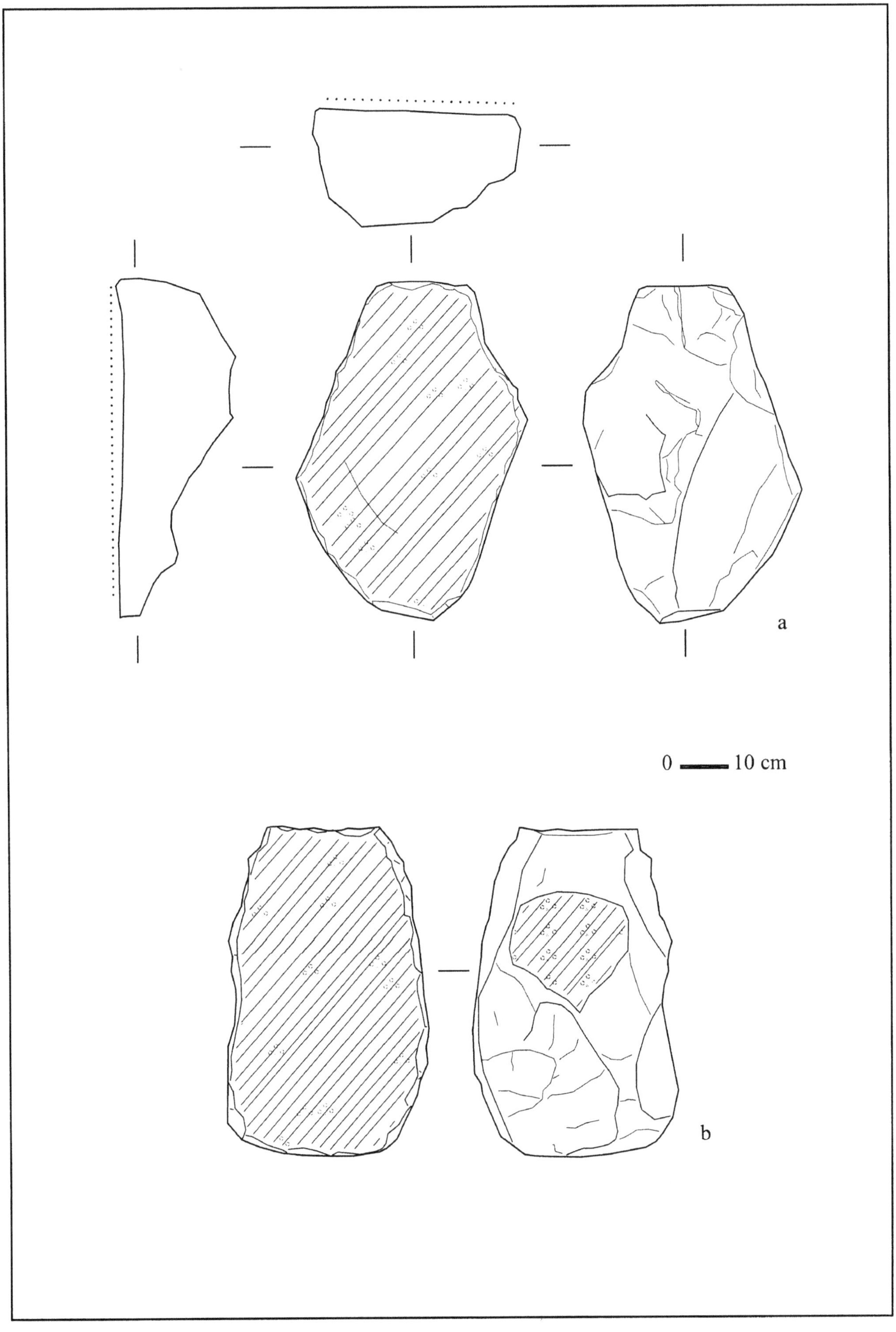

Planche XXIII. Berry-au-Bac «le Vieux Tordoir», meules dépôt st. 598
a. meule n° 4 ; b. meule n°1

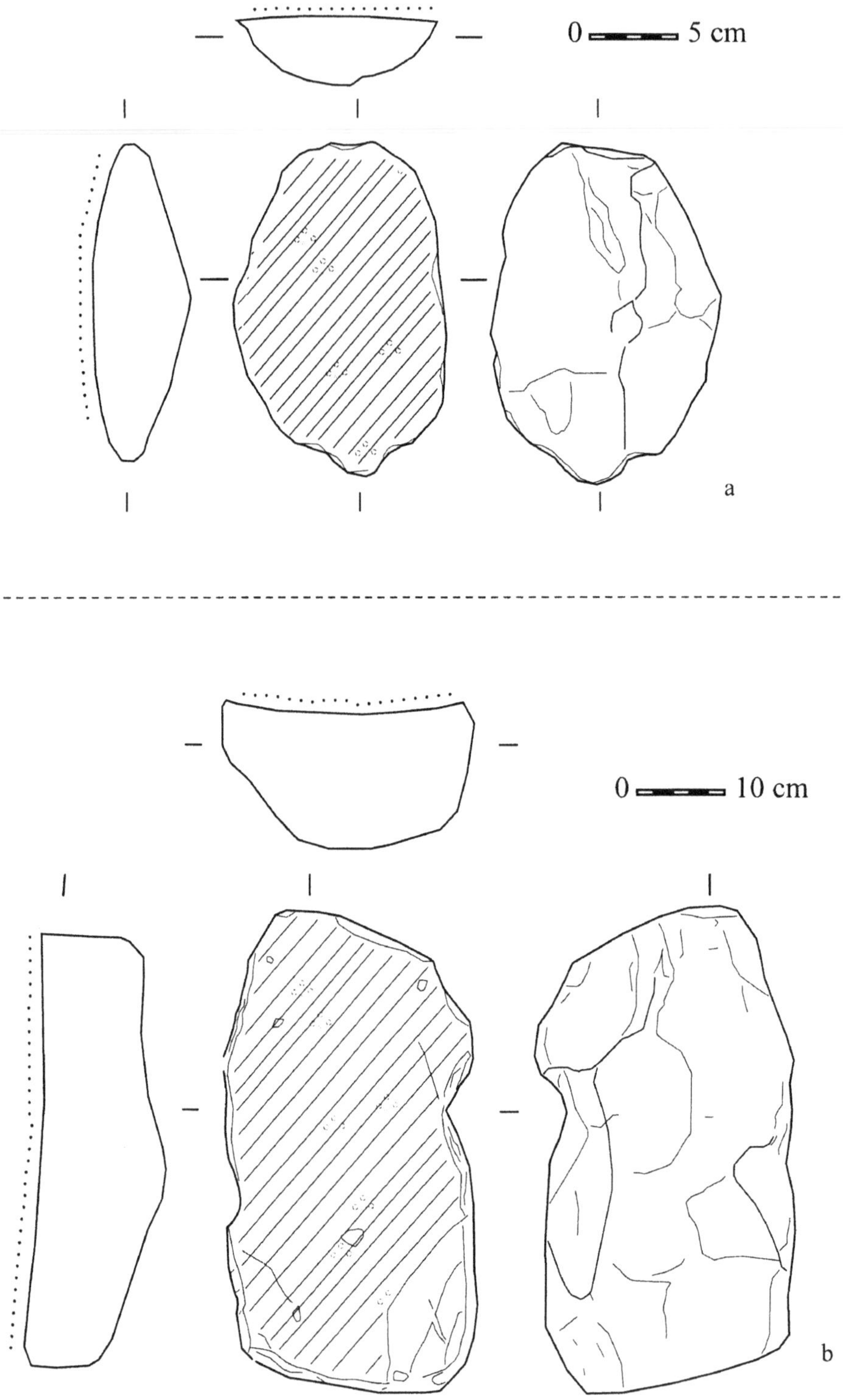

Planche XXIV. Berry-au-Bac « le Vieux Tordoir», meule et molette dépôt st. 598
a. molette n° 5 ; b. meule n° 1

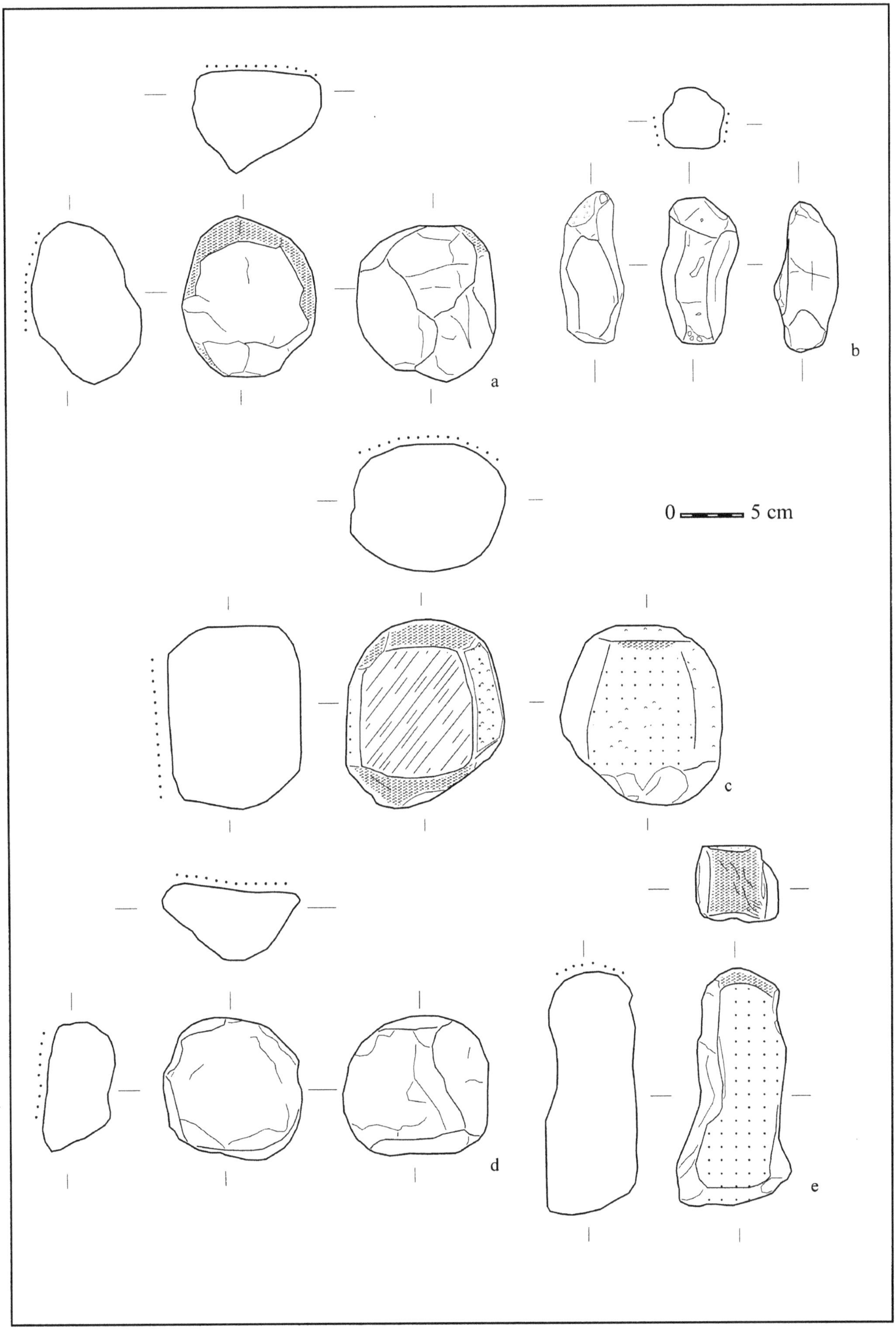

Planche XXV. Berry-au-Bac «le Vieux Tordoir», broyons et percuteurs
a. st. 635 b9 ; b. st.635 a11 ; c. st. 583 sud ; d. st. 383 c8 ; e. st. 588 a12 ; f. st. 572 b21

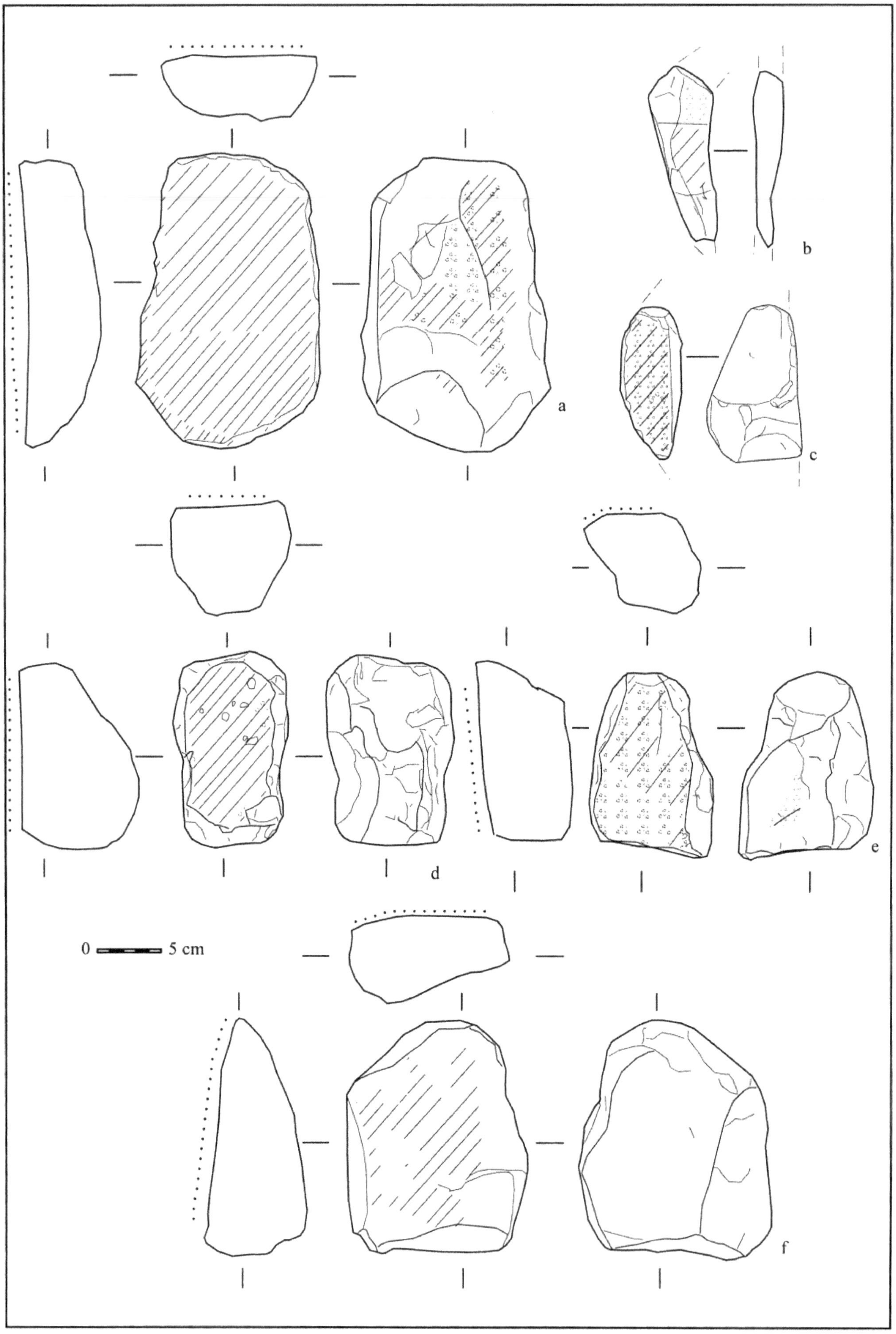

Planche XXVI. Berry-au-Bac «le Vieux Tordoir»
a. décapage ; b. st. 376 a3 ; c. st. 683 a1 ; d. st. 558 a5 ; e. st 683 a1 ;
d. st. 558 a5 ; e. st. 558 b5 ; f. st. 598 ; g. st. 376 a3

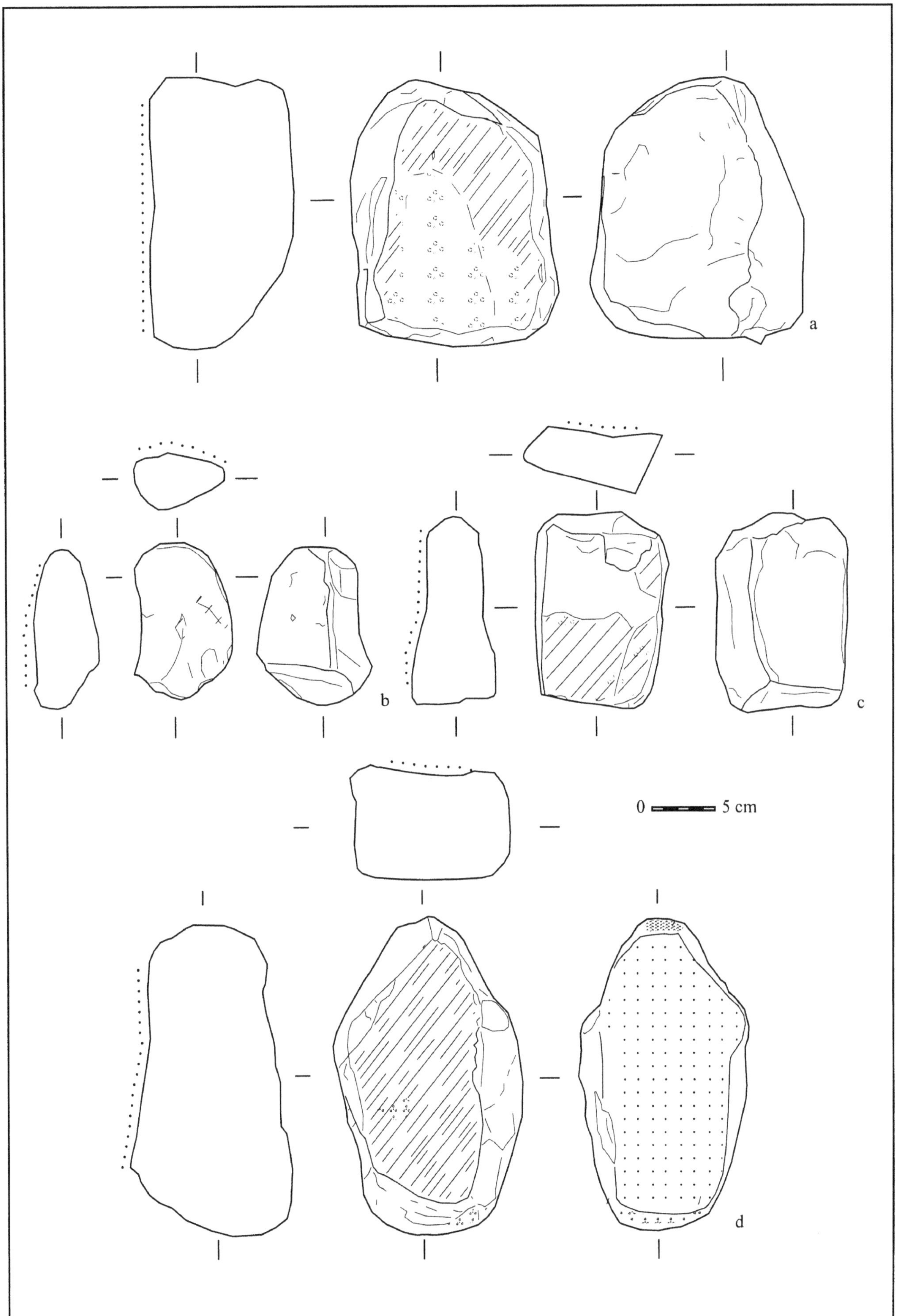

Planche XXVII. Berry-au-Bac «le Vieux Tordoir», abraseurs
a. st. 558 b5 ; b. st. 588 b15 ; c. st. 588 b17 ; d. st. 546 a2 ; e. st. 572 a14

Planche XXVIII. Cuiry-lès-Chaudardes «les Fontinettes», meule et molettes
a. st. 382 ; b. st.406 ; c. st. 362 ; d. st. 230

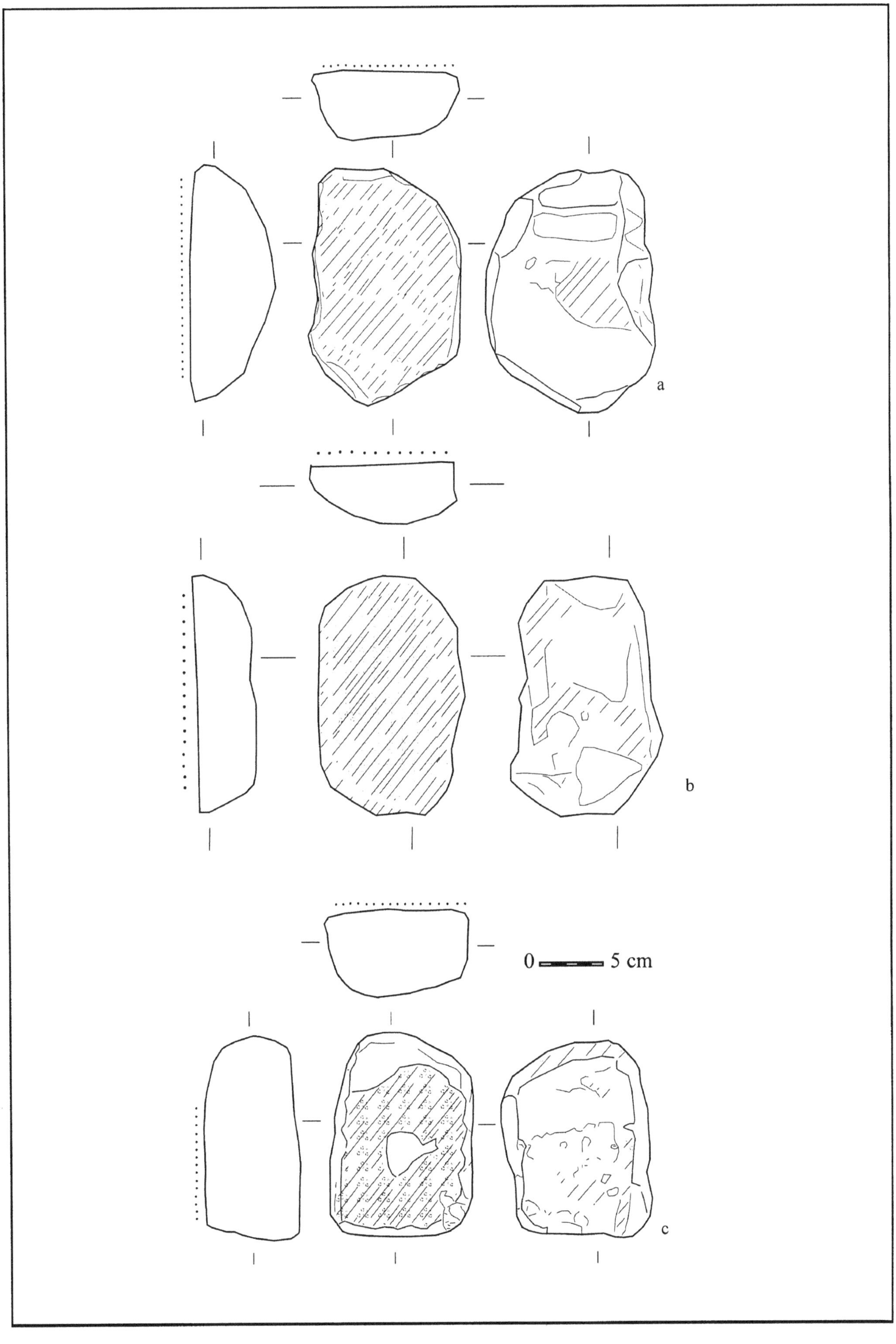

Planche XXIX. Cuiry-lès-Chaudardes «les Fontinettes» molettes
a. st. 515 ; b. st. 382 ; c. st. 556

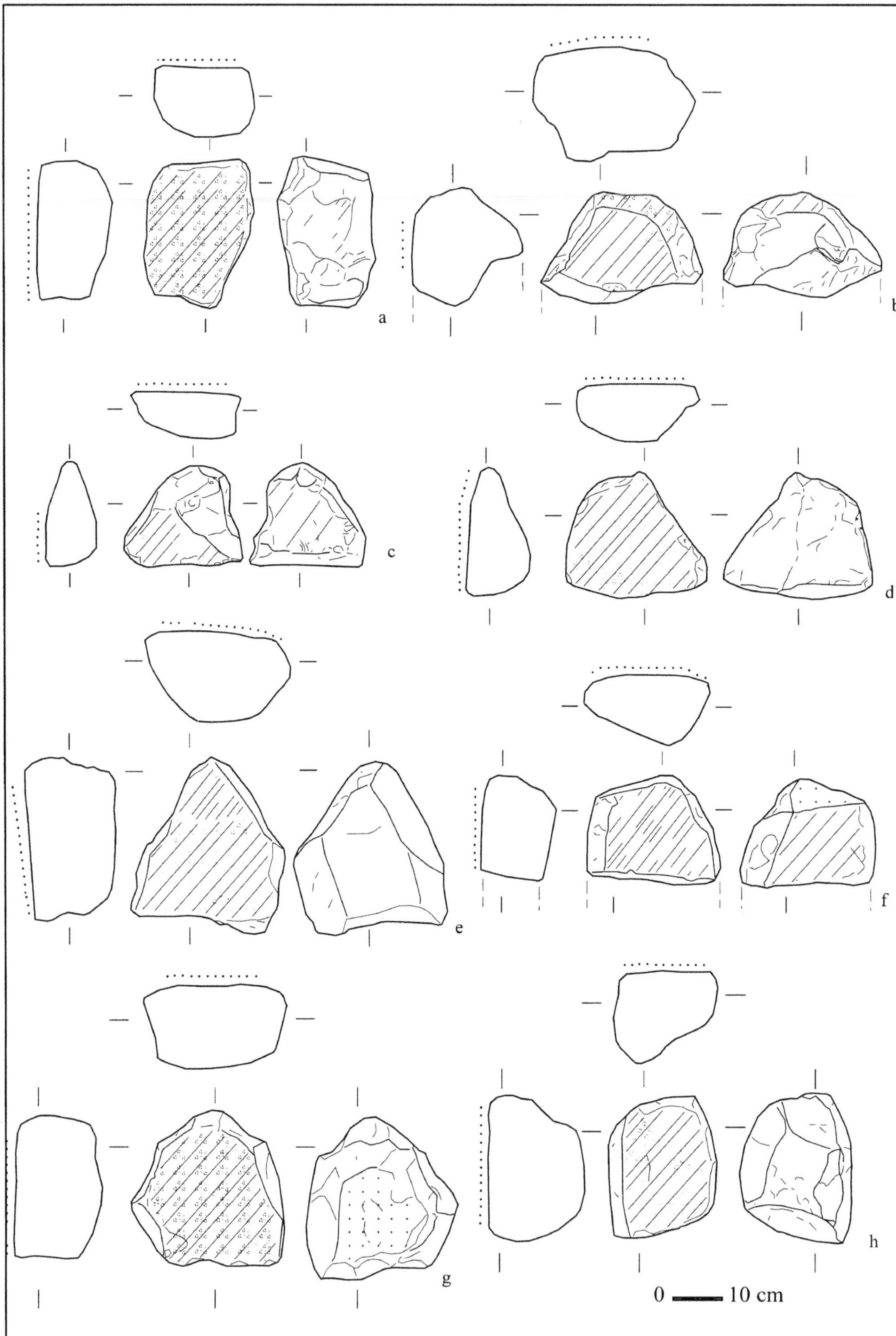

Planche XXX. Cuiry-lès-Chaudardes «les Fontinettes», molettes
a. indéterminé ; b. st. 556 ; c. st. 574 ; d. st. 325 ; e. st. 241 ; f. st. 230 ; g. st. 230 ; h. st. 230

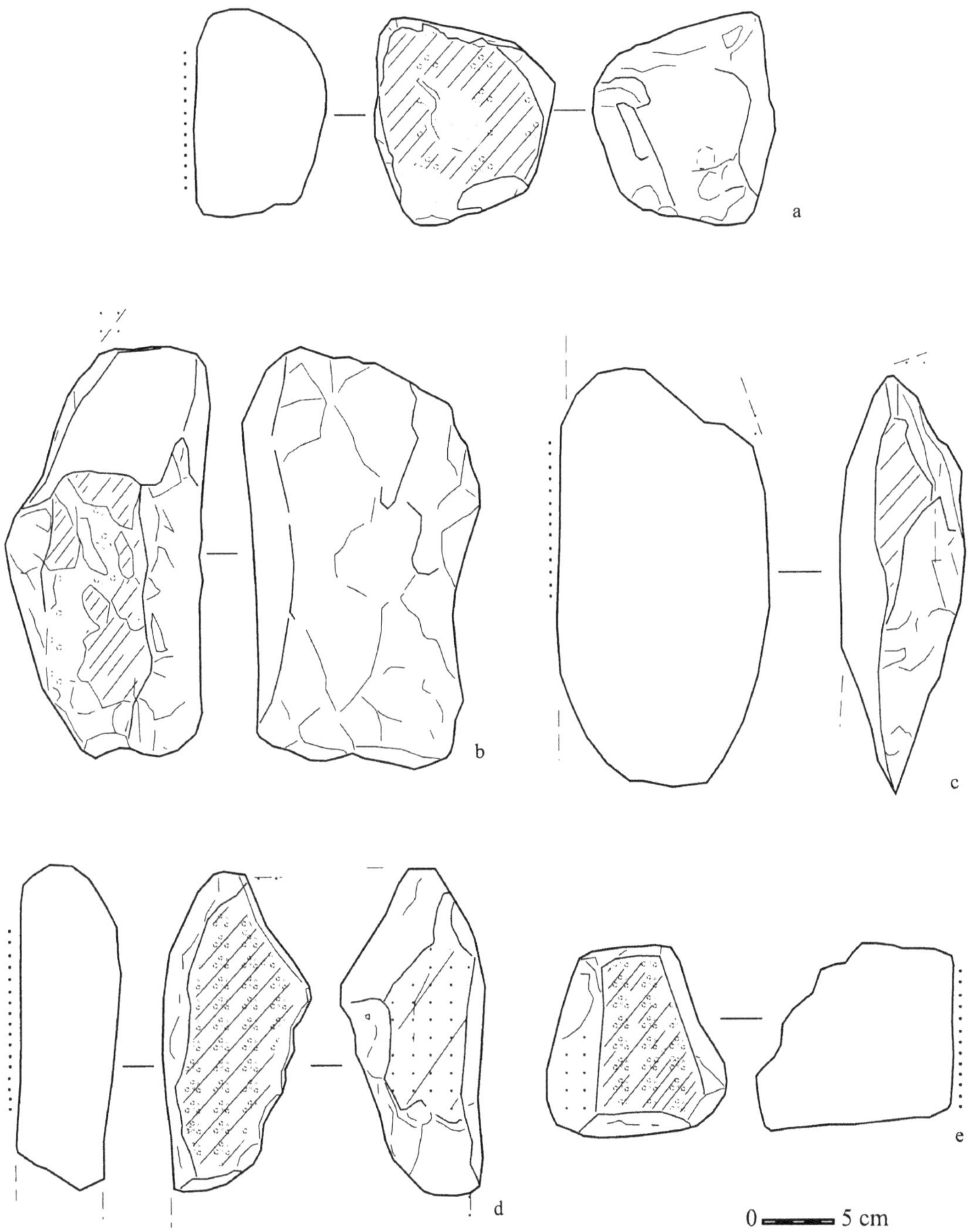

Planche XXXI. Cuiry-lès-Chaudardes «les Fontinettes», fragments de meules et molettes
a.indéterminé ; b. st. 605 ; c. st. 455 ; d. st. 434 ; e. st. 426 ; f. st. 272 ; g. st. 235 ; h. st. 437

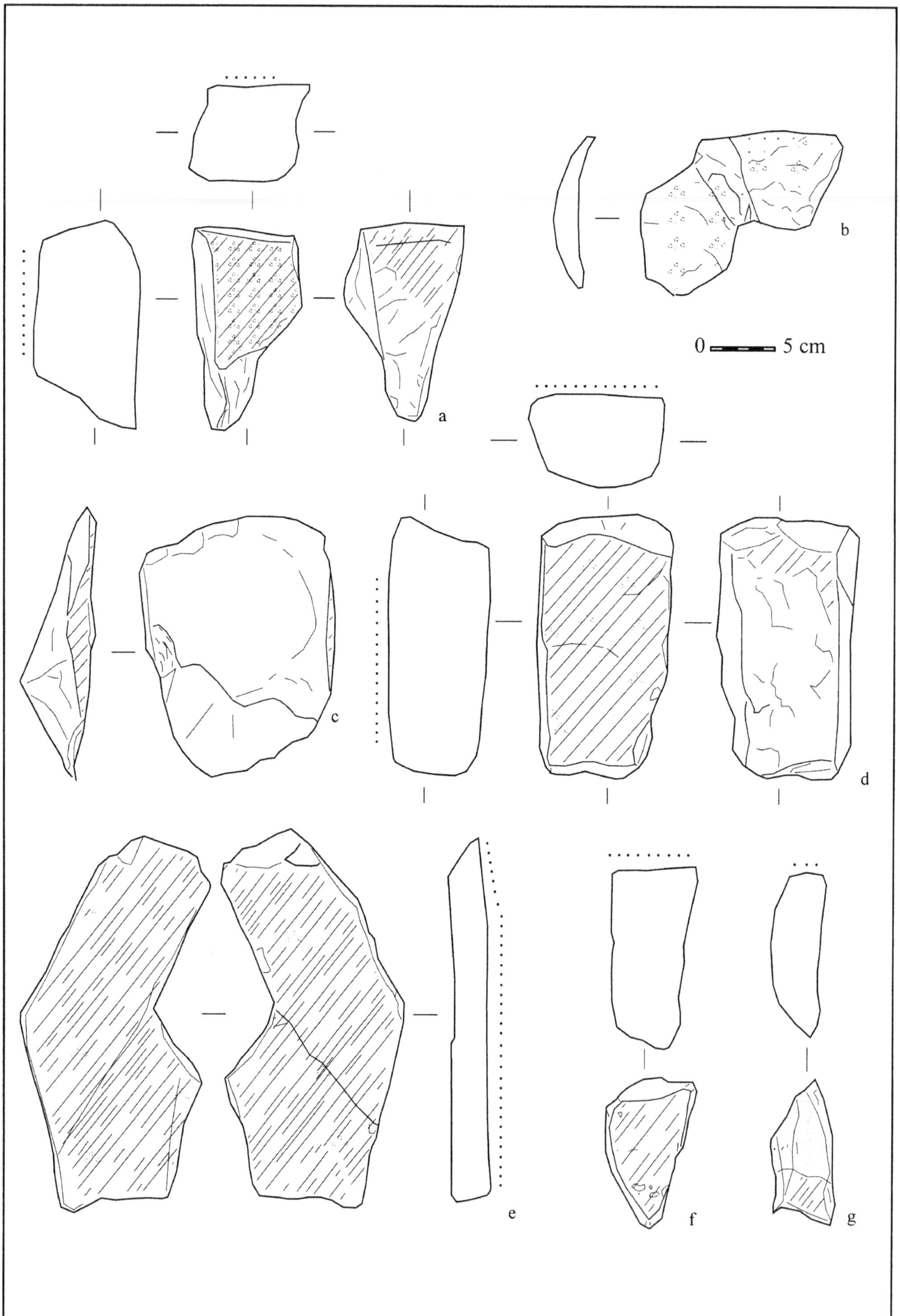

Planche XXXII. Cuiry-lès-Chaudardes «les Fontinettes», fragments d'outils
a. st. 246 ; b. st.247 ; c. st. 515 ; d. st. 515 ; e. st. 240 ; f. st. 378 ; g. st. 378

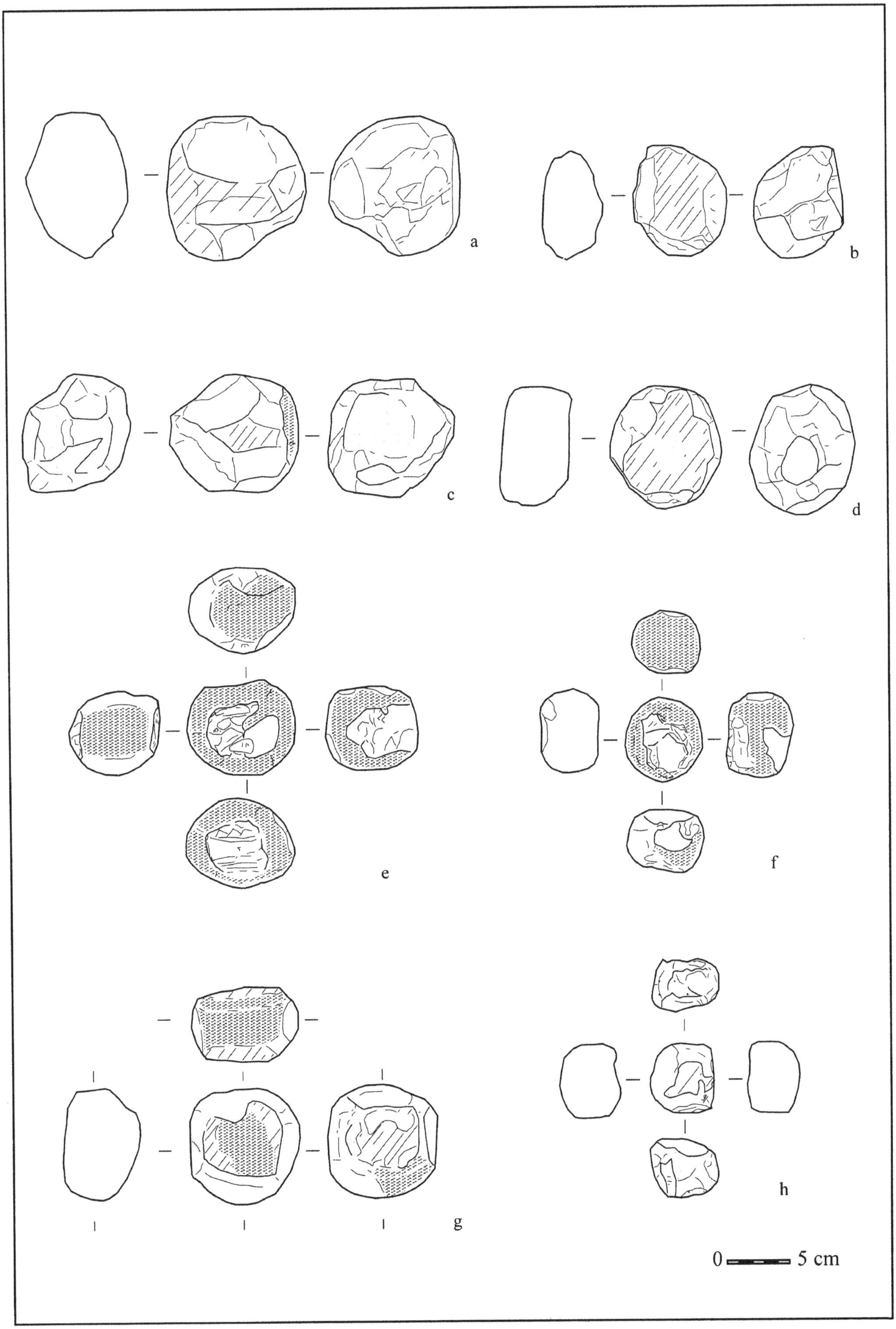

Planche XXXIII. Cuiry-lès-Chaudardes «les Fontinettes», broyons
a. indéterminé ; b. st. 375 ; c. st. 515 ; d. st. 386 ; e. st. 515 ; f. st. 386 ; g. st. 240 ; h. st. 515

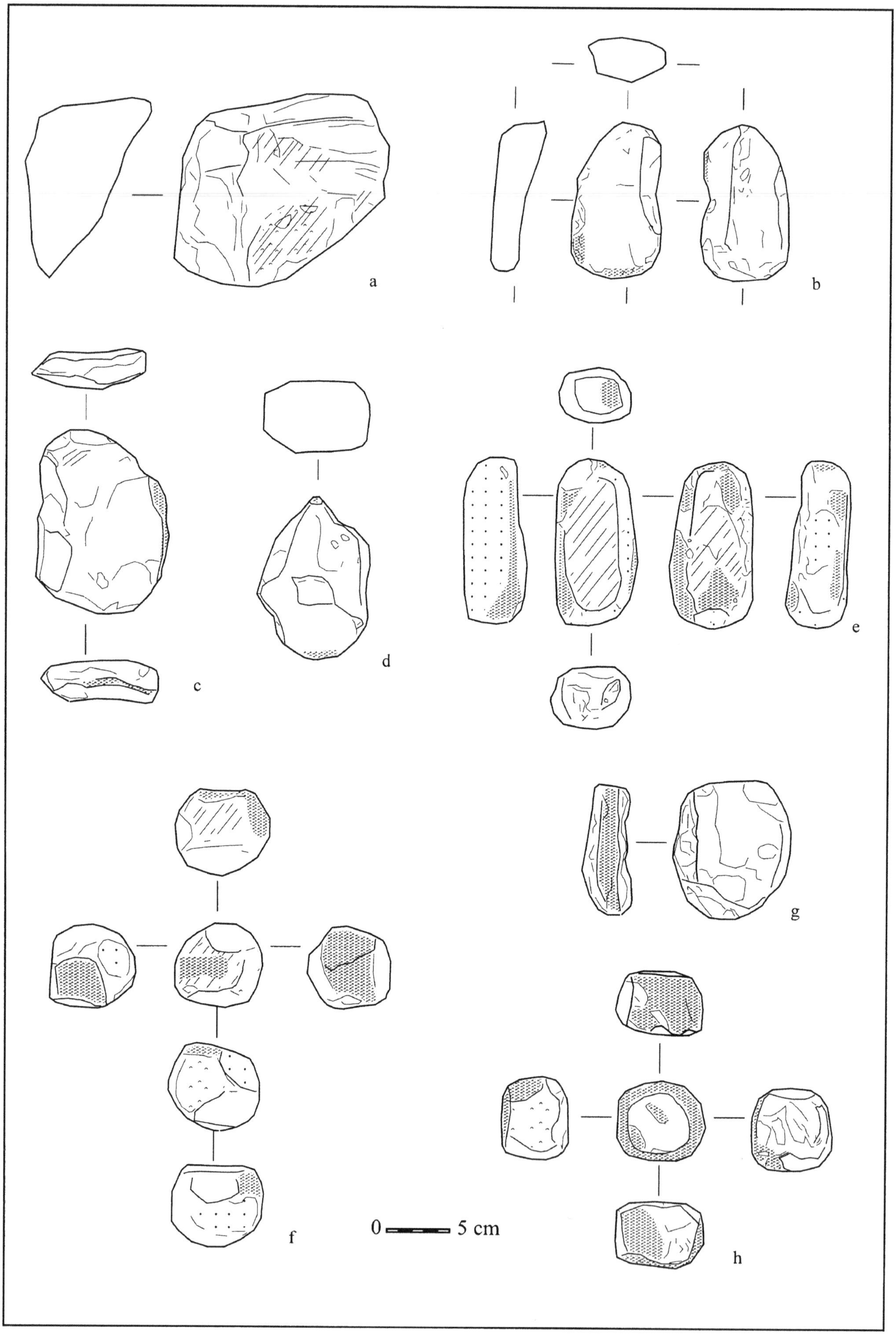

Planche XXXIV. Cuiry-lès-chaudardes «les Fontinettes», percuteurs
a. st. 421 ; b. st. 378 ; c. indéterminé ; d. st. 241 ; e. st. 386 ; f. st. 395 ; g. st. 515 ; h. st. 638

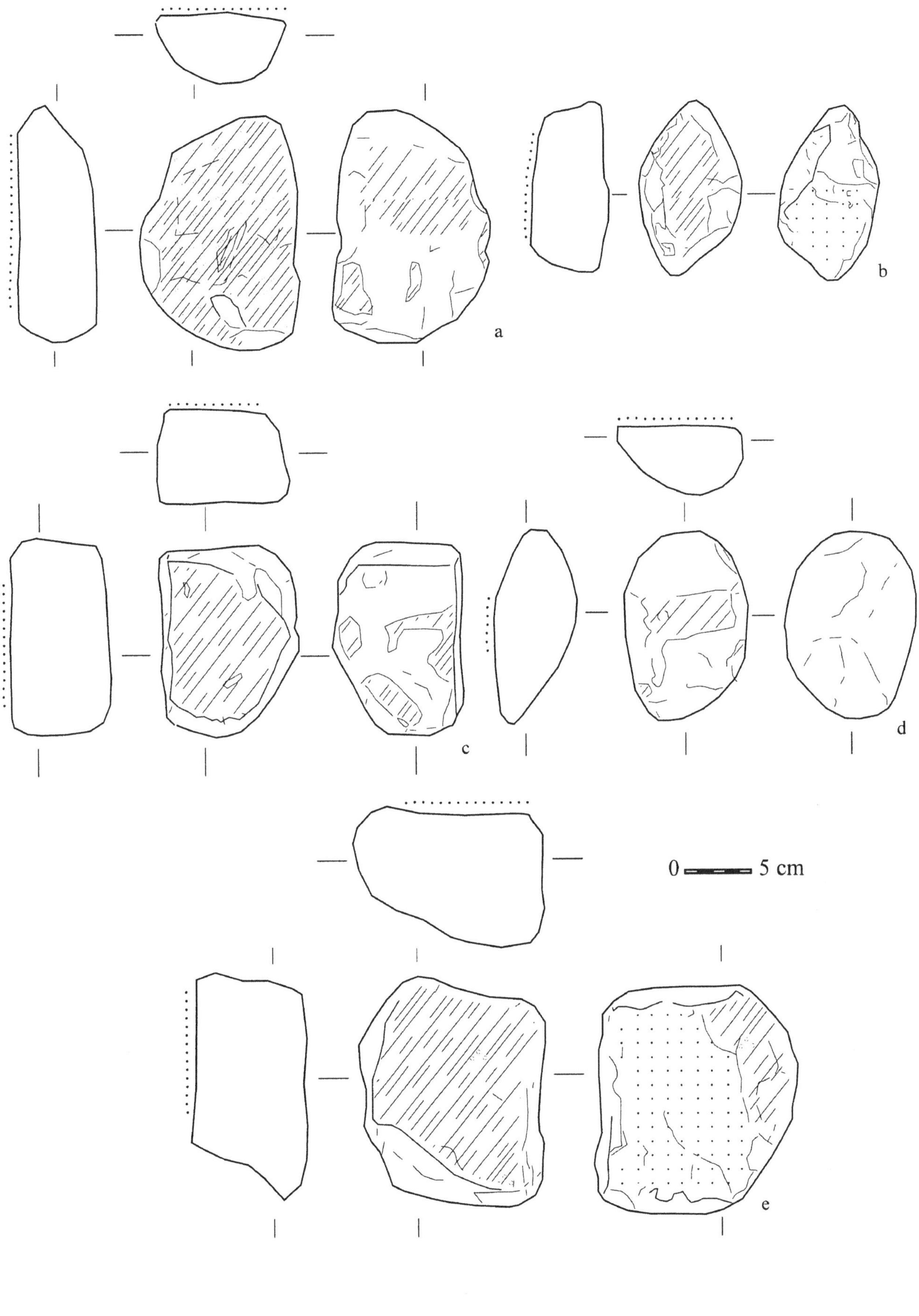

Planche XXXV. Cuiry-lès-Chaudardes «les Fontinettes», molettes à main
a. st. 556 ; b. st.556 ; c. st. 230 ; d. st. 598 ; e. st. 638 ; f. st. 556 ; g. st. 378

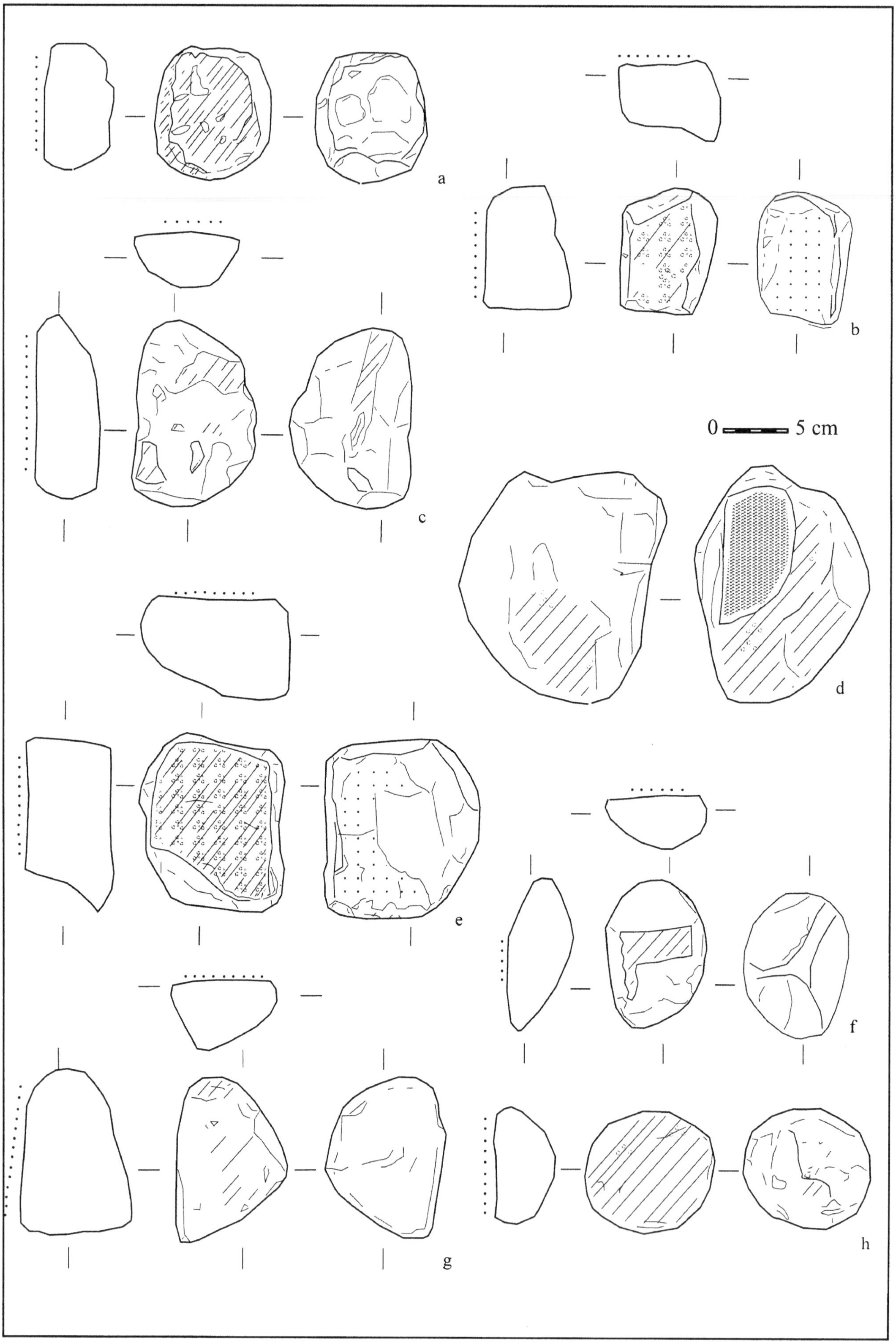

Planche XXXVI. Cuiry-lès-Chaudardes «les Fontinettes» molettes à main
a. st. 437 ; b. st.638 ; c. st. 437 ; d. st. 382 ; e. st. 638 ; f. st. 598 ; g. st. 556 ; h-j. indéterminé

Planche XXXVII. Cuiry-lès-Chaudardes, abraseurs à main
a. st. 451 ; b. st. 503 ; c. st. 295 ; d. st. 286 ; e. st. 25 ; f. st. 556 ; g. st. 48 ; h. st. 386 ; i. st. 362 ; j. st. 392 ; k. st. 393

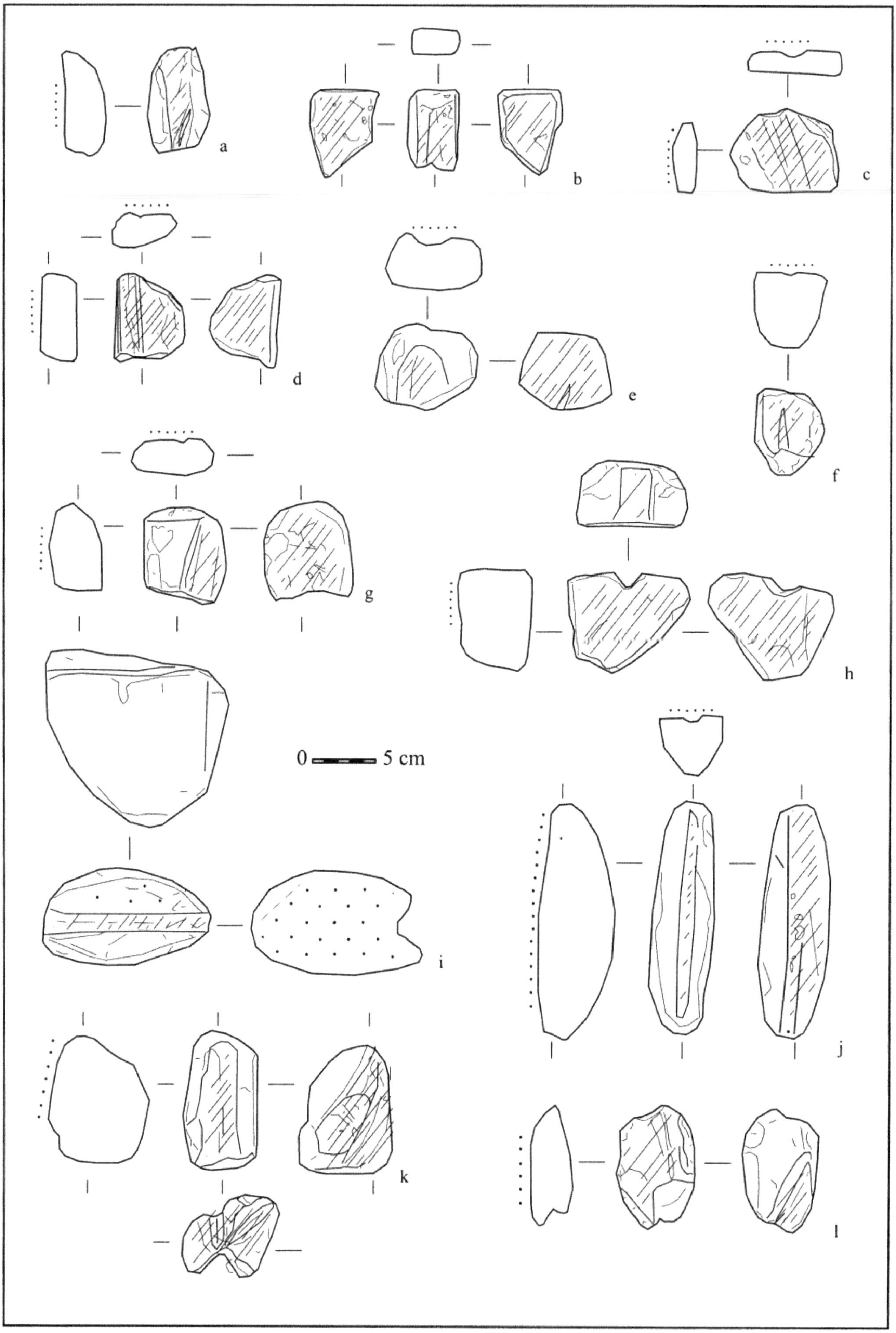

Planche XXXVIII. Cuiry-lès- Chaudardes «les Fontinettes», abraseurs à rainures
a. st. 576 ; b. st. 515 ; c. st. 246 ; d. st. 362 ; e. st. 556 ; f. st. 515 ; g. st. 421 ;
h. st. 247 ; i. st. 362 ; j. st. 362 ; k. st. 595 ; l. st. 31 ; m. st. 78 ; n. st. 434

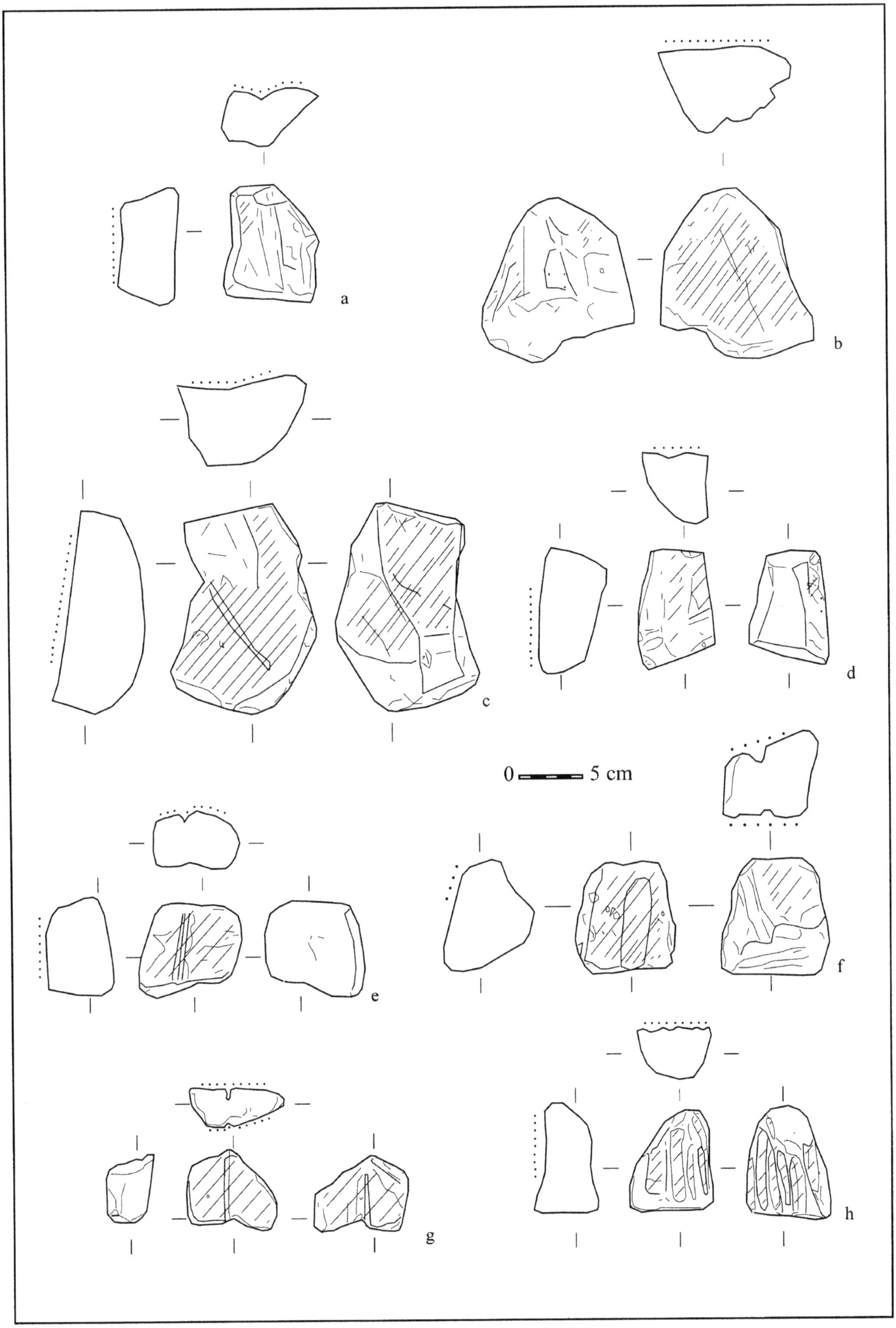

Planche XXXIX. Cuiry-lès-Chaudardes «les Fontinettes», abraseurs à rainures
a. st. 29 ; b. st.386 ; c. st. 437 ; d. st. 33 ; e. st. 434 ; f. st. 462 ; g. st. 434

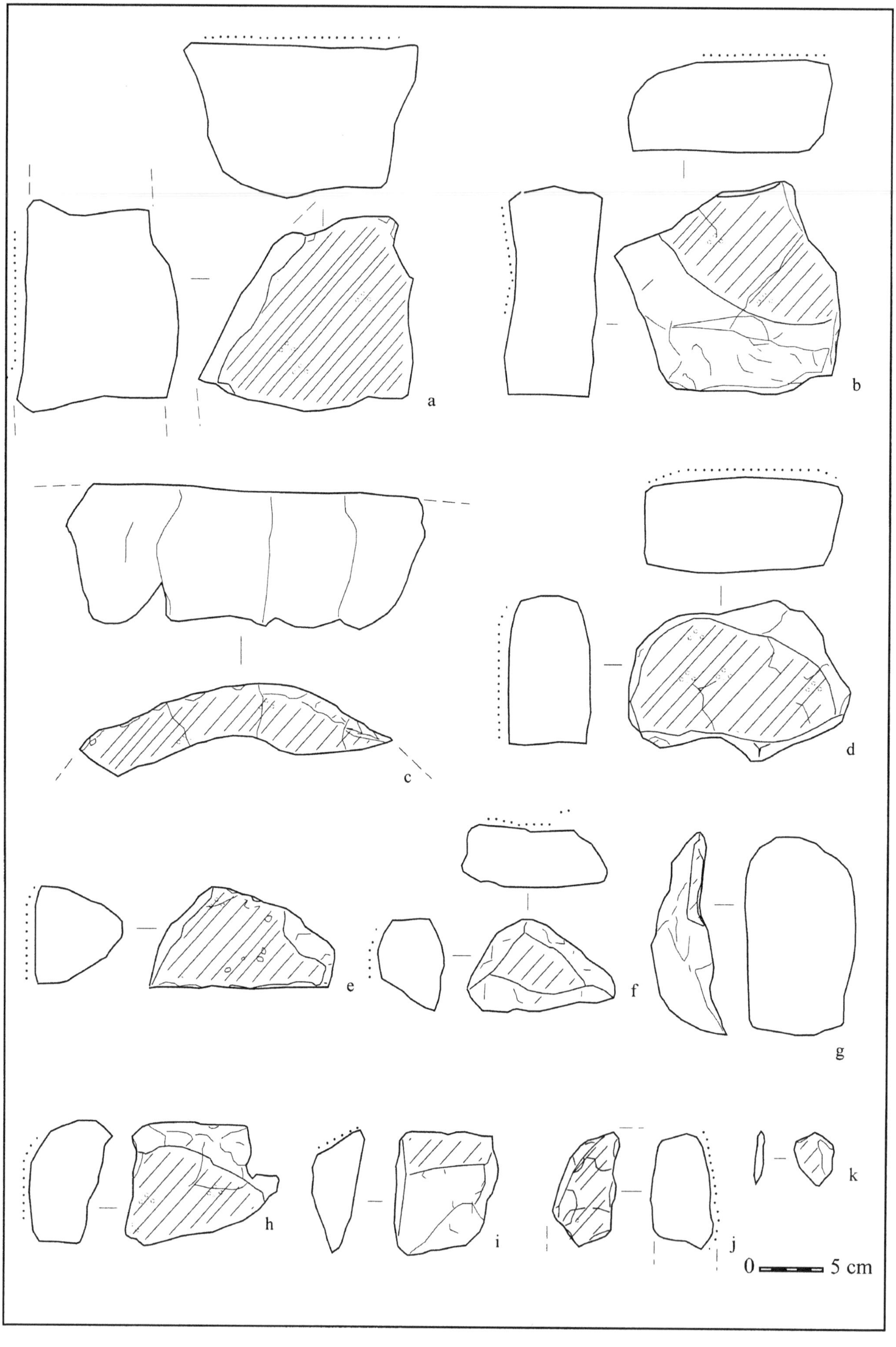

Planche XL. Etigny «le Brassot-est», fragments de meules et molettes
a. st. 118 ; b. st. 21 NO ; c. st. 37 ; d. st21 NO ; e. st. 48 c3-4 ; f. st. 92 d3 ; g. st. 8 e3 ; h et i. indéterminé ; j. st. 93 c4

Planche XLI. Etigny «le Brassot-est» , percuteurs et outils de polissage
a. st. 93 f7 ; b. st. 92 décapage ; c. st. 93 f3 ; d. st. 8 surface ; e. st. 37 ; f. st. 13 ; g. st. 15 a5

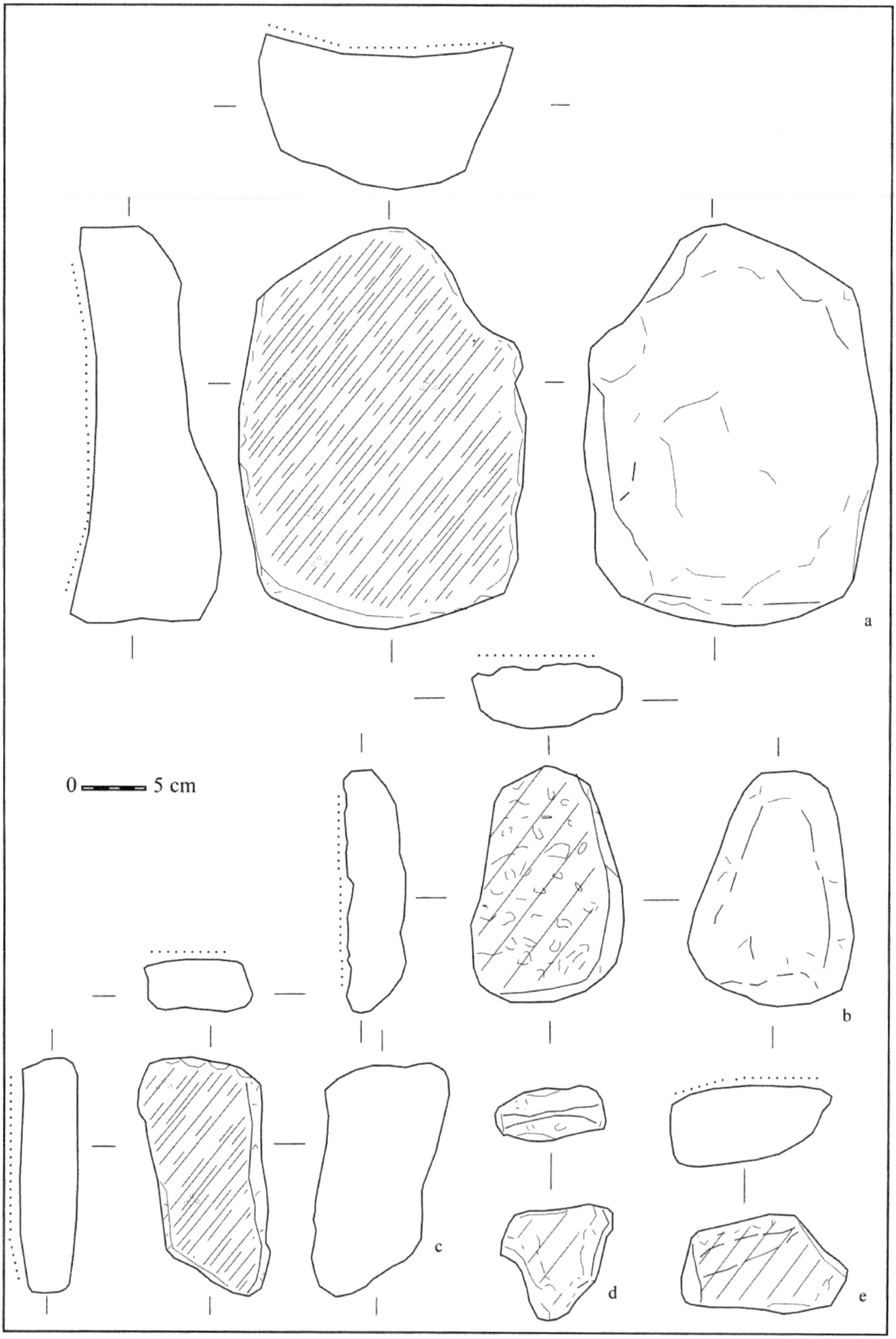

Planche XLII. Gurgy «les Grands Champs»
a et b. st. 329 ; c-e. st. 22

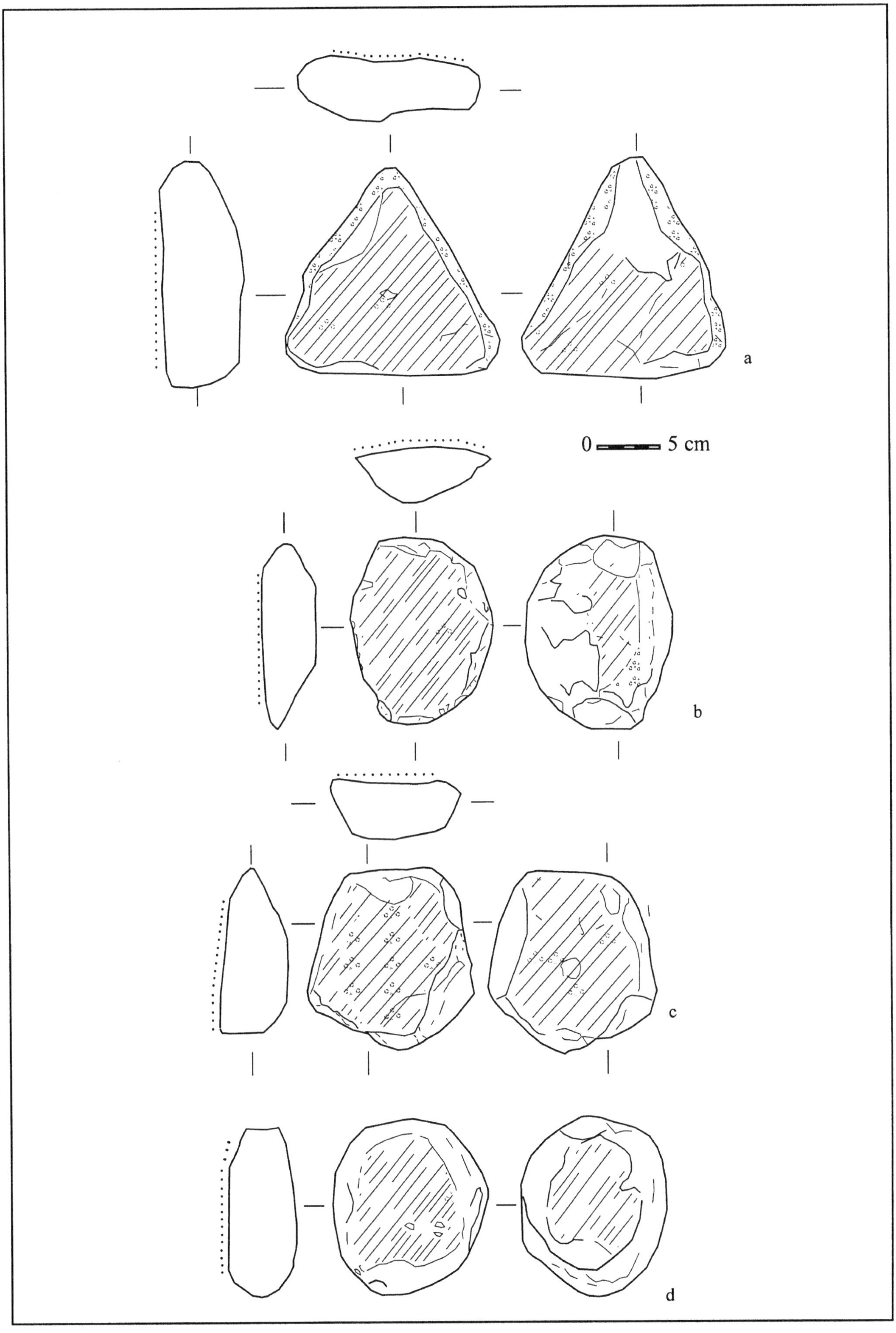

Planche XLIII. Jablines «la Pente de Croupeton», molettes
a. 20 B5 ; b. VII B5 ; c. II J 13.2 ; d. I Q 13.2

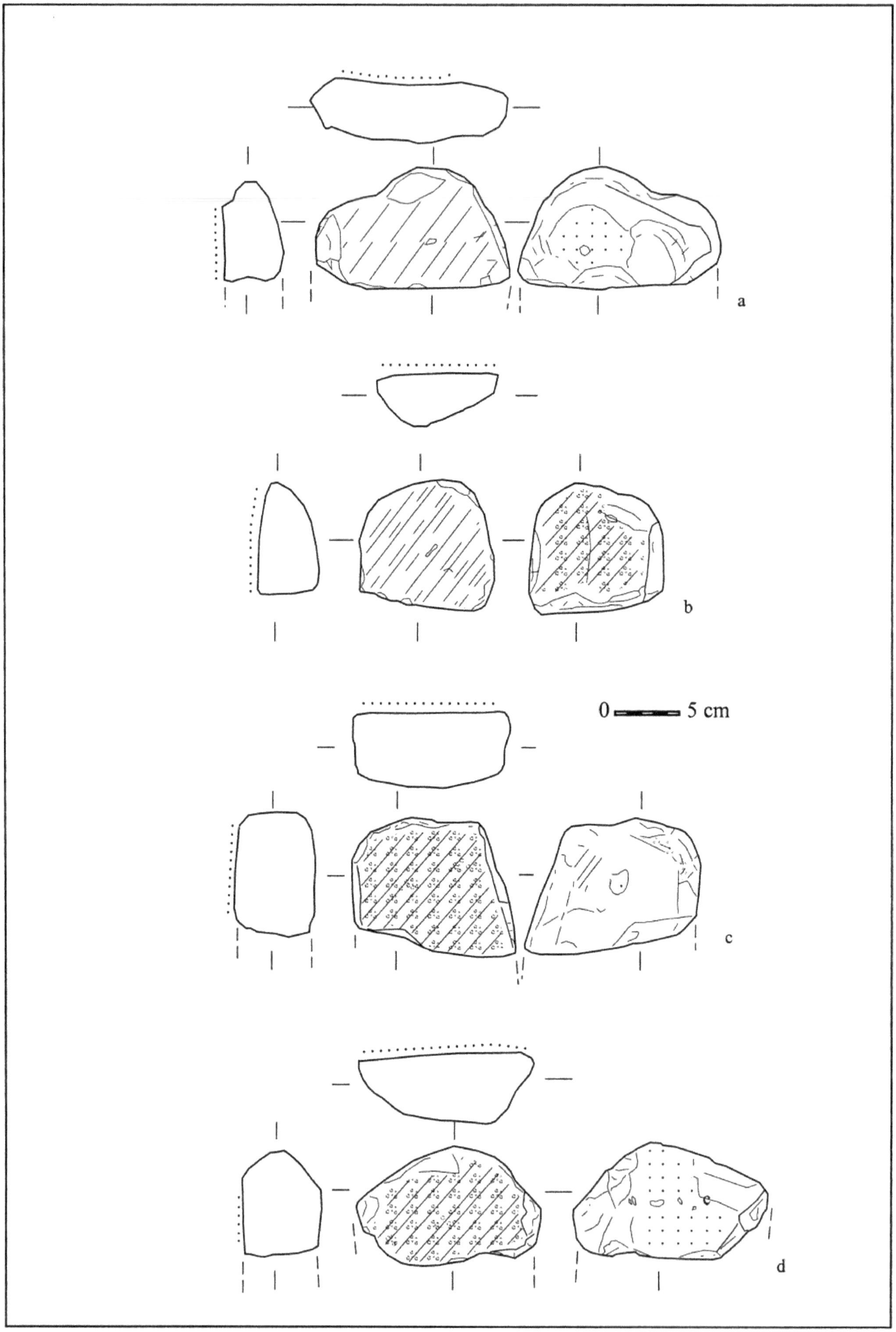

Planche XLIV. Jablines «la Pente de Croupeton», molettes (fragments)
a. § 7 41.3 ; b. VII A 8.1 ; c. IV G 8.4 ; d. II Q 7.2

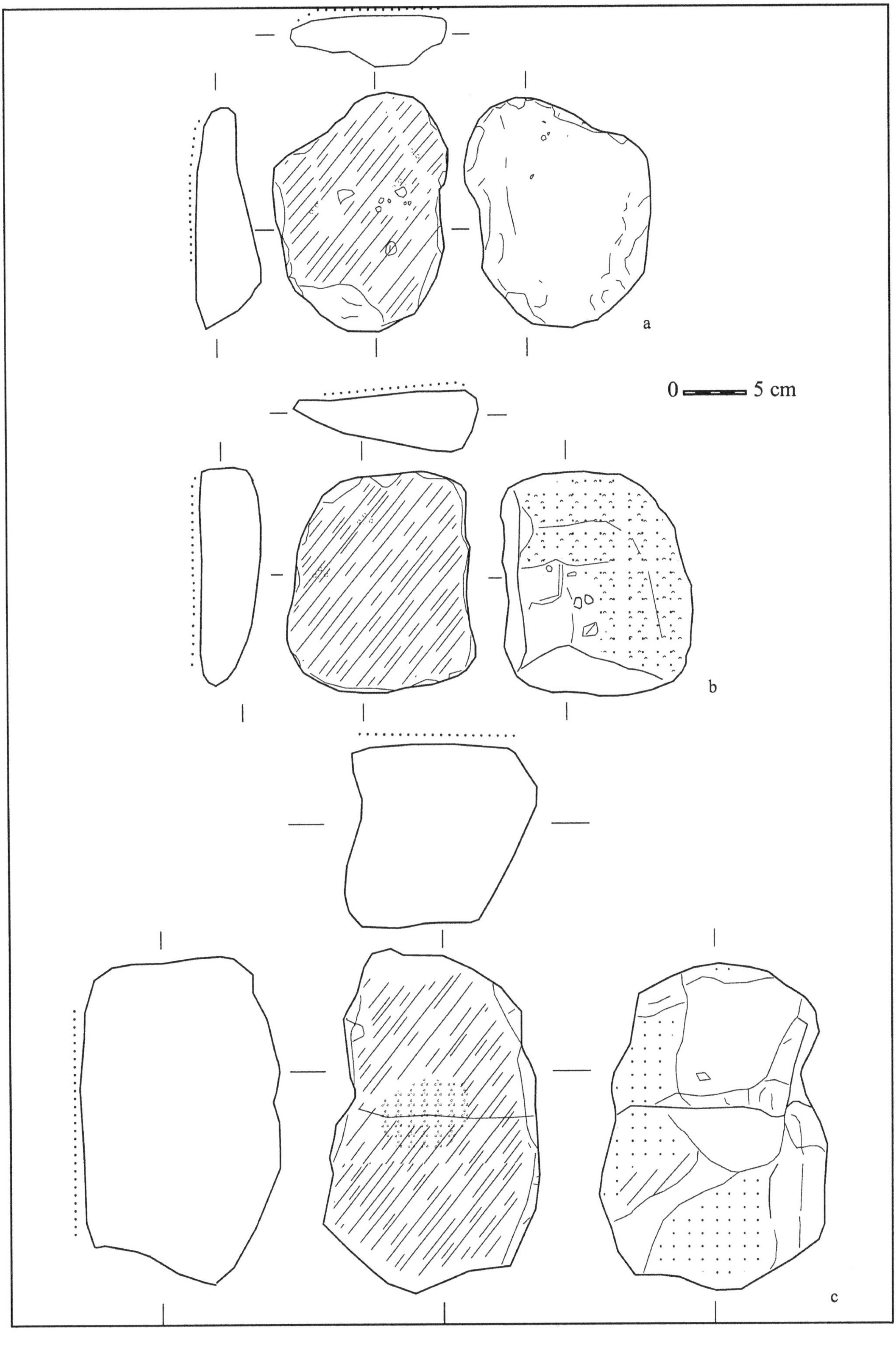

Planche XLV. Jablines «la Pente de Croupeton», molettes
a. VI surface ; b. st43 L 8.4 ; d.. I A-B surface

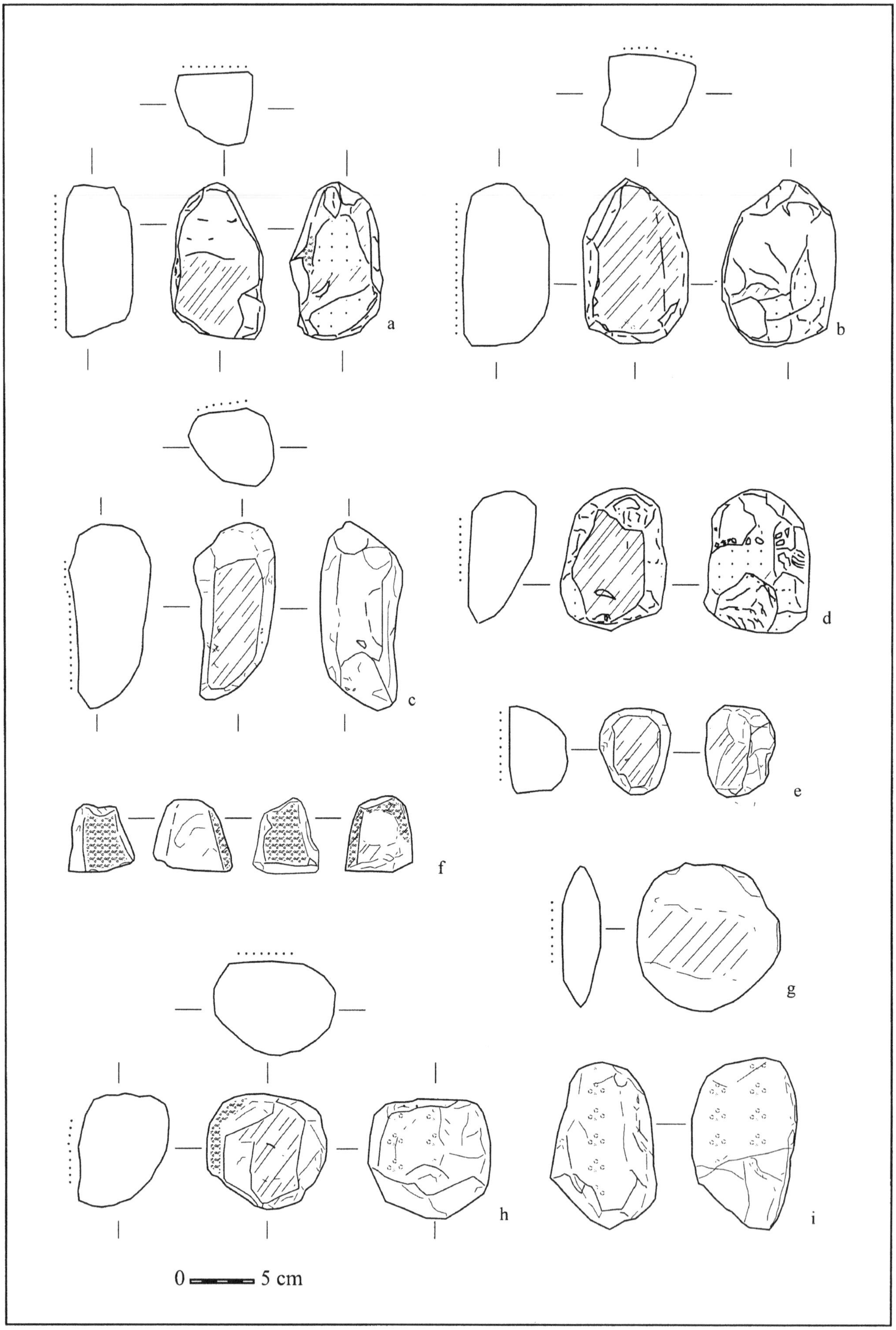

Planche XLVI. Jablines «la Pente de Croupeton», molettes à mains
a. II N 14.3 ; b. I N2 ; c. VII D 8.1 ; d. I S3 ; e. § u 11.2 ; f. 30 N14.3 ; g. § R6-1 ; h. J TP 16.3 ; i. I S3

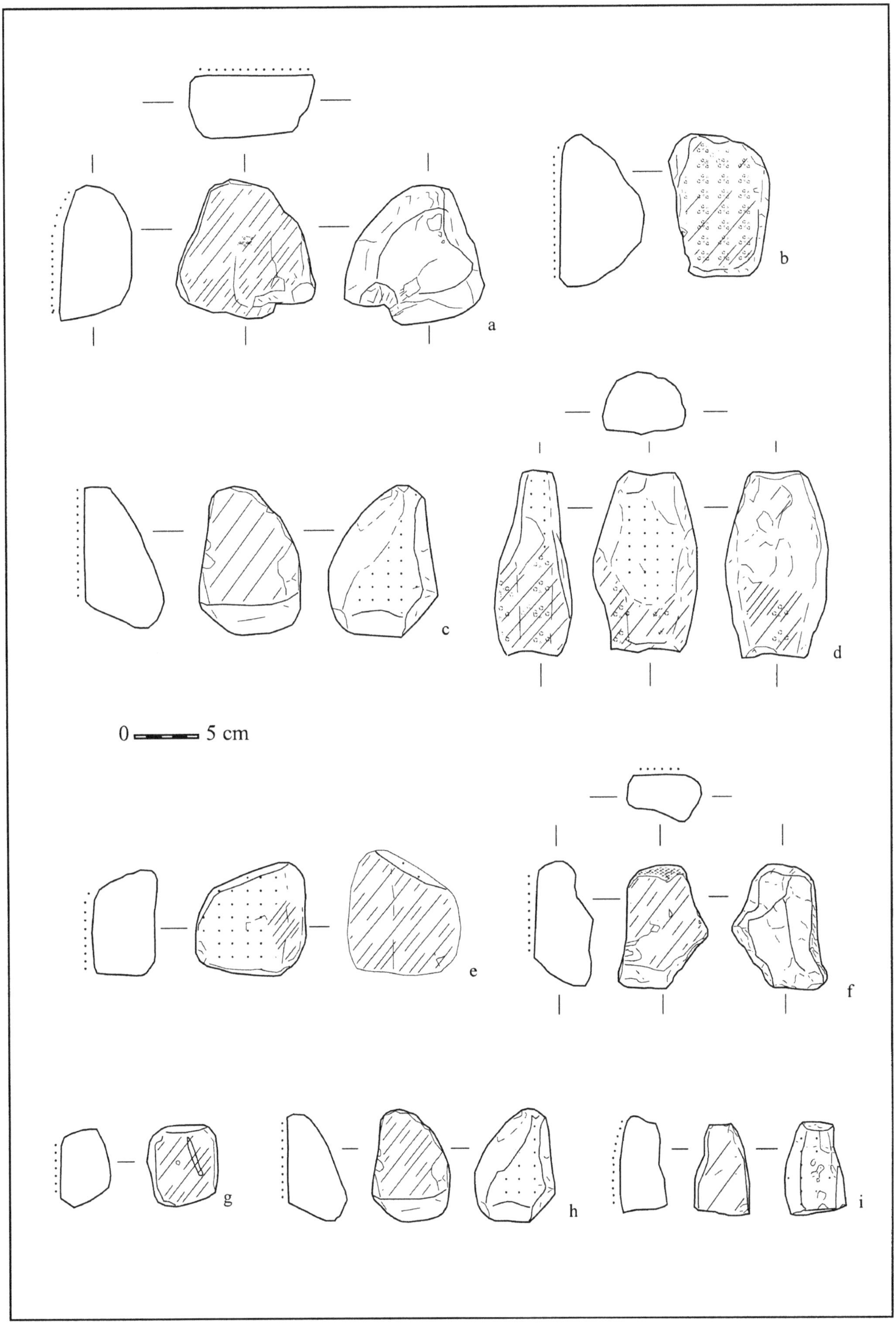

Planche XLVII. Jablines «la Pente de Croupeton», abraseurs
a. st. 49 F 14.2 ; b. II déblais ; c. 30 S 11.4 ; d. II N 15.2 ; e. I R 16.4 ;
f. VI F 11.2 ; g. I V 19.3 ; h. 30 S 11.4 ; i. VI u 3.4

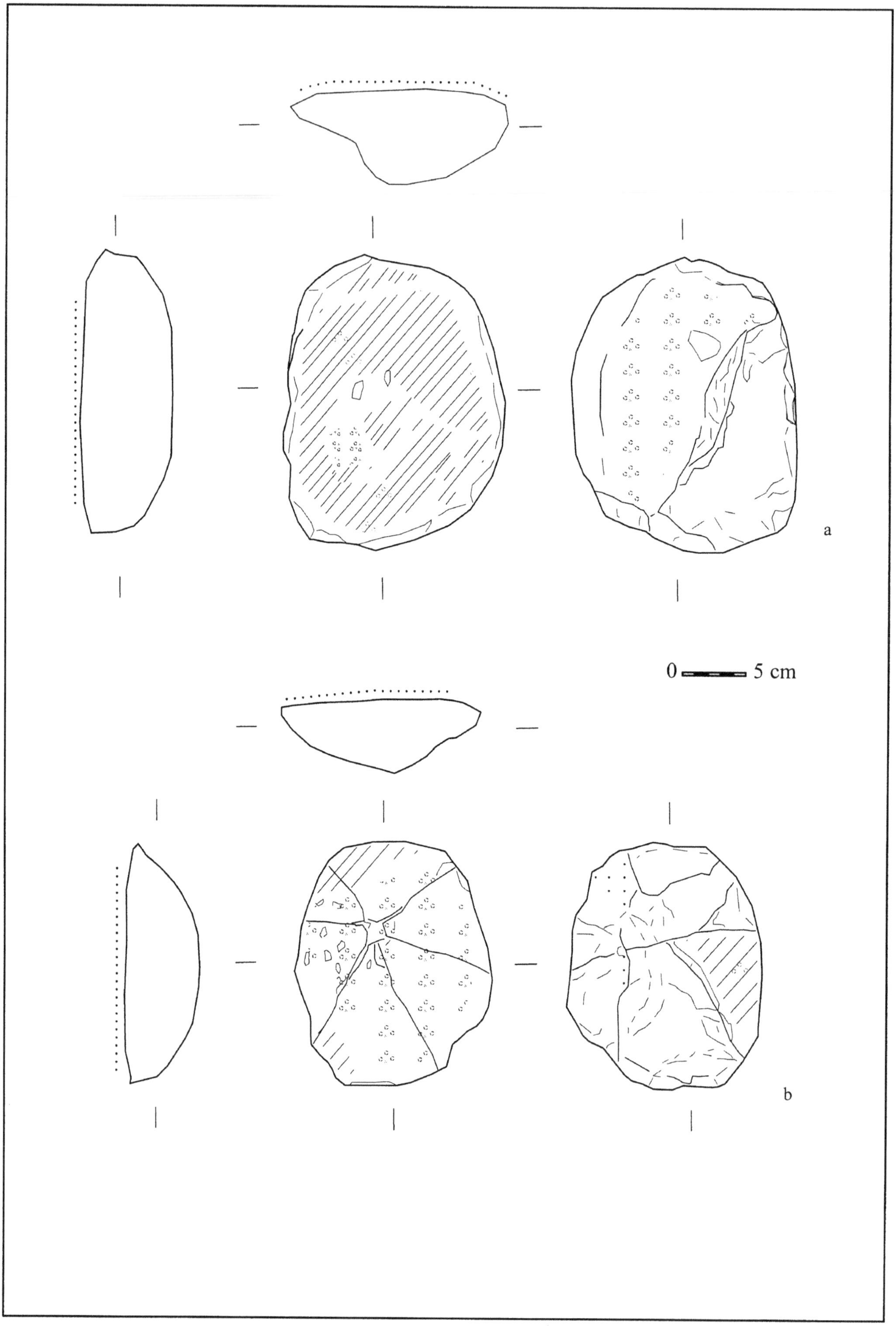

Planche XLVIII. Monéteau «Sur Macherin», molettes a et b . st. 371

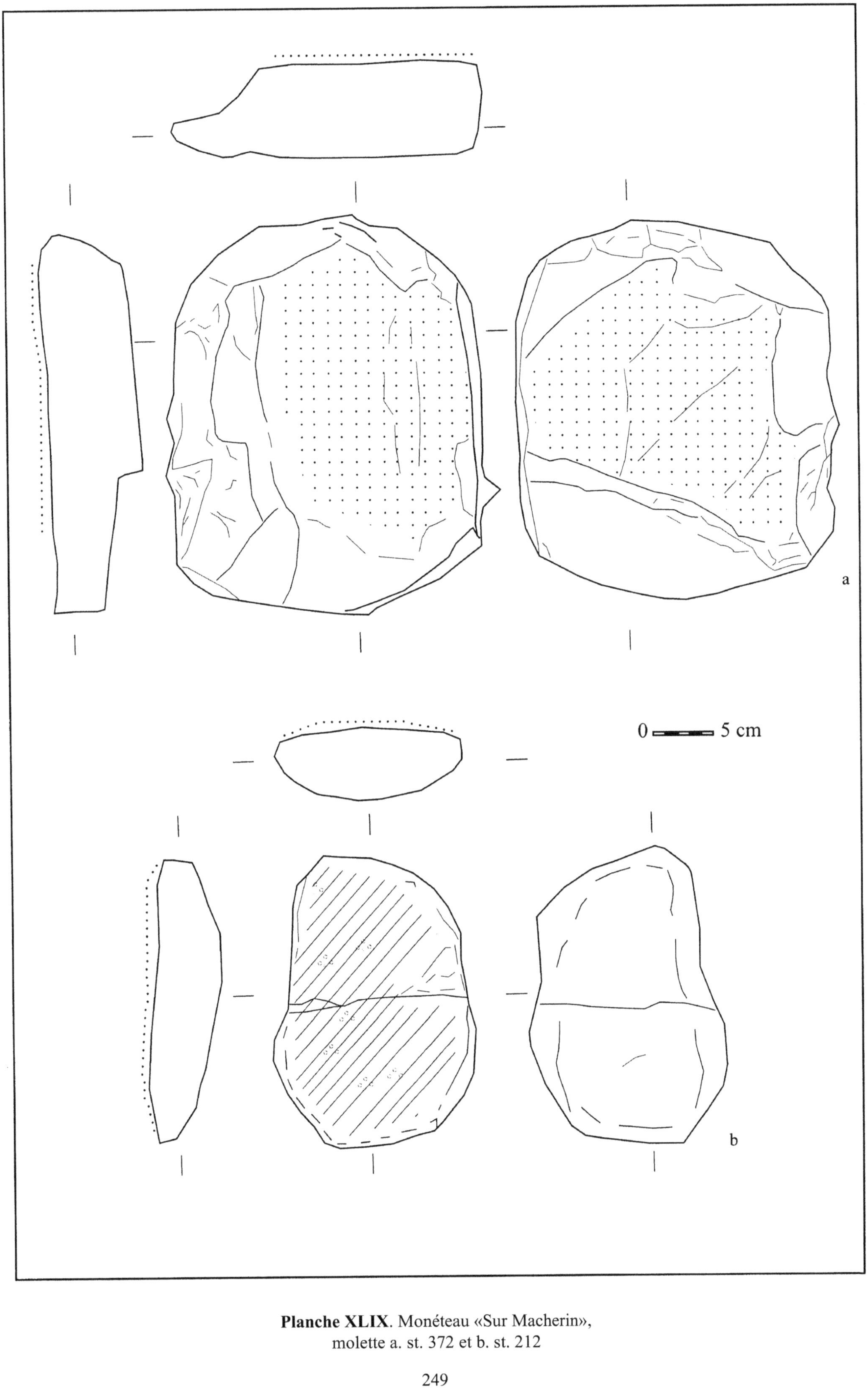

Planche XLIX. Monéteau «Sur Macherin»,
molette a. st. 372 et b. st. 212

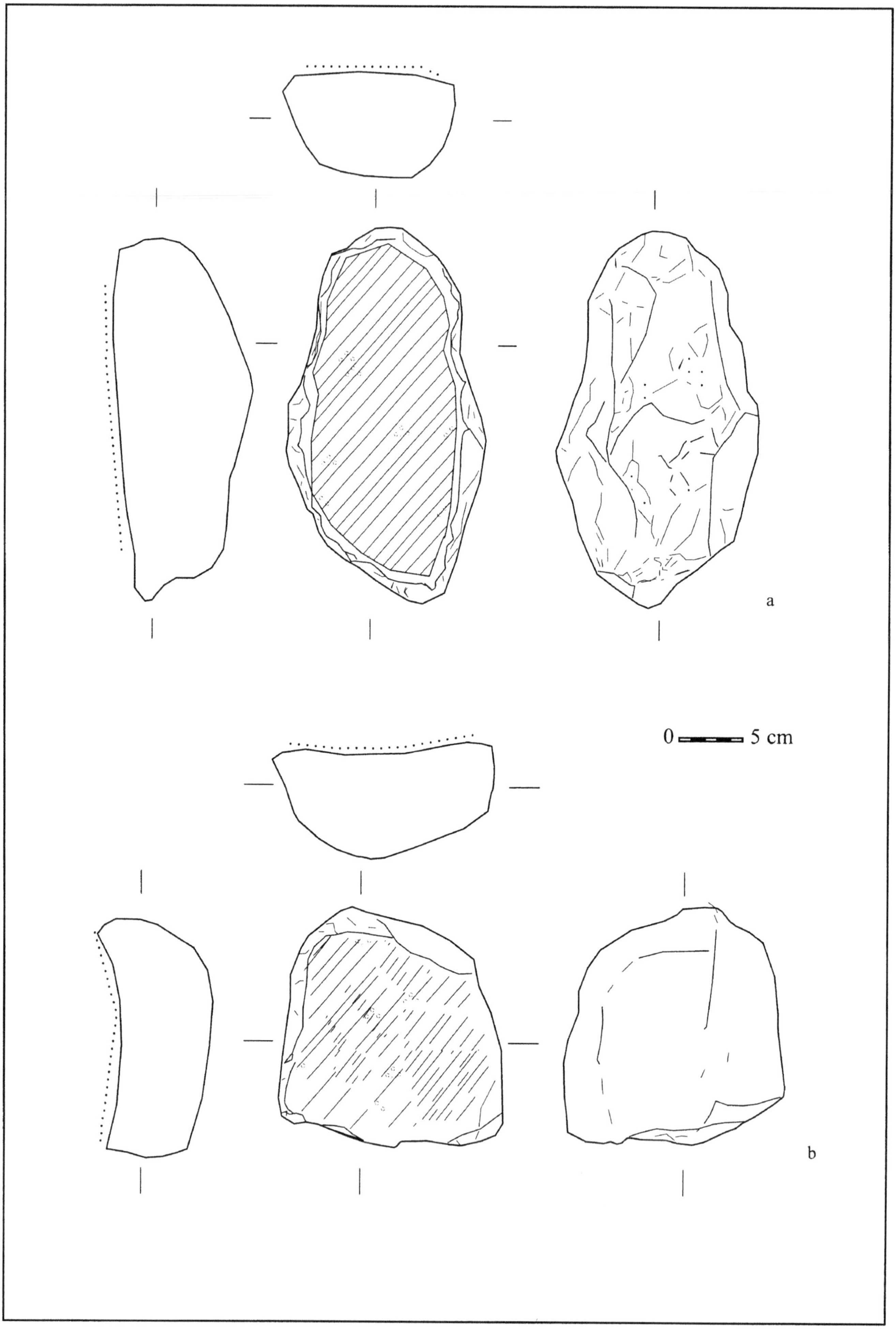

Planche L. Monéteau «Sur Macherin», molettes
a. st. 372 et b. st 371

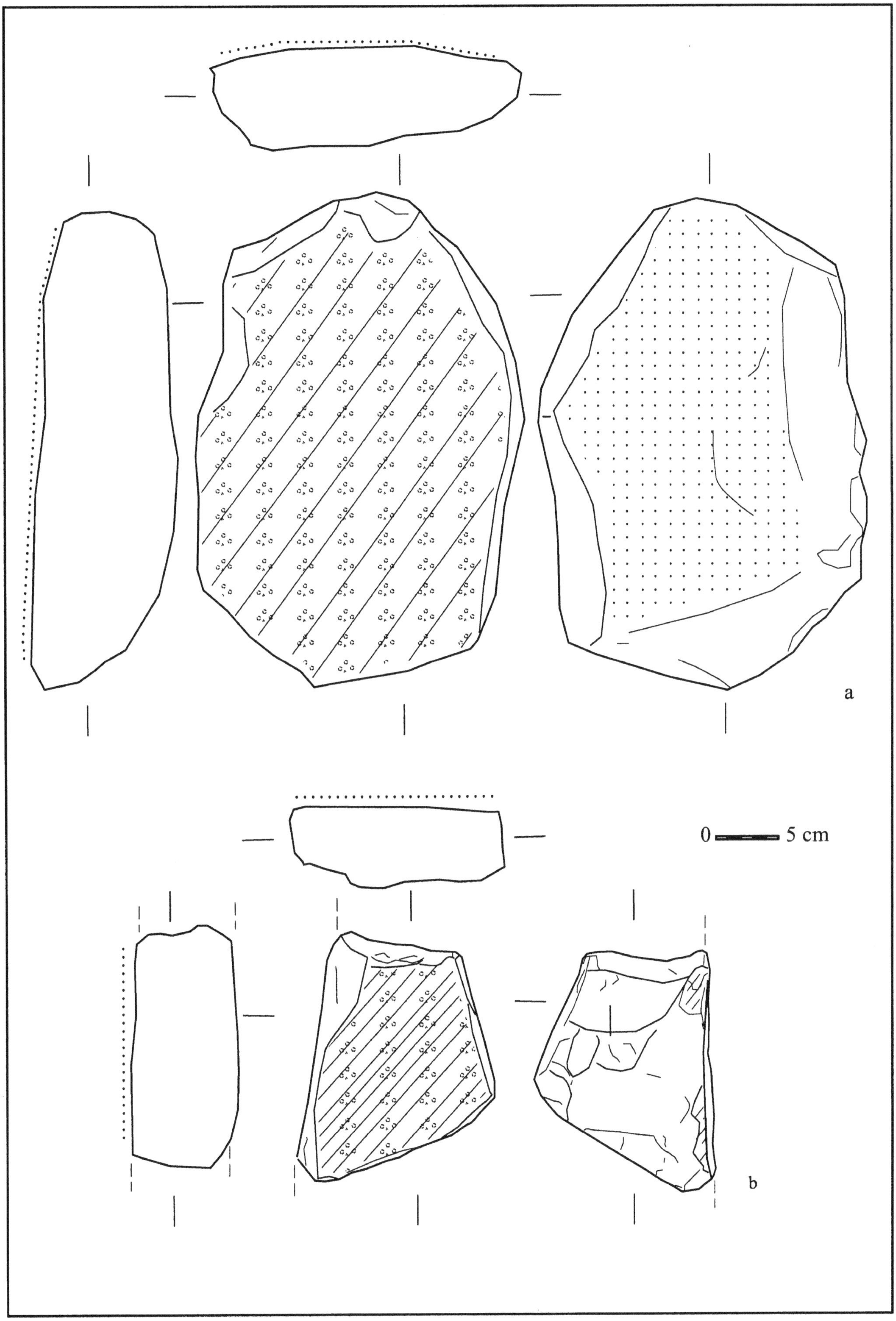

Planche LI. Passy «Sablonnière», meules
a et b. habitat 5 et 8

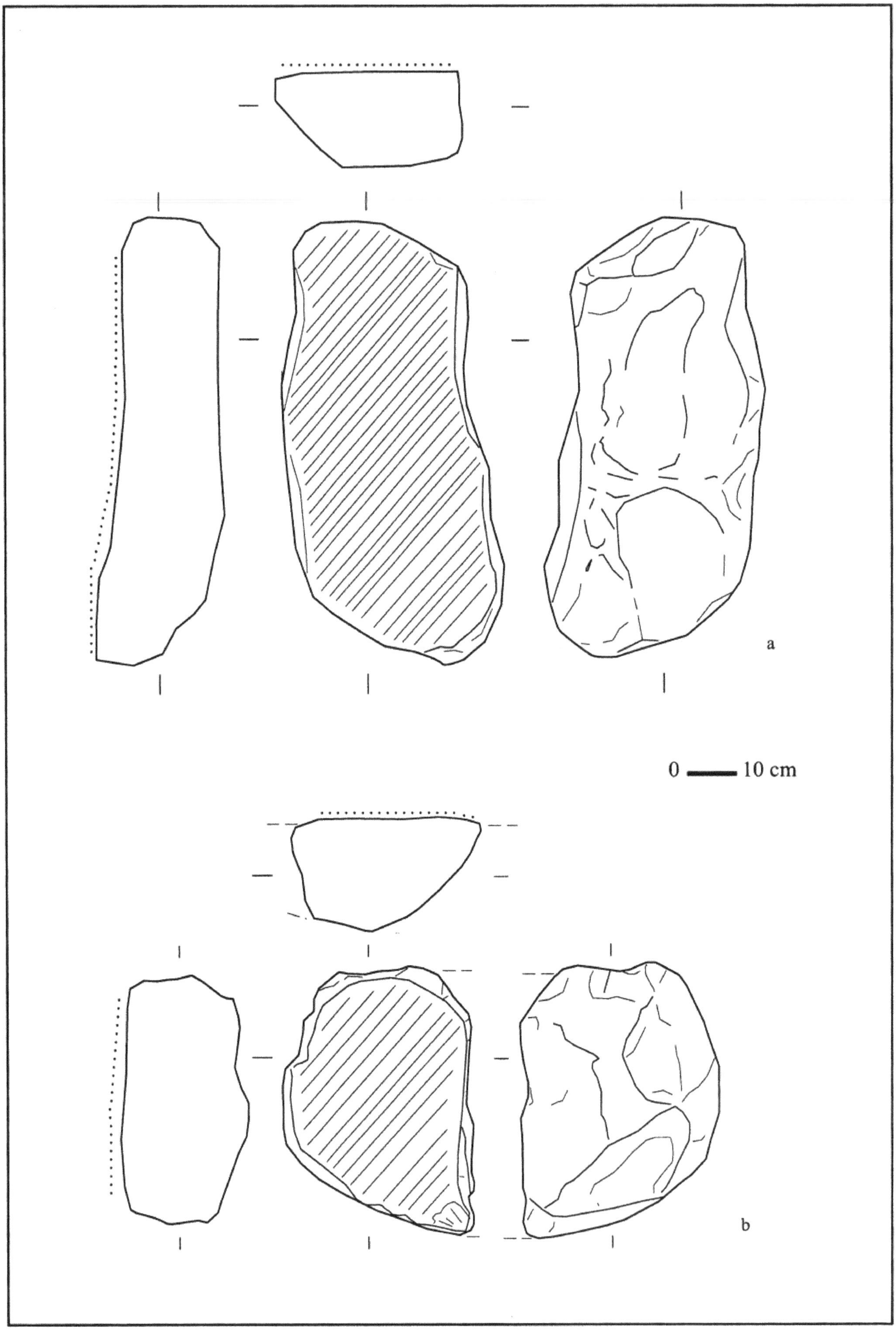

Planche LII. Passy «Sablonnière», meules
a et b. habitat 1

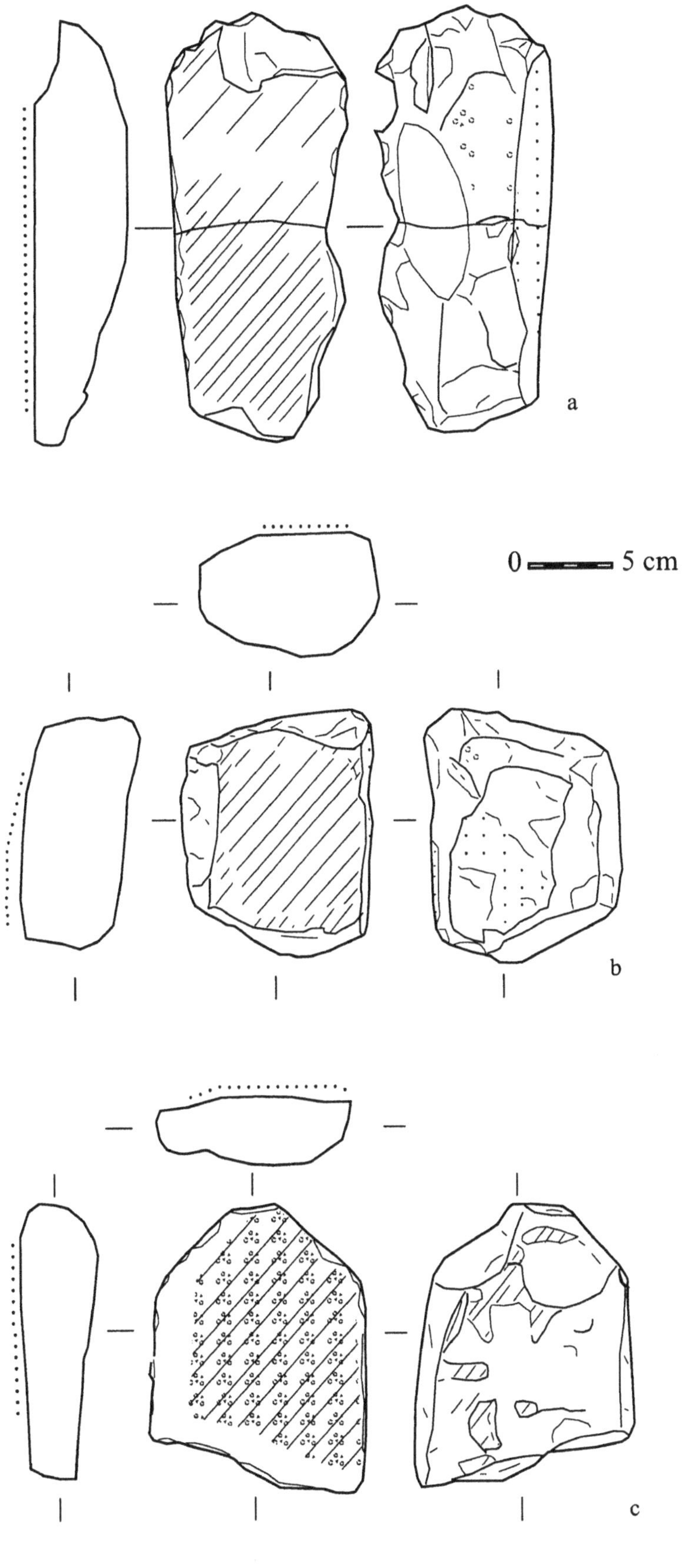

Planche LIII. Passy «Sablonnière» molettes
a. Habitat 2 et 8 J 64- DK 62 ; b. habitat 1 L51 ; c. DB 58 II

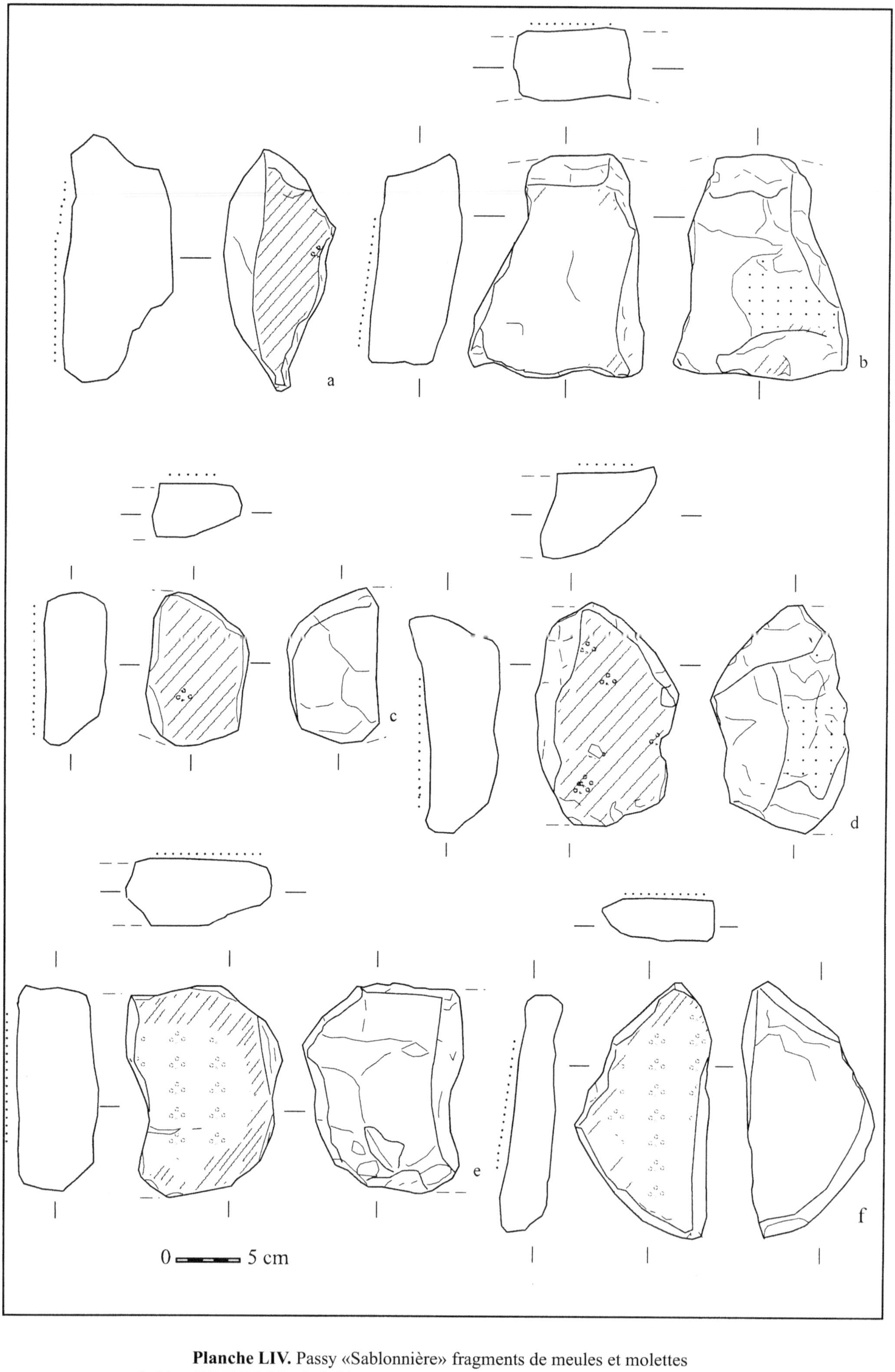

Planche LIV. Passy «Sablonnière» fragments de meules et molettes
a. habitat 5-8 V DL 55 ; b. habitat 1 ; c. L 58 ; d. indéterminé ; e. habitat 1 ; f. habitat 1

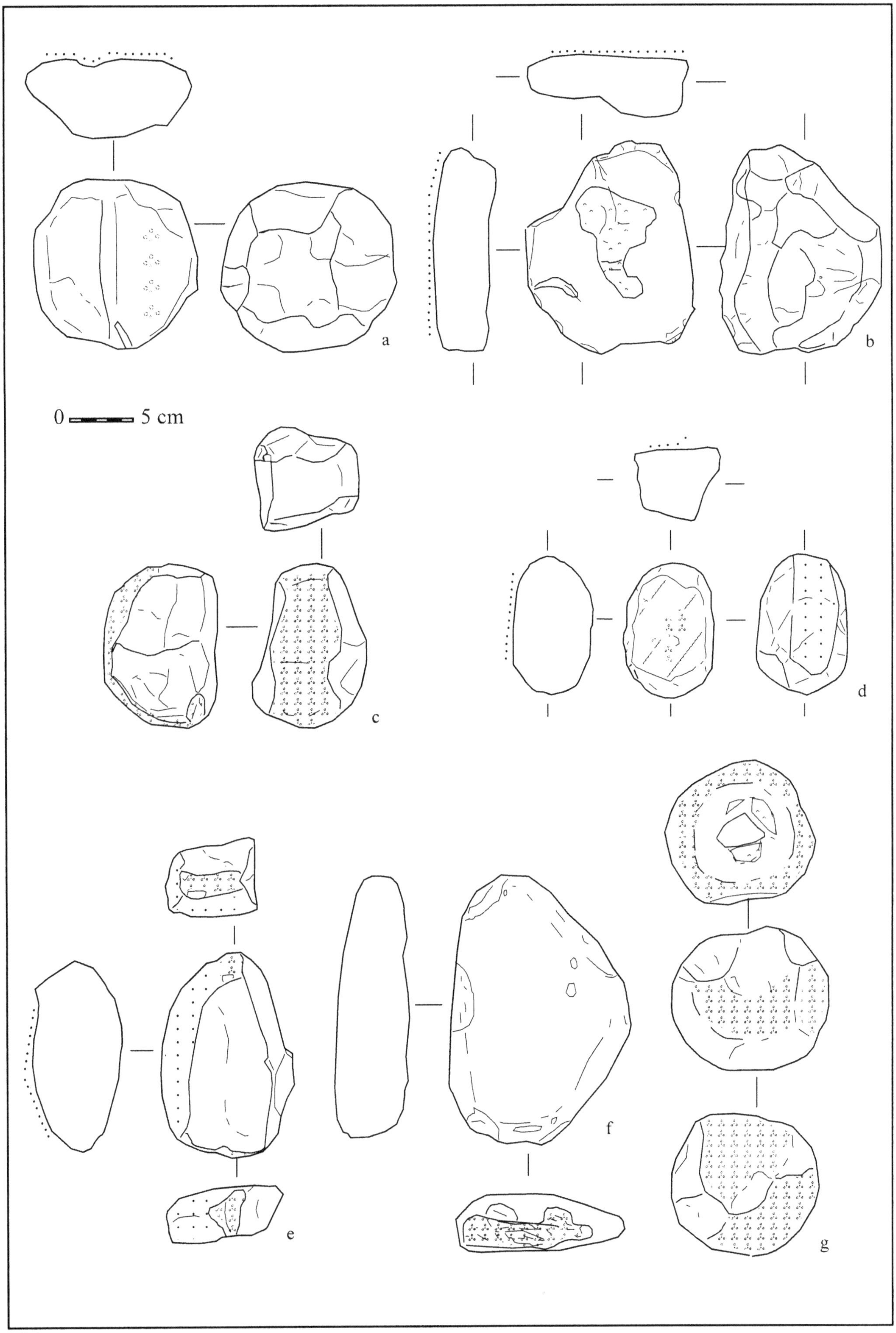

Planche LV. Passy «Sablonnière», broyons et percuteurs
a. CC 57 ; b. indéterminé ; c. CB 61 ; d. L 56 ; e. habitat 5 ; f. habitat 2 ; g. habitat 4 CC 63

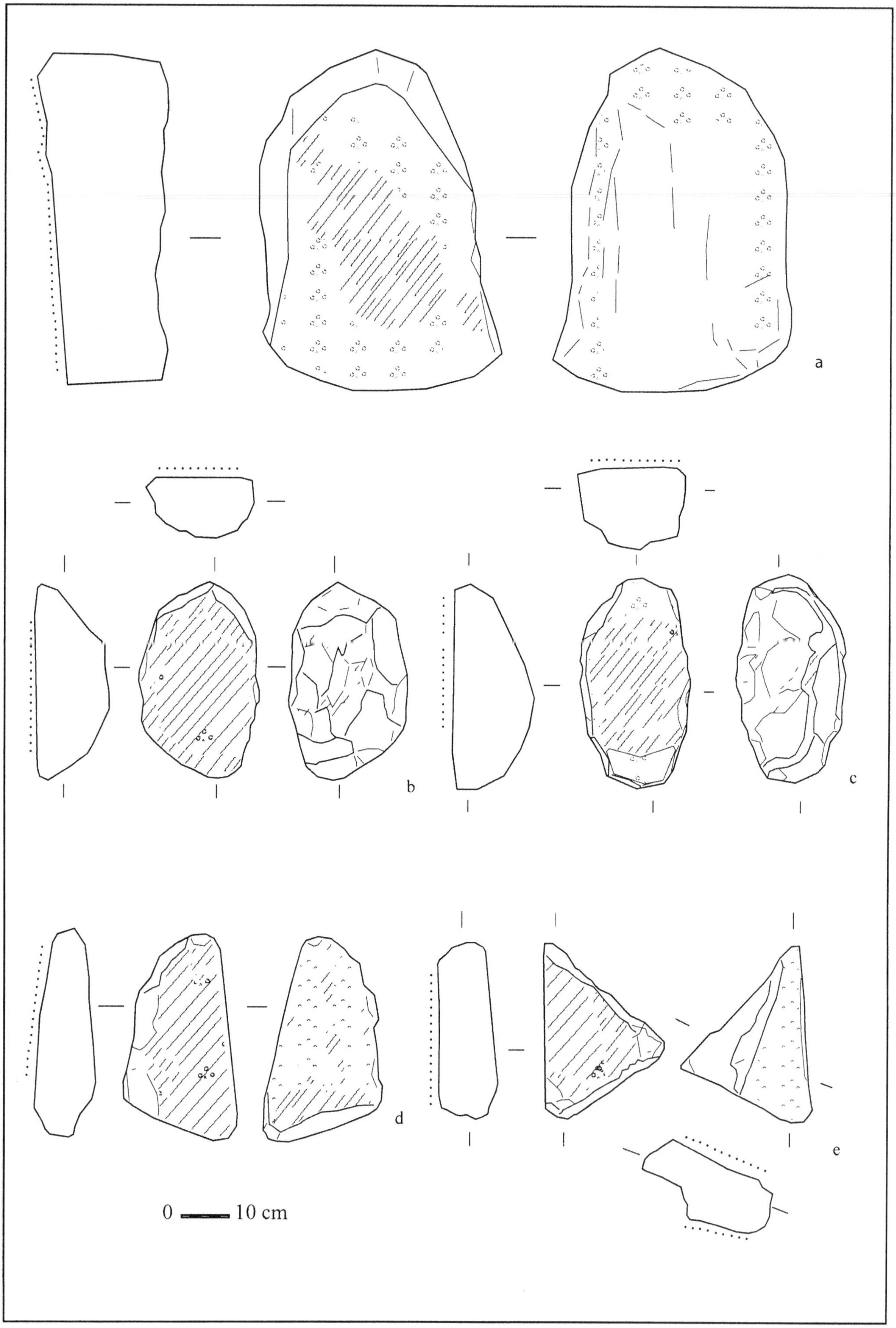

Planche LVI. Poses «Sur la Mare», pièces passives
a. st. 117.07 ; b. st. 129 SE ; c. st. 129 SE ; d. st. 52.47 ; e. st. 05-08

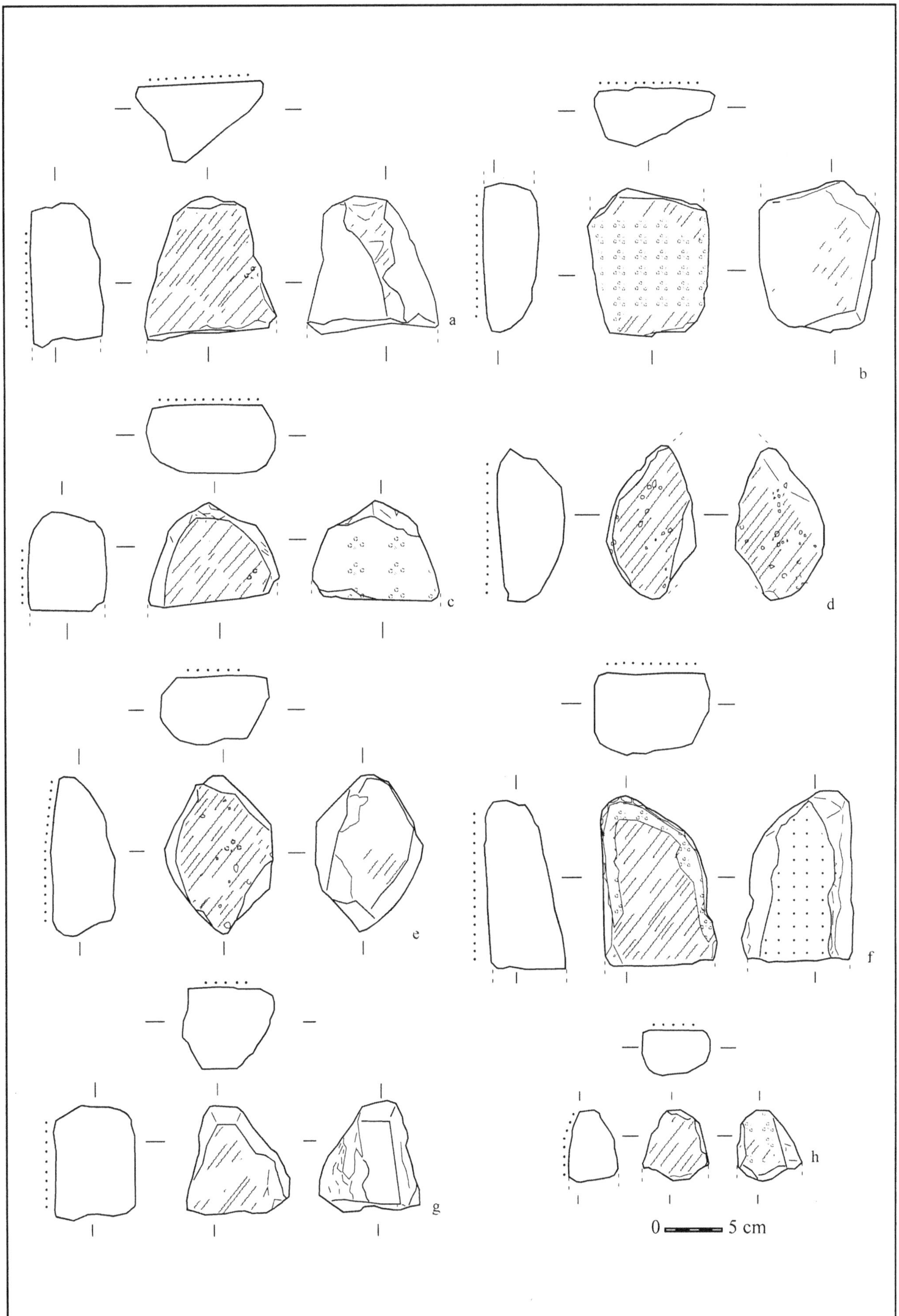

Planche LVII. Poses «Sur la Mare»
a. st. 105.3 ; b. st. 117.3 ; c. st. 113.22 ; d. st. 5.09 ; e. st.17 décapage ; f. st. 5.14 ; g. st. 113.8 ; h. st. 37.19

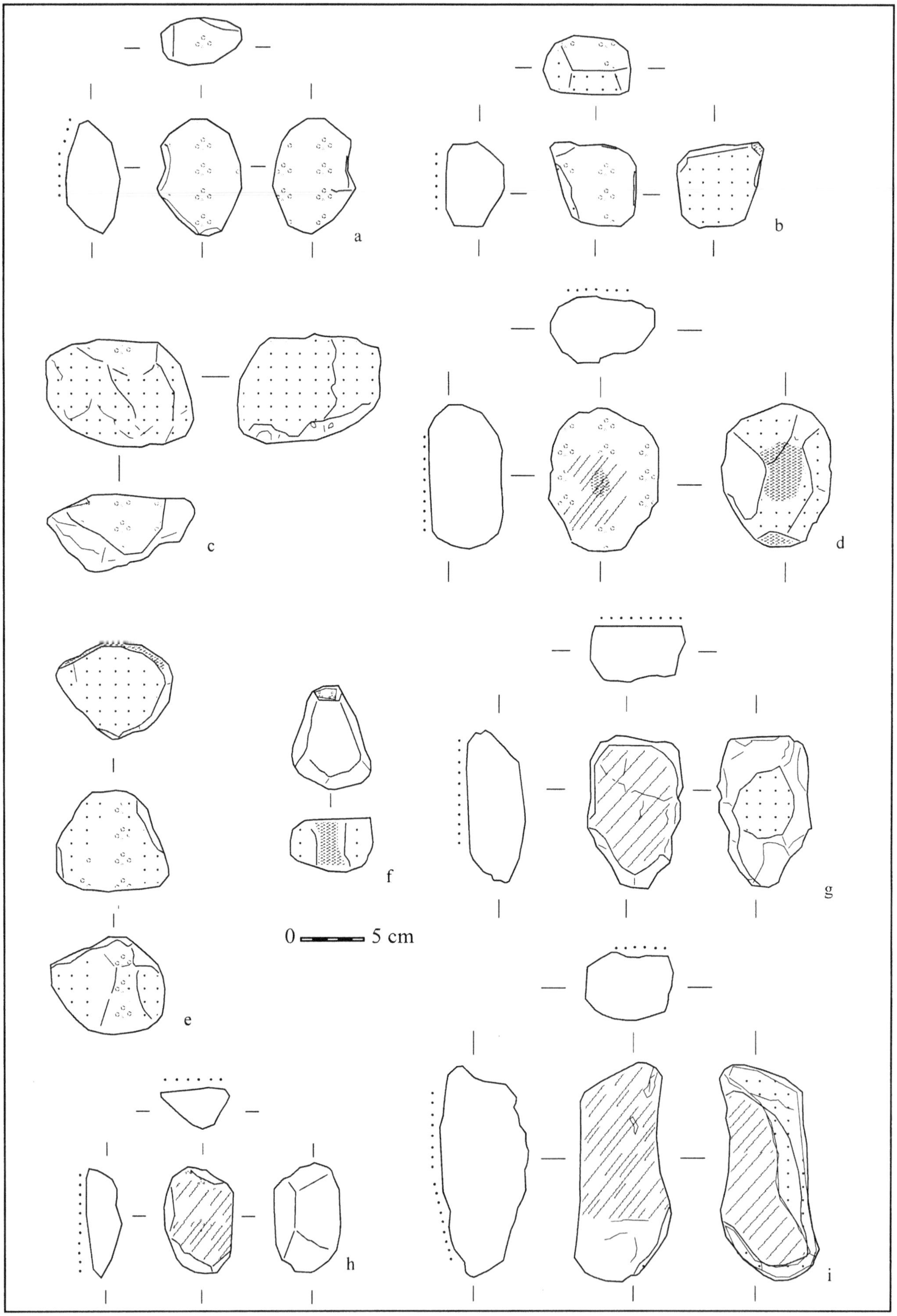

Planche LVIII. Poses «Sur la Mare» percuteurs et molettes à main
a. 18 N ; b. st. 113.07 ; c. st. 37.28 ; d. st. 83.3 ; e. st. 7.25 ; f. st. 65.18 ; g. st. 47.31 ; h. st. 52.24 ; i. st. 47.27

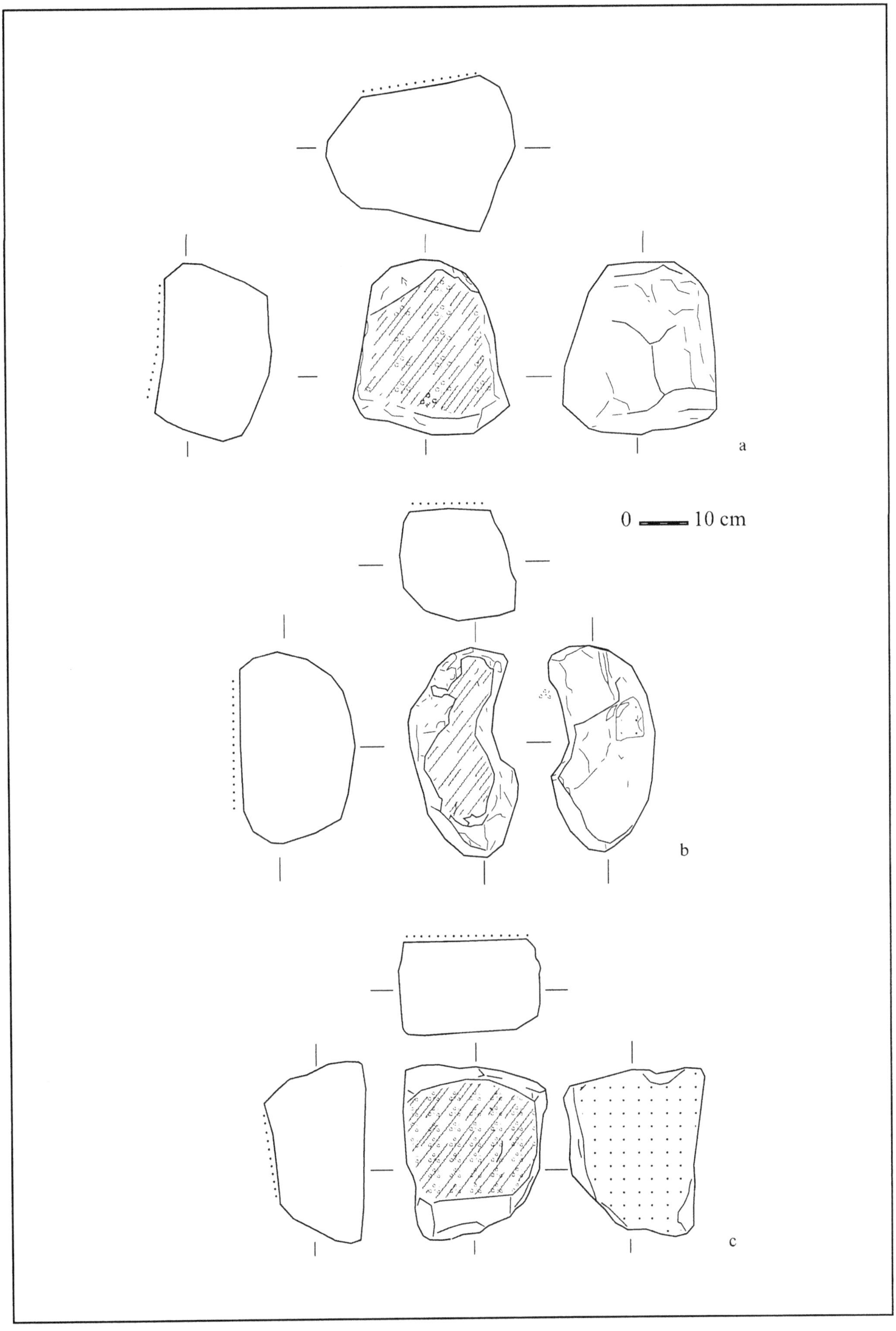

Planche LIX. Trosly-Breuil «les Obeaux» , meules (fragments)
a. M XXI.9 ; b. st. 208.11 ; c. st. 603.04

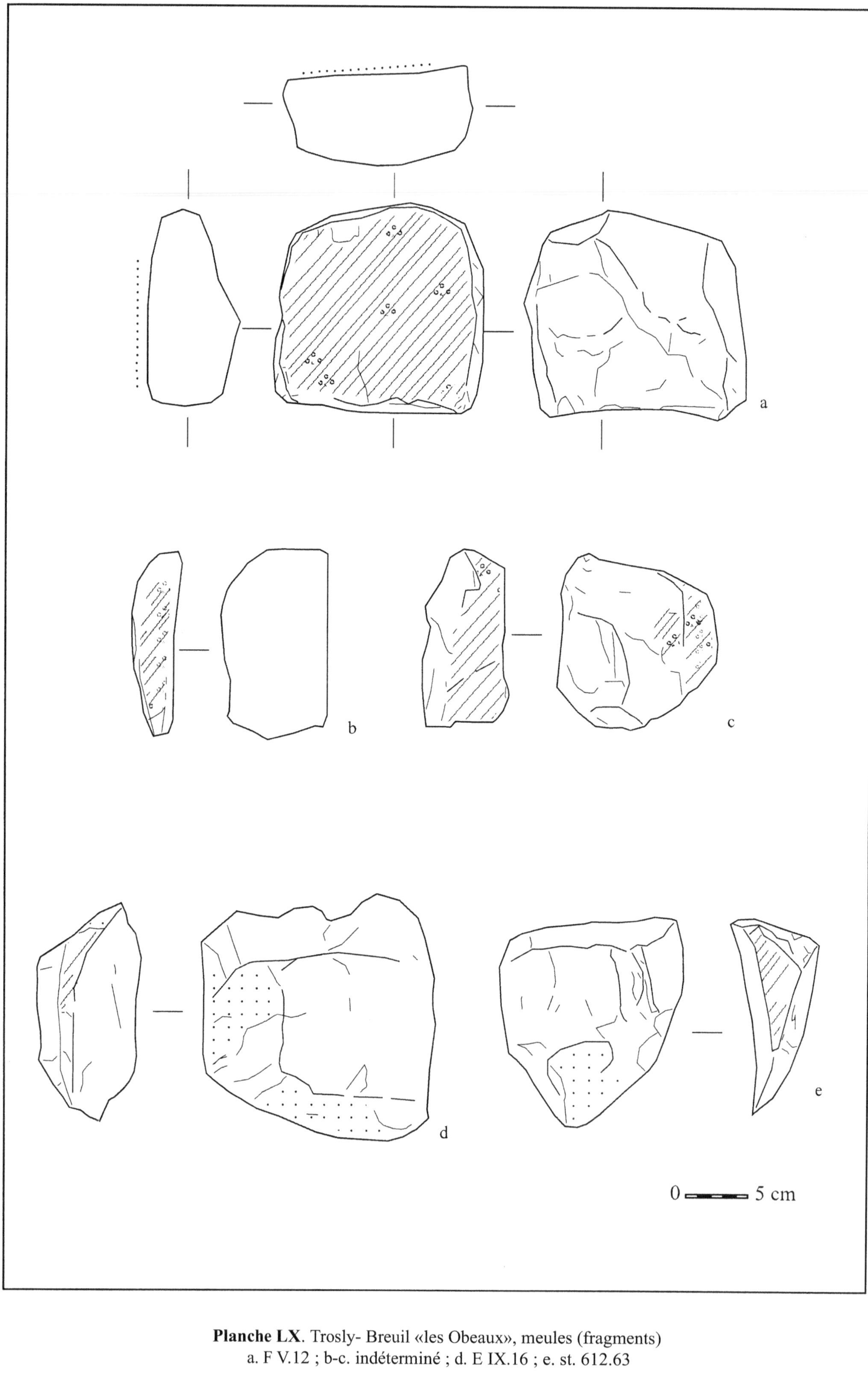

Planche LX. Trosly- Breuil «les Obeaux», meules (fragments)
a. F V.12 ; b-c. indéterminé ; d. E IX.16 ; e. st. 612.63

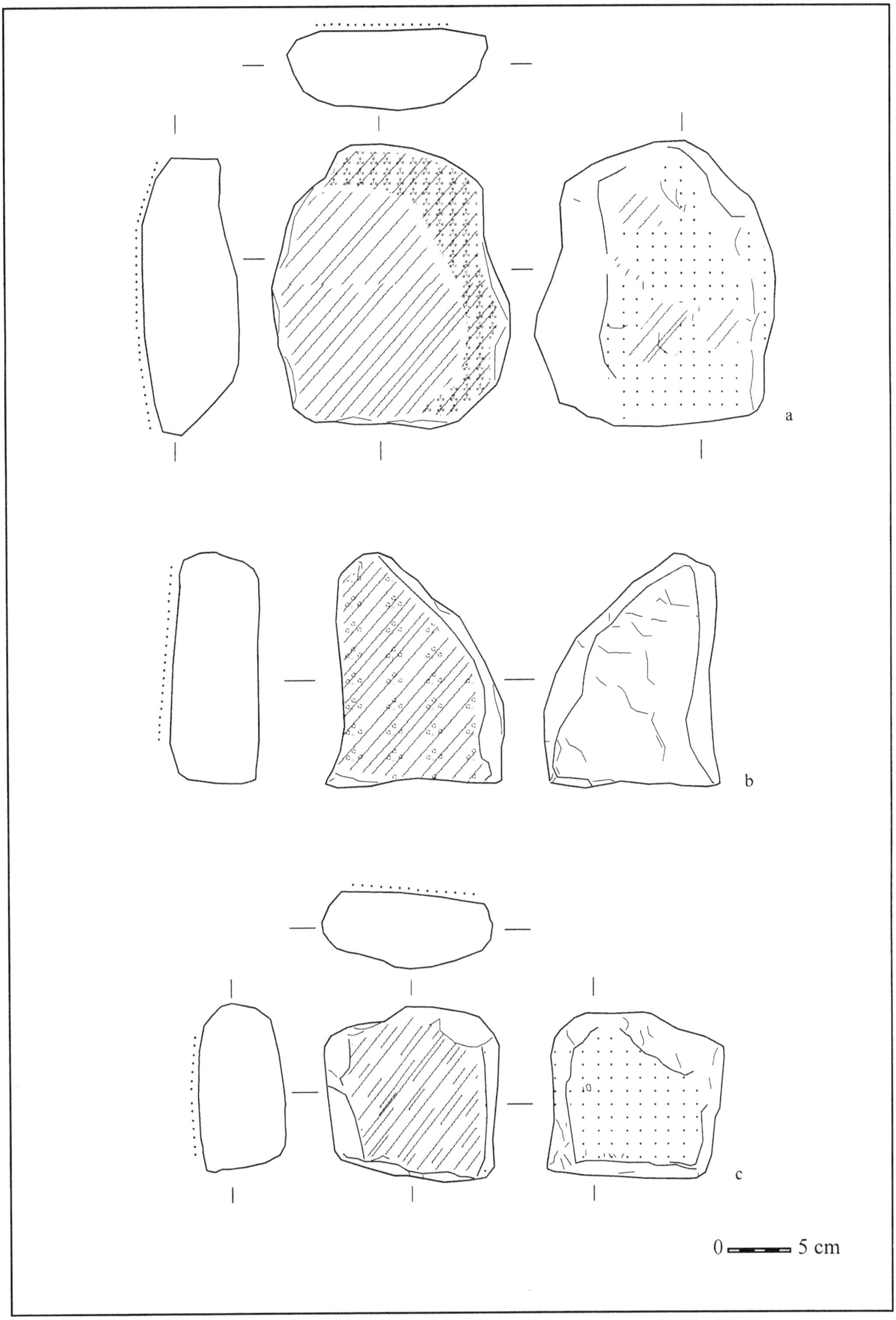

Planche LXI. Trosly-Breuil , molettes
a. E VIII.1 ; b. indéterminé ; c. st. 2

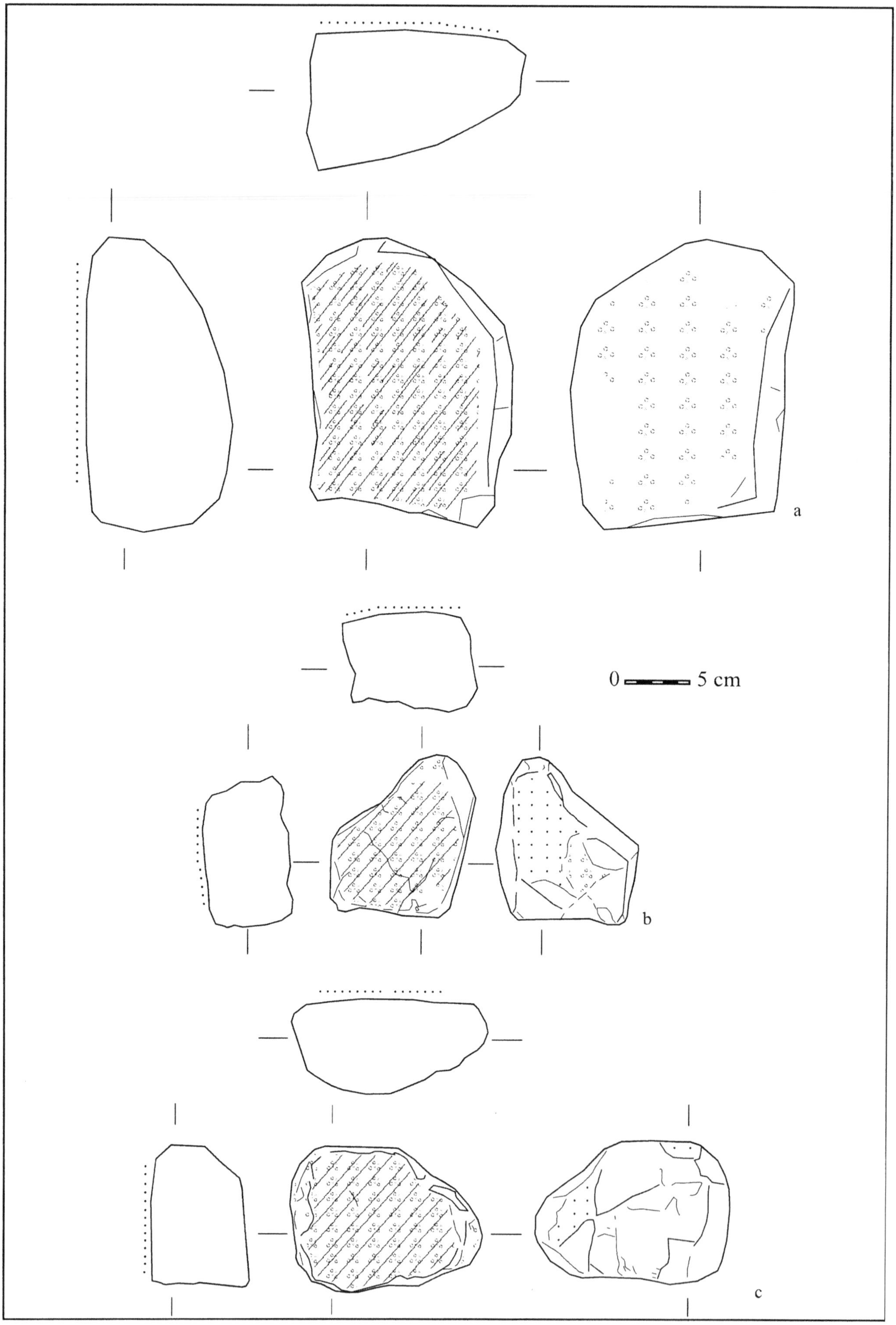

Planche LXII. Trosly-Breuil «les Obeaux», molettes
a. indéterminé ; b. M XXi-14 ; c. K XVIII.1

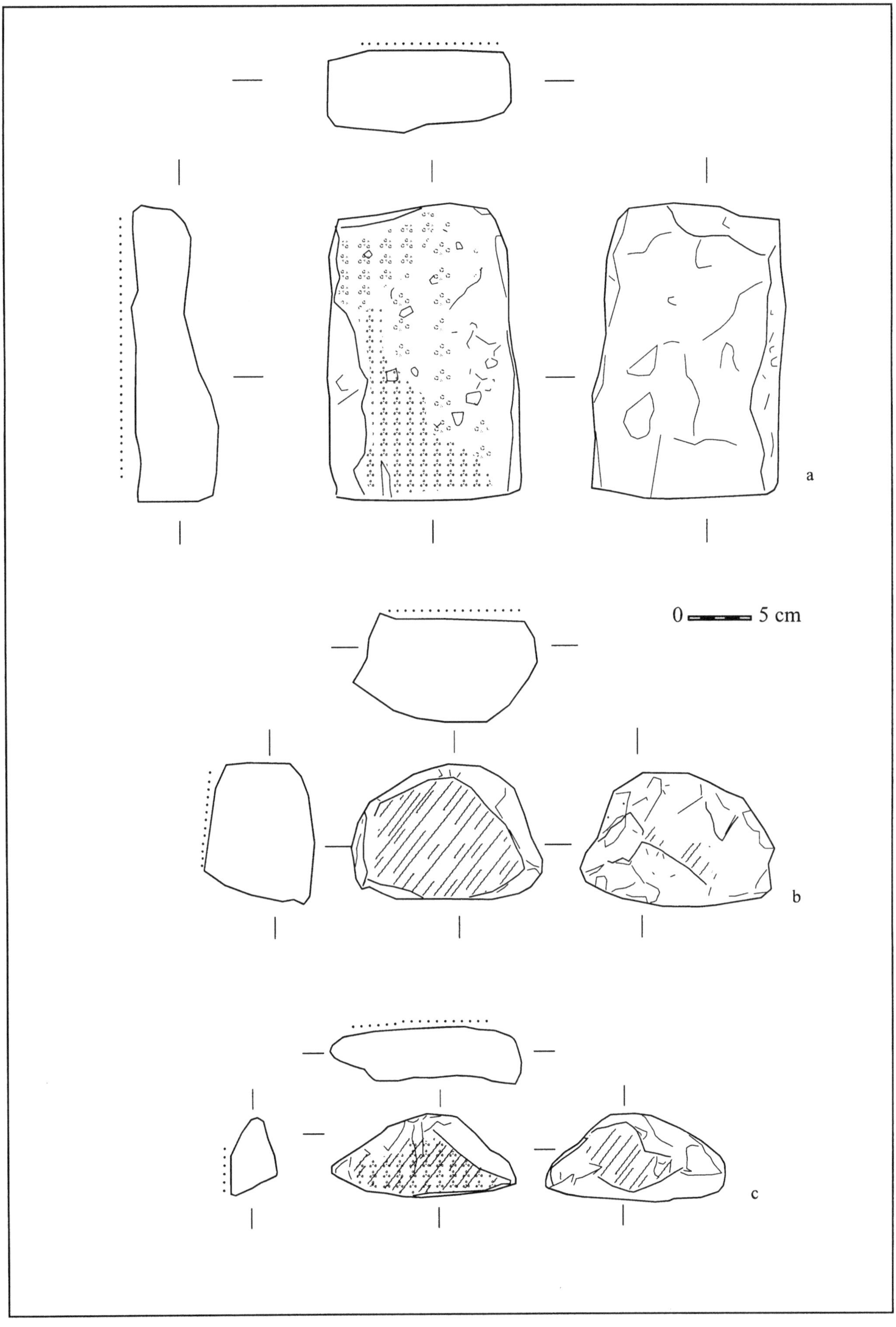

Planche LXIII. Trosly-Breuil «les Obeaux», molettes
a. indéterminé ; b. D VIII.21 ; c. st. 6

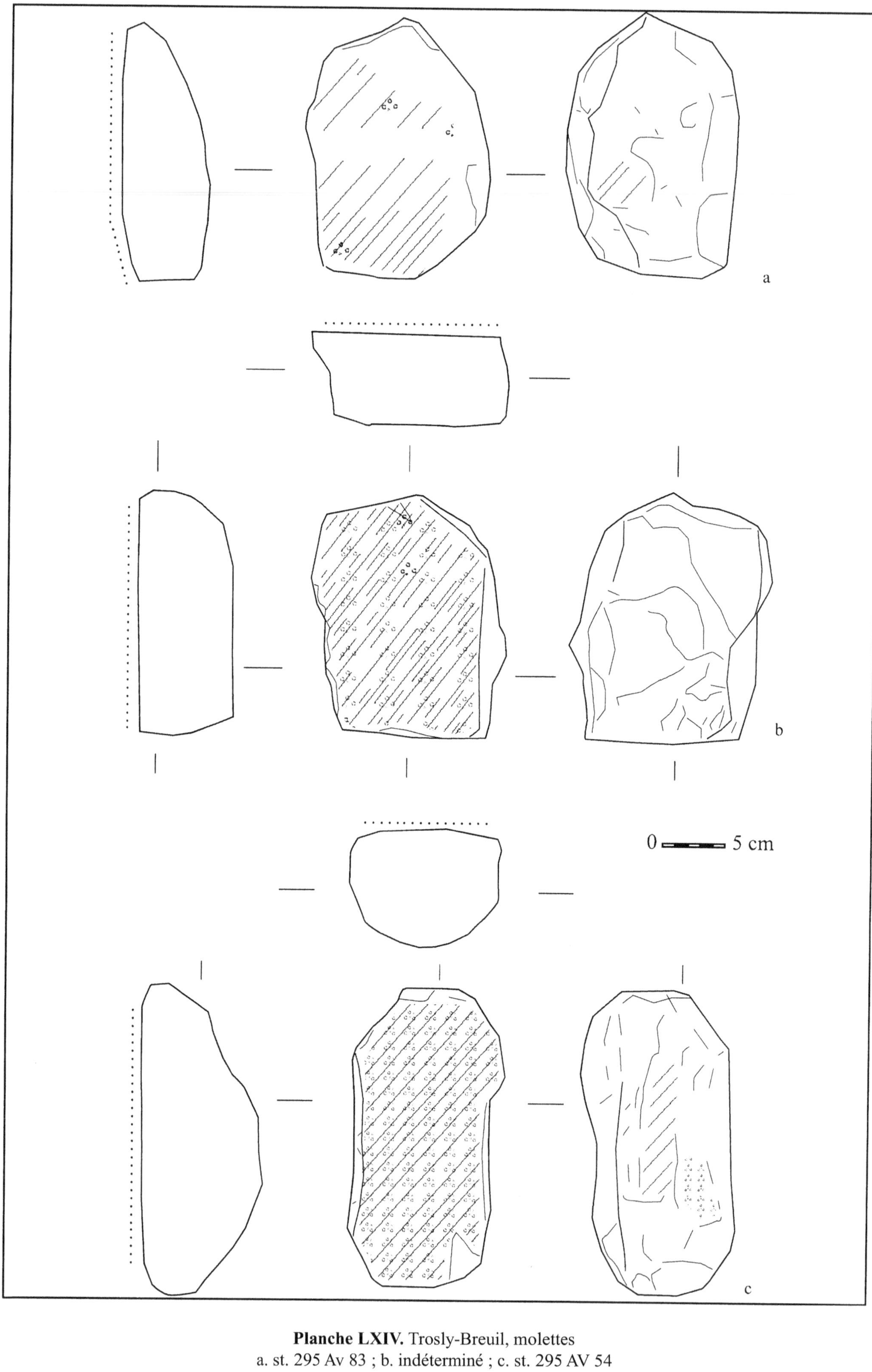

Planche LXIV. Trosly-Breuil, molettes
a. st. 295 Av 83 ; b. indéterminé ; c. st. 295 AV 54

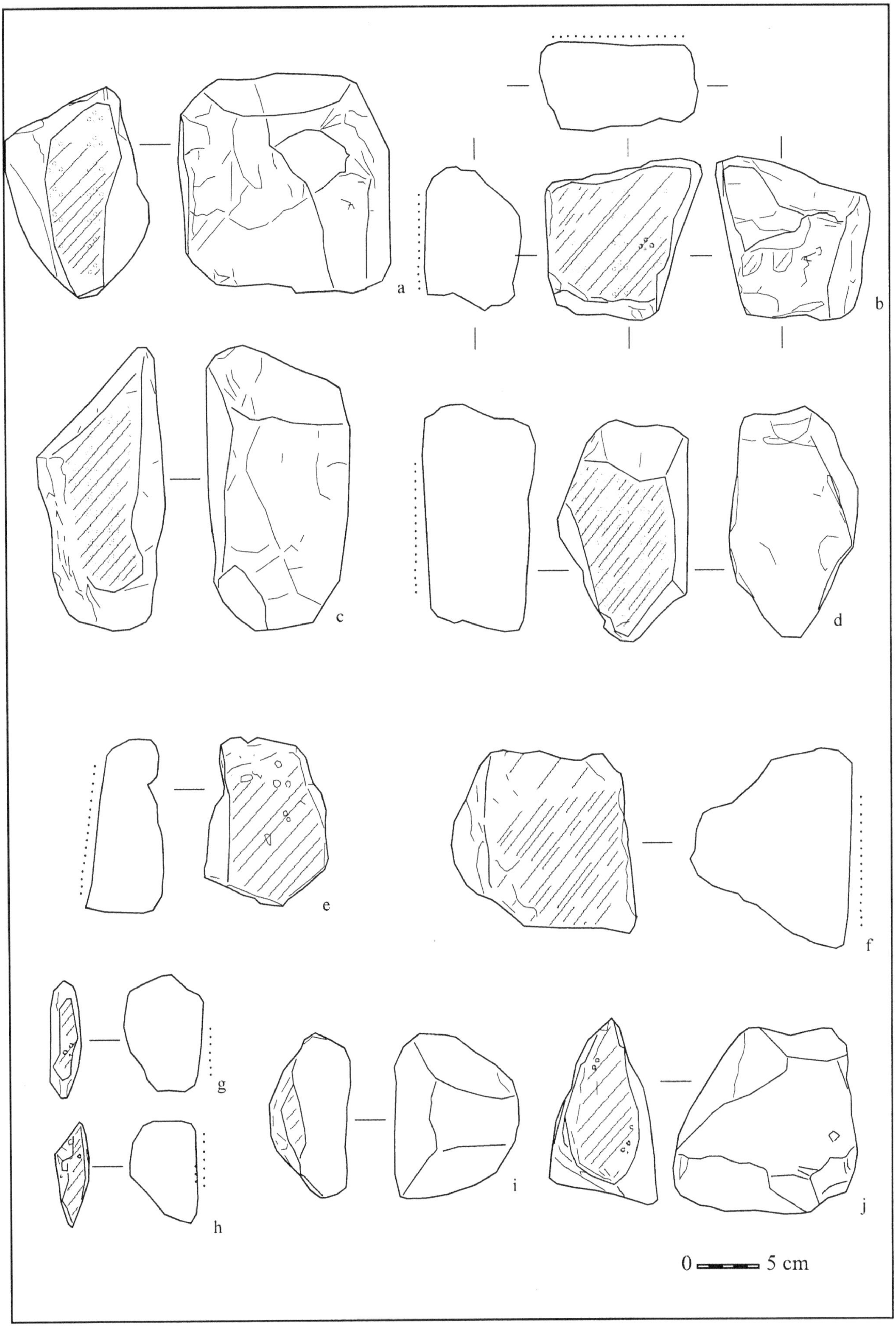

Planche LXV. Trosly-Breuil « les Obeaux», fragments de meules et molettes
a. indéterminé b. K XIX.17 ; c. E VIII.20 ; d. M XXI.20 ; e. ST. 206 C10 ;
f. E VIII.9 ; g. E IX.1 ; h. E VIII.22 ; i. E VIII.12 ; j. D VIII

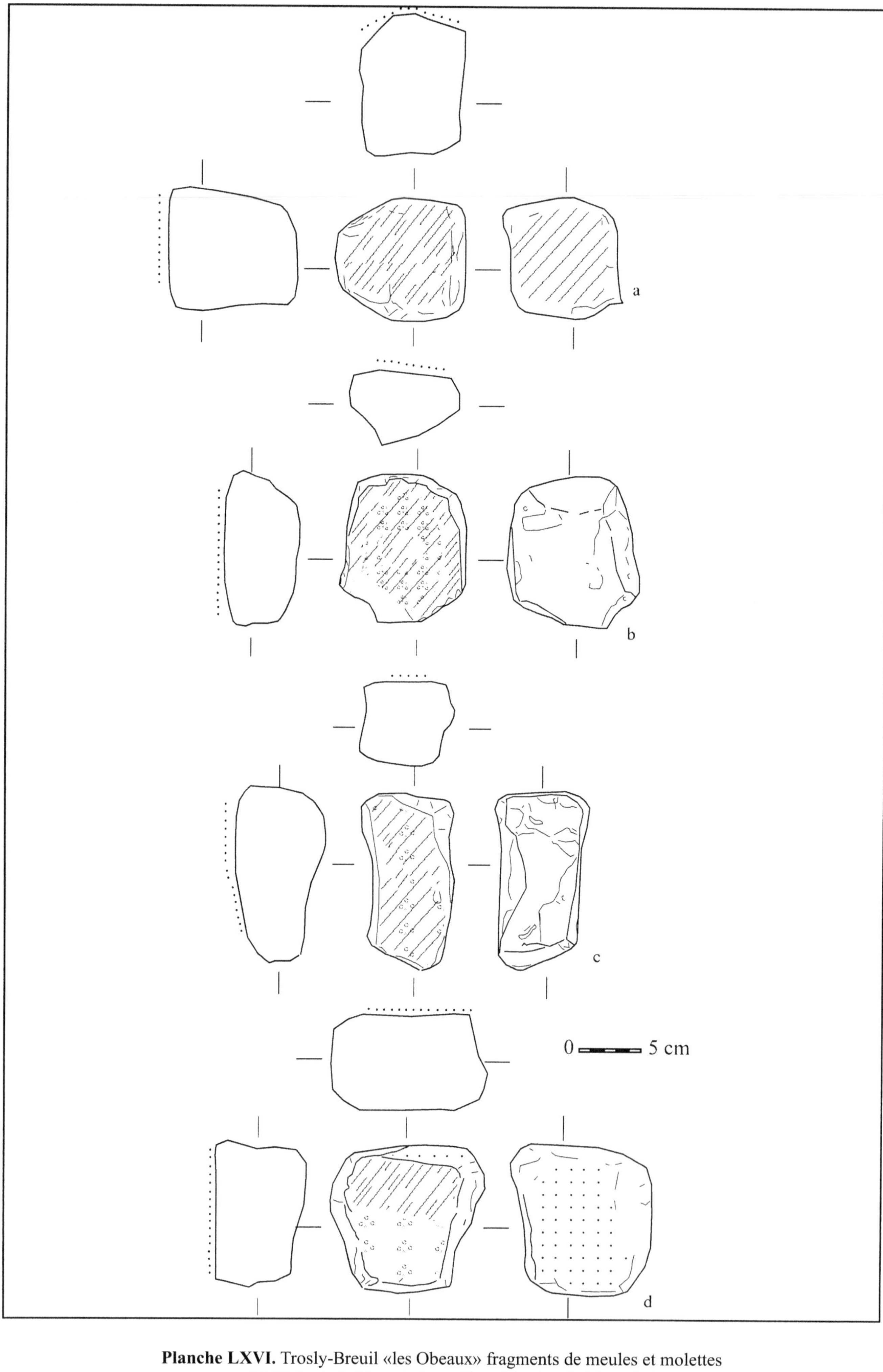

Planche LXVI. Trosly-Breuil «les Obeaux» fragments de meules et molettes
a. E VII. 1 ; b. indéterminé ;. c. Tranchée 7 ; e.indéterminé

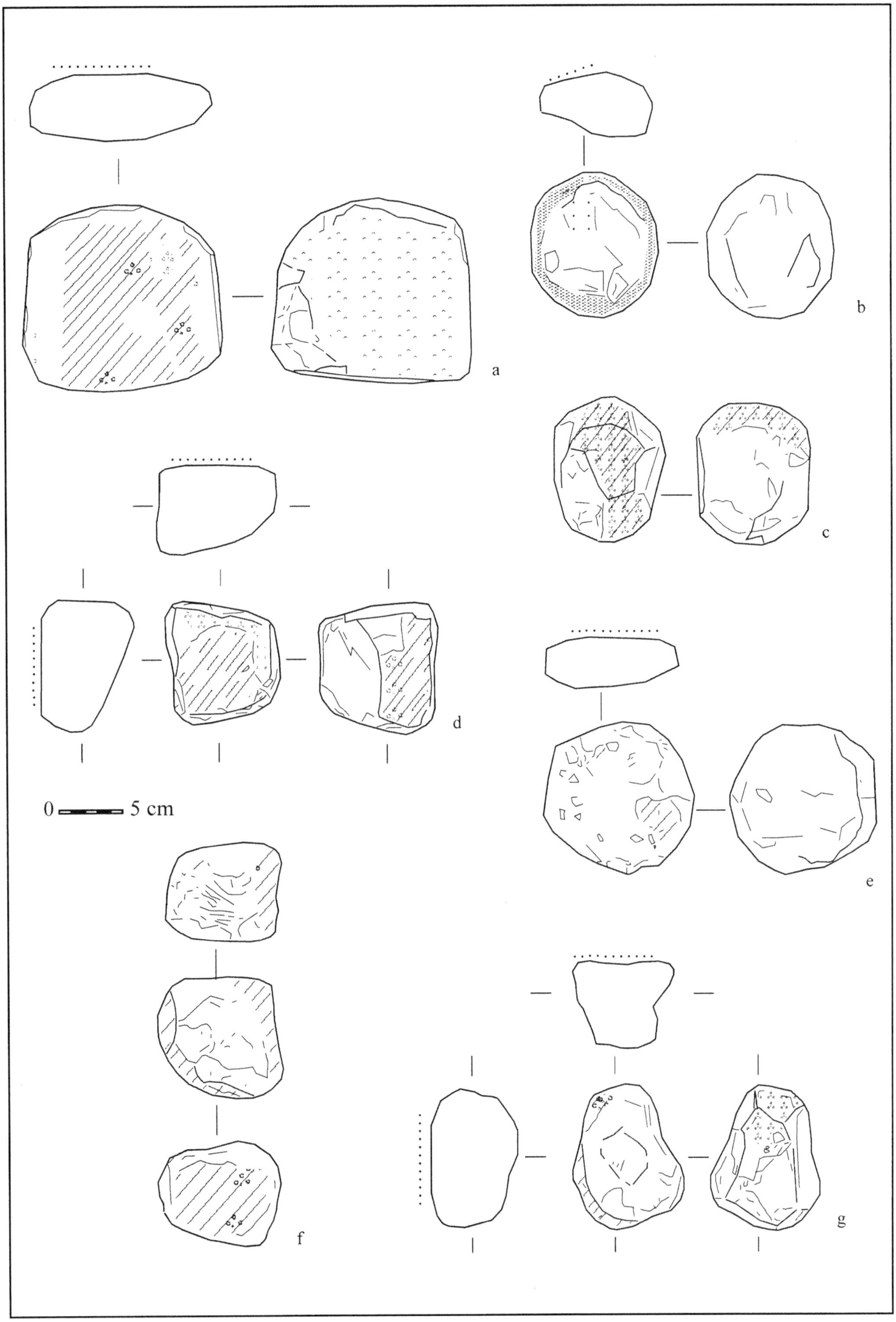

Planche LXVII. Trosly-Breuil «les Obeaux», broyons et percuteurs
a. st. 602.13 ; b. indéterminé ; c. décapage est ; d. B III.70 ; e. K XX.9 ; f. déblais ; g. N XXI.1

Planche LXVIII. Trosly-Breuil «les Obeaux», abraseurs
a. M XXI. 8 SW ; b. indéterminé ; c. st. 532.33 ; d. M XX.19 SE ;
e. M XXI.4 SW f. st.6 ; g. st. 602.06 ; h. T IV.14 ; i. K XXI.24 ; j. J XXI. 18

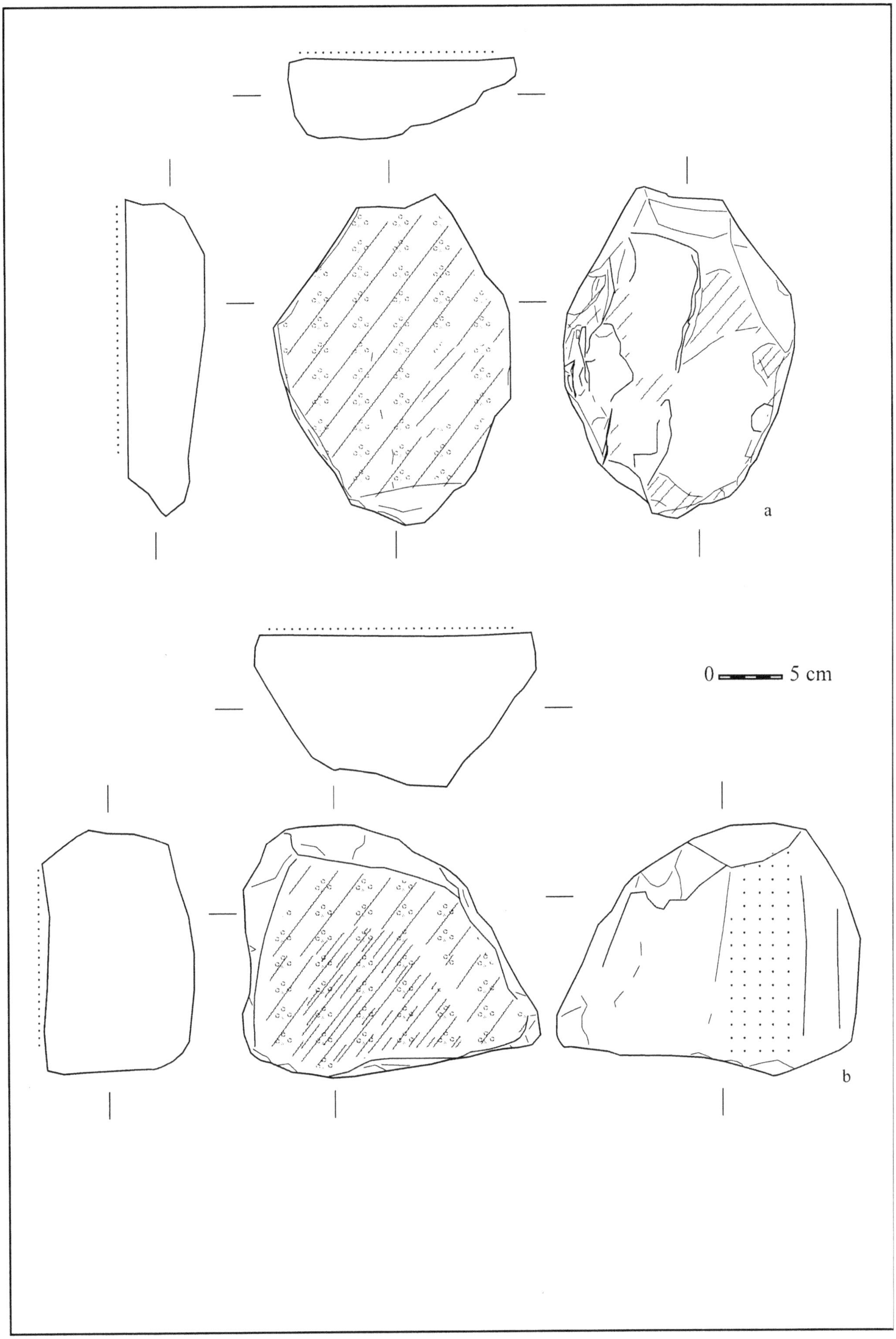

Planche LXIX. Villeneuve-la-Guyard «les Falaises de Prépoux», meules
a. D 53 1 35 ; b. st.56

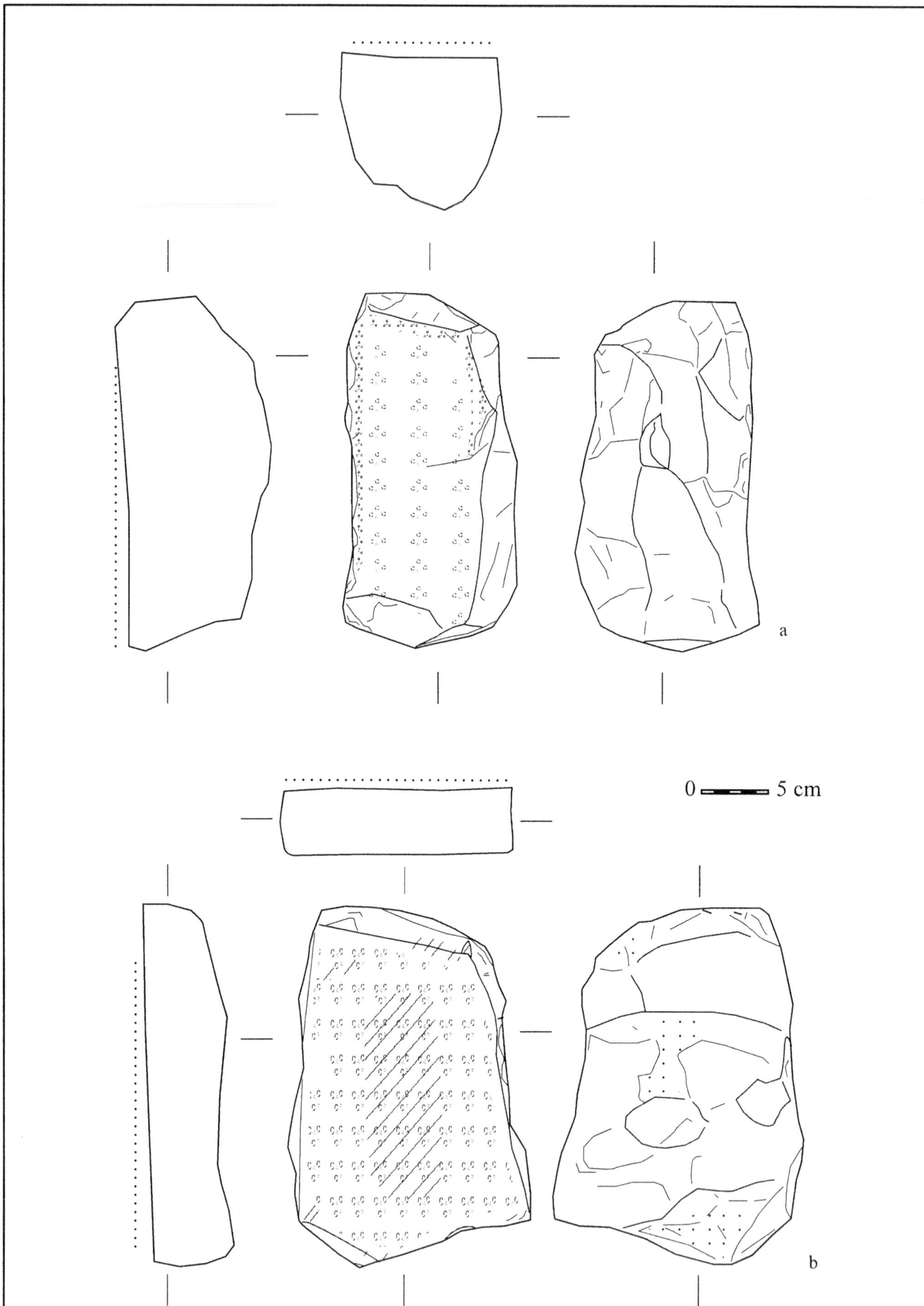

Planche LXX. Villeneuve-la-Guyard «les Falaises de Prépoux», meules
a. St. 275 ; b. indéterminé

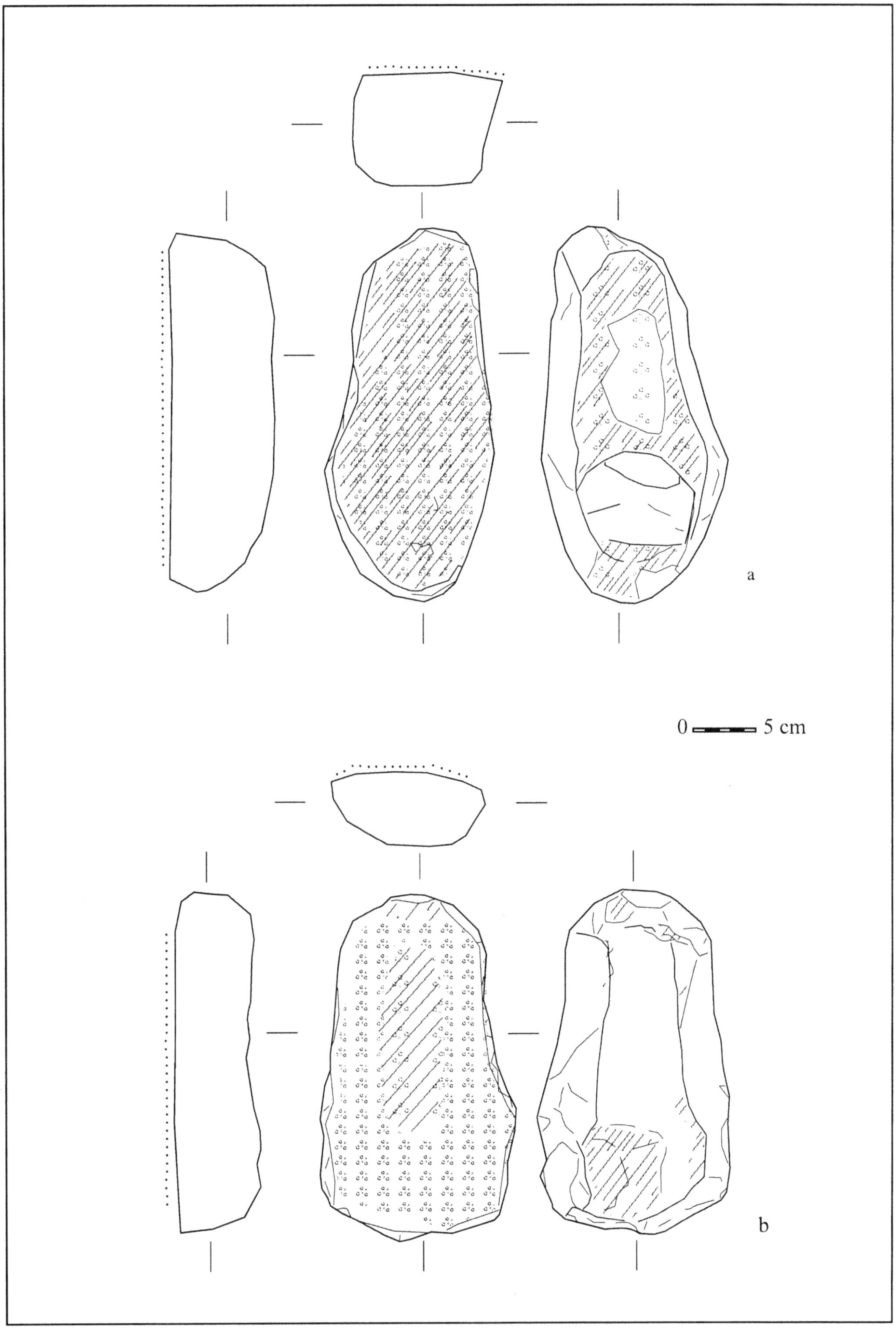

Planche LXXI. Villeneuve-la-Guyard «les Falaises de Prépoux» molettes,
a. sondage 2 ; b. st.61 c 11

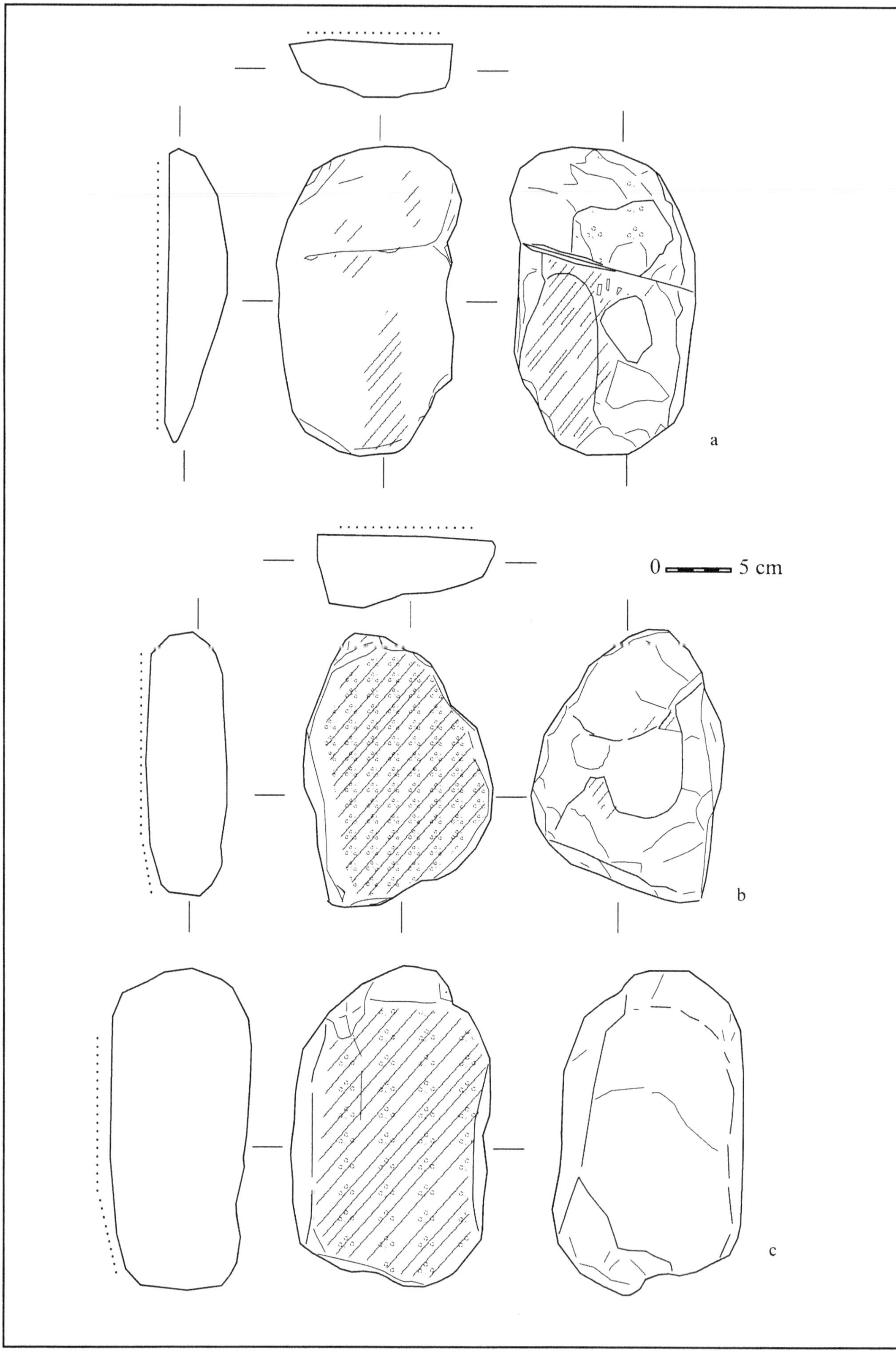

Planche LXXII. Villeneuve-la-Guyard «les Falaises de Prépoux», molettes
a. st. 63 ; b. indéterminé ; c. st. 61 C I

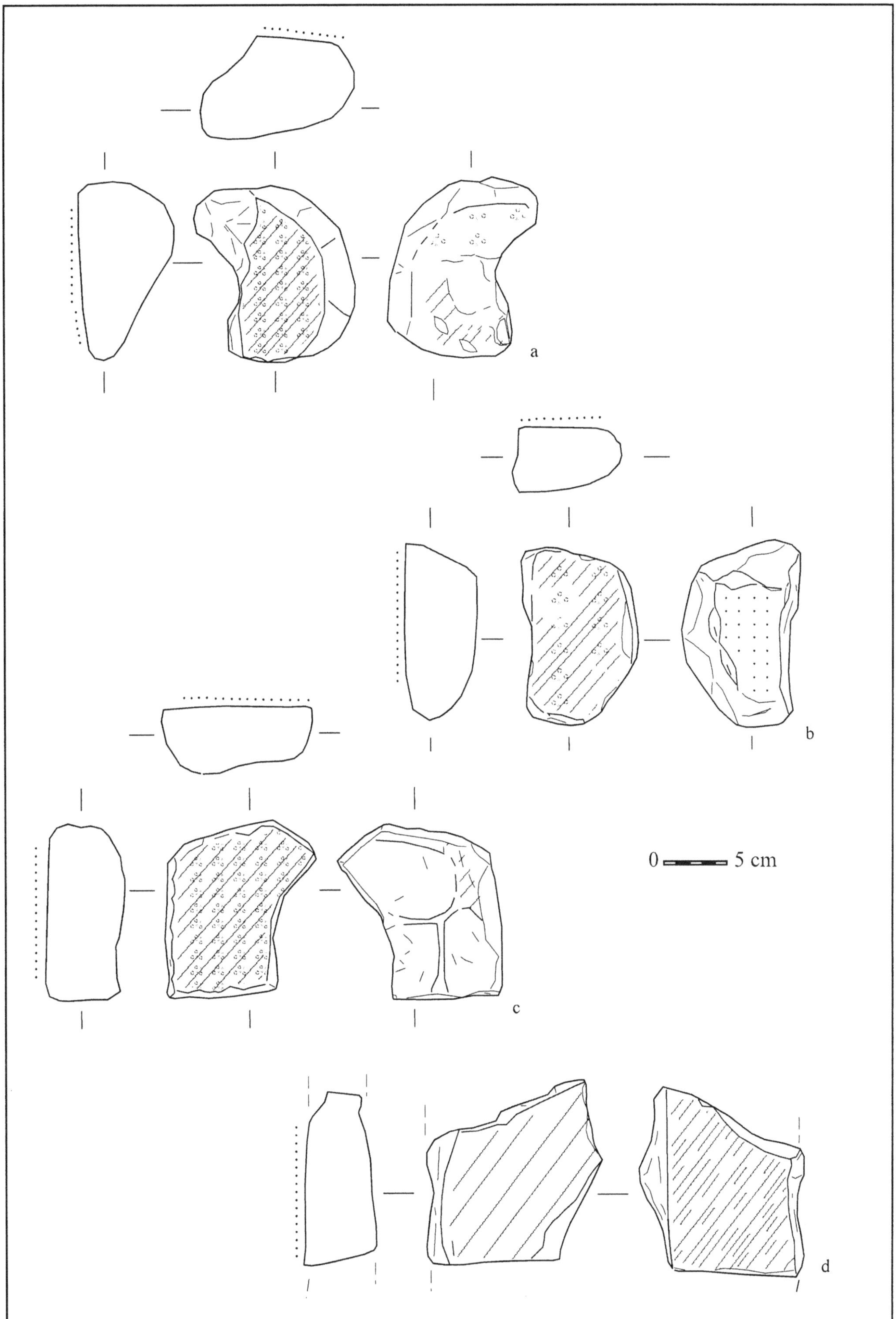

Planche LXXIII. Villeneuve-la-Guyard «Les Falaises de Prépoux», fragments de meule
a. st. 61 ; b. C IV st. 56 C6 ; c. D 88 1 318 ; d. indéterminé

Planche LXXIV. Villeneuve-la-Guyard «les Falaises de Prépoux», percuteurs et polissoirs
a. st. 56 c69 ; b. st. 56 c94 ; c. indéterminé ; d. st. 61 surface ; e et f. st. 56

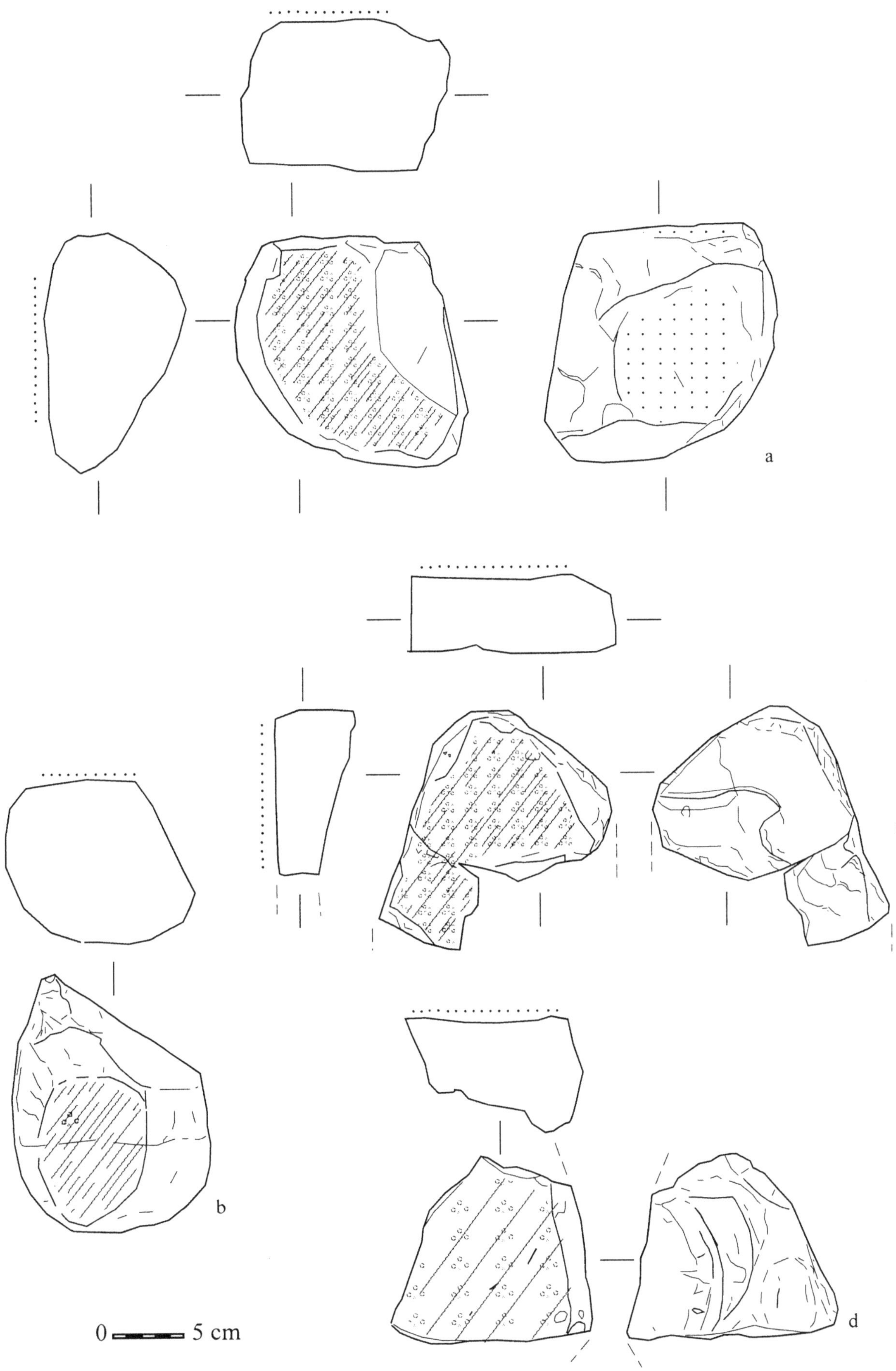

Planche LXXV. Vignely «la Porte aux Bergers», meules (fragments)
a. surface ; b. st. 292.3 ; c. st 147 c2 ; d. st.148 SE

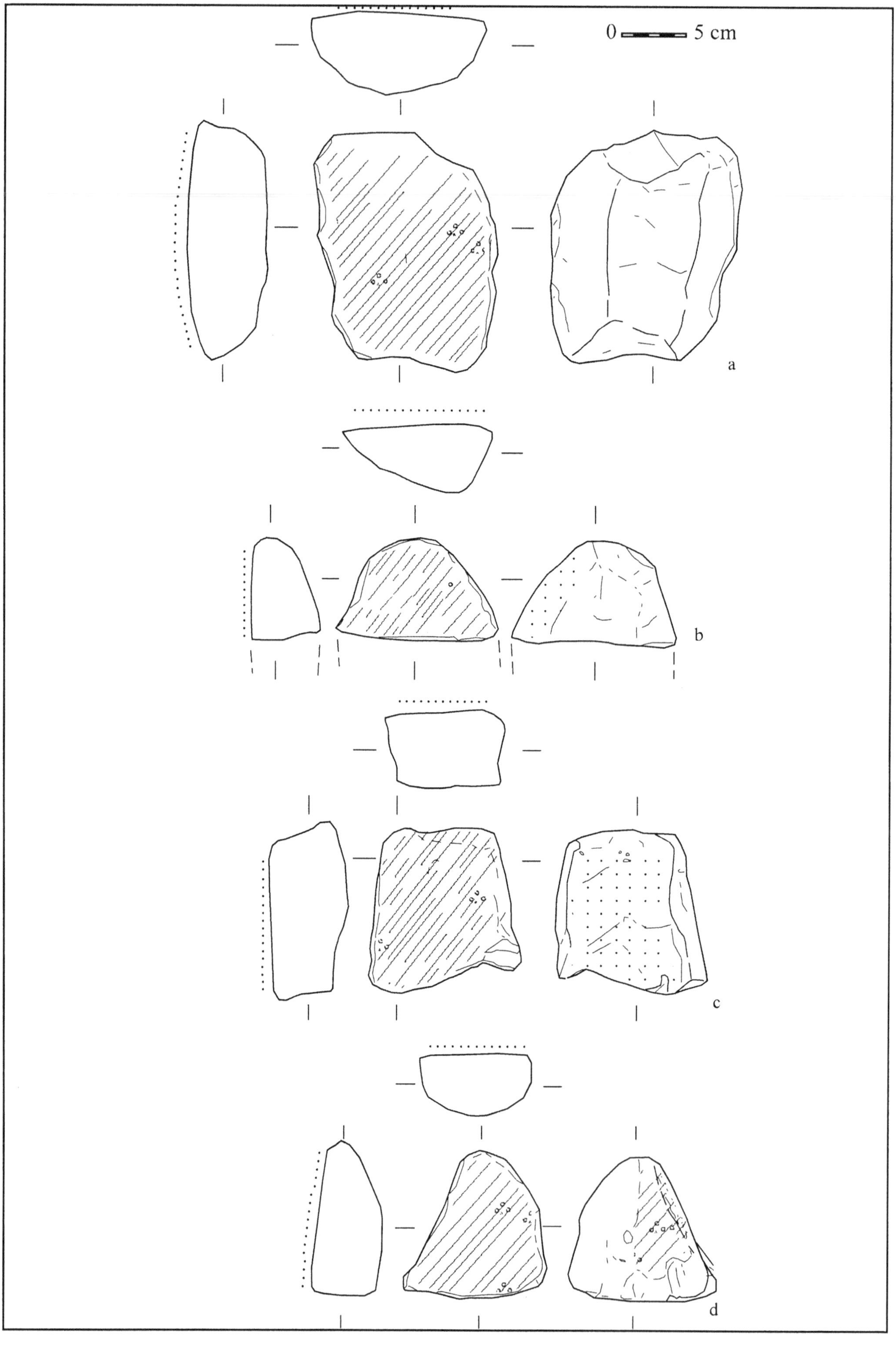

Planche LXXVI. Vignely «la Porte aux Bergers», fragments de molette
a-b. st. 15 ; c. st. 161 SO ; d. st. 11 b2

Planche LXXVII. Vignely «la Porte aux Bergers», fragments de meules et molettes
a. st. 68 d4 ; b. st. 147 c7 ; c. st. 11 sondage ; d. st. 84 b2 ; e. st. 8 b5 ; f. st. 81 b3 ; g. st. 8 ; h. st. 292 b6 ; i. st. 81 c5

Planche LXXVIII. Vignely «la Porte aux Bergers», percuteurs et molettes à main
a. st. 136 c3 ; b. st. 11 c15 ; c. st. 11 c14 ; d. st. 11 d4 ; e. st. 81 c3 ; f. st. 62 ; g. st. 292

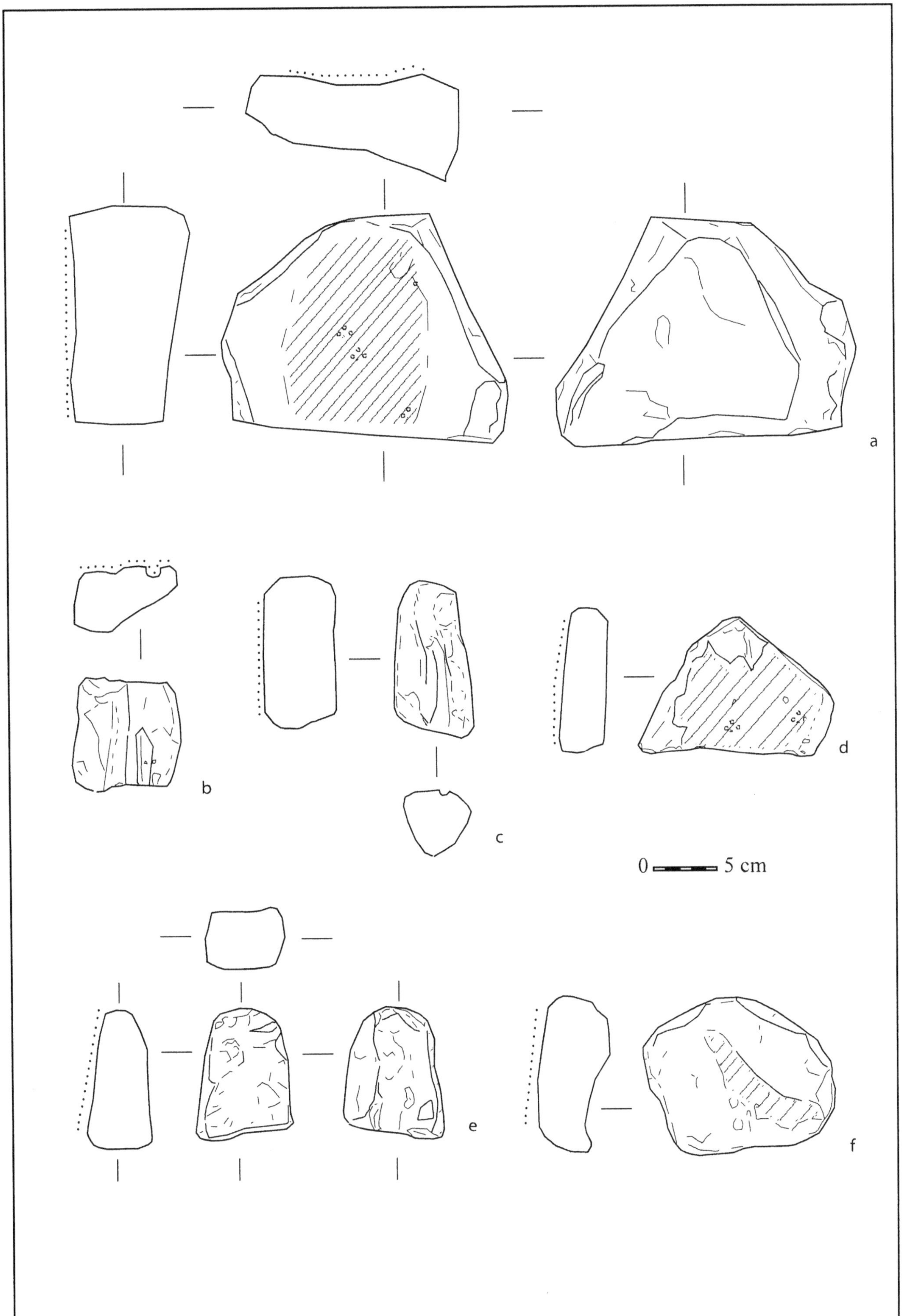

Planche LXXIX. Vignely «la Porte aux Bergers», abraseurs
a. st. 11 d4 ; b. st. 81 ; c. st. st. 8 c18 ; d. st. 130 ; e. st. 172 c7 ; f. st. 84 d4

Planche LXXX. Reims-Tinqueux «la Haubette»
a. Meule st. 51 ; b-f molettes à main st. 54 ; g. molette à main st. 42 ;
h. abraseur à rainure st. 41 ; i. abraseur st. 42 ; j. abraseur st. 48

Descriptif abrégé des sites étudiés

1. Balloy "les Réaudins"- BLRE (Mordant1992)
(Seine, 77)

Cette enceinte du Cerny « récent » a été établie sur 1,6 hectares au pied du versant crayeux, à l'extrême limite du gisement alluvial de la Seine. Elle est délimitée par un fossé à interruptions multiples associé à une palissade dont les tracés parallèles évoquent une complémentarité du dispositif. Un niveau d'occupation plus ou moins colluvionné a pu être mis en évidence dans l'aire interne, de même que onze structures de combustion empierrées mais sans aucun bâtiment identifié. Le regroupement spatial des pièces permet de déterminer des aires d'activités. Les meules sont issues soit des structures de combustion, soit du fossé d'enceinte. Il s'agit du seul site Cerny que nous inclurons dans notre corpus.

2. Berry-au-Bac « le Vieux Tordoir » - BVT (Allard *et al.* 1995)
(Aisne, 02)

Les huit maisons -dont deux à trois probables- datées du Rubané récent du Bassin parisien sont accompagnées sur ce site de fosses isolées à l'intérieur et à l'extérieur des bâtiments et de cinq sépultures. Elles correspondent à deux phases d'occupation, soit une étape ancienne (M 370, 585 et st.546) et une étape récente (M 580 et 590).
La présence de céramique du Limbourg est attestée pour la maison 370. L'outillage lithique sur support laminaire domine et aucune distinction dans le choix des matériaux ne semble apparaître entre l'étape ancienne et récente. Deux dépôts de meules ont par ailleurs été découverts dans une fosse à l'arrière d'une maison.

3. Bucy le Long « le Fond du Petit Marais » - BFM (Ilett *et al.* 1995)
(Aisne 02)

Huit unités d'habitation datées du Villeneuve-Saint-Germain, dont deux reconnues par la seule présence de ses fosses latérales, s'organisent en deux ou trois rangées parallèles de bâtiments. Il nous paraissait essentiel de prendre en compte des sites aussi bien Rubanés que Villeneuve-Saint-Germain dans la vallée de l'Aisne.

4. Bucy-le-Long «la Fosselle» - BLF (Allard *et al.* 1997, Hachem 1998)
(Aisne, 02)

Ce site se localise à environ 800m du cours actuel de la rivière au pied des versants nord de l'Aisne et au débouché d'un petit affluent de l'Aisne aujourd'hui vallée sèche. L'occupation rubanée a livré dix maisons, cinq unités d'habitation reconnues par leurs seules fosses de construction et quatre fosses isolées. Dix-huit sépultures d'excellente conservation disséminées par petits groupes à travers le site ont livré une parure riche. Bien que l'extension du village demeure mal connue, il semble que deux voire trois phases d'habitat se soient succédées sur le site lors des étapes moyenne et récente du rubané dans l'Aisne, soit le Rubané récent du Bassin parisien. La position chronologique de la maison 20 semble néanmoins à préciser, certains aspects du mobilier évoquant une position intermédiaire entre la fin du Rubané et le tout début de la culture de Villeneuve-Saint-Germain.

Le décor céramique réalisé par incision et impression livre parfois des incrustations blanches. Malgré la faiblesse des effectifs par maison qui empêchent une périodisation interne du site, les décors céramique semblent démontrer l'antériorité de la maison 30 en regard de la maison 20, qui livre des décors au peigne à sept dents, des motifs typiques de l'étape finale du Rubané récent du Bassin parisien et des motifs en arêtes de poissons et encoches sur le rebord caractéristiques du Villeneuve-Saint-Germain. Une troisième phase est certainement représentée dans la maison 40, aux affinités avec l'étape finale du Rubané récent du Bassin parisien à la confluence Seine-Yonne.

L'approvisionnement lithique se fait à une échelle principalement régionale, la part des matériaux locaux ne dépassant pas les 20%. Quatre maisons appartenant à la phase I du site (M10, M30, M90 et st 116-117) révèlent une proportion de silex sénonien dominante (57%) tandis qu'à la phase II la proportion de silex turonien augmente significativement (18%), à l'instar des phénomènes déjà observés à Cuiry-lès-Chaudardes «les Fontinettes» (Allard 1996). Néanmoins la maison 20 livre des proportions entre silex sénonien, turonien et tertiaire proches (autour de 30%) ainsi que de grandes quantités de silex tertiaire lutétien à cérithes. Les pièces esquillées, pièces retouchées et grattoirs constituent 70% du corpus. Dans la maison 20, les supports sur éclats majoritaires ont permis la confection de types d'outils dont la fréquence est inversée par rapport au reste des autres maisons, qui présentent déjà certains traits développés au cours du Villeneuve-Saint-Germain-Blicquy.
Six objets en roche tenace ont été découverts dans la maison 20, dont deux fragments, un éclat et une ébauche de herminette en calcaire gris-bleu. Le matériau est le même que les bracelets reconnus par C.Constantin pour des bracelets du rubané final et du Villeneuve-Saint-Germain.
Ce site constitue un ensemble en pierre rubané important, déjà étudié par C. Monchablon, pour le méandre de Bucy-le-Long.

5. Bucy-le-Long « la Fosse Tounise » et Bucy-le-long « la Heronnière » - BFT et BLH (Ilett *et al.* 1995 ; Allard 2002)
(Aisne, 02)

Ces deux appellations se partagent en réalité un seul et même site que nous désignerons sous l'appelation unique de Bucy-le-Long « la Fosse Tounise ». Localisé sur la rive droite de l'Aisne sur la dernière terrasse, il a livré une double occupation rubanée et Villeneuve-Saint-Germain. Onze maisons datées du Rubané récent du Bassin parisien/Rubané final du Bassin parisien se répartissent sur au moins 2 phases avec la maison 120 (peigne à 2 dents uniquement) plus ancienne que la maison 20 (absence de

Annexe 1. Présentation des sites retenus pour l'étude

peigne à 2 dents) ; la présence de céramique du Limbourg est confirmée dans les maisons 120 et 60.
Quatre bâtiments alignés selon un axe nord sud et localisé dans la partie orientale du site sont datés du Villeneuve-Saint-Germain.
La double occupation sur le site nous permettra d'appréhender les questions d'approvisionnement en matières premières et les questions de variabilité strictement chronologique, la part régionale et les questions de support étant de fait identiques.

6. Cuiry-lès-Chaudardes «les Fontinettes » - CCF (Allard 2002, Hachem 1995 a et b, 1997, 1998 , Ilett *et al.* 2001)
(Aisne 02)

« Localisé dans un méandre sur la rive droite de l'Aisne, entre 180 et 260 m du bord de la terrasse non inondable » (Hachem 1998), ce site a fait l'objet d'une vingtaine de campagnes de fouille qui ont permis l'exploration de près de dix hectares, l'emprise réelle du village correspondant quant à elle à six hectares. Malgré la destruction de la partie orientale du site et d'au moins trois maisons, le site a livré trente trois maisons bordées de leurs fosses latérales ainsi qu'une vingtaine de fosses isolées et trois sépultures. L'une des fosses du site a livré une concentration (dépôt ?) de meules. Les données de la faune et du lithique ont permis de souligner une érosion différentielle, les maisons les plus riches situées au Nord-ouest se distinguant des maisons les plus pauvres localisées le long de la terrasse orientale.
Un premier phasage interne de la céramique présente sur l'habitat rubané de Cuiry-lès-Chaudardes «les Fontinettes» a été réalisé sur la base des décors (Ilett *et al.*1984). L'utilisation du peigne à deux ou trois dents (ce nombre pouvant passer à cinq) presque toujours utilisé en impression pivotante, est majoritaire. Sur la base de la fréquence des décors dans chacune des maisons, trois phases céramiques ont d'ores et déjà pu être mises en évidence et toutes les étapes de la séquence du Rubané récent dans la vallée de l'Aisne semblent présentes sur le site (Ilett *et al.*1984). Parallèlement, l'étude de la faune a permis d'isoler cinq phases d'habitat avec une moyenne de six maisons par phase, le tout s'étalant sur une période de cent cinquante à deux cents ans. On note une alternance dans la localisation du noyau du village depuis l'Ouest vers l'Est entre chacune de ces phases, ce schéma organisationnel étant suivi inversement par une maison isolée fonctionnant toujours en corrélation avec le village. De même, une partition schématique en quarts permet de souligner la structuration du déplacement des villages selon un axe Est-Ouest et une structuration de voisinage selon un axe Nord-Sud (Hachem 1998).

Le silex sénonien blond est majoritaire tout au long de la séquence, suivi du silex turonien et du grès quartzitique qui –bien qu'en faible quantité pour le second- augmente de façon sensible tout au long de la séquence. Les blocs ont été débités dans l'habitat pour une production exclusivement de type laminaire, l'outillage sur lame représentant près de 74,4% de l'ensemble. Les grattoirs, pièces esquillées, les pointes de flèche et les perçoirs sont les mieux représentés sur toutes les phases. Le taux de faucille apparaît élevé pour les deux dernières phases, la dernière phase offrant par ailleurs une majorité de burins. L'examen du matériel lithique permet ainsi de distinguer essentiellement deux phases chronologiques en tout début et fin de séquence (I et IIIc). Il permet également de souligner qu'au phases II et IIIb de Cuiry-lès-Chaudardes «les Fontinettes» ainsi qu'à Berry-au-Bac «le Vieux Tordoir», l'approvisionnement en matière première s'oriente vers le sud. (Allard 1996 et 2002)

Les courbes d'abattage des animaux laissent envisager une orientation de l'utilisation des animaux pour la production de viande, avec dans l'ordre décroissant du poids de viande, le bœuf, le sanglier puis le cerf. Les caprinés sont élevés pour leur toison et le petit gibier est exploité dans les activités de pelleterie. La chasse représente 20% du nombre de restes avec une majorité de bovins pour les animaux domestiques, de sangliers et de cerfs pour le gros gibier, et de castors pour les petits animaux sauvages. La part de la chasse de 24,5% à la phase la plus ancienne de l'occupation chute à 7,5% pour la phase finale, surtout pour le gros gibier. De fortes disparités entre les maisonnées sont lisibles sur la base des proportions de chasse et d'élevage et entre espèces consommées ; on distingue ainsi les maisons où la chasse est abondante (20 à 45% des restes), où l'élevage est dominant voire exclusif (90 à 98%) et les maison sans spécificité particulière (85%). Une nette corrélation apparaît entre les dimensions réduites de certaines maisons à forte proportion de chasse et de grandes maisons à fort taux d'élevage. Une spécialisation de chacun des quarts à une espèce en particulier se remarque également. (Hachem 1995 et 1997)

Les outils représentent près de 74% de l'industrie en os -soit 185 objets- et se composent de deux catégories fonctionnelles essentielles : les outils utilisés par frottement (86 objets) et les outils pointus (83 objets). De plus, on trouve quelques exemplaires d'outils divers (haches ou herminettes, outils mousses de type « poinçons de vannier », des éléments de fixation et des pilons, des objets à valeur plus esthétique (parure) ou encore des manches. Seuls trois objets restent indéterminés. Au sein des outils pointus, le sciage sur métapodes de petits ruminants prédomine, suivi de la technique de l'abrasion toujours sur métapodes de petit ruminant, de la percussion sur des supports variés et de l'utilisation d'os entiers (ulnae). La nature du débitage confère aux outils une valeur différentielle qui se traduit par une connotation culturelle plus forte des pièces débitées par sciage majoritaire ou par abrasion, qui toutes deux attestent d'une durée de vie plus longue. Le type de débitage et le choix du support ne joue à priori aucun rôle dans la fonction des outils. Tandis que certaines maisons ne livrent que des outils pointus débités par sciage (M 440, 380, 320, 245, 80, st. 423, 89, 435, 90), d'autres présentent également des outils façonnés par abrasion (M 225, 360, 330 et st. 241). Notons que le nombre d'outils pointus débités par abrasion est nettement supérieur au nombre de pièces débitées par sciage dans la maison 225 et qu'il est exclusif dans la maison 280 (Sidéra 1989).
Les études exhaustives des différentes catégories de vestiges sur ce site majeur ont permis une bonne compréhen-

sion à la fois technique et spatiale de l'organisation des activités. Ceci constitue un bon cadre de réflexion pour notre corpus.

7. Etigny « le Brassot-est » - ELBE (Meunier et Augereau inédit)
(Yonne, 89)

Il s'agit du premier site Rubané récent du Bassin parisien découvert dans l'Yonne, la colonisation rubanée était jusqu'alors inconnue avant le Rubané final du Bassin parisien. On note l'association de décors d'incisions et d'impressions Rubané récent du Bassin parisien avec des décors modelés, plutôt typiques du Villeneuve-Saint-Germain. Deux ensembles avec des caractères proches du Rubané récent du Bassin parisien d'une part et du Rubané final du Bassin parisien voire même transition Rubané récent du Bassin parisien/Villeneuve-Saint-Germain d'autre part se font jour. Cependant, aucune corrélation stylistique entre le Rubané récent du Bassin parisien de la vallée de l'Aisne et le Rubané Récent de l'Yonne ne peut être envisagée en raison de différences stylistiques trop importantes. Bien que leur articulation dans le temps ne puisse être mise en évidence, aucune chronologie interne des structures ne peut être mentionnée sur le site. Il s'agit d'un des rares sites du Rubané présent dans l'Yonne et plus particulièrement dans cette partie de la vallée.

8. Gurgy « les Grands Champs » - GLGC (Meunier *et al.*, *à paraître*)
(Yonne, 89)

Un décapage sur 1,2 ha a livré une rangée de trois unités d'habitations datées du Villeneuve-Saint-Germain et cinq structures circulaires de type silo dont certaines se trouvent à l'intérieur des habitations. Si le dégraissant utilisé sur le site est en forte proportion le quartz, au moins une maison présente des traits caractéristiques de phase finale du Villeneuve-Saint-Germain. L'originalité de l'outillage retouché réside dans une forte proportion d'armatures de faucille et par une production lithique dominée par la coupe des végétaux non ligneux. Des bracelets en céramique et pierre sont reconnus sur le site. Notre compréhension du mobilier de ce site se fera en interaction avec les deux les plus proches géographiquement d'Etigny et Monéteau.

9. Jablines « la Pente de Croupeton » - JPC (Bostyn *et al.* 1991, Lanchon *et al.* 1991)
(Marne, 77)

A 400 m de la rivière au Sud et à 100m d'un probable ancien bras de rivière, le site s'étend sur 2,5 ha. Deux maisons préservées sont associées à quatorze fosses détritiques et surtout à un niveau d'occupation conservé sur une dizaine de centimètres. L'ensemble a permis de reconnaître au moins trois unités d'habitation, trois amas de débitage et deux structures de combustion datés du Villeneuve-Saint-Germain.

Parmi les trois types de matières premières identifiées, les plaquettes de silex tertiaires rapportées brutes sur le site sont majoritaires et étaient destinées à une production d'éclats quantitativement importante. La production laminaire effectuée sur des blocs de plus grande qualité se traduit par des phases de mise en forme et d'entretien soignées. Le silex secondaire bien que présent en faible quantité sur le site est tourné vers une production plutôt laminaire. L'outillage majoritairement obtenu sur éclat est dominé par le grattoir tandis que celui sur lame (soit 25 % du corpus) comprend des burins, grattoirs et « lames à luisant ». (Bostyn 1994)
Au sein des 93% d'animaux domestiqués représentés sur le site, la baisse de la consommation des animaux d'élevage (-5%) et l'accroissement de la consommation du porc au détriment des autres espèces domestiques sont caractéristiques du Villeneuve-Saint-Germain.
Plusieurs indices d'une fabrication des bracelets sur place, tels que plaquettes schistes, déchets de fabrication et anneaux non achevés, accompagnent des bracelets en schiste, calcaire et roche dure ainsi que quelques objets de parure en coquillage.
L'industrie en os est majoritairement composée de poinçons, réalisés en grande partie sur métapodes de cervidés. Jablines « la Pente de Croupeton » se démarque des autres sites par la conservation exceptionnelle d'une nappe de vestiges et par la dimension spatiale soustendant l'ensemble des études de mobilier.

10. Juvigny « les Grands Traquiers » (Tapprêt *et al.* 1996)
(Marne, 51)

Bien qu'aucun plan de bâtiments n'ait été identifié sur ce site, les vingt et une fosses détritiques implantées en contrebas d'un plateau calcaire sont datées du Rubané récent Champenois. Il s'agit d'un des seuls sites champenois datables de cette période.

11. Larzicourt « Champ Buchotte» (Chertier 1987, Tapprêt *et al.* 1996)
(Marne, 51)

Ce site du Rubané moyen champenois a livré quant à lui deux grandes maisons auxquelles il faut ajouter deux fosses et cinq sépultures groupées au nord-ouest du bâtiment.

12. Larzicourt « Ribeaupré » (Chertier 1975-1981, Tapprêt *et al.* 1996)
(Marne, 51)

Situé dans la plaine du Perthois à proximité du cours de la Marne, il s'agit de deux maisons rectangulaires et de deux autres maisons plus petites auxquelles sont associées cinq fosses le tout datable du Rubané moyen champenois. Ces deux sites constituent notre seule référence pour l'avènement du Rubané en Bassin parisien.

13. Monéteau « sur Macherin » - MSM (Augereau *et al.* 2001)
(Yonne, 89)

Ce site implanté à moins d'un kilomètre sur la rive gauche de l'Yonne se trouve en limite des formations crétacées du Bassin parisien et de formations jurassiques plus ancien-

Annexe 1. Présentation des sites retenus pour l'étude

nes. Sept bâtiments et une dizaine de structures, distinctes de fosses latérales absentes, y sont datés de la fin du Villeneuve-Saint-Germain. Les bâtiments livrent des dimensions globalement assez importantes sans orientation commune. La céramique assez pauvre montre une absence de décors au peigne et d'incisions. L'industrie sur silex secondaire, avec une majorité d'éclats corticaux et deux nucléus, s'associe à un débitage laminaire moins fourni. Seuls deux fragments de bracelets en schiste ont été récoltés.

14. PASSY « SABLONNIÈRE » (Carré 1984)
(Yonne, 89)

Sur ce site, cinq structures sont orientées parallèlement les unes aux autres. D'après la nappe de vestiges identifiée sur le site, les structures sont datables du Villeneuve-Saint-Germain.
Le silex secondaire, ramené en grandes quantités de zones d'approvisionnement locales, a permis une production majoritaire d'éclats selon une chaîne opératoire simple et une production laminaire réalisée selon des schémas plus complexes. L'outillage sur éclat représente 80% de l'ensemble. (Bostyn 94)

15. PONTPOINT « LE FOND DE RAMBOURG » - PFR (Bostyn *et al.* 1998)
(Oise, 60)

Situé dans un méandre de l'Oise sur le versant d'une butte sableuse, le site a fait l'objet d'un décapage de 1200m². Les trois unités d'habitation accompagnées de leur fosses latérales et de quelques fosses isolées correspondent à au moins deux phases d'habitation. La maison 50 présente des traits caractéristiques de la fin du Rubané récent du Bassin parisien voire de la transition avec le Villeneuve-Saint-Germain. Le dégraissant céramique utilisé offre certaines particularités du fait de la rareté de l'emploi de la chamotte et de l'os pilé supplanté par le sable et la coquille. L'étude initialement effectuée par Y. Lorin avait mis en évidence une très bonne conservation en proportion et en intégrité de meules.

16. POSES « SUR LA MARE » - PSM (Bostyn *et al.* 1997, Bostyn dir. 2003)
(Seine, 27)

Ce site proche de la confluence Seine et Eure est installé sur un promontoire en fond de vallée au niveau de la boucle du Vaudreuil. Bien que les limites strictes des implantations ne soient pas reconnues, le site s'organise en deux rangées de cinq maisons chacune bordée de leur fosses latérales et auxquelles il faut ajouter trois fosses isolées. La céramique permet d'attribuer cette implantation à l'étape moyenne du Villeneuve-Saint-Germain, tandis qu'au moins deux phases d'habitats ont été soulignées.
L'industrie lithique se caractérise par l'utilisation du silex secondaire local et par l'importation de quelques lames de silex tertiaire du Bassin parisien sous forme de produits finis. La production d'éclats est majoritaire, avec un outillage composé pour l'essentiel de grattoirs sur éclats, de denticulés et de burins. L'absence de tranchets et d'armatures tranchantes caractérise comme ici les phases finales du Villeneuve-Saint-Germain. Les bracelets en schiste semblent importés sous forme de produits finis.
Le mobilier en grès de Poses « Sur la Mare » a été pour nous l'occasion d'une étude complète à tous les niveaux de compréhension de l'outillage.

17. REIMS « TINQUEUX-LA HAUBETTE » - RTH (Hachem *et al.* 2003)
(Vesles, 51)

Se site, « implanté sur la partie sommitale d'une éminence dominant le cours d'eau de la Muire à l'Ouest », offre une configuration particulière. L'organisation des vestiges s'effectue en deux noyaux Sud et Nord rassemblant cinq maisons avec trous de poteaux conservés et fosses latérales, trois séries de fosses latérales sans plan de bâtiment conservé, quatre fosses isolées et une structure de combustion. Le recoupement des fosses 54 nord et sud ainsi que l'industrie lithique ont permis de distinguer au moins deux phases d'habitat.
La céramique témoigne de fortes influences régionales associées à la culture de Villeneuve-Saint-Germain. La maison 70 associe des éléments du Rubané final de Moselle et des éléments typiques du Villeneuve-Saint-Germain-Blicquy tandis que la maison 60 livre de rares affinités avec le Rubané final mosellan, des indices évoquant le Hinkelstein et des traits de l'étape récente du Villeneuve-Saint-Germain. L'industrie lithique caractéristique du Villeneuve-Saint-Germain témoigne néanmoins d'une distinction chronologique entre deux phases voire deux étapes, sur la base de la part respective de la proportion d'outillage sur éclats entre la maison 60 d'une part et la maison 70 d'autre part, probablement datable de la phase ancienne du Villeneuve-Saint-Germain. La présence de silex tertiaire bartonien autour de 90%, le faible taux d'outils laminaires et le faible nombre de burins témoigne d'un particularismes régional prononcé. La parure en calcaire et schiste a livré plusieurs ébauches d'anneaux, qui présentent encore parfois les stigmates de leur mise en forme au niveau des couronnes et du bord externe. Deux types d'anneaux, plats à couronne étroite ou en tonnelet rainuré, se distinguent pour les bracelets tandis qu'une seconde catégorie fonctionnelle de moindres dimensions est reconnaissable.
La position aussi bien chronologique que géographique de Tinqueux en fait un site clef de la compréhension des mécanismes de diffusion au Villeneuve-Saint-Germain.

18. TROSLY-BREUIL « LES OBEAUX » - TBO (Bostyn communication personnelle et Diepeveen *et al.* 1992)
(Aisne, 60)

La configuration particulière de ce site tient à la méconnaissance des limites d'un village amputé en son "centre" par la construction d'un bassin de décantation et par la succession de trois responsables d'opération différents ce qui a engendré quelques problèmes d'enregistrement aussi bien des structures que du matériel. Installé sur une basse terrasse dans un méandre de l'Aisne en bordure du cours d'eau, le site a néanmoins livré cinq unités d'habitations sans plan de bâtiment conservé et un grand nombre de fosses le tout daté du Villeneuve-Saint-Germain.

Annexe 1. Présentation des sites retenus pour l'étude

La céramique se distingue par l'absence d'emploi de l'os pilé typique du Villeneuve-Saint-Germain et remplacé par de la coquille, des grains de quartz, de la chamotte, de granules, de calcaires et de végétaux.
Le silex tertiaire est exploité sous forme de plaquettes pour une stricte production laminaire, le plus souvent de grande dimension (18-20 cm) recherchant une certaine rapidité d'exécution. L'outillage sur lame est majoritaire avec beaucoup de burins et un outillage sur éclat dominé par les grattoirs et les denticulés (Bostyn 1994). Toute la chaîne opératoire de fabrication des bracelets en schiste est présente sous la forme de matière première brute, de déchets internes de la coupe et de la rondelle de perforation, de fragments cassés, d'ébauches et d'anneaux quasi achevés. Quelques bracelets en céramique, un bracelet en serpentine et de la parure en coquillage ont également été récoltés.
Les activités techniques reconnues sur ce site ont pu avoir des implications non négligeables sur le mobilier en pierre.

19. Vignely « la Porte aux Bergers » - VLG (Lanchon *et al.* 1994)
(Marne, 77)

Ce site situé sur la Marne a livré onze unités d'habitation, dont seulement trois plans de maison complets, ainsi que deux sépultures. L'étude céramique a permis de distinguer deux à trois phases d'habitat correspondant à la phase récente du Villeneuve-Saint-Germain. Ce site se distingue par l'extrême rareté des bracelets en schiste et par une étonnante abondance d'outillage lithique en silex secondaire, et ce en regard des proportions de silex tertiaire le plus souvent rencontrées dans la région.

20. Villeneuve-la-Guyard « les Falaises de Prépoux » - VLG (Prestreau 1992)
(Yonne, 89)

Ce site est implanté sur la première terrasse à 300m au sud de l'Yonne, à neuf kilomètres au Nord-Ouest de la confluence avec la Seine. Six unités d'habitation, dont trois plans complets de maisons, ainsi que deux lambeaux de paléosol (200 et 700 m²) semblent correspondre à 2 ou 3 phases d'habitat. La céramique date l'ensemble de l'étape très ancienne du Villeneuve-Saint-Germain.
Du silex d'origine secondaire en position remaniée a été rapporté brut sur le site. Une production d'éclats majoritaire sans schéma opératoire précis s'accompagne d'une production de lames de petites dimensions, inférieure à 10 cm. Une bonne représentation des perçoirs est à noter (Bostyn 1994).
Plusieurs poinçons ont été obtenus sur os longs comme les épiphyses de cerfs ou d'ovicaprinés. Les bagues en os ou des bracelets de section ogivale façonnés en terre ou en roche verte ont été retrouvées de même que des perles discoïdales en calcaire et des coquillages perforés.
Concernant l'outillage de mouture et broyage, « en bordure d'une petite fosse (248), reposant sous le niveau du sol, nous avons découvert un dépôt de meules accompagnées de très nombreux broyeurs toutes retournées volontairement faces actives vers le sol. Il s'agit de grands modèles ; le broyeur ne dépasse pas la largeur de la meule ».

21. Arçonnay « Parc Saint-Gilles » (Giazzon dir. 2002, Giazzon *et al.* 2002)
(Sarthe, 72)

Ce site situé à proximité du site de Champfleur a livré deux ateliers riches en vestiges de fabrication de parure en schiste. Dans les locus I et II, « l'absence quasi totale de blocs bruts et de repartons et le nombre relativement important de produits semi-finis » est remarquable. Les phases initiales de la chaîne opératoire ont probablement été réalisée sur le site d'extraction. Les techniques utilisées semblent identiques à celles reconnues sur le site de Champfleur. La présence en quantité beaucoup plus importante d'outils en pierre sur ce site est à noter.

22. Champfleur « le Bois de Barrée » (Marcigny *et al.* 1999 a et b)
(Sarthe, 72)

Etendu sur une surface de près de 1500 m², ce site se situe en limite orientale du massif armoricain. Il a livré deux concentrations imputables au travail du schiste (locus Ia et b) et une zone exclusivement liée à l'activité domestique (locus II). Le schiste ardoisier extrait à moins de cinq kilomètres du gisement, est présent sous la forme de pièces détritiques illustrant toutes les étapes de la chaîne opératoire de fabrication excepté les bracelets finis, en faisant un site producteur. Du mobilier en grès, granit et quartzite assez frustre ayant probablement été utilisé dans ce contexte artisanal a par ailleurs été récolté. Cet ensemble témoigne entre autre du choix d'une technique de perforation par abrasion centripète des disques à l'aide d'outils en pierre spécifique à cet ensemble.

23. Colombelles « le Lazzaro » (Billard 2001 à 2003)
(Orne, 14)

Ce site actuellement en cours de fouille a livré pour le moment cinq unités d'habitation repérées surtout à partir des fosses dépotoirs latérales. La céramique est datée de la fin du Rubané récent du Bassin parisien. Il s'agit du site d'implantation rubané le plus occidental connu à ce jour. L'industrie lithique se caractérise par une diversité importante des matériaux employés (Bostyn *et al.* 2003).

Belgique

24. Aubechies « Coron Maton » - ACM (Constantin *et al.* 1991)
(Hainaut)

Implanté sur un ancien ruisseau aujourd'hui asséché et alimentant le « Secours de la Dendre », ce site a livré un grand nombre de fosses témoignant d'une double occupation rubanée et blicquienne, et renfermant parfois de véritables dépôts de meules et molettes appariées.

Annexe 1. Présentation des sites retenus pour l'étude

25. Irchonwelz « le Champ de la Bonne Fortune » - IBF (Constantin *et al.* 1978)
(Hainaut)

Localisé sur la Dendre sur un substrat limoneux, trois maisons bordées de leurs fosses latérales sont datées du groupe de Blicquy et ont livré plusieurs dépôts de meules. La céramique dégraissée à l'os offre des fonds épaissis et des formes généralement peu fermées, décorées d'impressions au peigne et de chevrons ; elle livre quelques éléments de filiation avec la céramique du Limbourg.
L'industrie lithique se caractérise par une forte proportion d'éclats (42%). Les matériaux utilisés, la technologie et ses caractéristiques typologiques la rapproche de l'Omalien avec quelques traits nouveaux burins, armatures de faucille et troncatures. La présence de bracelets sous forme d'ébauches et de produits finis est significative.
Les principaux dépôts de meules associées à leurs molettes du nord-ouest européen ont été découverts sur ce site.

26. Vaux et Borset « Gibour » (Caspar *et al.* 1993, Burnez-Lanotte *et al.* 2001)
(Hesbaye)

Cette installation sur un faible relief du plateau limoneux à quatre kilomètres de la Méhaigne offre une double occupation omalienne et blicquienne. L'ensemble rubané a livré un bâtiment et quelques fosses à l'intérieur d'un fossé d'enceinte, le tout ayant livré une céramique caractéristique du Rubané récent rhéno-mosan. Les treize fosses et les quelques trous de poteaux blicquiens semblent datés de la phase moyenne. Un dépôt de meule est attesté sur le site. Les vases céramiques sont dégraissés à l'os pilé avec une dominance des décors plastiques et des décors au peigne moins abondants, et quelques décors en chevron. L'industrie lithique typiquement blicquienne livre en particulier de nombreux burins sur lames. Toutes les étapes de la fabrication des bracelets en schiste sont présentes depuis l'acquisition de la matière première jusqu'au bracelet achevé.

structure	carré	outils	et	ent	ft	fnt	bruts	total
52	est						14	14
52	ouest		1	3	1		88	93
52					2		18	20
53	berme			1			29	30
53	est						32	32
53	niv. 3			65			8	73
53	ouest						73	73
53	surf						12	12
53					2	6	82	90
58	berme						18	18
58	NE						34	34
58	NW						24	24
58	SE						40	40
58	Surf						50	50
58	SW						20	20
58		1			3	1	9	14
70		1					18	19
72		2				1		3
72 ?		1						1
73	est				7		63	70
73							53	53
78		1				1	131	133
F 03		1		4		4	11	20
F 04	berme 1						1	1
F 04							1	1
F 05				2		1	25	28
F 07		1		8	3	3	73	88
F 09					2	2	4	8
F 10			2			4	7	13
F 11							6	6
F 12							3	3
F 13							4	4
F 14		1		1			3	5
F 15		1			1		27	29
F 16		1					3	4
F 17		3				3		6
F 18		5				2	11	18
F 19		2				1	10	13
F 20		1		54		2	36	93
F 22		4		3		3	1	11
F 26		1		9		3	9	22
F 28		1		2	1		4	8
F 31		1						1
F 32		1		1				2
F 36		1		10		2	2	15
F 37		1		3		3	6	13
F 37 S							1	1
F 38		2				119	14	135
F 39		1				1		2
F 40		1		1		2	1	5
F 41		1		4		2	2	9
F 42							2	2
F 43				1			3	4
F 44		1		13		10	12	36
F 44 ouest		1		2		1	5	9

Annexe 2- Balloy «les Réaudins» –
a. Décompte du nombre de pièces par types de vestiges et structures
(et / ft : éclats / fragments à traces de surface active ; ent / fnt : éclats / fragments sans traces de surfaces actives).

structure	carré	outils	et	ent	ft	fnt	bruts	total
F 45				3	3	1	1	**8**
F 46						2	1	**3**
F 47					1	2		**3**
F 48						4		**4**
F 50					1	4	23	**28**
F 52			2			3		**5**
F 53						4		**4**
indét						4		**4**
niv 6	280-299	1						**1**
niv 6	283-438					1		**1**
niv 6	285-437			1				**1**
niv 6	286-438 coupe	2						**2**
niv 6	289-438	1						**1**
niv 6	289-438	1						**1**
niv 6	289-438 2eme décap	1						**1**
niv 6	289-439	2						**2**
niv 6	290-438			1				**1**
niv 6	291-440	1						**1**
niv 6	339-524	1						**1**
niv 6	340-519	1						**1**
niv 6	340-520	1			1	1		**3**
niv 6	340-522	1						**1**
niv 6	340-524					1		**1**
niv 6	340-524	1						**1**
niv 6	340-524	2						**2**
niv 6	340-525			1				**1**
niv 6	342-518	1						**1**
niv 6	342-521	1						**1**
niv 6	345-523	1						**1**
niv 6	350/360-500/510	1				1		**2**
niv 6	350/360-500-510	5						**5**
niv 6	430-449			1				**1**
niv 6	430-449	1						**1**
total		**65**	**5**	**194**	**28**	**205**	**1128**	**1625**

Annexe 2- Balloy «les Réaudins» –
a. Décompte du nombre de pièces par types de vestiges et structures
(et / ft : éclats / fragments à traces de surface active ; ent / fnt : éclats / fragments sans traces de surfaces actives).

structure	carré	outils	et	ent	ft	fnt	bruts	total
46	divers						441	**441**
46	NE						7040	**7040**
46	NO						3000	**3000**
46	SE						1350	**1350**
46	SO						510	**510**
52	est						167	**167**
52					220		1383	**1603**
53	berme			3			3742	**3745**
53	est						28530	**28530**
53	niv. 3			1084			391	**1475**
53	ouest						4413	**4413**
53	surf						663	**663**
73	est				3230		2518	**5748**
73							3406	**3406**
52	ouest		1345	102	82		7706	**9235**
53		3425		547		2223	3737	**9932**
58	berme						3223	**3223**
58	NE						5973	**5973**
58	NW						5171	**5171**
58	SE						7660	**7660**
58	Surf						3304	**3304**
58	SW						2808	**2808**
58		14960			1218	2067	2995	**21240**
70		12100					2826	**14926**
72		5400				158		**5558**
72 ?		2145						**2145**
78		10300				914	14326	**25540**
F 04	berme 1						340	**340**
F 04							672	**672**
F 05		118		6		395	1730	**2249**
F 07		1229		898	1162	2015	7364	**12668**
F 07-F10	déblais	5240						**5240**
F 09		1355			1215	280	331	**3181**
F 10				42			2305	**2347**
F 11							891	**891**
F 12							387	**387**
F 13							153	**153**
F 14		160		134			313	**607**
F 15		790			335		2050	**3175**
F 16							320	**320**
F 17						887		**887**
F 18						181	962	**1143**
F 19						356	711	**1067**
F 20		236		551		335	1299	**2421**
F 22				132		1248	80	**1460**
F 26				394		513	1065	**1972**
F 28				358	228		462	**1048**
F 3		3087		656		732	708	**5183**
F 31		1						**1**
F 32				181				**181**
F 36		393		289		243	59	**984**
F 37		620		360		805	902	**2687**
F 37 S							798	**798**
F 38						119	886	**1005**
F 39						427		**427**

Annexe 2- Balloy «les Réaudins» –
b - Décompte en poids par types de vestiges et structures
(et / ft : éclats / fragments à traces de surface active ; ent / fnt : éclats / fragments sans traces de surfaces actives).

structure	carré	outils	et	ent	ft	fnt	bruts	total
F 40		277		100		470	778	1625
F 41		136		280		798	119	1333
F 42							1840	1840
F 43				54			189	243
F 44				1599		2433	1660	5692
F 44 ouest		321		76		1420	618	2435
F 45				105	2145	348	15	2613
F 46						1754	3560	5314
F 47					90	1468		1558
F 48		284				3320		3604
F 50		611			2292	1181		4084
F 52			40			890		930
F 53						1565	2395	3960
F10						597		597
F45		191						191
indét						1208		1208
niv 6	280-299	212						212
niv 6	283-438					131		131
niv 6	285-437			29				29
niv 6	286-438 coupe	131						131
niv 6	289-438	127						127
niv 6	289-438	52						52
niv 6	89-438 2eme déc	53						53
niv 6	289-439	262						262
niv 6	290-438			88				88
niv 6	291-440	226						226
niv 6	339-524	71						71
niv 6	340-519	276						276
niv 6	340-520	825			78	118		1021
niv 6	340-522	70						70
niv 6	340-524					?		?
niv 6	340-524	46						46
niv 6	340-524	147						147
niv 6	340-525			155				155
niv 6	342-518	405						405
niv 6	342-521	76						76
niv 6	345-523	498						498
niv 6	350/360-500/5	0 1090				280		1370
niv 6	350/360-500-5	0 978						978
niv 6	430-449			172				172
niv 6	430-449	1080						1080
total		70004	1385	8395	12295	31879	153245	277203

Annexe 2- Balloy «les Réaudins» –

b - Décompte en poids par types de vestiges et structures

(et / ft : éclats / fragments à traces de surface active ; ent / fnt : éclats / fragments sans traces de surfaces actives).

structure	carré	meule	molette	broyon	percut	indét	total
53		1					1
58		1	1				2
70		1					1
72		1					1
72 ?			1				1
78		1					1
F 03			1		3	1	5
F 05					1		1
F 07			1	1	1	1	4
F 07-F10	déblais	1					1
F 09			1				1
F 14						1	1
F 15			1				1
F 16						1	1
F 20						2	2
F 31			1				1
F 36						1	1
F 37						2	2
F 40						1	1
F 41				1			1
F 44 ouest						1	1
F 48				1			1
F 50					2	1	3
F45				1			1
niv 6	289-438					1	1
niv 6	340-519				1		1
niv 6	340-520				1		1
niv 6	350/360-500/510		1				1
total		6	8	4	9	13	40

structure	carré	meule	molette	broyon	percut	indét	total
53		3425					3425
58		13200	1760				14960
70		12100					12100
72		5400					5400
72 ?			2145				2145
78		10300					10300
F 03			2465		485	137	3087
F 05					118		118
F 07			543	236	290	160	1229
F 07-F10	déblais	5240					5240
F 09			1355				1355
F 14						160	160
F 15			790				790
F 16						?	?
F 20						236	236
F 31			1				1
F 36						393	393
F 37						620	620
F 40						277	277
F 41				136			136
F 44 ouest						321	321
F 48				284			284
F 50					610	1	611
F45				191			191
niv 6	289-438					127	127
niv 6	340-519				276		276
niv 6	340-520				825		825
niv 6	350/360-500/510		1090				1090
total		49665	10149	847	2604	2432	65697

Annexe 2- Balloy «les Réaudins» –
c - Décompte en nombre d'outils par types et structures
(et / ft : éclats / fragments à traces de surface active ; ent / fnt : éclats / fragments sans traces de surfaces actives).

structure	maison	meule	molette	broyon	pol plages	abras main	abras rain	enclume	percut	indét	outils	et	ent	ft	fnt	bruts	total
21	20								1	1	2		1		1		4
23	20		2				1			4	7		18	5	9	44	83
53	60												2		1		3
54	60								1	2	3					3	6
159	60							1	1		2		2	1	2	10	17
160	60														1	2	3
17	165															1	1
162	165			1	1		1		1	2	6		21		8	29	64
163	165								2	3	5	3	10	5	12	55	90
171	165												1	1		9	11
174	165		2								2				1	15	18
175	165		2					1	2	2	7		9	2	7	22	47
198	215															13	13
206	215					1			4		5	1	30	1	16	122	175
214	215						1				1		11	2	26	3	43
216	215		1								1				3		4
217	215													1			1
218	215														1		1
220	215															1	1
221	215														1		1
222	215															2	2
193	232															3	3
193	232															2	2
193	232															1	1
193	232												1			1	2
199	232									1	1					4	5
201	232									1	1				1		2
	232									2	2		1		1	11	15
indét													1				1
183	-															1	1
27	indét						1		1	2	4	2	5	1		10	22
63	indét														1		1
220W/180S	indét														2		2
56-25	indét															3	3
150	isolée								1		1						1
161	isolée									1	1		1		2		4
170	isolée														1		1
181	isolée													1		4	5
182	isolée									1	1		2			6	9
185	isolée														2		2
186	isolée	1									1		2			6	9
187	isolée						1		1	3	5				1	30	36
188	isolée													1			1
194	isolée															3	3
243	isolée														2		2
268	isolée														1		1
surf.			1								1						1
total		1	8	1	1	1	5	2	15	23	57	6	117	21	102	405	708

Annexe 3 - Bucy-le-Long «la Fosse Tounise»-
a. Décomptes en nombre par types de vestiges et structures
(et / ft : éclats / fragments à traces de surface active ; ent / fnt : éclats / fragments sans traces de surfaces actives).

structure	maison	meule	molette	broyon	abras main	abras rain	enclume	percut	indét	outils	et	ent	ft	fnt	bruts	total
21	20							157	367	524		15	56	13	127	735
23	20		2320			59			1110	3489		1315	1880	234	3493	10411
24	60							203	2231	2434					584	3018
53	60											180		40		220
17	165														21	21
162	165			111		616		183	2724	3634		499		105	3066	7304
163	165							427	797	1224	189	861	212	2422	28059	32967
171	165											10	294		448	752
174	165		2389							2389		57		102	637	3185
175	165		3600				5000	812	1167	10579		208	597	371	1469	13224
198	215							284		284					675	959
206	215				3150			833		3983	25	427	189	4001	6535	15160
214	215					169				169		606	563	796	212	2346
216	215		223							223				635		858
217	215												977			977
218	215													19		19
220	215														185	185
221	215													84		84
222	215														273	273
193	232											31			221	252
199	232								727	727					-	727
201	232								1400	1400						1400
201	232													365		365
indét												88				88
183	-														126	126
27	indét					40		124	564	728	35	395	253		2061	3472
220W/180S	indét													92		92
159	isolée							791		791		255	184	360	1040	2630
160	isolée														12	12
161	isolée								206	206		96				302
170	isolée													60		60
181	isolée														696	696
181	isolée														888	888
182	isolée								128	128		1790			4690	6608
185	isolée													442		442
186	isolée	3450								3450		138			291	3879
187	isolée					337		195	506	1038			106		5145	6289
194	isolée														62	62
243	isolée													152		152
268	isolée													124		124
surface			2340							2340						2340
total		3450	10872	111	3150	1221	5000	4009	11927	39740	249	6971	5311	10529	60320	162860

Annexe 3 - Bucy-le-Long «la Fosse Tounise»-
b - Décompte en poids par types de vestiges et structure
(et / ft : éclats / fragments à traces de surface active ; ent / fnt : éclats / fragments sans traces de surfaces actives).

maison	structure	meule	mol	pol à plages	abras à main	abras rain	percut	indét	outils	et	ent	ft	fnt	bruts	total
300	304	1	5					2	8	2	7	4	7	13	41
300	309										1				1
310	311										2	2		1	5
310	312					1			1		7	3	2	10	23
330	329										3			1	4
330	331			1		1		1	3	3	9	1	28	7	51
330	371												2	16	18
330	372										1				1
int M	391													1	1
340	338						3	1	4		2		10	14	30
340	339												1	1	2
340	339							1	1		1				2
340	339												1		1
340	382										1		29	30	60
340	405													1	1
340	406						1		1					1	2
340													1		1
380	376				2				2		6	2	1		14
380	377		2		2		2		6		13	1	18	38	76
380	381							1	1						1
380	384							1	1		1		5	6	13
411	386						1		1					10	11
411	390							1	1				1	6	8
411	407										3	6	4	74	87
38N/ 5 ouest							1		1			2	1		4
décap		1							1						1
divers														15	15
isolée	322										1				1
isolée	333												1		1
isolée	342													1	1
isolée	347										1		2		3
isolée	348													1	1
isolée	387										1			3	4
isolée	392							1	1					1	2
isolée	401													1	1
isolée	404											1		1	2
isolée	429													6	6
isolée	389				1				1					1	2
isolée	397							1	1			2		5	8
total		1	2	1	5	2	8	8	27	3	56	20	107	252	465

Annexe 4 - Bucy-le-Long «le Fond du Petit Marais»-
a. décompte en nombre par types de vestiges et structure
(et / ft : éclats / fragments à traces de surface active ; ent / fnt : éclats / fragments sans traces de surfaces actives).

maison	structure	carré	meule	mol	pol à plages	abras à main	abras rain	percut	indét	outils	et	ent	ft	fnt	bruts	total
300	304		780	4659					1425	6864	177	1030	445	552	2009	11077
310	311														83	83
310	312														461	461
330	329											1466				1466
330	331				90		223		464	777	2206	808	79	1178	858	5906
330	371		2565						261	2826		611		2067	734	6238
330	372									0		88				88
340	338							265	6500	6765		1070		779	1011	9625
340	339								195	195		176		110	144	625
340	382											354		694	696	1744
340	383	B3													677	677
340	405	décap													71	71
340	406	A						418		418						418
380	376					1303				1303		123	82	66		1574
380	377			2828		186		417	507	3938		535	47	1169	4149	9838
380	381	B1							185	185						185
380	384											206		130	418	754
380	389					219				219					18	237
411	386							157		157					1142	1299
411	390													1075	3005	4080
411	407										266	1009	2462	4207	17410	25354
38 N / 5 ouest								800		800			1960	890		3650
décap			1225							1225						1225
int M	391	A1													34	34
isolée	322	SO										25				25
isolée	333	SO												270		270
isolée	342														36	36
isolée	347	A1												99		99
isolée	348														495	495
isolée	387											110			3332	3442
isolée	392	coupe							4650	4650					39	4689
isolée	401														121	121
isolée	404	A1											238		1025	1263
isolée	429	N													1096	1096
isolée	397	I							238	238			261		665	1164
	indét														5576	5576
		surf.													142	142
total			4570	7487	90	1708	223	2057	14425	30560	2649	7611	5574	13286	39729	99409

Annexe 4 - Bucy-le-Long «le Fond du Petit Marais»
b. décompte en poids par types de vestiges et structure
(et / ft : éclats / fragments à traces de surface active ; ent / fnt : éclats / fragments sans traces de surfaces actives).

maison	structure	carré	niveau	meule	molette	abras rain	percut	molette à main	indét	outils	et	ft	fnt	bruts	total
370	**376**						1	1		**2**	2	3	3	14	**24**
370	**378**											2	3	21	**26**
370	**383**						1		1	**2**				5	**7**
560	**558**							4		**4**		1	1	14	**20**
580	**571**													7	**7**
580	**572**						1		4	**5**	1	1	4	59	**70**
580	**573**		**1**											2	**2**
580	**574**											1	4	22	**27**
580	**575**	**B2**	**1**											1	**1**
580	**579**											2	1		**3**
590	**588**				1				4	**5**	1	2	4	42	**54**
590	**589**				1				3	**4**			1	6	**11**
590	**596**	**S**	**1**											1	**1**
590	**598**			3	4					**7**	1		1	4	**13**
590	**599**	**S**	**5**				1			**1**					**1**
590	**600**	**S**	**1**											2	**2**
630	**617**			1					1	**2**				11	**13**
630	**622**													9	**9**
630	**623**													4	**4**
630	**626**											1		7	**8**
630	**627**	**N**	**4**											1	**1**
630	**628**	**E**	**2**											1	**1**
630	**631**													8	**8**
630	**633**				1		1			**2**				41	**43**
640	**635**								2	**2**				72	**74**
630	**641**			1	1					**2**				1	**3**
640	**642**												1		**1**
630	**643**													6	**6**
isolées	**382**													9	**9**
isolées	**372**	**S**	**0à4**											1	**1**
isolées	**380**													2	**2**
isolées	**543**	**A 13**	**1**											1	**1**
isolées	**544**													11	**11**
isolées	**546**								1	**1**				1	**2**
isolées	**547**	**B2**	**1**										1		**1**
isolées	**548**											1		2	**3**
isolées	**549**	**N**	**3**											2	**2**
isolées	**552**													1	**1**
isolées	**565**													5	**5**
isolées	**577**													8	**8**
isolées	**579**													24	**24**
isolées	**583**	**S**											1		**1**
Isolées	**584**	**B2**	**1**											1	**1**
Isolées	**587**													1	**1**
isolées	**603**				1					**1**				1	**2**
isolées	**608**												1	1	**2**
isolées	**614**													4	**4**
isolées	**630**													2	**2**
isolées	**640**	**N**	**6**									1			**1**
isolées		**NW**	**1**											2	**2**
isolées		**S**	**1**											1	**1**
	décap				1					**1**		1	1		**3**
total				**5**	**8**		**5**	**5**	**16**	**39**	**5**	**14**	**26**	**435**	**519**

Annexe 5 - Berry-au-Bac «le Vieux Tordoir» –
a. Décompte en nombre de vestiges par structure
(et / ft : éclats / fragments à traces de surface active ; ent / fnt : éclats / fragments sans traces de surfaces actives).

maison	structure	carré	meule	molette	abras rain	percut	molette à main	indét	outils	et	ft	fnt	bruts	total
370	376					493	493		986	222	259	3	713	2183
370	378										112	126	1542	1780
370	383					164		102	266				423	689
560	558						2662		2662		62	176	1108	4008
580	571												317	317
580	572					287		1625	1912	32	195	3764	2523	5468
580	573												2	2
580	574										364	555	780	1699
580	575	B2											91	91
580	579										355	49		404
590	588			175				1409	1584	23		770	3491	5868
590	589			848				185	1033			100	774	1907
590	596	S											1485	1485
590	598		54500	4060					58560	36		46	417	59059
590	599	S				543			543					543
630	622												811	811
630	623												252	252
630	626										278		972	1250
630	627	N											28	28
630	628	E											23	23
630	630	15						496	496					496
630	631												607	607
630	633			1090		344			1434				5257	6691
630	641	-	3700						3700				10	3710
630	643		3700						3700				446	4146
640	635							563	563				3430	3993
640	642											100		100
isoleé	380												1298	1298
isolées	372	S											49	49
isolées	382												1194	1194
isolées	543	A/B 13											38	38
isolées	544												270	270
isolées	546	A 2						351	351					351
isolées	546												3598	3598
isolées	547	B2										331		331
isolées	548										1285		277	1562
isolées	549	N											83	83
isolées	552												83	83
isolées	565												135	135
isolées	577												1260	1260
isolées	579												1963	1963
isolées	583	S										782		782
Isolées	584	B2											110	110
Isolées	587												29	29
isolées	603			644					644				15	659
isolées	608											59	38	97
isolées	614												215	215
isolées	630												124	124
isolées	640	N									647			647
isolées	641	centre		2260					2260					2260
isolées		NW											89	89
isolées		S											49	49
	décap			714					714		2120	1620		4454
total			61900	9791		887	5817	3004	75582	59	5049	5523	36959	123172

Annexe 5 - Berry-au-Bac «le Vieux Tordoir» –
b - Décompte en poids de vestiges par types d'outils
(et / ft : éclats / fragments à traces de surface active ; ent / fnt : éclats / fragments sans traces de surfaces actives).

périodisation	maison	structure	outils	éclats	fragments	total
I	**126**	**2**	2	2	11	**15**
	112	**3**	2	14	11	**27**
	640	**1**	5	26	19	**50**
	45	**5**	2	10	15	**27**
	390	**4**	1	7	20	**27**
total I		**15**	**12**	**59**	**76**	**147**
II	**635**	**2**	2	32	19	**53**
	330	**3**	2	0	6	**8**
	400	**2**	8	6	9	**23**
	440	**2**	8	34	49	**91**
	500	**2**	1	5	8	**14**
	520	**2**	0	0	3	**3**
total II		**13**	**21**	77	75	**139**
III	**560**	**1**	0	2	0	**2**
	420	**2**	4	23	61	**88**
	580	**4**	3	20	32	**55**
	570	**2**	4	45	45	**94**
	360	**3**	8	28	57	**93**
	11	**3**	1	1	3	**5**
	380	**2**	9	57	98	**164**
total III		**17**	**29**	**176**	**296**	**501**
IV	**650**	**1**	0	0	0	**0**
	425	**1**	0	3	3	**6**
	89	**2**	1	3	5	**9**
	320	**3**	0	2	2	**4**
	245	**2**	4	3	22	**29**
	85	**2**	1	2	2	**5**
total IV		**11**	**6**	**13**	**34**	**53**
V	**460**	**1**	0	0	1	**1**
	530	**3**	9	101	58	**168**
	410	**4**	0	3	1	**37**
	280	**9**	5	10	21	**36**
	225	**6**	19	13	49	**81**
	450	**2**	3	2	3	**8**
	80	**2**	0	0	0	**0**
total V		**27**	**36**	**129**	**135**	**300**

périodisation	maison	structure	outils	éclats	fragments	total
I	**126**	**2**	1060	151	1027	**2238**
	112	**3**	10091	816	1633	**12540**
	640	**1**	1042	1217	1942	**4201**
	45	**5**	516	2844	3314	**6674**
	390	**4**	202	433	3509,5	**4144,5**
total I		15	12911	5461	**11425,5**	**29797,5**
II	**635**	**2**	237	1181	1444	**2862**
	330	**3**	129	0	965	**1094**
	400	**2**	1612	437	864	**2913**
	440	**2**	998	2043	3271	**6312**
	500	**2**	114	271	988	**1373**
	520	**2**	0	0	36	**36**
total II		**13**	3090	3932	7568	**14590**
III	**560**	**1**	0	414	0	**414**
	420	**2**	997	1776	8024	**10797**
	580	**3**	956	2018	1038	**4012**
	570	**2**	1602	1674	3751	**7027**
	360	**3**	3971	2462	11421	**17854**
	11	**3**	580	50	686	**1316**
	380	**2**	8760	3596	23082	**35438**
total III		17	16866	11990	48002	**76858**
IV	**650**	**1**	0	0	0	**0**
	425	**1**	0	110	149	**259**
	89	**2**	130	305	1658	**2093**
	320	**3**	0	134	275	**409**
	245	**2**	1191	249	3492	**4932**
	85	**2**	359	317	201	**877**
total IV		**11**	1680	**1115**	**5775**	**8570**
V	**460**	**2**	0	0	87	**87**
	530	**2**	4604	3475	6366	**14445**
	410	**4**	0	244	4	**248**
	280	**9**	4100	1123	3278	**8501**
	225	**7**	22086	698	11559	**34343**
	450	**1**	12448	196	1750	**14394**
	80	**2**	0	0	36	**36**
total V		27	*43238*	*5736*	**23080**	***72054***

Annexe 6- Cuiry-lès-Chaudardes «les Fontinettes»-
a. Décompte par type de vestiges et maisons en nombre et en poids

périodisation	maison	structure	orientation	outils	éclats	fragments	total
I	126	33	N	1	2	9	12
I	112	48	N	1	1	0	2
I		77	N	1	11	6	18
I	45	27	N	2	10	15	27
I		91	N	0	0	0	0
I		166	N	0	0	0	0
I	390	391	N	0	3	10	13
total I		7		5	27	40	72
II	635	634	N	0	0	0	0
II	330	313	N	0	0	2	2
II	400	386	N	8	6	6	20
II		437	N	2	17	19	38
II	500	509	N	1	3	7	11
II	520	519	N	0	0	0	0
total II		6		11	26	34	71
III	560	554	N	0	2	0	2
III	420	421	N	2	15	40	57
III	580	574	N	1	10	19	30
III	570	598	N	2	5	7	14
III	360	362	N	7	20	42	69
III	380	382	N	6	28	41	75
total III		6		18	80	149	247
IV	650	646	N	0	0	0	0
IV	425	423	N	0	3	3	6
IV	89	96	N	1	3	5	9
IV	320	324	N	0	0	2	2
IV	320	325	N	0	1	0	1
IV	245	247	N	1	1	7	9
IV	85	87	N	1	1	1	3
total IV		7		3	9	18	30
V	460	462	N	0	0	1	1
V	530	549	N	0	2	3	5
V	410	426	N	0	0	0	0
V	410	427	N	0	1	0	1
V	280	295	N	2	8	14	24
V		296	N	0	0	4	4
V		307	N	0	0	0	0
V		310	N	0	0	0	0
V	225	230	N	7	4	9	20
V		232	N	1	0	0	1
V		233	N	1	7	4	12
V	450	451	N	3	2	3	8
V	80	73	N	0	0	0	0
total V		13		14	24	38	76

périodisation	maison	structure	orientation	outils	éclats	fragments	total
I	126	7	S	1	0	2	3
I	112	50	S	0	2	5	7
I	640	638	S	5	26	19	50
I	45	82	S	0	0	0	0
I		92	S	0	0	0	0
I	390	393	S	0	2	6	8
I		394	S	0	0	0	0
I		395	S	1	2	4	6
total I		8		7	32	36	74
II	635	631	S	2	32	19	53
II	330	311	S	1	0	4	5
II		312	S	1	0	0	1
II	400	384	S	0	0	3	3
II	440	434	S	6	17	30	53
II	500	498	S	0	2	1	3
II	520	521	S	0	0	3	3
total II		7		10	51	60	121
III	420	435	S	2	8	21	31
III	580	578	S	0	3	1	4
III		593	S	1	2	5	8
III		598	S	1	5	7	13
III	570	556	S	2	40	38	80
III	360	357	S	0	4	12	16
III		358	S	1	4	3	8
III	11	1	S	0	1	1	2
III		2	S	1	0	1	2
III		3	S	0	0	1	1
III	380	378	S	3	29	57	89
total III		11		11	96	147	254
IV	89	79	S	0	0	0	0
IV	320	321 / 322	S	0	1	0	1
IV	245	246	S	3	2	15	20
IV	85	86/140	S	0	1	1	2
total IV		4		3	4	16	23
V	530	443	S	0	0	0	0
V		515	S	9	99	55	163
V	410	424	S	0	2	1	36
V		397	S	0	0	0	0
V	280	279	S	3	2	3	8
V		334	S	0	0	0	0
V		335	S	0	0	0	0
V		337	S	0	0	0	0
V		338	S	0	0	0	0
V	225	238	S	3	0	8	11
V		240	S	4	0	8	12
V		241	S	3	2	20	25
V	450	452	S	0	0	0	0
V	80	52	S	0	0	0	0
total V		14		22	105	95	255

Annexe 6- Cuiry-lès-Chaudardes «les Fontinettes»-
b. Décompte entre fosses nord et sud par type de vestiges et maisons

périodisation	maison	structure	orientation	travaillés	non travaillés	total
I	126	7	S	1	1	2
I		33	N	0	11	11
I	112	48	N	0	1	1
I		50	S	2	5	7
I		77	N	1	16	17
I	640	638	S	9	36	45
I	45	27	N	8	17	25
I		82	S	0	0	0
I		91	N	0	0	0
I		92	S	0	0	0
I		166	N	0	0	0
I	390	391	N	4	9	13
I		393	S	1	7	8
I		394	S	0	0	0
I		395	S	2	4	6
total I		15		28	107	135
II	635	631	S	29	22	51
II		634	N	0	0	0
II	330	311	S	1	3	4
II		312	S	0	0	0
II		313	N	0	2	2
II	400	384	S	0	3	3
II		386	N	2	10	12
II	440	434	S	10	37	47
II		437	N	11	35	46
II	500	498	S	3	0	3
II		509	N	3	7	10
II	520	519	N	0	0	0
II		521	S	3	0	3
total II		13		62	119	181
III	560	554	N	2	0	2
III	420	421	N	26	29	55
III		435	S	12	17	29
III	580	574	N	6	23	29
III		578	S	3	1	4
III		593	S	4	3	7
III		598	S	5	7	12
III	570	556	S	26	52	78
III		598	N	5	7	12
III	360	357	S	3	13	16
III		358	S	2	5	7
III		362	N	17	45	62
III	11	1	S	0	2	2
III		2	S	1	0	1
III		3	S	0	1	1
III	380	378	S	25	61	86
III		382	N	12	57	69
total III		17		149	323	472

périodisation	maison	structure	orientation	travaillés	non travaillés	total
IV	650	646	N	0	0	0
IV	425	423	N	2	4	6
IV	89	79	S	0	0	0
IV		96	N	2	6	8
IV	320	321 / 322	S	0	1	1
IV		324	N	0	2	2
IV		325	N	0	1	1
IV	245	246	S	9	8	17
IV		247	N	4	4	8
IV	85	86/140	S	0	2	2
IV		87	N	1	1	2
total IV		11		18	29	47
V	460	462	N	0	1	1
V	530	443	S	0	0	0
V		515	S	40	114	154
V		549	N	1	4	5
V	410	424	S	2	1	3
V		426	N	0	0	0
V		427	N	0	1	1
V		397	S	0	0	0
V	280	279	S	3	2	5
V		295	N	9	13	22
V		296	N	1	3	4
V		307	N	0	0	0
V		310	N	0	0	0
V		334	S	0	0	0
V		335	S	0	0	0
V		337	S	0	0	0
V		338	S	0	0	0
V	225	230	N	3	10	13
V		232	N	0	0	0
V		233	N	4	7	11
V		238	S	4	4	8
V		240	S	4	4	8
V		241	S	7	15	22
V	450	451	N	1	4	5
V		452	S	0	0	0
V	80	52	S	0	0	0
V		73	N	0	0	0
total V		27		79	183	262
total	31			336	761	1097

Annexe 6- Cuiry-lès-Chaudardes «les Fontinettes»-
c. Décompte des fragments travaillés et non travaillés en nombre par structure et phases

structure	outils		fragments				éclats				total	
			t		nt		t		nt			
1			2	207	113	9705			19	1181	134	11093
3			1	29	74	2447					75	2476
6					1	36					1	36
7					1	54					1	54
8	1	96	3	247	32	1783			12	500	48	2626
9					14	2208	1	5	7	115	22	2328
10					3	287					3	287
11			5	348	89	6337	3	429	4	265	101	7379
13	1	61			21	2025	2	119	2	154	26	2359
14			1	175	31	1785			6	386	38	2346
15					3	231			6	95	9	326
16					15	472			1	8	16	480
17					27	3915			8	193	35	4108
18			1	33	67	9067			10	135	78	9235
19			1	126	8	496			2	33	11	655
21			2	2517	9	967			2	370	13	3854
23					2	339					2	339
28					1	385					1	385
33					1	271					1	271
35					9	343					9	343
37	1	467	7	953	79	21670					87	23090
38					5	96					5	96
39					1	560					1	560
46					72	5330			32	1429	104	6759
47					50	2082			1	117	51	2199
48	3	820			24	2440			10	444	37	3704
67									1	43	1	43
79					4	483			1	28	5	511
80					2	79					2	79
92	1	214	5	275	41	2079	1	3	7	171	55	2742
93	2	560	9	675	179	13380	1	21	93	3723	284	18359
94					6	1023			1	72	7	1095
100					2	26					2	26
118	1	2295			3	224			4	60	8	2579
125									1	4	1	4
126					2	237					2	237
129									1	230	1	230
chenal					14	12941			2	2388	16	15329
indét					3	191			2	128	5	319
total	10	4513	37	5585	1008	105994	8	577	235	12272	1298	128941

Annexe 7 - Etigny «le Brassot-est»-
Décompte des vestiges et nombre et poids par structure (en grisé le poids)
(et / ft : éclats / fragments à traces de surface active ; ent / fnt : éclats / fragments sans traces de surfaces actives).

structure	20	21	22	24	M 37				M 45										total
	20	21	22	24	25	26	30	38	39	41	49	50	53	46	55	56	61	63	total
meule						1		1					2						4
molette		1				1				1			3					1	7
indét																			0
mouture		1				2		1		1			5					1	11
percuteur																			0
enclume																			0
indét																			0
percussion																			0
pol à plages																			0
abras à main																			0
abras à rainures																			0
mol. main																			0
polissage																			0
dét	1							1		1							1		4
outils	1	1				2		2		2							1	1	10
ft						8	5			3	1			4			2		23
fnt																			0
et																			0
ent																			0
bruts		1	2	1	6	6	4	1		10	1	1		2	2	4	2	4	47
tal	1	2	2	1	6	16	9	3	0	15	2	1	0	6	2	4	5	5	80

Annexe 8 - Jablines «la Pente de Croupeton» –
a. Décompte en nombre de vestiges par structure
(et / ft : éclats / fragments à traces de surface active ; ent / fnt : éclats / fragments sans traces de surfaces actives).

structure	niveau archéologique									total	non loc	total
	I	II	III	IV	V	VI	VII	VIII	§			
meule		2	1		1				8	12		16
molette		7	1			3	6		25	42		49
indét										0		0
mouture		9	2		1	3	6		33	54		65
percuteur							1			1	1	1
enclume										0		0
indét										0		0
percussion							1			1	1	1
pol à plages			1							1		1
abras à main	1		2		1					4	1	4
abras à rainures										0		0
mol. main	1	1	1							3		3
polissage	2	1	4		1					8	1	8
indét	1	5	1						2	9	2	13
outils	3	15	7		2	3	7			37	4	47
ft	16	26	16		1	7	13	9		88	5	111
fnt		1								1		1
et	2	3	1		1		8	2	2	19	4	19
ent	1					1	1			3		3
bruts	18	53	33			28	33	22	14	201	14	248
total	40	98	57	0	4	39	62	33	16	349	27	429

Annexe 8 - Jablines «la Pente de Croupeton» –
a. Décompte en nombre de vestiges par structure
(et / ft : éclats / fragments à traces de surface active ; ent / fnt : éclats / fragments sans traces de surfaces actives).

structure					M 37				M 45									
	20	21	22	24	25	26	30	38	39	41	49	50	53	46	55	56	61	63
meule						9000		?										
molette		?				884				870								1195
indét																		
mouture						9884				870								1195
percuteur																		
enclume																		
indét																		
percussion																		
pol à plages																		
abras à main																		
abras. à rainures																		
mol. main																		
polissage																		
indét	1105							?		604							16000	
outils	1105	?				9884		?		1474							16000	1195
ft						3392	1310			399	109			490			1186	
fnt																		
et																		
ent																		
bruts		124	684	34	321	4546	285	160		2118	30	53		109	83	572	1170	1394
total	1105	124	684	34	321	17822	1595	160	0	3991	139	53	0	599	83	572	18356	2589

Annexe 8 - Jablines «la Pente de Croupeton» –
b. Décompte en poids de vestiges par structure
(et / ft : éclats / fragments à traces de surface active ; ent / fnt : éclats / fragments sans traces de surfaces actives).

structure	niveau archéologique									non loc.	total
	I	II	III	IV	V	VI	VII	VIII	§		
meule		1490	?		1385				2875		11875
molette		8568	217			2467	1583		14030	2915	18699
indét											
mouture		10058	217		1385	2467	1583		16905		
percuteur							456			?	456
enclume											
indét											
percussion							456				
pol à plages			92						92		92
abras à main	70		2875		110				3055	171	3226
abras. à rainures											
mol. main	496	344	404						1244		1244
polissage	566	344	3371		110				4391		
indét	818	1960	1650							708	22845
outils	1384	12362	5238		1495	2467	2039			3794	58437
ft	4538	8838	4947		108	2152	2341	1913		1768	33491
fnt		79									79
et	93	1837	26		113		1202	762	213	351	4597
ent	120					77	31				228
bruts	2498	21553	8735			4209	4347	2426	2181	1062	58694
total	8633	44669	18946	0	1716	8905	9960	5101	2394	6975	155526

Annexe 8 - Jablines «la Pente de Croupeton» –
b. Décompte en poids de vestiges par structure
(et / ft : éclats / fragments à traces de surface active ; ent / fnt : éclats / fragments sans traces de surfaces actives).

M 60	St.52	St.55	St.56	St. 57	St. 65	Autres	Total
Meule				2			2
Molette	1			1			2
Ebauche molette							
Fragment de mouture							
Pièces passives percu	1						1
Galets			2		1		3
Polissoir passif	1						1
Fragments Polissoirs							
Molettes à main	2	1					3
OSP		1	1	4			6
Fragments indét	3						3
Total outils	8	2	3	7	1		21
Eclats de façonnage	5	1	5	5	2	1	19
Fragments inutilisés	8	4	3	12	0	3	30
Blocs		1	1				2
Total	21	8	12	24	3	4	72

M 60bis	St. 68		Total
Meule	1		1
Molette	1		1
Ebauche molette			
Fragment de mouture			
Pièces passives percu			
Galets percuteurs			
Polissoir passif			
Fragments Polissoirs	1		1
Molettes à main	2		2
Objets à surfaces polies	1		1
Fragments indét			
Total outils	6		6
Eclats de façonnage	15		15
Fragments inutilisés	13	4	17
Blocs			
Total	34	4	38

M 60	St.52	St.55	St.56	St. 57	St. 65	Autres	Total
Meule				4594			4594
Molette	958			267			1225
Ebauche molette							
Fragment de mouture							
Pièces passives percu	10500						10500
Galets			002		228		1730
Polissoir passif							
Fragments Polissoirs	2260						2260
Molettes à main	287	107					394
OSP		7	26	1728			1761
Fragments indét	726						726
Total outils	4731	114	028	6589	228		22690
Eclats de façonnage	682	288	896	1366	364	196	3791
Fragments inutilisés	2684	730	2061	2081		108	6965
Blocs		3520	3800				7320
Total	8097	4652	7785	10036	592	304	40766

M 60bis	St. 68	Autres	Total
Meule	927		927
Molette	651		651
Ebauche molette			
Fragment de mouture			
Pièces passives percu			
Galets			
Polissoir passif			
Fragments Polissoirs	222		222
Molettes à main	150		150
OSP	121		121
Fragments indét			
Total outils	2071		2071
Eclats de façonnage	629		629
Fragments inutilisés	2494	299	2793
Blocs			
Total	5194	299	5493

Annexe 9 - Poses «Sur la Mare» -Décompte en nombre par types de vestiges et par structures

M 50	St. 41	St. 44	St. 47	Autres	Total
Meule					
Molette					
Ebauche molette					
Fragment de mouture		1			1
Pièces passives percu					
Galets percuteurs	1				1
Polissoir passif					
Fragments Polissoirs					
Molettes à main			2		2
Objets à surfaces polies					
Fragments indét					
Total outils	1	1	2		4
Eclats de façonnage	1	1		5	7
Fragments inutilisés	3	4	3	8	18
Blocs					
Total	5	6	5	13	29

M 40	St.21	St. 22	St. 26	St. 27	St. 37	St.38	Autres	Total
Meule								
Molette				1	1			2
Ebauche molette				1				1
Fragment de mouture		6	2					8
Pièces passives percu					1			1
Galets percuteurs	1				3			4
Polissoir passif								
Fragments Polissoirs								
Molettes à main								
Objets à surfaces polies			1		1			2
Fragments indét								
Total outils	1	6	3	2	6			18
Eclats de façonnage	1	44	5	4			1	55
Fragments inutilisés		28	5	8	3	1	7	52
Blocs				1				1
Total	2	78	13	15	9	1	8	126

M 50	St. 41	St. 44	St. 47	Autres	Total
Meule					
Molette					
Ebauche molette					
Fragment de mouture		13			13
Pièces passives percu					
Galets	370				370
Polissoir passif					
Fragments Polissoirs					
Molettes à main			1472		1472
OSP					
Fragments indét					
Total outils	370	13	1472		1855
Eclats de façonnage	435	55		335	825
Fragments inutilisés	2084	519	604	3415	6622
Blocs					
Total	2889	587	2076	3750	9302

M40	St.21	St. 22	St. 26	St. 27	St. 37	St.38	Autres	Total
Meule								
Molette				316	161			477
Ebauche molette				1275				1275
Fragment de mouture		366	113					479
Pièces passives percu					2880			2880
Galets percuteurs	526				1641			2167
Polissoir passif								
Fragments Polissoirs								
Molettes à main			41		188			229
Objets à surfaces polies						312		312
Fragments indét								
Total outils	526	336	154	1591	4870	312		7790
Eclats de façonnage	239	3459	783	434			76	4991
Fragments inutilisés	2	2021	620	1816	355	733	1605	7152
Blocs				2680				2680
Total	767	5816	1557	6521	5225	1045	1681	22612

Annexe 9 - Poses «Sur la Mare» -Décompte en nombre par types de vestiges et par structures

M 6	St. 1	St. 2	St. 3	St. 4	St. 5	St. 7	Autres	Total
Meule						1		1
Molette				1	2			3
Ebauche molette								
Fragment de mouture		1			1	2		4
Pièces passives percu					1			1
Galets percuteurs						1		1
Polissoir passif								
Fragments Polissoirs	1	2	1			1		5
Molettes à main								
Objets à surfaces polies	4	1						5
Fragments indét								
Total outils	**5**	**4**	**1**	**1**	**4**	**5**		**20**
Eclats de façonnage	33	4	2	4	1	14	2	60
Fragments inutilisés	10	11	9	7	2	20	4	63
Blocs							1	1
Total	**48**	**19**	**12**	**12**	**7**	**39**	**7**	**14[illegible]**

M 6	St. 1	St. 2	St. 3	St. 4	St. 5	St. 7	Autres	Total
Meule						2070		2070
Molette				646	1878			2524
Ebauche molette								
Fragment de mouture		49			63	334		446
Pièces passives percu					1440			1440
Galets percuteurs						292		292
Polissoir passif								
Fragments Polissoirs	23	316	250			261		850
Molettes à main								
Objets à surfaces polies	891	106						597
Fragments indét								
Total outils	**914**	**471**	**250**	**646**	**3381**	**2957**		**8619**
Eclats de façonnage	1823	1005	232	428	22	574	56	4140
Fragments inutilisés	3456	1490	1643	7724	1812	2489	3009	17782
Blocs							2850	2850
Total	6193	1972	2125	8798	5215	6020	3068	33391

M 23	St. 17	St. 18	Autres	Total
Meule	1			1
Molette	1			1
Ebauche molette	1			1
Fragment de mouture	6	1		7
Pièces passives percu	1			1
Galets percuteurs		1		1
Polissoir passif				
Fragments Polissoirs				
Molettes à main	1			1
Objets à surfaces polies	2			2
Fragments indét	1			1
Total outils	**14**	**2**		**16**
Eclats de façonnage	89		3	92
Fragments inutilisés	42		5	47
Blocs	1			1
Total	**146**	**2**	**8**	**156**

M 23	St. 17	St. 18		Total
Meule	1585			1585
Molette	850			850
Ebauche molette	2015			2015
Fragment de mouture	728	107		835
Pièces passives percu	3570			3570
Galets percuteurs		568		568
Polissoir passif				
Fragments Polissoirs				
Molettes à main	154			154
Objets à surfaces polies	152			152
Fragments indét	209			209
Total outils	**9263**	**676**		**9938**
Eclats de façonnage	3192		32	3224
Fragments inutilisés	2291		691	2982
Blocs	2480			2480
Total	17226	676	723	18625

Annexe 9 - Poses «Sur la Mare» -Décompte en nombre par types de vestiges et par structures

M 70	St. 63	St. 66	St. 67	St.77	Total
Meule					
Molette	1	1		1	3
Ebauche molette					
Fragment de mouture	1	4			5
Pièces passives percu					
Galets percuteurs					
Polissoir passif					
Fragments Polissoirs		2			2
Molettes à main		3			3
Objets à surfaces polies	2			2	4
Fragments indét		1	1	1	3
Total outils	**4**	**11**	**1**	**4**	**20**
Eclats de façonnage	12	121	3	5	141
Fragments inutilisés	24	166	13	4	207
Blocs					
Total	**40**	**298**	**17**	**13**	**368**

M 80	St. 74	St. 82	St. 83	St. 85	St. 91	St. 93	St. 96	St. 103	TP 55	Autres	Total
Meule											
Molette		1									1
Ebauche molette											
Fragment de mouture	2	1	1		2				1		7
Pièces passives percu											
Galets percuteurs					1			2			3
Polissoir passif		1		1							2
Fragments Polissoirs			1								1
Molettes à main		1	1			1					3
Objets à surfaces polies							1				1
Fragments indét	1						1				2
Total outils	**3**	**4**	**3**	**1**	**3**	**1**	**2**	**1**	**1**		**19**
Eclats de façonnage	7	1	4	3	17		1	1		20	54
Fragments inutilisés	7	1	3	6		5	11	1		69	103
Blocs										1	1
Total	**17**	**6**	**10**	**10**	**20**	**6**	**14**	**3**	**1**	**90**	**177**

M 70	St. 63	St. 66	St. 67	St.77	Total
Meule					
Molette	2105	640		653	3398
Ebauche molette					
Fragment de mouture	155	557			712
Pièces passives percu					
Galets percuteurs					
Polissoir passif					
Fragments Polissoirs		280			280
Molettes à main		223			223
Objets à surfaces polies	124			98	222
Fragments indét		166	186	98	450
Total outils	**2384**	**1866**	**186**	**769**	**5205**
Eclats de façonnage	731	5219	117	229	6296
Fragments inutilisés	8749	5792	1318	57	15916
Blocs					
Total	11864	12877	1621	1055	27417

M 80	St. 74	St. 82	St. 83	St. 85	St. 91	St. 93	St. 96	St. 103	TP 55	Autres	Total
Meule											
Molette		2386									2386
Ebauche molette											
Fragment de mouture	271		262		29				76		402
Pièces passives percu											
Galets percuteurs					76			803			879
Polissoir passif		753		844							1594
Fragments Polissoirs			24								24
Molettes à main		73	615			70					758
Objets à surfaces polies							35				35
Fragments indét	91						35	126			26
Total outils	**362**	**3212**	**665**	**844**	**105**	**70**	**70**	**803**	**76**		**6207**
Eclats de façonnage	190	127	200	836	1574		54	20		1754	4755
Fragments inutilisés	1040	848	1078	693	303	598	474	155		3924	19113
Blocs										2170	2170
Total	1592	4187	1943	2373	1982	668	598	978	76	7848	32245

Annexe 9 - Poses «Sur la Mare» -Décompte en nombre par types de vestiges et par structures

M 90	St. 95	St. 99	St. 105	St. 106	Autres	Total
Meule						
Molette	2	1	1			4
Ebauche molette						
Fragment de mouture		2				2
Pièces passives percu						
Galets percuteurs						
Polissoir passif						
Fragments Polissoirs						
Molettes à main				1		1
Objets à surfaces polies	1		1			2
Fragments indét						
Total outils	1	3	2	1		7
Eclats de façonnage		3	11			14
Fragments inutilisés		2	25	2	39	62
Blocs			1			1
Total	1	8	38	3	39	84

M 120	St. 112	St. 113	St. 115	St. 116	St. 117	Autres	Total
Meule					2		2
Molette	3	2		3	1		9
Ebauche molette							
Fragment de mouture	1						1
Pièces passives percu							
Galets percuteurs	1	1			1		3
Polissoir passif							
Fragments Polissoirs							
Molettes à main	1				2		3
Objets à surfaces polies	1				1		2
Fragments indét	3		1				4
Total outils	10	3	1	3	7		24
Eclats de façonnage	40		4		2	1	47
Fragments inutilisés	44	5	1	2	3	11	66
Blocs	4						4
Total	98	8	6	5	12	12	141

M 90	St. 95	St. 99	St. 105	St. 106	Autres	Total
Meule						
Molette	2386	602	860			1462
Ebauche molette						
Fragment de mouture		199				199
Pièces passives percu						
Galets percuteurs						
Polissoir passif						
Fragments Polissoirs						
Molettes à main				53		53
Objets à surfaces polies	304		175			479
Fragments indét						
Total outils	304	801	1035	53		2193
Eclats de façonnage		162	1272			1434
Fragments inutilisés		293	4678	448	174	5593
Blocs			1610			1610
Total	304	1256	8595	501	174	10830

M 120	St. 112	St. 113	St. 115	St. 116	St. 117		Total
Meule					18065		18065
Molette	1496	1726		1283	807		5312
Ebauche molette							
Fragment de mouture	383						383
Pièces passives percu							
Galets percuteurs	818	214			237		1319
Polissoir passif							
Fragments Polissoirs							
Molettes à main	88				226		314
Objets à surfaces polies	447				482		929
Fragments indét	565		72				637
Total outils	3787	1990	72	1283	19817		26959
Eclats de façonnage	2967		141		448	409	3965
Fragments inutilisés	9239	983	75	283	1448		12028
Blocs	9320						9320
Total	25313	2973	288	1566	21713	18004	52272

Annexe 9 - Poses «Sur la Mare» -Décompte en nombre par types de vestiges et par structures

M 130	St. 129	Autres	Total
Meule	1		1
Molette	2		2
Ebauche molette			
Fragment de mouture	2		2
Pièces passives percu			
Galets percuteurs			
Polissoir passif			
Fragments Polissoirs			
Molettes à main	1		1
Objets à surfaces polies			
Fragments indét	1		1
Total outils	**7**		**7**
Eclats de façonnage	16		16
Fragments inutilisés	7	2	9
Blocs			
Total	**30**	**2**	**32**

M 130	St. 129	Autres	Total
Meule	3870		3870
Molette	2907		2907
Ebauche molette			
Fragment de mouture	596		596
Pièces passives percu			
Galets percuteurs			
Polissoir passif			
Fragments Polissoirs			
Molettes à main	350		350
Objets à surfaces polies			
Fragments indét	212		212
Total outils	**7935**		**7935**
Eclats de façonnage	2004		2004
Fragments inutilisés	426	1044	1470
Blocs			
Total	10365	1044	11411

Annexe 9 - Poses «Sur la Mare» -Décompte en nombre par types de vestiges et par structures

maison	structure	outils	ft	fnt	et	ent	bruts	total
50	41	1		8		2	2	13
50	5	1	1	12		6	8	28
50/60	5			4		2	1	7
60	5		1	18		3	3	25
60	52	1		2				3
60	54N	3		3		1		7
60/70	54E	1				1		2
70	42	1	4	4		8	4	21
70	51	2		18	7	30	5	62
90	49			3				3
90	85		1					1
91	45					1		1
91	46				1	1		2
M?	5'	2	2	11	1	1	2	19
M?	79		3	5		2		10
néo?	43					1		1
néo?	72			2				2
st combust M 70	4						23	23
poteau maison noire	divers			1				1
i	12			1	1		1	3
i	44			1				1
i	48			1				1
i	66					1		1
total		12	12	94	10	60	50	238

maison	structure	outils	ft	fnt	et	ent	bruts	total
50	5	450	104	4787	0	198	939	6478
50	41	56	0	3502	0	388	60	4006
50/60	5	0	0	721	0	145	150	1016
60	5	0	142	3164	0	81	338	3725
60	52	308		250				558
60	54N	810		2085		299		3194
60/70	54 E	1205				244	3790	5239
70	42	174	417	479	0	706	807	2583
70	51	3245	0	1702	527	1956	208	7638
90	49			162				162
90	85		335					335
91	45					186		186
91	46				24	30		54
M?	5'	1160	570	1138	298	65	200	3431
M?	79		967	759		92		1818
néo?	43					5		5
néo?	72			1060				1060
st combust M 70	4						310	310
poteau maison noire	-			63				63
i	12				1285		59	1344
i	44			321				321
i	48			282				282
i	66					305		305
total		7408	2535	20475	2134	4700	6861	44113

Annexe 10 - Reims-Tinqueux «la Haubette» -
Décompte en nombre et poids par types de vestiges et structures
(et / ft : éclats / fragments à traces de surface active ; ent / fnt : éclats / fragments sans traces de surfaces actives).

Outils	1	3	4	4 bis	5	5 - 6	6	7	8	20	22	46	47	56	57	60	61	63	65	68	70	71	72	73	101	103	104	105	128	130	131	134	165	166	169	203	205
meule			2			1	2																					1	1								
molette	1		1				4			3				1														3									
indét		1																																			
mout																																					
mortier							1																														
broyon																																					
concass																																					
indét																																					
broy																																					
enclume																																					
broy-percut																	1																				
indét																																					
percu																																					
pol plages			1																																		
abras main																									1												
abras rain					1		1												1				1	1													1
mol main										2															1												
OSP																																					
indét								1																													
pol																																					
indét			2			2	1	1																													
outils	1	1	6		1	3	9	2		5				1			1		1				1	1	2			4	1								1
éclats			19	12	18		20	2	1	64	1	1	1		1	1					1	4	1	3	26		2	3		1	1		1	2	1		
fragm			9	8	14	1	22	3		59			1							1	1		2	1	13								1			1	
bruts			77	43	188	5	104	9		307					4	3	1	3	39	9	5	8	47	25	81	25	11	6		2	2	2	4	4		5	4
total			105	63	220	6	146	14	1	430	1	1	2		5	4	1	3	39	10	7	12	50	29	120	25	13	9		3	3	2	6	6	1	6	4

Annexe 11 - Trosly-Breuil «les Obeaux» –
a. Décompte en nombre par type de structure et de vestiges

Outils	206	207	208	209	210	212	213	214	216	226	227	228	229	231	233	237	239	240	241	242	243	249	250	251	252	253	257	260	264	266	268	295	300	302
meule	1		1						1													1					2					1		
molette																																3	1	
indét																																		
mout																																		
mortier																																		
broyon																																		
concass																																		
indét																																		
broy																																		
enclume																																		
broy-percut																																		
indét																																		
percu																																		
pol plages																																		
abras main																																		
abras rain																																		2
mol main														1																				
OSP																																		
indét																																		
pol																																		
indét																																		
outils	1		1						1					1								1					2					4	1	2
éclats	1	1	2	2				1	7		1	4	1	44	2	1	1	1		2	1		2	2			6	1	1			4	15	
fragm	2		1	1				2	4	1		7		6				2	5	1			1							1	1	5	37	
bruts	20		27	5	5	2	2	7	16		11	8	5	84	7	4		17	9	4		4	9	6	1	1	1	2	2			73	71	28
total	23	1	30	8	5	2	2	10	27	1	12	19	6	134	9	5	1	20	14	7	1	4	12	8	1	1	7	3	3	1	1	82	123	28

Annexe 11 - Trosly-Breuil «les Obeaux» –
a. Décompte en nombre par type de structure et de vestiges

Outils	305	306	308	592	622	1054	1058	1060	A	B	C	D	E	E / F	F	G	J	K	L	M	N	Z	TP	décap	déblais	tran 1	tran 5	tran 7	T à P	surf.	1983
meule						1																									
molette							1			1																					1
indét																															
mout																															
mortier																															
broyon																								1							
concass																															
indét																															
broy																															
enclume																															
broy-percut																									1						
indét																															
percu																															
pol plages																															
abras main				1						1																					
abras rain																															
mol main										1								1													
OSP					1																										
indét																															
pol																															
indét								1		1								1					1			1					
outils				1	1	1	1	1		4								2					1	1	1	1					1
éclats										2	4	5	1	1		1	1	23	2		3	1		2			1	1	4		
fragm		9		4					3	4	2	1	1			1	1	6	2	1	1	5			1	2		1	2		
bruts	1	14	25	2	2				4	113	17	1			7		3	68	4	11	26		1	15	1	6	1	4	83	2	
total	1	23	25	6	2	1	1	1	7	119	23	7	2	1	7	2	5	97	8	12	30	6	1	17	2	8	2	6	89	2	

Annexe 11 - Trosly-Breuil «les Obeaux» –
a. Décompte en nombre par type de structure et de vestiges

Outils	1985	1988	1997	2000	non loc	236 NF	total
meule							15
molette		1					21
indét							1
mout							**37**
mortier							1
broyon							1
concass						1	1
indét							
broy							**2**
enclume							0
broy-percut							2
indét							
percu							**2**
pol plages							1
abras main							3
abras rain							8
mol main							6
OSP							1
indét							1
pol							**20**
indét		1			2		15
outils		**2**			**2**	**1**	**76**
éclats	1		1	9	39	1	392
fragm		7		15	38	1	321
bruts						20	1865
total	**1**	**7**	**1**	**24**	77	**22**	**2578**

Annexe 11 - Trosly-Breuil «les Obeaux» –
a. Décompte en nombre par type de structure et de vestiges

outils	1	3	4	4 bis	5	5, 6	6	7	8	20	22	46	47	56	57	60	61	63	65	68	70	71	72	73	101	103	104	105	128	130
meule			2805			3700	4224																					3300	3240	
molette	684		824				4290			4235				934														4438		
indét		139																												
mout																														
mortier																														
concass																														
broyon																														
broy																														
enclume																	341													
percut																														
percut																														
pol plages			?																											
abras main																									102					
abras rain		272			13		111	321											81				226	95						
mol main																									312					
osp																														
pol																														
indét		139	425				867	169																						
outils	684	550	4054		13		9492	490									341		81				226	95	414				3240	
éclats			1503	176	414		1277	20	28	4115	1	7	4		13	94					5	21	5	191	1274		105	98		10
fragm			3673	1653	5598	3400	2932	142		15724			183							17	135		415	812	5149					
bruts			3068	3313	9234	6138	286			15572					127	189	18	41	4164	350	103	86	1832	933	12397	1189	4266	492		388
total	684	550	8244	5142	15246	9538	4495	162	28	35411	1	7	187	934	140	283	18	41	4164	367	243	107	2252	1936	18820	1189	4371	590	3240	398

Annexe 11 - Trosly-Breuil «les Obeaux» –
b. Décompte en poids par type de structure et de vestiges

outils	131	134	165	166	169	203	205	206	207	208	209	210	212	213	214	216	226	227	228	229	231	233	237	239	240	241	242	243	249	250	251
meule								1660		765						2980															
molette																															
indét																															
mout																															
mortier																															
concass																															
broyon																															
broy																															
enclume																															
percut																															
percut																															
pol plages																															
abras main																															
abras rain							197																								
mol main																					254										
osp																															
pol																															
indét																															
outils							197														254										
éclats	56	44	26	130	73			13	10	96	173				159	305		64	99	123	705	69	430	397	67		93	447		67	
fragm			124			59		894		76	296				464	905	22		619		1545				328	1133	100			94	36
bruts	60	22	228	176		248	131	1611		2678	405	265	8	85	301	3966		392	216	225	7921	277	1290		2322	368	1350		19095	1266	442
total	116	66	378	306	73	307	131	2518	10	2850	874	265	8	85	924	5176	22	456	934	348	10171	346	1720	397	2717	1501	1543	447	19095	1427	478

Annexe 11 - Trosly-Breuil «les Obeaux» –
b. Décompte en poids par type de structure et de vestiges

outils	252	253	257	260	264	266	268	295	300	302	305	306	308	592	612	622	1054	1058	1060	A	B	C	D	E	E / F	F	G	J
meule			31000					5400					5400				3040											
molette								3868	684				4552					1945			683							
indét																												
mout																												
mortier															395													
concass																												
broyon																												
broy																												
enclume																												
percut																												
percut																												
pol plages																												
abras main														156							152							
abras rain										272																		
mol main																					406							
osp																133												
pol																												
indét																			2120		643							
outils			31000							272			9952	156	395	133	3040	1945	2120		1884							
éclats			159	41	45			41	552					68							68	80	740	?	675		42	2
fragm						191	133	695	3375			10678		118		314				623	449	369	600	90			22	221
bruts	50	15500	5000	19	89			1162	5000	1213	121	4689	277							68	5485	1117	35			127		134
total	50	15500	5159	60	134	191	133	1898	8927	1213	121	15367	277	186	395	314	3040	1945	2120	691	6002	1566	1375	90	675	127	64	357

Annexe 11 - Trosly-Breuil «les Obeaux» –
b. Décompte en poids par type de structure et de vestiges

outils	K	L	M	N	Z	TP	décap	déblais	tran 1	tran 5	tran 7	T à P	surf.	1983	1985	1988	1997	2000	non loc	236 NF	total
meule																					**77514**
molette														1950		479					**29566**
indét																					**139**
mout																					
mortier																					**395**
concass																				2395	**2395**
broyon							649	498													**649**
broy																					
enclume																					**341**
percut																					**839**
percut																					
pol plages																					**3800**
abras main																					**410**
abras rain																					**1391**
mol main	66																				**2076**
osp																					**133**
pol																					
indét	464					1315			1440										667		**8249**
outils	**530**					**1315**			**1440**					**1950**		**479**			**667**	**2395**	**128244**
éclats	519	350		35	122		83			59	326	64			15		9	311		1350	**17413**
fragm	3809	265	359	417	2320			144	529		1220	56				3689		1844	350	90	**79408**
bruts	4647	164	2386	2590		1385	2662	449	309	46	237	2602	178							3092	**166775**
total	**8975**	**779**	**2745**	**3042**	**2442**	**1385**	**2745**	**593**	**838**	**105**	**1783**	**2722**	**178**	**1950**	**15**	**3689**	**9**	**2155**	**350**	**4532**	**549426**

Annexe 11 - Trosly-Breuil «les Obeaux» –
b. Décompte en poids par type de structure et de vestiges

structure	outil	ft	fnt	et	ent	brut	total
1	1						2
2		1					1
10			2				2
17		1					1
23			1				1
32	1						1
37		1					1
40	1				6	4	11
50						1	1
54	1	6	4	1	4	5	21
56	11	16	78	11	12	13	141
61	3	6	17	1	4		31
62			1				1
63			1				1
64			1				1
72	1	9	6		3		19
130						1	1
150						1	1
200	1						1
240	1						1
248	2						2
249	3	3	18				24
275?	1						1
61-62	1				1		2
Fond cabane n° 1	1		23				24
indét	1						1
Tranchée X	1						1
?	2						2
total	33	43	152	13	30	25	296

structure	outil	ft	fnt	et	ent	brut	total
1	1015						1015
2		526					526
10			75				75
17		539					539
23			131				131
32	130						130
37		135					135
40	691				216	253	1160
50						181	181
54	155	1365	571	169	149	252	2661
56	10597	2205	12974	530	953	2818	30077
61	1248	3142	2076	216	110	6823	13615
62			124				124
63			18				18
64			63				63
72	664	5473	2893		1140	10189	20359
130						84	84
150						43	43
200	363						363
240	517						517
248	4570						4570
249	5282	4235	1429			10970	21916
275?	645	1					646
61-62	4390				108		4498
Fond cabane n° 1	9880		5820				15700
indét	1210						1210
Tranchée X	17000						17000
?	20210						20210
total	78567	17621	26174	915	2676	31613	157566

Annexe 12 - Villeneuve-la-Guyard «les Falaises de Prépoux»-
Décompte des vestiges par structure en nombre et poids
(et / ft : éclats / fragments à traces de surface active ; ent / fnt : éclats / fragments sans traces de surfaces actives).

	M 150		M 270	M 195					M 10			M 90				fosses isolées			
structure	**M 150**	**151**	**92-93**	**171**	**172**	**182**	**201**	**292**	**8**	**11**	**68**	**81**	**82**	**83**	**84**	**136**	**15**	**152**	**7**
meule	1							1		1	3				1				
molette						1			1	2	4						2		
mouture	**1**					**1**		**1**	**1**	**3**	**7**				**1**		**2**		
percuteur								1			1								
enclume																			
percussion								**1**			**1**								
Pol à plages					1					1	2	1				1			2
abras à main																			
abras à rainures									1		1		1						1
mol main																1			1
polissage					**1**				**1**	**1**	**3**	**1**	**1**			**2**			**4**
indét					**1**					**3**									
outils	1				2	1		2	2	7		1	1		1	2	2		
ft		5	2					1	4	4		2	1		1	2			
fnt												2			1	1			
et			2					1	1	1		2							
ent																			
bruts	1	6	1	4	2		2	3	5	15		5	4		12	12		1	1
total	**2**	**11**	**5**	**4**	**4**	**1**	**2**	**7**	**12**	**27**	**0**	**12**	**6**	**0**	**15**	**17**	**2**	**1**	**1**

Annexe 13 - Vignely «la Porte aux Bergers» –
a. Décompte en nombre par type de structure et de vestiges
(et / ft : éclats / fragments à traces de surface active ; ent / fnt : éclats / fragments sans traces de surfaces actives).

										fosses isolées									
structure	**surf**	**305 TP**	**161**	**111**	**62**	**135**	**102**	**143**	**147**	**18**	**63**	**74**	**94**	**142**	**143**	**152**	**166**	**188**	**189**
meule	1				1	1	2												
molette		1	1	1			2												
mouture	**1**	**1**	**1**	**1**	**1**	**1**	**4**												
percuteur																			
enclume																			
percussion																			
Pol à plages							1												
abras à main																			
abras à rainures																			
mol main																			
polissage							**1**												
indét					**1**														
outils	1	1	1	1	2	1	1												
ft													1						1
fnt																			
et																			
ent																			
bruts				1		1		8	2	1	1	1	1	1	2	1	1	1	1
total	**1**	**1**	**1**	**2**	**2**	**2**	**1**	**8**	**2**	**1**	**1**	**1**	**2**	**1**	**2**	**1**	**1**	**1**	**2**

Annexe 13 - Vignely «la Porte aux Bergers» –
a. Décompte en nombre par type de structure et de vestiges
(et / ft : éclats / fragments à traces de surface active ; ent / fnt : éclats / fragments sans traces de surfaces actives).

	fosses isolées						sépultures		autres			
structure	**210**	**292**	**69**	**17**	**6**	**86**	**148**	**130**				**total**
meule							1					8
molette												9
mouture							**1**					**17**
percuteur												1
enclume												
percussion												**1**
Pol à plages								1				6
abras à main												
abras à rainures												2
mol main												1
polissage								**1**				**9**
indét												**5**
outils							1	1				32
ft		1		2	1	1				3		34
fnt										1		5
et		1								2		11
ent			1									1
bruts	1	3	1					1				103
total	**1**	**5**	**2**	**2**	**1**	**1**	**1**	**2**		**6**		**186**

Annexe 13 - Vignely «la Porte aux Bergers» –
a. Décompte en nombre par type de structure et de vestiges
(et / ft : éclats / fragments à traces de surface active ; ent / fnt : éclats / fragments sans traces de surfaces actives).

	M 150		M 270	M 195					M 10					fosses isolées		
structure	147	151	92-93	171	172	182	201	292	8	11	81	82	84	136	15	152
meule	3500							1930		6900			3065			
molette						355			358	676					1566	
mouture	3500					355		1930	358	7576			3065		1566	
percuteur								754								
enclume																
indét																
percussion								754								
pol à plages					?					84	220			164		
abras à main																
abras à rainures									?			?				
mol main														406		
polissage										84	220			570		
indét					241					1279						
outils	3500				241	355		2684	358	8939	220	?	3065	570	1566	
ft		1644	614					161	942	525	6079	153	318	596		
fnt											2319		?	190		
et			107					130	218	76	6617			122		
ent																
bruts	398	2060	22	1034	218		76	3228	4608	6362	862	425	1706	1135		6
total	3898	3704	743	1034	459	355	76	6203	6126	15902	16097	578	5089	2613	1566	6

Annexe 13 - Vignely «la Porte aux Bergers» –
b - Décompte en poids par type de structure et de vestiges
(et / ft : éclats / fragments à traces de surface active ; ent / fnt : éclats / fragments sans traces de surfaces actives).

	fosses isolées																	
structure	7	surf	305 TP	161	111	62	135	102	143	147	18	63	74	94	142	143	152	166
meule		1665				740	7000											
molette			323	643	910													
mouture		1665	323	643	910	740	7000											
percuteur																		
enclume																		
indét																		
percussion																		
pol à plages								18										
abras à main																		
abras à rainures																		
mol main																		
polissage								18										
indét						632												
outils		1665	323	643	910	1372	7000	18										
fragm														354				
éclats																		
bruts	39				44		21		162	398	108	220	503	520	134	162	6	181
total	39	1665	323	643	954	1372	7021	18	162	398	108	220	503	874	134	162	6	181

Annexe 13 - Vignely «la Porte aux Bergers» –
b - Décompte en poids par type de structure et de vestiges
(et / ft : éclats / fragments à traces de surface active ; ent / fnt : éclats / fragments sans traces de surfaces actives).

	fosses isolées							sépultures			autres		
structure	188	189	210	69	17	6	86	148	130				total
meule								927					25727
molette													4831
mouture								927					30558
percuteur													754
enclume													
indét													
percussion													754
pol à plages													486
abras à main									350				350
abras à rainures													
mol main													406
polissage									350				1242
indét													2152
outils								927	350				34706
fragm		631			114	34	439				1270		13874
											831		3340
éclats											1102		8372
				1050									1050
bruts	291	633	119						36		1621		27338
total	291	1264	119	1050	114	34	439	927	386		4824		88680

Annexe 13 - Vignely «la Porte aux Bergers» –
b - Décompte en poids par type de structure et de vestiges
(et / ft : éclats / fragments à traces de surface active ; ent / fnt : éclats / fragments sans traces de surfaces actives).

Site / N° Inv./M2		Type macroscopique	Grains	Minéraux				Maturité structurale et usure	Matrice / Ciment				
			Taille (en mm)	Feld. Alcalin	Plagio.	FR	Autre	tri et forme des qtzs	Si	Ca	Argileuse / micassée	Nourissage	% matrice
1	Indet	I	larg.sup à 0,5	x	-	x	minx noirs sans extinctions (fx?)	très b triés sub-émoussés	x env 10%	x env 5 %		x	inf 15 %
2	TBO 00 E 11	II	0,6	x (très peu nbx)	-	x	zircon tourmaline	b triés sub-émoussés	x env 10%	c		complet	v 15 %
3	TBO st.252	III	0,4	x cas d'altération	-	x (glauconies)	minx fx nbx	moy b triés et très anguleux	x		col ° orangé foncée comble interstices = ciment pell fx	x	20 à 30 %
6	CCF 80 378 47685	III	0,2 à 0,3	x cas d'altération	x rares	x nbx (glauconies)	zircon nbx minx fx	très b triés sub-émoussés			prés éparse de ciment orangé	x	-15%
7	CCF 82 435 47939	I	0,6 à 0,7	x		x		très b triés émoussés	?			poss	-15%
8	CCF 82 437 48355	II	0,3	x	x rares	x	qq minx fx (col° rouge orangée)	b triés très angx			jaune orangée fx	x	-15%
9	prospection	III	0,7	x	x rares microclines	x (galuconies, quartzites, schistes, bivalves silicifiés dans la matrice)	tourmalines ; rares minx fx mins jaune nat et vert irisé en lum pol = apatites orga	moy b triés émoussés	?		ciment pell fx issu détrit feld en argile = ciment pell fx = enrobage fxavec glauconies de caract altéré	x	-15%
10	Vallée de l'Aisne "Soupir" (02)	I	0,4	x en cours d'altération	-	x (quartzites minoritaires, schistes)	tourmalines ; rares minx fx mins jaune nat et vert irisé en lum pol = apatites orga	b triés émoussés	?	résidu elles		x	matrice michritique à débris fossiles
11		III	0,7	x	-		nbx minx fx et dépôt fx noir amorphe?	assez b triés et sub-angx			poches orangées accrochées aux grains ou sur les contours = enrobage de glauconies ferrifères avec altération en périphérie	? Fx	
12	Vallée de Chevreuse Chateaufort (78)	II	0,7	x	-	x	tourmaline (bleu flash) et min jaune fx	mal triés et sub-anguleux		x env 5 %	jaunâtre = fx?	x	15%
13	Vallée de la Seine "Trouville sur Seine" (27)	I	1	x	x rares	x	nbs minx fx	assez mal triés émoussés		x	sous forme granul	x	plus 15 % et env 25 %
14	Vallée de la Marne "Changis-sur-Marne" (77)	I	1	x	-	x		assez mal triés émoussés		x			-15%

Annexe 14 - Description des lames minces

	matière travaillée	état	outils	type de grès	type de percussion	qualité matière transformée	obs1	obs 2	obs 3	total durée ut.	traces micro
façonnage	grès	bloc brut	meule I	grès compact Vallée Seine	percu lancée	aménagement des blocs par éclatement					
	grès	bloc brut	meule I	grès compact Vallée Seine	percu lancée	piquetage					
	grès	surf avivée par piquetage	meule I	grès compact Vallée Seine	percussion posée diffuse	poli de finition	90			90	
abrasion	schiste	sec	plaque 1 a	grès qz forte cohésion	percussion posée diffuse	entame, arasement ou nivellement (stries)	30	60		60	grains aux faces mates avec morpho déformée par microfractures reste cependa[nt] anguleuses
	schiste	eau	plaque 1b	grès qz forte cohésion	percussion posée diffuse	entame,arasement ou nivellement (stries)	30	60		60	grains adoucis aux contours jointifs mais bien nets, avec très fort arasement ds aspérités pour formation de plateaux et pell[icule] superf très marquée
	calcaire de craie	sec	plaque 1c	grès qz forte cohésion	percussion posée diffuse	entame,arasement ou nivellement (stries)	30	60		60	grains bien séparés assez mats avec faces opaques
	calcaire ool	sec	plaque 1d	grès qz forte cohésion	percussion posée diffuse	entame,arasement ou nivellement (stries)	30	60		60	microrelief présente un fort nivellement, avec grains à tendance jointive
	os	frais	plaque 1e	grès qz forte cohésion	percussion posée longitudinale	entame,arasement ou nivellement (stries)	30	60		60	grains aux arêtes adoucies
	os	sec	plaque 1f	grès qz forte cohésion	percussion posée longitudinale	entame,arasement ou nivellement (stries)	30	60		60	grains anguleux aux faces lisses à 30' deviennent à 60' adoucis et altérés
	bdc	retrempé	plaque 1g	grès qz forte cohésion	percussion posée longitudinale	entame,arasement ou nivellement (stries)	30	60		60	grains morpho peu altérés avec dépôt poussiéreux et faces altérées
	bdc	sec	plaque 1h	grès qz forte cohésion	percussion posée longitudinale	entame,arasement ou nivellement (stries)	30	60		60	très peu d'altération des grains très nets, anguleux à adoucis aux faces lisses
	bois	vert	plaque 1i	grès qz forte cohésion	percussion posée longitudinale	entame,arasement ou nivellement (stries)	30	60		60	agencement des grains et espace interstitie[l] intact, morpho offre déformation car grain[s] adoucis homogène
	bois	sec	plaque 1j	grès qz forte cohésion	percussion posée longitudinale	entame,arasement ou nivellement (stries)	30	60		60	grains peu altérés ie intacts avec contours légèrement adoucies et faces lisses réflexives

Annexe 15. Tableau récapitulatif des tests expérimentaux

	matière travaillée	état	outils	type de grès	type de percu	qualité mat transfo	obs1	obs 2	obs 3	total durée ut.	traces micro
polissage	schiste	sec	plaque 2a	grès compact	percussion posée diffuse	poli, lustré, lissage	60	120		120	nivellement total des grains et pell interstitielle ubiquiste
	schiste	eau	plaque 2b	grès compact	percussion posée diffuse	poli, lustré, lissage	60	120		120	grains fortement arasés et recouverts d'un pell englobante
	calcaire de craie	sec	plaque 2c	grès compact	percussion posée diffuse	poli, lustré, lissage	60	120		120	usure par plaques témoigne d'un arasemer maximal
	calcaire oolithique	sec	plaque 2d	grès compact	percussion posée diffuse	poli, lustré, lissage	60	120		120	grains fortement arasés et recouverts d'un pell englobante
	os	frais	plaque 2e	grès compact	percussion posée longitudinale	poli, lustré, lissage	60	120		120	grains totalement amalgamés et contours illisibles et dépôt d'une pell englobante
	os	sec	plaque 2f	grès compact	percussion posée longitudinale	poli, lustré, lissage	60	120		120	grains totalement amalgamés et contours illisibles et dépôt d'une pell englobante
	bdc	retrempé	plaque 2g	grès compact	percussion posée longitudinale	poli, lustré, lissage	60	120		120	arasement total et contours des grains trè lisibles sous pell superf
	bdc	sec	plaque 2h	grès compact	percussion posée longitudinale	poli, lustré, lissage	60	120		120	grains totalement amalgamés et contours illisibles et dépôt d'une pell englobante
	bois	vert	plaque 2i	grès compact	percussion posée longitudinale	poli, lustré, lissage	60	120		120	grains sous jacents illisibles (confondus e dépôt interstitiel)
	bois	sec	plaque 2j	grès compact	percussion posée longitudinale	poli, lustré, lissage	60	120		120	grains totalement confondus
	silex	sable et eau	Pp1	grès qz Fontainebleau	percussion posée diffuse	poli					
	silex	sable et eau	Pp2	grès compact Seine	percussion posée diffuse	poli					
friction	peau	fraiche	pal 1	grès compact	percussion posée diffuse	assèchement	45			45	faces lisses revêtent un dépôt luisant; dépô d'une pell englobante par amas grasse
	peau	fraiche	pal 2	grès compact	percussion posée diffuse	assèchement	45			45	grains adoucis apparemment préservés et aux faces réflexives
	peau	fraiche+ocre	pal 2	grès compact	percussion posée diffuse	traitement, protection	15	30		30	grains anguleux à adoucis intacts dont fac présentent microfractures d'altération

Annexe 15. Tableau récapitulatif des tests expérimentaux

	matière travaillée	état	outils	type de grès	type de percu	qualité mat transfo	obs1	obs 2	obs 3	total durée ut.	traces micro
friction	peau	fraiche +cendre	pal 1	grès compact	percussion posée diffuse	traitement, protection	15	30		30	faces très brill. grains et espace interstiti intact mais microfract sur faces des grain
concass / broyage	colorant		en1 et br1	grès compact	percu lancée punctiforme à diffus	poudre	120			120	faces des grains ont dépôt flou et microfractures de déformation
concassage / broyage	os	brûlé	en2 et br2	grès compact	percu lancée punctiforme à diffus	poudre	120			120	grains adoucis et altérés
concassage / broyage	silex	brûlé	en3 et br3	grès compact	percu lancée punctiforme à diffus	écailles	120			120	grains adoucis et altérés aux faces floues
concassage / broyage	chamotte		en4 et br5	grès compact	percu lancée punctiforme à diffus	fragments	120			120	
concassage / broyage	argile	semi-sèche	en5 et br6	grès compact	percu lancée punctiforme à diffus	granules	120			120	déformation totale des grains avec cratèr et fractures multiples, faces totalement alétrées et arêtes émoussées
lissage	argile	fraiche	e	grès compact	percussion posée diffuse	lissage des surfaces	120			120	
lustrage	argile	sèche	e	grès compact	percussion posée diffuse	lustré des surfaces					
mouture / décorticage	blé tendre	sec	meule et mo I	grès compact	percussion posée linéaire	farine	90	180	270	270	grains adoucis, moyennement brillants tr bien séparés au départ et évolution vers dépôt pell superf en comblement esapce interstitielle et avec grains très émoussé
mouture / décorticage	blé tendre	sec	meule et mo II	grès compact	percussion posée linéaire	farine	270			270	grains adoucis, arasés, quasi jointifs
mouture / décorticage	orge vêtu	sec	meule et mo I	grès compact	percussion posée linéaire	décorticage / farine	270			270	
mouture / décorticage	orge vêtu	sec	meule et mo II	grès compact	percussion posée linéaire	décorticage / farine	270			270	grains amalgamés, assez nivellés et quas jointifs
mouture / décorticage	spelta	sec	meule et mo I	grès compact	percussion posée linéaire	decorticage	270			270	grains encore assez anguleux
mouture / décorticage	spelta	sec	meule et mo II	grès compact	percussion posee linéaire	décorticage / farine	270			270	grains encore assez anguleux

Annexe 15. Tableau récapitulatif des tests expérimentaux

ABSTRACT

Grinding and abrading in the early Neolithic. Technological and functional analysis of sandstone tools from the Paris Basin.

The beginning of the Neolithic in the northern half of France and its margins is defined by the adoption of a sedentary way of life and a mode of subsistence based on an agro-pastoral economy. Cereals constituted an important part of the diet and their consumption required suitable grinding equipment : a lower stone (meule) paired with an upper stone (molette), used in back and forth motion. At the same time, material culture became more diversified : pottery manufacture created new needs for pounding and grinding temper, while the making of bone tools as well as ornaments in shell, limestone or schist often required abrasion and polishing. Yet the sandstone tools likely to have taken part in these various operations have been insufficiently studied, and little is known about their status and role in the technology of early Neolithic cultures.

The present study is based on analysis of sandstone tools from thirty or so early Neolithic settlement sites from the Paris Basin, Hainaut and Hesbaye, dating to the Bandkeramik (Rubané) and Villeneuve-Saint-Germain cultures. Almost ten thousand objects, including seven hundred tools, were examined in terms of typology, technology and function.

Raw materials

All the grinding and abrading tools show systematic choice of sandstone originating from the Tertiary sedimentary formations of the Paris basin (Cuisien, Sparnacien, Thanétien and Bartonien layers). Mostly of local origin, the sandstones come either from alluvial deposits in the secondary valleys where Neolithic populations settled, or from nearby deposits of shelly or ferruginous sandstones. The structure of these sandstones was identified from thin sections made on twelve geological and archaeological samples. The mechanical qualities of each type of sandstone depend on texture, porosity and cementation : well-cemented sandstones were used as grindstones, whereas the looser sandstones were more suited to abrading. Effort put into in stages of shaping and surface preparation depended on the morphology and dimensions of the original block selected.

Grinding and abrading tools

There are disparities in the composition of the sandstone assemblages : the proportion of tools and manufacturing waste varies from one site to another, throughout the sequence. Evidence for the shaping out of upper and lower grindstones is thus missing from some sites. The degree of fragmentation also varies significantly, reflecting not only preservation conditions but also recycling of tools. The number of tools does appear to increase significantly between the Bandkeramik and the Villeneuve-Saint-Germain. Tool-kits combine three broad types of activity associating passive and active tools. Due to intense fragmentation there are in fact very few complete tools. Grinding includes the upper and lower stones destined for cereals, but also broyons. These are round tools, the edges of which were used for fine percussion and whose polished faces were used in a circular grinding movement. The great variety of hammerstones (percuteurs) can clearly be explained by different uses, which include flint debitage, bone fracturing for food or for tool making, and the breaking up of various other materials. The shapes and used surfaces of abraders (abraseurs) and polishers (polissoirs) provide indirect evidence of techniques for shaping tools or ornaments.

The morphological and dimensional variation of upper and lower grindstones proved to be particularly significant. Analysis of the tools' dimensions showed the coexistence of three modules of paired upper and lower grindstones ; lower slabs include a class at around 25 cm long x 15 cm wide and another at around 35 to 40 cm long x 22 cm wide. The dimensions of upper stones are 12 x 8 cm, 18 x 12 cm, or 23 x 12 cm. The length/width ratio is 1,6 for the lower stones and 1,5 cm for upper stones. A certain variability in the shapes of upper stones and in the curvature of their working surface seems to be the rule ; nevertheless, the occupants of several sites appear to have prefered to make uniform types of upper and lower grindstones. Through the analysis of the composition of tools on each site and in each domestic unit, a « standard » tool-kit can be proposed and regional differences outlined. The results indicate broad structural trends, at a wide geographical and chronological scale, rather than clear differences between sites.

Technology of sandstone tools

Almost all the stages of shaping out upper and lower grindstones seem to have taken place outside the settlements, in view of the low number of flakes recovered from each site. Initial shaping of blocks is done by removing flakes with a hard hammerstone. The back of the tools are also shaped by removal of flakes, using the future working surface as a striking platform. This flattens out the back, making the lower stones more stable and the upper stones more efficient and comfortable for handling.

Shaping the sides and back gives the tools a balanced if not symmetrical morphology. Pecking and polishing are sometimes applied to improve the finish of external surfaces. Thus the shaping of the tools seems mainly to involve the modification of carefully selected blocks to rectify flaws. While shaping of the back and sides is necessary for handling, the only « essential » stage appears to be the pecking of the working surface of grinding tools. This procedure optimizes the surface's roughness for more efficient grinding. Despite coarser shaping of the other tool categories, the blanks were carefully chosen for their form. The work input involved in the preparation of these tools varies from one site to another. Analysis of the state of the grinding surfaces indicates alternating phases of resharpening and general reshaping. Materials are managed in a relatively polyvalent manner, with complex cycles of reuse.

Analysis of the function of sandstone tools

A functional approach was elaborated to interpret the technological and morphological variability of the sandstone tools. Patterns of use-wear were identified through a programme of experiments in grinding and abrasion. The experimental referential consisted of 92 used surfaces, based on the duration of work, the quality of the sandstone, and the nature and texture of the substances transformed, as follows :

- Grinding three types of cereal with paired upper and lower stones, for increasing but comparable lengths of time
- Grinding plants and pottery temper (bone, flint, grog) on sandstones of similar quality
- Abrading bone, shell, limestone, schist and wood, concentrating on the contact between the materials and the contribution of an adjuvant (water, sand)
- Processing hide, in different conditions and with different adjuvants.

Identification of diagnostic use-wear was carried out with a microscope at a magnification generally less than x15. Wear on sandstones can be seen through deformation of microtopography, alteration of quartz grains, and modification of the interstices. The manner in which grains are levelled and the appearence of a film on their surface provide indications of the nature of the transformed substance. Grain deformations such as microfractures and contour modification are also significant. Identification of worked substances currently refers to the main vegetal, animal and mineral families. The identification of the grinding of cereals with or without their glumes should eventually indicate whether or not cereals had been decorticated. Details can also be obtained about the texture of hard mineral and animal substances. Identification of use-wear on tools made from loosely bonded sandstone, such as abraders, remains a problem.

Following this experimental work, identification of use and substances was possible for 270 tools from seven Bandkeramik and Villeneuve-Saint-Germain sites. The upper and lower grindstones were mainly used on cereals (70 to 80%). Fragments of lower stones were reused for grinding hard mineral substances (10%), while upper stones were reused for grinding hard animal matter. Broyons were used either for grinding hard animal matter, or for grinding soft mineral substances ; but these multi-purpose tools seem also to have been involved in certain phases of processing cereals. Tools for abrading and polishing seem to have been used mainly for transforming bone. Handstones (molettes à main) were used for grinding hard animal matter and occasionally cereals, and were applied to supple animal matter or soft mineral substances. A correlation can be observed between the use of upper grindstones and their size and shape ; the smaller ones are used for transforming grains with their glumes, while the larger ones are generally used for grinding the grains alone. In addition, many fragments of upper and lower grindstones were clearly reused for grinding colouring substances.

Socio-economic interpretation

Do the archaeological context and the chrono-cultural evidence provide additional information for understanding the morphological and functional variability of these tools ? The status of sandstone tools depends firstly on the nature of the sites and the contexts with which the tools are associated : storage pits, combustion features or specific activity areas for making ornaments in schist or shell. Yet beyond the analysis of the relationship between sandstone tools and particular features, this approach helps renew our perception of the organisation of these early Neolithic villages and their household activities.

Discard and deposition

The distribution of sandstone artefacts from what are mainly refuse contexts is comparable to the other finds in the lateral pits alongside longhouses : the concentrations seem linked to the position of lateral openings in the house, and there is a difference in the volume of refuse between the north and south pits. Nevertheless, the concentrations of sandstone tools alongside the rear, central or front parts of the houses suggest a preferential location of activities within the living area. Grinding equipment is particularly linked to specific contexts such as storage pits and combustion features. The rare complete objects in the corpus are from actual hoards of grindstones, occurring on some sites in the study region. The paired upper and lower stones are laid out in a circle or heaped face downwards, either in deep lateral pits or in isolated pits in the rear part of the houses. Examination of these tools suggests that they were in the process of being reshaped or were having their working surfaces restored. Thus the voluntary deposition of grindstones within the household area, although a ritual act, does seem to have a technological meaning.

Village organization

As far as socio-economic organisation in early Neolithic villages is concerned, the Bandkeramik site of Cuiry-lès-Chaudardes has provided important evidence. The thirty-three longhouses here belong to five settlement phases, corresponding to three successive stages of the Paris Basin Bandkeramik sequence defined through analysis of ceramics. In her archaeozoological study of the site, L. Hachem has developed an interesting model, with hunting more related to « small houses » and herding more associated with « large houses ». She has also underlined a general trend towards increased consumption of the meat of domestic animals at the end of the sequence. In order to test or complete this model, the spatial distribution of sandstone tools in relation to house size was examined. Although the overall numbers of tools per house are quite low, making a variety of approaches necessary, the analysis reveals that the houses associated with relatively high consumption of domestic species also have a preponderance of grinding equipment. These aspects of tool use are indirectly reflected by the division of the village into quarters. A development can notably be seen between the first and last settlement phases : tools associated with grinding of cereals are more common at the end of the sequence. There is also a correlation between sandstone tools and particular types of fauna : abraders are associated with a « mixed » fauna, in which wild species are dominated by roe deer, while grinding tools are associated with domestic fauna (cattle, caprovines). A link between increased consumption of domestic animals and the development of cereal grinding thus emerges at the end of the occupation of the site.

Chrono-cultural development

Sandstone tools are less likely to change through time than pottery or flint and bone industries, as there is little morphological variation. Nevertheless, the proportions per site and the average number of grindstones per house change between the Bandkeramik and the Villeneuve-Saint-Germain, revealing a slight increase between the beginning and the end of the early Neolithic, throughout the Paris Basin. A rise in the consumption of cereals could be due to several factors : population increase, technological development or a change in individual diet. It appears that the function of the broad categories of tool also changes between the two cultures. Innovation in the Villeneuve-Saint-Germain involves using upper and lower grindstone pairs, as well as most abraders, for grinding hard animal matter. Unless these observations can be explained by differences in preservation of evidence between the two cultures, the transformation of hard animal matter does seem to have been a function much in demand in the Villeneuve-Saint-Germain.

This study thus shows how knowledge of the integration of sandstone tools in the technological system can advance our general understanding of everyday domestic activities in Neolithic societies.

ZUSAMMENFASSUNG

MAHLEN UND SCHLEIFEN IM ALTNEOLITHIKUM. TECHNISCHE UND FUNKTIONELLE BESCHREIBUNG DER WERKZEUGE AUS SANDSTEIN AUS DEM PARISER BECKEN.

Der Beginn des Altneolithikums drückt sich in der Nordhälfte Frankreichs in einer neuen Blüte der Mahl- und Schleiftätigkeiten aus. Der aufkommende Ackerbau und die sesshafte Lebensweise werden von einem erhöhten Verbrauch von Getreide begleitet, während die Herstellung von Keramik die Versorgung mit zerstoßenem oder zermahlenem Magerungsmaterial erfordert. Bei der Anfertigung neuer Werkzeuge aus Knochen oder der Herstellung von Schmuckstücken aus Muscheln, Kalkstein oder Schiefer wird das Material häufig geschliffen und geglättet. Das für diese verschiedenen Arbeitsgänge nötige Werkzeug aus Sandstein ist bis heute jedoch zu selten untersucht worden, um seine Stellung in der bandkeramischen Kultur und der Villeneuve-Saint-Germain-Gruppe zu bestimmen und es in deren technischen Rahmen einzuordnen.
Die Untersuchungen von an die dreißig Fundstätten des Pariser Beckens, der Normandie, des Hennegaus und des Haspengaus haben es uns ermöglicht, den Platz dieser Werkzeuge in den technischen und funktionellen Bereichen der bandkeramischen Kultur und der Villeneuve-Saint-Germain-Gruppe zu erfassen. An die zehntausend Fundstücke, davon ca. siebenhundert Werkzeuge, wurden unter typologischen, technologischen und funktionellen Gesichtspunkten untersucht.

Die Gemeinsamkeit der Mahl- und Schleifgeräte besteht in der systematischen Wahl von Sandstein als Material und ihrer recht vielfältigen Wiederverwendung. Bei einer ersten makroskopischen Untersuchung konnten mehrere „Sandsteinfamilien“ unterschiedlicher Härte und Kohäsion unterschieden werden. Die Struktur dieser Sandsteine ist anhand der Analyse mehrerer Dünnschliffe von geologischen und archäologischen Proben bestimmt worden. Jede dieser Gruppen besitzt eigene mechanische Eigenschaften, die sie für eine Funktion besonders prädestinieren. Der äußere Aspekt der Rohblöcke aus dem archäologischen Kontext und der kaum bearbeiteten Oberfläche einiger Mahlplatten ließ auf eine lokale alluviale Herkunft schließen. Die Versorgung wird durch den gelegentlichen Abbau lokaler, unweit der Dörfer gelegener Lagerstätten ergänzt, die jedoch eher auf eine Versorgung mit speziellen Sandsteinen, wie z.B. Muschelsandstein, ausgerichtet zu sein scheint.

Die seltenen Steinabfälle in den Wohnbereichen selbst lasen vermuten, dass die Untermahlsteine und Läufer wohl außerhalb der Siedlungen hergestellt wurden. Die Bearbeitung des Rückens der Geräte durch Abschlagen großer Splitter korrigiert die Wölbung der Untermahlsteine und gewährleistet eine größere Standfestigkeit; bei den Läufern bewirkt sie, dass diese besser in der Hand liegen und somit leichter zu handhaben sind. Die Gestaltung der Ränder und des Rückens durch Abschlagen von Splittern erwirkt eine regelmäßige Wölbung und eine ausgewogene oder gar symmetrische Form. Um sorgfältig gearbeitete Außenflächen zu erhalten, kann die erste Zurichtung durch Picken und Schleifen ergänzt werden. Doch das Gerät ist erst benutzbar, nachdem die Mahlfläche sorgfältig rauhgepickt wurde, was ihr die nötige Rauheit für optimales Mahlen verleiht. Obwohl die anderen Werkzeugkategorien weniger sorgfältig bearbeitetet sind, ist auch hier die bewusste Auswahl der Materialien und der Sandsteine offensichtlich.

Ordnet man das Sandsteinmobiliar nach Fundkategorien (Werkzeuge, Splitter und Fragmente) dann werden Disparitäten deutlich, einerseits zwischen den Fundstellen und andererseits innerhalb der chronologischen Abfolge. Die Arbeitsgänge der Herstellung der Untermahlsteine und der Läufer sind je nach Fundstelle unterschiedlich gut belegt. Auch der Anteil an vollständigen, jedoch mehr oder weniger gut erhaltenen Werkzeugen variiert sowie der Anteil an wiederverwerteten Geräten. Darüber hinaus ist zwischen der bandkeramischen Zeit und dem Villeneuve-Saint-Germain eine anteilmäßige Zunahme der Werkzuge am Gesamtfundbestand festzustellen.
Bei den Gerätschaften sind je nach Verwendungszweck drei große Gruppen zu unterscheiden. Zum Reiben gehören insbesondere die Mahlplatten und die länglichen Läufersteine aber auch die mehr runden Reibsteine. Die Geräte, mit denen eine schlagartige Bewegung von oben nach unten, „percussion lancée“, ausgeführt werden kann, werden auch zum Zerstoßen benutzt. Die Reibbewegungen, „percussion posée“ der Schleif- und Glättsteine dienen der Herstellung unterschiedlicher Gegenstände (Geräte, Schmuck, …).
Besondere Aufmerksamkeit wurde der morphologischen und metrischen Untersuchung der Untermahlsteine und der Läufer gewidmet. Die Analyse der Werkzeugabmessungen hat das gleichzeitige Vorhandensein von drei Sätzen, jeweils Untermahlstein und der dazugehörige Läuferstein, ergeben, die sich voneinander in ihrer Größe unterscheiden. An manchen Fundplätzen bemerkt man einen engen Zusammenhang zwischen der quer verlaufenden Wölbung der Mahlfläche der Untermahlsteine und der konvexen Wölbung der Läufer. Darüber hinaus zeichnet sich eine relative Spezialisierung der Orte in der Herstellung eines Typs von Mahlplatten oder Läufersteinen ab. Eine „Standardausrüstung“ mit bestimmten Geräten scheint im Übrigen nicht nur allen Fundstätten gemein zu sein sondern auch allen Hausgemeinschaften.

Die Schwierigkeit einer typologischen Abgrenzung zwischen den Geräten hat uns dazu bewogen, die Werkzeuge unter einem funktionellen Gesichtspunkt zu untersuchen, der auf der Identifizierung der kaum vergrößerten Benutzungsspuren beruht. Zuerst wurde das technische System, an dem das Werkzeug aus Sandstein beteiligt war, definiert, dann wurde eine Reihe von Experimenten ausgearbeitet, welche die drei Bereiche, Reiben, Mahlen, Schleifen umfasste. Anhand eines experimentellen Systems, in dem die Parameter von an die 92 Mahlflächen mit einander korreliert wurden, wurde ein Raster für die Erkennung der Benutzungsmerkmale erstellt. Die Abnutzung des Sandsteins äußert sich nämlich in einer Veränderung der Mikrotopographie, einer Verwitterung der Quarzkörner, aus denen der Sandstein besteht sowie einer Veränderung der intergranularen Zwischenräume. Dank dieser Methode konnten die Substanzen identifiziert werden, die durch an die 270 Werkzeuge von sieben Fundstätten der Bandkeramik und des Villeneuve-Saint-Germain transformiert worden waren. Die Bestimmung dieser Materien ermöglicht es nun die verarbeiteten großen Pflanzenfamilien, tierischen Substanzen und Mineralien zu erkennen; wobei bei den Pflanzen insbesondere Spelzgetreide mit oder ohne Spelzen, bei den Mineralien und harten tierischen Substanzen die Textur bestimmt wurde. So ist auf längere Sicht denkbar, dass nachgewiesen werden kann, ob die Getreidekörner enthülst wurden oder nicht. Die Deutung der Werkzeuge aus Sandstein mit geringer Bindung, wie z.B. die Schleifgeräte, und die Bestimmung ihrer Benutzungsspuren werfen zurzeit noch Probleme auf. Die Korrelation zwischen der Funktion der Läufersteine und ihren morphometrischen Eigenschaften ist am Unterschied der Module erkennbar: so werden die kleinen Läufer für die Umwandlung von Körnern und ihrer Spelzen verwendet, während die großen Läufer eher dem Mahlen des Korns vorbehalten sind. Die zerbrochenen Mahlplatten und Läufersteine wurden zweifelsfrei wieder verwendet, sie dienten in ihrer Zweitfunktionen insbesondere dem Zerreiben von Farbstoffen.

Kann man die morphologische und funktionelle Variabilität der Werkzeuge besser in ihrem archäologischen Kontext oder durch ihre chronologische und kulturelle Einordnung erfassen?
Das größtenteils aus Abfallkontexten stammende Sandsteinmobiliar ist mit den anderen Artefakten aus den Gruben an den Längsseiten der Häuser durchaus vergleichbar: die Konzentration der Überreste scheint im Zusammenhang mit der Lage der seitlichen Öffnungen der Wohneinheiten zu stehen, zwischen den Nord- und Südgruben ist ein Gefälle bezüglich der Abfallmengen festzustellen. Gleichwohl lässt die Konzentration der Geräte aus Sandstein in den hinteren, zentralen oder vorderen Bereichen der danubischen Häuser eine Lokalisierung der Aktivitäten in den jeweils entsprechenden Wohnbereichen vermuten.
Innerhalb der funktionell spezialisierten archäologischen Strukturen besteht zwischen den Mahlgerätschaften und den Vorratsstrukturen und Feuerstellen ein besonderer Zusammenhang. Die sichtlich vorsätzlich deponierten Mahlplatten von einigen Fundstätten des Pariser Beckens, des Hennegaus und des Haspengaus haben die seltenen vollständig erhaltenen Stücke unseres Corpus geliefert. Die Untermahlsteine und die dazugehörigen Läufer sind in seitlichen sekundär verfüllten Gruben oder in isolierten Gruben auf der Rückseite der Häuser kreisförmig angeordnet oder mit der Oberseite nach unten gestapelt. Der Oberflächenzustand dieser Werkzeuge weist Spuren von einer Überarbeitung oder vom Rauhpicken der Mahlfläche auf. Dieser, sicher bewusste und ritualisierte Akt der Niederlegung von Mahlplatten im Wohnbereich scheint also eine technische Bedeutung zu haben.
Im Rahmen der Untersuchung der sozioökonomischen Funktionsweise der Dorfgemeinschaften des Altneolithikums erwies sich die bandkermamische Fundstelle von Cuiry-lès-Chaudardes als besonders geeignet, um die Zunahme von Mahlplatten und Läufersteinen während der gesamten Besiedlungsperiode des Fundplatzes zu dokumentieren. Das Vorherrschen der Mahlgeräte steht im Zusammenhang mit dem gesteigerten Konsum von domestizierten Tier- und Pflanzenarten. Schließlich zeichnet sich eine Verbindung zwischen der Größe der Häuser und der Überrepräsentation einer bestimmten Kategorie von Werkzeugen aus Sandstein ab, insbesondere was das Mahlen und das Schleifen angeht.
Chronologisch ist, wenn man das ganze Pariser Becken einbezieht, eine Entwicklung erkennbar. Der Anteil an Untermahlsteinen und Läufern auf den Fundstätten und die Berechnung der durchschnittlichen Anzahl dieser Artefakte pro Wohneinheit in der bandkeramischen Kultur und im Villeneuve-Saint-Germain zeigen, dass Mahlplatten und Läufersteine im Laufe des Altneolithikums anteilmäßig zunehmen. Es scheint, als habe sich auch die funktionelle Bestimmung der großen Werkzeugkategorien zwischen diesen beiden Kulturen weiter entwickelt. Als eine Neuheit der Villeneuve-Saint-Germain Kultur kann das Zerreiben von Knochen mittels Mahlstein und Läufer angesehen werden, auch drei Viertel der Schleifsteine scheinen der Verarbeitung von Knochen gedient zu haben. Abgesehen von der Möglichkeit, dass sie auch auf eine unterschiedliche Konservierung der Spuren zwischen den beiden Kulturen zurückzuführen sein könnte, scheint die Transformation tierischer Stoffe eine der häufigsten Aktivitäten im Villeneuve-Saint-Germain gewesen zu sein.

Diese Arbeit zeigt, in welchem Maße unser allgemeines Verständnis der häuslichen und technischen Aktivitäten der neolithischen Gesellschaften durch die Erforschung der Rolle der Werkzeuge aus Sandstein in der neolithischen Technik ergänzt und untermauert werden kann.

TABLE DES MATIERES

Veuillez noter que figures en couleur sont disponible pour téléchargement à www.barpublishing.com/additional-downloads.html

www.ingramcontent.com/pod-product-compliance
Lightning Source LLC
LaVergne TN
LVHW070046021026
849160LV00027B/1618